TRAITÉ
DE CHIMIE

À L'USAGE

des Écoles normales primaires, des Écoles primaires supérieures,
des Lycées et Collèges de jeunes filles et des aspirants et aspirantes
aux Brevets de l'Enseignement primaire

RÉDIGÉ CONFORMÉMENT AUX DERNIERS PROGRAMMES

PAR

E. DRINCOURT

Ancien élève de l'École normale supérieure, Agrégé des Sciences physiques et naturelles,
Professeur de physique au Collège Rollin.

QUATRIÈME ÉDITION

Augmentée d'un supplément donnant
en **notation atomique** les formules des corps et des réactions.

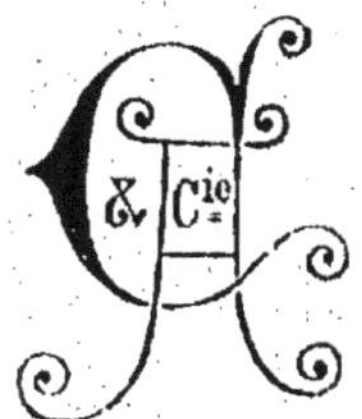

Armand COLIN & Cie, Éditeurs

5, RUE DE MÉZIÈRES, PARIS

Paris. — Imp. E. CAPIOMONT et Cie, rue des Poitevins, 6.

TRAITÉ
DE CHIMIE

A LA MÊME LIBRAIRIE

Traité de Physique, par MM. Driscourt, professeur au collège Rollin, et Dupays, professeur au lycée Janson-de-Sailly. 1 vol. in-18 jésus, broché. **7 50**

La Troisième année d'Arithmétique, par M. P. Leyssenne, inspecteur général de l'Enseignement primaire. 1er *semestre* : compléments d'Arithmétique, etc. 1000 problèmes. 1 vol. in-12, cartonné. **1 75**

— 2e *semestre* : géométrie, arpentage, etc. 550 problèmes. 1 vol. in-12, cartonné. **1 75**

Traité d'Arithmétique, théorique et pratique, par M. P. Leyssenne. 1 vol. in-18 jésus, broché. **4 »**

Solutions raisonnées des Exercices et Problèmes du Traité d'Arithmétique, théorique et pratique, par M. P. Leyssenne. 1 vol. in-18 jésus, broché. **4 »**

Traité de Géométrie, théorique et pratique, par M. P. Leyssenne. 1 vol. in-18 jésus, broché. **4 »**

Leçons de Psychologie appliquée à l'éducation, par M. Henri Marion, docteur ès lettres, professeur à la Faculté des lettres de Paris. 1 vol. in-18 jésus, broché. **4 50**

Leçons de Morale, par le même. 1 vol. in-18 jésus, broché. **4 »**

Instruction morale et civique, par MM. P. Laloi et F. Picavet. 1 vol. in-18 jésus, broché. **5 »**

La Culture morale. Lectures de morale théorique et pratique, choisies et annotées par M. Dugard, professeur au lycée Molière. 1 vol. in-18 jésus, broché. **3 »**

Curiosités de l'Histoire naturelle, par M. H. de Varigny, docteur ès sciences naturelles. 1 vol. in-18 jésus, broché. **3 50**

Manuel d'exercices gymnastiques et de jeux scolaires, *publié par le Ministère de l'Instruction publique*. 1 vol. in-8°, cartonné. **2 50**

Cours normal de Travail manuel, par M. Martin, professeur de travail manuel à l'École normale de Mirecourt. 1 vol. in-18 jésus, broché. **2 »**
Relié toile. **2 50**

La Deuxième année de Musique, par M. A. Marmontel, ancien professeur au Conservatoire de Paris. 1 vol. in-8°, cartonné. **3 »**

Mémento pratique du Brevet élémentaire de l'Enseignement primaire, par M. Coudert, professeur au lycée de Saint-Étienne, et Cuir, inspecteur primaire à Lille. 1 vol. in-12, cartonné. **1 50**

Mémento théorique du Brevet élémentaire de l'Enseignement primaire, par MM. Coudert et Cuir. 1 vol. in-12, cartonné. **4 »**

Le Volume, *Journal scolaire in-12*, Variétés, Études pédagogiques, Travaux scolaires, Œuvres littéraires, formant quatre volumes, 2300 pages par an. Abonnement annuel (*du 1er de chaque mois*) : France. **6 »**

Revue universitaire, Éducation, Enseignement, Administration, Examens et Concours, Lettres et Langues vivantes, Devoirs, etc. Abonnement annuel (*du 15 janvier*) : France. **10 »**

TRAITÉ
DE CHIMIE

A L'USAGE

des Écoles normales primaires, des Écoles primaires supérieures,
des Lycées et Collèges de jeunes filles et des aspirants et aspirants
aux Brevets de l'Enseignement primaire

RÉDIGÉ CONFORMÉMENT AUX DERNIERS PROGRAMMES

PAR

E. DRINCOURT

Ancien élève de l'École normale supérieure, Agrégé des sciences physiques,
Professeur de physique au collège Rollin.

QUATRIÈME ÉDITION

Augmentée d'un supplément donnant en notation atomique
les formules des corps et des réactions.

PARIS

ARMAND COLIN ET Cie, ÉDITEURS

5, RUE DE MÉZIÈRES, 5

—

1893

PREFACE

De toutes les sciences la chimie est celle qui intéresse le plus l'enfant : elle lui fait connaître les propriétés et la nature des objets qui l'entourent, des roches qu'il foule, des aliments qui lui sont nécessaires ; elle lui indique le parti que l'on peut tirer de tous les êtres de la création au point de vue industriel et économique.

Malheureusement, les jeunes gens éprouvent, au début de l'étude de cette science, une difficulté très grande à s'assimiler une terminologie fastidieuse dont ils ne comprennent l'utilité qu'au fur et à mesure de leurs progrès ; il en résulte pour eux un découragement qui peut refroidir leur zèle et leur faire abandonner la chimie.

Nous nous sommes proposé de faire disparaître ces difficultés premières. Dans ce but, les lois générales ont été déduites des phénomènes présentés par l'eau, l'air et quelques autres corps usuels ; la nomenclature et la notation chimique sont placées après l'étude de l'eau, de l'air et des corps simples qui les constituent.

Nous nous sommes fait un devoir de conserver à ce traité de chimie son caractère pratique et élémentaire ; toutes les applications industrielles et domestiques sont décrites avec précision en laissant de côté les théories savantes ou trop élevées.

En caractères plus fins sont indiquées les parties de cette science qui peuvent être passées sous silence à une première lecture et celles qui ne sont pas strictement indispensables pour la préparation aux divers examens de l'enseignement primaire. Les compléments ont été réservés pour les questions théoriques nouvelles ou pour celles qui sont en dehors des programmes.

En résumé, rien n'a été négligé pour rendre intéressante et facile l'étude d'une science qui est la base de l'industrie. Nous espérons avoir réussi à présenter au public un ouvrage de vulgarisation scientifique très complet par son étendue, très accessible par sa forme.

NOTATION ATOMIQUE

Depuis quelque temps, la notation atomique a été adoptée dans l'enseignement secondaire; nous n'avons pas cru devoir encore, pour cette nouvelle édition, employer exclusivement cette notation, comme nous le ferons dans l'édition prochaine. Nous avons ajouté, à la fin de cette note, un supplément donnant, *en notation atomique*, les formules des corps et des réactions étudiées dans chacun des chapitres de cet ouvrage.

Pour ceux de nos lecteurs qui n'ont jamais étudié la chimie, nous leur conseillons de se servir de la notation atomique adoptée dans le monde entier.

Nous avons alors jugé indispensable d'exposer dans cette note, en quelques lignes, les principes de la *notation atomique.*

I. Atomes et poids atomiques. — La *loi des proportions multiples* a conduit Dalton à l'hypothèse des **atomes** : *il existe pour chaque* **corps simple** *une quantité limite qui est la plus petite quantité de ce corps simple qui puisse entrer en combinaison :* on lui a donné le nom d'**atome.**

Chaque *corps simple* possède donc un **poids atomique** déterminé par rapport au poids atomique de l'un d'eux pris pour unité.

Nous prendrons pour **unité** le *poids atomique* de l'**hydrogène;** les poids atomiques des autres corps simples ont été déterminés par des méthodes spéciales que nous ne pouvons exposer ici.

Dans la notation atomique le **symbole** de chaque corps simple représente le *poids atomique de ce corps simple.*

Métalloïdes.

1re FAMILLE			3e FAMILLE		
Noms.	Symboles.	Poids atomiques.	Noms.	Symboles.	Poids atomiques.
Oxygène	O.	16			
Soufre	S.	32	Azote	Az.	14
Sélénium	Se.	79,5	Phosphore	P.	31
Tellure	Te.	129	Arsenic	As.	75
2e FAMILLE			Bore	Bo.	11
Fluor	Fl.	19			
Chlore	Cl.	35,5	4e FAMILLE		
Brome	Br.	80	Carbone	C.	12
Iode	I.	127	Silicium	Si.	28

Métaux principaux.

Hydrogène	H.	1	Étain	Sn.	118
Potassium	K.	39	Antimoine	Sb.	120,6
Sodium	Na.	23	Cuivre	Cu.	63
Baryum	Ba.	137,2	Plomb	Pb.	207
Calcium	Ca.	40	Bismuth	Bi.	106
Manganèse	Mn.	55	Aluminium	Al.	27
Magnésium	Mg.	24	Mercure	Hg.	200
Fer	Fe.	56	Argent	Ag.	108
Nickel	Ni.	59	Or	Au.	196,4
Cobalt	Co.	58,6	Platine	Pt.	197,2
Zinc	Zn.	66	Palladium	Pd.	106
Chrome	Cr.	52,4	Iridium	Ir.	198

II. Molécules et poids moléculaires. — La théorie atomique repose sur l'hypothèse de l'existence des *molécules*. On admet que la matière n'est pas divisible à l'infini ; chaque corps simple ou composé est supposé formé par l'agrégation de particules indivisibles, auxquelles on a donné le nom de **molécules**.

La molécule représente donc la plus petite quantité d'un corps simple ou composé qui puisse exister à l'état isolé ; elle possède la même composition chimique qu'un volume quelconque du corps considéré.

D'autre part, l'hypothèse des atomes conduit à la conclusion suivante : *la molécule d'un corps est formée par la juxtaposition d'un nombre entier d'atomes des corps simples qui la constituent ;* les atomes sont de même nature dans la molécule d'un corps simple et ils sont de nature différente dans la molécule d'un corps composé.

Examinons maintenant quelle est la constitution des corps simples et des corps composés. La physique nous apprend que, **sous le même volume, à la même température et à la même pression, tous les gaz renferment le même nombre de molécules.**

Cette loi, due à *Avogadro*, est la base de la notation atomique.

Le poids d'une molécule est égal à la somme des poids des atomes qui la constituent. Chaque gaz simple ou composé possédera donc un **poids moléculaire** déterminé par rapport à celui de l'hydrogène, pris pour terme de comparaison.

III. Poids moléculaires des différents gaz. — Il résulte de la loi d'Avogadro que les *poids moléculaires des différents gaz sont proportionnels à leurs densités.* D'autre part, des considérations calorifiques ont fait admettre *qu'une molécule* d'hydrogène est formée de deux *atomes d'hydrogène* juxtaposés. Comme on a pris pour poids atomique de l'hydrogène le nombre **1**, la molécule d'hydrogène, formée de deux atomes d'hydrogène, aura pour poids : **2**. On dit alors que le *poids moléculaire* de l'hydrogène est 2 et que la *formule* d'une molécule d'hydrogène est H^2.

Comme les poids moléculaires des différents gaz sont proportionnels à leurs densités, le poids moléculaire p d'un gaz de densité d aura pour expression :

$$p = 2 \times \frac{d}{0,06926} = 28,88 \times d,$$

en se rappelant que la densité de l'hydrogène est égale à 0,06926. Cette formule permet de déterminer le poids moléculaire de tous les gaz.

1° *Gaz simples*. Chaque gaz ou vapeur simple possède donc à la fois *un poids atomique* et *un poids moléculaire*.

Gaz simples.	Poids atomique.	Poids moléculaire.		
Hydrogène.........	1	2 $=$	1	$\times 2$
Oxygène...........	16	32 $=$	16	$\times 2$
Azote.............	14	28 $=$	14	$\times 2$
Chlore............	35,5	71 $=$	35,5	$\times 2$
Brome.............	80	160 $=$	80	$\times 2$
Iode..............	127	254 $=$	127	$\times 2$
Soufre............	32	64 $=$	32	$\times 2$
Phosphore.........	31	124 $=$	31	$\times 4$
Arsenic...........	75	300 $=$	75	$\times 4$
Mercure...........	200	200 $=$	200	$\times 1$

Les molécules de ces gaz simples seront *mono*, *bi*, *tri* ou *tétra*-atomiques, suivant qu'elles seront formées de 1, 2, 3 ou 4 atomes.

Les gaz simples, quand ils seront **libres**, seront toujours représentés par *leur poids moléculaire*; ainsi l'hydrogène libre s'écrira H^2, l'oxygène libre O^2, l'azote libre Az^2, le phosphore libre P^4, etc.

2° *Gaz composés*. Un gaz composé ne possède *qu'un poids moléculaire*; on convient de prendre pour formule d'un gaz composé la formule qui représente son poids moléculaire définie par la relation : $p = 28,88 \times d$.

Ainsi le poids moléculaire de l'*eau* est égal à $28,88 \times 0,622 = 18$; la molécule d'eau est donc formée de 2 d'hydrogène pour 16 d'oxygène; sa formule sera H^2O.

Le *protoxyde d'azote* a pour poids moléculaire $28,88 \times 1,529 = 44$; sa molécule est formée de 28 d'azote pour 16 d'oxygène; sa formule est donc Az^2O.

L'*ammoniaque* a pour poids moléculaire $28,88 \times 0,591 = 17$; sa formule sera AzH^3, etc.

IV. Corps non volatils. — Les corps simples ou composés, qui n'ont pas encore été vaporisés, n'ont pas de poids moléculaires. Les symboles des corps simples non volatils représentent leurs poids atomiques; les formules des corps composés non volatils se déduisent de leur analyse et de leurs propriétés.

V. Volumes moléculaires. — La loi d'Avogadro conduit à une conclusion importante : *les poids moléculaires des différents gaz correspondent à un même volume, dans les mêmes conditions de température et de pression.*

En effet, à 0° et sous la pression de 760 millimètres, les *volumes* occupés par les poids moléculaires des gaz simples ou composés sont :

Oxygène	O^2	16	22,22
Hydrogène	H^2	2	22,22
Azote	Az^2	28	22,22
Acide chlorhydrique	HCl	36,5	22,22
Ammoniaque	AzH^3	34	22,22

On voit que ces volumes sont égaux.

Pour le phosphore, le brome, l'iode, l'eau, on comparera leur poids moléculaire réduit en vapeur au volume de **2 d'hydrogène**, à la même température et à la même pression; on trouve encore que le volume correspondant à leur poids moléculaire est égal à celui de **2 d'hydrogène**.

Prenons alors pour *unité de volume* le volume occupé par **2 d'hydrogène**; les volumes des différents gaz correspondants à leurs poids moléculaires seront alors représentés par **1**.

On écrira donc :

H^2	=	2	P^4 = 124
O^2	=	32	H^2O = 18
S^2	=	64	Az^2O = 44
Az^2	=	28	AzO = 30
Cl^2	=	71	AzO^2 = 46
Br^2	=	160	AzH^3 = 17
I^2	=	254	HCl = 36,5

Dans toutes les équations chimiques, chaque gaz simple *libre* ou chaque gaz composé est représenté par son poids moléculaire; de cette façon, les équations chimiques seront applicables en volumes comme en poids.

Prenons pour exemple la formation de l'eau :

$$2H^2 + O^2 = 2H^2O$$

Donc, 2 volumes d'hydrogène se combinent avec 1 volume d'oxygène pour former 2 volumes de vapeur d'eau.

VI. Valence des métaux. — Les métaux peuvent se substituer à l'*hydrogène* dans la formation des oxydes, des chlorures, des sulfures et des sels; or l'expérience montre que les métaux peuvent se substituer à l'hydrogène, soit atome à atome, soit dans la proportion de 1 atome du métal pour *deux* atomes d'hydrogène, soit dans la proportion de 1 atome du métal pour 3 atomes d'hydrogène, etc.

Les métaux seront donc **monovalents, divalents, ou trivalents, etc.**, suivant leur nature.

Métaux monovalents. — *Potassium, Sodium, Argent.*

Métaux divalents. — *Fer, Cuivre, Plomb, Zinc, Calcium, Baryum, Manganèse,* etc.

Métaux trivalents. — *Bismuth, Or.*

Groupements hexavalents. — Fe^2 dans les composés *ferriques;* Al^2 dans les composés de l'aluminium; Cr^2 et Mn^2 dans les composés principaux du chrome et du manganèse.

VII. Oxydes métalliques. — Les oxydes métalliques s'écrivent en partant de la formule de l'eau H^2O et en tenant compte de la valence du métal.

Eau.	H^2O	Oxyde ferreux.	FeO
Oxyde de potassium. . .	K^2O	Sesquioxyde de fer.	Fe^2O^3
— de sodium.	Na^2O	— d'aluminium.	Al^2O^3
— d'argent.	Ag^2O	— de chrome. . .	Cr^2O^3
— de calcium. . . .	CaO	Bioxyde de manganèse. . .	MnO^2
— de zinc.	ZnO	— de baryum.	BaO^2

VIII. Chlorures métalliques. — Les chlorures métalliques dérivent de l'acide chlorhydrique HCl en tenant compte de la valence du métal.

Chlorure de potassium.   **KCl**   Chlorure ferreux.....   **FeCl²**
—   de zinc. . . . . **ZnCl²**   —   ferrique. . . . **Fe²Cl⁶**
—   d'or. . . . . . . **AuCl³**   —   d'aluminium. **Al²Cl⁶**
—   de platine. . . **PtCl⁴**   —   d'étain. . . . . **SnCl²**

IX. Sulfures métalliques. — Les sulfures s'écrivent en partant de l'oxyde correspondant en remplaçant l'oxygène par le soufre atome à atome.

Sulfure   d'hydrogène. . . . . H^2S
—   de potassium. . . . . K^2S
—   de plomb. . . . . PbS
—   d'antimoine. . . . . Sb^2S^3

X. Composés divers. — Nous donnons les formules de quelques composés usuels :

Protoxyde d'azote. . . . . Az^2O
Bioxyde d'azote. . . . . AzO
Ammoniaque. . . . . AzH^3
Sulfure de carbone. . . . . CS^2
Cyanogène. CAz
Hydrogène phosphoré. . . . . PH^3

XI. Hydracides. — Les hydracides sont des acides formés d'hydrogène et d'un métalloïde.

Acide chlorhydrique. . . . . HCl
—   bromhydrique. . . . . HBr
—   fluorhydrique. . . . . HFl
—   sulfhydrique. . . . . H^2S

XII. Oxacides. — Un oxacide est un composé formé d'un métalloïde, d'hydrogène et d'oxygène, dans lequel un certain nombre d'*atomes d'hydrogène* peuvent être remplacés par un certain nombre d'*atomes de métal* pour former un *sel.*

En effet, plongeons une lame de zinc dans de l'acide sulfurique étendu d'eau : il se dégagera de l'hydrogène, et il se formera du sulfate de zinc; en outre, pour 2 grammes d'hydrogène dégagé, la lame de zinc aura perdu 66 grammes

de son poids. Le zinc s'est donc substitué à l'hydrogène ;
un atome de zinc remplace **2** atomes d'hydrogène.

On écrit les acides en mettant en évidence le nombre des
atomes d'hydrogène remplaçable par un métal.

Ex. : Acide azotique. . . . . AzO^3H
    — chlorique. . . . . ClO^3H
    — sulfurique. . . . . SO^4H^2
    — carbonique. . . . . CO^3H^2

XIII. Anhydrides. — On appelle *anhydrides* des
composés formés par la combinaison d'un métalloïde avec
l'oxygène et qui, *en fixant de l'eau*, donnent naissance à des
acides.

Ex. : Anhydride *sulfureux.* | Anhydride *sulfurique.*
    —   *hypochloreux.* | —   *carbonique.*

Ce dernier est vulgairement appelé *acide carbonique.*
Voici les formules des principaux anhydrides.

Anhydride sulfureux. . . . . SO^2
    —   sulfurique.. . . . . SO^3
    —   hypochloreux. . . . . Cl^2O
    —   carbonique. . . . . CO^2
    —   phosphorique. . . . . P^2O^5

XIV. Bases. — On appelle *bases* des hydrates d'oxydes
métalliques, tels que la potasse **KOH**, la soude **NaOH**, qui,
en se combinant à un acide, forment un *sel*, avec mise en
liberté d'un certain nombre de molécules d'eau.

Il existe aussi des bases insolubles, telles que *l'hydrate
d'oxyde de plomb*, **Pb (OH)²** ; *l'hydrate d'oxyde de cuivre*,
Cu(OH)² ; *l'hydrate d'alumine*, **Al² (OH)⁶**, etc.

XV. Sels. — On appelle *sel* le résultat de la substitution d'un métal à l'hydrogène remplaçable de l'acide correspondant.

*Pour écrire un sel, il suffira de remplacer, dans la formule
de l'acide, le symbole* **H** *par le symbole du métal correspondant
en tenant compte de la valence du métal.*

Dans un acide, il peut exister un ou plusieurs atomes d'hydrogène remplaçables par un métal. L'acide sera dit *monobasique, bibasique, tribasique*, suivant qu'il renfermera 1, 2 ou 3 atomes d'hydrogène remplaçables par un métal.

1° *Acides monobasiques :* l'acide azotique. . . AzO^3H

—   — chlorique. . ClO^3H

Dans ce cas, l'acide ne peut, avec un métal donné, former qu'un seul sel, qui sera dit alors *neutre*.

Ex. : Un azotate s'écrira en partant de la formule $(AzO^3)^nH^n$, dans laquelle n sera égal à la valence du métal et dans laquelle H^n sera remplacé par un atome du métal formant le sel.

Ex. : Azotate de potassium. . . . . . . AzO^3K

—   de cuivre. . . . . $(AzO^3)^2Cu$

—   de bismuth. . . . . $(AzO^3)^3Bi$

Le *Chlorate de potassium* a pour formule ClO^3K.

2° *Acides bibasiques :* l'acide sulfurique. . . . SO^4H^2

—   — carbonique. . . CO^3H^2

Les métaux monovalents formeront *deux sels*, l'un neutre, l'autre acide : *sulfate neutre de potassium* SO^4K^2 ; *sulfate acide* ou *bisulfate de potassium* SO^4KH. Les métaux divalents formeront un seul sel qui sera neutre : *sulfate de cuivre* SO^4Cu ; *carbonate de baryum* CO^3Ba.

Les groupements hexavalents formeront un seul sel : *sulfate d'aluminium* $(SO^4)^3Al^2$.

3° *Acides tribasiques.* Le type des acides *tribasiques* est l'acide phosphorique ordinaire ou *acide orthophosphorique* PO^4H^3.

On obtiendra trois orthophosphates, tels que les suivants :

Orthophosphate monosodique. . . . PO^4H^2Na

—   disodique. . . . . . PO^4HNa^2

—   trisodique. . . . . . PO^4Na^3

—   monocalcique. . . . $(PO^4)^2H^4Ca$

—   dicalcique. . . . . . $(PO^4)^2H^2Ca^2$

—   tricalcique. . . . . . $(PO^4)^2Ca^3$

XVI. Composés organiques. — Les corps organiques sont classés en différentes classes, telles que tous les corps d'une même classe possèdent les mêmes propriétés, ou, comme on l'a dit, possèdent la même fonction chimique. La théorie atomique permet de représenter par des formules semblables les composés d'une même classe ; alors, à l'inspection seule de la formule d'un corps, on pourra connaître les propriétés principales dont il jouit.

Formène.	CH^4
Éthylène.	C^2H^4
Acétylène.	C^2H^2
Alcool ordinaire.	$C^2H^5(OH)$
Éther ordinaire.	$C^4H^{10}O$
Acide acétique.	$C^2H^4O^2$
Acide oxalique.	$C^2H^2O^4$
Glucose.	$C^6H^{12}O^6$
Cellulose.	$C^6H^{10}O^5$
Méthylamine.	CH^5Az
Quinine.	$C^{20}H^{24}Az^2O^2$

Notation atomique

CHAPITRE III

Équations chimiques.

$$3 MnO^2 = Mn^3O^4 + O^2$$
$$2 ClO^3K = 3 O^2 + 2 KCl$$
$$3 Fe + 4 H^2O = Fe^3O^4 + 4 H^2$$
$$Zn + 2 HCl = H^2 + ZnCl^2$$
$$Zn + SO^4H^2 = H^2 + SO^4Zn$$
$$2 H^2 + O^2 = 2 H^2O$$
$$H^2 + Cl^2 = 2 HCl$$
$$H^2 + I^2 = 2 HI$$

Bases.

$$AzO^3H + KOH = AzO^3K + H^2O$$
$$HCl + NaOH = NaCl + H^2O$$

CHAPITRE IV

Isomorphisme. — *Formule des aluns.*

Alun ordinaire. $\quad (SO^4)^3Al^2 + SO^4K^2 + 24 H^2O$
— de chrome. $\quad (SO^4)^3Cr^2 + SO^4K^2 + 24 H^2O$

CHAPITRE V

Protoxyde d'azote. — Az^2O.
Bioxyde d'azote. — AzO.
Anhydride azoteux. — Az^2O^3.
—   hypoazotique. — AzO^2.
—   azotique. — Az^2O^5.
—   perazotique. — AzO^3.
Acide azotique. — AzO^3H.
Acide azoteux. — AzO^2H.
Salpêtre. — AzO^3K.
Préparation de l'acide azotique.

$$AzO^3K + SO^4H^2 = AzO^3H + SO^4KH$$

Propriétés de l'acide azotique.

$$Acide\ du\ commerce\dots\dots\dots (AzO^3H)^2, 3\,H^2O$$
$$4AzO^3H = 2Az^2 + 5O^2 + 2H^2O$$
$$4AzO^3H = 4AzO^2 + O^2 + 2H^2O$$
$$2AzO^3H + 5H^2 = Az^2 + 6H^2O$$
$$AzO^3H + 4H^2 = AzH^3 + 3H^2O$$
$$3Cu + 8AzO^3H = 3[(AzO^3)^2Cu] + 2AzO + 4H^2O$$

Azotates. — AzO^3M ou $(AzO^3)^2M$, suivant que le métal
est monovalent ou divalent.
Protoxyde d'azote. — Az^2O.

$$AzO^3(AzH^4) = Az^2O + 2H^2O$$

Bioxyde d'azote. — AzO.

$$3Cu + 8(AzO^3H) = 3[(AzO^3)^2Cu] + 2AzO + 4H^2O$$
$$2AzO + O^2 = 2AzO^2$$

Anhydride hyponazotique. — AzO^2.

$$2[(AzO^3)^2Pb] = 2PbO + 4AzO^2 + O^2$$
$$3AzO^2 + H^2O = 2AzO^3H + AzO$$
$$2AzO^2 + 2KOH = AzO^3K + AzO^2K + H^2O$$

Ammoniaque. — AzH^3.

$$2AzH^4Cl + CaO = AzH^3 + CaCl^2 + H^2O$$
$$4AzH^3 + 3O^2 = 2Az^2 + 6H^2O$$
$$AzH^3 + 2O^2 = AzO^3H + H^2O$$

Ammonium. — AzH^4.

Chlorure d'ammonium. . . . . AzH^4Cl
Sulfate. . . . . $SO^4(AzH^4)^2$
Azotate. . . . . $AzO^3(AzH^4)$

CHAPITRE VI

Fluor. — Poids atomique $Fl = 19$. — Poids moléculaire $Fl^2 = 38$.

Acide fluorhydrique. — HFl.

Chlore. — Poids atomique $Cl = 35,5$. — Poids moléculaire $Cl^2 = 71$.

$$MnO^2 + 4HCl = Cl^2 + MnCl^2 + 2H^2O$$
$$2NaCl + MnO^2 + 2SO^4H^2 = Cl^2 + SO^4Na^2 + SO^4Mn + H^2O$$
$$H^2 + Cl^2 = 2HCl$$
$$K^2 + Cl^2 = 2KCl$$

Chlorure de cuivre. — $CuCl^2$.
Chlorures de mercure. — Hg^2Cl^2 et $HgCl^2$.

$$2H^2O + 2Cl^2 = 4HCl + O^2$$
$$AzH^3 + 3Cl^2 = AzCl^3 + 3HCl$$
$$2AzH^3 + 3Cl^2 = Az^2 + 6HCl$$
$$2H^2S + 2Cl^2 = 4HCl + S^2$$
$$Cl^2 + 2KOH = KCl + ClOK + H^2O$$
$$3Cl^2 + 6KOH = 5KCl + ClO^3K + 3H^2O$$
$$Cl^2 + CaO = CaOCl^2$$
$$2Cl^2 + 2HgO = Cl^2O + Hg^2OCl^2$$
$$2KBr + Cl^2 = Br^2 + 2KCl$$

Composés oxygénés du chlore.

Anhydride hypochloreux............... Cl^2O
Acide chloreux....................... ClO^2H
Anhydride hypochlorique.............. ClO^2
Acide chlorique...................... ClO^3H
— perchlorique................... ClO^4H
Hypochlorite de potasse.............. $ClOK$
— de soude.................... $ClONa$
— de chaux................... $(ClO)^2Ca$
Eau de Javel......................... K^2OCl^2
— de Labarraque.................. Na^2OCl^2
Chlorure de chaux.................... $CaOCl^2$

$$CaOCl^2 + CO^2 = CO^3Ca + Cl^2$$

Chlorate de potasse. — ClO^3K.
Acide chlorhydrique. — HCl.

$$2NaCl + SO^4H^2 = 2HCl + SO^4Na^2$$

Hydrate d'acide chlorhydrique. — $HCl + 8H^2O$.

$$KOH + HCl = KCl + H^2O$$
$$Fe^2O^3 + 6HCl = Fe^2Cl^6 + 3H^2O$$
$$AzH^3 + HCl = AzH^4Cl$$
$$AzO^3Ag + HCl = AzO^3H + AgCl$$
$$AzO^3Ag + NaCl = AzO^3Na + AgCl$$

Chlorure d'or. — $AuCl^3$ — Chlorure de platine. — $PtCl^4$.

Brome. — Poids atomique. $Br = 80$ — Poids moléculaire $Br^2 = 160$.

Iode. — Poids atomique. $I = 127$ — Poids moléculaire $I^2 = 254$.

$$2KBr + MnO^2 + 2SO^4H^2 = Br^2 + SO^4K^2 + SO^4Mn + 2H^2O$$

CHAPITRE VII

Phosphore. — Poids atomique $P = 31$, —Poids moléculaire $P^4 = 124$.

Anhydride phosphorique..... P^2O^5.
Acide métaphosphorique. ... PO^3H.
  — *pyrophosphorique. ...* $P^2O^7H^4$.
  — *orthophosphorique. ...* PO^4H^3.
Métaphosphate de chaux .... $(PO^3)^2Ca$.
Phosphate tribasique de chaux $(PO^4)^2Ca^3$.
  —   *acide*   — $(PO^4)^3H^4Ca$.
Carbonate de chaux......... CO^3Ca.
Sulfate de chaux........... SO^4Ca.

$$(PO^4)^2Ca^3 + 2SO^4H^2 = (PO^4)^3H^4Ca + 2SO^4Ca$$
$$3[(PO^3)^2Ca] + 10C = (PO^4)^2Ca^3 + P^4 + 10CO$$

Hydrogène phosphoré gazeux. PH^3.
  —   —   *liquide.* PH^2.
  —   —   *solide .* P^2H.
Phosphure de calcium....... CaP.

$$PH^3 + 2O^2 = PO^4H^3$$

CHAPITRE VIII

Soufre. — Poids atomique. — $S = 32$ — Poids molécuculaire. — $S^2 = 64$.

$$3FeS^2 = Fe^3S^4 + S^2$$

Anhydride sulfureux........ SO^2.
  —   *sulfurique.......* SO^3.
Acide sulfurique .... SO^4H^2.

Anhydride sulfureux. — SO^2.

$$S^2 + 2O^2 = 2SO^2$$
$$Hg + 2SO^4H^2 = SO^4Hg + SO^2 + 2H^2O$$
$$Cu + 2SO^4H^2 = SO^4Cu + SO^2 + 2H^2O$$
$$C + 2SO^4H^2 = CO^2 + 2SO^2 + 2H^2O$$
$$2SO^2 + O^2 = 2SO^3$$
$$2SO^2 + O^2 + 2H^2O = 2SO^4H^2$$
$$2SO^2 + 4H^2 = S^2 + 4H^2O$$
$$SO^2 + 2AzO^3H = SO^4H^2 + 2AzO^2$$

Acide sulfureux. — SO_3H_2 — Sulfite de soude SO_3Na_2. — Bisulfite de soude SO_3NaH.

Acide sulfurique normal. — SO_4H_2.

$$SO_2 + 2AzO_3H = SO_4H_2 + 2AzO_2$$
$$3AzO_2 + H_2O = 2(AzO_3H) + AzO$$
$$2AzO + O_2 = 2AzO_2$$
$$2SO_4H_2 = 2SO_2 + O_2 + 2H_2O$$

Sulfate de potasse. — SO_4K_2. — *Bisulfate de potasse.* — SO_4KH.

Sulfate de cuivre. — SO_4Cu. — *Sulfate d'aluminium.* — $(SO_4)_3Al_2$.

Acide sulfhydrique. — H_2S.

$$FeS + SO_4H_2 = SO_4Fe + H_2S$$
$$FeS + 2HCl = FeCl_2 + H_2S$$
$$Sb_2S_3 + 6HCl = 2SbCl_3 + 3H_2S$$
$$2H_2S + 3O_2 = 2H_2O + 2SO_2$$
$$2H_2S + O_2 = 2H_2O + S_2$$
$$H_2S + 2O_2 = SO_4H_2$$
$$2H_2S + 2Cl_2 = 4HCl + S_2$$
$$(AzO_3)_2Pb + H_2S = PbS + 2(AzO_3H)$$

CHAPITRE IX

Carbone. — Poids atomique. — $C = 12$.

$$C + O_2 = CO_2 \qquad 2C + O_2 = 2CO$$

Acétylène. — C_2H_2 — *Sulfure de carbone* CS_2. — *Acide cyanhydrique.* — $CAzH$.

Anhydride carbonique. — CO_2.

$$CO_3Ca + 2HCl = CO_2 + CaCl_2 + H_2O$$
$$CO_3Ca + SO_4H_2 = CO_2 + SO_4Ca + H_2O$$
$$2CO_2 + H_2 = 2CO + H_2O$$
$$CO_2 + C = 2CO$$

Acide carbonique. — CO^3K^2 — *Carbonate de chaux.* — CO^3Ca.

Carbonate de potasse. — CO^3K^2 — *Bicarbonate de potasse.* — CO^3KH.

Oxyde de carbone. — CO — *Acide oxalique.* — $C^2O^4H^2$.

$$C^2O^4H^2 = CO + CO^2 + H^2O$$
$$2CO + O^2 = 2CO^2$$

CHAPITRE X

Acétylène. — C^2H^2 — *Formène.* — CH^4 — *Éthylène.* — C^2H^4.

CHAPITRE XI

Sulfure de carbone. — CS^2.

$$C + S^2 = CS^2$$
$$CS^2 + 3O^2 = CO^2 + 2SO^2$$

Acide sulfocarbonique. — CS^3H^2 — *Sulfocarbonates de potasse.* — CS^3K^2 et CS^3KH.

Cyanogène. — $CAz = Cy = 26$. Poids moléculaire $Cy^2 = 52$.

$$HgCy^2 = Hg + Cy^2$$
$$(CAz)^2 + H^2 = 2CAzH$$

Acide cyanique. . . . . $CyOH$
— fulminique. . . . . $Cy^2O^2H^2$
— cyanurique. . . . . $Cy^3O^3H^3$
Fulminate de mercure. . . . . Cy^2O^2Hg
— d'argent. . . . . $Cy^2O^2Ag^2$

Acide cyanhydrique. — $CAzH$ ou HCy.

$$HgCy^2 + 2HCl = 2HCy + HgCl^2$$

Acide borique. — BoO^3H^3.

Silice. — SiO².

Acide silicique. . . . .   SiO³H²
Silicate de potasse. . . . .   SiO³K²
Silice gélatineuse. 3SiO²,2H²O

CHAPITRE XII

Classification des métaux. — Les métaux se classent d'après leur valence. Le *potassium*, le *sodium*, l'*argent* et l'*hydrogène* sont **monovalents**; le *zinc*, le *fer* (*composés ferreux*), le *cuivre*, etc., sont **divalents**; le *bismuth*, l'*antimoine* et l'*or* sont **trivalents**; le *platine* est **tétravalent**; l'*aluminium*, le *chrome* et le *fer* (*composés ferriques*), fonctionnent par les groupements **hexavalents Al², Cr²** et **Fe²**.

Classification des oxydes. — Les oxydes se divisent en plusieurs classes :

1° *Anhydrides basiques.* — En fixant de l'eau, ils forment les *hydrates métalliques*, ou *bases* pouvant réagir sur les acides pour former des sels.

Oxyde de potassium.	K²O	Hydrate potassique. .	KOH
— sodium. . .	Na²O	— sodique. . . .	NaOH
— calcium. . .	CaO	— calcique. . .	Ca(OH)²
— plomb. . . .	PbO	— plombique. .	Pb(OH)²

L'oxyde de calcium s'appelle la *chaux vive* **CaO**; les hydrates **KOH, NaOH** et **Ca(OH)²** portent les noms vulgaires de *potasse, soude* et *chaux éteinte* ou **alcalis**.

2° *Oxydes indifférents.* — Les hydrates métalliques correspondants réagissent sur les acides en jouant le rôle de *bases* et sur les bases fortes en jouant le rôle d'*acides*.

Ce sont les sesquioxydes de fer, de chrome, d'aluminium, l'oxyde de zinc; ainsi, l'alumine gélatineuse **Al²(OH)⁶** forme avec l'acide sulfurique le sulfate d'aluminium; mais elle est soluble dans la potasse, avec laquelle elle forme l'aluminate de potassium.

Sesquioxyde de fer	Fe^2O^3	Hydrate.	$Fe^2(OH)^6$
— d'aluminium.	Al^2O^3	—	$Al^2(OH)^6$
— de chrome.	Cr^2O^3	—	$Cr^2(OH)^6$

3° *Oxydes acides.* — Ce sont des oxydes dont les hydrates sont des acides.

Bioxyde d'étain.	SnO^2
Acide stannique.	SnO^3H^2
Bioxyde de plomb.	PbO^2
Acide plombique.	PbO^4H^4
Anhydride chromique.	CrO^3

L'acide chromique n'est pas connu; mais on connaît les chromates de potassium et de plomb utilisés dans les arts :

Chromate neutre de potassium.	CrO^4K^2
Bichromate de potassium.	Cr^2O^7K
Chromate neutre de plomb.	CrO^4Pb

4° *Oxydes salins.* — Ils ont pour formule générale M^3O^4; ce sont Fe^3O^4, Pb^3O^4 et Mn^3O^4.

Oxydes singuliers. — Ce sont les *bioxydes* tels que MnO^2 et BaO^2, et les sous-oxydes de cuivre et de mercure Cu^2O et Hg^2O.

Chlorures.

Bichlorure d'étain.	$SnCl^4$	*Chlorure ferreux.*	$FeCl^2$
Protochlorure.	$SnCl^2$	— *ferrique.*	Fe^2Cl^6
Chlorure d'aluminium.	Al^2Cl^6	— *d'or.*	$AuCl^3$

CHAPITRE XIII

SELS

Sulfate de soude.	$SO^4Na^2 + 10H^2O$
— *de cuivre.*	$SO^4Cu + 5H^2O$
Carbonate de soude.	CO^3Na^2

$$Sulfate\ de\ fer. \ldots \ldots \ldots \quad SO_4Fe + 7H_2O$$
$$-\quad de\ chaux. \ldots \ldots \ldots \quad SO_4Ca + 2H_2O$$
$$Bicarbonate\ de\ soude. \ldots \ldots \quad CO_3NaH$$

Lois de Berthollet.

$$CO_3K_2 + 2HCl = CO_4 + 2KCl + H_2O$$
$$CO_3Na_2 + SO_4H_2 = CO_2 + SO_4Na_2 + H_2O$$
$$AzO_3K + SO_4H_2 = AzO_3H + SO_4KH$$
$$(AzO_3)_2Pb + SO_4H_2 = AzO_3H + SO_4Pb$$
$$AzO_3Ag + HCl = AzO_3H + AgCl$$
$$(AzO_3)_2Pb + 2KOH = 2AzO_3K + Pb(OH)_2$$
$$CO_3K_2 + Ca(OH)_2 = CO_3Ca + 2KOH$$
$$(AzO_3)_2Ba + SO_4K_2 = SO_4Ba + 2AzO_3K$$
$$AzO_3Ag + KCl = AgCl + AzO_3K$$
$$AzO_3Na + KCl = NaCl + AzO_3K$$

La théorie des équivalents n'a plus de raison d'être dans la théorie atomique.

CHAPITRE XIV

Potassium. — $K = 39$. — $K_2 = 78$.
Sodium. — $Na = 23$. — $Na_2 = 46$.

$$K_2 + 2H_2O = 2KOH + H_2 \quad et \quad Na_2 + 2H_2O = 2NaOH + H_2$$
$$CO_3K_2 + 2C = K_2 + 3CO \quad et \quad CO_3Na_2 + 2C = Na_2 + 3CO$$

Potasse KOH et Soude NaOH.

$$CO_3K_2 + Ca(OH)_2 = 2KOH + CO_3Ca$$

Chlorure de potassium KCl et Chlorure de sodium NaCl.

Carbonate neutre de potasse CO_3K_2 et bicarbonate de potasse CO_3KH.

Carbonate neutre de soude CO_3Na_2 et bicarbonate de soude CO_3NaH.

$$CO_3H(AzH_4) + NaCl = CO_3NaH + AzH_4Cl$$

Salpêtre. — AzO³K.

$$2AzO^3K = 2AzO^2K + O^2$$
$$4AzO^3K + 6C + S^2 = 2K^2S + 2Az^2 + 6CO^2$$
$$(AzO^3)^2Ca + SO^4Na^2 = SO^4Ca + 2AzO^3Na$$
$$AzO^3Na + KCl = AzO^3K + NaCl$$

CHAPITRE XV

Magnésium. — Mg = 24.

Magnésie.....................	MgO
Sulfate de magnésie..............	$SO^4Mg + 7H^2O$
Magnésie blanche................	$4MgO,H^2O,3\ CO^2 + 7H^2O$

Calcium. — Ca = 40.

Chaux vive................	CaO
Chaux éteinte..............	$Ca(OH)^2$
Carbonate de chaux..........	CO^3Ca
Bicarbonate de chaux.........	$(CO^3)^2CaH^2$
Sulfate de chaux............	SO^4Ca
Gypse.....................	$SO^4Ca + 2H^2O$
Phosphate de chaux..........	$(PhO^4)^2Ca^3$
Superphosphate de chaux......	$(PO^4)^2CaH^4$
Chlorure de chaux...........	$CaOCl^2$

$$CaO + Cl^2 = CaOCl^2$$

CHAPITRE XVI

Aluminium. — Al = 27,5.

Alumine..............	Al^2O^3
Alumine gélatineuse...	$Al^2(OH)^6$
Chlorure d'aluminium..	Al^2Cl^6
Sulfate d'aluminium...	$(SO^4)^3Al^2$
Aluminate de potasse...	$Al^2(OK)^6$
Alun................	$(SO^4)^3Al^2 + SO^4K^2 + 24H^2O$

Alun ammoniacal. . . . . $(SO_4)^3Al^2 + SO_4(AzH^4)^2 + 24\,H^2O$
Alun de chrome. . . . . . . $(SO_4)Cr^2 + SO_4K^2 + 24\,H^2O$
Silicate de soude. . . . . . SiO^3K^2
Silicate de potasse. . . . . SiO^3Na^2

CHAPITRE XVII

Toutes les formules de ce chapitre sont *les mêmes* en notation atomique qu'en équivalents.

CHAPITRE XVIII

Fer. — Fe = 56.

Oxydes de fer. . . . . $FeO - Fe^2O^3 - Fe^3O^4 - FeO^3$
Hydrate ferrique. . . . . $Fe^2(OH)^6$
Sulfures de fer. . . . . $FeS - FeS^2 - Fe^3S^4$
Protochlorure de fer. . . . . . . $FeCl^2$
Sesquichlorure de fer. . . . . Fe^2Cl^6
Sulfate ferreux. . . . . $SO^4Fe + 7\,H^2O$
Sulfate ferrique. . . . . $(SO^4)^3Fe^2$
Carbonate de fer. . . . . CO^3Fe
Ferrocyanogène. . . . . $FeCy^6$
Ferrocyanure de potassium. $FeCy^6K^4 + 3\,H^2O$
Ferricyanogène. . . . . Fe^2Cy^{12}
Ferricyanure de potassium. $Fe^2Cy^{12}K^6$
Bleu de Prusse. . . . . $(FeCy^6)^3Fe^4$

Zinc. — Zn = 65,2. — *Poids moléculaire* Zn = 65,2.

$$Zn + 2\,KOH = Zn(OK)^2 + H^2.$$

Oxyde de zinc. . . . . ZnO
Sulfure de zinc. . . . . , ZnS
Carbonate de zinc. . . . . CO^3Zn
Sulfate de zinc. . . . . $SO^4Zn + 7\,H^2O$
Chlorure de zinc. . . . . $ZnCl^2$

Nickel. — Ni = 59.

Sulfate de nickel. . . . . $SO^4Ni + 6H^2O$
Chlorure de nickel. . . . . $NiCl^2 + 6H^2O$

Cobalt. — Co = 38,7.

Chlorure de cobalt. . . . . $CoCl^2$

CHAPITRE XIX

Étain. — Sn = 118.

Oxydes d'étain. . . . . SnO et SnO^2
Acide métastannique. . . . . . $Sn^5O^{15}H^{10}$
Métastannates alcalins. . . . . $Sn^5O^{15}H^8M^2$
Acide stannique. . . . . SnO^3H^2
Stannates alcalins. . . . . SnO^3M^2
Sulfures d'étain. . . . . SnS et SnS^2
Chlorures d'étain. . . . . $SnCl^2$ et $SnCl^4$

Cuivre. — Cu = 63,5.

Oxydes de cuivre. . . . . CuO et Cu^2O
Sulfures de cuivre. . . . . CuS et Cu^2S
Sulfate de cuivre. . . . . $SO^4Cu + 5H^2O$
Azurite. . . . . $(CO^3)^2Cu^3,2H^2O$
Malachite. . . . . $CO^3Cu^2(OH)^2$
Vert-de-gris. . . . . $CO^3Cu^2(OH)^2$
Chalkopyrite. . . . . $Cu^2S + Fe^2S^3$

Plomb. — Pb = 207.

Oxydes de plomb. . . . $Pb^2O - PbO - PbO^2 - Pb^3O^4$
Hydrate plombique. . . $Pb(OH)^2$
Sulfure de plomb. . . . PbS
Chlorure de plomb. . . $PbCl^2$
Azotate de plomb. . . . $(AzO^3)^2Pb$

$$(AzO^3)^2Pb + H^2S = PbS + 2AzO^3H$$

$$\text{Sulfate de plomb.} \ldots \quad SO^4Pb$$
$$\text{Chromate de plomb.} \ldots \quad CrO^4Pb$$
$$\text{Carbonate de plomb.} \ldots \quad CO^3Pb$$
$$\text{Acétate de plomb.} \ldots \quad (C^2H^3O^2)^2Pb + 3H^2O$$

Bismuth. — Bi = 212. — *Poids moléculaire* Bi[4].

$$\text{Oxyde de bismuth} \ldots \quad Bi^2O^3$$
$$\text{Azotate de bismuth} \ldots \quad (AzO^3)^3Bi, 5H^2O$$
$$\text{Oxychlorure de bismuth} \ldots \quad BiOCl$$

CHAPITRE XX

Mercure. — Hg = 200. — *Poids moléculaire* Hg = 200

$$\text{Oxydes de mercure} \ldots \quad Hg^2O \ \text{ et } \ HgO$$
$$\text{Sulfures} \ldots \quad Hg^2S \ \text{ et } \ HgS$$
$$\text{Chlorures} \ldots \quad Hg^2Cl^2 \ \text{ et } \ HgCl^2$$

$$SO^4Hg + Hg + 2NaCl = Hg^2Cl^2 + SO^4Na^2$$
$$SO^4Hg + 2NaCl = HgCl^2 + SO^4Na^2$$

Argent. — Ag = 108.

$$\text{Oxyde d'argent} \ldots \quad Ag^2O \qquad \text{Sulfure d'argent} \ldots \quad Ag^2S$$
$$\text{Chlorure d'argent} \ldots \quad AgCl \qquad \text{Bromure d'argent} \ldots \quad AgBr$$
$$\text{Iodure d'argent} \ldots \quad AgI \qquad \text{Cyanure d'argent} \ldots \quad AgCy$$
$$\text{Azotate d'argent} \ldots \quad AzO^3Ag$$

$$\text{Métallurgie. } Ag^2S + 2NaCl + 2O^2 = SO^4Na^2 + 2AgCl$$

Or. — Au = 196,4.

$$\text{Chlorure d'or} \ldots \quad AuCl^3$$

Platine. — Pt = 197.

$$\text{Chlorure de platine} \ldots \quad PtCl^4$$
$$\text{Chloroplatinate de potassium} \ldots \quad PtCl^4, 2KCl$$

LIVRE DEUXIÈME
Chimie organique.

CHAPITRE PREMIER

Synthèse à partir des éléments. — L'acétylène s'obtient par la combinaison directe du carbone et de l'hydrogène :

$$2C + H^2 = C^2H^2$$

L'acétylène, en se combinant à l'hydrogène naissant, se transforme en *éthylène*, C^2H^4, lequel, en présence de l'eau dans les conditions de l'état naissant, s'y combine et engendre l'alcool ordinaire C^2H^6O :

$$C^2H^4 + H^2O = C^2H^6O$$

L'acétylène condensé devient la benzine C^6H^6.

$$3C^2H^2 = C^6H^6$$

Synthèse à partir des éléments oxydés. — L'oxyde de carbone CO, au contact d'un alcali, se transforme en acide formique CH^2O^2.

$$CO + H^2O = CH^2O^2$$

L'acide formique peut se transformer en anhydride carbonique et en *formène*, ou gaz des marais, lequel, en s'oxydant directement, donnera *l'esprit de bois*, ou *alcool méthylique* CH^4O.

Classification des matières organiques. — 1° *Carbures d'hydrogène :*

Gaz des marais.	CH^4
Acétylène.	C^2H^2
Éthylène.	C^2H^4
Benzine.	C^6H^6

2º *Alcools :*

Alcool méthylique.	CH^4O
— ordinaire.	C^2H^6O
Glycérine.	$C^3H^8O^3$

3º *Aldéhydes :*

L'aldéhyde ordinaire.	C^2H^4O
L'essence d'amandes amères.	C^7H^6O
Le camphre.	$C^{10}H^{16}O$

4º *Acides :*

Acide acétique.	$C^2H^4O^2$
— oxalique.	$C^2H^2O^4$

5º *Alcalis :*

Méthylamine.	CH^5Az
Éthylamine.	C^2H^7Az
Aniline.	C^6H^7Az

6º *Amides :*

Acétamide.	$(C^2H^3O)AzH^2$
Oxamide.	$C^2O^2(AzH^2)^2$

CHAPITRE II

CARBURES D'HYDROGÈNE

Carbures en général. — On les divise en 5 classes :

1º Les *carbures forméniques*, de formule C^nH^{2n+2}, dont le type est le formène CH^4.

2º Les *carbures éthyléniques*, de formule C^nH^{2n}, dont le type est l'éthylène C^2H^4.

3º Les *carbures acétyléniques*, de formule C^nH^{2n-2}, dont le type est l'acétylène C^2H^2.

4º Les *carbures camphéniques*, de formule C^nH^{2n-4}, dont le type est *l'essence de térébenthine* $C^{10}H^{16}$.

5º Les *carbures benzéniques*, C^nH^{2n-6}, dont le type est la *benzine* C^6H^6.

Les carbures de chaque série forment une suite de corps

homiologues, différant entre eux par CH^2 : les propriétés chimiques générales sont les mêmes pour tous les corps d'une même série.

Carbures fondamentaux. — Ce sont l'acétylène C^2H^2, l'éthylène C^2H^4, le formène CH^4 et l'hydrure d'éthylène C^2H^6.

$$C^2H^2 + H^2 = C^2H^4 \mid C^2H^4 + H^2 = C^2H^6 \mid C^2H^6 + H^2 = 2(CH^4).$$

Acétylène. — C^2H^2. On le prépare à l'aide de l'acéthylure de cuivre $(C^2HCu)^2O$.

$$(C^2HCu)^2O + 4HCl = H^2O + 2CuCl^2 + 2C^2H^2.$$

Combustion de l'acétylène. $2C^2H^2 + 5O^2 = 4CO^2 + 2H^2O$

Composés chlorés. . . . . . . $C^2H^3Cl^2$ et $C^2H^2Cl^4$

Oxydation de l'acétylène. . . $C^2H^2 + 4O^2 = C^2H^2O^4$ (acide oxalique).

Éthylène. — C^2H^4.

Préparation. . . . . $C^2H^6O = C^2H^4 + H^2O$

Combustion. . . . . $C^2H^4 + 6O^2 = 2CO^2 + 2H^2O$

Composés chlorés. . . . . . . $C^2H^4 + Cl^2 = C^2H^4Cl^2$

et les dérivés de $C^2H^4Cl^2$ par la substitution de Cl à H.

$$C^2H^4 + 2Cl^2 = 4HCl + 2C$$

Formène. — CH^4.

Préparation. . . . . . $C^2H^3O^2Na + NaOH = CH^4 + CO^3Na^2$

Combustion. . . . . . $CH^4 + 2O^2 = CO^2 + 2H^2O$

Composés chlorés. $CH^3Cl - CH^2Cl^2 - CHCl^3 - CCl^4$

$CH^4 + 2Cl^2 = C + 4HCl$

$CH^4 + 2Cl^2 = 4HCl + C$

Chloroforme. . . . . $CHCl^3$

Benzine. — C^6H^6.

Combustion. . . . . $2C^6H^6 + 15O^2 = 12CO^2 + 6H^2O$

$2C^6H^6 + O^2 = 2C^6H^6O$ (phénol)

Composés chlorés. . . $C^6H^6 + 3Cl^2 = C^6H^6Cl^6$

$C^6H^5Cl - C^6H^4Cl^2$, etc.

Nitrobenzine. — $C^6H^5(AzO^2)$.

$$C^6H^5(AzO^2) + 3H^2 = C^6H^7Az + 2H^2O$$

Naphtaline. — $C^{10}H^8$.

Anthracène. — $C^{14}H^{10}$, *Alizarine.* — $C^{14}H^8O^4$.

Carbures camphéniques C^nH^{2n-4}. — Cette série renferme l'*essence de térébenthine* ou **térébenthène**, ainsi que la plupart des *essences végétales.*

Essence de térébenthine.....	$C^{10}H^{16}$	157°
— de bouleau...........	»	156°
— de girofle..........	»	143°
— de sabine..........	»	155°
— de thym..........	»	165°
— de citron..........	C^5H^8	173°
— d'orange..........	»	180°
— d'élemi..........	»	174°
— de genièvre........	$C^{15}H^{24}$	160°

CHAPITRE III

ALCOOLS

Alcools en général. — *Formation des éthers.*

$$C^4H^6O + HCl = C^2H^5Cl + H^2O$$
$$C^2H^6O + AzO^3H = AzO^3(C^2H^5) + H^2O$$

Formation d'un aldéhyde et d'un acide.

$$2C^2H^6O + O^2 = 2C^2H^4O + 2H^2O$$
$$C^2H^6O + O^2 = C^2H^4O^2 + H^2O$$

Déshydratation........... $C^2H^6O = C^2H^4 + H^2O$

Formation d'une amine.

$$C^2H^6O + AzH^3 = C^2H^5AzH^2 + H^2O$$

Alcools monoatomiques. — 1re *Série.* $C^nH^{2n+1}(OH)$

Alcool méthylique..............	$CH^3(OH)$
— *éthylique*..............	$C^2H^5(OH)$
— *propylique*..............	$C^3H^7(OH)$
— *butylique*..............	$C^4H^9(OH)$
— *amylique*..............	$C^5H^{11}(OH)$

2e *Série.* — $C^nH^{2n-1}(OH)$:

    Alcool allylique. . . . . $C^3H^5(OH)$

3e *Série.* — $C^nH^{2n-3}(OH)$:

    Camphre de Bornéo. . . . . $C^{10}H^{17}(OH)$

4e *Série.* — $C^nH^{2n-7}(OH)$:

    Alcool benzylique. . . . . $C^7H^7(OH)$

5e *série.* — $C^nH^{2n-9}(OH)$:

    Alcool cinnamique. . . . . $C^9H^9(OH)$
    Cholestérine. . . . . $C^{26}H^{43}(OH)$

Alcool diatomique. — *Glycol*, $C^2H^4(OH)^2$.

Alcool triatomique. — *Glycérine*, $C^3H^5(OH)^3$.

Phénol. — C^6H^6O ou $C^6H^5(OH)$.

Alcool ordinaire. — C^2H^6O ou $C^2H^5(OH)$.

Production par fermentation. $C^6H^{12}O^6 = 2(C^2H^6O) + 2CO^2$.

Combustion et oxydation.
$$2C^2H^6O + 12O^2 = 4CO^2 + 6H^2O$$
$$2C^2H^6O + O^2 = 2C^2H^4O + 2H^2O$$
$$C^2H^6O + O^2 = C^2H^4O^2 + H^2O$$

CHAPITRE IV

Éthers-sels.

Alcool. . . . . $C^2H^6O = (C^2H^5)OH$ *Hydrate d'éthyle.*
Éther chlorhydrique. $C^2H^5Cl = (C^2H^5)Cl$ *Chlorure d'éthyle.*
  — *sulfatique*. . . . . $SO^4(C^2H^5)^2$ *Sulfate neutre d'éthyle.*
Acide éthylsulfurique. $SO^4(C^2H^5)H$ *Bisulfate d'éthyle.*
Éther acétique. . . . . . $C^2H^3O^2(C^2H^5)$ *Acétate d'éthyle.*

A chaque alcool monoatomique correspond un radical particulier, homologue de l'éthyle :

Alcool méthylique ou esprit de bois. CH^4O *Radical* CH^3 *Méthyle.*
  — *éthylique ou alcool de vin*. . C^2H^6O — C^2H^5 *Éthyle.*
  — *propylique*. . . . . C^3H^8O — C^3H^7 *Propyle.*
  — *butylique*. . . . . $C^4H^{10}O$ — C^4H^9 *Butyle.*
  — *amylique*. . . . . $C^5H^{12}O$ — C^5H^{11} *Amyle.*

Formules de formation.

$$C^2H^6O + HCl = C^2H^5Cl + H^2O$$
$$C^2H^6O + AzO^3H = AzO^3(C^2H^5) + H^2O$$
$$2C^2H^6O + SO^4H^2 = SO^4(C^2H^5)^2 + 2H^2O$$
$$C^2H^6O + SO^4H^2 = SO^4(C^2H^5)H + H^2O$$

Saponification. . . . .

$$AzO^3(C^2H^5) + KOH = AzO^3K + C^2H^6O$$
$$C^2H^5Cl + KOH = KCl + C^2H^6O$$

Éthers mixtes.

— L'alcool peut s'écrire $\left.\begin{matrix} C^2H^5 \\ H \end{matrix}\right|\,O$

Substituons à l'atome d'hydrogène le radical C^2H^5 ; nous aurons l'*éther ordinaire :*

$$\left.\begin{matrix} C^2H^5 \\ C^2H^5 \end{matrix}\right|\,O = C^4H^{10}O$$

Éther ordinaire. — $C^4H^{10}O$.

Théorie de l'éthérification :

$$C^2H^6O + SO^4H^2 = SO^4H(C^2H^5) + H^2O$$
$$SO^4H(C^2H^5) + C^2H^6O = C^4H^{10}O + SO^4H^2$$

Combustion. . . . . $C^4H^{10}O + 12O^2 = 4CO^2 + 5H^2O$

Éther oxalique. — $C^2O^4(C^2H^5)^2$.

$$C^2O^4(C^2H^5)^2 + 2KOH = 2C^2H^6O + C^2O^4K^2$$

Glycérine. — $C^3H^8O^3$ ou $C^3H^5(OH)^3$.

Chlorhydrines. . . . .
$$C^3H^5(OH)^2Cl$$
$$C^3H^5(OH)Cl^2$$
$$C^3H^5Cl^3$$

Stéarines. . . . .
$$C^3H^5(OH)^2(C^{18}H^{35}O^2)$$
$$C^3H^5(OH)(C^{18}H^{35}O^2)^2$$
$$C^3H^5(C^{18}H^{35}O^2)^3$$

Nitroglycérine ou *trinitrine* $C^3H^5(AzO^3)^3$.

$$2[C^3H^5(AzO^3)^3] = 6CO^2 + 10H^2O + 3Az^2 + O^2$$

Corps gras.

Oléine.	$C^3H^5(C^{18}H^{33}O^2)^3$	*Acide oléique.*	$C^{18}H^{34}O^2$
Stéarine.	$C^3H^5(C^{18}H^{35}O^2)^3$	— *stéarique.* . . .	$C^{18}H^{36}O^2$
Margarine. . . .	$C^3H^5(C^{16}H^{31}O^2)^3$	— *margarique.*	$C^{16}H^{32}O^2$

CHAPITRE V

MATIÈRES SUCRÉES

Les *glucoses* ont pour formule $C^6H^{12}O^6$ ou $(C^6H^7O)(OH)^5$; on les considère comme des alcools pentatomiques. Les *saccharoses* sont des alcools polyglucosiques, obtenus par l'union de deux glucoses avec élimination d'eau :

$$C^6H^{12}O^6 + C^6H^{12}O^6 = C^{12}H^{22}O^{11} + H^2O$$

Glucose. — $C^6H^{12}O^6$.

    Glucose cristallisée. . . . . $C^6H^{12}O^6 + H^2O$
    Glucosane. . . . . $C^6H^{10}O^5$

Lévulose. — $C^6H^{12}O^6$.
Saccharose. — $C^{12}H^{22}O^{11}$.
Lactose. — $C^{12}H^{22}O^{11} + H^2O$.

CHAPITRE VI

Fécule et amidon. — $C^6H^{10}O^5$.
Dextrines. — $(C^6H^{10}O^5)^n$.
Celluloses. — $(C^6H^{10}O^5)^n$.

Celluloses nitriques. $C^{12}H^{10}O^5(AzO^3H)^5$ et $C^{12}H^{12}O^6(AzO^3H)^4$

Phénol. — C^6H^6O ou $C^6H^5(OH)$.
Hydroquinone. — $C^6H^4(OH)^2$.
Aldéhydes. — Ce sont des composés régénérant les alcools par fixation de H^2.

$$C^2H^6O - H^2 = C^2H^4O$$

Aldéhyde ordinaire. — C^2H^4O.

$$2C^2H^6O + O^2 = 2C^2H^4O + 2H^2O$$

Aldéhyde benzylique. — C^7H^6O.
Camphre. — $C^{10}H^{16}O$.

CHAPITRE VII

ACIDES ORGANIQUES

Acides monobasiques. — Les *acides monobasiques* comprennent deux grandes familles principales :

PREMIÈRE FAMILLE. — ACIDES GRAS $C^nH^{2n}O^2$.

Ce sont les acides dérivés des carbures d'hydrogène, de formule C^nH^{2n}.

$$\text{Acide formique} \dots\dots\dots\dots \quad CH^2O^2$$
$$\text{— acétique} \dots\dots\dots\dots \quad C^2H^4O^2$$
$$\text{— margarique} \dots\dots\dots\dots \quad C^{16}H^{32}O^2$$
$$\text{— stéarique} \dots\dots\dots\dots \quad C^{18}H^{36}O^2$$

DEUXIÈME FAMILLE. — ACIDES AROMATIQUES.

$$\text{Acide benzoïque} \dots\dots\dots\dots \quad C^7H^6O^2$$
$$\text{— toluique} \dots\dots\dots\dots \quad C^8H^8O^2$$

Leurs sels se forment comme ceux des acides minéraux. L'acide acétique donne :

$$\text{Acetate de potassium} \dots\dots\dots \quad C^2H^3O^2K$$
$$\text{— de cuivre} \dots\dots\dots \quad (C^2H^3O^2)^2Cu$$

Acides bibasiques. — Les *acides bibasiques* ont pour type l'*acide oxalique* $C^2H^2O^4$, l'*acide succinique* $C^4H^6O^4$, etc.

L'*acide oxalique* forme deux oxalates de potassium : l'*oxalate neutre de potassium* $C^2O^4K^2$ et le *bioxalate de potassium* C^2O^4KH ; on connaît encore l'*oxalate d'ammonium* $C^2O^4(AzH^4)^2$, l'*oxalate neutre de calcium* C^2O^4Ca, etc.

Acides divers. — Les *acides tribasiques* ont pour type l'*acide carballylique* $C^6H^8O^6$.

Les *acides à fonction complexe* principaux sont :

Acide malique...	$C^4H^6O^5$	*Acide tartrique*..	$C^4H^6O^6$
— gallique...	$C^6H^6O^4$	*— citrique*...	$C^6H^8O^7$

Acide formique. — CH^2O^2.

$$CO + H^2O = CH^2O^2$$
$$C^2H^2O^4 = CH^2O^2 + CO^2$$

Formiate de potassium. . . . . CHO^2K
— *de plomb*. . . . . $(CHO^2)^2Pb$

$$(CHO^2)^2Pb + H^2S = 2CH^2O^2 + PbS$$
$$CHO^2K + KOH = H^2 + CO^3K^2$$

Formiate d'éthyle. . . . . $CHO^2(C^2H^5)$

Acide acétique. — $C^2H^4O^2$.

Produits chlorés. . . $C^2H^3ClO^2$. — $C^2H^2Cl^2O^2$. — $C^2HCl^3O^2$
Chlorure d'acétyle. . . . . C^2H^3ClO

Acétates.

Acétate de sodium. . . . . $C^2H^3O^2Na$
— *de cuivre*. . . . . $(C^2H^3O^2)^2Cu + H^2O$
— *neutre de plomb*. . . $(C^2H^3O^2)Pb + 3H^2O$
— *bibasique de plomb*. $(C^2H^3O^2,^2Pb,PbH^2O^2$
— *tribasique de plomb*. $(C^2H^3O^2)^2Pb,2PbH^2O^2$

Acides aromatiques.

Acide benzoïque. . . . . $C^7H^6O^2$
et *Benzoate de soude*. . . . . $C^7H^5O^2K$
Acide salycilique. . . . . $C^7H^6O^3$

Acide oxalique. — $C^2H^2O^4$. — *Acide cristallisé*
$C^2H^2O^4 + 2H^2O$.
Acide succinique. — $C^4H^6O^4$.
Acide lactique. — $C^3H^6O^3$.
Acides tartriques. — $C^4H^6O^6$.

Tartrates alcalins. . . $C^4H^4O^6M^2$ ou $C^4H^4O^6MH$
Émétique. . . . . $C^4H^4O^6K(SbO) + H^2O$

Acide citrique. — $C^6H^8O^7 + H^2O$.
Acide gallique. — $C^7H^6O^5$.
Tannin. — $C^{14}H^{10}O^4$.

CHAPITRE VIII

Aniline. — C^6H^7Az.

Préparation.... $C^6H^5AzO^2 + 3H^2 = C^6H^7Az + 2H^2O$

Toluidines. — C^7H^9Az.
Rosaniline. — $C^{20}H^{19}Az^3$.
Fuchsine. — $C^{20}H^{20}Az^3Cl$.

ALCALOÏDES

Morphine. — $C^{17}H^{19}AzO^3+H^2O$.

Chorhydrate de morphine. . $C^{17}H^{19}AzO^3,HCl + H^2O$

Codéine. — $C^{18}H^{21}AzO^3+H^2O$.
Quinine. — $C^{20}H^{24}Az^2O^2+3H^2O$.

Sulfate de quinine. ...... $2(C^{20}H^{24}Az^2O^2),SO^4H^2 + 7H^2O$

Cinchonine. — $C^{20}H^{24}Az^2O$ et **Conine** $C^8H^{15}Az$.
Strychnine. — $C^{21}H^{22}Az^2O^2$ et *sulfate de strychnine* $2(C^{21}H^{22}Az^2O^2),SO^4H^2$.
Brucine. — $C^{23}H^{26}Az^2O^4$ et **Nicotine** $C^{10}H^{14}Az^2$.
Indigotine. — C^8H^5AzO et *indigo blanc* $C^{16}H^{12}Az^2O^2$.

CHAPITRE IX

AMIDES

Amides. — On appelle *amides* des composés formés par la réaction de l'ammoniaque sur les acides à fonction simple, avec élimination des éléments de l'eau.

Ex. : $C^2H^4O^2 + AzH^3 = (C^2H^3O)AzH^2 + H^2O$
Acétamide.

Réciproquement, en fixant les éléments de l'eau, les amides reproduisent l'ammoniaque et l'acide générateur.

Les *amines* peuvent donner naissance de la même manière

à des composés analogues aux amides et appelés *alcalamides*.

Ex. : $C^2H^4O^2 + C^2H^7Az = (C^2H^3O)(C^2H^5)AzH + H^2O$

Acide acétique. Éthylamine. Éthylacétamide. Eau.

Les *amides* se divisent en plusieurs classes, suivant le nombre des molécules d'acide agissant sur une molécule d'ammoniaque.

1° **Amides primaires.** — Ils dérivent d'une seule molécule des acides à fonction simple monobasique. Le type est l'*acétamide* $(C^2H^3O)AzH^2$.

2° **Amides secondaires.** — Ils dérivent de 2 molécules d'acide monobasique.

$$2(C^2H^4O^2) + AzH^3 = (C^2H^3O)^2AzH + 2H^2O$$

Diacétamide.

Les 2 molécules d'acide peuvent être identiques ou différentes.

3° **Amides tertiaires.** — Ils dérivent de 3 molécules d'acide monobasique.

$$3(C^2H^4O^2) + AzH^3 = (C^2H^3O)^3Az + 3H^2O$$

Triacétamide.

Les 3 molécules d'acide peuvent être identiques ou différentes.

4° On peut aussi obtenir des *amides* avec des acides à fonction simple bibasiques. Ainsi l'*oxamide* est dérivé de l'acide oxalique et de l'ammoniaque, avec élimination de 2 molécules d'eau :

$$C^2H^2O^4 + 2AzH^3 = C^2H^4Az^2O^2 + 2H^2O$$

Acide oxalique. Oxamide.

5° On peut aussi obtenir des amides avec des acides à fonction complexe ; ce sont alors des *amides-alcools*, des *amides-éthers*, etc.

Urée. — $CO \Big\langle {\ \ AzH^2. \atop \ \ AzH^2.}$

Acide urique. — $C^5H^4Az^4O^3$.

Acide hippurique. — $C^9H^9AzO^3$.

COMPLÉMENTS

Ozone. — OO^2.
Eau oxygénée. — H^2O^2.

$$BaO^2 + 2HCl = BaCl^2 + H^2O^2$$

Hyposulfite de soude. — $S^2O^3Na^2$.

$$2SO^3Na^2 + S^2 = 2(S^2O^3Na^2)$$

Préparation du phosphore.

Orthophosphate tricalcique. — $(PO^4)^2Ca^3$.
Orthophosphate monocalcique. — $(PO^4)^2H^4Ca$.

$$(PO^4)^2Ca^3 + 2SO^4H^2 = 2SO^4Ca + (PO^4)^2H^4Ca$$

Métaphosphate de chaux. — $(PO^3)^2Ca$.

$$4[(PO^3)^2Ca] + 10C = 10CO + 2[P^2O^7Ca^2] + P^4$$
$$3[(PO^3)^2Ca] + 10C = 10CO + (PO^4)^2Ca^3 + P^4$$

Arsenic. — *Poids atomique* $As = 75$. — *Poids moléculaire* $As^4 = 300$.

Anhydride arsénieux. — As^2O^3.
Chlorure d'arsenic. — $AsCl^3$.
Hydrogène arsénié. — AsH^3.

$$As^2O^3 + 12H^2 = 2AsH^3 + 3H^2O$$

PRÉLIMINAIRES

1. Objet de la chimie. — Phénomènes physiques. — Phénomènes chimiques. — Les *sciences physiques* comprennent la **physique** et la **chimie**. Elles ont pour objet l'étude des phénomènes dont les corps sont le siège ; à cet effet, on *observe* les phénomènes naturels et on détermine les lois qui les régissent ; ou bien, par *l'expérience*, on provoque, dans des conditions simples et bien définies, la production des phénomènes observés.

Parmi ces phénomènes, les uns sont *passagers* et n'altèrent pas la constitution intime des corps ; ce sont les *phénomènes physiques*.

La dilatation du fer par la chaleur, la fusion de la glace, la vaporisation de l'eau, l'électrisation du verre par le frottement, sont des *phénomènes physiques*. Quand le phénomène cesse, le corps reprend son *état primitif*.

Il existe aussi d'autres phénomènes qui modifient la constitution intime des corps : on leur a donné le nom de *phénomènes chimiques ;* ces phénomènes sont *permanents* et donnent naissance à des substances différentes de celles qui ont servi à leur manifestation.

Voici quelques exemples de phénomènes chimiques :

1º Le fer, exposé à l'air humide, augmente de poids ; il perd son éclat métallique ; il devient de la *rouille*, qui diffère essentiellement du fer par toutes ses propriétés ; en outre, la transformation du fer en rouille est durable.

2º Si l'on fait passer une étincelle électrique à travers un mélange d'*oxygène* et d'*hydrogène*, le mélange détone ; les deux gaz ont disparu et sont remplacés par un corps bien différent, qui est l'*eau*, liquide à la température ordinaire.

3° Du papier photographique, exposé à la lumière, noircit et prend une teinte indélébile *, parce que la pâte du papier renferme un enduit brun d'argent divisé, dont le poids est moindre que celui du composé argentifère dont le papier était primitivement imprégné.

Tous ces phénomènes sont des *phénomènes chimiques* : le produit en est *durable* et différent des substances qui ont été le siège du phénomène.

La **chimie** fait connaître les propriétés particulières des corps et cherche à pénétrer leur constitution : elle étudie leurs actions mutuelles et détermine les lois fondamentales des phénomènes chimiques.

2. Réactions chimiques. — Combinaisons chimiques. — Décompositions chimiques. — Quand un phénomène chimique se produit, on dit qu'il s'accomplit une *réaction chimique;* deux cas sont à considérer :

1° *Le produit de la réaction est plus complexe que chacun des corps qui l'ont formé :* on dit alors qu'il s'est produit une *combinaison chimique.* Exemple : la production de la rouille; le fer s'est *combiné* avec l'oxygène et la vapeur d'eau de l'air. Autre exemple : sous l'action de l'étincelle électrique, l'*oxygène* et l'*hydrogène* se sont combinés pour produire de l'*eau.*

2° *Le produit de la réaction est plus simple que le corps qui en a été le siège :* il y a alors une *décomposition chimique.*

Exemple : la décomposition du chlorure d'argent du papier photographique sous l'action de la lumière : il se forme de l'*argent* et du *chlore,* corps plus simples que le chlorure d'argent.

3. Corps simples. — Corps composés. — Analyse. — Synthèse. — Prenons un morceau de *craie* et chauffons-le au rouge : nous en extrairons un gaz irrespirable et n'entretenant pas la combustion, nommé *acide carbonique;* nous trouverons comme résidu * une matière terreuse, blanche, fixe, qui est la *chaux vive;* nous en conclurons que la craie était un corps *composé.* — Faisons passer le courant électrique dans un *Voltamètre* * à travers de l'eau *acidulée* par l'acide sulfurique (fig. 1) : il se dégagera deux gaz, l'un, combustible ou gaz *hydrogène,* l'autre, comburant * ou gaz *oxygène :* donc, l'eau était un *corps composé*. Mais si nous voulons essayer de pousser plus loin la décomposition, nous serons arrêtés : on ne peut retirer de l'hydrogène et de l'oxygène que ces corps eux-mêmes. On dit alors que ce sont des *corps simples indécomposables*, des *éléments*.

Le chimiste doit rechercher quels sont les corps simples qui constituent un corps composé donné, et quelles sont les proportions en poids de ses éléments constitutifs. Il peut procéder, pour atteindre ce but, par l'**analyse** ou par la **synthèse**. L'*analyse* est la décomposition d'un corps en ses éléments ; la *synthèse* est l'action de combiner entre eux les corps simples pour produire les corps composés. Ainsi,

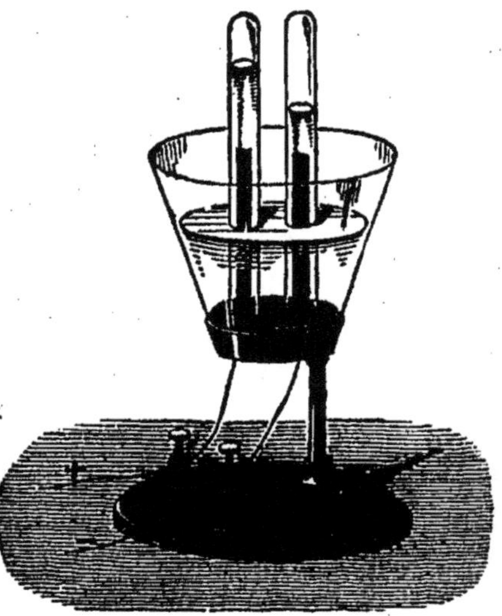

Fig. 1. **Analyse de l'eau par le courant électrique.** — Si l'on fait passer un courant électrique à travers de l'eau acidulée, au moyen de deux tiges de platine recouvertes de deux éprouvettes graduées, il se dégage de l'*hydrogène* au pôle *négatif* et de l'*oxygène* au pôle *positif*.

par exemple, en faisant passer un courant électrique à travers de l'eau acidulée, on fait l'*analyse* de l'eau.

Au contraire, plaçons dans un flacon 2 litres d'*hydrogène* et 1 litre d'*oxygène* et présentons au mélange une allumette enflammée : le *mélange* détone ; des gouttelettes d'eau ruissellent sur les parois du flacon, et les deux gaz n'ont laissé aucun résidu gazeux : on a fait la *synthèse* de l'eau.

Généralement, la *synthèse* est employée pour vérifier et confirmer les résultats de l'*analyse*.

4. Agents chimiques. — D'ordinaire les *réactions chimiques* ne s'effectuent que sous l'action d'agents particuliers appelés *agents chimiques*, tels que la chaleur, l'électricité, la lumière.

1° *Chaleur.* — Une chaleur modérée favorise la combinaison, tandis qu'une température très élevée la détruit. Chauffons, par exemple, du mercure à l'air à une température de 350°, le mercure se recouvrira d'une *pellicule rouge*, formée par la combinaison du *mercure* avec l'*oxygène de l'air*. — Recueillons cette poudre rouge et chauffons-la au rouge sombre dans une cornue; nous la décomposerons et nous reproduirons du *mercure* et de l'*oxygène* (fig. 2).

2° *Électricité*. — L'étincelle électrique provoque la combinaison de l'hydrogène et de l'oxygène. Le courant électrique est un *agent de décomposition* puissant, qui trouve son emploi dans la dorure, l'argenture

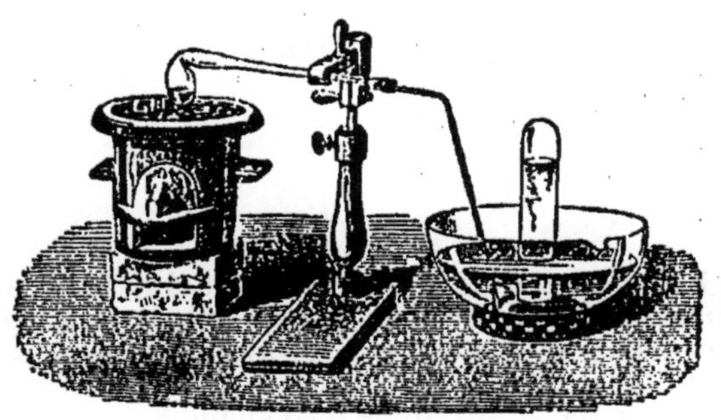

Fig. 2. Décomposition des corps par la chaleur. — Si l'on chauffe la rouille du mercure dans une cornue mise en communication avec une éprouvette plongée dans l'eau froide, on recueille de l'oxygène dans l'éprouvette, tandis que des gouttelettes de mercure restent dans le col de la cornue.

et la galvanoplastie*. En faisant passer un courant électrique à travers une dissolution d'iodure de potassium, on décomposera ce dernier corps en deux éléments, *iode* et *potassium*.

3° *Lumière*. — La lumière détermine la combinaison du *chlore* et de l'*hydrogène;* mais elle décompose certains *composés argentifères*, comme celui qui imprègne le papier photographique.

Conseils pédagogiques. — Le professeur devra, dans la limite de ses ressources, exécuter chacune des expériences précitées, en n'employant que les procédés les plus simples. Il *insistera particulièrement* sur la différence qui existe entre les *phénomènes physiques* et les *phénomènes chimiques*, de manière à bien faire comprendre quel est *l'esprit particulier* à chacune des deux sciences.

CHAPITRE PREMIER

EAU. — OXYGÈNE. — HYDROGÈNE.

EAU

Sommaire. — 1. L'eau est un corps *composé* formé par la combinaison de deux gaz, nommés *hydrogène* et *oxygène*, dans la proportion de 2 volumes d'hydrogène pour 1 volume d'oxygène : on le démontre par la synthèse eudiométrique. En poids, 1 gramme d'hydrogène se combine avec 8 grammes d'oxygène.

2. Le poids d'un corps composé est égal à la somme des poids des corps composants. — Les corps simples se combinent entre eux dans des proportions définies et invariables.

3. Propriétés de l'eau. — Elle a son *maximum de densité à* 4°. — La glace est plus légère que l'eau. — L'eau dissout des corps solides et des gaz. — L'eau est décomposée par la chaleur au delà de 1000°. — L'eau est décomposée par le charbon et par un grand nombre de métaux. — L'eau est nécessaire à la vie des animaux et des végétaux.

4. Une eau potable tient en dissolution de l'air et 0ᵍʳ,5 environ de sels par litre. — Une eau est dite *crue* ou *dure*, quand elle est trop chargée de sels. — Eaux minérales. — Pour obtenir l'eau pure, on distille l'eau ordinaire dans un alambic.

5. Historique. — Parmi les corps qui jouent un rôle dans les phénomènes de la vie du globe, il n'en est pas de plus important que l'**Eau**. Aussi commencerons-nous par l'étude de ce *corps composé*, et nous déduirons de cette étude la plupart des lois générales de la chimie.

Jusqu'à la fin du siècle dernier, l'**eau** avait été considérée comme un *élément*, c'est-à-dire un corps simple. En 1781, **Cavendish** [1], physicien anglais, démontra que l'eau se formait quand on enflamme à l'air un jet de gaz *hydrogène* (fig. 3). Mais ce fut **Lavoisier** [2] qui, en 1783, eut l'honneur d'établir que l'eau est formée par la combinaison de l'*hydrogène* et

1. **Cavendish**, né à Nice en 1731, mort en 1801, découvrit la composition de l'eau et de l'acide nitrique, ainsi que les propriétés de l'hydrogène.

2. **Lavoisier**, né à Paris le 16 août 1743, mort sur l'échafaud le 8 mai 1794, peut être considéré comme le fondateur de la chimie. Il introduisit le premier l'usage de la balance ; il détermina la composition de l'air, de l'acide carbonique, de l'eau, etc.

de l'*oxygène*, sous l'action de la chaleur. L'extrême simplicité de la composition de l'eau a été démontrée, en 1805, par **Gay-Lussac**[1] et de **Humboldt**[2].

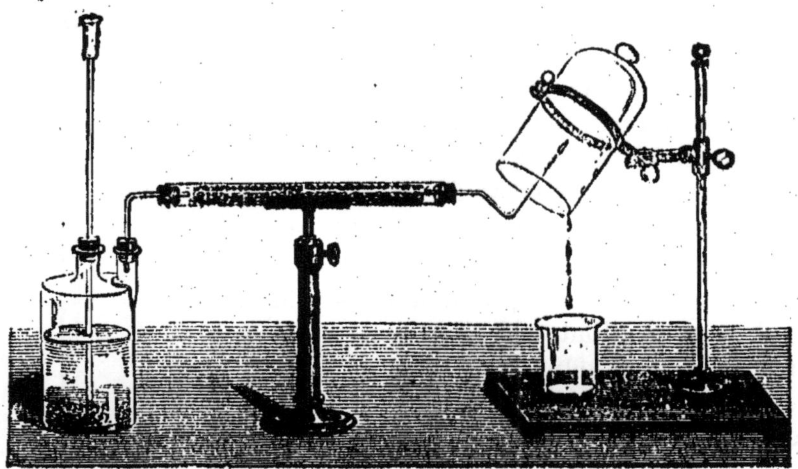

Fig. 3. **Expérience de Cavendish.** — A. Appareil producteur de l'hydrogène; B. Tube dans lequel se dessèche l'hydrogène; C. cloche où on fait brûler l'hydrogène.

6. Composition de l'eau. — On peut la déterminer soit par l'*analyse*, soit par la *synthèse*.

7. Analyse de l'eau par le courant électrique[3]. Si l'on fait passer un courant électrique à travers de l'eau légèrement acidulée contenue dans un voltamètre (fig. 4), on trouve qu'il se dégage sur l'électrode négative un gaz inflammable, brûlant avec une flamme pâle : nous le nommerons **hydrogène** ; sur l'électrode positive se dégage un gaz non inflammable, mais faisant brûler avec éclat une allumette presque éteinte : nous l'appellerons **oxygène**.

De plus, on constate que, dans le même temps, le volume d'hydrogène dégagé est double de celui de l'oxygène.

8. Synthèse de l'eau. — 1° *En volumes.* Elle se fait dans un instrument appelé *eudiomètre* (du grec *eudia*, l'air pur, pris pour type d'un corps gazeux, et *metron* mesure).

1. Gay-Lussac, né à Saint-Léonard (Haute-Vienne) en 1778, mort en 1850. On lui doit de nombreux travaux sur les acides, la découverte du cyanogène, l'étude de la dilatation des gaz, etc.

2. Alexandre de Humboldt, né à Berlin en 1764, mort en 1861, participa aux travaux de Gay-Lussac et Arago.

3. Voir le Cours de Physique Drincourt et Dupays.

Un *eudiomètre* se compose d'un tube de verre à parois épaisses AB (fig. 4) gradué en parties d'égal volume intérieur, en centimètres cubes, et plongeant dans une cuve à mercure profonde; à sa partie supérieure, ce tube est traversé par deux fils de platine, maintenus dans l'intérieur de l'eudiomètre à une petite distance l'un de l'autre. Ces fils peuvent être mis en communication avec une bobine d'induction *. — Pour faire la *synthèse* de l'eau, on remplit l'*eudiomètre* de mercure et on le renverse sur la cuve à mercure; on y fait passer 100 cent. cubes d'*hydrogène* mesurés dans le tube à la pression atmosphérique; puis, on y ajoute 50 cent. cubes d'*oxygène* mesurés à la même pression : le volume du mélange est 150 cent. cubes. On s'en assurera en enfonçant l'*eudiomètre* dans la cuve jusqu'à ce que le niveau du mercure soit le même dans le tube et dans la cuve : le mercure dans l'*eudiomètre* devra s'arrêter à la division 150 [1]. On fera passer l'étincelle électrique : il se produit de la *vapeur d'eau*, qui se condense sur les parois du tube, et le mercure, montant dans l'eudiomètre, le remplit entièrement.

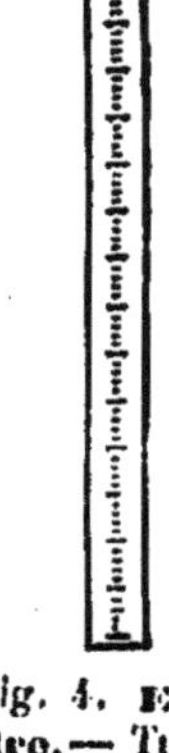

Fig. 4. **Eudio-mètre.** — Tube de verre gradué en parties d'égal volume, traversé par deux fils de platine communiquant avec une bobine d'induction.

Donc, 2 volumes d'hydrogène se combinent exactement avec 1 volume d'oxygène.

Pour déterminer le volume de la vapeur d'eau formée, recommençons l'expérience en entourant l'*eudiomètre* d'un manchon de verre, dans lequel nous ferons circuler un courant de vapeur d'alcool amylique * à la température de 130°. Après le passage de l'étincelle, la vapeur d'eau formée restera gazeuse, et on constatera que son volume est *égal* au volume de l'*hydrogène* introduit.

En résumé, 2 volumes d'hydrogène se combinent avec 1 volume d'oxygène pour former 2 volumes de vapeur d'eau.

2° En poids. Dumas [2] a trouvé par une méthode que

1. Dans toutes les *analyses eudiométriques*, on devra toujours procéder comme ci-dessus, c'est-à-dire *mesurer* les gaz introduits *à la même pression*, à la *pression atmosphérique*, pour plus de commodité.

2. **Dumas,** né à Nîmes en 1800, mort en 1884, a étudié surtout les matières organiques, les combinaisons de l'éther, les alcaloïdes, l'acide nitrique, etc.

nous exposerons plus tard [1], que l'eau est formée en poids de :

Hydrogène. 11,11
Oxygène. 88,89
Eau. 100,00

D'où il résulte que *l'eau est formée par la combinaison de 1 gramme d'hydrogène avec 8 grammes d'oxygène, formant 9 grammes d'eau* Dumas a fait 19 fois la synthèse de l'eau, et il a toujours trouvé le même résultat.

9. Propriétés physiques de l'eau. — L'eau se présente à nous sous les trois états : *liquide, solide, gazeux.*

L'*eau liquide,* en petite masse, est incolore, insipide, inodore. Elle se solidifie à 0° et forme la *glace.* Elle émet des vapeurs à toutes les températures et elle bout à 100°, sous la pression de 1 atmosphère. Sa chaleur de fusion est égale à 80 calories [2], et sa chaleur de vaporisation à 100° est égale à 537 calories. L'eau liquide, chauffée progressivement de 0° à 100°, commence par diminuer de volume jusqu'à ce qu'elle arrive à la température de 4°, puis elle augmente de volume, reprend à 8° sensiblement le même volume qu'à 0°, et se dilate ensuite jusqu'à 100°. L'eau présente donc un *maximum de densité* à 4°. Le *gramme,* qui est l'unité de poids, correspond exactement au poids de 1 *cent. cube* d'eau à 4°.

L'eau se solidifie à 0°. L'*eau solide,* ou *glace,* est un corps incolore, très transparent, ayant pour densité 0,930. Aussi la glace flotte-t-elle à la surface de l'eau. La solidification de l'eau est donc accompagnée d'une brusque augmentation de volume [3]. C'est à cette cause qu'il faut rapporter la rupture des vaisseaux des végétaux et le bris des pierres gélives pendant l'hiver.

Lorsque la glace se forme lentement, elle affecte une forme géométrique régulière : elle *cristallise* en cristaux hexagonaux, comme on peut l'observer en examinant la

1. Voir aux *Compléments.*

2. On appelle *calorie,* ou *unité de chaleur,* la quantité de chaleur nécessaire pour élever de 0° à 1° centigrade la température de 1 kilog d'eau. (Voir Cours de physique Drincourt et Dupays.)

3. Voir le Cours de Physique pour l'étude complète des propriétés physiques de l'eau.

neige au microscope ou les arborescences * qui se déposent sur les vitres pendant l'hiver (fig. 5 et 6).

La surface de l'eau exposée à l'air libre est le siège d'une évaporation continue, d'autant plus abondante que la tempé-

Fig. 5. Cristaux de glace.

Fig. 6. Arborescences de glace qui se forment sur les vitres.

rature est plus élevée; mais, à 100°, sous la pression de une atmosphère, l'eau entre en ébullition. La vapeur formée est un gaz *incolore*, ayant pour densité 0,622 ou $\frac{5}{8}$ par rapport à l'air.

10. Propriétés dissolvantes de l'eau. — Lorsque l'on met dans l'eau du sucre, du salpêtre, des sels, ces corps perdent l'état solide et se mélangent intimement à l'eau, sans qu'il y ait *combinaison*, sauf pour quelques cas particuliers

Il suffit, en effet, pour le montrer, d'évaporer l'eau de la dissolution : *on retrouve le sucre, ou le salpêtre ou les sel avec leur poids initial, et tous leurs caractères : l'eau évaporée est absolument pure.*

11. L'eau peut aussi dissoudre les gaz en quantité plus ou moins grande. Ainsi 1 litre d'eau dissout :

> 1000 litres de gaz ammoniac.
> 1 litre d'acide carbonique.
> 0',04 d'oxygène.
> 0',02 d'azote.
> 0',024 d'air atmosphérique.

12. Propriétés chimiques de l'eau. — 1° *Action de la chaleur.* L'eau est *partiellement* décomposable par la chaleur, à partir de la température de 1000°. Pour le montrer, on plonge dans l'eau une boule de *platine* chauffée au rouge blanc et on constate un dégagement d'hydrogène et d'oxygène mélangés à de la vapeur d'eau.

2° *Action des corps simples*. Si l'on fait passer un courant de vapeur d'eau sur du charbon chauffé au rouge dans un tube de porcelaine, l'eau est *décomposée :* son oxygène se combine avec le charbon pour former de l'*acide carbonique* et l'hydrogène est mis en liberté ; on recueille un mélange d'hydrogène et de gaz acide carbonique. On peut faire l'expérience très facilement en faisant passer sous une cloche remplie d'eau quelques charbons incandescents (fig. 7).

Fig. 7. **Décomposition de l'eau par le charbon.** — Il suffit de plonger dans une cloche pleine d'eau quelques charbons incandescents. L'eau se décompose et il se dégage un mélange d'*hydrogène* et d'*acide carbonique*.

L'eau peut être décomposée par presque tous les métaux, à une température plus ou moins élevée. Un fragment de *potassium* projeté sur l'eau la décompose à froid : l'hydrogène se dégage et brûle spontanément ; l'*oxygène* se combine avec le *potassium* et forme de la *potasse*, qui se dissout dans l'eau. — Le fer décompose l'eau au rouge. Si l'on fait passer, comme l'avaient fait **Lavoisier** et **Meunier**, un courant de vapeur d'eau sur un faisceau de fils de fer chauffés au rouge dans un tube de porcelaine vernissé, il se dégage de l'hydrogène (fig. 8) et il reste dans le tube une combinaison de fer et d'oxygène, appelée *oxyde magnétique de fer.*

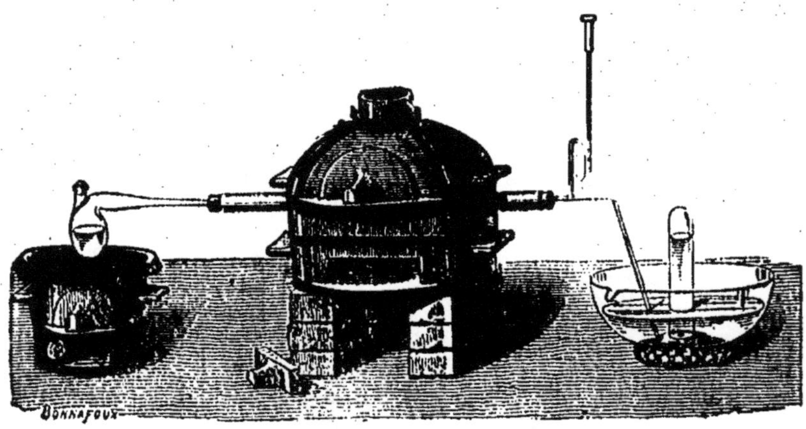

Fig. 8. **Décomposition de l'eau par le fer.** — Si l'on fait passer un courant de vapeur d'eau à travers un tube renfermant un faisceau de fils de fer, il se dégage de l'*hydrogène* qui se rend sous une éprouvette plongée dans l'eau froide, et il reste dans le tube de l'*oxyde magnétique de fer.*

L'or, l'argent, le platine et l'aluminium ne décomposent l'eau à aucune température.

13. Importance de l'eau au point de vue géologique et au point de vue de la vie animale et végétale. — L'eau, évaporée à la surface des mers, des fleuves et des lacs, se répand dans l'atmosphère à l'état de *vapeur* : c'est là qu'elle se condense pour former les *nuages.* Dans les nuages l'eau se trouve précipitée sous forme de vésicules *. Les nuages peuvent aussi se résoudre en *pluie* et en *neige.* L'eau de pluie, en arrivant sur le sol, s'y infiltre et donne naissance aux eaux souterraines et aux sources. En rongeant la surface du sol, elle y produit des ravines et des atterrissements ou amas de terre. La neige, en s'accumulant dans les cirques * des montagnes, forme les neiges perpétuelles, les hauts *névés* (du lat. *nix, nivis,* neige) et les glaciers.

L'eau est nécessaire à l'alimentation des animaux et des végétaux. Elle est rejetée par eux dans l'acte de la transpiration animale et végétale, dans la respiration, dans certaines sécrétions. — En résumé, l'eau intervient, comme agent *physique* ou *chimique*, dans la plupart des phénomènes de la vie animale ou végétale, qui est une succession continue de décompositions et de recompositions.

14. Eaux potables. — On appelle *eaux potables* les eaux qui servent à l'alimentation. Elles doivent être fraîches, sans odeur, d'une saveur agréable, être propres à la cuisson des légumes et au savonnage, être suffisamment aérées et contenir par litre de 0gr,1 à 0g,5 de matières minérales et de 25 à 50 centimètres cubes de gaz. Une eau privée d'air est fade au goût et d'une digestion difficile; on dit alors qu'elle est *lourde*. Les montagnards, qui boivent l'eau non aérée provenant de la fonte des neiges, sont souvent affectés du *goitre* (du lat. *guttur*, gosier), tumeur qui se développe au-devant de la gorge. Sur les navires, on se procure de l'eau douce par la distillation de l'eau de mer; il faut la battre à l'air avant de la livrer comme boisson.

15. Examinons quelles sont les différentes substances que les eaux tiennent en dissolution.

1º *Produits gazeux.* L'eau de pluie, en traversant l'air, se charge d'*oxygène*, d'*azote* et d'*acide carbonique* ; les eaux des lacs, des fleuves et des mers dissolvent les gaz contenus dans l'atmosphère. L'air dissous dans l'eau sert à la respiration des poissons et des végétaux aquatiques.

Pour extraire les gaz dissous dans l'eau, on prend un ballon de 2 litres environ (fig. 9), qu'on remplit de l'eau à étudier; on y adapte un bouchon muni d'un tube abducteur * également plein d'eau, de façon à ne laisser aucune trace d'air libre dans tout l'appareil. On amène le tube abducteur sous une éprouvette reposant sur la cuve à mercure, et on porte l'eau à l'ébullition. L'eau abandonne tous les gaz dissous, qui se rassemblent à la partie supérieure de l'éprouvette. On fait l'analyse du *mélange gazeux* par les procédés ordinaires. L'eau de Seine renferme, par litre :

Oxygène..................................... 10cc,1
Azote 24cc,4
Acide carbonique....................... 22,6

Dans l'eau, l'air dissous a pour composition constante :

Oxygène .... 33 volumes
Azote .... 67 volumes

L'acide carbonique s'y trouve en proportions variables, suivant que l'eau a séjourné plus ou moins longtemps à l'air libre
ou dans le sol.

2° *Matières solides minérales.* L'eau de pluie, en s'infiltrant
dans le sol, traverse des couches de terrains successives et
dissout un certain nombre de matières minérales, telles que
la *silice* et des *sels de chaux.* La silice est ensuite absorbée
par les végétaux herbacés *, qui lui doivent la rigidité de leur
tige. Les sels de chaux dissous dans une eau potable servi-

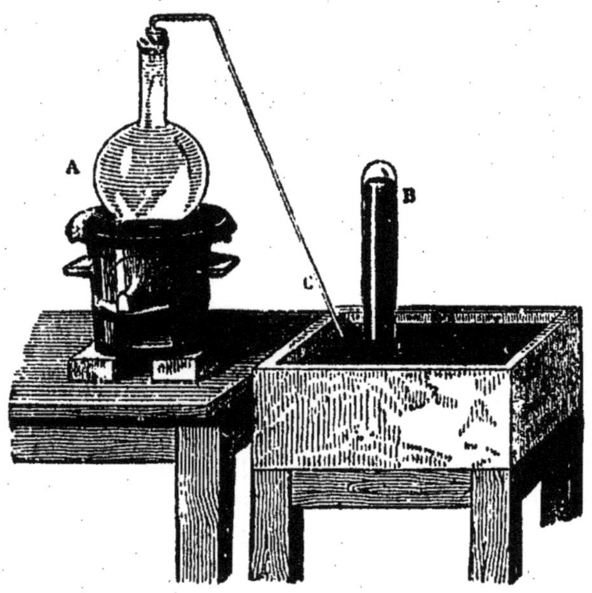

Fig. 9. **Analyse des gaz contenus dans l'eau.** — On chauffe jusqu'à ébullition
un ballon rempli d'eau et mis en communication avec une éprouvette reposant
sur la cuve à mercure. Les gaz viennent se réunir dans l'éprouvette et il ne
reste plus qu'à les analyser.

ront à constituer la partie minérale des os des animaux. —
L'eau de mer renferme du sel marin, ou *chlorure de sodium,*
des iodures, des bromures alcalins, du *chlorure de magnésium,* qui lui donne la saveur amère.

3° *Matières organiques.* Lorsque l'eau a croupi au contact
de matières organiques en putréfaction, elle prend une
odeur désagréable et repoussante. Elle peut renfermer des
matières organiques par suite d'infiltrations provenant de
fosses d'aisance voisines d'un puits ou d'une source, être

chargée de germes * et de ferments * qui engendrent des maladies épidémiques, telles que le *typhus*, le *choléra*, etc. — On évitera ces accidents en filtrant l'eau avec des *filtres-Pasteur* * ou en la faisant bouillir, pour tuer les germes et les ferments.

16. Essai des eaux. 1° *Eau calcaire.* Une eau calcaire est celle qui tient en dissolution du *carbonate de chaux*, de la craie, dissous dans l'eau à la faveur de l'acide carbonique libre. L'eau calcaire se trouble par l'ébullition, qui, chassant l'acide carbonique libre, précipite le carbonate de chaux insoluble. — L'eau calcaire se trouble quand on l'additionne d'une solution alcoolique de savon. — Une eau est dite *crue* ou *dure*, quand elle renferme une proportion trop considérable de sels de chaux. — On la reconnaît à ce que, au lieu de devenir simplement laiteuse par la dissolution alcoolique de savon, elle forme des grumeaux. L'eau trop calcaire est impropre au savonnage et à la cuisson des légumes, qu'elle durcit. Elle ne peut pas servir à l'alimentation des chaudières à vapeur, parce qu'elle dépose sur leurs parois des matières calcaires qui s'y incrustent.

2° *Eau séléniteuse.* Une eau est *séléniteuse* quand elle tient en dissolution du *sulfate de chaux*, ou gypse, ou pierre à plâtre. — Les eaux séléniteuses sont toujours dures et moins propres aux usages domestiques que les eaux calcaires. — On les reconnaît en y versant une dissolution de *chlorure de baryum*, qui donne un précipité * blanc de sulfate de baryte, insoluble dans les acides.

3° *Eau salée.* On la reconnaît à ce qu'elle donne avec une solution de *nitrate d'argent* un précipité blanc caillebotté * de chlorure d'argent, soluble dans l'ammoniaque. — L'eau de mer, qui contient 2 0/0 de chlorure de sodium et de chlorure de magnésium, précipite abondamment par le nitrate d'argent.

4° *Eau chargée de matières organiques.* On y ajoute quelques gouttes d'une dissolution de chlorure d'or et on chauffe légèrement : la matière organique réduit le sel d'or et l'or se précipite sous forme d'un dépôt brun.

17. Eaux minérales. On appelle ainsi des eaux fréquemment employées dans la médecine : elles sont tantôt *chaudes*, tantôt *froides*. Les eaux *thermales* (eaux chaudes, du grec *thermé*, chaleur) proviennent des couches profondes du sol : leur température est supérieure à 20°. En France, la source la plus chaude est celle de Chaudes-Aigues, dans le Cantal, à la température de 80° ; dans les sources d'eaux chaudes d'Islande appelées *Geysers*, la température peut dépasser 100°.

Les eaux minérales froides se divisent en cinq classes :

1° *Eaux sulfureuses*, renfermant des sulfures alcalins et plus rarement de l'*hydrogène sulfuré*. Elles ont l'odeur des œufs pourris et la saveur d'un morceau de foie. Telles sont les eaux d'Enghien *, de Pierrefonds *, d'Aix *, de Bagnères de Luchon * et de Barèges *, employées contre les affections des voies respiratoires. — Une eau sulfureuse précipite en noir par une solution d'azotate de plomb.

2° *Eaux carbonatées.* Elles sont chargées d'acide carbonique et de bicarbonates, notamment de *bicarbonate de soude.* Telles sont les eaux de Vichy *, de Saint-Galmier *, de Royat *. On les prescrit dans le traitement des maladies des voies digestives.

3° *Eaux arsenicales.* Elles renferment des arsénites et des arséniates alcalins, comme l'eau de la Bourboule, employée contre les affections rhumatismales.

4° *Eaux ferrugineuses.* Elles renferment du *bicarbonate de fer ;* elles ont une saveur d'encre; elles forment des dépôts couleur jaune d'ocre. Telles sont les eaux de Spa, d'Orezza, de Bussang; on les emploie pour combattre l'anémie et la chlorose.

5° *Eaux purgatives.* Elles renferment surtout des sels de magnésie, notamment du *sulfate de magnésie.* — Telles sont l'eau de Pullna *, l'eau de Sedlitz *, l'eau d'Hunyadi-Janos *.

18. Distillation de l'eau. — Pour obtenir de l'eau *chimiquement pure,* il suffit de distiller l'eau ordinaire. Si, en effet, on porte l'eau à l'ébullition, les matières solides qui y

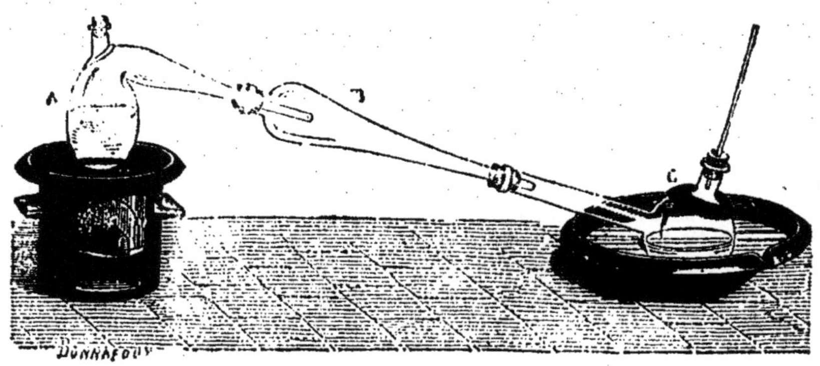

Fig. 10. **Distillation de l'eau.** — Si l'on chauffe jusqu'à l'ébullition une cornue A pleine d'eau et munie d'une allonge B, la vapeur se condense dans l'allonge et se rend dans le ballon C, où elle tombe goutte à goutte.

sont tenues en dissolution resteront dans l'alambic et la vapeur d'eau seule passera dans l'appareil réfrigérant. L'appareil distillatoire le plus simple consiste en une cornue de 1 litre A, munie d'une allonge B (fig. 10), terminée par un ballon C plongeant dans une cuve d'eau froide. On place l'eau dans la cornue et on chauffe doucement. La vapeur d'eau commence à se condenser dans l'allonge et finit par tomber en gouttelettes dans le ballon. On peut aussi employer un *alambic* muni d'un *serpentin* (fig. 11).

Fig. 11. Alambic. — A, cheminée du fourneau qui renferme la cucurbite B; C, entonnoir qui verse l'eau froide dans l'appareil réfrigérant; D, serpentin dans lequel vient se condenser l'eau vaporisée; E, vase recevant l'eau distillée.

On doit rejeter les premières portions d'eau condensée, car elle peut contenir les gaz que l'eau ordinaire avait dissous. Il ne faut pas, non plus, évaporer complètement l'eau de la cucurbite *, car i'eau ordinaire peut renfermer du *chlorure de calcium*, qui, en solution concentrée, se décompose par la chaleur et dégage de *l'acide chlorhydrique*; celui-ci passe à la distillation et se dissout dans l'eau condensée.

Conseils pédagogiques. — On insistera particulièrement sur les méthodes employées pour déterminer la composition de l'eau. On fera remarquer l'invariabilité de composition de ce liquide et la simplicité des proportions en volumes suivant lesquelles l'hydrogène et l'oxygène sont combinés. — On insistera sur l'emploi de l'eudiomètre et sur la mesure des volumes gazeux. — On mettra en évidence les propriétés dissolvantes de l'eau, sa décomposition par le charbon et par les métaux, son importance au point de vue géologique et au point de vue de la vie animale et végétal. On répétera avec soin les ex_ riences relatives aux essais des eaux.

Questionnaire. — De quels corps simples l'eau est-elle formée? — Quels savants ont les premiers reconnu la composition de l'eau? — Quelle est la proportion, en volumes, des deux gaz dont elle est formée? — Quelle est leur proportion en poids? A quoi sert l'eudiomètre? — Quel serait, après la combustion dans l'eudiomètre, le volume de l'eau formée, si cette eau était entièrement à l'état de vapeur sous la même pression que celle qu'avaient l'oxygène et l'hydrogène avant leur combustion? — Quelles sont les propriétés physiques de l'eau? Ses propriétés dissolvantes? Ses propriétés chimiques? — Comment obtient-on la décomposition de l'eau? — Quelle est l'action géologique de l'eau? — Quelle est son importance dans la vie végétale et animale? — Quelles conditions doivent présenter les eaux potables? — Comment peut-on rendre les eaux potables? — Qu'est-ce qu'une eau crue ou dure? — Comment fait-on l'essai des eaux? — Qu'est-ce que les eaux minérales? — Comment les divise-t-on? — Comment obtient-on de l'eau chimiquement pure.

OXYGÈNE

Sommaire. — 5. L'oxygène se prépare au moyen du bioxyde de manganèse ou du chlorate de potasse. — C'est un gaz difficilement liquéfiable, peu soluble dans l'eau. — *C'est le type des corps comburants :* le charbon, le soufre, le phosphore brûlent dans l'oxygène en donnant naissance à des acides; les métaux se combinent presque tous directement avec l'oxygène, en formant des composés nommés oxydes métalliques.

6. Métalloïdes et métaux. — Chaleur dégagée pendant la combustion. — L'oxygène entretient la respiration des animaux et des végétaux.

7. L'ozone est de l'oxygène électrisé et condensé plus actif que l'oxygène ordinaire. On reconnaît sa présence au moyen d'empois d'amidon additionné d'une solution d'iodure de potassium

10. Historique. — En 1774, **Priestley** [1] et **Scheele** [2] découvrirent l'**oxygène**; mais ce fut **Lavoisier** qui en fit connaître les propriétés : il montra, la balance à la main, que les métaux s'unissent à l'oxygène en augmentant de poids pour former des corps composés, auxquels il donna le nom d'*oxydes métalliques;* il montra, en outre, quel est le rôle de l'oxygène dans la respiration et dans la transformation du vin en vinaigre.

1. **Priestley,** chimiste anglais né à Fieldhead (comté d'York) en 1733, mort à Philadelphie en 1804, découvrit l'oxygène, le protoxyde d'azote, le bioxyde d'azote.

2. **Scheele,** né à Stralsund (Suède) en 1742, mort en 1786, découvrit le chlore, et l'oxygène; c'était un chimiste très distingué qui fit faire de grands progrès à la science.

20. État naturel. — L'oxygène entre dans la composition de l'eau, de l'air et de la plupart des minéraux ; c'est un des éléments de presque toutes les substances animales ou végétales.

21. Préparation. — On le retire généralement de matières minérales, comme le *bioxyde de manganèse*, ou d'un produit artificiel, comme le *chlorate de potasse*.

1° *Préparation par le bioxyde de manganèse.* Ce minéral naturel se présente sous la forme d'une masse noirâtre, appelée vulgairement *du manganèse*. C'est une combinaison de manganèse et d'oxygène renfermant 63 0/0 de manganèse pour 37 0/0 d'oxygène. Si l'on le chauffe au rouge blanc, il perd le $\frac{1}{3}$ de son oxygène et il laisse comme résidu une masse rougeâtre, appelée *oxyde brun de manganèse*, indécomposable par la chaleur seule.

L'opération se fait ainsi : on remplit aux $\frac{2}{3}$ de bioxyde de manganèse pulvérisé une cornue de grès, à laquelle on adapte au moyen d'un bouchon un tube abducteur; on la place dans le *laboratoire* A d'un fourneau à réverbère, sur un fromage en terre (fig. 12). On met quelques charbons allumés sur la grille G du *foyer*, et on finit de remplir le fourneau

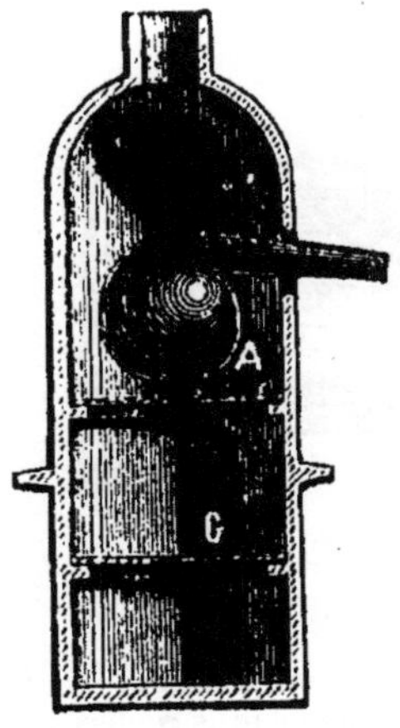
Fig. 12. Coupe d'un fourneau à réverbère. — A, laboratoire contenant la cornue; G, foyer et sa grille.

jusqu'à la cheminée avec du charbon de bois noir, pour que la cornue, s'échauffant graduellement, ne risque pas de se fendre. On laisse se dégager l'air et on fait rendre le tube abducteur sur la cuve à eau (fig. 13), quand le gaz qui se dégage à son extrémité rallume une allumette presque éteinte. On recouvre l'extrémité du tube par une *éprouvette*, ou cloche renversée, pleine d'eau. L'oxygène se dégage et vient se rendre à la partie supérieure de l'éprouvette. Quand celle-ci est pleine, on la remplace par une autre ou par un flacon, dit *col droit*, préalablement rempli d'eau. On arrête l'opération, lorsque le gaz ne se dégage plus qu'en bulles rares; on détache le bouchon de la cornue et on laisse refroidir celle-ci dans le fourneau à réverbère; — le procédé donne 85 litres d'oxygène pour 1 kilogramme de bioxyde de manganèse.

Lorsqu'on n'a pas de cuve à eau, on fait rendre le tube

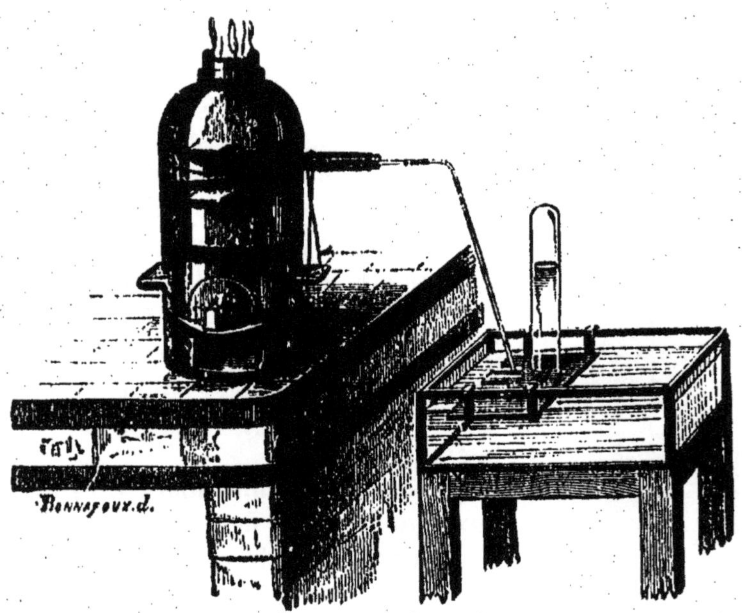

Fig. 13. Préparation de l'oxygène par le bioxyde de manganèse. — Si l'on chauffe fortement dans un fourneau à réverbère une cornue en grès renfermant du bioxyde de manganèse, il se dégage de l'oxygène qui se rend par un tube abducteur sous une éprouvette reposant sur la cuve à eau.

abducteur dans une terrine pleine d'eau, au fond de laquelle se trouve un *têt* à gaz en terre (fig. 14), qui servira de support aux flacons destinés à recueillir l'oxygène.

2° Préparation par le chlorate de potasse.

Le procédé précédent donne toujours de l'oxygène impur; car le manganèse renferme des impuretés qui, en se décomposant par la chaleur, dégagent de l'acide carbonique et de l'azote. Pour obtenir l'oxygène pur, il vaut mieux avoir recours au *chlorate de potasse* : c'est un sel blanc, en paillettes cristallines, que l'on peut obtenir parfaitement pur par plusieurs cristallisations successives. On met dans une cornue

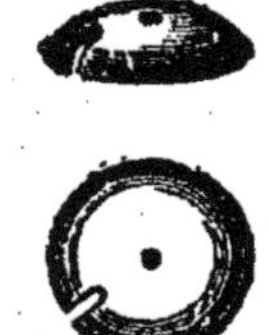

Fig. 14. Têt à gaz en terre servant de support aux flacons destinés à recueillir les gaz.

de verre 40 gr. de ce sel environ[1]; on adapte à la cornue un tube à dégagement se rendant sur une cuve à eau (fig. 15); on place la cornue sur un fourneau ordinaire, en inclinant légèrement le col en avant et on chauffe assez fort la cornue, surtout *latéralement*. Le chlorate fond, puis se décompose en laissant dégager tout son oxygène, et on obtient comme résidu dans la cornue du *chlorure de potassium*. Ce procédé

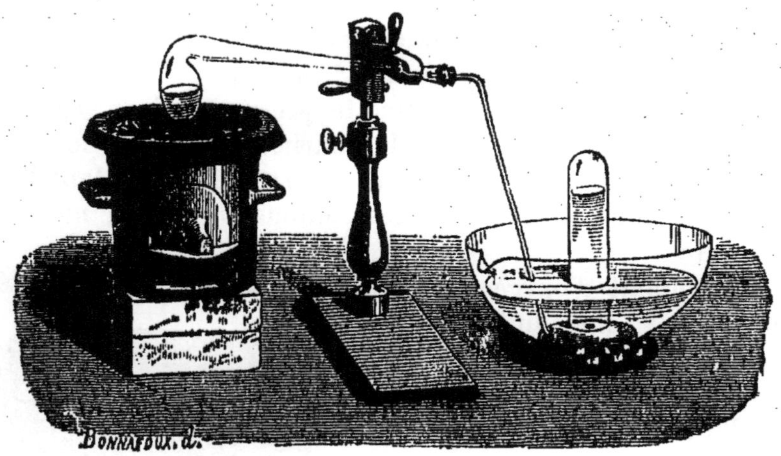

Fig. 15. **Préparation de l'oxygène par le chlorate de potasse.** — Il suffit de chauffer dans une cornue une certaine quantité de chlorate de potasse. Il se dégage de l'oxygène qui se rend par un tube abducteur dans une éprouvette reposant sur la cuve à eau.

donne de l'oxygène parfaitement pur; seulement il arrive souvent que, après avoir abandonné 1/3 de son oxygène, le chlorate de potasse se transforme en *perchlorate de potasse,* plus difficile à décomposer : alors la cornue entre en fusion par son fond et peut même éclater. On évite cet inconvénient en mélangeant au chlorate de potasse de l'*oxyde brun de manganèse,* ou simplement du *bioxyde de manganèse* qui facilite la décomposition régulière du chlorate de potasse à basse température, sans se décomposer lui-même. Ce procédé donne 27 litres d'oxygène pour 100 grammes de chlorate de potasse. On doit toujours l'employer pour préparer rapidement une grande quantité d'oxygène.

1. Le chlorate de potasse est un corps explosif. Une trop grande masse pourrait se décomposer avec tant de rapidité, que la cornue éclaterait.

22. Propriétés physiques de l'oxygène. — C'est un gaz incolore, inodore, insipide, ayant pour densité, par rapport à l'air, 1,1056, ce qui donne pour poids *du litre :* $1^{gr},4298$. Il est *mauvais conducteur* de la chaleur et de l'électricité. Il est peu soluble dans l'eau, qui en dissout $\frac{1}{27}$ de son volume. Il se liquéfie en donnant un liquide incolore, un peu plus léger que l'eau et bouillant à — 184° [1].

23. Propriétés chimiques. — L'oxygène est caractérisé par son *pouvoir comburant* * *énergique.* Il rallume avec une petite explosion une allumette presque éteinte. Tous les corps combustibles, tels que le charbon, le soufre, le phosphore, y brûlent avec plus d'éclat et de rapidité que dans l'air atmosphérique. On effectue ces combustions de la manière suivante :

On remplit d'oxygène un flacon de 2 litres de capacité; puis on y introduit le corps combustible placé dans une petite coupelle * en terre, supportée par un fil de fer attaché à un bouchon de liège trop large pour pénétrer dans le goulot du flacon (fig. 16). La combustion est terminée lorsque tout l'oxygène s'est combiné avec le corps combustible.

Fig. 16. **Combustion du phosphore.** — Le phosphore enflammé produit dans l'oxygène une flamme tellement vive, que l'œil peut à peine en supporter la vue.

1° *Combustion du charbon.* Plongeons dans l'oxygène un morceau de charbon allumé, attaché à un fil de fer; il se transforme en un gaz colorant la *teinture de tournesol* [2] en rouge vineux, n'entretenant pas la combustion, et se troublant par un excès d'eau de chaux : ce gaz s'appelle l'*acide carbonique.*

2° *Combustion du soufre.* Le soufre *en fleur* *, placé dans une coupelle et légèrement enflammé, brûle dans l'oxygène avec

1. Voir Cours de Physique Drincourt et Dupays : *Liquéfaction des gaz.*
2. La teinture de tournesol s'obtient en faisant macérer dans l'eau des pains de tournesol.

une flamme bleue, en se transformant en un gaz piquant, n'entretenant pas la combustion et rougissant la teinture de tournesol en rouge pelure d'oignon : ce gaz est l'*acide sulfureux* ou mieux *anhydride sulfureux*.

3° *Combustion du phosphore*. Le phosphore enflammé brûle dans l'oxygène avec une telle intensité, que l'œil peut à peine supporter l'éclat de la flamme; il se transforme en un corps blanc, neigeux, très abondant, fixe, colorant le tournesol en rouge pelure d'oignon : c'est l'*acide phosphorique anhydre*.

4° *Combustion du fer*. On prend un ressort de montre recuit*, contourné en spirale et portant à son extrémité inférieure un petit morceau d'amadou. On le suspend à un bouchon de liège; on allume l'amadou et on plonge le tout dans un flacon plein d'oxygène, contenant une couche d'eau de 3 centimètres (fig. 17). Le fer brûle avec éclat, en répandant de vives étincelles : il se forme un composé de fer et d'oxygène, appelé *oxyde de fer*, qui fond, se détache de la spirale, traverse l'eau, et vient s'incruster profondément dans le verre. Un ruban de *magnésium* dans les mêmes conditions brûle instantanément dans l'oxygène et se transforme en une poudre blanche qui est la *magnésie* ou l'*oxyde de magnésium*.

Fig. 17. **Combustion du fer.** — Le fer brûle avec éclat dans l'oxygène en répandant de vives étincelles.

Conclusions. 1° Si l'on compare les expériences précédentes, on voit que le charbon, le soufre et le phosphore ont donné naissance à des corps composés rougissant la teinture de tournesol et appelés *acides*, tandis que le fer et le magnésium n'ont pas formé de composés rougissant le tournesol; la magnésie même ramènerait au bleu le tournesol rougi par un acide. On voit alors qu'il existe deux catégories de corps simples bien distincts; les uns, tels que le charbon, le soufre, etc., forment avec l'oxygène des *acides* : on leur a donné le nom de *métalloïdes;* les autres, tels que le fer ou le magnésium, forment des composés nommés *oxydes :* on leur a donné le nom de *métaux.*

2° La combinaison des métalloïdes et des métaux avec l'oxygène s'effectue toujours avec un *dégagement de chaleur* plus ou moins considérable.

On exprime ce fait en disant qu'il s'est produit une *combustion.* La combustion est *vive* ou *lente,* suivant la quantité de chaleur dégagée comme on le verra plus loin.

3° L'oxygène est le *corps comburant,* et la substance qui se combine avec lui est appelée le *corps combustible.*

24. Propriétés physiologiques. — Tous les animaux, sauf certains êtres organisés inférieurs, ont besoin de rencontrer l'oxygène à l'état libre, dans l'atmosphère qui les entoure, à une pression peu différente de celle qu'il possède dans l'air normal. Quand un animal vit dans une atmosphère renfermant de l'oxygène à très basse pression, il se produit un ralentissement dans la respiration et la circulation : la température du corps s'abaisse. L'oxygène à hautes pressions devient mortel pour les animaux supérieurs (PAUL BERT) *. Les *vibrions* * sont tués quand on dirige un jet d'oxygène dans les liqueurs qui les recèlent : ils puisent l'oxygène nécessaire à leur existence dans les composés organiques dont ils se nourrissent : ces *infusoires* jouent un rôle capital dans la putréfaction des matières animales et végétales à l'abri de l'air. (PASTEUR *.)

L'oxygène est *l'agent de la respiration des animaux.* La respiration [1] est une combustion lente de tous les résidus de l'alimentation qui ne sont pas passés dans le sang. Cette combustion produit de l'*acide carbonique* et de l'eau : grâce à cette combustion incessante, le corps des animaux se maintient à une température supérieure à celle du milieu ambiant. L'oxygène est aussi nécessaire aux végétaux : dans l'acte de la respiration normale, il est absorbé par le végétal et transformé en acide carbonique, qui se dégage dans l'atmosphère par les feuilles.

25. Usages de l'oxygène. — L'oxygène pur est d'un usage assez restreint : on l'emploie pour obtenir de hautes

---

1. Voir le cours d'Histoire naturelle.

températures, pour activer les combustions; on l'a préconisé
en inhalations contre le choléra et comme contrepoison du
chloroforme et de l'éther. Mélangé à l'hydrogène en proportions convenables, il constitue le gaz *oxhydrique*, que l'on a
essayé d'utiliser pour l'éclairage, et qui donne une lumière
d'une teinte analogue, quoique moins brillante, à celle de la
lumière électrique. Son exploitation industrielle est à peu
près abandonnée; il ne sert plus guère que dans les laboratoires pour alimenter la lampe de Drummond * ou le chalumeau de Sainte-Claire-Deville *.

26. Ozone. — Depuis longtemps, on avait remarqué l'odeur
désagréable particulière qui se répand autour d'une machine
électrique en activité, odeur qui se manifeste encore dans l'air
atmosphérique après un violent orage : cette odeur est due
à la présence de l'*ozone*, ou *oxygène électrisé* (du grec *ozô*, je
répands de l'odeur) qui prend naissance toutes les fois que le
gaz oxygène est soumis à l'action d'effluves électriques *.

On prépare l'ozone en grandes quantités en faisant passer
un courant lent d'oxygène dans un tube de verre au travers
duquel on dirige l'effluve de la *bobine de Rhumkorff* : on
obtient alors un mélange d'oxygène ordinaire et d'ozone,
contenant 20 0/0 d'ozone environ[1].

**27. Propriétés physiques et chimiques de
l'ozone.** — L'*ozone* est de l'oxygène électrisé et condensé :
sa densité est égale à 1 fois 1/2 celle de l'oxygène ordinaire.
On exprime ces faits en disant que l'ozone est une modification *allotropique* (du grec *allos*, autre, et *tropos*, manière
d'être) de l'oxygène. Il est bleu et se liquéfie plus facilement
que l'oxygène ordinaire. Il a une odeur désagréable, particulière, rappelant celle du poisson. Sous l'action de la chaleur, il se transforme en oxygène; à 200°, la transformation
est complète.

L'*ozone* possède des propriétés oxydantes beaucoup plus
énergiques que celle de l'oxygène ordinaire : il oxyde *à froid*
le fer, le zinc, le mercure, l'argent, sur lesquels l'oxygène est
sans action à la température ordinaire. Il attaque toutes les
matières organiques et blanchit les matières colorées. Il dé-

1. Voir aux *Compléments* l'appareil de Berthelot* pour la préparation de l'ozone.

compose l'iodure de potassium, dont il met l'*iode* en liberté. On a fondé sur cette propriété un procédé très sensible pour reconnaître la présence de l'ozone, en quantités même très faibles.

28. Réactif de l'ozone. — *L'iode libre* bleuit l'empois d'amidon; *l'iode combiné* est sans action sur l'empois d'amidon; *l'ozone* décompose l'iodure de potassium, dont il met l'iode en liberté.

On dissoudra un peu d'iodure de potassium dans de l'eau et on y ajoutera de l'empois clair d'amidon : en présence de la moindre trace d'ozone, ce réactif bleuit immédiatement. En trempant dans ce liquide du papier non collé, on obtient un papier dit *ozonoscopique*, qui, en présence de très faibles quantités d'ozone, prend une coloration dont l'intensité est, dans une certaine mesure, proportionnelle à la quantité d'ozone contenue dans le gaz étudié.

29. État naturel de l'ozone. — Il existe dans l'air, à l'état normal, en proportions variables avec les saisons, les orages et les tempêtes. Il donne à l'atmosphère sa coloration bleue : il joue dans l'atmosphère le rôle de désinfectant très énergique, en oxydant et détruisant les germes capables de déterminer les fermentations, les putréfactions et certaines maladies épidémiques.

Conseils pédagogiques. On devra insister particulièrement sur le pouvoir comburant de l'oxygène et la différence capitale qui existe entre les composés oxygénés formés par la combinaison des métalloïdes avec l'oxygène et les composés formés par les métaux. On insistera aussi sur le dégagement considérable de chaleur qui accompagne les combustions.

Questionnaire. — Qu'est-ce que l'oxygène? — Qui l'a découvert? — Où se trouve-t-il? — Comment le prépare-t-on? — Quelles sont ses propriétés physiques? — Ses propriétés chimiques? — Qu'est-ce que la combustion? — Quels sont les produits résultant de la combustion? — Qu'est-ce qu'un oxyde? — Qu'est-ce qu'un acide? — Quel phénomène accompagne toujours la combustion? — Quel est le rôle de l'oxygène dans la nature? — Qu'est-ce que l'ozone? Comment reconnaît-on sa présence? — Quel est le rôle de l'ozone dans la nature?

HYDROGÈNE

Sommaire. — 8. L'hydrogène se prépare en faisant agir le zinc ou le fer sur l'acide sulfurique étendu d'eau. — C'est un gaz inodore, incolore, insipide, 14 fois 1/2 plus léger que l'air, très endosmotique, très peu soluble dans l'eau et très difficilement liquéfiable. Il est bon conducteur de la chaleur et de l'électricité. Il est inflammable : sa combustion dans l'oxygène donne naissance à de l'eau, en dégageant beaucoup de chaleur.

9. Le mélange de 2 volumes d'hydrogène et de 1 volume d'oxygène détone violemment vers 300° ou sous l'action de l'étincelle électrique.

10. L'hydrogène est un réducteur très énergique. — Ses propriétés physiques et chimiques doivent le faire considérer comme un *métal gazeux.*

30. Préparation. — Nous avons vu que *l'hydrogène* entrait dans la composition de l'eau; il paraît donc tout naturel de se servir de l'eau pour le préparer : on pourrait, par exemple, décomposer l'eau, à froid, par le potassium, ou au rouge, par le fer; mais ces procédés sont lents et dispendieux. Dans les laboratoires et dans l'industrie, on obtient l'hydrogène par l'action du *zinc* ou du *fer* sur l'*acide sulfurique* étendu d'eau.

L'*acide sulfurique* est un liquide de consistance oléagineuse très corrosif, composé de *soufre*, d'*hydrogène* et d'*oxygène*. Or l'hydrogène qu'il renferme est un véritable *métal*, au même titre que le zinc et le fer; d'autre part, les corps similaires tendent à se substituer les uns aux autres dans les

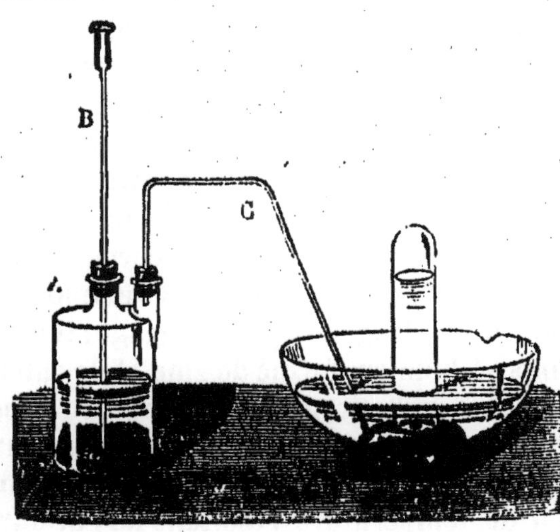

Fig. 18. Préparation de l'hydrogène. — Pour préparer de l'hydrogène, on met, dans un flacon à deux tubulures de la grenaille de zinc, puis de l'eau. Si l'on verse ensuite dans ce flacon de l'acide sulfurique, il se dégage de l'hydrogène, qu'on recueille dans une éprouvette à l'aide d'un tube abducteur.

combinaisons. Aussi, si l'on projette des fragments de zinc

dans de l'acide sulfurique étendu d'eau, on voit s'élever une multitude de petites bulles gazeuses : c'est l'hydrogène qui se dégage; le zinc a pris sa place, il s'est formé un composé *ternaire* [1] de soufre, zinc et oxygène, qu'on appelle le *sulfate de zinc* et qui est resté dissous dans la liqueur. On aurait pu remplacer le zinc par des clous en fer : l'hydrogène se serait dégagé et il se serait formé du *sulfate de fer*.

L'opération s'effectue ordinairement dans un flacon à deux tubulures A (fig 18), dont la tubulure centrale laisse passer un tube droit à entonnoir B, plongeant jusqu'au fond du flacon et maintenu par un bouchon de liège ou de caoutchouc ; la tubulure latérale est munie d'un tube C, nommé *tube abducteur*, dépassant à peine le bouchon et se rendant sur une cuve à eau. On place dans le flacon du zinc en *grenaille* [2], puis de l'eau, de manière à remplir environ les $\frac{2}{3}$ du flacon. Cela fait, on met les tubes en place et on verse peu à peu de l'acide sulfurique par le tube B. Le dégagement commence immédiatement : on laisse perdre les premières portions de gaz qui se dégagent, puis on recueille le gaz hydrogène dans des éprouvettes ou des flacons préalablement remplis d'eau. Il faut ne verser que très peu d'acide sulfurique à la fois, sous peine de voir la réaction devenir tumultueuse et de perdre la majeure partie de l'*hydrogène*. On aurait pu aussi remplacer l'acide sulfurique par l'*acide chlorhydrique*. Cet acide est un composé *binaire* [3] formé par un corps simple appelé *chlore*, combiné avec l'hydrogène. Le zinc s'empare du chlore en se substituant à l'hydrogène, qui se dégage; il reste en dissolution un composé binaire, formé de zinc et de chlore et appelé *chlorure de zinc*. L'hydrogène ainsi obtenu n'est pas pur; il est mélangé à des composés hydrogénés gazeux, d'une odeur infecte, provenant des impuretés du zinc du commerce et de l'élévation de température résultant de l'attaque du zinc par les acides. On le purifie en le faisant passer dans

---

1. On appelle *composé ternaire* un composé formé par la combinaison de trois corps simples (latin, *ter*, trois fois).

2. La *grenaille de zinc* s'obtient en fondant du zinc dans un creuset en terre, puis en coulant par petites portions le zinc fondu dans l'eau.

3. C'est-à-dire formé par combinaison de deux éléments (lat. *bis*, deux fois).

des tubes en U contenant des substances destinées à absorber les gaz étrangers [1] (fig. 19).

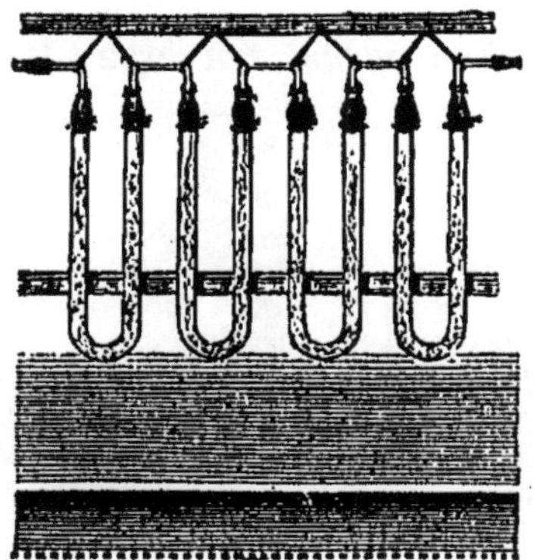

Fig. 19. **Purification de l'hydrogène.** — On purifie l'hydrogène en le faisant passer dans des tubes en U contenant des substances pro pres à absorber les gaz étrangers.

31. Propriétés physiques. — L'*hydrogène* est un gaz incolore, inodore, insipide, ayant pour densité 0,0692, ce qui donne $0^{gr},089$ par litre, à 0° et sous la pression de 760 millimètres : on voit que l'hydrogène est environ 14 fois 1/2 plus léger que l'air. On peut montrer la grande légèreté de l'hydrogène par quelques expériences :

1° On prend une éprouvette pleine de gaz hydrogène et on la maintient pendant un certain temps ouverte à l'air, l'ouverture étant tournée vers le bas (fig. 20) : au bout de quelques minutes, on constate que le gaz qu'elle contient est encore de l'*hydrogène*, car *il brûle;* tandis que si l'ouverture de l'éprouvette avait été tournée vers le haut, tout l'hydrogène aurait disparu presque aussitôt.

Fig. 20. **Légèreté de l'hydrogène.** — Si l'on met de l'hydrogène dans un tube dont l'ouverture est tournée en bas, on constate qu'il reste dans le tube, car il s'enflamme dès qu'on approche une allumette.

2° On transvase de l'hydrogène d'une éprouvette A dans une autre B (fig. 21) pleine d'air ; en maintenant l'éprouvette B verticalement, et en approchant l'éprouvette A contre l'ouverture de l'éprouvette B, de manière à ce que le gaz hydrogène gagne l'éprouvette B, en raison de sa légèreté, on constatera que, après l'expérience, le gaz de l'éprouvette B est combustible, tandis que l'éprouvette A est remplie d'air.

[1]. Voir aux *Compléments.*

3° On remplit une vessie d'hydrogène et on en gonfle des bulles de savon, qui s'élèvent rapidement dans l'air ; on peut les enflammer (fig. 22).

Diffusibilité de l'hydrogène. L'hydrogène traverse très rapidement un enduit de plâtre, une plaque de porcelaine non vernissée, une feuille de papier, une membrane en caoutchouc ou en baudruche, un tube de platine ou de fer chauffé au rouge. C'est une conséquence de sa faible densité.

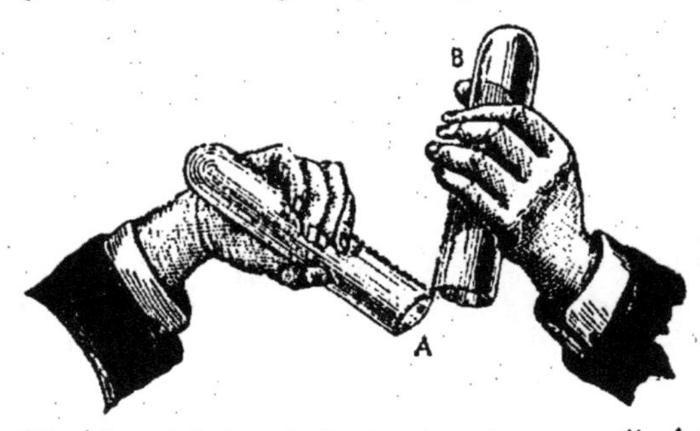

Fig. 2. **Légèreté de l'hydrogène.** — Si l'on approche d'une éprouvette B tenue verticalement, une éprouvette A remplie d'hydrogène, on constate que l'hydrogène passe dans l'éprouvette B, car le gaz de cette dernière s'enflamme au contact d'une allumette.

Prenons un pot de pile A, en terre poreuse non vernissée (fig. 23), fermé par un bouchon traversé par deux tubes C et D. Par le tube C arrive un courant d'hydrogène qui chasse l'air du pot A et s'échappe par le tube D, en traversant de l'eau colorée contenue dans un vase E. Quand l'appareil est rempli d'hydrogène, on ferme le robinet R et on voit aussitôt l'eau colorée monter rapidement dans le tube D, ce qui in-

Fig. 22. **Légèreté de l'hydrogène.** — Si on remplit une vessie d'hydrogène et qu'on en gonfle des bulles de savon, celles-ci s'élèvent rapidement dans l'air.

dique qu'il se produit un vide partiel dans le pot de pile A, par suite de ce fait que l'hydrogène s'en échappe avec une vitesse plus grande que celle avec laquelle l'air extérieur tend à y rentrer.

On exprime les faits précédents en disant que l'hydrogène possède un pouvoir *endosmotique* (de grec *endon*, en dedans, et *ósmos*, poussée considérable. Par suite, dans toutes les expériences sur *l'hydrogène*, il ne faut employer que des tubes vernissés, à l'exclusion les tubes poreux. On a dû aussi renoncer à l'emploi de l'hydrogène pour le gonflement des aérostats [1], car il s'échappait à travers l'enveloppe du ballon, bien qu'elle fût recouverte d'un vernis au caoutchouc. Les ballons rouges des enfants, primitivement gonflés avec de l'hydrogène, se dégonflent très rapidement, parce que l'hydrogène traverse la membrane très mince de caoutchouc qui en forme l'enveloppe.

M. Pictet, à Genève, à *liquéfié* l'hydrogène sous une pression de 650 atmosphères, à la température de — 140° [2]. L'hydrogène pourrait aussi être *solidifié:* il offrirait alors un aspect métallique. L'eau en dissout 19 centimètres cubes par litre à 0°.

L'hydrogène est très bon conducteur de la chaleur et de l'électricité : cette propriété lui est commune avec les métaux.

Il n'est pas délétère *, mais il asphyxie par privation d'oxygène.

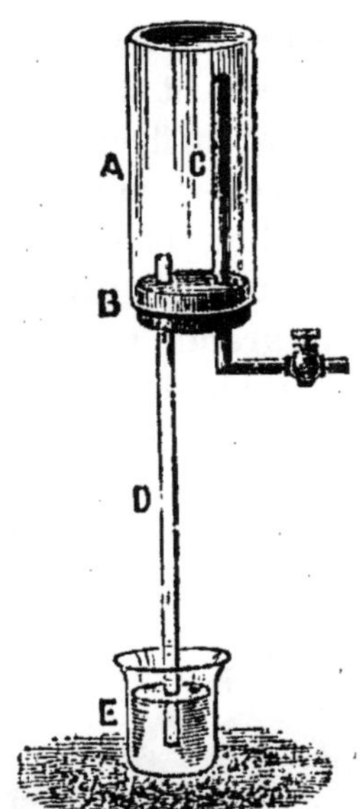

Fig. 23. Diffusion de l'hydrogène. — Si l'on remplit d'hydrogène un pot de pile A, communiquant par un tube D avec un vase E plein d'eau, on constate que l'eau s'élève dans le tube, parce que l'hydrogène s'échappe à travers les pores du pot de pile plus vite que l'air n'y entre.

32. Propriétés chimiques. — L'hydrogène est inflammable. Si l'on introduit (fig. 20) une bougie enflammée dans une éprouvette pleine d'hydrogène, le gaz s'allume et brûle à l'ouverture de l'éprouvette, tandis que la bougie s'éteint en pénétrant dans l'éprouvette. On peut la rallumer en la ramenant à l'ouverture, puis l'éteindre en l'enfonçant dans l'éprou-

1. Voir Cours de Physique Drincourt et Dupays. *Aérostats.*
2. Voir Cours de Physique Drincourt et Dupays. *Liquéfaction des gaz.*

vette et recommencer plusieurs fois la même expérience.
L'hydrogène est donc *combustible*, mais il n'est *pas comburant*.
Dans l'expérience précédente, l'hydrogène, sous l'influence de
la chaleur, s'est combiné avec l'oxygène de l'air et a formé
de l'*eau*, comme nous l'avons vu plus haut dans l'expérience
de Cavendish.

Introduisons dans un petit flacon en verre, de 150 cent.
cubes de capacité, 100 cent. cubes d'hydrogène et 50 cent.
cubes d'oxygène; puis, présentons à l'ouverture du flacon une
bougie allumée : une détonation très forte se fera entendre
et le flacon pourra être brisé; aussi, prend-on la précaution de l'entourer d'un torchon replié plusieurs fois sur lui-
même. La détonation provient de ce que la grande quantité
de chaleur produite par la combustion de l'hydrogène a
dilaté les gaz et les a projetés en dehors du flacon, ce qui
produit une condensation de l'air atmosphérique extérieur;
en outre, l'eau formée s'est condensée. Le vide se fait dans le
flacon; l'air extérieur y pénètre brusquement, ce qui produit
une dilatation de l'air extérieur : de
cette condensation et de cette dilatation successives naît le bruit qui
accompagne l'explosion. Le mélange
d'hydrogène et d'oxygène, dans les
proportions en volumes strictement
nécessaires pour former l'eau, s'appelle
en chimie un *mélange détonant*.

L'inflammation du mélange détonant
peut encore être produite par l'étincelle électrique, comme dans l'expérience du *pistolet de Volta*[1] ou dans
l'eudiomètre.

La combinaison peut encore s'effectuer en chauffant le mélange détonant
à 300°, ou en y introduisant un morceau de mousse de platine A (fig. 24),

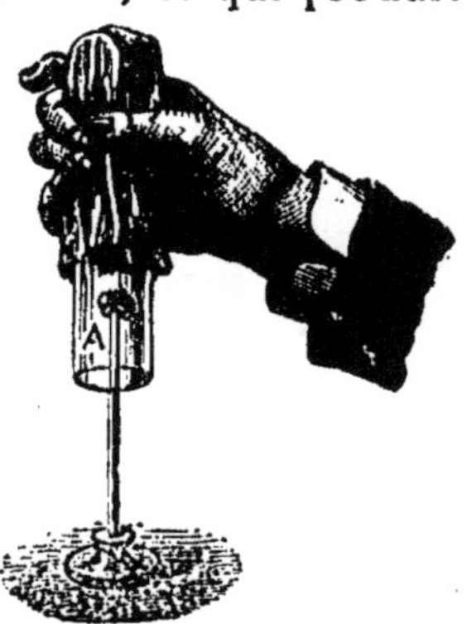

Fig. 24. **Propriétés de
l'hydrogène.** — Si l'on introduit dans une éprouvette,
remplie d'hydrogène et
d'oxygène dans des proportions déterminées, un morceau de mousse de platine,
le mélange fait explosion.

ou un peu de noir de platine[2] placé sur un tampon de coton.

1. Voir Cours de Physique Drincourt et Dupays. *Électricité*.
2. La mousse de platine est du platine poreux. le noir de platine est du
platine très divisé.

La *mousse de platine* et le *noir de platine* présentent une très grande surface ; ils condensent les gaz et surtout l'hydrogène dans leurs pores : la condensation des gaz dégage de la chaleur qui provoque l'inflammation du mélange détonant.

Flamme de l'hydrogène. Adaptons à l'appareil à hydrogène un tube droit (fig. 25), effilé en terre de pipe[1]. *Ayons la précaution d'attendre que tout l'air de l'appareil ait été chassé,* puis enflammons le jet d'hydrogène : nous obtiendrons une flamme à peine visible, mais, par contre, très chaude. Pour rendre la flamme visible, il suffit d'y introduire un fil de platine qui devient incandescent — En entourant cette flamme d'un tube de verre un peu large (fig. 26), on produira un son, dont la cause est la même que celle de la détonation qui accompagne l'inflammation du mélange détonant : l'appareil qui sert à faire cette expérience s'appelle *harmonica chimique.*

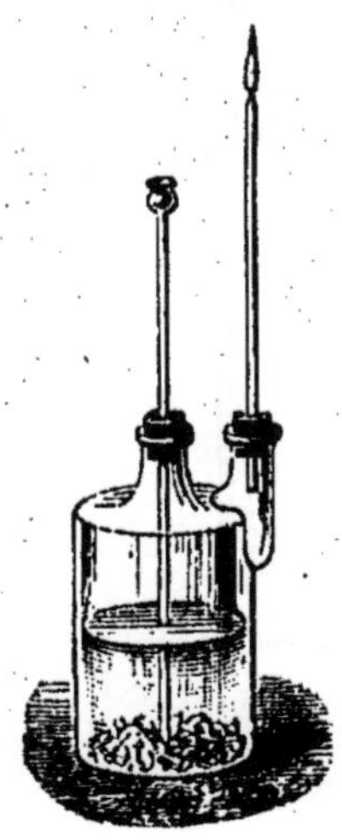

Fig. 25. **Flamme de l'hydrogène.** — Si on adapte à l'appareil à hydrogène un tube droit, effilé, en terre de pipe, et qu'on enflamme le jet d'hydrogène, on obtient une flamme à peine visible, mais très chaude.

La chaleur dégagée par la combustion de l'hydrogène est considérable : 1 gramme d'hydrogène, en se combinant avec 8 grammes d'oxygène, dégage 34 500 unités de chaleur : aussi la température du produit de la combustion est-elle fort élevée, 2500° environ.

En résumé, *l'hydrogène se combine à l'oxygène dans la proportion de deux volumes du premier pour un volume du second;* il se forme deux volumes de vapeur d'eau et la réaction est accompagnée d'un dégagement de chaleur considérable. On exprime ce fait en disant que l'hydrogène a beaucoup d'*affinité* pour l'oxygène : c'est une manière de parler fréquemment employée pour indiquer que deux corps ont une grande tendance à se combiner entre eux.

33. Pouvoir réducteur de l'hydrogène. —

L'*hydrogène,* par suite de son *affinité* pour l'oxygène, déplace

1. Avec un tube de verre, la flamme serait colorée en jaune par de la vapeur de sodium.

un grand nombre de métaux de leurs oxydes, sous l'action de
la chaleur. Ainsi l'oxyde de fer,
légèrement chauffé, est décomposé par un courant d'hy-
drogène : il se forme de l'eau,
et il reste du fer métallique
très divisé ; on dit qu'il y a eu
réduction de l'oxyde métallique par l'hydrogène. De
même, l'oxyde de cuivre, légèrement chauffé, subit aussi
une réduction par l'hydrogène (fig. 27).

L'hydrogène peut encore se
combiner directement avec le
chlore, le carbone et quelques
métaux, tels que le potassium,
le sodium et le palladium;
avec ces métaux, il forme de
véritables *alliages*, qui conservent leur aspect métallique.

**34. Rôle chimique de l'hy-
drogène.** Par ses propriétés
physiques et chimiques, l'hydrogène s'écarte des *métalloïdes* pour
se rapprocher des *métaux* : aussi
le considère-t-on aujourd'hui
comme un *métal gazeux*.

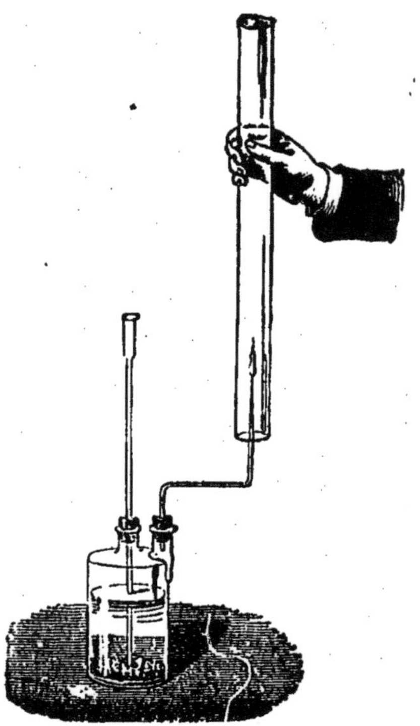

Fig. 26. **Harmonica chimique.** —
Si l'on entoure la flamme de l'hydrogène d'un tube de verre un peu large,
on obtient un son ; c'est ce qu'on appelle
l'harmonica chimique

35. Applications industrielles. — 1° *Chalumeau à
gaz oxhydrique.* On utilise la haute température produite
par la combustion de l'hydrogène dans l'oxygène, pour opérer
la fusion des métaux difficilement fusibles, comme le platine,
l'iridium, ou de substances réfractaires * comme la silice :
l'appareil employé s'appelle le *chalumeau à gaz oxygène et
hydrogène*, ou par abréviation, le chalumeau à gaz *oxhydrique*
de **Henri Sainte-Claire-Deville** [1] (fig 28). Il se compose de deux
tubes concentriques, l'un O, intérieur, amenant l'oxygène,

1. **Henri Sainte-Claire-Deville**, né à Saint-Thomas (Antilles), en 1818, mort
à Paris en 1884. On lui doit des travaux remarquables sur la *dissociation* *, sur
l'*Aluminium*, etc.

l'autre extérieur H, dans lequel circule l'hydrogène, de cette façon les deux gaz ne se mélangent que dans le tube très étroit BA, en cuivre, terminé par un bout S en platine : on n'a pas alors à craindre la moindre explosion. On commence par faire

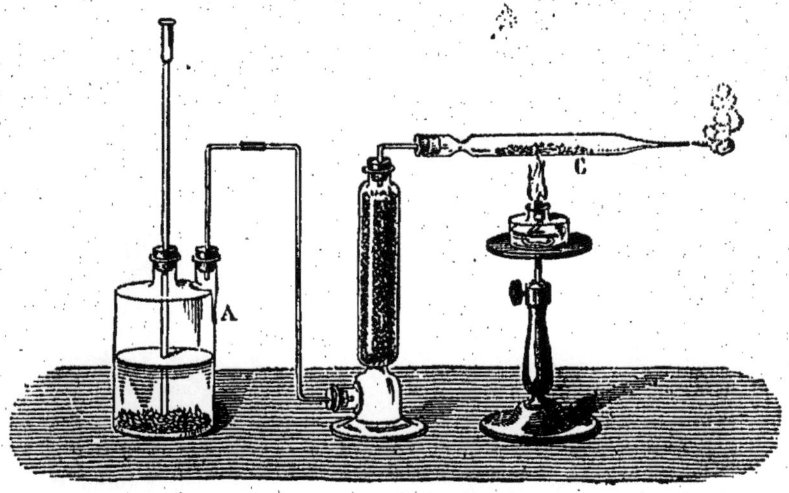

Fig. 27. Réduction de l'oxyde de cuivre par l'hydrogène. — Si l'on ajoute à l'appareil à hydrogène A un tube C contenant de l'oxyde de cuivre, et qu'on le chauffe légèrement, on constate que cet oxyde subit une réduction par l'hydrogène.

dégager l'hydrogène, et on l'enflamme en S ; puis, on fait dégager l'oxygène : la flamme prend un éclat plus vif et *siffle* s'il y a excès d'oxygène ; elle *souffle*, s'il y a excès d'hydrogène ; on règle les robinets de manière à ce que la flamme ne fasse entendre aucun bruit. On dirige ensuite le jet enflammé sur du platine contenu dans un creuset en chaux vive : le platine fond immédiatement.

2° *Lampe Drummond.* La flamme du gaz oxhydrique, dirigée sur un bâton de chaux, prend un éclat extraordinaire. M. **Drummond** [1], chimiste anglais, a construit une lampe (fig. 29), aujourd'hui très employée en physique pour les projections *, à défaut de la lumière électrique.

3°. *Soudure autogène* *. On a utilisé la flamme de l'hydrogène, alimentée par l'air, pour souder les métaux sans emploi d'alliages, tels que la soudure des plombiers : on s'en sert pour sou-

1. **Drummond**, chimiste anglais, né à Édimbourg en 1797, mort en 1840. Il fut un ingénieur remarquable et un homme politique éminent.

der les feuilles de plomb dans les fabriques d'acide sulfurique.

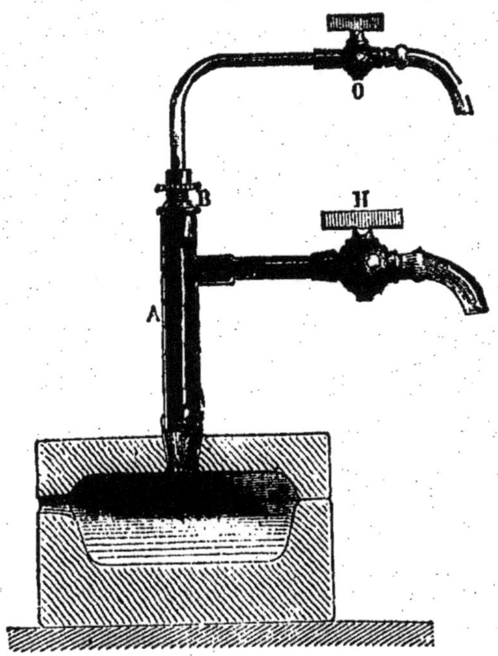

Fig. 28. **Chalumeau à gaz oxhydrique.** — L'hydrogène arrive par le tube A; on l'enflamme; puis on fait arriver l'oxygène par le tube intérieur; la flamme devient très vive et la température très élevée; on peut fondre les métaux placés dans le creuset en chaux.

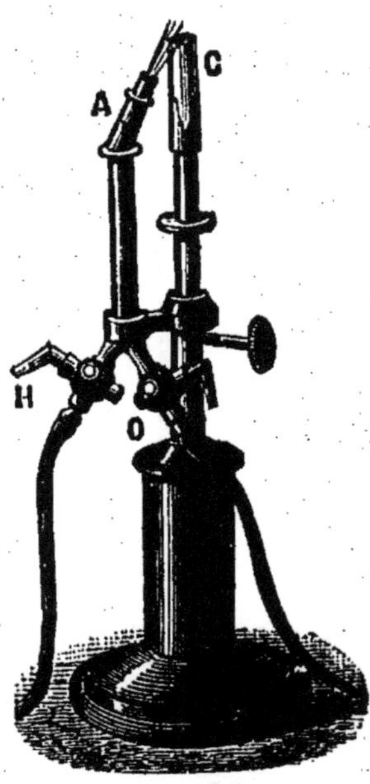

Fig. 29. **Lampe Drummond.** — La lampe Drummond est un appareil donnant une lumière très vive; un chalumeau à gaz oxhydrique dirige sur un bâton de chaux un courant d'hydrogène et d'oxygène enflammé qui porte la chaux à l'incandescence.

Conseils pédagogiques. On insistera particulièrement sur le déplacement de l'hydrogène par les métaux, analogue au déplacement des métaux ordinaires les uns par les autres : on fera ressortir toutes les propriétés de l'hydrogène qui peuvent mettre en évidence son rôle chimique de *métal*. — On étudiera avec soin son pouvoir réducteur. — On fera remarquer que la combinaison de l'hydrogène avec l'oxygène est accompagnée d'un grand dégagement de chaleur. Enfin, on *prendra, en faisant les expériences, toutes les précautions nécessaires pour éviter les explosions*, en ayant bien soin de bien laisser se dégager l'hydrogène pour chasser complètement l'air contenu dans les appareils, avant de l'enflammer.

Questionnaire. — Qu'est-ce que l'hydrogène? — Comment le prépare-t-on? — Quelles sont ses propriétés physiques? — Qu'est-ce que le pouvoir *endosmotique* de l'hydrogène? — Comment le prouve-t-on? — Quelles sont les propriétés chimiques de l'hydrogène? — Qu'appelle-t-on mélange détonant? — Que produit l'inflammation de ce mélange? — Que produit la combustion de l'hydrogène dans l'air? — Qu'est-ce que la réduction d'un oxyde métallique? — En quoi l'hydrogène se rapproche-t-il des métaux? — Quelles sont les applications industrielles de la combustion de l'hydrogène, soit dans l'oxygène pur, soit dans l'air? — Quelle idée éveille en votre esprit le *mot* affinité?

CHAPITRE II

AIR ATMOSPHÉRIQUE. — AZOTE. — COMBUSTION.

AIR ATMOSPHÉRIQUE

Sommaire. — 11. L'air atmosphérique est un mélange d'oxygène et d'azote, renfermant en outre de la vapeur d'eau, de l'acide carbonique, de l'ozone et des corpuscules solides, germes de fermentation et de maladies infectieuses.

12. L'air est formé de 21 *volumes d'oxygène* pour 79 *volumes d'azote*, ou, en poids, de 23 grammes d'oxygène pour 77 grammes d'azote. — Il ne renferme que 4 à 6 dix-millièmes d'acide carbonique.

13. Un litre d'air pèse 1 gr. 293. — L'air entretient la combustion et la respiration. — L'air n'est pas une combinaison : c'est un simple mélange. — *Il est nécessaire à la vie des animaux et des végétaux.*

14. On retire l'azote de l'air en absorbant l'oxygène par le phosphore ou le cuivre chauffé. — L'azote n'entretient ni la respiration ni la combustion. — Il sert, dans l'air, à modérer l'activité de l'oxygène.

15. On appelle combustion vive toute combinaison chimique directe et immédiate, accompagnée d'un brusque dégagement de chaleur et de production de lumière, comme la combustion du charbon ou du phosphore dans l'oxygène. — Si la chaleur se dégage très lentement, on dit que la combustion est lente, comme la transformation du fer en rouille, à l'air humide. — La respiration est une combustion lente.

36. Historique. — Pendant longtemps, l'air atmosphérique dans lequel nous vivons fut considéré comme un élément. En 1775, **Lavoisier** montra que l'air pur et sec est un mélange de deux gaz; l'un entretient vivement la combustion : c'est l'*oxygène;* l'autre est inerte, rebelle à la combinaison, *n'entretenant ni la respiration ni la combustion :* c'est un gaz nouveau pour nous, que nous appellerons l'**azote** (du grec, *a* privatif, et ζάω, je vis).

Expériences de Lavoisier. 1re **Expérience.** Il prit un *matras* à long col deux fois recourbé A (fig. 30), dans lequel il mit du mercure : le col du matras se rendait sur une cuve à mercure et s'engageait sous une cloche B reposant sur la cuve à mercure et renfermant de *l'air;* le matras était placé sur un fourneau; il fut chauffé pendant douze jours et douze nuits consécutifs. Le volume du gaz diminua, comme le montra l'élévation du mercure dans la cloche: le mercure se recouvrit d'une pellicule cristalline rouge, appelée *précipité per se* (lat. *per se*, par soi-même). **Lavoisier** laissa refroidir l'appareil; il constata que le volume du gaz avait été réduit de $\frac{1}{5}$ environ et que le gaz restant éteignait les corps en ignition et n'entretenait pas la respiration des animaux.

2e EXPÉRIENCE: — Lavoisier recueillit le *précipité per se* et le chauffa dans une petite cornue : il se dégagea un gaz, dont le volume était sensiblement égal au $\frac{1}{5}$ du volume d'air de l'expérience précédente; ce gaz rallumait une allumette presque éteinte : c'était de l'*oxygène*.

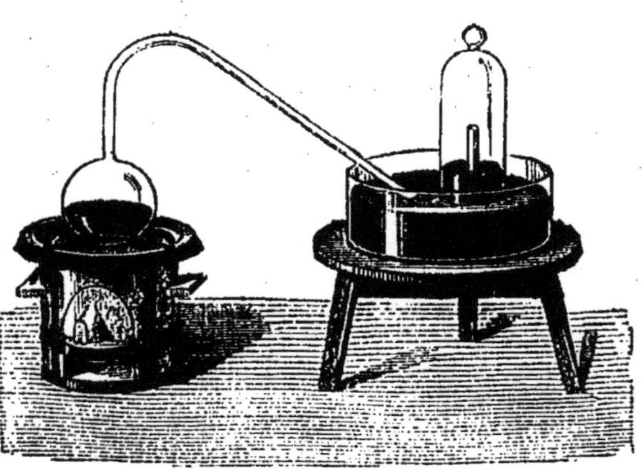

Fig. 30. **Expérience de Lavoisier.** — Il fait chauffer pendant 12 jours du mercure placé dans un matras au contact d'une masse d'air limitée; le mercure se recouvre d'une pellicule rouge d'oxyde de mercure, et il reste dans le matras et dans la cloche un gaz irrespirable et n'entretenant pas la combustion.

— En réunissant les deux gaz recueillis dans les deux expériences on obtenait, *sans dégagement de chaleur*, un gaz ayant toutes les propriétés de l'air atmosphérique.

Conclusions. L'air est un mélange d'*oxygène* et d'*azote*, dans la proportion de 80 volumes environ d'azote pour 20 volumes d'oxygène. Malheureusement, les résultats de l'analyse de Lavoisier manquent de précision; nous indiquerons plus loin les procédés employés pour déterminer la composition exacte de l'*air pur et sec*.

37. Analyse qualitative de l'air. — Nous venons

de voir que l'air atmosphérique renferme de l'*oxygène* et de l'*azote*.

Abandonnons dans l'air, pendant quelques minutes, un ballon rempli de glace : nous le verrons se recouvrir de gouttelettes d'eau; nous en conclurons que *l'air atmosphérique renferme de la vapeur d'eau*[1]. Exposons à l'air pendant quelques heures un vase renfermant de l'eau de chaux[2]; la surface de l'eau de chaux se recouvrira d'une pellicule blanche, semblable à de la craie très divisée : c'est du carbonate de chaux. Donc, *l'air renferme de l acide carbonique.*

Exposons à l'air un papier ozonoscopique : il bleuira. Donc, *l'air renferme de l'ozone.*

Faisons pénétrer dans une chambre obscure un rayon de soleil : il illuminera sur son passage une multitude de *poussières microscopiques* en suspension dans l'air. Ces poussières microscopiques sont d'origine minérale, comme des grains de sable, des particules de charbon, du sel ordinaire, etc. On y trouve aussi des corpuscules organiques, comme des débris de cellules et de fibres, des grains de pollen, des grains d'amidon, des duvets de laine et de coton, des semences de végétaux inférieurs, des infusoires et des germes de fermentations diverses[3]. On y trouve aussi des *microbes*, ou germes organisés, qui, introduits dans l'organisme, peuvent y apporter des troubles profonds et être la cause de nombreuses épidémies : tels sont le microbe charbonneux, le microbe du choléra, les germes de la putréfaction, des fièvres paludéennes, etc. — Tous ces germes organisés sont détruits, si l'on fait passer l'air à travers un tube de porcelaine chauffé au rouge.

38. Analyse quantitative de l'air pur et sec en volumes. — *Déterminer la composition de l'air en volumes, c'est chercher combien 100 volumes d'air, à la température et à la pression extérieures, contiennent de volumes d'oxygène et d'azote, mesurés séparément à la même température*

---

1. Voir Physique Drincourt et Dupays. *Vapeurs.*

2. *L'eau de chaux* s'obtient en mettant en suspension dans l'eau des fragments de *chaux.*

3. Pasteur.

et à la même pression. L'analyse se fait, soit en faisant absorber l'oxygène de l'air par un corps capable de se combiner avec lui, soit au moyen de l'eudiomètre.

1ʳᵉ MÉTHODE : *Phosphore à froid.* — Dans un tube de verre gradué reposant sur une cuve à mercure (fig. 31) on introduit 100 cent. cubes d'air mesurés à la pression atmosphérique ; puis, on fait passer dans le tube un long bâton de phosphore humide : le phosphore répand des fumées blanches et se combine avec l'oxygène de l'air; il est lumineux dans l'obscurité. Ces phénomènes cessent au bout de deux ou trois jours, quand l'oxygène a été complétement absorbé. On retire alors le phosphore; on enfonce le tube dans la cuve, de manière à ramener le mercure au même niveau dans le tube et dans la cuve; en mesurant le

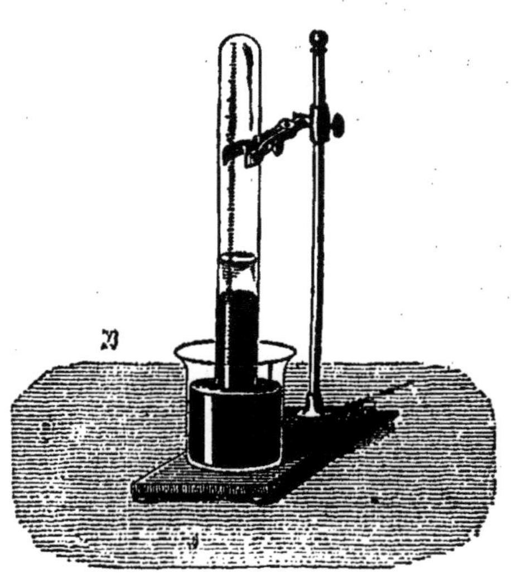

Fig. 31. **Analyse de l'air en volumes.** — Dans un tube en verre gradué reposant sur la cuve à mercure on introduit un bâton de phosphore humide, celui-ci absorbe l'oxygène et on constate qu'il reste $\frac{4}{5}$ d'azote.

volume du gaz résidu, on le trouve égal à 79 cent. cubes environ. Le gaz résidu éteint les corps en combustion : c'est de *l'azote.* Donc, 100 cent. cubes d'air renferment 79 cent. cubes d'azote et 21 cent. cubes d'oxygène, mesurés séparément à la pression atmosphérique.

2ᵉ MÉTHODE : *Phosphore à chaud.* — Mesurons 100 cent. cubes d'air dans un tube gradué et faisons-le passer dans une cloche courbe (fig. 32) pleine d'eau et reposant sur une petite cuve à eau. Au moyen d'une tige de fer, recourbée et aplatie, faisons passer dans le renflement A un petit fragment de phosphore et chauffons-le. Le phosphore se vaporise, s'enflamme spontanément, et l'on voit la flamme se propager de proche en proche dans la cloche et venir lécher la surface de l'eau B ; l'opération est terminée. On laisse refroidir le gaz résidu, on le transvase dans un tube gradué et on en mesure le volume : on le trouve sensiblement égal à 79 cent. cubes.

3ᵉ MÉTHODE : *Acide pyrogallique et potasse.* — L'acide pyrogallique [1], dissous dans l'eau, absorbe rapidement l'oxygène, en présence d'une dissolution de potasse ou de soude ; on peut s'en servir pour absorber l'oxygène de l'air et faire l'analyse en volumes de ce gaz.

Fig. 32. **Analyse de l'air en volumes.** — Si, dans une cloche courbe reposant sur une petite cuve à eau et renfermant une quantité d'air déterminée, on fait brûler un morceau de phosphore, l'oxygène est absorbé par celui-ci et il reste $\frac{4}{5}$ d'azote.

4ᵉ MÉTHODE : *eudiomètre.* — On introduit dans l'*eudiomètre à mercure* des volumes égaux d'air pur et sec et d'hydrogène mesurés à la pression atmosphérique, soit :

100 vol. d'air.
100 vol. d'hydrogène.
Total   200 vol.

On fait passer l'étincelle électrique, on mesure le volume du résidu à la pression atmosphérique : il est de 137 vol. Il a donc disparu, pour faire de l'eau, 63 volumes, formés de 42 vol. d'hydrogène et de 21 vol. d'oxygène : donc, *les 100 vol. d'air introduits dans l'eudiomètre renfermaient* 21 *vol. d'oxygène et, par différence,* 79 *volumes d'azote.*

Vérification. 42 vol. d'hydrogène ont disparu ; il en doit rester 58 vol. dans les 137 vol. de résidu ; or, 58 vol. d'hydrogène exigent 29 vol. d'oxygène pour faire de l'eau : introduisons 29 vol. d'oxygène dans l'eudiomètre et faisons passer l'étincelle électrique ; il se formera de l'eau qui se condensera ; nous obtiendrons un nouveau résidu de 79 vol. d'un gaz n'entretenant pas la combustion : c'est un résidu d'*azote.* Donc, les 100 vol. d'air introduits renfermaient bien 79 vol. d'azote.

30. Conclusions. — 100 volumes d'air, mesurés à une certaine pression, renferment :

21 vol. d'oxygène
79 vol. d'azote

1. L'acide pyrogallique s'extrait de la noix de galle. (Voir Chimie organique.)

mesurés à la même pression. En réalité, 100 volumes d'air renferment 100 volumes d'oxygène et 100 volumes d'azote [1]; la pression de l'oxygène est les $\frac{21}{100}$ de la pression atmosphérique et la pression de l'azote en est les $\frac{79}{100}$.

40. Analyse de l'air en poids. — Les méthodes volumétriques comprennent un grand nombre de causes d'erreur; aussi, leur préfère-t-on les méthodes *pondérales* *. Pour faire l'analyse de l'air en poids, on fait passer un courant d'air pur et sec sur de la tournure de cuivre T chauffée au rouge (fig. 33), qui retient l'oxygène pour former de

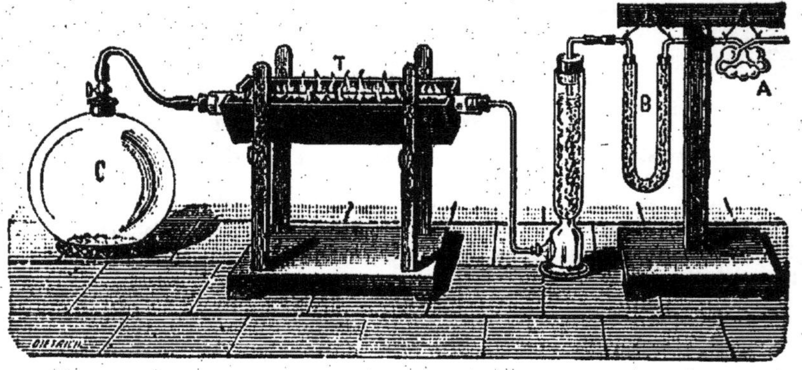

Fig. 33. **Analyse de l'air en poids.** — Si l'on fait passer un courant d'air pur et sec sur de la tournure de cuivre légèrement chauffée, l'air abandonne son oxygène sur la tournure de cuivre contenue dans le tube T et l'azote se rend dans le ballon vide C.

l'oxyde de cuivre : l'azote est recueilli dans un grand ballon C vide et taré. L'augmentation de poids du cuivre donne le poids de l'oxygène; on peut aussi déterminer le poids de l'azote obtenu [2] : le poids de l'air analysé est égal à la somme des poids d'oxygène et d'azote. Voici les résultats de l'analyse :

Oxygène...............................	23 gr.
Azote.................................	77 gr.
Air..................................	100 gr.

On déduit de ces résultats la composition exacte de l'air en volumes :

Oxygène...............................	20 vol. 81
Azote.................................	79 vol. 19

1. Voir Cours de Physique Drincourt et Dupays. *Lois du mélange des gaz.*
2. Voir, au Complément, la méthode complète d'*analyse.*

41. Vapeur d'eau. — Acide carbonique. — Ozone. — Matières diverses. — La détermination de la vapeur d'eau contenue dans l'air a été traitée en physique au chapitre de l'*Hygrométrie* [1].

La proportion d'acide carbonique en poids varie, à Paris, de 0,0002 à 0,0006. Elle diminue par la pluie, parce que l'acide carbonique est soluble dans l'eau; elle est moindre le jour que la nuit, par suite de l'absorption de l'acide carbonique par les parties vertes des végétaux, sous l'action de la lumière solaire.

L'air atmosphérique peut renfermer de l'*ozone*, qui lui donne sa couleur bleue et qui le purifie. On trouve encore dans l'air des composés nitreux, de l'ammoniaque, qui joue un grand rôle dans la végétation, et d'autres gaz qui peuvent se rencontrer accidentellement dans l'atmosphère des grandes villes ou des centres industriels, dont l'air n'a pas la pureté de l'air de la campagne.

42. L'air possède une composition constante. — Toutes les analyses faites par des expérimentateurs différents sur de l'air pris en des lieux différents et à des altitudes diverses ont donné les mêmes résultats : *la composition de l'air ne varie pas* d'une façon générale; elle ne varie qu'en raison de circonstances particulières. Ainsi, l'air pris à la surface de la mer contient un peu moins d'oxygène, probablement par suite de l'absorption considérable de ce gaz par les animaux qui peuplent la mer.

L'invariabilité de la composition de l'*air atmosphérique* peut surprendre, si l'on songe que, chaque jour, les respirations animale et végétale et les combustions qui se produisent sur la terre enlèvent à l'air des millions de mètres cubes d'oxygène, qui est remplacé par de l'acide carbonique. L'étonnement cesse, si l'on songe qu'il existe certains phénomènes naturels qui absorbent l'acide carbonique de l'air, tels que la dissolution de l'acide carbonique dans les eaux courantes et dans l'eau de pluie. Ces eaux dissolvent de la *craie*, qui, entraînée par les fleuves jusqu'à la mer, formera la coquille

---

1. Voir Cours de Physique Drincourt et Dupays. *Hygrométrie.*

sécrétée par les animaux marins inférieurs, et constituera les *polypiers*, les *îles de madrépores*[1], etc.

D'autre part, les parties vertes des végétaux, sous l'action de la lumière solaire, absorbent de l'acide carbonique et exhalent de l'oxygène[2], en fixant le carbone dans leurs tissus. On peut le démontrer par l'expérience suivante :

On remplit d'eau de Seltz un ballon en verre[3] et on y introduit deux ou trois feuilles de *nénuphar* ou d'une autre plante *aquatique* (fig. 34); on retourne le ballon plein sur un bocal renfermant de l'eau, puis on l'expose à la lumière solaire. On voit alors de petites bulles de gaz se former sur les feuilles, s'en détacher et se rassembler à la partie supérieure du ballon : on recueille ces bulles de gaz dans une petite éprouvette et on constate que le gaz est de l'*oxygène*.

43. Propriétés de l'air atmosphérique. — L'air est un gaz 770 fois plus léger que l'eau : 1 litre d'air pur et sec pèse 1 gr. 293 dans les conditions normales de température et de pression. Il est peu soluble dans l'eau et très difficilement liquéfiable. La pression qu'il exerce sur la terre est, en moyenne, de 1 kil. 033 par centimètre carré, au niveau de la mer. Ses propriétés chimiques sont celles de l'oxygène, dont l'activité est tempérée par l'inertie de l'azote.

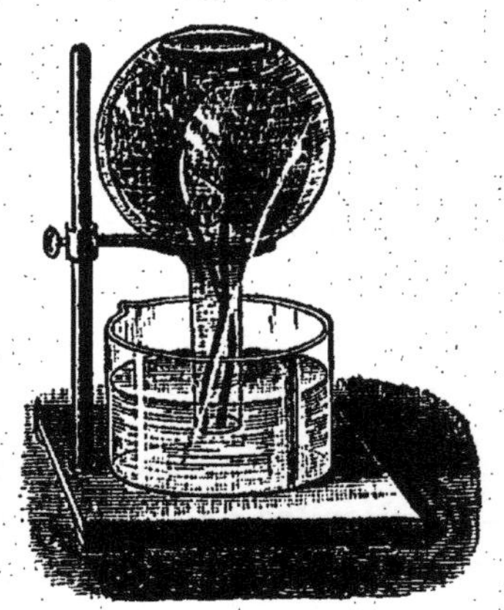

Fig. 34. **Action des végétaux dans l'air.** — Si l'on introduit des feuilles de nénuphar dans un ballon plein d'eau de Seltz et qu'on expose le tout au soleil, on voit se détacher des petites bulles de gaz qui montent à la surface de l'eau. Ce gaz est de l'oxygène.

44. Rôle de l'atmosphère dans les phénomènes vitaux. — L'homme introduit, par jour, 10 mètres

1. Les *Polypes* et les *Madrépores*, qui appartiennent à la même famille, sont de très petits êtres, ayant huit bras; ils se réunissent en colonies et forment une masse cornée ou pierreuse. Ils bâtissent des îles entières; un grand nombre de celles de la Micronésie * n'ont pas d'autre origine.

2. Voir Cours de Botanique Dastre. *Respiration.*

3. L'*eau de Seltz* est de l'eau chargée d'acide carbonique. On l'emploie pour faciliter la digestion stomacale.

cubes d'*air* dans ses poumons; il retient 530 litres environ d'oxygène et rejette 400 litres d'acide carbonique : l'oxygène inspiré sert à la combustion du carbone et de l'hydrogène du sang et à la production de la *chaleur animale*.

Tous les animaux ont besoin d'air pour vivre. Pour le démontrer, plaçons un oiseau sous une cloche pleine d'air; puis, au moyen d'une machine pneumatique, faisons le vide dans la cloche : l'oiseau périt. On serait arrivé au même résultat en remplaçant l'air de la cloche par de l'acide carbonique ou de l'hydrogène.

L'air sert à la respiration et à l'alimentation des végétaux. Il est indispensable à la germination de la graine; voilà pourquoi on rend le sol meuble (du latin *mobilis*, terre *meuble*, terre qui se divise bien d'elle-même) par le labourage. Il est indispensable au développement des fruits verts, qui absorbent de l'oxygène, même quand ils sont détachés de l'arbre, ce qui leur permet d'arriver encore à la maturité. Les plantes puisent dans l'acide carbonique de l'air la majeure partie du carbone de leurs tissus.

L'*air atmosphérique* contient des *ferments*[1], des *microbes* qui sont les germes des maladies infectieuses et de la putréfaction.

45. Air confiné. — On appelle *air confiné* l'atmosphère d'un appartement bien clos, d'une salle de théâtre, d'une salle d'école, d'un prétoire *, d'une église où se trouvent rassemblées un grand nombre de personnes, qui, en respirant, enlèvent sans cesse de l'oxygène pour accumuler l'azote et l'acide carbonique. Lorsque la proportion d'acide carbonique atteint 1 pour 100 en volumes, l'air devient vicié; en outre, il se forme des émanations de nature animale qui rendent l'atmosphère malsaine. Il est donc nécessaire d'aérer les chambres à coucher, les salles d'école où l'on est demeuré longtemps.

46. L'air est un mélange. On peut se demander si l'air est une combinaison d'oxygène et d'azote au même titre que l'eau ou un simple mélange d'oxygène et d'azote. L'*air est un mélange ;* en effet, les variations de composition de l'air, si faibles qu'elles soient, montrent qu'il ne peut être une *combinaison.* (Voir ch. III.)

1. Voir, plus loin, l'article *Fermentation.*

Si l'on mélange de l'oxygène et de l'azote dans la proportion de 21 vol. d'oxygène et de 79 vol. d'azote, on obtient un gaz qui possède toutes les propriétés de l'air atmosphérique.

L'air dissous dans l'eau n'a pas la même composition que l'air atmosphérique. Or, si l'air était une combinaison, il devrait se dissoudre dans l'eau sans changer de composition, comme le sucre, le sel, l'acide carbonique, qui se dissolvent dans l'eau sans être altérés.

AZOTE

47. Préparation. — On prépare *l'azote* en absorbant l'oxygène de l'air soit par le phosphore, soit par le cuivre chauffé.

1re MÉTHODE. — On creuse dans un large bouchon plat, en liège, une petite cavité, dans laquelle on place une petite capsule en terre contenant un fragment de phosphore. On place le liège sur la cuve à eau, on enflamme le phosphore et on recouvre le tout d'une cloche (fig. 35). On laisse la combustion s'effectuer, en enfonçant verticalement la cloche sous l'eau pour empêcher les gaz dilatés de s'échapper. Il se forme des fumées blanches *d'acide phosphorique* qui se dissolvent dans l'eau ;

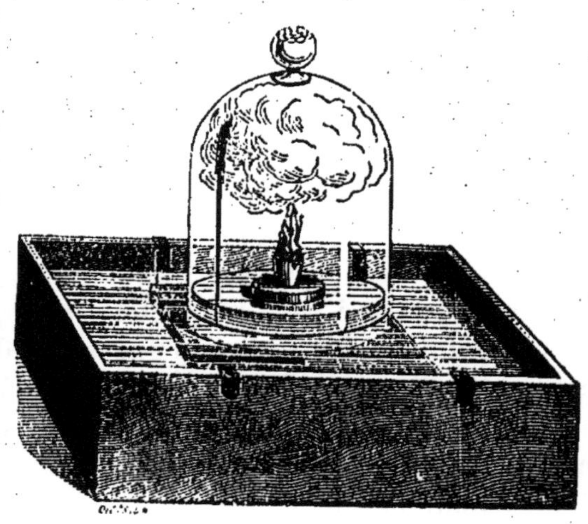

Fig. 35. **Préparation de l'azote par le phosphore.** — Si l'on enflamme du phosphore sous une cloche reposant sur la cuve à eau, il se forme de l'acide phosphorique qui se dissout dans l'eau : il ne reste ensuite que de l'azote dans la cloche.

l'azote reste seul et l'eau monte dans la cloche par suite de l'absorption de l'oxygène.

2e MÉTHODE. — Le procédé précédent ne donne jamais l'azote pur ; il vaut mieux faire passer un courant d'air sur de la *tournure de cuivre* contenue dans un tube C en verre vert (fig. 36), chauffé au rouge. On détermine le courant d'air en faisant couler de l'eau dans le flacon A : l'air chassé se purifie et se dessèche dans l'éprouvette à pied B, contenant de la pierre ponce imbibée de potasse; puis il passe sur la tournure de cuivre, à laquelle il abandonne son oxygène. L'azote est recueilli sous l'éprouvette reposant sur la cuve à eau.

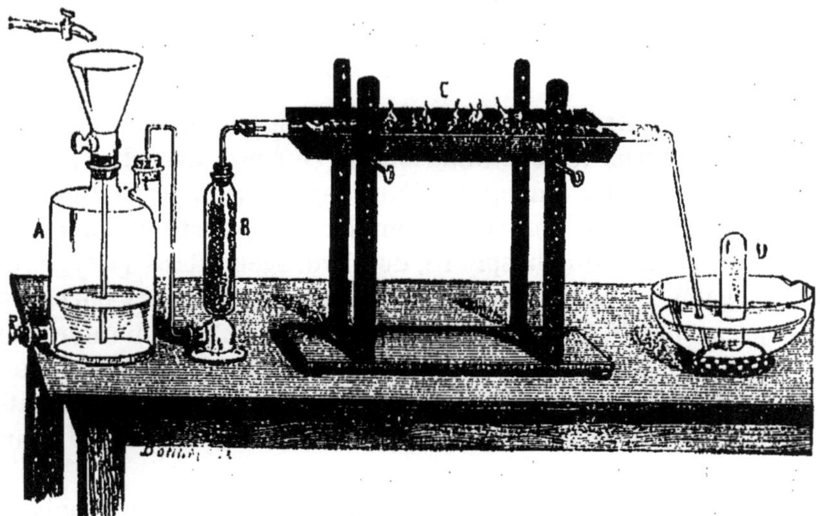

Fig. 36. **Préparation de l'azote par le cuivre.** — On fait passer un courant d'air dans un tube chauffé au rouge et contenant de la tournure de cuivre. Celle-ci absorbe l'oxygène de l'air, et l'azote est recueilli dans une éprouvette disposée à cet effet.

3ᵉ MÉTHODE. — On peut encore préparer l'azote en décomposant l'azotite d'ammoniaque par la chaleur : ce sel se décompose en azote et en eau.

On pourrait aussi décomposer par la chaleur un mélange d'azotite de potasse et de sel ammoniac.

48. Propriétés de l'azote. — L'azote, découvert en 1772 par Rutherford [1], est un gaz incolore, inodore, insipide, ayant pour densité 0,971, ce qui donne 1 gr. 253 pour poids du litre d'azote. L'eau en dissout 20 cent. cubes par litre. Il se liquéfie difficilement, en donnant un liquide incolore bouillant à — 192°.

L'azote n'entretient ni la combustion, ni la respiration : il

1. Rutherford, médecin et chimiste anglais, né en 1749, mort en 1819, a le premier signalé l'existence de l'azote dans un mémoire intitulé : *De aere mephitico.*

n'est pas combustible. Il peut se combiner directement à l'oxygène sous l'action continue d'une série d'étincelles électriques [1] : cette action est importante, car elle rend compte de la formation de *composés oxygénés de l'azote* dans l'air après un orage.

L'azote entre dans la constitution des tissus animaux. Un régime alimentaire non azoté amènerait rapidement la mort.

COMBUSTION

49. Combustions vives. — On appelle *combustion vive* d'un corps la combinaison de ce corps avec l'oxygène, lorsqu'elle est accompagnée d'un dégagement de chaleur et de production de lumière. Exemples : combustion, du charbon, du soufre, du phosphore, de l'hydrogène dans l'oxygène. L'oxygène est appelé le corps *comburant* * et l'autre corps, le corps *combustible* * : en réalité, ce n'est qu'une manière de parler; car on pourrait aussi bien faire brûler de l'oxygène dans l'hydrogène que de l'hydrogène dans l'oxygène : scientifiquement parlant, il y a eu simplement combinaison des deux corps entre eux.

On peut étendre le mot *combustion* à toute combinaison de deux corps quelconques, lorsqu'elle est accompagnée d'un dégagement de chaleur plus ou moins vif. Par exemple, le phosphore devient incandescent si on le plonge dans le chlore; le cuivre et le soufre se combinent avec un dégagement de chaleur tel, que le cuivre est porté au rouge. Cet exemple nous montre *qu'un même corps peut être comburant ou combustible,* suivant les cas : le soufre est combustible par rapport à l'oxygène; il est comburant par rapport aux métaux.

Les corps composés, en s'unissant à l'oxygène, peuvent aussi donner naissance à des combustions : le bois, le gaz d'éclairage, l'huile, une bougie, une fois allumés dans l'air, y brûlent aux dépens de l'oxygène.

50. Combustions lentes. — Toute combinaison *directe* et *immédiate* de deux corps est toujours accompagnée d'un dégagement de chaleur; mais ce dégagement de chaleur

1. Voir plus loin à l'article *Acide azotique.*

peut n'être pas assez vif pour porter à l'incandescence le produit de la combinaison ou en élever la température d'une manière sensible au thermomètre; on dit alors que la combustion est *lente*. On peut citer comme exemples la transformation du fer en rouille au contact de l'air humide, la transformation des huiles siccatives en résines au contact de l'air, la combustion lente du carbone et de l'hydrogène du sang dans l'acte de la respiration. Comparons la production de la rouille à la combustion vive du fer dans l'oxygène : dans les deux cas, il s'est dégagé une grande quantité de chaleur; mais, dans la production de la rouille, l'oxydation a été très lente, la chaleur dégagée est infiniment faible à chaque instant et elle se dissipe à mesure qu'elle se produit, tandis que, dans la combustion du fer dans l'oxygène, le dégagement de chaleur a été très rapide : la chaleur dégagée brusquement a porté le corps combustible et les produits de la combustion à l'*incandescence*.

Toute combustion effectuée dans l'air sera moins vive que dans l'oxygène, car la chaleur dégagée devra servir en partie à échauffer l'azote : donc, la température sera moins élevée. On peut *activer* les combustions qui s'effectuent dans l'air en *insufflant* de l'air sur les corps combustibles enflammés avec des soufflets ou avec des machines soufflantes.

Conseils pédagogiques. — On insistera surtout sur la composition de l'air pur et sec, en effectuant la détermination au moyen de l'eudiomètre à mercure : on aura bien soin de mesurer les volumes de gaz employés à la pression atmosphérique, en ramenant, pour chaque lecture, le mercure au même niveau dans l'eudiomètre et dans la cuve. *On insistera sur ce fait que, dans l'air, chacun des gaz du mélange se comporte comme s'il était seul, en rappelant à ce sujet les lois du mélange des gaz étudiées en physique.* —

Questionnaire. — Qu'est-ce que l'air? — Quel est le chimiste qui en découvrit la composition? — Par quelles expériences isola-t-il les deux éléments de l'air? — Quelle est la proportion des deux gaz comme volume (composition en volume)? — Quelle est leur proportion comme poids (composition en poids)? — Par quels procédés détermine-t-on ces proportions? — La composition de l'air est-elle variable? — L'air est-il une combinaison ou un mélange? — Quelles sont ses propriétés? — Quel est le rôle de l'atmosphère dans les phénomènes de la vie? — Quel est le danger de l'air confiné? — Comment prépare-t-on l'azote? — Quelles en sont les propriétés? — Qu'appelle-t-on combustion vive? — Qu'appelle-t-on combustion lente?

CHAPITRE III

NOTIONS GÉNÉRALES SUR LES COMBINAISONS CHIMIQUES.
CHALEUR DÉGAGÉE.
CHANGEMENT DE PROPRIÉTÉS.
LOIS DES COMBINAISONS EN POIDS.
ÉQUIVALENTS.
NOMENCLATURE ET NOTATION CHIMIQUES.

Sommaire. — 16. Dans un mélange, les corps mélangés conservent leur propriétés particulières : un mélange s'effectue en proportions arbitraires. Une combinaison s'effectue en proportions définies : le corps composé formé est homogène et doué de propriétés bien différentes de celles des corps générateurs. — Toute combinaison est accompagnée, en général, d'un dégagement ou d'une absorption de chaleur.

17. *Loi des combinaisons* Ce sont : la *loi des poids*, la *loi des proportions définies*, la *loi des proportions multiples* et la *loi des nombres proportionnels ou équivalents*.

18. Les corps simples sont formés par l'agrégation de particules insécables*, appelées *atomes** : les corps composés sont formés par l'agrégation de molécules.

19. Nomenclature et notation chimiques. — Formules et équations chimiques.

20. On appelle *acide* un composé hydrogéné dans lequel un ou plusieurs équivalents d'hydrogène peuvent être remplacés par un nombre égal d'équivalents de métal. — On appelle *base* tout corps pouvant réagir sur un acide pour former un sel avec élimination d'eau. — On appelle *sel* le résultat de la substitution directe ou indirecte d'un métal à l'hydrogène remplaçable d'un acide.

21. Combinaisons chimiques. — Prenons du soufre pulvérisé et du fer en limaille très fine ; mélangeons-les aussi intimement que possible. On pourra toujours, au microscope, distinguer le soufre du fer, même s'ils étaient réduits en poudre impalpable ; on pourra même les séparer l'un de l'autre en plongeant un aimant dans le mélange : l'aimant attirera le fer et laissera le soufre ; de plus, le fer et le soufre ont conservé leurs propriétés caractéristiques : il y a eu simplement *mélange* du soufre et du fer.

Plaçons maintenant ce mélange dans un petit creuset en terre et chauffons-le : la masse deviendra incandescente.

Laissons-la se refroidir, puis brisons le creuset pour en extraire le contenu; nous trouverons une masse noire, homogène, dans laquelle tout le soufre et tout le fer ont disparu, pour laisser à leur place un autre corps, qui ne leur est en rien semblable, bien qu'on l'ait formé avec eux : il y a eu alors *combinaison* du fer et du soufre. Il s'est produit un corps *composé*, qu'on a nommé *sulfure de fer*.

La *combinaison* diffère du *mélange* en ce que le nouveau corps formé est homogène*, doué de propriétés très différentes de celles des corps qui l'ont formé, et en ce que les corps combinés ne peuvent être séparés par de simples actions mécaniques ou physiques, telles que le triage, l'emploi d'un aimant, l'emploi des dissolvants, etc.

Prenons, par exemple, du vin étendu d'eau, ce que l'on appelle vulgairement de l'*eau rougie*; par la distillation, on en retirera de l'alcool, des essences aromatiques et de l'eau. on obtiendra comme résidu dans l'alambic le tannin, la crème de tartre et tous les sels que le vin tenait en dissolution. L'eau rougie est donc un mélange très complexe de corps que l'on sépare les uns des autres par des procédés physiques. La poudre de guerre est un mélange de charbon, de soufre et de salpêtre.

En outre, *un mélange peut s'effectuer en toutes proportions*; une combinaison, au contraire, n'a lieu qu'en proportions définies et invariables. Par exemple, chauffons 32 grammes de fer et 16 grammes de soufre; il se formera 44 grammes de sulfure de fer artificiel et il restera 4 grammes de fer non combiné et inaltéré. Le fer et le soufre se combinent dans le rapport invariable de 28 grammes de fer à 16 grammes de soufre pour former le corps composé particulier appelé le *sulfure de fer artificiel*.

Autre exemple : 1 gramme d'hydrogène se combinera toujours avec 8 grammes d'oxygène pour former 9 grammes d'eau : l'eau formée sera douée de propriétés toutes différentes de celles des gaz générateurs.

52. Phénomènes calorifiques qui accompagnent les combinaisons. — Toute combinaison est en général accompagnée d'un dégagement ou d'une absorption de chaleur plus ou moins considérable.

1" Ex. : Le charbon brûle dans l'air ; il se combine avec l'oxygène de l'atmosphère pour former de l'acide carbonique ; la chaleur due à cette combinaison est utilisée journellement.

2° Ex. : L'hydrogène et l'oxygène se combinent sous l'action de l'étincelle électrique ou en présence d'une allumette enflammée : il a suffi de provoquer la combinaison en un point de la masse, pour qu'elle s'effectue dans la masse entière ; la chaleur dégagée en un point suffit pour déterminer la combinaison des deux gaz en un point voisin ; la combinaison s'effectue de proche en proche et très rapidement.

3° Ex. : Le chlore et l'hydrogène, à volumes égaux, commencent à se combiner sous l'influence de la lumière solaire ; et la réaction se poursuit jusqu'à ce que la combinaison des deux gaz soit complète.

Inversement, la *décomposition* du composé formé s'effectuera avec *absorption* de chaleur : une énergie étrangère devra exercer son action jusqu'à complète décomposition du corps composé[1].

Certaines combinaisons peuvent se produire avec absorption de chaleur, comme le montre l'étude de la formation indirecte des composés oxygénés de l'azote, de l'acétylène, etc.[2].

Inversement, la *décomposition* du composé formé s'effectue avec dégagement de chaleur. Il suffira de provoquer cette décomposition en un point, pour qu'elle s'effectue dans toute la masse instantanément : de là, les propriétés explosives des composés endothermiques, tels que les fulminates, le coton-poudre et la nitro-glycérine, qui est la base de la dynamite.

83. — En résumé, la combinaison est caractérisée par :

1° *Un changement de propriétés des corps qui se sont combinés.*

2° *Une relation déterminée et invariable entre les poids des corps constituants.*

3° *Un phénomène calorifique, que l'on pourra mesurer par les procédés calorimétriques.*

LOIS DES COMBINAISONS EN POIDS

84. Loi des poids. — **Lavoisier** l'a formulée ainsi :
Le poids d'un corps composé est égal à la somme des poids des corps composants.

1. Ces combinaisons ont reçu le nom de combinaisons *exothermiques* (du grec *exô*, en dehors, et *thermê*, chaleur) : elles sont dites *directes* et produites par la seule énergie de leurs éléments, sans le concours d'aucune énergie étrangère.

2. Les combinaisons de ce genre sont dites *endothermiques* (du grec *endon*, en dedans, et *thermê*, chaleur) : elles exigent toujours l'intervention d'une énergie étrangère, dont l'action devra s'exercer jusqu'à ce que la combinaison soit complète.

Lavoisier a montré, la balance à la main, que dans la nature *rien ne se perd, rien ne se crée.*

55. Loi des proportions définies ou loi de Proust [1].

Les poids de deux ou plusieurs corps, qui s'unissent pour former un composé, déterminé, sont entre eux dans un rapport bien défini et invariable.

Ainsi : 1 gramme d'hydrogène se combinera toujours avec 8 grammes d'oxygène pour former de l'eau ; 35 gr. 5 de chlore se combineront toujours avec 1 gramme d'hydrogène pour former l'*acide chlorhydrique.*

56. Loi des proportions multiples ou loi de Dalton [2].

Lorsque deux corps peuvent former, en se combinant entre eux, plusieurs composés distincts, les poids de l'un qui s'unissent à un même poids de l'autre, sont entre eux comme les nombres simples $1, \frac{4}{3}, \frac{3}{2}, 2, 3, 4, 5,$ etc.

Par exemple, l'hydrogène et l'oxygène forment deux composés : 1 gramme d'hydrogène se combine avec 8 grammes d'oxygène pour former l'eau ; 1 gramme d'hydrogène se combine avec 16 grammes ou 2×8 grammes d'oxygène pour former l'eau oxygénée.

L'azote et l'oxygène forment six composés qui renferment :

Azote	Oxygène		
14	8	ou	8×1
14	16		8×2
14	24		8×3
14	32		8×4
14	40		8×5
14	48		8×6

Dans ces deux exemples, les poids d'oxygène sont des *multiples* entiers du plus petit d'entre eux.

Le fer et l'oxygène forment quatre composés qui renferment :

Fer	Oxygène		
28	8	ou	8×1
28	$10\frac{2}{3}$		$8 \times \frac{4}{3}$
28	12		$8 \times \frac{3}{2}$
28	24		8×3

1. Né à Angers en 1755, mort en 1826.
2. Chimiste et physicien anglais, (1766-1844).

L'étain et le chlore forment deux composés qui renferment :

Étain.	Chlore.	
59	35,5	ou $35,5 \times 1$
59	71	$35,5 \times 2$

La loi de **Dalton** s'applique aussi aux combinaisons formées par l'union des corps composés entre eux [1].

57. Molécules. — Atomes. — Les lois précédentes conduisent à une conclusion très importante : *la matière n'est pas divisible à l'infini* [2]. Chaque corps simple ou composé est supposé formé par l'agrégation de particules indivisibles ou **molécules**.

La loi de Dalton nous montre qu'il existe pour chaque corps simple une quantité limite, *qui est la plus petite quantité de ce corps simple qui puisse entrer en combinaison :* on la nomme **atome**. La molécule d'un corps est formée par la juxtaposition d'un nombre entier d'atomes : les atomes sont de même nature dans la molécule d'un corps simple et ils sont de nature différente dans la molécule d'un corps composé.

58. Équivalents en poids. — L'expérience montre que, si on prend pour terme de comparaison *l'hydrogène*, l'hydrogène entrera **toujours en poids** dans les combinaisons suivant un multiple entier de 1, l'oxygène suivant un multiple entier de 8, le chlore suivant un multiple entier de 35,5 ; ces nombres 1, 8, 35,5 ont reçu le nom d'**équivalents**. Nous donnons plus loin la liste des corps simples avec l'équivalent correspondant à chacun d'eux.

59. *L'équivalent d'un corps composé est égal à la somme des équivalents des corps simples qui le constituent.* C'est une conséquence de la loi des poids.

NOMENCLATURE CHIMIQUE

60. L'idée de créer pour la chimie une langue spéciale revient à **Guyton-Morveau** ; mais ce furent **Lavoisier**, **Berthollet** et **Fourcroy** qui, en 1787, jetèrent les bases de la nomenclature raisonnée et universelle, adoptée encore aujourd'hui.

61. Nomenclature des corps simples. — On a donné aux corps simples des noms arbitraires, consacrés par l'usage. Nous avons déjà vu que l'on divise les corps simples

---

1. Les rapports 1, $\frac{4}{3}$, $\frac{3}{2}$, 2, 3, sont rigoureusement exacts et non approximatifs.

2. Voir Physique Drincourt et Dupays.

en deux catégories : *métalloïdes* et *métaux*. Les *métalloïdes*, au nombre de 14, ont été groupés en familles naturelles d'après les analogies que présentent les corps d'une même famille :

Métalloïdes.

1re FAMILLE

Noms.	Symboles.	Equivalents en poids.
Oxygène	O	8
Soufre	S	16
Sélénium	Se	39,75
Tellure	Te	64,50

2e FAMILLE

Noms.	Symboles.	Equivalents en poids.
Fluor	Fl	19
Chlore	Cl	35,5
Brome	Br	80
Iode	I	127

3e FAMILLE

Noms.	Symboles.	Equivalents en poids.
Azote	Az	14
Phosphore	Ph	31
Arsenic	As	75

4e FAMILLE

Noms.	Symboles.	Equivalents en poids.
Carbone	C	6
Bore	Bo	11
Silicium	Si	14

Métaux[1].

Noms	Symb.	Éq.	Noms	Symb.	Éq.
Hydrogène	H	1	Étain	Sn[3]	59
Potassium	K	39	Antimoine	Sb[4]	120,6
Sodium	Na[2]	23	Cuivre	Cu	31,75
Baryum	Ba	68,6	Plomb	Pb	103,5
Calcium	Ca	20	Bismuth	Bi	106
Manganèse	Mn	27,6	Aluminium	Al	13,5
Magnésium	Mg	12	Mercure	Hg[5]	100
Fer	Fe	28	Argent	Ag	108
Nickel	Ni	29,5	Or	Au	98,2
Cobalt	Co	29,3	Platine	Pt	98,6
Zinc	Zn	33	Palladium	Pd	53
Chrome	Cr	26,2	Iridium	Ir	99

1. On ne citera ici que les principaux métaux de chaque section.
2. Abréviation de *Natrum* ou *Natroun*, nom donné par les Arabes au sel marin.
3. Abréviation de *Stannum*.
4. Abréviation de *Stibium*.
5. Abréviation de *Hydrargyrum*.

62. Nomenclature des corps composés. — Au moment où fut établie la nomenclature, l'oxygène paraissait être un corps plus important que les autres : aussi créa-t-on pour ses composés un langage spécial.

63. Acides. — Les métalloïdes, en se combinant avec *l'oxygène et avec l'eau*, donnent naissance à des composés, nommés *acides*, ayant pour caractère spécial de *rougir la teinture bleue de tournesol*.

1° Si le métalloïde ne forme avec l'oxygène qu'un seul acide, on le nomme en faisant suivre le nom du métalloïde de la terminaison *ique* :

Ex. : Acide *carbonique*.
Acide *silicique*.

2° Si le métalloïde forme avec l'oxygène plusieurs acides, on les distingue soit par le changement de la terminaison *ique* en *eux*, soit par les préfixes *hypo*, *hyper* [1] ou *per*, suivant le degré d'oxydation.

Tout acide terminé en *eux* est moins oxygéné qu'un acide terminé en *ique*.

Ex. : Acide *arsénieux*.	Acide *hypochlorique*.
Acide *arsénique*.	Acide *chlorique*.
Acide *hypochloreux*.	Acide *perchlorique*.
Acide *chloreux*.	

64. — On peut encore obtenir un acide en combinant un métalloïde avec l'hydrogène : on le nomme en faisant suivre le nom du métalloïde de la terminaison *hydrique* :

Ex. : Acide *chlorhydrique*.
Acide *sulfhydrique*.
Acide *iodhydrique*.

Cette catégorie d'acides porte souvent le nom d'*hydracides*, ou acides hydrogénés.

65. Oxydes métalliques. — On appelle *oxyde métallique* tout corps composé formé par la combinaison d'un métal avec l'oxygène. Les uns ramènent au bleu la teinture de tournesol rougie par un acide et verdissent le sirop de violettes : ce sont les *oxydes basiques*, ou *les bases*, pouvant se combiner avec les acides. Les autres ne possèdent ni les

---

1. *Hypo* du grec, *upo*, en dessous ; *hyper*, du grec *uper*, au-dessus.

propriétés des bases, ni celles des acides : on les appelle des *oxydes neutres.*

1° Si le métal ne forme avec l'oxygène qu'un seul oxyde, on le nomme en faisant suivre le mot *oxyde* du nom de métal.

Oxyde d'argent
— de zinc.

2° Si le métal forme avec l'oxygène plusieurs oxydes, ces combinaisons suivent la loi de **Dalton** : les quantités d'oxygène combinées à un même poids de métal seront entre elles comme les nombres 1, $\frac{3}{2}$, 2, 3, etc. On emploiera les préfixes *proto, sesqui, bi, tri,* correspondant à chacun des rapports simples précédents.

Protoxyde de manganèse
Sesquioxyde   —
Bioxyde   —
Protoxyde de fer.
Sesquioxyde de fer.

Il y a exception pour :

le protoxyde d'hydrogène nommé	eau
— de potassium	potasse
— de sodium	soude
— de calcium	chaux
— de baryum	baryte
— de magnésium	θ magnésie
le sesquioxyde d'aluminium	alumine[1].

66. Composés binaires en général. — Lorsqu'on soumet un composé binaire à l'action d'un courant électrique, on constate que l'un des éléments apparaît sur l'électrode positive et l'autre sur l'électrode négative; par exemple, une solution de chlorure de fer laisse déposer du fer sur l'électrode négative et du chlore sur l'électrode positive : on dit alors que le *chlore* est *électro-négatif* par rapport au fer, qui est dit être *électro-positif* par rapport au chlore. Pour nommer ce composé binaire, on nommera *le premier* l'élément *électro-négatif* en le terminant en *ure* et on le fera suivre du nom de l'élément électro-positif.

Ex. : Chlorure de fer.
Sulfure de potassium.
Chlorure de sodium.
Sulfure de carbone.

1. Par extension on a appelé aussi *oxydes* les composés neutres que certains métalloïdes forment avec l'oxygène : *oxyde de carbone, oxyde d'azote.*

Lorsque l'un des éléments est un métal, il est toujours électro-positif par rapport au métalloïde : donc, on le nommera le dernier.

Lorsque les deux mêmes éléments pourront donner naissance à plusieurs composés, on emploiera les préfixes : *proto, sesqui, bi, tri,* qui indiqueront les différentes proportions de l'élément électro-négatif.

> Ex. : Protochlorure de fer.
> Sesquichlorure de fer.
> Protosulfure d'étain.
> Bisulfure d'étain.
> Trichlorure de phosphore.
> Pentachlorure de phosphore.

Il y a exception pour l'azoture d'hydrogène, nommé *Ammoniaque.*

67. Composés ternaires ou sels. — Versons dans une dissolution de potasse la quantité d'acide sulfurique étendu suffisante pour que la solution résultante soit neutre au tournesol ; l'acide sulfurique et la potasse se seront neutralisés mutuellement, et il se sera formé un composé *ternaire* renfermant du *soufre,* de l'*oxygène* et du *potassium :* ce composé a reçu le nom de *sel.* Si on évapore la liqueur à sec, on obtiendra le sel à l'état solide : ce sera le *sulfate de potasse.* — *Un sel est le résultat de la combinaison d'un acide avec un oxyde basique.* — Chaque acide donnera naissance à tout un *genre* de sels, dont l'oxyde basique indiquera l'*espèce :* le nom générique d'un sel se forme en changeant la terminaison *ique* de l'acide en *ate* et la terminaison *eux* de l'acide en *ite*

> Ex. : l'acide *carbonique* forme le genre *carbonate.*
> *sulfurique* — *sulfate.*
> *sulfureux* — *sulfite.*
> *azotique* — *azotate.*
> *azoteux* — *azotite.*
> *chlorique* — *chlorate.*
> *hypochloreux* — *hypochlorite.*
> *arsénieux* — *arsénite.*
> *arsénique* — *arséniate.*

Pour indiquer l'espèce du sel, on fait suivre le nom générique de celui-ci du nom de l'oxyde basique générateur :

> Ex.: Sulfate de potasse.
> Carbonate de soude.
> Azotate d'oxyde de plomb.
> Sulfate de protoxyde de fer.
> — de sesquioxyde de fer.

Par abréviation, on supprime souvent le mot *oxyde*, quand il n'existe qu'un seul oxyde basique du métal constitutif du sel.

Ex. : *Sulfate de cuivre*, au lieu de *sulfate de protoxyde* de cuivre.
Azotate d'argent.
Carbonate de zinc.

68. — La nomenclature précédente a l'avantage de donner aux corps composés des noms indiquant immédiatement la nature, le nombre et les proportions des corps simples générateurs : elle fait connaître le *rôle électrique* des corps et leur *fonction chimique*. Mais elle pourrait être plus simple : en outre, elle est aujourd'hui en défaut pour ce qui concerne les acides et les sels, comme nous le montrerons plus tard en étudiant particulièrement ces composés.

NOTATION CHIMIQUE

69. Corps simples. — On représente chaque corps simple par une lettre majuscule, qui est en général la première lettre de son nom, en la faisant suivre d'une minuscule, pour distinguer les uns des autres les corps simples dont le nom commence par la même lettre. Nous avons donné le tableau des corps simples avec leurs *symboles* (61).

70. Corps composés. — 1° *Composés binaires.* — On écrit le *premier l'élément électro-positif*, puis l'*élément électro-négatif*, en affectant chaque symbole d'un *exposant*, ou chiffre placé à droite et en haut, indiquant les proportions de chaque corps qui entrent dans la combinaison. Or, un corps simple entre dans les combinaisons suivant les multiples entiers de son équivalent. Par conséquent, le symbole H par exemple, représentera 1 équivalent ou 1 gramme d'hydrogène ; 2 équivalents d'hydrogène seront représentés par H^2, 3 équivalents par H^3, etc.

Ex. : L'eau aura pour formule HO ; elle est formée de 1 équivalent ou 1 gramme d'hydrogène et de 1 équivalent ou 8 grammes d'oxygène.

L'acide chlorhydrique a pour formule HCl ; il est formé par

la combinaison de 1 équivalent ou 1 gramme d'hydrogène avec 1 équivalent ou 35 gr. 5 de chlore.

Ex.: Protosulfure d'étain...................... SnS.
Bisulfure .... SnS^2.
Protochlorure de fer................. $FeCl$.
Sesquichlorure — .... Fe^2Cl^3.
Trichlorure de phosphore.......... $PhCl^3$.
Pentachlorure — .... $PhCl^5$.
Protoxyde de manganèse........... MnO.
Bioxyde — — .... MnO^2.
Acide carbonique................... CO^2.
— sulfureux................ SO^2.
Potasse anhydre [1]............... KO.
Soude — .... NaO.
Acide sulfurique anhydre [2]..... ... SO^3.
Acide azotique — [3]... ...... AzO^5.
Acide chlorhydrique............... HCl.
Acide iodhydrique .... HI.
Ammoniaque....................... AzH^3.

2° *Composés ternaires ou sels.*

On écrit l'oxyde basique le premier, puis l'acide anhydre, et on les sépare par une virgule.

Sulfate de potasse................. KO,SO^3.
Azotate d'argent................... AgO,AzO^5.
Carbonate de cuivre............... CuO,CO^2.
Sulfite de soude.................. NaO,SO^2.

71. Équations chimiques. — La *notation chimique* permet de représenter par une *formule* ou *équation chimique* toutes les réactions que les corps exercent les uns sur les autres. On écrit dans le premier membre de l'équation les corps réagissants et dans le second membre les corps composés formés. Cette formule établit une relation numérique entre les poids des corps réagissants et les poids des corps composés formés.

Ex. : Préparation de l'oxygène par le bioxyde de manganèse MnO^2 sous l'action de la chaleur :

$$MnO^2 = O\,\tfrac{2}{3} + MnO\,\tfrac{4}{3}$$

ou, en évitant les exposants fractionnaires :

$$3\,(MnO^2) = O^2 + Mn^3O^4.$$

---

1. Anhydro, sans eau : du grec, *a* privatif, et *udôr*, eau.
2. Ou anhydride sulfurique.
3. Ou anhydride azotique.

Traduisons cette formule en nombres :

$$MnO^2 = 27,5 + 2 \times 8 = 43,5 \quad ; \quad O^2 = 2 \times 8 = 16$$
$$Mn^3O^4 = 3 \times 27,5 + 4 \times 8 = 144,5 \quad ; \quad 3(MnO^2) = O^2 + Mn^3O^4$$
$$130,5 = 16 + 114,5.$$

On voit alors que, pour préparer 16 grammes d'oxygène, il faudra chauffer 130^{gr},5 de MnO^2 ; il restera dans la cornue 114^{gr},5 de Mn^3O^4 ou *oxyde salin de manganèse*. Puisque *rien ne se perd, rien ne se crée* dans les réactions chimiques, chaque corps simple devra entrer dans chacun des deux membres de l'équation avec le même nombre d'équivalents.

Nous devons faire connaître ici les formules des principales réactions étudiées précédemment.

1° Préparation de l'oxygène par MnO^2 :

$$3(MnO^2) = O^2 + Mn^3O^4.$$

2° Préparation de l'oxygène par le chlorate de potasse :

$$KO,ClO^5 = O^6 + KCl.$$

3° Préparation de l'hydrogène par le fer et par l'eau ;

$$3Fe + 4(HO) = Fe^3O^4 + 4H \quad [1].$$

4° Préparation de l'hydrogène par le zinc et l'acide chlorhydrique :

$$Zn + HCl = ZnCl + H.$$

5° Préparation de l'hydrogène par le zinc et l'acide sulfurique étendu d'eau (SO^3,HO).

$$Zn + SO^3,HO = ZnO,SO^3 + H.$$

Pour que la formule fût complète, il faudrait y ajouter le nombre de calories [2] dégagées (avec le signe +) ou absorbées (avec le signe —) dans chaque réaction.

Ex. : Combinaison de l'hydrogène et de l'oxygène avec *dégagement* de chaleur :

$$H + O = HO + 29 \text{ cal. } 5.$$

Combinaison de l'hydrogène et du chlore avec *dégagement* de chaleur :

$$H + Cl = HCl + 22 \text{ calories.}$$

Formation de l'acide iodhydrique, avec *absorption* de chaleur :

$$H + I = HI - 6 \text{ cal. } 8.$$

Problème. — Quel est le poids de chlorate de potasse qu'il faut décomposer pour préparer 200 litres d'oxygène ?

---

1. On peut à volonté mettre le nombre 4 en *exposant* ou en *coefficient*.

2. On appelle *calorie* ou unité de chaleur la quantité de chaleur nécessaire pour élever de 0 à 1 degré la température de 1 kilogramme d'eau.

Écrivons la formule de la réaction :

$$KO,ClO^5 = O^6 + KCl$$

Le chlorate de potasse KO.ClO^5 contient 1 équivalent de potassium K = 39 ; 1 équivalent de chlore Cl = 35,5 ; et 6 équivalents d'oxygène, O^5 + O = 48 (1 équivalent d'oxygène étant égal à 8). Or 39 + 35,5 + 48 = 122,5 ; donc, pour extraire du chlorate de potasse les 48 grammes d'oxygène qu'il contient, il faudra décomposer par la chaleur 122^{gr}5 de chlorate de potasse ; 1 litre d'oxygène pesant 1^{gr}43, 200 litres pèseront 286 grammes ; une règle de trois simple donnera le poids de chlorate correspondant, c'est-à-dire : 122,5 × $\frac{286}{48}$ = 730 grammes.

Pour résoudre ce genre de problèmes, il faut d'abord écrire la formule chimique de la réaction, puis remplacer chaque symbole par l'équivalent en poids correspondant, et enfin, par une règle de trois simple, déterminer l'inconnue du problème.

ACIDES. — BASES. — SELS.

72. Acides. — On appelait autrefois *acide* tout corps qui avait la propriété de rougir la teinture de tournesol. Pendant longtemps on crut qu'un acide devait nécessairement renfermer de l'oxygène ; mais les travaux de **Davy** et de **Gay-Lussac** ont montré qu'au contraire il ne peut exister d'acide sans hydrogène auquel un métal puisse se substituer pour former un *sel*. Aujourd'hui, on appelle *acide* un composé hydrogéné, dans lequel un certain nombre d'équivalents d'*hydrogène* peuvent être remplacés par un nombre égal d'équivalents de *métal*, pour former un sel.

En effet, plongeons une lame de zinc dans de l'acide sulfurique étendu d'eau : il se dégagera de l'hydrogène, et il se formera du sulfate de zinc ; en outre, pour 1 gramme d'hydrogène dégagé, la lame de zinc aura perdu 33 grammes de son poids. Le zinc s'est donc substitué à l'hydrogène, équivalent à équivalent.

Plongeons des clous dans une dissolution d'acide chlorhydrique (HCl), le fer se substituera à l'hydrogène équivalent à équivalent : il se dégagera 1 gramme d'hydrogène pour 28 grammes de fer combiné à 35 gr. 5 de chlore formant le protochlorure de fer FeCl.

Les véritables acides ne sont pas les acides *anhydres* AzO^5 ou SO^3 appelés plus rationnellement *anhydrides*, mais leurs *hydrates*, c'est-à-dire les combinaisons qu'ils forment avec l'eau : AzO^5,HO pour l'acide azotique et SO^3,HO pour l'acide sulfurique.

Les hydracides sont d'véritables acides : HCl pour l'acide chlorhydrique, III pour l'acide iodhydrique, etc.

73. Dans un acide, il peut exister un ou plusieurs équivalents d'hydrogène remplaçables par un métal. L'acide sera dit *monobasique*, *bibasique*, *tribasique*, suivant qu'il renfermera 1, 2 ou 3 équivalents d'hydrogène remplaçables par un métal.

1° *Acides monobasiques* : l'acide azotique......... AzO^5,HO.
    —   — chlorique..... ClO^5,HO.
2° *Acides bibasiques* : l'acide sulfurique.......... $S^2O^6,2HO$.
    —   — pyrophosphorique.. $PhO^5,2HO$.

3° *Acides tribasiques*. Le type des acides *tribasiques* est l'acide phosphorique ordinaire ou acide orthophosphorique $PhO^5,3HO$.

74. Les *acides* peuvent être considérés comme des *sels* dont le métal est l'*hydrogène*. La substitution d'un métal à l'hydrogène n'est qu'un cas particulier de la substitution des métaux entre eux, comme nous le verrons plus loin.

75. Bases. — On appelait autrefois *bases* tout oxyde métallique ramenant au bleu la teinture de tournesol rougie par un acide. Les bases fortes, telles que la potasse, la soude, étaient appelées des *alcalis*. Aujourd'hui, nous appellerons *bases* ou *oxydes basiques* des *hydrates* d'oxydes métalliques, tels que la potasse KO,HO, la soude NaO,HO, qui, en se combinant à un acide, forment un *sel*, avec mise en liberté d'un certain nombre d'équivalents d'eau.

Ex. : l'acide azotique AzO^5,HO et la potasse KO,HO s'unissent pour former un sel, l'*azotate de potasse* KO,AzO^5 d'après la réaction suivante :

$$AzO^5,HO + KO,HO = KO,AzO^5 + 2HO.$$

Ex. : l'acide chlorhydrique HCl et la soude NaO,HO s'unissent pour former un sel, qui est le *chlorure de sodium*, ou *sel marin* $NaCl$.

$$HCl + NaO,HO = NaCl + 2HO.$$

76. Sels. — On appelle *sels* le résultat de la substitution directe ou indirecte d'un métal à l'hydrogène remplaçable de l'acide correspondant.

Ex. : L'acide azotique AzO^5,HO, formera des azotates de formule : MO,AzO^5, dans lesquels un métal quelconque M sera substitué équivalent à équivalent à l'hydrogène de l'acide azotique.

Ex. : L'acide chlorhydrique HCl formera le chlorure de sodium ou sel de cuisine $NaCl$, par la substitution du sodium à l'hydrogène de l'acide chlorhydrique.

Conseils pédagogiques. — On ne saurait apporter trop de soins à l'enseignement des matières contenues dans le chapitre III. Le professeur insistera longuement sur la différence qui existe entre le *mélange* et la *combinaison* : il fera plusieurs expériences,

Il citera la poudre de guerre comme exemple. Il fera connaître avec soin les lois des combinaisons en insistant particulièrement sur la *loi de Dalton* et sur la *constitution moléculaire* des corps. Il mettra en évidence les phénomènes thermiques (*dégagement* ou *absorption* de chaleur) qui accompagnent les combinaisons. Il exposera la *loi des équivalents* en s'aidant d'exemples numériques. — Pour la nomenclature, il interrogera souvent les élèves sur le langage et la notation chimiques, en leur faisant écrire les formules d'un grand nombre de corps composés et énoncer de nombreuses formules écrites. On n'arrive à posséder la nomenclature qu'à la longue : il faudra donc y revenir souvent, même dans le courant de l'année, quand les élèves seront déjà plus familiarisés avec la chimie.

Nous ne saurions trop recommander de donner avec le plus grand soin les définitions relatives aux acides, aux bases et aux sels, telles qu'elles sont présentées à la fin du chapitre III; leur connaissance parfaite sera plus tard d'un grand secours.

Questionnaire — Qu'est-ce qui distingue les combinaisons chimiques des mélanges? — Quels sont les phénomènes calorifiques qui accompagnent les combinaisons? — Énumérer les lois des combinaisons en poids. — Des équivalents. — Équivalents en poids. — Comment classe-t-on les corps simples? — Quels sont les différents métalloïdes? — Citez les principaux métaux. — Qu'est-ce qu'un acide? — Qu'est-ce qu'un oxyde? — Qu'est-ce que la notation chimique? — Son utilité? — Équations chimiques? — Qu'appelle-t-on aujourd'hui acides? — Qu'est-ce qu'un anhydride? — Quels sont les principes de la classification des acides? — Qu'appelle-t-on base et sel dans le langage chimique moderne?

Exercices.

1. Combien peut-on préparer de litres d'hydrogène avec 250 grammes d'acide sulfurique, sachant que 1 litre d'hydrogène pèse 0 gr. 089?

2. Sachant que l'équivalent du soufre est 16, quel serait l'équivalent de ce corps, si l'on prenait pour terme de comparaison $O = 100$?

3. Dans un eudiomètre, on a introduit 100 litres d'air, 50 litres d'oxygène et 200 litres d'hydrogène. Quel est le volume du résidu après le passage de l'étincelle? Quelle sera la composition en volumes de ce résidu? Quelle sera sa composition centésimale?

4. On fait passer 100 litres d'air sur du cuivre chauffé au rouge. Quelle sera l'augmentation de poids du cuivre, sachant que 1 litre d'air pèse 1 gr. 293?

5. Quel est le poids de chlorate de potasse qu'il faut décomposer pour produire l'oxygène strictement nécessaire à la formation d'eau avec 60 litres d'hydrogène? Un litre d'hydrogène pèse 0 gr. 089 et 1 litre d'oxygène pèse 1 gr. 43.

CHAPITRE IV

CRISTALLISATION

Sommaire. — 21. On appelle *cristal* un solide polyédrique obtenu par solidification lente d'un liquide, par voie de fusion, de sublimation ou de dissolution.

22. On appelle *système cristallin* un ensemble de formes cristallines dérivant d'une forme simple qui caractérise le système. Il y a 6 systèmes cristallins.

23. On appelle *corps dimorphe* tout corps qui peut cristalliser sous deux formes incompatibles. — On appelle *corps isomorphes* des corps qui cristallisent sous la même forme, dans le même système, et dont les angles solides sont peu différents.

77. Les corps sont formés par l'agrégation de particules insécables, que le physicien appelle *molécules*, et ils prennent l'état *solide*, l'état *liquide* ou l'état *gazeux*, suivant le degré plus ou moins grand de *cohésion* [1] qu'ils présentent. Un même corps, sous l'action de la chaleur, peut passer successivement par chacun de ces trois états : ainsi, le corps, d'abord solide, fondra, puis se vaporisera ; il existera pour chaque corps une *température de fusion* et une *température normale* [2] *d'ébullition*. Inversement, si l'on refroidit une vapeur ou un gaz, ils se liquéfient, lorsque leur température est inférieure à leur *point critique* [3] et lorsque la pression qu'ils supportent est supérieure à la tension maxima de vapeur correspondant à leur température. Si l'on continue à refroidir le liquide ainsi obtenu, on le solidifiera et le point de solidification de la substance sera le même que son point de fusion.

1. Voir Cours de physique, *États de la matière*.

2. La température normale d'ébullition est celle qui correspond à la pression de 1 atmosphère.

3. On appelle *point critique* d'un gaz la température au-dessus de laquelle la liquéfaction du gaz ne peut avoir lieu.

On peut aussi déterminer la fusion d'un corps solide en le dissolvant dans un liquide convenablement choisi, tel que l'eau, l'alcool, l'éther, le *chloroforme*, le *sulfure de carbone*, la *benzine*, etc.

Le corps solide fond et le liquide obtenu se diffuse dans le dissolvant. Les corps solubles ne le sont pas tous également.

Ainsi, à 15°, 1 litre d'eau dissout :

2097ᵍ	de sucre.
358ᵍ	de sel de cuisine.
243ᵍ	de salpêtre.
2ᵍ	de plâtre.
1ᵍ,2	de chaux.

De plus, à 15°, 1 litre d'eau ne peut dissoudre de chacun des corps précédents un poids supérieur à ceux qui sont inscrits dans le tableau ci-dessus : la solution est dite *saturée*, à la température de 15°; la solubilité des corps dans les liquides augmente généralement quand la température s'élève. Ainsi, par exemple, 1 litre d'eau est saturé par

130ᵍ	de salpêtre à	0°
170ᵍ	—	5°
210ᵍ	—	10°
270ᵍ	—	15°

Il peut arriver aussi que le corps solide soit à peu près aussi soluble à froid qu'à chaud ; ex. : le *sel marin*.

La solubilité varie avec le dissolvant employé : le sucre est soluble dans l'eau, mais il est insoluble dans l'alcool ; le camphre est insoluble dans l'eau, mais il est très soluble dans l'alcool, l'éther et le sulfure de carbone.

Les gaz sont aussi solubles dans les liquides, et notamment dans l'eau : l'eau de Seltz, par exemple, est une dissolution, sous pression, d'acide carbonique dans l'eau. On appelle *coefficient de solubilité* d'un gaz dans l'eau le rapport entre le volume du gaz dissous et le volume du dissolvant, le volume du gaz dissous étant mesuré à la pression qu'exerce au-dessus du liquide le gaz non dissous.

Toute dissolution gazeuse, maintenue dans le vide ou chauffée à l'ébullition, abandonne tout son gaz.

78. Cristallisation. — Lorsqu'on abandonne un liquide au refroidissement lent, à l'abri de toute agitation, il se solidifie, en affectant une forme *géométrique* déterminée, qui lui est propre : on dit alors que le corps *cristallise*. On appelle *cristal* le *polyèdre* qui s'est formé. On trouve dans la nature un grand nombre de substances cristallisées, telles que le cristal de roche ou *quartz* (fig. 37), le *diamant*, la *pyrite de fer*, la *galène*, etc. La formation de la glace en hiver est une preuve de la cristallisation de l'eau.

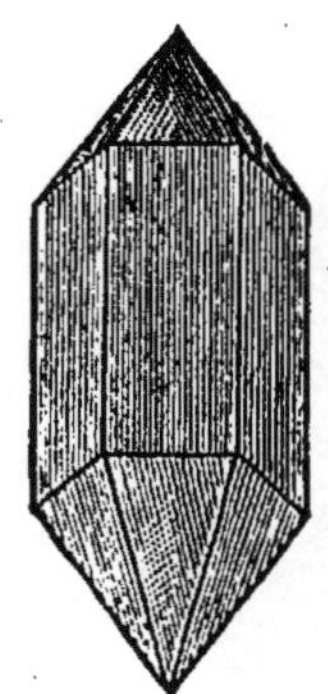

Fig. 37. Cristal de roche ou quartz. — Minéral naturel d'une limpidité parfaite.

Artificiellement, on peut faire cristalliser les corps par trois procédés principaux :

1° *Par fusion.* On fait fondre le corps solide dans un creuset en terre, puis on le laisse refroidir très lentement : il se forme bientôt une croûte solide à la surface du liquide fondu ; on perce cette croûte ; on fait écouler le liquide non solidifié, et on obtient sur les parois du creuset des cristaux isolés très nets et quelquefois très volumineux. Ainsi s'effectuent la cristallisation du soufre (fig. 38) et la cristallisation du bismuth.

Fig. 38. Cristallisation du soufre. — On fait fondre du soufre dans un creuset et on le laisse ensuite refroidir lentement; si l'on perce la croûte qui se forme à la surface et si l'on laisse écouler le liquide non solidifié, on obtient des cristaux de soufre prismatiques.

2° *Par sublimation.* Un certain nombre de substances se vaporisent sans fondre, comme le *camphre*, l'*iode*, l'*arsenic* : on exprime ce fait en disant qu'elles se *subliment.* Inversement, les vapeurs de ces substances, refroidies brusquement, passent directement à l'état solide et cristallisent; ex. : la cristallisation de l'*iode*, la cristallisation de la *naphtaline* (fig. 39). La naphtaline brute est placée dans une capsule en terre A, recouverte d'un cône en carton B. On chauffe la capsule au bain de sable C. Les vapeurs de naphtaline viennent se condenser dans l'intérieur du cône et y déposent de très beaux cristaux lamelleux de naphtaline pure.

3° *Par dissolution.* On fait une dissolution chaude et saturée de la substance : on abandonne cette dissolution au refroi-

dissement lent dans des vases en verre, à large surface, appelés *cristallisoirs* : l'excès de sub-
stance dissoute se dépose peu à
peu sous forme de beaux cristaux. On emploie ce procédé
pour faire cristalliser le sucre
et les sels solubles dans l'eau,
tels que l'alun (fig. 40), le salpêtre.

On peut aussi faire une dissolution saturée à la température ordinaire et faire évaporer
lentement le dissolvant : la substance dissoute se déposera
alors en cristaux plus ou moins
nets ; ainsi s'opère la cristallisation du sel marin dans les marais salants. On appelle *eau mère*
toute dissolution abandonnée à
l'évaporation et laissant déposer des cristaux.

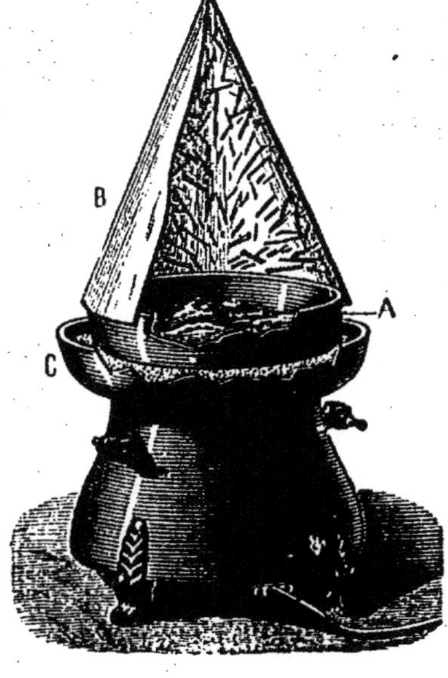

Fig. 39. **Cristallisation de la
naphtaline.** — Pour l'obtenir, on fait
chauffer de la naphtaline dans un vase
en terre recouvert d'un cône ; les vapeurs de naphtaline se condensent dans
le cône et y forment de beaux cristaux.

**70. Systèmes cristal-
lins.** — On appelle *système cristallin* un ensemble de formes cristallines,
dérivant toutes d'une
même forme simple par
des troncatures faites sur
les angles solides ou sur
les arêtes.

Prenons
par exem-
ple un *cube*
(fig. 41).
Coupons
chacun
des 8 an-

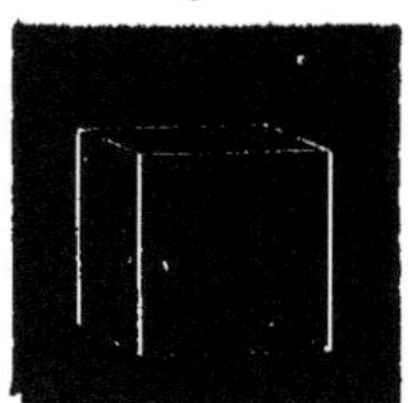

Fig. 41. **Systè-
mes cristallins.** —
Cube.

Fig. 40. **Cristallisation de l'alun.** — On
fait une dissolution chaude d'alun qu'on
laisse refroidir lentement ; l'excès d'alun se
dépose sous la forme de beaux cristaux
octaédriques.

gles solides par un plan également incliné sur les faces adjacentes : nous obtiendrons le *cubo-octaèdre* (fig. 42); chaque sommet du cube est remplacé par une facette triangulaire.

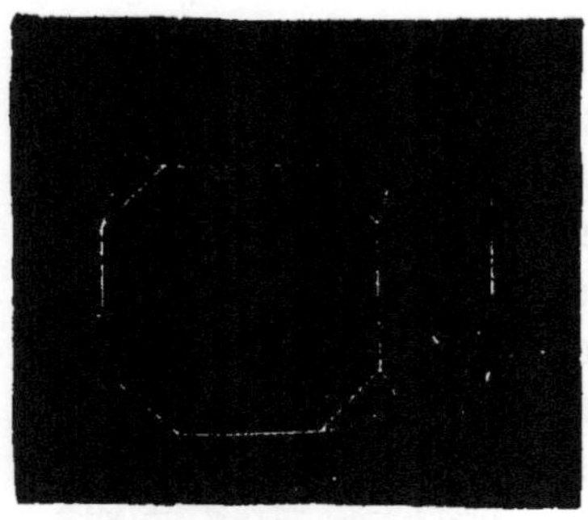

Fig. 42. **Cubo-octaèdre.** — Résultat de la section des huit angles solides du cube par un plan légèrement incliné sur les faces adjacentes.

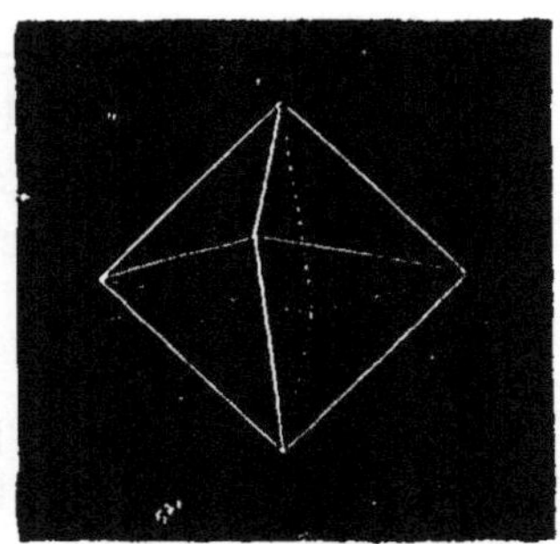

Fig. 43 **Octaèdre régulier.** — Cubo-octaèdre dans lequel les facettes sont disposées de telle sorte que les faces du cube ont disparu.

Si ces facettes sont disposées de telle sorte que les faces du cube aient disparu, on aura l'*octaèdre régulier* (fig. 43).

Par une troncature sur les arêtes, on arriverait à la forme de la figure 44 et enfin à celle du *dodécaèdre rhomboïdal* (fig. 45). Le meilleur moyen de se rendre compte

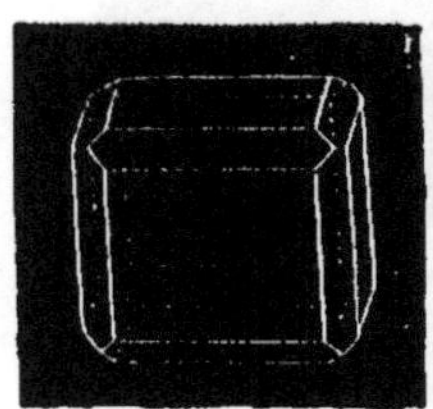

Fig. 44. — Résultat de la section des arêtes d'un cube par un plan légèrement incliné sur les faces adjacentes.

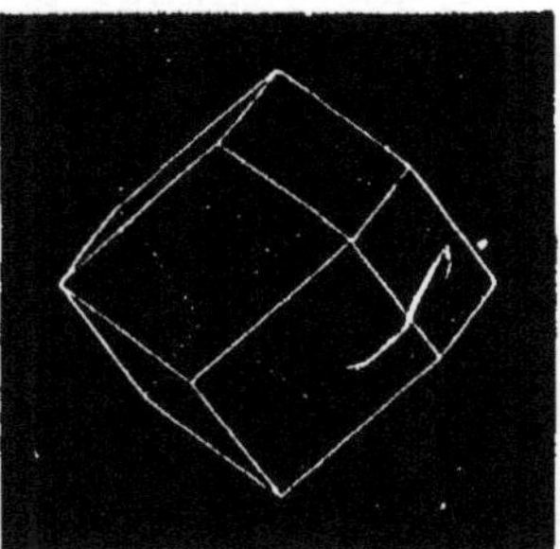

Fig. 45. — **Dodécaèdre rhomboïdal,** dans lequel les faces du cube ont disparu.

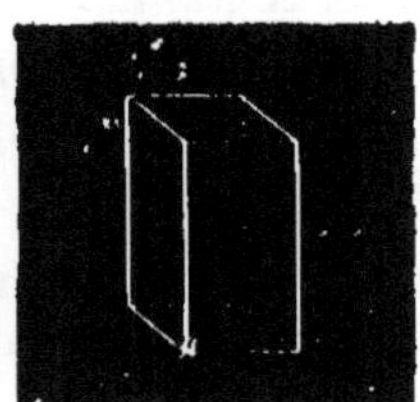

Fig. 46. — Prisme droit à base carrée.

des transformations du cube consiste à prendre un cube en liége et à opérer sur lui des troncatures affectant les angles solides ou les arêtes.

On connaît 6 systèmes cristallins :

1° le système cubique. (Fig. 41)
2° le système du prisme droit à base carrée. (Fig. 46.)

3° le système du prisme droit à base rectangle. (Fig. 47.)
4°   —   —   hexagonale. (Fig. 48.)
5°   —   prisme oblique à base losange. (Fig. 49.)
6°   —   —   parallélogramme. (Fig. 50.)

80. Dimorphisme. — Un corps est dit *dimorphe*, quand il peut cristalliser sous deux formes *incompatibles*, c'est-à-dire appartenant à des systèmes cristallins différents. Le soufre est dimorphe : par voie de fusion, il cristallise dans le 5° système et par voie de dissoltioun dans le sulfure de carbone, il cristallise en octaèdres du 3° système. Le carbonate de chaux est dimorphe : il forme deux variétés, le *Spath d'Islande* et l'*Aragonite*. Les corps dimorphes sont très rares : on connaît un corps *trimorphe*, l'oxyde de titane.

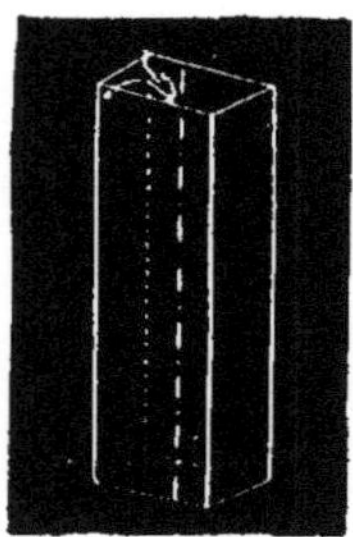

Fig. 47. — Prisme droit à base rectangle.

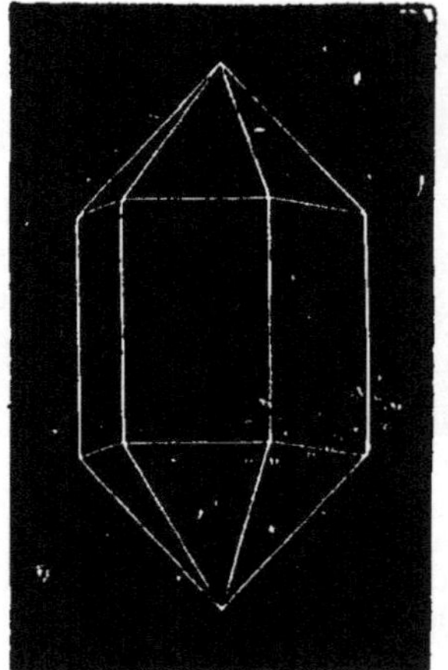

Fig. 48. — Prisme droit à base hexagonale.

Fig. 49. — Prisme oblique à base losange.

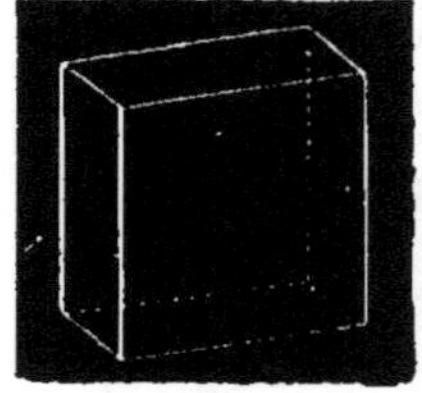

Fig. 50. — Prisme oblique à base parallélogramme.

81. Isomorphisme. — Deux cristaux sont *isomorphes*, lorsqu'ils appartiennent à la même forme du même système, et que leurs angles solides sont très peu différents.

De plus, l'*isomorphisme* entraîne la faculté de se remplacer en toutes proportions dans les cristaux et la similitude de constitution chimique.

Ainsi tous les *aluns* sont *isomorphes*. Mélangeons une dissolution d'alun ordinaire avec une dissolution d'alun de chrome ; puis, faisons cristalliser : nous obtiendrons des *octaèdres réguliers*, dans lesquels les deux aluns seront mélangés en proportions quelconques.

En outre, les deux aluns ont une constitution analogue :

$$\text{Alun ordinaire : } Al^2O^3, 3SO^3 + KO, SO^3 + 24HO.$$
$$\text{— de chrome : } Cr^2O^3, 3SO^3 + KO, SO^3 + 24HO.$$

Si l'on avait mélangé une dissolution d'alun ordinaire et une dissolution de sel marin, par cristallisation, on aurait obtenu deux sortes de cristaux : des *octaèdres* formés d'alun pur et des *cubes* formés de sel marin pur ; donc, l'alun et le sel marin ne sont pas *isomorphes*.

82. Applications. — On utilise souvent la cristallisation pour purifier les corps. Le sucre candi est du sucre cristallisé par voie de dissolution. Le sel marin s'obtient en faisant évaporer l'eau de mer dans les marais salants.

Conseils pédagogiques. — Le professeur devra faire passer entre les mains des élèves des modèles de cristaux en bois ou en carton : il devra faire exécuter en liège chacune des formes simples et composées de chaque système cristallin. Il fera cristalliser de l'alun, du sucre, du sulfate de cuivre, de l'alun de chrome et obtiendra de gros et beaux cristaux en les nourrissant dans leurs eaux mères. Le professeur choisira dans sa collection de minéraux des exemples correspondant à chaque système cristallin.

Questionnaire. — Quels sont les trois états des corps ? — Dans quelles conditions les corps passent-ils d'un état à un autre ? — Qu'est-ce que la cristallisation ? — Comment obtient-on les cristallisations artificielles ? — Quels sont les systèmes cristallins ? — D'après quels principes les a-t-on établis ? — Qu'est-ce que le dimorphisme ? — Qu'est-ce que l'isomorphisme ?

CHAPITRE V

OXYDES DE L'AZOTE.
ACIDE AZOTIQUE.
AMMONIAQUE.
LOIS DE GAY-LUSSAC.
ÉQUIVALENTS EN VOLUMES.

Sommaire. — 24. L'azote forme avec l'oxygène 6 composés : le plus important est l'acide azotique (AzO^5,HO), qui est un corps très oxydant, agissant sur les métaux et sur les matières organiques. — Il se forme dans la nature. — C'est un acide monobasique. — Le protoxyde d'azote entretient la combustion. — Il produit l'insensibilité. — Le bioxyde d'azote se combine directement avec l'oxygène, en produisant des vapeurs jaune orangé d'anhydride hypoazotique. — L'anhydride hypoazotique est le plus stable des composés oxygénés de l'azote.

25. L'ammoniaque est un gaz piquant, très soluble dans l'eau, on l'appelle aussi *alcali volatil*. — Elle se combine avec les acides pour former des sels dits sels ammoniacaux. — Elle se produit

dans la nature, elle joue un rôle très important dans l'alimentation des végétaux.

26. Lois de Gay-Lussac sur les rapports simples qui existent entre les volumes des gaz simples qui se combinent et le volume du gaz composé formé.

27. On appelle équivalent en volumes d'un corps le rapport entre le volume de l'équivalent en poids de ce corps et le volume de l'équivalent en poids de l'oxygène : ce rapport est toujours 1 ou 2 pour les corps simples, 2 ou 4 pour les corps composés.

83. L'azote forme avec l'oxygène six composés qui sont :

Le protoxyde d'azote.............	$AzO = 14''\,Az + \quad\ 8\,O.$
Le bioxyde.....................	$AzO^2 = 14\ Az + 8 \times 2\,O.$
L'anhydride azoteux	$AzO^3 = 14\ Az + 8 \times 3\,O.$
— hypoazotique......	$AzO^4 = 14\ Az + 8 \times 4\,O.$
— azotique............	$AzO^5 = 14\ Az + 8 \times 5\,O.$
— perazotique.........	$AzO^6 = 14\ Az + 8 \times 6\,O.$

Ils offrent une application remarquable de la loi de **Dalton** : pour un même poids 14 grammes d'azote, les poids d'oxygène sont entre eux comme les nombres simples 1, 2, 3, 4, 5, 6.

Deux seulement d'entre eux donnent naissance à des acides : *l'acide azoteux* AzO^3,HO, dont l'existence est hypothétique, et *l'acide azotique* AzO^5,HO.

Les composés de l'azote sont tous *endothermiques* : aussi leur décomposition dégage-t-elle toujours de la chaleur.

Tous sont décomposables, par la chaleur, en azote et en oxygène. Le plus stable est l'anhydride hypoazotique AzO^4, qui n'est décomposé qu'au rouge blanc. Ces corps doivent donc céder facilement leur oxygène : ils sont, en effet, tous oxydants à une température plus ou moins élevée.

Ils se transforment aisément les uns dans les autres; aussi les prépare-t-on tous au moyen de *l'acide azotique*, qui, lui-même, peut être obtenu en partant des azotates naturels.

84. Acide azotique anhydre ou **anhydride azotique**, AzO^5. — C'est un corps solide blanc, fondant à 30° et bouillant à 47°, en commençant à se décomposer en oxygène et anhydride hypoazotique.

$$AzO^5 = AzO^4 + O.$$

Il se combine avec l'eau en dégageant une grande quantité de chaleur et en donnant naissance à l'acide azotique proprement dit AzO^3,HO.

ACIDE AZOTIQUE.

$$AzO^5, HO.$$

85. Préparation. — L'*acide azotique*, ou *acide nitrique*, ou *eau-forte*, s'obtient en traitant le salpêtre ou azotate de potasse, KO,AzO^5, par l'acide sulfurique $S^2O^6,2HO$ [1].

$$KO,AzO^5 + S^2O^6,2HO = AzO^5,HO + KO,HO,S^2O^6.$$

Dans une cornue de verre de 250 grammes, on introduit 50 grammes environ de salpêtre bien sec; puis, à l'aide d'un tube à entonnoir, 50 grammes d'acide sulfurique. On dispose la cornue sur un fourneau, et on engage son col dans le goulot d'un ballon plongeant dans une terrine pleine d'eau et recouvert d'un linge continuellement arrosé par un courant d'eau (fig. 51).

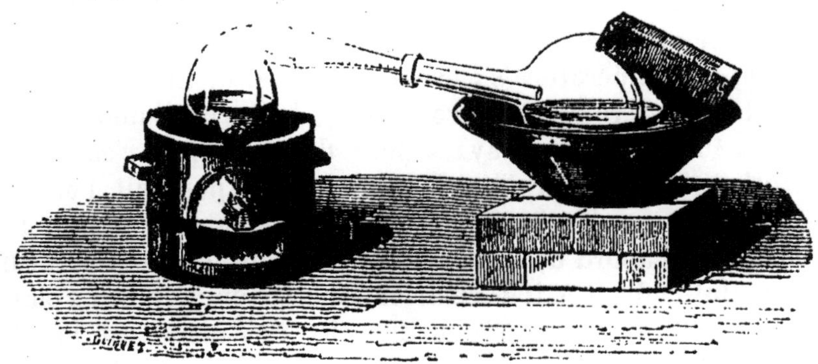

Fig. 51. **Préparation de l'acide azotique.** — On met dans une cornue, dont le col est engagé dans un ballon plongeant dans l'eau, des quantités déterminées de salpêtre bien sec et d'acide sulfurique. On chauffe légèrement et il se dégage des vapeurs d'acide azotique qui se condensent dans le ballon.

On chauffe *légèrement* : il se produit d'abord des vapeurs rutilantes d'AzO^4, qui disparaissent bientôt; l'acide azotique distille à la température de 86°, et vient se condenser dans le ballon; il reste dans la cornue du *bisulfate de potasse* KO,HO,S^2O^6. L'apparition nouvelle des vapeurs rutilantes annonce la fin de l'opération. On trouve dans le ballon un

1. C'est une application des lois de Berthollet sur les sels, que nous étudierons plus tard.

liquide jaune, *fumant* à l'air : c'est l'acide azotique pur, AzO^5,HO. On aurait pu remplacer le salpêtre par *l'azotate de soude*, NaO,AzO^5, comme on le fait dans l'industrie.

86. Propriétés physiques. — L'acide azotique pur renferme 14,25 0/0 d'eau : il est alors aussi concentré que possible ; on l'appelle *acide azotique monohydraté*, AzO^5,HO. C'est un liquide incolore, bouillant à 86° et se congelant à — 50°. Il a pour densité 1,52. Il est généralement coloré en jaune par des traces d'anhydride hypoazotique, AzO^4. Il fume à l'air, parce que sa vapeur absorbe l'humidité de l'atmosphère et se transforme en un acide plus hydraté, qui se précipite à l'état de brouillard.

Si l'on chauffe l'acide azotique vers 90° pour le distiller, on constate qu'il se décompose en oxygène et AzO^4, qui se dégagent, et en eau, qui se combine avec l'acide azotique resté dans a cornue. Lorsque celui-ci s'est assez hydraté pour avoir pour formule $AzO^5,4HO$, la formation des vapeurs rutilantes cesse, la température s'élève à 123°, et il distille une vapeur incolore, qui, refroidie et condensée, donne un liquide renfermant 40 0/0 d'eau et ayant pour densité 1,42 : c'est l'*acide azotique quadrihydraté* : $AzO^5,4HO$. On pourrait l'obtenir également en distillant de l'acide azotique très étendu : il passerait d'abord de l'eau à la distillation, et la température se maintiendrait à 100° environ; puis la température s'élèverait à 123° et $AzO^5,4HO$ distillerait. Cet acide est le plus stable des hydrates d'acide azotique : il ne se décompose qu'à une température voisine du rouge. Il constitue l'acide azotique du commerce, ou *eau-forte*, dont on fait usage pour la gravure sur métaux. (Voir plus loin.)

87. Propriétés chimiques. — 1° *Action de la chaleur.* Les vapeurs d'acide azotique, chauffées au rouge blanc dans un tube de porcelaine, sont décomposées : il se forme de l'eau, de l'oxygène et de l'azote :

$$AzO^5,HO = Az + O^5 + HO - 5 \text{ cal. } 2.$$

A une température moins élevée, on aurait :

$$AzO^5,HO = AzO^4 + O + HO - 7 \text{ cal. } 8.$$

La lumière donne lieu à cette dernière réaction : elle n'agit pas sur $AzO^5,4HO$.

2° *Pouvoir oxydant.* L'acide azotique doit donc céder facilement son oxygène : c'est un *oxydant très énergique.*

3° *Action sur les métalloïdes.* L'acide azotique oxyde le *charbon*, le *soufre*, le *phosphore.* Si l'on verse de l'acide fumant sur du noir de fumée bien sec, celui-ci devient incandescent et se transforme en acide carbonique. Avec le *phosphore* la *réaction est dangereuse*, si l'on emploie l'acide pur : il ne faut opérer qu'avec de l'acide très étendu et chauffer légèrement : le phosphore disparaît peu à peu et se transforme en acide *orthophosphorique*, $PhO^5,3HO$.

4° *Action sur les métaux.* Au rouge, l'*hydrogène* réduit complètement l'acide azotique :

$$AzO^5,HO + 5H = Az + 6HO.$$

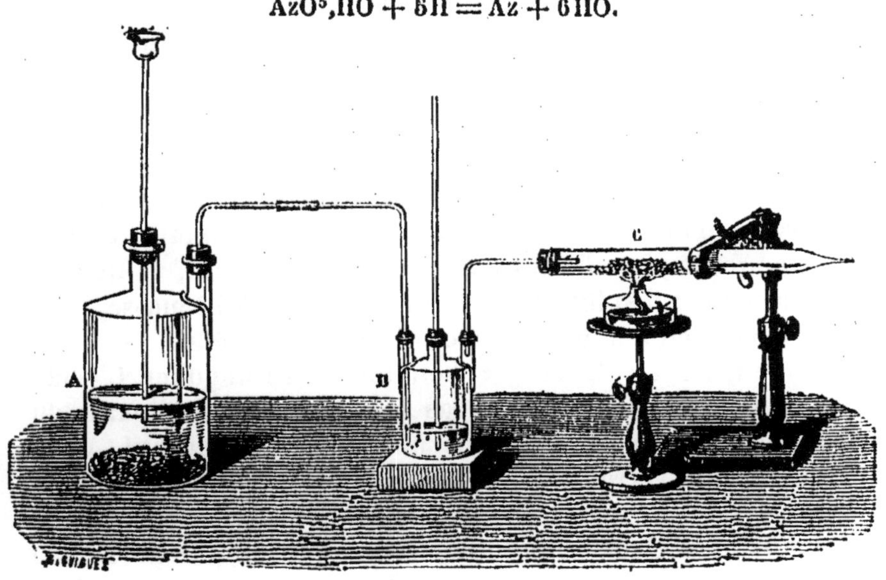

Fig. 52. **Réduction de l'acide azotique par l'hydrogène.** — A, appareil producteur d'hydrogène. — B, flacon laveur renfermant de l'acide azotique. — C, mousse de platine chauffée. On recueille de l'ammoniaque à l'extrémité du tube effilé.

Mais, si l'on fait passer, sur de la mousse de platine légèrement chauffée, un courant d'hydrogène chargé d'acide azotique, il se formera de l'ammoniaque, AzH^3, comme on pourra le constater en présentant à l'extrémité du tube effilé C un papier rouge de tournesol : le papier bleuira (fig. 52).

$$AzO^5,HO + 8H = AzH^3 + 6HO.$$

Tous les métaux, excepté l'*aluminium*, l'*or* et le *platine*, sont attaqués par l'acide azotique à froid ou à une température très peu élevée : il se dégage AzO et AzO^2, quelquefois même de l'azote, et on obtient l'azotate métallique correspondant, excepté avec l'*étain*, qui donne de l'acide *stannique* SnO^2.

Avec le *potassium* et le *sodium*, la réaction est très violente et même dangereuse.

Avec le *cuivre*, la réaction est accompagnée d'un grand dégagement de chaleur. Si l'on verse sur de la tournure de cuivre de l'acide azotique fumant, l'attaque est très vive et il se dégage d'abondantes vapeurs rutilantes; puis, la réaction s'arrête et ne reprend très vivement que si l'on ajoute un peu d'eau à la masse. Il se forme CuO,AzO^5 (azotate de cuivre), qui se dissout dans l'eau, et AzO^2 (bioxyde d'azote), qui, au contact de l'air, donne des vapeurs rutilantes de AzO^4 (anhydride hypoazotique) :

$$3Cu + 4(AzO^5,HO) = 3(CuO,AzO^5) + AzO^2 + 4HO.$$

En général, l'acide azotique légèrement étendu agit plus énergiquement sur les métaux que l'acide fumant. Si l'on plonge du papier d'étain dans de l'acide fumant, il ne sera pas attaqué : il suffit d'ajouter un peu d'eau à la masse, pour que l'acide étendu attaque très vivement le métal.

Avec le fer, on observe un phénomène très singulier. L'acide azotique fumant n'attaque pas le fer; l'acide ordinaire du commerce l'attaque vivement à froid, en dégageant AzO^2. Prenons un verre à pied, plaçons-y quelques clous bien *exempts de rouille*, puis versons sur ces clous de l'acide azotique fumant : les clous ne seront pas attaqués. Enlevons l'acide fumant et remplaçons-le par de l'acide *ordinaire;* les clous seront inattaquables : le fer est devenu *passif*. Mais, si l'on touche les clous avec une tige de cuivre ou avec un autre clou non préalablement plongé dans l'acide fumant, l'attaque a lieu avec une énergie extrême.

5° *Action sur les corps composés.* Il transforme l'acide *sulfureux* en acide *sulfurique* et, en général, il agit comme un oxydant énergique.

6° *Action sur les matières organiques.* Peu de matières organiques résistent au pouvoir oxydant de l'acide azotique. Il décolore l'*indigo*, il colore en jaune la peau, la soie, la laine, les plumes ; le crin prend feu dans la vapeur d'acide azotique ; l'essence de térébenthine s'enflamme quand on verse sur elle de l'acide azotique fumant auquel on a ajouté un peu d'acide sulfurique. Il transforme le sucre, l'amidon en acide *oxalique*. Il transforme l'acide phénique en acide *picrique*, la benzine en *nitro-benzine*, la glycérine en *nitro-glycérine*, corps très explosif qui est la base de la dynamite. Il transforme le coton cardé en *fulmi-coton* ou coton-poudre [1].

88. Rôle chimique de l'acide azotique. — C'est un *acide* très énergique : il colore la teinture de tournesol en *rouge pelure d'oignon*, ce qui est le caractère des acides forts. Il se combine avec les bases, en dégageant de la chaleur : on obtient l'azotate correspondant. C'est un acide *monobasique*. Sa formule est : AzO^5,HO ; celle des azotates neutres sera : MO,AzO^5 dans laquelle M représente un *métal* quelconque.

89. L'acide azotique est un *corrosif* violent, qui désorganise les tissus animaux et végétaux : *on ne doit le manier qu'avec précaution.*

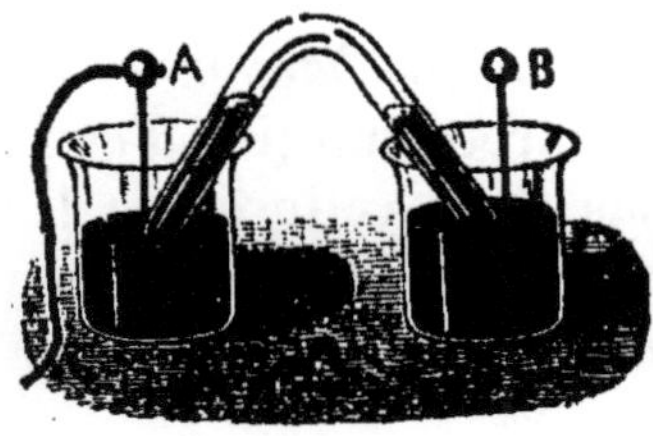

Fig. 53. **Expérience de Cavendish.** — Si l'on fait passer une série d'étincelles électriques à travers un mélange d'azote et d'oxygène contenu dans un tube en **V** renversé et renfermant un peu d'eau de chaux, il se forme de l'azotate de chaux.

90. État naturel de l'acide azotique. — On trouve souvent dans l'air atmosphérique l'acide azotique soit libre, soit à l'état d'azotate d'ammoniaque, surtout dans l'eau de toutes les pluies d'orage : l'oxygène et l'azote de l'air se sont unis sous l'action de l'étincelle électrique, comme le montre l'expérience de **Cavendish**, qui fit pasunsere série d'étincelles électriques à travers un mélange d'azote et d'oxygène contenu dans un tube en V renversé et renfermant un peu d'eau de chaux

1. Ces différentes actions seront étudiées avec soin dans la partie des cours relative à la chimie organique.

(fig. 53). On excite l'étincelle en mettant la tige de fer A en contact avec le sol et la tige B en communication avec une machine électrique. On constate qu'après le passage des étincelles il s'est formé de l'azotate de chaux.

A la surface du sol, on trouve de grandes quantités d'azotates de potasse, de soude et de chaux, surtout dans les lieux humides, comme les écuries, les étables, les caves, dont les murs présentent une surface poreuse, au contact de laquelle l'ammoniaque, dégagée par les matières organiques animales en putréfaction, s'oxyde aux dépens de l'oxygène de l'air pour former de l'acide azotique : de là les *efflorescences* brillantes dites de *salpêtre* qui recouvrent les murailles des lieux bas et humides. Les phénomènes de *nitrification* naturelle ont donc pour origine l'oxydation de l'ammoniaque produite par la putréfaction des matières organiques azotées et l'oxydation directe de ces mêmes substances au contact de l'air, comme on le constate pour les eaux d'égout. On a même fait des essais de nitrification artificielle des eaux d'égout; mais ils n'ont pas réussi. Le *terreau* doit à ces phénomènes ses qualités fertilisantes.

91. Préparation industrielle de l'acide azotique. — Dans l'industrie on prépare l'acide azotique en traitant l'azotate de soude [1] par l'acide sulfurique dans des appareils distillatoires en fonte C, chauffés dans un fourneau F (fig. 54). L'acide vient se rendre dans des *bonbonnes* ou *touries* en grès M, au fond desquelles se trouve un peu d'eau ; les tubes abducteurs ne plongent pas dans cette eau : les vapeurs acides sont alors complètement condensées et rien ne se perd. On obtient ainsi *l'acide azotique du commerce* ou acide quadrihydraté, $AzO^5,4HO$.

92. Usages de l'acide azotique. — Il sert à la préparation industrielle de l'acide sulfurique; on l'emploie pour le dérochage [2] des bronzes, cuivres et laitons, pour la teinture en noir de la soie, pour fabriquer l'acide oxalique, l'acide picrique, le fulminate de mercure, le coton-poudre, la nitro-benzine, la nitro-glycérine, le celluloïde, la fuchsine, etc.

---

1. *L'azotate de soude* coûte moins cher que le salpêtre et son rendement est plus considérable.
2. Action de nettoyer et d'affiner la surface des métaux.

Il sert à graver sur *cuivre et sur acier*, sous le nom d'*eau-forte*. Pour graver une plaque de cuivre, on l'enduit de cire, en laissant un léger rebord, de manière à former une petite cuvette. Avec un burin on dessine sur la cire l'objet à représenter, en mettant le métal à nu ; puis, on verse sur la

Fig. 54. **Préparation de l'acide azotique ordinaire.** — Dans l'industrie, on prépare l'acide azotique en traitant l'azotate de soude par l'acide sulfurique ; l'acide vient se rendre dans des bonbonnes en grès au fond desquelles se trouve un peu d'eau.

cire de l'acide azotique du commerce : le métal est attaqué dans les parties nues et reste inattaqué dans les parties recouvertes de cire. Quand on juge que l'action de l'acide a été assez prolongée, on enlève l'acide, on détache la cire et on a, reproduit en creux, le dessin tracé sur la cire. On aurait pu aussi remplacer la cire par une mince couche de vernis.

PROTOXYDE D'AZOTE

AzO.

93. Ce gaz se prépare en chauffant dans une cornue en verre de l'*azotate d'ammoniaque*, sel blanc cristallisé qui se décompose complètement en protoxyde d'*azote* et en *eau* : le gaz est recueilli sur la cuve à eau (fig. 55).

$$AzH^4O, AzO^5 = 2AzO + 4HO.$$

94. Le *protoxyde d'azote* est un gaz incolore, inodore, d'une saveur sucrée, ayant pour densité 1,527. Il se dissout dans son volume d'eau ; il se liquéfie à 0° sous la pression de

30 atmosphères ; il se solidifie en une neige blanche, quand on évapore dans le vide le protoxyde d'azote liquide. Il se décompose au contact d'un corps incandescent : 2 volumes de protoxyde d'azote donnent 2 volumes d'azote et 1 volume

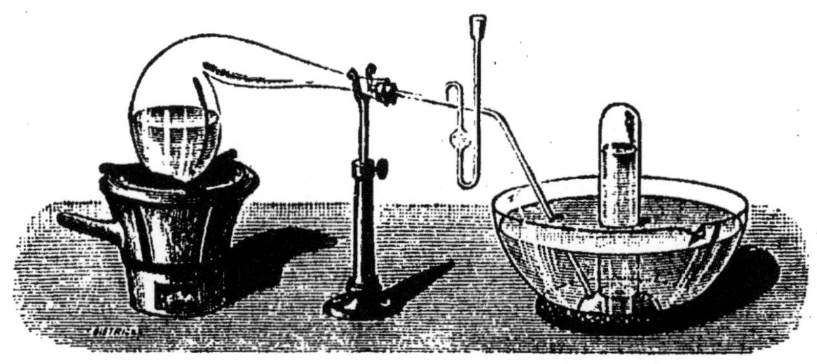

Fig. 55. **Préparation de AzO.** — On chauffe dans une petite cornue l'azotate d'ammoniaque qui se décompose complètement en eau et en protoxyde d'azote.

d'oxygène ; donc il doit entretenir la combustion plus énergiquement que l'air atmosphérique : c'est ce que l'on constate en y plongeant du charbon, du soufre ou du phosphore préalablement enflammés, ou une allumette présentant quelques points en ignition.

95. Le *protoxyde d'azote,* inspiré dans les voies respiratoires, se dissout dans le sang et il en résulte immédiatement une *insensibilité* complète chez l'individu soumis à l'expérience. On a recours à l'*insensibilisation* par le protoxyde d'azote pour les opérations très rapides, comme l'extraction d'une dent. Il faut que le gaz soit bien pur et on doit prendre *toutes les précautions nécessaires* pour éviter l'asphyxie du patient. **Paul Bert** a proposé de faire respirer au malade un mélange de 50 volumes d'air et 50 volumes de protoxyde d'azote sous la pression de 2 atmosphères. On n'a plus ainsi à redouter l'asphyxie ; en outre, on rend instantanément la sensibilité au malade, ce qui n'arrive pas avec le chloroforme.

BIOXYDE D'AZOTE

AzO^2.

96. On le prépare en faisant agir sur de la tournure de cuivre, sur de l'argent ou sur du mercure l'acide azotique étendu. On opère à froid dans un flacon à deux tubulures, comme dans la préparation de l'hydrogène : on recueille le gaz sur la cuve à eau.

$$3 Cu + 4 (AzO^5, HO) = 3 (CuO, AzO^5) + AzO^2 + 4HO.$$

97. Propriétés. — C'est un gaz incolore, ayant pour densité 1,039, très peu soluble dans l'eau et très difficilement liquéfiable. Le soufre et le charbon ne brûlent pas dans le bioxyde d'azote ; le phosphore, au contraire, y brûle avec plus d'éclat que dans l'air.

Ce corps est très avide d'oxygène : au contact de ce gaz ou de l'air, il absorbe deux équivalents d'oxygène et se transforme en vapeurs rutilantes d'AzO^4.

$$AzO^2 + 2O = AzO^4.$$

ANHYDRIDE HYPOAZOTIQUE

AzO^4.

98. Ce corps, appelé aussi *acide hypoazotique*, se prépare en chauffant dans une cornue de l'azotate de plomb bien désséché : il se dégage des vapeurs rutilantes d'anhydride hypoazotique, que l'on condense dans un tube en U entouré de glace, et de l'oxygène qui s'échappe dans l'atmosphère par la pointe effilée du tube

Fig. 56. Préparation de l'anhydride hypoazotique.

(fig. 56). Il reste dans la cornue de l'oxyde de plomb PbO :

$$PbO, AzO^5 = PbO + AzO^4 + O.$$

99. Propriétés. — C'est un liquide rouge orangé foncé, se solidifiant à — 9° et bouillant à + 22°, répandant des vapeurs orangées, dites *vapeurs rutilantes* ou *vapeurs nitreuses*.

En présence de l'eau, il se décompose en acide azotique et en bioxyde d'azote :

$$3 AzO^4 + 2HO = 2 (AzO^5, HO) + AzO^2.$$

En présence des bases, il se décompose en acide azoteux et en acide azotique. Ainsi, avec la potasse, KO,HO la réaction est la suivante :

$$2(AzO^4) + 2 (KO,HO) = KO,AzO^3 + KO,AzO^5.$$

Ce n'est pas un acide, mais bien un *anhydride*.

Il se forme quand on fait passer une série d'étincelles électriques à travers de l'air sec.

AMMONIAQUE

$AzH^3 = 17.$

100. Historique. — L'ammoniaque, découverte par **Kunckel** en 1612, a été obtenue pure à l'état gazeux par **Priestley** en 1785; mais ce fut **Berthollet** [1] qui en détermina la composition.

101. Préparation du gaz ammoniac. — Le *gaz*

Fig. 57. **Préparation du gaz ammoniac.** — On chauffe dans un petit ballon un mélange de chaux vive et de sel ammoniac; le gaz ammoniac se recueille sur la cuve à mercure.

ammoniac se prépare en mélangeant intimement dans un mortier 60 grammes de *sel ammoniac* du commerce avec

1. **Berthollet**, né en 1748, à Annecy (Haute-Savoie). On lui doit de remarquables travaux sur les sels, sur les gaz et sur la mécanique chimique. Membre de l'Institut. Mort en 1822.

40 grammes de chaux vive bien pulvérisés : l'odeur caractéristique de l'ammoniaque se fait déjà sentir.

On place le mélange dans un petit ballon, en finissant de remplir celui-ci avec des fragments de chaux vive. On ferme le ballon au moyen d'un bouchon muni d'un tube abducteur se rendant sur la cuve à mercure (fig. 57). On chauffe le ballon très légèrement : on laisse dégager les premières portions de gaz pour bien chasser l'air de l'appareil ; puis, on recueille le gaz ammoniac sous des éprouvettes préalablement remplies de mercure.

Le sel ammoniac du commerce est du *chlorhydrate d'ammoniaque*, qui, comme tous les sels ammoniacaux, abandonne le gaz ammoniac quand on le traite par un alcali fixe, comme la chaux, la potasse ou la soude [1] :

$$AzH^3,HCl + CaO = AzH^3 + CaCl + HO.$$

Il se dégagera de la vapeur d'eau, qui sera absorbée par les fragments de chaux vive, et du gaz ammoniac que l'on recueillera. Le *chlorure de calcium*, CaCl, reste dans le ballon.

102. Préparation de l'ammoniaque ordinaire — Le gaz ammoniac se dissout dans le $\frac{1}{1000}$ de son volume d'eau : aussi est-il plus commode de se servir de la solution ammoniacale, appelée vulgairement *ammoniaque ordinaire*, ou *ammoniaque liquide*, qui contient 1 litre de gaz par centimètre cube. On prépare la solution ammoniacale en faisant passer le gaz ammoniac, obtenu comme précédemment, à travers une série de flacons de **Woolf** (fig. 58), dont le premier B, servant de flacon laveur, renferme une dissolution de potasse pour purifier le gaz : les autres, plus grands, C, D, E, sont *à moitié* remplis d'eau pure, dans laquelle le gaz ammoniac se dissoudra ; les tubes à dégagement doivent plonger presque jusqu'au fond, car la solution ammoniacale est plus légère que l'eau ; on devra aussi plonger les flacons de Woolf dans une cuve d'eau froide, parce que le gaz ammoniac, en se dissolvant dans l'eau, dégage beaucoup de chaleur et que la solubilité du gaz ammoniac dans l'eau diminue quand la température s'élève.

1. C'est une application des lois de *Berthollet*, étudiées plus loin au chapitre des Sels.

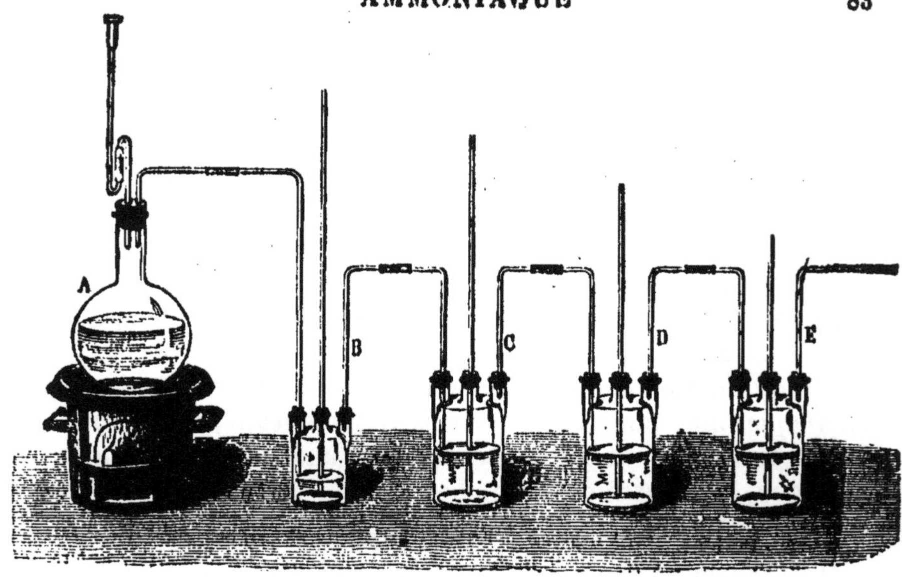

Fig. 58. **Préparation de l'ammoniaque ordinaire.** — A, appareil producteur de gaz ammoniac. — B, flacon laveur. — C, D, E, flacons de Woolf, dans
lesquels se dissout le gaz.

103. Propriétés physiques. — L'ammoniaque est un gaz incolore, d'une odeur piquante, d'une saveur âcre et

Fig. 59. **Solubilité du gaz ammoniac dans l'eau.** — A, éprouvette pleine
de gaz ammoniac recueilli sur la cuve à mercure.
   On porte l'éprouvette sur une cuve à eau; on la soulève : l'eau dissout le gaz
ammoniac et brise l'éprouvette

brûlante : il provoque les larmes, il enflamme les muqueuses et agit comme un poison violent. Il a pour densité 0,591. Il est très soluble dans l'eau, qui en dissout 1150 fois son volume à 0°. Exposée à l'air ou chauffée à 70°, la solution ammoniacale perd tout son gaz.

On peut montrer la grande solubilité du gaz ammoniac dans l'eau par trois expériences :

1° On remplit de gaz ammoniac bien sec une éprouvette reposant sur la cuve à mercure ; on place cette éprouvette A sur une petite soucoupe renfermant un peu de mercure (fig. 59).

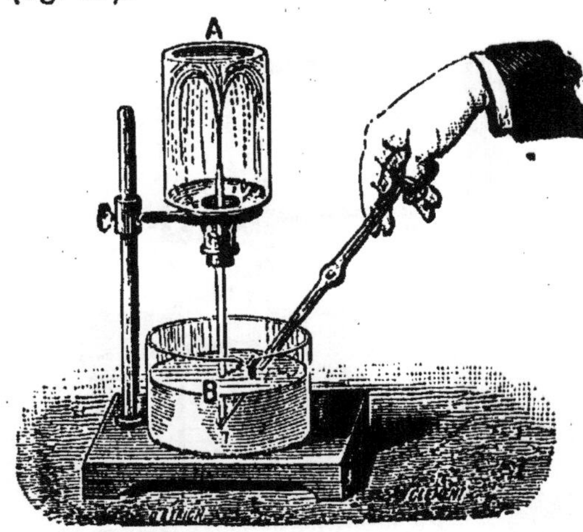

Fig. 60. — A, flacon plein de gaz ammoniac. — B, tube effilé dont on casse la pointe ; l'eau dissout le gaz et se précipite dans le flacon sous forme de jet d'eau

On transporte le tout au fond d'une terrine B, pleine d'eau ; on soulève l'éprouvette en la saisissant avec un torchon épais plusieurs fois replié : aussitôt le gaz ammoniac se dissout instantanément dans l'eau : le vide se fait et la pression atmosphérique fait monter l'eau avec une telle violence dans l'éprouvette, que celle-ci est brisée.

2° On remplit de gaz ammoniac un flacon A (fig. 60), et on le ferme avec un bouchon traversé par un tube effilé fermé à la lampe à son extrémité B, et ouvert à l'autre. On plonge le tube dans un vase plein d'eau colorée par du tournesol rougi par un acide ; on casse l'extrémité B avec une pince : aussitôt un jet d'eau se précipite dans le flacon A et le remplit entièrement, de plus, l'eau se colore en bleu, mettant ainsi en évidence les propriétés basiques de la solution ammoniacale.

3° Un morceau de glace introduit dans une éprouvette reposant sur la cuve à mercure et contenant du gaz ammoniac, fond très rapidement en dissolvant le gaz ; cela prouve, en outre, que la dissolution du gaz ammoniac dans l'eau dégage de la chaleur.

104. Liquéfaction du gaz ammoniac. — Le gaz ammoniac se liquéfie à 0°, sous la pression de 5 atmosphères, ou à — 40°, sous la pression de 1 atmosphère. On obtient un liquide très mobile, de densité 0,73, cristallisant à — 75°. L'ammoniaque liquéfiée, en se transformant en ammoniaque gazeuse, absorbe une quantité de chaleur considérable. M. **Carré** a utilisé cette absorption de chaleur pour préparer artificiellement la glace.

Appareil Carré. Il se compose d'une chaudière en fonte A (fig. 61) renfermant une dissolution concentrée d'ammoniaque dans l'eau communiquant avec un vase annulaire F, contenant de petites augettes V. On chauffe la marmite (fig. 62) et on plonge le vase B dans une cuve d'eau froide. La

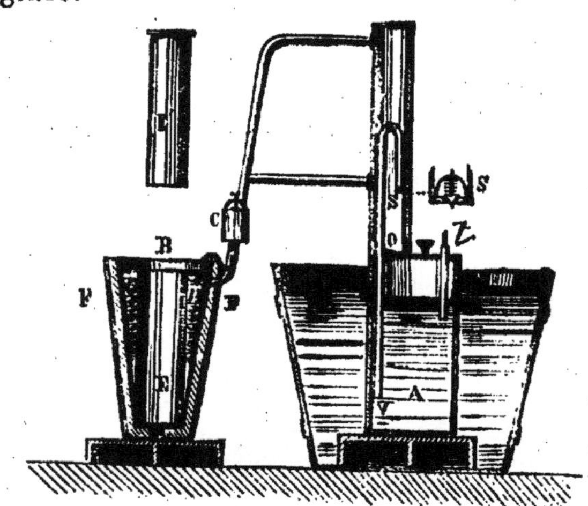

Fig. 61. **Appareil Carré distillant le gaz ammoniac, qui se liquéfie en F.** — A, marmite renfermant la solution concentrée de gaz ammoniac. — E', cylindre plein d'eau que l'on placera dans la cavité E.

solution ammoniacale perd peu à peu tout son gaz, qui traverse la soupape O (fig. 61) et vient se liquéfier par sa propre pression dans les augettes du vase B : l'opération est terminée quand le thermomètre *t* marque 130°. On enlève alors l'appareil du feu, on le laisse refroidir et on plonge la marmite A dans une cuve d'eau froide (fig. 61) ; on entoure le vase B d'un manchon de laine, après avoir placé en E un cylindre E' en tôle mince rempli d'eau.

L'ammoniaque liquéfiée se vaporise peu à peu, traverse la soupape S et vient se dissoudre dans l'eau de la marmite par l'intermédiaire du siphon SV : il s'établit alors une distillation continue de gaz ammoniac du vase B au vase A, aux dépens de la chaleur fournie par l'eau du vase E', qui se congèle bientôt : l'appareil se retrouve alors dans les conditions initiales et peut fonctionner indéfiniment.

Fig. 62. — Appareil Carré. Vue d'ensemble.

105. Propriétés chimiques. — 1° *Action de la chaleur et de l'électricité.* Le gaz ammoniac se décompose au rouge par la chaleur ou à la température ordinaire par une série d'étincelles électriques : **4** *litres* de gaz ammoniac donnent **8** *litres* d'un mélange de 2 litres d'azote et de 6 litres d'hydrogène [1].

2° *Action de l'oxygène.* Un jet de gaz ammoniac peut être enflammé dans l'oxygène (fig. 63) : il brûle alors avec une flamme jaune :

$$AzH^3 + 3O = Az + 3 HO.$$

Le mélange d'oxygène et de gaz ammoniac détone sous l'action de l'étincelle électrique : la réaction est la même que ci-dessus. Sous l'action de la *mousse de platine* légèrement chauffée ou des *corps poreux*, le mélange d'oxygène et de gaz ammoniac produit de l'acide azotique :

$$AzH^3 + 8O = AzO^5, HO + 2 HO.$$

Cette réaction se produit dans les étables, les écuries ; l'ammoniaque provenant de la décomposition des matières organiques animales, en présence de l'air humide, se trans-

1. Cette propriété trouvera son application dans l'analyse du gaz ammoniac.

formo en acide azotique, au contact des plâtras des murailles.

3° *Action des métaux.* Si l'on fait passer un courant de gaz ammoniac à travers un tube de porcelaine chauffé au rouge et contenant un faisceau de fils de fer, on recueille un *mélange*

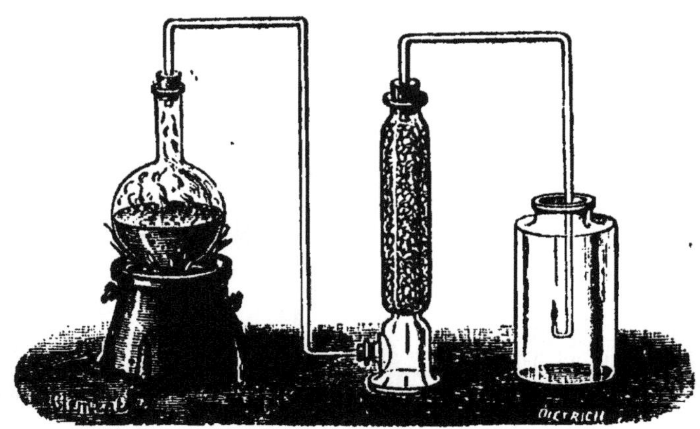

Fig. 63. **Combustion du gaz ammoniac dans l'oxygène.** — On fait rendre un jet de gaz ammoniac bien desséché au centre d'un flacon plein d'oxygène; on présente un corps enflammé à l'extrémité du tube; le gaz ammoniac brûle avec une flamme jaunâtre.

d'azote et d'hydrogène ; mais le fer est devenu cassant : ce qui prouve qu'il a dû se former un azoture de fer, peu stable, qui s'est ensuite décomposé.

4° *Action des acides.* Le gaz ammoniac se combine au gaz acide chlorhydrique, HCl, volume à volume, en donnant des fumées blanches de chlorhydrate d'ammoniaque AzH^3, HCl.

La *solution ammoniacale* est une base très énergique, qui ramène au bleu la teinture de tournesol rougie par un acide : aussi l'appelle-t-on souvent *alcali volatil.* Elle se combine avec les acides, en dégageant de la chaleur et en formant des sels, appelés *sels ammoniacaux*, bien cristallisables, analogues aux sels de potasse et *isomorphes* avec eux, ce sont :

Le chlorhydrate d'ammoniaque..		AzH^3, HCl.
Le sulfate........	—	AzH^3, HO, SO^3.
L'azotate.........	—	AzH^3, HO, AzO^5.

100. Ammonium. — Comme les sels ammoniacaux sont *iso-morphes* avec les sels de potasse, ils doivent avoir une composition chimique analogue : alors, comparant KO,SO³ avec AzH³,HO, SO³, on voit qu'il faudrait supposer l'arrangement moléculaire (AzH⁴) comme similaire de K. La formule du sulfate deviendrait (AzH⁴)O,SO³, celle de l'azotate (AzH⁴)O,AzO⁵, celle du chlorhydrate (AzH⁴) Cl. — AzH⁴ est un corps hypothétique que l'on a appelé *ammonium* : on le considère comme un corps composé jouant le rôle de corps simple métallique : c'est un *radical*. Les sels ammoniacaux deviennent alors des sels d'ammonium. On n'a pas encore isolé ce radical; mais on peut obtenir son amalgame * en plongeant de l'amalgame de sodium dans une dissolution concentrée de chlorhydrate d'ammoniaque : il se forme du chlorure de sodium, qui reste dissous, et un amalgame d'ammonium, très volumineux, qui se décompose presque aussitôt en mercure, hydrogène et ammoniaque.

107. Caractères distinctifs de l'ammoniaque.

1° Elle a une odeur piquante.

2° Elle ramène au bleu la teinture de tournesol rougie par un acide ; elle verdit le sirop de violettes.

3° Elle donne des fumées blanches avec l'acide chlorhydrique.

108. Analyse de l'ammoniaque. — On fait passer dans l'eudiomètre à mercure 100 vol. de gaz ammoniac et on excite au sein du gaz une série d'étincelles électriques, jusqu'à ce que le volume du mélange d'azote et d'hydrogène reste invariable : on trouve alors que l'on a un mélange d'azote et d'hydrogène représentant 200 vol. On y ajoute 100 vol. d'oxygène et on fait de nouveau passer l'étincelle électrique, le mélange détone; il disparaît 225 vol. employés pour faire de l'eau, contenant 150 vol. d'hydrogène : donc 200 vol. du mélange gazeux primitif sont formés de 150 vol. d'hydrogène et de 50 vol. d'azote. *En résumé, 150 vol. d'hydrogène et 50 vol. d'azote forment 100 vol. de gaz ammoniac, avec une contraction de volume égale à la moitié.*

109. Propriétés physiologiques. — *L'ammoniaque*

est un irritant très énergique. Elle attaque les muqueuses : elle peut même occasionner des brûlures très vives. On utilise les propriétés caustiques de l'ammoniaque pour cautériser les piqûres d'abeilles, de moustiques et les morsures de vipère. Étendue d'eau, elle peut combattre les effets de l'ivresse. On l'utilise contre la *météorisation* des bestiaux; au printemps, ces animaux mangent trop de fourrages frais : leur appareil digestif se remplit alors d'une grande quantité d'acide carbonique et d'acide sulfhydrique qui les fait enfler ; on leur administre 30 grammes d'ammoniaque ordinaire mélangés à quelques litres d'eau : l'ammoniaque se combine avec les acides carbonique et sulfhydrique et le gonflement disparaît.

110. État naturel. — L'*ammoniaque* existe dans l'air atmosphérique après un orage : elle se dissout dans l'eau de pluie et est ainsi ramenée dans le sol où elle servira d'aliment aux végétaux. — Les eaux de vidange des fosses d'aisances, l'urine putréfiée dégagent de l'ammoniaque. La décomposition spontanée des matières animales produit beaucoup d'ammoniaque : le *fumier de ferme*, abandonné à l'air, dégage de l'ammoniaque, qui se transforme en azotate d'ammoniaque et en carbonate d'ammoniaque, aux dépens de l'air atmosphérique. Malheureusement, dans nos campagnes, quand il pleut, l'eau de pluie dissout ces sels ammoniacaux, et le *purin* qui s'écoule du fumier en entraîne la majeure partie. Il vaudrait mieux alors avoir, comme en Angleterre, des fosses à fumier à double fond ; on pourrait ainsi recueillir le purin, qui est un engrais excellent.

L'ammoniaque se trouve dans les eaux d'épuration du gaz d'éclairage : en distillant ces eaux avec de la chaux vive et en faisant rendre le gaz ammoniac distillé dans les acides chlorhydrique, sulfurique et azotique étendus d'eau, on prépare les sels ammoniacaux *usuels*, tels que le *chlorhydrate*, le *sulfate* et l'*azotate* d'ammoniaque, ou bien on produit les engrais artificiels ou *engrais chimiques* très employés en agriculture.

111. Usages. — L'*ammoniaque* sert comme réactif dans les laboratoires ; on l'emploie aussi pour le dégraissage des étoffes, pour la préparation de la glace artificielle, etc.

LOIS DE GAY-LUSSAC

112. Reprenons l'analyse en volume des composés oxygénés de l'azote ; nous trouverons que l'on a :

$$
\begin{aligned}
\text{pour AzO} &\quad\ldots\ldots\ldots\quad 2 \text{ vol. Az} + 1 \text{ vol. O.}\\
\text{AzO}^2 &\quad\ldots\ldots\ldots\quad 2 \text{ vol. Az} + 2 \text{ vol. O.}\\
\text{AzO}^3 &\quad\ldots\ldots\ldots\quad 2 \text{ vol. Az} + 3 \text{ vol. O.}\\
\text{AzO}^4 &\quad\ldots\ldots\ldots\quad 2 \text{ vol. Az} + 4 \text{ vol. O.}\\
\text{AzO}^5 &\quad\ldots\ldots\ldots\quad 2 \text{ vol. Az} + 5 \text{ vol. O.}\\
\text{AzO}^6 &\quad\ldots\ldots\ldots\quad 2 \text{ vol Az} + 6 \text{ vol. O.}
\end{aligned}
$$

De même, nous remarquerons que l'ammoniaque est formée par la combinaison de 2 volumes d'azote et de 6 volumes d'hydrogène.

Gay-Lussac a alors formulé les lois suivantes [1] :

113. Première loi de Gay-Lussac. — Lorsque deux gaz se combinent, les volumes des composants sont toujours en rapport simple. Cette loi s'étend aussi aux gaz composés : ainsi, le gaz acide chlorhydrique et le gaz ammoniac se combinent *volume à volume*.

114. Comparons maintenant les volumes de chacun des gaz composants au volume du gaz composé formé :

$$2 \text{ vol. Az} + 1 \text{ vol. O donnent } 2 \text{ vol. de AzO.}$$
$$2 \text{ vol. Az} + 2 \text{ vol. O} \quad - \quad 4 \text{ vol. de AzO}^2.$$
$$2 \text{ vol. Az} + 4 \text{ vol. O} \quad - \quad 4 \text{ vol. de AzO}^4.$$
$$2 \text{ vol. Az} + 6 \text{ vol. H} \quad - \quad 4 \text{ vol. de AzH}^3.$$
$$2 \text{ vol. H} + 1 \text{ vol. O} \quad - \quad 2 \text{ vol. de HO.}$$
$$2 \text{ vol. H} + 2 \text{ vol. Cl} \quad - \quad 4 \text{ vol. de HCl.}$$

L'examen de ces nombres a conduit **Gay-Lussac** à formuler une seconde loi :

115. Deuxième loi de Gay-Lussac. — Le volume du composé produit, à l'état gazeux, est dans un rapport simple avec les volumes des gaz composants.

Lorsque les gaz se combinent volume à volume, le volume du gaz composé est égal à la somme des volumes des gaz composants : ainsi, 2 volumes de chlore et 2 volumes d'hydrogène forment 4 volumes de gaz acide chlorhydrique.

Lorsque les gaz se combinent en volumes dans le rapport de 2 à 1, il y a contraction d'*un tiers* : ainsi, 2 volumes d'hydrogène et 1 volume d'oxygène ne forment que 2 *volumes* de *vapeur d'eau*.

Lorsque les gaz se combinent en volumes dans le rapport de 3 à 1, il y a contraction de *moitié* : ainsi, 6 volumes d'hydrogène et 2 volumes d'azote forment 4 volumes de gaz ammoniac.

116. Équivalents en volumes. — D'après les lois de Gay-Lussac, il doit exister un rapport simple entre les volumes occupés

---

1. Les lois de Gay-Lussac peuvent être considérées comme le résumé des expériences faites précédemment; elles présentent quelques exceptions.

par les équivalents en poids des gaz simples ou composés, ces volumes étant mesurés dans les mêmes conditions de température et de pression. En effet, à 0° et sous la pression de 760 millimètres, les *volumes* occupés par les *équivalents* en poids des gaz simples ou composés sont :

			Litres.	
Oxygène	O.	8ᵍʳ	5,55	1
Hydrogène	H.	1	11,11	2
Azote	Az.	14	11,11	2
Acide chlorhydrique	HCl.	36,5	22,22	4
Ammoniaque	AzH³	17	22,22	4

Pour les corps tels que le phosphore, le brome, l'iode, l'eau, on comparera le volume de leur équivalent en poids réduit en vapeur au volume de 8 grammes d'oxygène à la même température.

On voit que ces volumes sont des *multiples* simples du plus petit d'entre eux : prenons alors pour *unité de volume* le volume de 8 d'oxygène ; les volumes des différents gaz correspondants à leurs équivalents seront alors représentés par 1, 2 ou 4 : ces nombres sont appelés les *équivalents en volumes* des gaz.

On écrira alors :

O $= 8$ $= 1$ vol.	I $= 127$ $= 2$ vol.
H $= 1$ $= 2$ vol.	S $= 16$ $= 1$ vol.
Az $= 14$ $= 2$ vol.	AzO $= 22$ $= 2$ vol.
Cl $= 36,5$ $= 2$ vol.	AzO² $= 30$ $= 4$ vol.
Ph $= 31$ $= 1$ vol.	AzO⁴ $= 46$ $= 4$ vol.
Br $= 80$ $= 2$ vol.	AzH³ $= 17$ $= 4$ vol.
HO $= 9$ $= 2$ vol.	HCl $= 36,5 = 4$ vol. etc.

L'équivalent en volume d'un corps simple est toujours 1 ou 2 ; celui d'un corps composé est toujours 2 ou 4.

117. Problème. — *Connaissant les deux équivalents en poids et en volumes d'un corps, trouver la densité à l'état gazeux.* — Soit, par exemple, à trouver la densité de l'azote. On a : Az $= 14 = 2$ vol. Or, on a O $= 8 = 1$ vol. ou 2 O $= 16 = 2$ vol. ; donc, 16 grammes d'oxygène a le même volume que 14 grammes d'azote ; la densité de l'azote sera alors les $\frac{14}{16}$ de celle de l'oxygène, c'est-à-dire égale à $1,1056 \times \frac{14}{16} = 0,972$.

Soit à trouver la densité de vapeur du soufre. On a : S $= 16 = 1$ vol. Donc, sous le même volume, la vapeur de soufre pèse deux fois plus que l'oxygène : la densité de vapeur du soufre sera alors le double de la densité du gaz oxygène ou égale à $1,1056 \times 2 = 2,2116$.

On obtient ainsi les *densités théoriques* des gaz, qui sont toujours plus petites que les densités expérimentales ; la différence est toujours très faible et elle n'est notable que pour les gaz facilement liquéfiables.

Conseils pédagogiques. — Le professeur insistera particulièrement sur la production de l'acide azotique et sur la formation de l'ammoniaque dans la nature : il montrera quel est le rôle joué par l'ammoniaque dans l'alimentation végétale ; comment se forment les azotates dans les écuries, les étables et les caves. Enfin il ne négligera aucune des applications pratiques relatives à ces corps très importants. — Il fera ressortir la simplicité du rapport présenté par les volumes d'azote et d'oxygène qui se combinent pour donner naissance aux composés oxygénés de l'azote et la simplicité du rapport qui existe entre les volumes des gaz composants et le volume du gaz composé : il en déduira les lois de Gay-Lussac et les équivalents en volumes.

Questionnaire. — Quels sont les six composés oxygénés de l'azote ? — Comment prépare-t-on l'acide azotique fumant ? — Quelle est son action sur les métaux ? — Qu'est-ce que l'acide azotique quadrihydraté ? — Qu'est-ce que le fer passif ? — Quelle est l'action de l'acide azotique sur les matières organiques ? — Quelle est la préparation industrielle de l'acide azotique ? — Quels sont ses usages ? — Comment grave-t-on à l'eau-forte ? — Qu'est-ce que le gaz ammoniac ? — Quelles sont les circonstances de sa production ? — Comment prépare-t-on le gaz ammoniac ? — Qu'est-ce que l'ammoniaque ordinaire ? — Par quelles expériences montre-t-on la solubilité du gaz ammoniac dans l'eau ? — Qu'est-ce que l'appareil Carré ? — Qu'est-ce que la nitrification ? — Caractères distinctifs de l'ammoniaque. — Quelle est la composition du gaz ammoniac ? — Comment la détermine-t-on ? — Quels sont ses usages ? — Quelles sont les lois de Gay-Lussac ? — Qu'appelle-t-on équivalents en volumes

CHAPITRE VI

FLUOR. — CHLORE. — BROME. — IODE.

Sommaire. — 28. L'*acide fluorhydrique* attaque la silice et le verre : aussi est-il employé pour graver sur verre.

29. Le *chlore* se prépare en traitant le bioxyde de manganèse par l'acide chlorhydrique du commerce. — C'est un gaz jaune verdâtre, provoquant la toux, assez soluble dans l'eau, avec laquelle il forme un hydrate. Il se combine directement avec presque tous les corps simples. Il a pour l'hydrogène une affinité considérable. Il décompose l'eau pour s'emparer de l'hydrogène et mettre l'oxygène en liberté : aussi le chlore est-il un oxydant énergique, en présence de l'eau.

30. Il agit sur les alcalis pour donner des corps décolorants appelés vulgairement chlorures de *potasse*, de *soude* et de *chaux*. Il attaque énergiquement les matières organiques.

31. Il forme avec l'oxygène cinq composés, dont les plus importants sont l'acide hypochloreux et l'acide chlorique. Les hypochlorites abandonnent facilement du chlore sous l'action des acides. De là leur emploi comme décolorants.

32. Le chlore et les chlorures décolorants ont une action très énergique sur les matières colorantes végétales, qu'ils oxydent en présence de l'eau, en les décolorant. Ce sont aussi des *désinfectants* très employés, car le chlore décompose l'hydrogène sulfuré et l'ammoniaque dont sont généralement constituées les atmosphères insalubres.

33. *L'acide chlorhydrique* se prépare en traitant le sel marin par l'acide sulfurique. On obtient un gaz fumant à l'air, très soluble dans l'eau. — L'acide chlorhydrique du commerce est une solution de gaz chlorhydrique dans l'eau. Il est sans action sur les métalloïdes autres que l'oxygène et le silicium : il attaque tous les métaux, excepté l'or et le platine.

34. C'est un acide très énergique : il forme des sels, appelés chlorures métalliques.

35. Il est formé par la combinaison directe de volumes égaux de chlore et d'hydrogène, donnant deux volumes de gaz chlorhydrique.

36. On appelle *eau régale* un mélange d'acides azotique et chlorhydrique, attaquant l'or et le platine.

37. Le *brome* et l'*iode* sont des métalloïdes analogues au chlore. — On les retire des eaux-mères des marais salants ou des eaux-mères des soudes de varechs.

38. Le *brome* est un liquide rouge foncé, formant avec les métaux des bromures, dont les plus usités sont les bromures de potassium et d'argent.

39. L'*iode* est solide, d'un gris noir, donnant des vapeurs violettes très denses. Il colore en bleu l'empois d'amidon. — Certains iodures métalliques sont employés en médecine et en photographie.

118. Le **fluor**, le **chlore**, le **brome** et l'**iode** constituent une famille naturelle de métalloïdes, dont le caractère distinctif est *de se combiner volume à volume* avec l'hydrogène pour former des hydracides, tels que les acides fluorhydrique, chlorhydrique, bromhydrique et iodhydrique.

119. **Fluor et acide fluorhydrique.** — On trouve dans la nature un minéral, parfaitement cristallisé dans le système cubique, et que l'on appelle le *spath fluor* : attaqué par l'acide sulfurique, ce minéral fournit un gaz fumant, très soluble dans l'eau et constituant un acide très énergique, analogue à l'acide chlorhydrique, parce qu'on le considère comme formé par la combinaison de l'hydrogène avec un

élément encore peu connu, que l'on a appelé *le fluor*. Le fluor a été entrevu par **M. Frémy** et isolé récemment par **M. Moissan**; il attaque tous les récipients dans lesquels on pourrait le renfermer. L'acide fluorhydrique seul est utile à connaître.

120. Acide fluorhydrique, HFl. — C'est un liquide ayant pour densité 0,988 et bouillant à 19°. Il est très corrosif et cause des brûlures très dangereuses, pouvant entraîner la mort. Il attaque la silice et le verre. On utilise cette propriété pour graver sur verre.

121. Gravure sur verre. — Pour graver sur verre, on recouvre le verre d'une couche mince d'un vernis ou d'un mélange formé de trois parties de cire blanche et d'une partie d'essence de térébenthine : on laisse refroidir; puis, avec une pointe d'acier, on enlève la cire en tous les points que doit attaquer l'acide fluorhydrique. Quand la plaque de verre est prête, on place dans une cuve en plomb (fig. 64) du spath fluor pulvé-

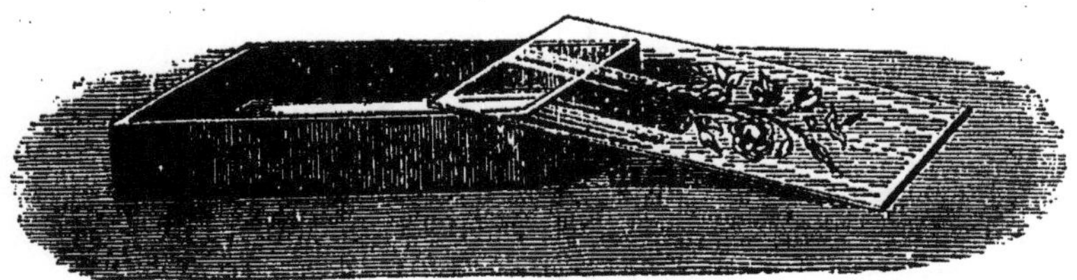

Fig. 64. **Gravure sur verre.** — La plaque de verre préparée est soumise à l'action des vapeurs d'acide fluorhydrique.

risé et de l'acide sulfurique bien mélangés : on dépose la plaque de verre au-dessus de la cuve, et on la laisse exposée pendant quelques minutes aux vapeurs d'acide fluorhydrique qui se dégagent; on enlève ensuite le vernis en le dissolvant dans l'essence de térébenthine : on obtient un dessin très visible dont les traits sont opaques. Il est quelquefois nécessaire de chauffer très légèrement la cuve de plomb.

On aurait pu aussi appliquer avec un pinceau, sur la plaque de verre, l'acide fluorhydrique liquide étendu de huit fois son volume d'eau : les traits de la gravure sont alors transparents.

CHLORE ET SES COMPOSÉS

CHLORE

$$Cl = 35,5 = 2 \text{ vol.}$$

122. Historique et préparation. — Le chlore a été découvert par **Scheele** en 1774, en attaquant le bioxyde de manganèse par l'acide chlorhydrique ; plus tard, **Davy** et **Gay-Lussac** étudièrent complètement ce corps, auquel sa couleur verdâtre fit donner son nom [1]. On prépare encore aujourd'hui le chlore par le procédé de **Scheele**.

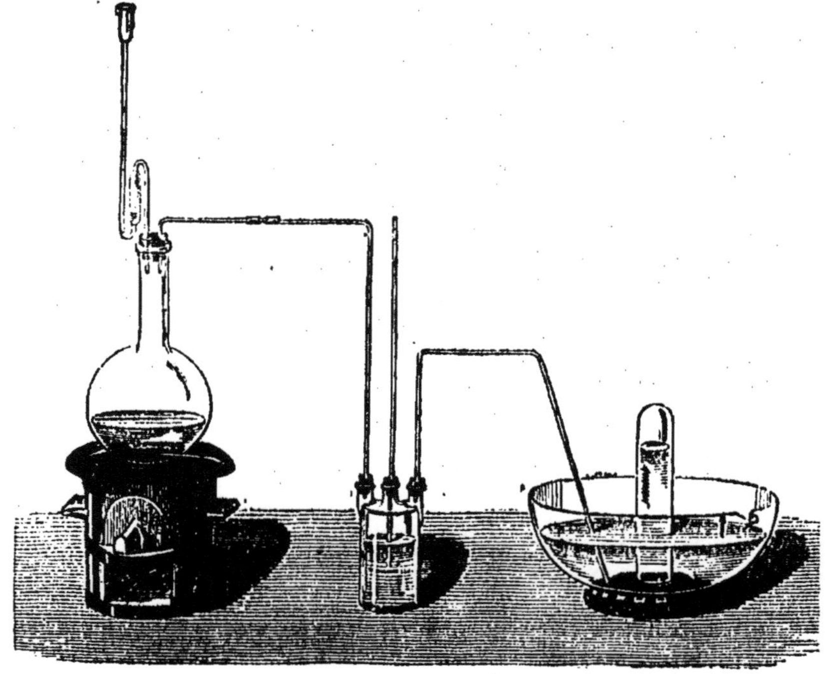

Fig. 65. **Préparation du chlore.** — On chauffe dans le ballon un mélange de MnO^2 et d'acide chlorhydrique ; le chlore se dégage, se purifie dans le flacon laveur et est recueilli sur l'eau salée.

Procédé de Scheele. Si l'on fait agir l'acide chlorhydrique ordinaire sur du bioxyde de manganèse en *grains*, il se dégage un gaz d'un vert jaunâtre, très dense, provoquant la toux : c'est le *chlore*.

1. Du grec *chloros*, jaune verdâtre.

L'opération se fait en plaçant, dans un ballon de verre de 1 litre A, 100 grammes de bioxyde de manganèse en *grains;* on adapte au ballon (fig. 65) un bouchon muni d'un tube de sûreté ou tube en S et d'un tube à dégagement, se rendant dans un flacon laveur B contenant un peu d'eau. Du flacon laveur part un tube à dégagement se rendant sur une petite cuve à eau renfermant de l'eau saturée de sel de cuisine. Le ballon est placé sur un fourneau dans lequel on n'a mis d'abord aucun combustible. On verse par le tube en S 200 grammes environ d'acide chlorhydrique du commerce; la réaction commence aussitôt; quand elle est terminée à froid, on place quelques charbons allumés dans le fourneau et on chauffe très légèrement, en continuant à verser par intervalles l'acide chlorhydrique, dont le poids total employé doit être égal à 400 grammes.

Le chlore dégagé se débarrasse, dans le flacon laveur, de l'acide chlorhydrique entraîné, puis se rend sous les éprouvettes C pleines d'eau salée, reposant sur la petite cuve à eau salée : il reste dans le ballon du *chlorure de manganèse,* MnCl :

$$MnO^2 + 2HCl = Cl + MnCl + 2HO.$$

Si l'on veut avoir le chlore *sec,* on fait passer le gaz à travers un flacon laveur B (fig. 66), puis dans une éprouvette à pied C, renfermant des matières desséchantes, telles que de la *pierre ponce imbibée d'acide sulfurique.* On ne peut recueillir le gaz sur la cuve à mercure, parce que le chlore attaque le mercure à la température ordinaire; alors, on profite de ce que le chlore est deux fois et demie plus dense que l'air : on fait arriver le *chlore sec* dans un flacon D par un tube abducteur descendant jusqu'au fond du flacon ; le chlore déplace peu à peu l'air du flacon, qui est rempli de chlore, dès que son atmosphère présente en tous les points une couleur verdâtre.

Procédé de Berthollet. On peut aussi retirer directement le chlore du *sel marin,* en faisant agir l'acide sulfurique sur un mélange de sel marin ou chlorure de sodium, NaCl, et de bioxyde de manganèse, MnO^2 :

$$NaCl + MnO^2 + S^2O^6,2HO = Cl + NaO,SO^3 + MnO,SO^3 + 2HO.$$

On emploierait l'appareil précédent (fig. 66) : le chlore se dégage et il reste dans le ballon un mélange de *sulfate de soude* et de *sulfate de manganèse*.

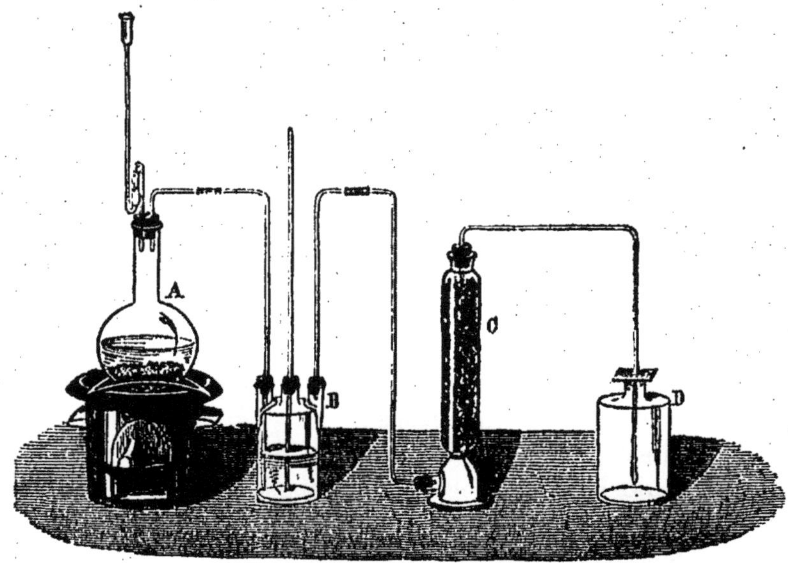

Fig. 66. **Préparation du chlore sec.** — Le gaz préparé comme précédemment, après s'être desséché dans l'éprouvette C, arrive au fond du flacon D dont il chasse l'air.

Le procédé de **Berthollet** présente l'avantage de donner un meilleur rendement que celui de **Scheele**, qui ne donne que la moitié du chlore contenu dans l'acide chlorhydrique employé ; cependant, dans l'industrie, on préfère le procédé de Scheele [1].

123. Propriétés physiques. — Le *chlore* est un gaz jaune verdâtre, ayant pour densité 2,4502, ce qui donne 3^{gr},17 pour le poids d'un litre, à 0°, sous la pression 760 qui est celle de 1 atmosphère. Il a une odeur vive spéciale ; il attaque vivement les voies respiratoires, produit une oppression très grande et peut même déterminer des crachements de sang ; il provoque la toux. On devra donc prendre de minutieuses précautions en opérant avec le chlore et éviter de le respirer, même mélangé à l'air atmosphérique.

Le chlore est assez soluble dans l'eau : à 0°, 1 litre d'eau dissout 1 lit. 5 de chlore ; à 8°, 1 litre d'eau dissout 3 lit. 04

---

1. L'acide chlorhydrique est d'un prix moins élevé que l'acide sulfurique.

de chlore, puis la solubilité va en décroissant, quand la température s'élève[1]. — On fait souvent usage de la dissolution de chlore dans l'eau, appelée *eau de chlore* : on la prépare en faisant passer un courant de gaz chlore à travers une série de flacons de Woolf renfermant de l'eau.

Si l'on refroidit, au-dessous de 10°, la solution saturée de chlore dans l'eau, il se dépose des petits cristaux blancs d'une combinaison d'eau et de chlore, appelée *hydrate de chlore*, et ayant pour composition Cl + 10HO : cet hydrate de chlore se décompose en *chlore* et en *eau* dès que sa température dépasse 20° : on utilise cette propriété de l'hydrate de chlore pour liquéfier le gaz chlore.

Fig. 67. **Liquéfaction du chlore.** — A, branche du tube en V renfermant les cristaux d'hydrate de chlore, chauffée au bain-marie. — C, bain-marie. — B, branche du tube en V plongeant dans la glace.

On introduit les cristaux d'hydrate de chlore bien sec dans la branche A d'un *tube de Faraday* en forme de V renversé : on ferme le tube à la lampe et on plonge la branche A (fig. 67) dans un bain-marie à 40° et la branche B dans de la glace fondante : l'hydrate de chlore se décompose et le chlore vient se liquéfier dans la branche B. Le chlore se liquéfie à 0° sous la pression de 6 atmosphères : c'est alors un liquide jaune verdâtre foncé, de densité 1,33, bouillant à — 33°,6 et se solidifiant à — 80°.

124. **Propriétés chimiques.** — Le chlore se combine directement avec tous les métalloïdes, sauf avec l'oxygène, l'azote et le carbone : la combinaison est toujours accompagnée d'un dégagement de chaleur considérable.

Le phosphore s'enflamme dans une atmosphère de chlore

1. La *solubilité* du chlore dans l'eau ne permet pas de le recueillir sur la cuve à eau : l'eau salée ne dissout que $\frac{1}{2}$ de son volume de chlore.

(fig. 68) pour former le *trichlorure de phosphore* PhCl³. — L'arsenic en poudre, projeté dans du chlore sec, s'enflamme spontanément et le transforme en AsCl³, ou *trichlorure d'arsenic.*

Le chlore se combine avec tous les métaux, avec un dégagement de chaleur considérable. Il se forme le chlorure métallique correspondant [1]. Ex :

H + Cl = HCl (gazeux) + 22 calories.
K + Cl = KCl (solide) + 105 calories,
etc., etc.

La combinaison s'effectue directement pour un certain nombre de métaux, sans une élévation préalable de la température. Du potassium prend feu dans une atmosphère de chlore. De l'antimoine en poudre, projeté dans

Fig. 68. **Combustion du phosphore dans le chlore.** — Le phosphore, contenu dans une petite coupelle, est plongé dans un flacon plein de chlore sec; il prend feu immédiatement.

du chlore sec, s'enflamme spontanément (fig. 69). L'étain, le fer, l'argent, l'or, légèrement chauffés, se combinent avec le chlore pour former les chlorures métalliques correspondants; une spirale de cuivre chauffée brûle dans le chlore, en devenant incandescente et se transforme en chlorure de cuivre, CuCl. Le mercure est attaqué à froid par le chlore et transformé soit en Hg²Cl, soit en HgCl. Une feuille d'or se dissout dans l'eau de chlore; il en est de même du platine.

125. Action du chlore sur l'hydrogène. — La

Fig. 69. **Combustion de l'antimoine dans le chlore sec :** on projette l'antimoine en poudre dans un flacon plein de chlore sec; l'antimoine s'enflamme spontanément.

1. Berthelot, *Essai de mécanique chimique,* tome I", page 378.

lumière, la chaleur, l'étincelle électrique, déterminent la combinaison du chlore et de l'hydrogène.

Si l'on mélange, dans un flacon en verre, des volumes égaux de chlore et d'hydrogène, et si on expose le flacon à l'action de la lumière solaire *directe*, une explosion violente se produit et le flacon vole en éclats. La lumière électrique, la lumière de la flamme du magnésium ou la flamme bleuâtre que fournit la vapeur de sulfure de carbone, mélangée au bioxyde d'azote et enflammée, produisent le même effet. A la lumière diffuse, la réaction se produit encore, mais lentement et sans explosion. Dans l'obscurité les deux gaz ne se combinent pas : le produit de la réaction est le gaz *acide chlorhydrique.*

L'approche d'un corps enflammé provoque aussi la combinaison des deux gaz ; mais l'explosion est beaucoup plus faible.

La formule de la réaction est :

$$\text{H} + \text{Cl} = \text{HCl} + 22 \text{ calories.}$$

2 vol. d'H et 2 vol. de Cl. ont formé 4 vol. de gaz chlorhydrique, HCl.

Le chlore a donc pour l'hydrogène une très grande affinité ; aussi, toutes les fois qu'il agit sur un corps composé hydrogéné, il tend à lui enlever l'hydrogène qu'il renferme.

126. Action du chlore sur les corps composés. — 1° *Sur l'eau.* Le chlore décompose l'eau sous l'action de la chaleur ou de la lumière.

$$\text{HO} + \text{Cl} = \text{HCl} + \text{O.}$$

Aussi l'eau de chlore doit-elle être conservée à l'abri de la lumière, dans des flacons en verre noir.

La décomposition de l'eau par le chlore est facilitée par la présence de corps pouvant s'oxyder. Même à froid, le chlore, *en présence de l'eau,* agit comme un oxydant : les sels de protoxyde de fer sont alors transformés en sels de sesquioxyde. Le blanchiment par le chlore est fondé tout entier sur les propriétés oxydantes du chlore en présence de l'eau.

2° *Sur l'ammoniaque.* Si l'on fait arriver quelques bulles de chlore sec dans une éprouvette renfermant du gaz ammoniac, chaque bulle déterminera une petite explosion par suite de la·formation d'un composé très détonant, appelé *chlorure d'azote*, $AzCl^3$:

$$AzH^3 + 6\,Cl = AzCl^3 + 3\,HCl.$$

En présence de l'eau, on obtient de l'azote et de l'acide chlorhydrique :

$$AzH^3 + 3\,Cl = Az + 3\,HCl.$$

L'opération se fait en prenant un tube de verre fermé par un bout, dans lequel on met une colonne d'eau de chlore égale aux $\frac{4}{5}$ du tube; puis on finit de remplir le tube avec de l'ammoniaque ordinaire. On bouche le tube avec le doigt et on le renverse sur un verre plein d'eau; on voit aussitôt se dégager de nombreuses bulles d'azote qui se rendent à la partie supérieure du tube : l'acide HCl formé se combine avec l'excès d'ammoniaque pour former AzH^4Cl.

3° *Sur l'hydrogène sulfuré.* Les deux gaz réagissent l'un sur l'autre; il se forme de l'acide chlorhydrique avec dépôt de soufre :

$$HS + Cl = HCl + S.$$

4° *Sur les oxydes métalliques.* Si l'on fait passer un courant de chlore à travers une dissolution froide et étendue de potasse, on obtient un mélange de *chlorure de potassium*, KCl, et d'*hypochlorite de potasse*, KO,ClO :

$$2\,Cl + 2\,(KO,HO) = KCl + KO,ClO + 2\,HO.$$

Si la solution de potasse est *concentrée*, ou si elle s'échauffe, on obtiendra du *chlorate de potasse*, KO,ClO^5 :

$$6\,Cl + 6\,(KO,HO) = 5\,KCl + KO,ClO^5 + 6\,HO.$$

Avec la chaux, on obtient un mélange, connu dans les arts sous le nom de *chlorure de chaux*, renfermant du chlorure de calcium et de l'hypochlorite de chaux :

$$2\,Cl + 2\,CaO = CaCl + CaO,ClO.$$

Avec l'oxyde de mercure, on obtient l'*acide hypochloreux*, ClO, et de l'oxychlorure de mercure, $HgO,HgCl$:

$$2\,Cl + 2\,HgO = ClO + HgO,HgCl.$$

5° *Sur les bromures et les iodures.* Le chlore chasse le brome et l'iode en se substituant à eux, équivalent à équivalent :

$$KBr + Cl = Br + KCl.$$
$$KI + Cl = I + KCl.$$

127. Action du chlore sur les matières organiques. — Le chlore réagit sur les matières organiques, en leur enlevant leur hydrogène, auquel il se substitue et auquel il se combine. Il détruit les matières colorantes d'origine végétale, telles que l'indigo, la teinture de tournesol, la matière colorante du vin, l'encre ordinaire, etc.

128. Usages du chlore. — Le chlore sert à la préparation de certains chlorures métalliques. Mais c'est surtout un *décolorant* et un *désinfectant* très énergique.

COMPOSÉS OXYGÉNÉS DU CHLORE. —
CHLORURES DÉCOLORANTS. — BLANCHIMENT.

129. Les composés oxygénés du chlore sont :

L'acide hypochloreux................... $ClO,HO.$
    —   chloreux...................... $ClO^3,HO.$
L'anhydride hypochlorique............ $ClO^4.$
L'acide chlorique...................... $ClO^5,HO.$
    —   perchlorique .... $ClO^7,HO.$

Les deux composés oxygénés du chlore les plus importants sont *l'acide hypochloreux* et *l'acide chlorique*.

130. Chlorures décolorants. — *Acide hypochloreux et hypochlorites.* Lorsque l'on fait passer un courant de chlore sec sur de l'oxyde de mercure, on obtient un liquide rouge, bouillant à 20°, qui fournit alors des vapeurs jaune verdâtre dont l'odeur rappelle celle du chlore. Ce liquide est l'anhydride hypochloreux, ClO : il est très détonant et se décompose très facilement en chlore et en oxygène. C'est un corps très oxydant en présence de l'eau : aussi possède-t-il un pouvoir décolorant considérable. En se combinant aux alcalis, il forme des hypochlorites alcalins, tels que KO,ClO ; NaO,ClO ; CaO,ClO, qui, en présence des acides, même les plus faibles, abandonnent l'anhydride hypochloreux, ClO. Ces hypochlorites s'obtiennent en faisant passer un courant de chlore à travers une dissolution froide et étendue d'alcali : on obtient alors un mélange de chlorure alcalin et d'hypochlorite alcalin, connu sous le nom de *chlorure décolorant* :

Eau de Javel...................... $KO,ClO + KCl.$
—   Labarraque........... $NaO,ClO + NaCl.$
Chlorure de chaux............ $CaO,ClO + CaCl.$

Ce dernier est très important, car il est à bas prix et d'un emploi commode : c'est une poudre blanche, *très hygrométrique*, abandonnant son chlore sous l'action des acides, tels que l'acide carbonique, et pouvant dégager 110 à 220 litres de chlore par kilog., et 55 à 60 litres d'oxygène. Voici la réaction, avec l'acide carbonique :

$$CaO,ClO + CaCl + CO^2 = CaCl + CaO,CO^2 + Cl + O.$$

131. Blanchiment. — **M. Kolb** a montré que la décoloration des matières colorantes végétales est due surtout à une *oxydation* de ces matières colorantes. Pour le démontrer, on prend une dissolution d'indigo bleu, à laquelle on ajoute goutte à goutte de l'eau de chlore jusqu'à la décoloration complète ; puis, on y verse quelques gouttes d'une dissolution d'acide sulfureux : la coloration bleue de l'indigo apparaît de nouveau. En effet, le chlore avait oxydé l'indigo et l'avait décoloré; l'acide sulfureux a réduit l'indigo oxydé et lui a rendu sa couleur. Dès lors, le *pouvoir décolorant* du chlore est une conséquence de son *pouvoir oxydant* en présence de l'eau : de là, l'emploi du chlore pour le blanchiment des étoffes de fil et de coton.

Ces étoffes, écrues, doivent leur coloration à la matière colorante de la fibre textile : en traitant un tissu de fil par le chlore, en présence de l'eau, on oxydera la matière colorante et on la décolorera.

Si l'on expose du tissu de fil bien sec à l'action d'un courant de chlore sec, la fibre textile est *désagrégée*, et non décolorée. Le même tissu, soumis à l'action de l'acide hypochloreux sec, se décolore et subit une désagrégation partielle; en outre, il augmente de poids : *donc, la décoloration est due à une oxydation de la matière colorante.* Du reste, dans certains pays, dans la Somme, par exemple, pour blanchir les toiles, on les expose sur le pré pendant plusieurs semaines : elles se décolorent en absorbant peu à peu l'oxygène de l'air. On conçoit maintenant que l'acide hypochloreux ait un pouvoir décolorant double de celui du chlore sous le même volume; en effet, 2 volumes de ClO se décomposent en 2 volumes de Cl et 1 vol d'O. D'autre part, 2 vol. de chlore, en présence de l'eau, dégagent 1 volume d'oxygène, donc, 2 vol. de ClO produisent en tout 2 vol. d'oxygène, c'est-à-dire un volume d'oxygène double du volume d'oxygène fourni par 2 volumes de chlore. Aussi, dans la pratique, on préfère blanchir au moyen des *hypochlorites* ou des *chlorures décolorants*. A cet effet, on fait agir sur les tissus les chlorures décolorants en présence d'un acide faible : on plonge les toiles alternativement dans un lait très clair de chlorure de chaux et dans une lessive faible de carbonate de soude, afin d'annuler autant que possible l'action du chlore libre, qui désagrégerait le tissu.

L'eau de chlore peut aussi servir à enlever les taches d'encre sur les livres ou les gravures. On lave la tache avec de l'eau de chlore, il reste une tache jaunâtre d'oxyde de fer (rouille), que l'on traite par de l'acide chlorhydrique très étendu ; enfin, on lave soigneusement pour enlever toute trace de chlore ou d'acide chlorhydrique, qui détruirait le papier.

132. Pouvoir désinfectant du chlore et des hypochlorites. — Les fumigations de chlore peuvent être employées comme *désinfectant* : en effet, le chlore décompose l'hydrogène sulfuré en donnant de l'*acide chlorhydrique*, qui n'est pas vénéneux, et un dépôt de soufre. Le chlore décompose aussi l'ammoniaque et détruit les miasmes organiques qui infectent l'atmosphère, dans le voisinage des fosses d'aisances ou des matières animales en putréfaction.

Dans la pratique, on préfère employer le *chlorure de chaux*, qui peut, sous un très petit volume, dégager un volume considérable de chlore en présence de l'hydrogène sulfuré.

133. Acide chlorique et chlorates. — L'acide chlorique (ClO^5,HO), en solution étendue, est un liquide sirupeux, très détonant, très oxydant, qui forme, avec les alcalis, des sels, appelés *chlorates*, possédant des propriétés comburantes très énergiques. Les chlorates déflagrent * sur des charbons ardents ; mélangés à du soufre, du phosphore, du sulfure d'antimoine, ils détonent par le frottement ou par le choc du marteau. Le chlorate le plus important est le *chlorate de potasse*, KO,ClO⁵. On l'emploie pour préparer l'oxygène ; il entre dans la préparation de certains feux *pyrotechniques* *; il est employé en médecine comme astringent.

ACIDE CHLORHYDRIQUE

HCl = 36,5 = 4 vol.

134. Historique. — Il était connu des anciens alchimistes, qui l'obtenaient en faisant réagir le vitriol, ou sulfate de fer, sur le sel marin ; aussi l'appelèrent-ils *acide marin, acide du sel.* Les expérience de **Davy** et de **Gay-Lussac** en ont fixé la composition : *combinaison à volumes égaux de chlore et d'hydrogène.*

135. Préparation de l'acide chlorhydrique gazeux. — Si l'on place dans un ballon A (fig. 70) du sel marin avec un excès d'acide sulfurique, une vive effervescence se produit ; il se dégage un gaz qu'on recueille sur la cuve à mercure, ce gaz est l'acide chlorhydrique, HCl ; il reste dans le ballon du sulfate de soude, 2NaO, S²O⁶. Quand l'effervescence

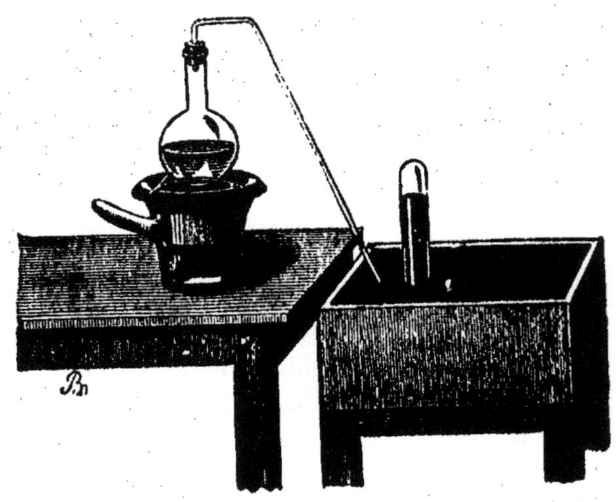

Fig. 70. **Préparation de HCl gazeux.** — A, ballon contenant de l'acide sulfurique et du sel marin fondu. — B, éprouvette reposant sur la cuve à mercure et servant à recueillir le gaz chlorhydrique.

a cessé, on chauffe légèrement pour terminer la réaction :

$$2\,NaCl + S^2O^6,2HO = 2\,NaO,S^2O^6 + 2\,HCl.$$

Pour éviter un dégagement trop rapide de gaz, il vaut mieux employer le *sel marin fondu* : on prendra *poids égaux* de sel marin fondu et d'acide sulfurique.

136. *Préparation de l'acide chlorhydrique ordinaire.* — Dans les arts et dans les laboratoires, on préfère employer la *solution aqueuse d'acide chlorhydrique*, appelée *acide chlorhydrique ordinaire*, qui renferme environ 500 centimètres cubes d'acide chlorhydrique gazeux pour 1 centimètre cube d'eau. Pour préparer cette solution, on fait passer le gaz à travers une série de flacons de Woolf (fig. 71), renfermant de l'eau : on ne remplit les flacons qu'au tiers de leur volume et on fait à peine plonger les tubes abducteurs dans l'eau.

L'eau s'échauffe, aussi convient-il de refroidir les flacons de Woolf, en les plongeant dans des vases pleins d'eau froide.

137. Propriétés physiques. — *L'acide chlorhydrique* est un gaz incolore, d'une odeur vive et suffocante : il irrite les muqueuses et provoque la toux. Il fume à l'air, en absorbant la vapeur d'eau. Il a pour densité 1,2474, ce qui donne 1ᵍʳ,635 comme poids du litre à 0° et à 760 millimètres. Il se liquéfie à — 10°, sous la pression de 18 atmosphères, en produisant un liquide incolore, très mobile, de densité 1,27 ; il n'a pas encore pu être solidifié.

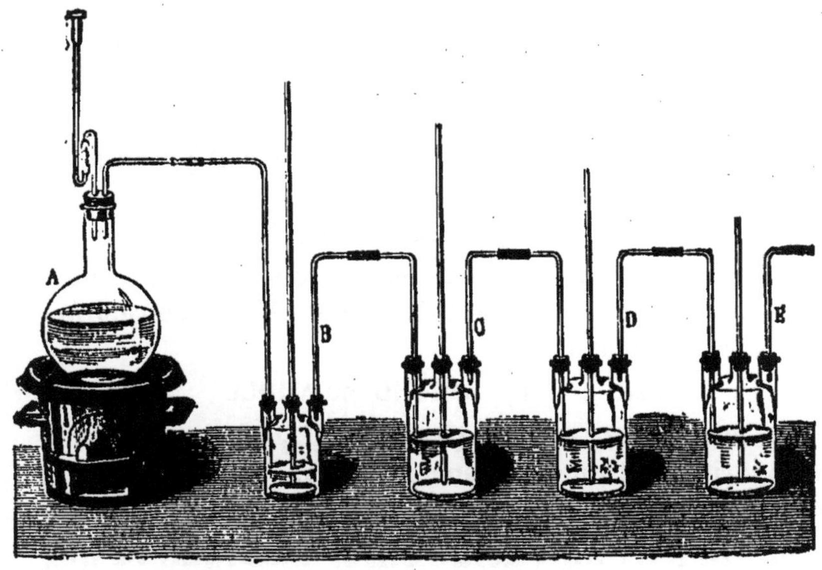

Fig. 71. **Préparation de la solution** HCl. — A, flacon producteur de HCl gazeux.—B, flacon laveur renfermant un peu d'eau. — C, D, E, flacons de Woolf renfermant de l'eau pure, dans laquelle se dissout le gaz.

Il est très soluble dans l'eau, qui en dissout 500 fois son volume à 0°. On peut montrer la grande solubilité du gaz chlorhydrique dans l'eau par les mêmes expériences que pour l'ammoniaque.

La solution distillée laisse passer, à la distillation à 110°, un hydrate défini, dont la composition est HCl + 16 HO, bouillant à 110° et ayant pour densité 1,1.

138. Propriétés chimiques. — *Le gaz chlorhydrique* est *incombustible;* il *éteint* les corps en ignition. Il est sans action sur les métalloïdes autres que l'oxygène et le silicium.

— Il attaque tous les métaux, excepté l'or et le platine ; à une température plus ou moins élevée, il se forme le chlorure métallique correspondant et il y a dégagement d'hydrogène. La solution aqueuse agit moins énergiquement que le gaz ; elle est sans action sur le cuivre ; elle attaque immédiatement le zinc, le fer, et aussi presque tous les oxydes métalliques. Il y a substitution du chlore à l'oxygène de l'oxyde :

$$KO,HO + HCl = KCl + 2HO.$$
$$Fe^2O^3 + 3HCl = Fe^2Cl^3 + 3HO.$$

Il se forme le chlorure métallique correspondant à l'oxyde employé et de l'eau.

Quand le chlorure correspondant à l'oxyde n'existe pas, il se forme le chlorure métallique inférieur et il y a dégagement de chlore :

$$MnO^2 + 2HCl = MnCl + Cl + 2HO.$$

Le gaz chlorhydrique se combine volume à volume avec le gaz ammoniac, en donnant des flocons blancs de *chlorhydrate d'ammoniaque* :

$$AzH^3 + HCl = AzH^3,HCl \text{ ou } AzH^4Cl.$$

139. Fonction chimique de HCl. — Le gaz acide chlorhydrique est un acide énergique : il rougit la teinture de tournesol en rouge pelure d'oignon.

140. Réactif de l'acide chlorhydrique et des chlorures. — On les reconnaît à ce qu'ils donnent, avec une solution aqueuse d'azotate d'argent, un précipité blanc, caillebotté [*], soluble dans l'ammoniaque et noircissant par l'action de la lumière : .

$$AgO,AzO^5 + HCl = \underline{AgCl}\,(^1) + AzO^5HO.$$
$$AgO,AzO^5 + NaCl = \underline{AgCl} + NaO,AzO^5.$$

141. Synthèse de l'acide chlorhydrique. — Gay-Lussac et Thénard[2] ont effectué la synthèse de l'acide chlorhydrique de la manière suivante :

On prend un ballon B et un flacon A de *même capacité* (fig. 72). On remplit le premier d'hydrogène à la pression atmosphérique

1. Nous soulignerons à l'avenir dans les formules tous les corps *insolubles*.
2. **Thénard,** né à Paris en 1777. Mort en 1857.

et le second de chlore à la même pression. On engage le col du ballon dans le goulot du flacon et on expose le tout à la lumière diffuse pendant deux ou trois jours, jusqu'à ce que l'atmosphère

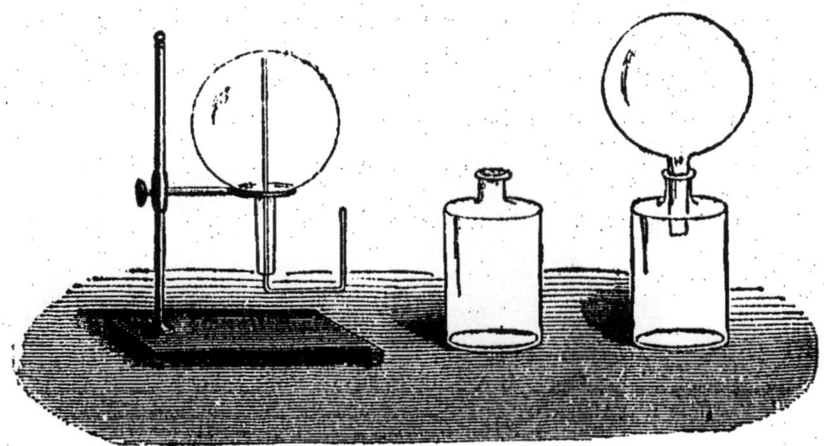

Fig. 72. **Synthèse de HCl.** — A, flacon plein d'hydrogène. — B, flacon plein de chlore. — On les réunit et on les expose à la lumière diffuse.

de l'appareil soit devenue incolore. On les sépare alors sur la cuve à mercure. On constate que :

1° Le mercure n'est pas attaqué : donc, il n'y a pas de chlore libre.

2° Le gaz est entièrement soluble dans l'eau : donc, pas d'hydrogène libre.

3° La pression n'a pas changé.

On en conclut que l'hydrogène et le chlore se sont combinés volume à volume, sans contraction.

On le vérifie au moyen des densités :

1/2 litre de chlore pèse................. 1ᵍʳ,58
1/2 litre d'hydrogène pèse............... 0ᵍʳ,055
La somme est égale à........... 1ᵍʳ,635

qui est bien le poids d'un litre de gaz chlorhydrique.

Sa formule est alors HCl et elle correspond à 4 volumes.

142. Usages. — C'est un des *réactifs* les plus employés pour l'attaque des métaux et des minéraux. Il sert à préparer le chlore, les chlorures décolorants, l'acide carbonique, l'hydrogène, à extraire la gélatine des os. Il se produit annuellement en masses considérables dans l'industrie de la soude.

143. Préparation industrielle. — L'acide chlorhydrique s'obtient dans l'industrie comme produit secondaire de la fabrication du *sulfate de soude* ; on emploie des cylindres en fonte disposés dans un fourneau en maçonnerie (fig. 73).

Fig. 73. **Préparation industrielle de l'acide chlorhydrique.** — A, cylindre en fonte renfermant le sel marin. — C, entonnoir pour verser l'acide sulfurique. — B, B, bonbonnes dans l'eau desquelles le gaz se dissout.

On y introduit le sel marin, on les ferme ; puis, par un entonnoir, on verse l'acide sulfurique concentré ; l'acide chlorhydrique dégagé est recueilli dans des bonbonnes B,B, renfermant de l'eau pour dissoudre le gaz. Le sulfate de soude reste dans les cylindres.

EAU RÉGALE

144. On appelle ainsi un mélange de trois parties d'acide chlorhydrique du commerce avec une partie d'acide azotique fumant. Ce liquide dissout très rapidement *l'or*, ou *roi des métaux* : de là le nom *d'eau régale*[1] donné au mélange des deux acides. Il se forme du *chlorure d'or*, Au^2Cl^3.

L'eau régale dissout le *platine;* il se forme du bichlorure de platine : $PtCl^2$.

BROME. — IODE
$$Br = 80, I = 127$$

145. Ces deux métalloïdes ont été découverts : l'iode, en

1. Du latin, *rex*, *regis*, roi.

1811, par **Courtois**, fabricant de salpêtre à Paris, le **brome**, en 1826, par **Balard** [1].

146. Extraction du brome des eaux-mères des marais salants. — L'eau de mer renferme de petites quantités de bromures alcalins [2], qui s'accumulent dans les eaux-mères des *marais salants*, après que le sel marin s'en est déposé par évaporation. Si l'on distille ces eaux-mères avec du bioxyde de manganèse et de l'acide sulfurique, on recueillera du *brome*, qui se condensera dans des récipients convenablement refroidis :

$$KBr + MnO^2 + S^2O^5,2HO = KO,SO^3 + MnO,SO^3 + Br + 2HO.$$

Cette préparation est identique à celle du chlore par le procédé de Berthollet.

147. Extraction de l'iode des eaux-mères des soudes de varechs. — Certaines plantes marines, appelées *varechs*, ont la propriété d'absorber les iodures et les bromures alcalins contenus dans l'eau de mer. On calcine ces varechs dans de grandes fosses : on obtient des cendres, que l'on lessive pour dissoudre les sels qu'elles renferment. On fait cristalliser : on obtient des cristaux de divers sels de potasse et de soude, nommés *soudes de varechs ;* les *eaux-mères* retiennent les bromures et les iodures. On traite les eaux-mères par la quantité de chlore strictement nécessaire pour *ne chasser que l'iode*, qui se précipite au fond des récipients. On le recueille et on obtient l'iode brut, que l'on purifie par sublimation.

148. Propriétés du brome [3]. Br $= 80 = 2$ vol. — C'est un liquide rouge foncé, presque noir, d'une odeur forte et désagréable, semblable à celle du chlore. Il a pour densité 2,966. Il se solidifie vers 7°,5. Il bout à $+ 63°$; il émet, à la température ordinaire, des vapeurs d'un rouge orangé très intense : elles ont pour densité, 5,54, ce qui donne 7 gr. 16 pour poids du litre de *vapeur de brome*. Il est assez soluble dans l'eau : 1 kilog. d'eau dissout 30 grammes de brome ; cette solution a reçu le nom d'*eau de brome*. Le brome est très

1. Né à Montpellier en 1802, mort à Paris en 1876.
2. On appelle sels *alcalins* les sels de potasse et de soude.
3. Du grec *bromos*, mauvaise odeur.

soluble dans le sulfure de carbone, qu'il colore en rouge. Il attaque les muqueuses et provoque la toux.

149. Usages du brome. — Le *brome* n'est guère employé qu'à l'état de bromures : le bromure de potassium trouve son emploi en médecine contre les accidents nerveux, tels que l'épilepsie, l'asthme nerveux, et le bromure d'ammonium contre la coqueluche (BOUCHARDAT). Le *bromure d'argent*, incorporé à la gélatine, remplace aujourd'hui le *collodion* sensibilisé en photographie.

150. Propriétés de l'iode [1]. $I = 127 = 2$ vol. — L'*iode* est un corps solide, gris noirâtre, présentant l'aspect de paillettes à reflets métalliques. Il a pour densité 4,94. Il fond à 113°,6 et bout à 178°. Il émet, même à la température ordinaire, des vapeurs violettes, que l'on peut produire facilement en chauffant légèrement quelques décigrammes d'iode dans un ballon. On obtient une vapeur très lourde, d'un violet foncé, qui cristallise par refroidissement dans le col du ballon. La vapeur d'iode a pour densité 8,71.

L'iode est presque insoluble dans l'eau, $\frac{1}{7000}$. Il est très soluble dans l'alcool : sa solution dans ce liquide porte le nom de *teinture d'iode*. Il est soluble dans l'éther, dans le sulfure de carbone, auquel il donne une belle couleur violette.

Les propriétés chimiques de l'iode sont analogues à celles du chlore et du brome; mais elles sont moins énergiques : ainsi, il ne se combine que difficilement avec l'hydrogène. Il forme avec les métaux des *iodures* : les uns sont solubles, comme l'iodure de potassium ; les autres sont insolubles dans l'eau, comme les iodures de plomb, d'argent et de mercure.

L'*iode* possède la propriété remarquable de bleuir l'empois d'amidon : il suffit d'une trace d'iode pour donner à l'empois d'amidon la coloration bleue; cette coloration disparaît sous l'action de la chaleur, elle apparaît de nouveau par le refroidissement.

L'empois d'amidon constitue pour l'iode *libre* un réactif très sensible.

L'iode colore la peau en jaune; il attaque fortement les muqueuses; sa vapeur est dangereuse à respirer.

1. Du grec, *iodès*, violet.

151. Usages de l'iode et des iodures. — L'*iode* est employé en médecine, surtout à l'état de *teinture d'iode* ou à l'état d'*iodure de potassium*. L'iodure de potassium combat avec succès l'asthme, les maladies scrofuleuses et les empoisonnements *lents* par le plomb (ouvriers peintres) et par le mercure (étameurs de glaces). L'iodure d'argent est employé en photographie.

152. Préparation du brome et de l'iode dans les laboratoires. On introduit dans un petit ballon 10 grammes de bromure de potassium pulvérisé et 5 grammes de bioxyde de manganèse en poudre ; on y ajoute 10 grammes d'acide sulfurique étendu de son poids d'eau. On adapte au ballon un bouchon portant un tube coudé à angle aigu, dont la branche libre est très longue et vient se rendre dans un petit tube d'essai où elle plonge jusqu'au fond ; le tube d'essai est placé dans un verre où l'on maintient de l'eau froide. On chauffe légèrement le ballon : le brome vient se condenser en gouttelettes dans le tube d'essai.

Pour l'*iode*, on procédera de même, en remplaçant le bromure de potassium par l'iodure de potassium, que l'on placera dans une cornue à laquelle fait suite un ballon à long col, disposé comme pour la préparation de l'acide azotique fumant ; on ajoutera le bioxyde de manganèse et l'acide sulfurique étendu et l'on distillera à une douce chaleur. L'iode viendra se condenser dans le ballon récipient, et l'on déplacera par la chaleur celui qui s'est déposé dans le col de la cornue.

Conseils pédagogiques. — Le professeur attirera particuliè-rement l'attention des élèves sur l'*affinité du chlore pour l'hydrogène*, qui est la propriété fondamentale de ce métalloïde. Il traitera avec beaucoup de soin la partie du cours relative aux chlorures décolorants et au blanchiment, en montrant que la décoloration des matières colorantes est due à l'*oxygène*. — Il insistera sur la synthèse de l'acide chlorhydrique, sur la fonction chimique de cet acide et sur ses usages industriels.

CHAPITRE VII

PHOSPHORE

Sommaire. — 40. Le phosphore ordinaire est un corps solide blanc, vitreux, répandant à l'air des lueurs violacées, accompagnées de fumées blanches. Il fond à 44°,2 et bout à 290°. — Sous l'action de la chaleur, il se transforme en phosphore rouge. — Le phosphore ordinaire prend feu à l'air vers 60°, le phosphore rouge s'enflamme plus difficilement. — Le phosphore ordinaire est vénéneux; le phosphore rouge ne l'est pas. — Ils servent tous les deux à la fabrication des allumettes.

41. Le phosphore forme avec l'oxygène plusieurs acides. — Les plus importants sont les acides phosphoriques. — Le premier, ou acide métaphosphorique, PhO^5,HO, est monobasique; le second, ou acide pyrophosphorique, $PhO^5,2HO$, est bibasique; le troisième ou acide orthophosphorique, $PhO^5,3HO$, est tribasique.

42. On prépare le phosphore ordinaire en calcinant au rouge blanc, avec du charbon de bois, le métaphosphate de chaux CaO,PhO^5 provenant du traitement du phosphate de chaux des os par l'acide sulfurique.

43. Il existe trois hydrogènes phosphorés : l'un solide, Ph^2H; le second liquide, PhH^2; le troisième gazeux, PhH^3, analogue à l'ammoniaque AzH^3.

44. L'hydrogène phosphoré liquide est spontanément inflammable et communique cette propriété à tous les gaz combustibles. — Le gaz de Gingembre* est un mélange de phosphore d'hydrogène gazeux, de vapeurs d'hydrogène phosphoré liquide et d'hydrogène,

PHOSPHORE

$$Ph = 31 = 1 \text{ vol.}$$

153. Historique. — Il a été découvert, en 1670, par **Brandt**, de Hambourg, qui le retirait de l'urine. En 1769, **Gahn** reconnut que les os en renfermaient une grande quantité; et, de concert avec **Scheele**, il fit connaître un procédé d'extraction du phosphore qui est encore employé aujourd'hui [1].

---

1. Nous renvoyons plus loin la préparation du phosphore, parce qu'elle exige la connaissance des propriétés des acides phosphoriques.

154. Propriétés physiques. — Le phosphore ordinaire est un corps solide, transparent, incolore, insipide, répandant une odeur d'ail, assez mou pour être rayé par l'ongle, très flexible, devenant cassant par l'addition d'un peu de soufre. Il a pour densité 1,83. Il fond à 44°,2 et il bout à 290°. Il a pour densité de vapeur 4,32. Le phosphore fraîchement préparé présente l'état vitreux, comme le sucre d'orge. Mais, si on l'expose à la lumière, il devient opaque à la surface : il se forme alors une infinité de petits cristaux microscopiques, et la cristallisation s'effectue de proche en proche, de la périphérie * au centre : aussi doit-on conserver le phosphore sous l'eau, dans des flacons en verre noir. Le sucre d'orge, au bout d'un certain temps, subit une transformation moléculaire identique.

Le *phosphore est insoluble dans l'eau ;* son dissolvant est le *sulfure de carbone :* la solution versée sur un morceau de papier s'enflamme spontanément à l'air; après évaporation du sulfure de carbone, il est resté du phosphore très divisé qui a pris feu. La solution de phosphore dans le sulfure de carbone abandonne par évaporation des cristaux de phosphore très nets : ce sont des *dodécaèdres rhomboïdaux.*

155. Propriétés chimiques. — 1° *Phosphorescence.* Le phosphore répand dans l'obscurité des lueurs violacées qui lui ont valu son nom [1]. Elles sont dues à l'oxydation lente du phosphore aux dépens de l'oxygène de l'air : elles sont accompagnées de fumées blanches d'azotite d'ammoniaque. La *phosphorescence* cesse si l'air renferme de petites quantités de chlore, de vapeur d'éther, d'alcool ou de sulfure de carbone.

La phosphorescence n'a pas lieu dans de l'oxygène pur à la *pression atmosphérique,* tandis qu'elle a lieu, si la pression de l'oxygène est inférieure à la moitié de la pression atmosphérique.

En résumé, la phosphorescence est le résultat de la combinaison du phosphore avec l'oxygène raréfié : il se forme de *l'acide phosphoreux* et de *l'acide phosphorique.*

2° *Action de l'oxygène.* Le phosphore s'enflamme sponta-

1. Du grec *Phos*, lumière, *phero*, porter.

nément à l'air ou dans l'oxygène à 60°. Il brûle alors avec une flamme très éclatante, en dégageant une grande quantité de chaleur : il se forme une neige blanche, fixe, qui est l'*anhydride phosphorique* PhO^5.

Le phosphore s'enflamme spontanément par le choc, par le frottement; aussi doit-on toujours le conserver sous l'eau et ne le manier qu'avec beaucoup de précautions. Il produit des brûlures très graves, par suite de la formation de PhO^5, corps très avide d'eau et qui désorganise profondément les tissus. On doit traiter les brûlures par le phosphore au moyen d'eau légèrement ammoniacale ou d'un mélange d'huile ordinaire et de chaux pulvérisée.

3° *Action des autres métalloïdes.* Il prend feu dans le chlore ou au contact du brome. Il est attaqué violemment par le soufre vers 110°.

4° *Action des métaux.* Il ne se combine pas directement avec l'hydrogène. La plupart des métaux se combinent avec le phosphore, à l'aide de la chaleur, pour former les *phosphures* correspondants.

5° L'acide azotique concentré attaque violemment le phosphore avec explosion : l'acide étendu l'attaque lentement et le transforme en acide *orthophosphorique*, $PhO^5,3HO$.

Les alcalis, en présence de l'eau, attaquent le phosphore, dégagent de l'*hydrogène phosphoré*, PhH^3, et se transforment en *hypophosphites* alcalins.

156. Le phosphore est très vénéneux. Il sert à préparer la *pâte phosphorée*, en l'incorporant à de la graisse fondue et en laissant refroidir le mélange, que l'on agite continuellement : les *rats* et les *souris* mangent cette pâte et sont empoisonnés. La vapeur de phosphore attaque vivement les os, surtout les os du nez, qu'elle détruit très rapidement.

157. Phosphore rouge. — Il a été découvert par Schrœtter, en 1845 : c'est une modification *allotropique* [1] du phosphore sous l'action de la chaleur. Lorsque l'on chauffe, à l'abri de l'air, en vase clos, du phosphore ordinaire à une température de 240° environ, on le voit se transformer peu

---

1. Du grec *allos*, autre ; *tropos* manière d'être.

à peu en une masse *rouge* infusible, ayant pour densité 2,34. Cette transformation est accompagnée d'un dégagement de chaleur considérable : 619 calories par unité de poids de phosphore transformé. On obtient, du reste, des variétés de phosphore rouge très diverses, suivant la température à laquelle s'effectue la transformation : le phosphore rouge du commerce est *amorphe* *; celui que l'on obtient à 580°, est cristallisé.

Propriétés comparatives des deux variétés.

Phosphore ordinaire.	*Phosphore rouge.*
Soluble dans le sulfure de carbone.	Insoluble.
Cristallisé dans le premier système.	Amorphe, à 240°.
Densité, 1,83.	Densité, 2,34.
Odorant à l'air.	Sans odeur.
Phosphorescent.	Ne produit aucune lueur dans l'obscurité.
Fond à 44°,2.	Ne fond pas.
Bout à 290°.	Ne bout pas, car il commence à se retransformer en phosphore ordinaire à partir de 260°.
S'oxyde avec rapidité dans l'air humide.	S'y oxyde très lentement, soit directement, soit en passant d'abord à l'état de phosphore ordinaire.
Prend feu vers 60°.	Ne prend feu qu'à 260°, c'est-à-dire à la température de sa transformation.
Se combine au soufre avec explosion.	S'y combine lentement vers 240°.
Est attaqué par les solutions alcalines faibles.	N'est pas attaqué par elles.
Est attaqué par l'acide azotique, très étendu.	N'est pas attaqué par l'acide azotique faible.
Très vénéneux.	Sans aucune action toxique (MM. Orfila et Rigout.)
Amène la carie des os.	Sans action sur les os.

Au point de vue chimique, les deux variétés de phosphore exercent les mêmes actions, à la rapidité près : aussi, utilise-t-on souvent le phosphore rouge pour obtenir certaines réactions qu'il serait dangereux d'effectuer avec le phosphore ordinaire.

138. Préparation industrielle du phosphore rouge — Le phosphore rouge se prépare en grandes quantités pour fabriquer les allumettes, dans la maison Coignet, de Lyon.

On prend un vase en fonte A (fig. 74) pouvant contenir 200 kilos de phosphore; on le place dans un bain de sable, contenu lui-même dans une marmite, en fonte, renfermant un alliage, à poids égaux, de plomb et d'étain.

On introduit le phosphore ordinaire dans le vase que l'on ferme avec un couvercle maintenu par une vis de pression; du couvercle part un tube recourbé en cuivre plongeant dans du mercure. Le robinet étant ouvert, on chauffe pour chasser toute l'eau et tout l'air de l'appareil;

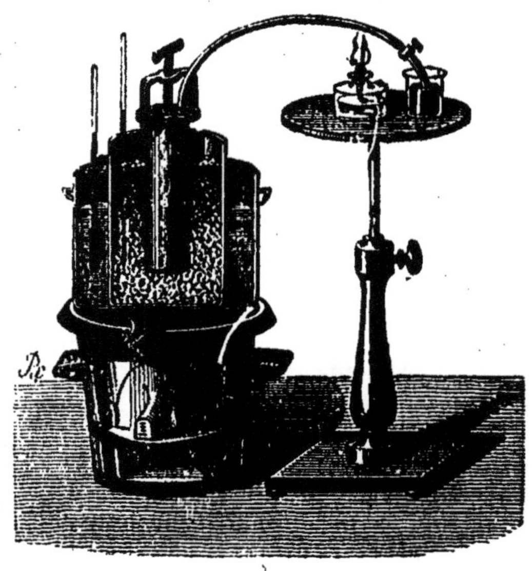

Fig. 74. **Préparation du phosphore rouge.**— A, cylindre en fonte renfermant le phosphore. — B, bain de sable. — C, bain d'alliage de plomb et d'étain. On chauffe pendant 12 jours : le phosphore ordinaire se transforme en phosphore rouge.

puis on élève la température vers 220° à 240° et on la maintient constante pendant une douzaine de jours : les thermomètres placés dans les bains B et C permettent d'arriver facilement à ce résultat. Le tube de cuivre est chauffé continuellement avec une lampe à alcool pour éviter toute obstruction par solidification de la vapeur de phosphore.

Au bout de 10 à 12 jours, on ferme le robinet et on laisse refroidir l'appareil : on le débouche, on détache le phosphore, on le broie sous l'eau et on le passe au tamis. On lave la poudre obtenue avec du sulfure de carbone d'abord, puis avec une lessive de soude, pour enlever les petites portions de phosphore ordinaire qui auraient échappé à la transformation. La masse est ensuite lavée à grande eau, puis séchée.

159. Équivalent du phosphore. — L'équivalent en poids du phosphore est 31, parce que c'est le poids de phosphore qui se substitue à 14 d'azote, vis-à-vis de 3 d'hydrogène pour former PhH^3 analogue à AzH^3; 31 de phosphore entre dans la formation de l'acide *métaphosphorique*, PhO^5,HO, analogue à l'acide azotique AzO^5,HO.

L'équivalent en volumes du phosphore est égal à 1 volume.

160. État naturel. — Le phosphore est très répandu dans la nature, surtout à l'état de *phosphate de chaux*, soluble dans les acides, qui pénètre alors dans les végétaux : aussi, un bon engrais doit-il renfermer une proportion convenable de phosphates. Le *guano* doit son pouvoir fertilisant aux phosphates qu'il contient. Chez les animaux, on trouve le phosphore dans les os, l'urine, la matière cérébrale, etc. L'eau et les aliments l'introduisent dans notre économie.

161. Usages du phosphore. — Le phosphore est presque exclusivement employé à la fabrication des *allumettes*.

Fabrication des allumettes ordinaires. On découpe du bois de sapin bien sec en petites bûches ; on plonge l'une des extrémités de ces bûches dans du soufre fondu ; on les retire, et il reste, adhérente au morceau de bois, une petite masse de soufre solide sur une longueur de quelques millimètres. On fait ensuite une *pâte phosphorée* formée de :

	parties	
Phosphore	2,	5.
Colle forte	2,	0.
Eau	4,	5.
Sable fin	2,	0.
Ocre rouge	0,	5.
Vermillon	0,	1.

On commence par fondre la colle forte dans l'eau, au bain-marie, vers 90°, puis on ajoute le phosphore, qui fond ; on agite la masse avec une spatule en bois et on y incorpore le sable, l'ocre et le vermillon, en maintenant la masse à 35° environ. On étend cette masse dans une auge en cuivre peu profonde, légèrement chauffée, et on plonge dans la pâte molle les extrémités soufrées des allumettes. Celles-ci sont ensuite desséchées dans des séchoirs spéciaux.

Pour enflammer une allumette, on la frotte contre un corps dur ; le phosphore prend feu et détermine l'inflammation du soufre : le bois est porté au rouge et brûle aux dépens de l'oxygène de l'air. Les allumettes ordinaires s'enflamment trop facilement ; en outre, elles sont vénéneuses et leur fabrication est très dangereuse pour les ouvriers. On fabrique aujourd'hui des allumettes au phosphore rouge. A cet effet, on plonge les bûchettes dans un mélange de :

> Chlorate de potasse........................... 6
> Sulfure d'antimoine........................... 3
> Colle forte...... 1

Elles ne peuvent s'enflammer que si on les frotte sur un carton recouvert du mélange suivant :

> Phosphore rouge........................... 10
> Bioxyde de manganèse..................... 8
> Verre pilé................................ 10
> Colle.................................... 10

Enfin, on peut encore fabriquer des allumettes *sans phosphore* : les bûchettes sont enduites d'une pâte renfermant du chlorate de potasse et du sulfure d'antimoine : elles prennent feu, quand on les frotte sur un carton imprégné de la même pâte.

162. Composés oxygénés du phosphore. — Le phosphore forme avec l'oxygène trois composés définis :

> L'acide hypophosphoreux.......... $PhO,3HO$
> L'acide phosphoreux................ $PhO^3,3HO$
> L'anhydride phosphorique.......... PhO^5

Et les acides phosphori-
ques proprement dits.
$\begin{cases} PhO^5,HO & \text{(métaphosphorique)} \\ PhO^5,2HO & \text{(pyro} \quad — \\ PhO^5,3HO & \text{(ortho} \quad — \end{cases}$

163. Anhydride phosphorique, PhO^5. — On l'obtient en brûlant du phosphore sous une cloche dont on a préalablement *desséché* l'air par de la chaux vive ou de l'acide sulfurique, placés dans une soucoupe sur l'assiette qui supporte la cloche. On remplace cette soucoupe par une coupelle en terre renfermant du phosphore enflammé. Après quelques instants, le phosphore cesse de brûler et des flocons neigeux *d'anhydride phosphorique* se condensent sur les parois de la cloche et sur l'assiette (fig. 75). On recueille cette neige et on l'enferme dans des flacons pour la soustraire à l'humidité de l'air, dont elle est très avide.

164. Propriétés. — *L'anhydride phosphorique* est un corps solide blanc, fixe, présentant l'aspect de flocons neigeux. Il est très avide d'eau : plongé dans ce liquide, il fait entendre un sifflement semblable à celui d'un fer rouge immergé dans l'eau. L'anhydride phosphorique se combine alors avec l'eau en dégageant beaucoup de chaleur: il se transforme en acide métaphosphorique, PhO^5,HO.

Il est employé, en chimie, pour dessécher les gaz.

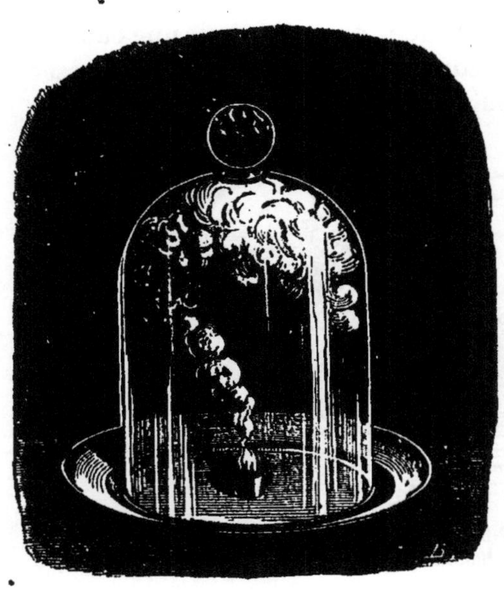

Fig. 75. **Préparation de l'anhydride phosphorique.** — On l'obtient en faisant brûler du phosphore sous une cloche pleine d'air sec.

ACIDES PHOSPHORIQUES

165. Acide orthophosphorique, $PhO^5,3HO$. — Il se prépare en oxydant lentement le phosphore au moyen de l'acide azotique étendu de deux fois son volume d'eau. On place dans une cornue de verre A (fig. 76) 10 grammes de phosphore et 150 grammes d'acide azotique étendu ; on engage le col de la cornue dans le col d'un ballon refroidi, et l'on chauffe modérément ; au bout d'un certain temps, le phosphore est complètement transformé en $PhO^5,3HO$, avec dégagement de vapeurs nitreuses. Dans le ballon distillent de l'eau et de l'acide azotique ; dans la cornue reste un mélange d'acide azotique et d'acide orthophosphorique étendus.

Si, par hasard, tout le phosphore n'a pas disparu lorsque la presque totalité du liquide a distillé dans le ballon, il faut *cohober*, c'est-à-dire laisser refroidir la cornue et y verser le liquide distillé, en ajoutant un peu d'acide azotique ;

on chauffe de nouveau jusqu'à disparition complète du phosphore.

Quand l'opération est terminée, on verse dans une capsule de platine le contenu de la cornue, et on chauffe pour chasser l'acide azotique et l'eau; puis, on concentre la liqueur jusqu'à

Fig. 76. **Préparation de PhO⁵,3 HO.** — A, cornue renfermant le phosphore et l'acide azotique étendu. — B, ballon refroidi. — L'acide orthophosphorique reste dans la cornue.

consistance sirupeuse et on l'abandonne à la cristallisation sous une cloche avec de l'acide sulfurique. On obtient des cristaux très avides d'eau, ayant pour formule : $PhO^5,3HO$.

Parmi les orthophosphates importants, il faut citer le *phosphate de chaux des os*, ou orthophosphate neutre de chaux, $3CaO,PhO^5$, insoluble dans l'eau, mais soluble dans les acides.

166. Acide pyrophosphorique, $PhO^5,2HO$. — On peut l'obtenir en chauffant l'acide orthophosphorique à 210° : celui-ci perd un équivalent d'eau et il reste $PhO^5,2HO$.

167. Acide métaphosphorique, PhO^5,HO. — On l'obtient, soit en calcinant au rouge les deux acides précédents, soit en plongeant dans l'eau l'anhydride phosphorique, soit en décomposant par la chaleur le phosphate d'ammoniaque du commerce.

On obtient une masse vitreuse *indécomposable par la chaleur*, ayant pour composition PhO^5,HO.

L'acide métaphosphorique et le phosphate d'ammoniaque ont été employés pour rendre les étoffes *incombustibles*.

168. Caractères distinctifs des trois acides phosphoriques. — L'acide métaphosphorique coagule l'albumine et précipite par le chlorure de baryum. Les deux autres sont sans action sur ces deux réactifs. Pour distinguer l'acide pyrophosphorique de l'acide orthophosphorique, on les dissout dans l'eau et on les neutralise par l'ammoniaque; puis, on chasse par la chaleur l'excès de gaz ammoniac et on ajoute aux deux liqueurs quelques gouttes d'une solution d'azotate d'argent. Le pyrophosphate d'ammoniaque précipite en blanc et l'orthophosphate en jaune paille.

PRÉPARATION DU PHOSPHORE ORDINAIRE

169. Le phosphore se retire des os des animaux, qui sont formés d'une substance organique incrustée de carbonate de chaux, CaO,CO^2, et d'orthophosphate neutre de chaux, $3CaO,PhO^5$, appelé vulgairement *phosphate tribasique* de chaux. On calcine les os à l'air pour détruire la matière organique; il reste une masse poreuse constituant les *os calcinés* : on la pulvérise et on obtient la *poudre d'os*, contenant environ 87 0/0 de phosphate de chaux.

Le phosphate de chaux des os n'est ni soluble dans l'eau, ni attaquable par le charbon. On le traite par l'acide sulfurique étendu qui le transforme en phosphate acide de chaux, $CaO,2HO,PhO^5$ et en sulfate de chaux CaO,SO^3 :

$$3CaO,PhO^5 + S^2O^6,2HO = CaO,2HO,PhO^5 + 2CaO,S^2O^6.$$

Le phosphate acide de chaux se dissout dans l'eau et le sulfate de chaux insoluble se précipite. On décante et on concentre la liqueur décantée jusqu'à consistance sirupeuse, et on y ajoute le quart de son poids de charbon de bois pulvérisé : il se forme une pâte que l'on calcine au rouge sombre pour lui faire perdre la majeure partie de son eau et pour transformer le phosphate acide de chaux en métaphosphate de chaux, CaO,PhO^5.

La pâte calcinée est ensuite introduite dans des cornues A en terre réfractaire (fig. 77) rangées par paires dans un même fourneau. Le col de chaque cornue se rend dans un récipient B en cuivre, contenant de l'eau jusqu'au niveau de l'extrémité du col de la cornue. On porte lentement la cornue au rouge blanc; le charbon réagit sur le métaphosphate de chaux, qui perd alors les deux tiers de son phosphore dont la vapeur se condense dans le récipient B : il se forme aussi de

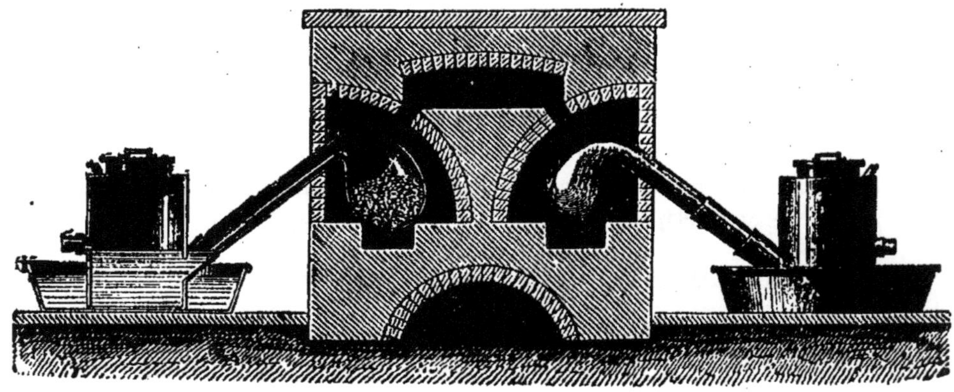

Fig. 77. Préparation du phosphore ordinaire. — A, cornue renfermant le mélange de charbon et de phosphate. — B, récipient en cuivre où se condense le phosphore.

l'oxyde de carbone CO et d'autres gaz, qui se dégagent par l'orifice du récipient B[1] :

$$3(CaO,PhO^5) + 10\,C = 3\,CaO,PhO^5 + 2\,Ph + 10\,CO.$$

Le phosphore ainsi obtenu est très impur; on le purifie en le distillant dans un courant d'hydrogène.

Dans l'industrie, on purifie le phosphore brut en le fondant sous l'eau et en le forçant à traverser une couche de noir animal reposant sur une pierre poreuse (fig. 78); le phosphore filtré se rassemble en E, d'où on le fait écouler par le robinet G dans une cuve pleine d'eau chaude à 50°; le phosphore liquide est ensuite coulé en bâtons, puis livré au commerce.

Fig. 78. Purification du phosphore. — C, pierre poreuse recouverte de noir animal, B. — A, phosphore brut. — D, bain-marie à 50°. — F, tube amenant de la vapeur d'eau sous pression. — E, Récipient où s'accumule le phosphore fondu que l'on fait écouler par le robinet G.

170. Hydrogène phosphoré. — Si l'on fait passer des vapeurs de phosphore sur de la chaux vive portée au rouge, il se forme un corps solide

1. Voir au complément la théorie complète de la préparation du phosphore.

brun, qui est le *phosphure de calcium* Ca²Ph. Projeté dans l'eau, ce corps se décompose, et on voit se dégager un gaz spontanément inflammable appelé *gaz de Gingembre* * qui,

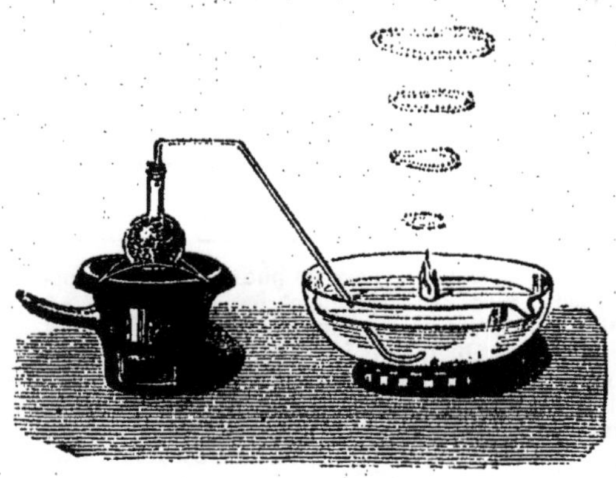

Fig. 79. **Préparation du gaz de Gingembre.** — A, ballon renfermant du phosphore et une dissolution de potasse. Le gaz se dégage sur la cuve à eau et brûle en formant des couronnes.

arrivé au contact de l'air, brûle en produisant des couronnes blanches d'acide phosphorique : ce gaz est un mélange d'hydrogène phosphoré gazeux PhH³ et de vapeurs d'hydrogène phosphoré liquide PhH², spontanément inflammables.

Dans les laboratoires, on prépare le gaz de *Gingembre* en faisant bouillir, dans un petit ballon, du phosphore avec une dissolution de potasse (fig. 79) Il se dégage un mélange d'hydrogène phosphoré gazeux, PhH³, de vapeurs d'hydrogène phosphoré liquide, PhH², et d'hydrogène.

171. Propriétés. PhH³ = 34 = 4 vol. — L'*hydrogène phosphoré gazeux* est un gaz incolore, répandant une forte odeur d'ail; il a pour densité 1,185. Il s'enflamme à l'air à 100° en donnant des fumées blanches d'acide phosphorique :

$$PhH^3 + 8 O = PhO^5 \ 3 \ HO.$$

Il présente de grandes analogies avec le gaz ammoniac AzH³. Il est complètement sans application.

172. L'hydrogène phosphoré *liquide*, PhH², est un liquide très instable, spontanément inflammable et communiquant cette propriété à tous les gaz combustibles.

L'hydrogène phosphoré *solide*, Ph²H, est un corps jaune, qui se dépose sur les parois des éprouvettes dans lesquelles on a recueilli du gaz de Gingembre.

Le gaz de Gingembre se forme pendant la putréfaction des cadavres des animaux : il constitue les *feux follets.*

Conseils pédagogiques. — Les seules difficultés pédagogiques de ce chapitre résident dans l'exposition des propriétés des acides phosphoriques ; nous ne saurions trop recommander aux professeurs d'y apporter tous leurs soins. Ils devront mettre en évidence les différentes basicités des trois acides phosphoriques, indiquer quels sont les sels qui peuvent se former, et quels sont les caractères distinctifs des orthophosphates, pyrophosphates, métaphosphates. On insistera sur la préparation du phosphore ordinaire et sur sa transformation en phosphore rouge sous l'action de la chaleur.

Questionnaire. — Qu'est-ce que le phosphore ordinaire ? — Quels acides forme-t-il avec l'oxygène ? — Qu'est-ce que la phosphorescence ? — Quelles sont les propriétés du phosphore ? — Quelle est son action sur l'organisme ? — Qu'est-ce que le phosphore rouge ? — Comment l'obtient-on ? — Quel est l'emploi du phosphate de chaux ? — Quels sont les usages du phosphore ? — Comment se fabriquent les allumettes ? — Qu'est-ce que l'anhydride phosphorique ? — Quels sont les divers acides phosphoriques ? — Comment les distingue-t-on ? — Comment prépare-t-on l'acide orthophosphorique ? — Comment retire-t-on le phosphore des os ? — Qu'est-ce que les feux follets ?

CHAPITRE VIII

SOUFRE ET SES COMPOSÉS.

SOUFRE

$$S = 16 = 1 \text{ vol.}$$

Sommaire. — **45.** Le soufre se retire des *solfatares* ou des dépôts des terrains tertiaires inférieurs. — On l'extrait par distillation ou par fusion, puis on le raffine pour obtenir le soufre en canons et la fleur de soufre. — On peut aussi l'extraire de la pyrite martiale FeS^2. — Il fond à 110° et bout à 440°. — Il cristallise par voie de fusion ou de dissolution dans le sulfure de carbone. — Il est dimorphe. — *Il est mauvais conducteur de la chaleur et de l'électricité.* — Ses propriétés chimiques sont analogues à celles de l'oxygène.

46. L'*anhydride sulfureux*, SO^2, se prépare en brûlant du soufre à l'air ou en désoxydant l'acide sulfurique par le cuivre, le mercure ou le charbon. — C'est un gaz qui se liquéfie à — 8°. — C'est un réducteur très énergique. — Il décolore les violettes, la laine et la soie. — Il n'est ni comburant, ni combustible. — C'est un antiseptique.

47. L'*acide sulfurique*, $S^2O^6, 2HO$, se fabrique en oxydant l'anhydride sulfureux par l'acide azotique, dans des chambres en plomb. — C'est un liquide très corrosif, bouillant à 325°, très avide d'eau, réduit par la chaleur, le charbon et un grand nombre de métaux. — C'est un acide bibasique : il forme des sels appelés sulfates.

48. L'hydrogène sulfuré ou acide sulfhydrique, HS, se prépare en traitant le sulfure de fer ou le sulfure d'antimoine par un acide. — C'est un gaz d'une odeur désagréable, très facilement oxydable, brûlant avec une flamme bleue. — Il est très vénéneux, il est détruit par le chlore. — C'est un réducteur très énergique.

173. Extraction du soufre. — Le *soufre* connu de toute antiquité, se trouve à l'état natif dans le voisinage des volcans, où il forme des amas, connus sous le nom de *solfatares;* on le trouve aussi dans les dépôts des terrains tertiaires inférieurs en assises très puissantes, telles que celles de Sicile, qui fournissent annuellement plus de 200,000 tonnes de soufre.

1° *Procédé sicilien.* Le minerai, extrait des galeries de mines, est amené par des enfants au niveau du sol : il contient en moyenne 40 % de soufre, mélangé à une gangue * calcaire ou gypseuse. Pour extraire le soufre, on porte le minerai à une température un peu supérieure à celle de la fusion du soufre : le soufre fond et se sépare de sa gangue.

L'opération se fait au moyen de meules de minerai recouvertes de terre, appelées *calcaroni*, entassées sur une sole inclinée, entourée d'un mur cylindrique en maçonnerie A, (fig. 80). Par les cheminées ménagées dans la masse, on introduit des branchages allumés; le soufre brûle en partie et la chaleur dégagée par la combustion

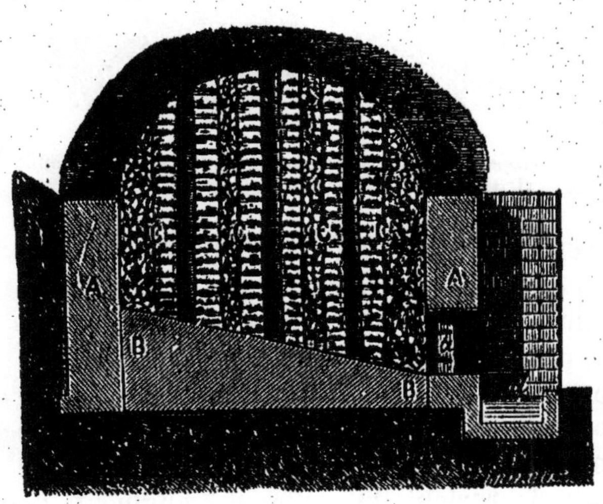

Fig. 80. Extraction du soufre par le procédé sicilien. — C, C, C, calcaroni recouverts de terre et formés de minerai de soufre. — A, morte. — D, cuvette où se rassemble le soufre fondu. — B, B, sole inclinée. — A, A, mur en maçonnerie.

suffit pour liquéfier le reste du soufre qui s'écoule par une
ouverture *a*, appelée la *morte*, dans une cuvette *d* abritée par
un hangar couvert. Ce procédé est très expéditif et peu coû-
teux, mais il occasionne une perte de 25 % environ de soufre ;
en outre, ce soufre obtenu est mélangé à des matières bitu-
mineuses, dans la proportion de 1 à 2 %. — Le soufre brut
obtenu doit être raffiné.

2° *Procédé de Pouzzoles.* A Pouzzoles, près de Naples,

Fig. 81. **Procédé de Pouzzoles.** — A, pot renfermant le soufre natif et chauffé
dans le fourneau de galère. — B, pot où se condense la vapeur de soufre.

le soufre natif provenant d'une *solfatare* est distillé dans des
pots en grès A (fig. 81), placés sur deux rangs dans un fourneau de galère * ; chacun de ces pots communique avec un pot
de même forme B, placé à l'extérieur. On chauffe les pots A
à une température suffisante pour vaporiser le soufre, dont la
vapeur vient se condenser par refroidissement dans les pots
B. Ce procédé donne un rendement supérieur au procédé
sicilien, mais le prix de revient du soufre est augmenté de
20 % par la dépense de combustible.

3° *Procédé Thomas.* On soumet le minerai à l'action de la
vapeur d'eau surchauffée à 125° : le soufre fond et se sépare
de sa gangue.

174. Raffinage du soufre. — Le soufre brut, expédié

par bateaux d'Italie à Marseille, y subit le *raffinage*. Le soufre brut est placé dans un récipient B (fig. 82), où il fond ; puis

Fig. 82. Raffinage du soufre. — Le soufre brut fond dans le vase B, coule dans la cornue A, s'y vaporise et la vapeur de soufre se condense dans la chambre C. — E, soupape de sûreté.

il tombe dans une cornue A en terre réfractaire où il se vaporise. La vapeur de soufre arrive dans une vaste chambre en maçonnerie C, où elle se condense en donnant du soufre liquide qui se rassemble sur la sole inclinée de la chambre. Au commencement de l'opération, lorsque les parois de la chambre sont à une température inférieure à celle de la fusion du soufre, la vapeur de soufre se condense en poussière fine, constituant la *fleur de soufre*; puis, quand les parois de la chambre se sont échauffées, la vapeur de soufre se liquéfie seulement.

Le soufre liquide accumulé sur la sole est coulé, par l'orifice D, dans des moules en bois, ayant la forme de troncs de cône et appelés *canons*, immergés dans de l'eau froide (fig. 83). Le soufre s'y solidifie et est extrait du moule sous la forme d'un canon de soufre A.

175. Extraction du soufre des pyrites. — On pourrait, le cas échéant, extraire le soufre de la *pyrite martiale* ou bisulfure de fer, FeS^2, qui, calcinée en vase clos, abandonne le tiers de son soufre :

$$3\,FeS^2 = Fe^3S^4 + 2\,S.$$

Cette préparation est analogue à celle de l'oxygène par le bioxyde de manganèse :

$$3\,MnO^2 = Mn^3O^4 + 2\,O.$$

On pourrait encore extraire le soufre des bancs de *gypse* ou *sulfate de chaux* CaO,SO^3, très abondants en France.

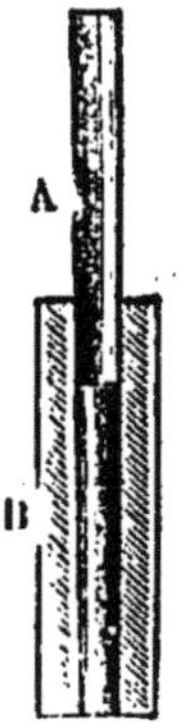

Fig. 83. — A, canon de soufre. — B, canon en bois.

176. Propriétés physiques. — Le soufre est un corps solide, d'un jaune citron, ayant pour densité 2 environ. Il fond vers 110° et il bout à 440°. La vapeur de soufre a pour densité 2,2, à la température de 1000°. *Il est mauvais conducteur de la chaleur et de l'électricité ;* par le frottement, il s'électrise négativement, et il répand l'odeur de l'*ozone*. Il est insoluble dans l'eau, mais soluble dans le sulfure de carbone, la benzine, l'éther, le chloroforme. Son véritable dissolvant est le *sulfure de carbone*, qui, à 55°, dissout 181 % de soufre.

Si l'on abandonne au refroidissement une solution de soufre dans le sulfure de carbone, on obtient des cristaux de *soufre octaédrique*, du 3° système cristallin (fig. 84), ayant pour densité 2,05. Le soufre natif est octaédrique.

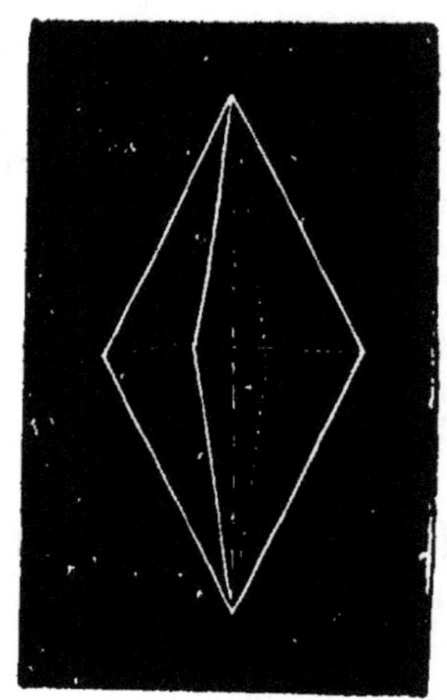

Fig. 84. — Soufre octaédrique (3° système) obtenu par dissolution dans le sulfure de carbone.

Si l'on fait cristalliser le soufre par voie de fusion, on obtiendra de longues aiguilles transparentes de *soufre prismatique* du 5e système (fig. 85), ayant pour densité 1,97. Le soufre est donc un corps *dimorphe*.

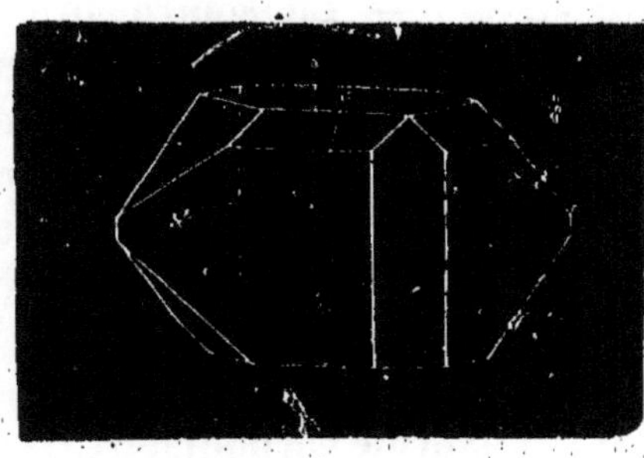

Fig. 85. — Soufre prismatique (5e système), obtenu par fusion.

Les aiguilles prismatiques, abandonnées à elles-mêmes, perdent leur transparence et se transforment en un chapelet de petits cristaux octaédriques : la forme octaédrique est donc la forme stable du soufre à la température ordinaire, tandis que la forme prismatique est la forme stable vers 110° [1].

On peut transformer en très peu de temps les aiguilles prismatiques en octaèdres : il suffit de les humecter de sulfure de carbone ; la transformation moléculaire a lieu avec un dégagement de chaleur facilement appréciable.

177. Soufre liquide. Soufre mou. — Le soufre fond à 110°, en un liquide très fluide, jaune, transparent ; mais, si l'on continue à chauffer, il brunit de plus en plus en s'épaississant et, à 200° il est assez épais pour avoir perdu toute fluidité. Au delà de 200°, il redevient fluide en restant brun et il bout à 440°. Refroidi, le soufre liquide passe par les mêmes phases, mais en ordre inverse ; si l'on plonge un thermomètre dans du soufre liquide en voie de refroidissement, on constate que le thermomètre reste stationnaire à divers points, et notamment à 220° ; il y a alors dégagement de chaleur latente ; il y a donc des variétés de soufre liquide différant les unes des autres par certaines quantités de chaleur, comme pour le soufre solide.

Le *soufre liquide*, chauffé au delà de 220°, coulé dans l'eau froide, devient mou, élastique, translucide, constituant ce que l'on appelle le *soufre mou* ; le soufre mou, abandonné à

1. Ces deux formes moléculaires diffèrent par une certaine quantité de chaleur que l'on peut mettre en évidence en faisant brûler chacune d'elles : le soufre octaédrique dégage en brûlant 2,200 calories, tandis que le soufre prismatique en dégage 2,300.

lui même, reprend l'état de soufre ordinaire, en dégageant de la chaleur [1].

178. Propriétés chimiques. — Le soufre brûle dans l'oxygène ou dans l'air avec une flamme bleue à 250°, en se transformant en anhydride sulfureux SO^2. Il se comporte comme un corps combustible vis-à-vis du chlore, du brome et de l'iode. Il se combine avec les autres métalloïdes ou avec les métaux, en jouant le rôle d'un corps *comburant* analogue à l'oxygène.

Il se combine directement au carbone, en formant le sulfure de carbone CS^2, analogue à l'anhydride carbonique CO^2 ; avec les métaux, il forme des *sulfures* analogues aux oxydes correspondants.

179. Usages du soufre. — Ses principaux usages sont : la fabrication de l'acide sulfurique, des allumettes, de la poudre de guerre, etc.

La vigne est quelquefois le siège d'une maladie, causée par un parasite, l'*oïdium*, qui se développe sur les feuilles, les sarments et les grappes, en amenant leur destruction. On combat ce champignon au moyen de la *fleur de soufre*, dont on recouvre toutes les parties de la plante au moment où la floraison va commencer et quand la vigne a passé fleur : on emploie environ 30 kilos de fleur de soufre par hectare.

180. Composés oxygénés du soufre. — Ce sont : l'anhydride sulfureux SO^2, l'anhydrique sulfurique SO^3, l'acide sulfurique $S^2O^6,2HO$ et un certain nombre d'autres acides peu importants, constituant la série *thionique* [2].

ANHYDRIDE SULFUREUX

(Anciennement acide sulfureux.)

$SO^2 = 32 = 2$ vol. ou $S^2O^4 = 64 = 4$ vol.

181. Historique. — Le gaz *anhydride sulfureux* a été connu de toute antiquité, puisqu'il se forme dans la combustion du soufre à l'air. **Priestley** l'a isolé en 1774. **Gay-Lussac** en a fait connaître les principales propriétés et la composition.

---

1. En résumé, le soufre, solide ou liquide, se présente sous différents états physiques, qui correspondent à des quantités différentes de chaleur latente.

2 Du grec *theïon*, soufre.

182. Préparation. — Le soufre, brûlant à l'air, se transforme en anhydride sulfureux, reconnaissable à son odeur suffocante :

$$S + 2O = SO^2 + 34 \text{ cal.}, 6.$$

Dans les laboratoires, on fait agir l'acide sulfurique sur le cuivre, le mercure ou le charbon à la température d'ébullition de l'acide sulfurique.

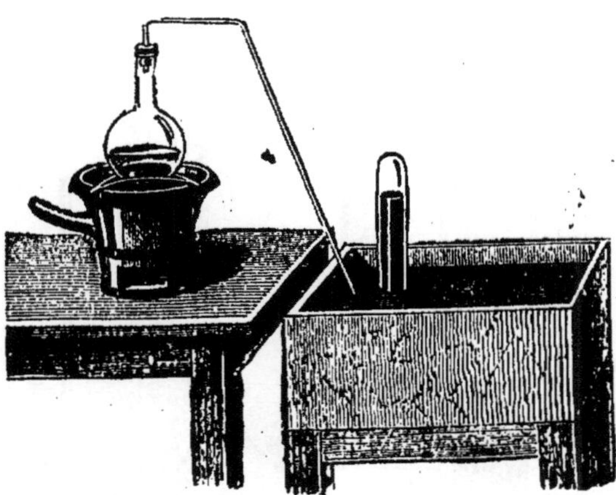

Fig. 86. **Préparation de l'anhydride sulfureux.** — Le mercure et l'acide sulfurique sont chauffés dans un petit ballon; le gaz est recueilli sur la cuve à mercure.

1° *Préparation de l'anhydride sulfureux gazeux.* On introduit dans un ballon de un demi-litre 25 grammes de mercure et 150 grammes d'acide sulfurique ; on munit le ballon d'un tube abducteur se rendant sur la cuve à mercure (fig. 86). On chauffe graduellement jusqu'à ce que l'acide sulfurique entre en ébullition : l'anhydride sulfureux se dégage régulièrement et se rend sous les éprouvettes reposant sur la cuve à mercure :

$$Hg + S^2O^6, 2HO = HgO,SO^3 + 2HO + SO^2.$$

On pourrait remplacer le mercure par le cuivre ; mais alors il faut employer un ballon de 3 litres de capacité, car la réaction ne se fait plus régulièrement ; dès qu'elle a commencé, il se forme une mousse abondante qui entraînerait le liquide du ballon dans le tube abducteur, si le ballon était trop petit. Pour plus de sûreté, on cesse de chauffer, dès que la réaction a commencé ; quand on voit que le dégagement gazeux se ralentit, on peut chauffer doucement jusqu'à disparition complète de la tournure de cuivre : on doit prendre 50 gr. de tournure de cuivre et la recouvrir dans le ballon d'une couche d'acide sulfurique de 3 centimètres de hauteur :

$$Cu + S^2O^6, 2HO = CuO,SO^3 + SO^2 + 2HO.$$

Il faut aussi faire passer le gaz dans un flacon laveur renfermant un peu d'eau, puis à travers un tube desséchant, avant de le recueillir sur la cuve à mercure.

2' *Préparation de l'anhydride sulfureux liquide.* Si l'on fait arriver l'anhydride sulfureux sec dans un tube en U, entouré d'un mélange réfrigérant formé de 2 parties de glace pilée

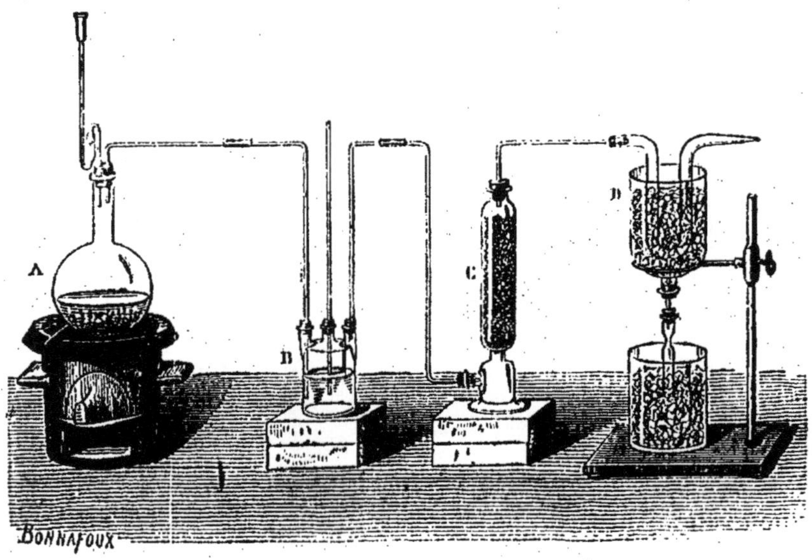

Fig. 87. Liquéfaction de l'anhydride sulfureux. — A, ballon producteur de gaz. — B et C, appareils desséchants. — D, tube en U entouré d'un mélange réfrigérant. Le gaz sulfureux se liquéfie dans le tube D

et d'une partie de sel marin, il se liquéfie en un liquide incolore, très mobile, bouillant à — 8°. Le gaz est produit dans un ballon A (fig. 87) au moyen de cuivre et d'acide sulfurique; il passe dans un flacon laveur B, renfermant de l'acide sulfurique, et dans une éprouvette à pied C, renfermant de la pierre ponce imbibée d'acide sulfurique, puis il vient se liquéfier dans le tube en U, D, entouré d'un mélange réfrigérant : le liquide obtenu est recueilli dans un petit matras communiquant avec le tube en U et entouré aussi d'un mélange réfrigérant.

3° *Préparation de la solution d'anhydride sulfureux dans l'eau.* On prépare le gaz comme précédemment, puis on lui fait traverser une série de flacons de Woolf contenant de l'eau parfaitement purgée d'air ; le gaz se dissout dans la proportion de 50 litres d'anhydride sulfureux par litre d'eau à la température ordinaire.

Lorsqu'on n'a pas besoin d'une solution pure d'anhydride sulfureux, on peut préparer le gaz économiquement en chauffant dans un ballon de l'acide sulfurique et du charbon de bois : il se dégage de l'anhydride sulfureux et de l'acide carbonique, qui ne se dissout qu'en très petite quantité :

$$C + S^2O^6, 2HO = CO^2 + 2SO^2 + 2HO.$$

183. Propriétés physiques. — *L'anhydride sulfureux* est un gaz incolore, piquant, provoquant la toux et une suffocation violente. Il a pour densité 2,234, ce qui donne 2^{gr},9 pour poids du litre, à 0° et à la pression 760. Il est assez soluble dans l'eau, qui en dissout 50 fois son volume à la température ordinaire. Il se liquéfie à — 8° sous la pression de 1 atmosphère. Il se solidifie à — 75°.

L'anhydride sulfureux liquide est un liquide incolore, de densité 1,45, bouillant à — 8°, que l'on conserve dans des matras effilés et fermés à la lampe. En se vaporisant, il absorbe une grande quantité de chaleur. On tire parti de cette propriété pour obtenir de basses températures, et pour solidifier le mercure ou liquéfier les gaz. M. **Pictet**, de Genève, s'en sert pour faire de la glace artificielle.

184. Propriétés chimiques. — Le gaz anhydride sulfureux n'est ni comburant, ni combustible. Il se combine avec l'oxygène sec en présence de la mousse de platine légèrement chauffée : il se forme des vapeurs *d'anhydride sulfurique* SO^3 :

$$SO^2 + O = SO^3.$$

L'oxygène et l'anhydride sulfureux se combinent rapidement en présence de l'eau : aussi doit-on préparer la dissolution aqueuse d'anhydride sulfureux avec de l'eau bouillie privée d'air et la conserver dans des flacons maintenus toujours pleins et bien bouchés ; sinon l'anhydride sulfureux passe rapidement à l'état d'anhydride sulfurique :

$$SO^2 + O + HO = SO^3, HO.$$

L'anhydride sulfureux doit donc être considéré comme un corps *réducteur;* on utilise ce pouvoir réducteur pour la décoloration de certaines matières colorantes et le blanchiment de la laine et de la soie. L'anhydride sulfureux ne détruit pas la matière colorante ; il forme avec elle des combinaisons peu stables : ainsi, des violettes plongées dans une éprouvette pleine de gaz sulfureux deviennent blanches ; mais si on les plonge dans l'ammoniaque ordinaire, elles redeviennent bleues. L'hydrogène décompose au rouge l'anhydride sulfureux :

$$SO^2 + 2H = S + 2HO.$$

En présence de l'eau, à froid, l'hydrogène naissant décompose l'anhydride sulfureux en donnant de l'hydrogène sulfuré HS et de l'eau :

$$SO^2 + 3H = HS + 2HO.$$

L'acide azotique suroxyde l'anhydride sulfureux et le transforme en anhydride sulfurique :

$$SO^2 + AzO^5,HO = SO^3,HO + AzO^4.$$

Cette action est la base de la préparation industrielle de l'acide sulfurique.

185. Rôle chimique. — L'anhydride sulfureux, qu'on appelait autrefois acide sulfureux, rougit fortement la teinture de tournesol et la décolore. Sa dissolution dans l'eau se comporte comme un acide fort.

Le véritable *acide sulfureux,* $S^2O^4,2HO$, qu'on n'a pas encore pu isoler, serait bibasique. Ainsi on connaît le *sulfite neutre* de soude, $2NaO,S^2O^4$, et le *sulfite acide* de soude, NaO,HO,S^2O^4, vulgairement appelé *bisulfite de soude.*

186. Synthèse de l'anhydride sulfureux. — Elle a été faite par Gay-Lussac. On introduit dans un ballon reposant sur la cuve à mercure (fig. 88) un certain volume, 2 litres par exemple, d'oxygène pur, mesuré à la pression et à la température extérieures; puis, on y fait brûler un peu de soufre contenu dans une petite coupelle ; le soufre est enflammé en concentrant sur lui, au moyen d'une lentille convergente, les rayons du soleil ou d'une forte lampe. On laisse refroidir l'anhydride sulfureux formé; puis, on mesure son volume à la température et à la pression extérieures ; on trouve que le volume du gaz sulfureux formé est égal au volume d'oxygène employé, à 2 litres dans l'expérience précédente.

Donc, 1 volume d'anhydride sulfureux renferme son propre volume d'oxygène; pour déterminer le soufre, on a recours aux poids :

1 litre d'anhydride sulfureux pèse......	2ᵍʳ,9
1 — d'oxygène.......................	1ᵍʳ,43
Différence.............	1ᵍʳ,47.

qui est le poids de un *demi-litre* de vapeur de soufre. Donc, l'anhydride sulfureux est formé par la combinaison de 1 vol. d'oxygène avec 1/2 vol. de vapeur de soufre, unis avec contraction de 1/3, conformément aux lois de Gay-Lussac. On peut dire aussi qu'il est formé de poids égaux de soufre et d'oxygène.

La formule de l'anhydride est donc $SO^2 = 2$ vol.

La formule rationnelle, eu égard à la bibasicité de l'acide, serait $S^2O^4 = 4$ vol.

187. Usages de l'anhydride sulfureux.—On l'emploie pour blanchir la laine, la soie, la paille, les plumes, les éponges, la colle de poisson, la baudruche, etc. Pour blanchir la laine ou la soie, on étend le tissu humecté d'eau sur des traverses horizontales en bois dans une grande chambre où on brûle du soufre sur une plaque de tôle ; il se forme de l'anhydride sulfureux qui se dissout dans l'eau humectant la laine ou la soie : le pigment * jaune disparaît ; on expose ensuite le tissu à l'air pour achever la destruction du pigment ; on lave à grande eau pour faire disparaître l'excès d'acide.

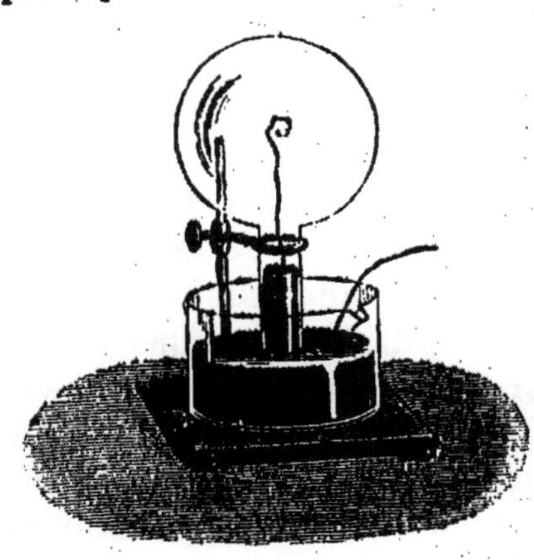

Fig. 88. **Synthèse de l'anhydride sulfureux.** — On fait brûler du soufre dans un volume connu d'oxygène, et l'on constate que le volume de l'anhydride sulfureux formé est égal au volume de l'oxygène employé.

L'anhydride sulfureux peut servir à enlever les taches de fruits sur les étoffes : on mouille la tache et on fait brûler au-dessous d'elle un peu de soufre ou quelques allumettes : on lave ensuite avec un peu d'eau pour enlever l'excès d'acide.

L'anhydride sulfureux est employé pour éteindre les feux de

cheminée : à cet effet, on jette du soufre dans le foyer de la cheminée, on l'enflamme et on bouche la cheminée avec des draps mouillés : il se produit de l'anhydride sulfureux aux dépens de l'air contenu dans la cheminée et la suie enflammée s'éteint au contact du gaz anhydride sulfureux.

On emploie les fumigations d'anhydride sulfureux contre la gale et les maladies de peau.

On emploie l'anhydride sulfureux pour détruire les germes de moisissure dans les vieux tonneaux, en y faisant brûler des mèches soufrées.

L'application la plus importante de l'anhydride sulfureux est la fabrication de l'acide sulfurique.

ACIDES SULFURIQUES

188. Anhydride sulfurique, SO^3. — C'est un corps solide, blanc, cristallisé en longues aiguilles soyeuses, fondant à 18° et bouillant à 35°. Il est très avide d'eau : aussi le conserve-t-on dans des matras scellés à la lampe.

Ce n'est pas un acide : c'est un anhydride; le véritable acide sulfurique est l'hydrate :

$$S^2O^6,2\,HO \text{ ou vulgairement } SO^3,HO.$$

189. Acide sulfurique de Nordhausen. — On obtient à Nordhausen, en Saxe, par la distillation du sulfate de fer desséché et calciné à l'air, un liquide brunâtre, fumant à l'air, qui est un mélange d'anhydride sulfurique dissous dans l'acide sulfurique ordinaire : ce mélange est connu sous le nom d'*acide sulfurique de Nordhausen* ou d'*acide sulfurique fumant*. On l'emploie dans l'industrie pour dissoudre l'indigo, parce qu'il en faut moins que d'acide sulfurique ordinaire et parce qu'il ne renferme pas, comme celui-ci, des produits nitrés qui décoloreraient l'indigo.

ACIDE SULFURIQUE NORMAL
$$S^2O^6,2\,HO \text{ ou } SO^3,HO.$$

190. Historique. — Les anciens alchimistes le retiraient du sulfate de fer, ou vitriol vert, par distillation : de là le nom d'*huile de vitriol* qui lui fut donné. **Ward,** en

Angleterre, **Holker**, en France, à Rouen, firent connaître des procédés de préparation au moyen de l'anhydride sulfureux ; puis, peu à peu la fabrication se perfectionna, et aujourd'hui on est arrivé à pouvoir fournir l'acide sulfurique à très bas prix.

191. Préparation industrielle. — Elle est fondée sur la série des réactions suivantes :

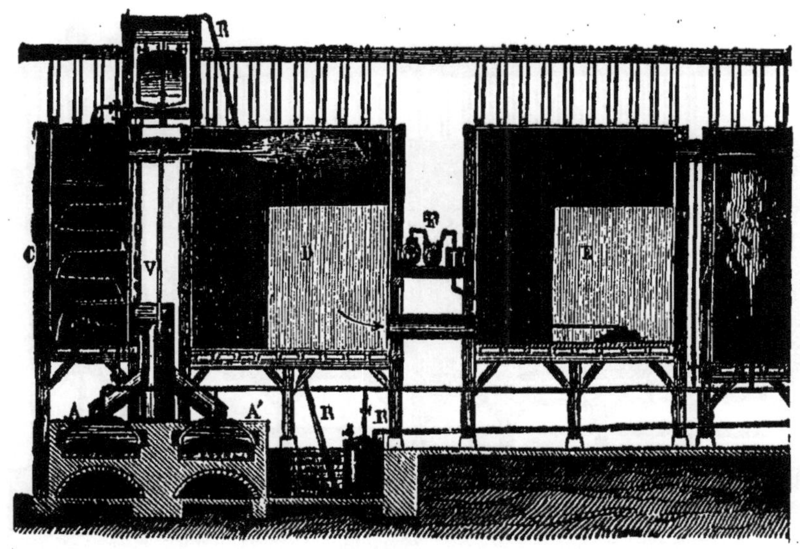

Fig. 89. Fabrication de l'acide sulfurique

A, A', fourneaux sur la sole desquels brûle le soufre ou la pyrite.

C, chambre contenant des tablettes de plomb sur lesquelles tombe de l'acide sulfurique chargé de vapeurs nitreuses.

D, dénitrificateur. — E, chambre de plomb avec un amphithéâtre continuellement arrosé d'acide azotique.

1° Le soufre ou la pyrite de fer grillés à l'air se transforment en acide sulfureux, SO^2 ;

2° L'anhydride sulfureux est changé en acide sulfurique par l'acide azotique :

$$SO^2 + AzO^5,HO = SO^3HO + AzO^4.$$

3° L'anhydride hypoazotique, AzO^4, ou vapeur nitreuse, est transformé, en présence d'un excès d'eau, en acide azotique et en bioxyde d'azote :

$$3\,AzO^4 + 2HO = 2\,(AzO^5H,O) + AzO^2,$$

4° Le bioxyde d'azote est ramené à l'état de vapeurs nitreuses par l'oxygène de l'air atmosphérique :

$$AzO^2 + 2O = AzO^4.$$

En théorie, l'acide azotique est sans cesse régénéré : dans la pratique, il y a une perte que l'on s'efforce de rendre aussi légère que possible.

dans les chambres de p'omb.

G, grande chambre de plomb où s'effectue la réaction.

H, chambre de plomb où se condense l'acide sulfurique.

I, tour de Gay-Lussac remplie de coke sur lequel tombe de l'acide sulfurique, qui se charge de vapeurs nitreuses et est renvoyé par le conduit R, R, R, dans la chambre C. — V, V, tube injectant de la vapeur d'eau.

La fabrication s'effectue dans une série de *chambres de plomb* dont les joints ont été soudés au chalumeau à gaz oxhydrique.

La figure 89 donne le dessin d'une fabrique d'acide sulfurique.

Le *soufre* ou la *pyrite martiale* est grillé à l'air dans des fours A, A' : il en résulte de l'acide sulfureux mélangé d'air, qui se rend dans une première chambre en plomb C, où il se charge de vapeurs nitreuses ; de là, le mélange passe dans le *dénitrificateur* D, où les vapeurs nitreuses réagissent en présence de la vapeur d'eau injectée par le tube V.

Les gaz arrivent ensuite dans la chambre de plomb E, où un filet d'acide azotique, fourni par les touries F, tombe en cascade sur un amphithéâtre en briques : de là, ils passent dans la grande chambre G, où s'effectue la réaction de l'acide azotique sur l'acide sulfureux, en présence de la vapeur d'eau ; le sol de cette chambre est plus bas que celui des autres chambres ; tout l'acide SO^3, HO formé s'y accumule. La chambre suivante H, où n'arrive pas de vapeur d'eau, est destinée à terminer la réaction et à refroidir les gaz échappés de la chambre précédente ; à la suite, vient la *tour de Gay-Lussac* I, remplie de coke sur lequel tombe de l'acide sulfurique à 62° Baumé *, pour absorber les vapeurs nitreuses qui n'ont pas réagi ; cet acide est ensuite versé dans la caisse C par la série des canaux R, R, R.

La disposition précédente des chambres de plomb n'est pas générale : dans certaines fabriques d'Angleterre, on remplace la chambre G par une tour, dite *tour de Glover* *, remplie de coke sur lequel tombe de l'acide sulfurique chargé de vapeurs nitreuses et de l'acide ordinaire des chambres.

192. Concentration de l'acide sulfurique. — L'acide sulfurique, au sortir des chambres de plomb, marque

Fig. 90. **Distillation de l'acide sulfurique.** — La cornue contenant l'acide pur étendu est chauffée au moyen d'une grille circulaire ; l'acide distillé est recueilli dans le ballon.

à peine 55 degrés Baumé : on le concentre dans des bassines en plomb, jusqu'à ce qu'il marque 60° ; puis on le fait passer dans des alambics en *platine*, où se termine la concentration . l'eau en excès s'échappe à l'état de vapeur et *l'acide concentré reste dans l'alambic :* il marque alors 66° Baumé et se présente sous la forme d'un liquide de consistance oléagineuse, bouillant à 325°.

193. Purification. — L'*acide sulfurique* des arts renferme toujours des composés arsenicaux, du sulfate de plomb et des vapeurs nitreuses. On le purifie en l'étendant de son volume d'eau et en y faisant passer un courant d'hydrogène sulfuré, qui précipite l'arsenic et le plomb à l'état de sulfures insolubles; puis on distille l'acide étendu en le chauffant dans une cornue placée dans un fourneau à grille circulaire (fig. 90), pour éviter les soubresauts dus à la grande densité et à la viscosité de l'acide sulfurique [1] : l'eau en excès et les vapeurs nitreuses passent dans le commencement de la distillation; on ne recueille que le dernier tiers, qui est de l'*acide sulfurique au maximum de concentration*.

194. Propriétés physiques. — L'acide sulfurique normal est un liquide incolore, de consistance oléagineuse, ayant pour densité 1,84, et marquant 66° à l'aréomètre de Baumé. Il se solidifie à — 35° et il bout à 325° ; il n'émet pas de vapeurs à la température ordinaire.

195. Propriétés chimiques. — 1° *Action de la chaleur*. Il est décomposé au rouge vif en anhydride sulfureux et en oxygène, mélangés à de la vapeur d'eau.

$$SO^3,HO = SO^2 + O + HO.$$

2° *Action de l'eau*. L'acide sulfurique est très avide d'eau, avec laquelle il se combine, en dégageant une quantité de chaleur considérable : ainsi, si l'on verse 4 parties d'acide sulfurique dans une partie d'eau, la température du mélange peut s'élever jusqu'à 100° ; quand on veut étendre l'acide sulfurique d'eau, il faut verser l'acide dans l'eau par petites portions en agitant continuellement avec une baguette de verre : si l'on versait l'eau dans l'acide sulfurique, il y aurait une projection de liquide qui pourrait blesser l'opérateur.

L'avidité de l'acide sulfurique pour l'eau explique l'action de ce corps sur les tissus animaux et végétaux, qu'il corrode et carbonise en leur enlevant leur eau. Les brûlures par

[1] On pourrait encore ajouter à la masse des fils de platine sur lesquels les bulles de vapeur prendraient naissance.

l'acide sulfurique sont très dangereuses : il faut les laver avec de l'eau ou mieux avec de l'eau légèrement ammoniacale.

Un morceau de bois, un morceau de sucre noircissent, en se carbonisant, au contact de l'acide sulfurique. L'acide sulfurique est souvent coloré en noir par suite de la décomposition des poussières organiques de l'atmosphère qui se sont trouvées en contact avec lui.

3° *Action de l'acide sulfurique sur les corps simples.* Il est décomposé par l'hydrogène, par le charbon, par le soufre. Il attaque presque tous les métaux, à une température plus ou moins élevée, à l'exception de l'or et du platine ; il se forme le sulfate correspondant et de l'hydrogène ou de l'anhydride sulfureux, suivant les cas.

196. Fonction chimique. — L'acide sulfurique est un *acide très énergique :* il colore la teinture de tournesol en rouge pelure d'oignon. C'est un *acide bibasique,* dont la formule rationnelle est $S^2O^6,2HO$. Il forme avec les bases deux espèces de sels : des sels *neutres* et des *sels acides,* ou *bisulfates ;* par exemple, avec la potasse, il forme le sulfate neutre de potasse, $2KO,S^2O^6$, et le bisulfate de potasse, KO,HO,S^2O^6.

L'usage prévaut encore d'écrire l'acide sulfurique SO^3,HO et les sulfates neutres MO,SO^3 : c'est une mauvaise notation, car elle n'indique pas que l'acide sulfurique est un acide *bibasique.*

197. Usages. — Il sert à dessécher les gaz, à préparer l'acide azotique, l'acide chlorhydrique, le sulfate de soude, les aluns, les principaux sulfates métalliques, le sucre de fécule, l'éther sulfurique, les bougies stéariques, etc., etc. On l'emploie pour la production de l'électricité dans les piles, pour le tannage des peaux, la dissolution de l'indigo, la fabrication du papier parchemin, etc.

ACIDE SULFHYDRIQUE
$$HS = 17 = 2\,vol.$$

198. Préparation. — Ce gaz, appelé aussi *hydrogène sulfuré,* entrevu par **Rouelle** et étudié par **Scheele** et **Berthollet,** se prépare en faisant réagir à froid l'acide sulfurique

sur le sulfure de fer artificiel, FeS. On place le sulfure de
fer dans un flacon à deux tubulures (fig. 91), comme pour la
préparation de l'hydrogène ; on verse par l'entonnoir de
l'acide sulfurique étendu d'eau : on recueille le gaz sur la
cuve à mercure :

$$FeS + SO^3,HO = FeO,SO^3 + HS.$$

On aurait pu aussi remplacer l'acide sulfurique par l'acide
chlorhydrique :

$$FeS + HCl = FeCl + HS.$$

Le gaz, ainsi obtenu, renferme toujours un peu d'hydrogène, parce que le sulfure de fer artificiel contient un peu de fer libre, qui, attaqué par SO^3,HO ou par HCl, produit de l'hydrogène.

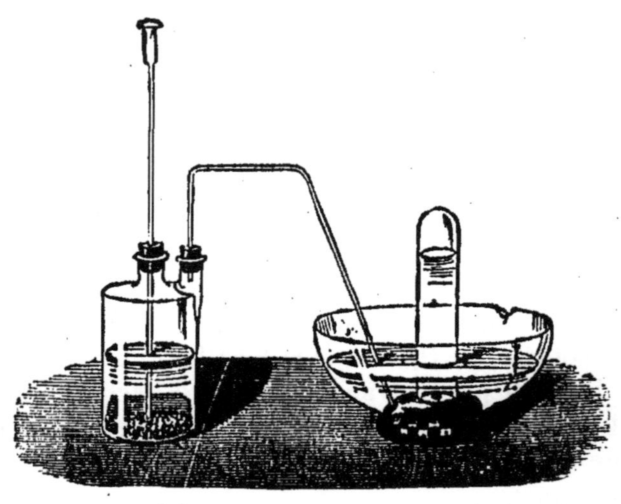

Fig. 91. **Préparation de HS.** — A, flacon à 2 tubulures renfermant du sulfure de fer artificiel, sur lequel on verse l'acide sulfurique étendu ; HS est recueilli dans l'éprouvette B.

Si l'on veut avoir l'hydrogène sulfuré pur, on traite dans un ballon le sulfure d'antimoine, SbS^3, par l'acide chlorhydrique :

$$SbS^3 + 3 HCl = SbCl^3 + 3 HS.$$

On chauffe légèrement : le gaz hydrogène sulfuré dégagé traverse un flacon laveur renfermant un peu d'eau, qui retient l'acide chlorhydrique entraîné, et se rend sous des éprouvettes reposant sur la cuve à eau (fig. 92).

199. Propriétés physiques et chimiques. —
L'*acide sulfhydrique* est un gaz incolore, d'une odeur rappelant celle des œufs pourris ; sa densité est de 1,19, ce qui donne

1gr, 54 pour le poids du litre à 0° et sous la pression 760 m/m.

L'eau en dissout 3 fois son volume à la température ordinaire. La solution se fait dans les flacons de Woolf avec de

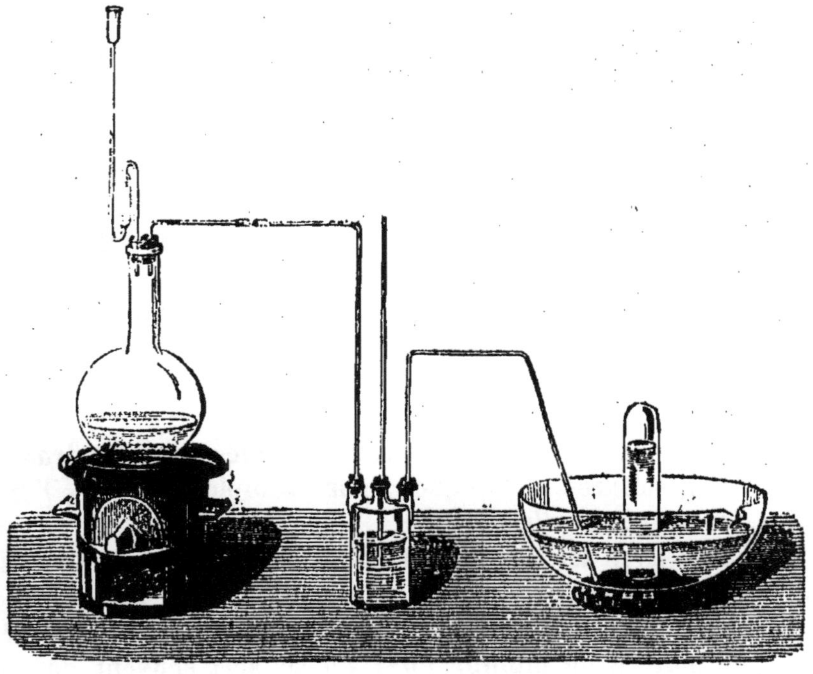

Fig. 92. **Préparation de HS par le sulfure d'antimoine.** — A, ballon contenant le sulfure d'antimoine et l'acide chlorhydrique. — B, Flacon laveur renfermant de l'eau. — C, éprouvette pour recueillir le gaz hydrogène sulfuré.

l'eau privée d'air; elle doit être conservée à l'abri de l'air. L'hydrogène sulfuré se liquéfie sous la pression de 16 atmosphères.

L'*acide sulfhydrique* est un gaz combustible, brûlant avec une flamme bleue, en donnant de l'eau et de l'anhydride sulfureux :

$$HS + O^3 = HO + SO^2.$$
$$2 \text{ vol. } 3 \text{ vol.}$$

Le mélange de 2 vol. de HS et de 3 vol. d'oxygène détone violemment au contact d'un corps incandescent. — Si le gaz brûle à l'air dans une éprouvette, la combustion est incomplète et on obtient un dépôt de soufre ;

$$HS + O = HO + S.$$

En présence de l'eau, l'oxygène déplace le soufre de l'acide sulfhydrique : aussi, la dissolution de ce gaz dans l'eau, au contact de l'air, se trouble-t-elle peu à peu par suite d'un dépôt de soufre très divisé.

En présence des corps poreux, l'oxydation est plus profonde et HS est transformé en acide sulfurique :

$$HS + 4O = SO^3,HO.$$

Ce fait se produit dans les établissements d'eaux sulfureuses, dont le linge est bientôt rongé par l'acide sulfurique, si on ne le lave pas fréquemment.

Le *chlore* le décompose en donnant de l'acide chlorhydrique et un dépôt de soufre :

$$HS + Cl = HCl + S.$$

Un grand nombre de métaux sont attaqués par lui et transformés en sulfures métalliques : par exemple, le *cuivre*, l'*argent*, les *métaux alcalins*.

Il forme avec les dissolutions de certains sels métalliques des précipités de sulfures insolubles de couleur caractéristique. Ainsi, avec un sel de plomb, il donne un précipité *noir* de sulfure de plomb, PbS; on se sert souvent de ce caractère pour reconnaître la présence de l'acide sulfhydrique :

$$PbO,AzO^5 + HS = PbS + AzO^5,HO.$$

L'acide sulfhydrique est un acide faible : il rougit la teinture de tournesol en rouge vineux. On l'appelle quelquefois aussi *protosulfure d'hydrogène*.

200. Analyse de l'acide sulfhydrique. — On introduit (voir fig. 32) 10 centimètres cubes de ce gaz sulfhydrique dans une cloche courbe reposant sur la cuve à mercure; puis, on fait passer dans la partie courbe de la cloche un petit fragment d'étain en feuilles. On chauffe légèrement l'étain, qui absorbe le soufre et laisse l'hydrogène en liberté.

On mesure l'hydrogène, et on trouve que son volume est égal à 10 centimètres cubes.

Donc 1 *volume d'acide sulfhydrique renferme son propre volume d'hydrogène.* Pour trouver le soufre, on aura recours à la loi des poids. En effet :

$$1 \text{ litre d'acide sulfhydrique pèse} \dots\dots\dots 1^{gr},54$$
$$1 \text{ litre d'hydrogène} \dots\dots\dots\dots\dots\dots 0^{gr},089$$
$$\text{La différence} \dots\dots\dots\dots \overline{1^{gr},451}$$

représente le poids d'un 1/2 litre de vapeur de soufre.

Donc, deux volumes d'hydrogène sont combinés à un volume de vapeur de soufre, pour former deux volumes d'acide sulfhydrique.

La formule de l'acide sulfhydrique se déduira de celle de l'eau par la substitution du soufre à l'oxygène équivalent à équivalent; elle sera donc $HS = 2$ vol., ou $H^2S^2 = 4$ vol.

201. Propriétés toxiques. — *L'acide sulfhydrique* est très vénéneux : $\frac{1}{1800}$ suffit pour tuer un oiseau, $\frac{1}{800}$ pour un chien et $\frac{1}{200}$ pour un cheval. Les ouvriers vidangeurs sont exposés à l'asphyxie par ce gaz, connue sous le nom de *plomb*. L'antidote est le chlore; on fera respirer aux personnes asphyxiées de petites quantités de gaz chlore, obtenu en plaçant du chlorure de chaux dans un linge et en versant dessus quelques centimètres cubes de vinaigre.

202. État naturel. — Il se produit naturellement dans la réduction des sulfates naturels par les matières organiques, comme on le constate dans les égouts, dans les rues dont on soulève les pavés, dans les goulets étroits des ports de mer. Il se produit encore dans la putréfaction de certaines plantes crucifères, de certains tissus animaux, tels que la moelle, les nerfs, les œufs, etc.

Conseils pédagogiques. — On insistera spécialement sur le dimorphisme du soufre et les phénomènes thermiques correspondants, sur les analogies du soufre avec l'oxygène et sur les propriétés réductrices de l'anhydride sulfureux. On fera ressortir la différence entre le rôle de l'anhydride sulfureux et le rôle du chlore dans les phénomènes de décoloration. — On exposera avec le plus grand soin la théorie de la fabrication industrielle de l'acide sulfurique. — On appellera l'attention des élèves sur le caractère bibasique de l'acide sulfurique et sur la formation des sulfates. — On montrera l'analogie de l'acide sulfhydrique avec l'eau.

Questionnaire. — Qu'est-ce que e soufre natif? — Quels sont les procédés d'extraction du soufre? — Comment raffine-t-on le soufre? — Qu'est-ce que le soufre en canon? — Qu'est-ce que la fleur de soufre? — Quelles sont les propriétés physiques du soufre? — Est-ce un corps dimorphe? — Quel est le gaz produit par la combustion du soufre? — Comment prépare-t-on l'anhydride sulfureux gazeux? — Comment prépare-t-on l'anhydride sulfureux liquide? — Quel est le pouvoir réducteur de l'anhydride sulfureux? — Quel est son pouvoir décolorant? — En quoi diffère-t-il de celui du chlore? — Quelle est la composition de l'anhydride sulfureux? — Qu'est-ce que l'acide sulfurique? — Comment le prépare-t-on au moyen de chambres de plomb? — Comment le concentre-t-on? — Quelle est son action sur les matières organiques? — Qu'est-ce qu'un sulfate? — Quels sont les usages de l'acide sulfurique? — Comment prépare-t-on l'acide sulfhydri-que? — Quelle est son odeur? — Est-il vénéneux? — Vicie-t-il l'atmosphère? — Quelle est son action sur les métaux et sur les dissolutions salines? — Comment l'analyse-t-on? — Où le trouve-t-on à l'état naturel?

CHAPITRE IX

CARBONE. — ACIDE CARBONIQUE. — OXYDE DE CARBONE.

Sommaire. — 49. Le *carbone* se présente à l'état cristallisé, à l'état graphitoïde et à l'état amorphe.

50. Le *diamant* est du carbone pur, cristallisé dans le système cubique. C'est le plus dur de tous les corps. Il est fixe. — Il brûle dans l'oxygène à la température du rouge. — On le taille, avec sa propre poussière, en roses ou en brillants.

51. Le *graphite*, ou plombagine, se présente sous la forme de lamelles hexagonales; il sert à faire les crayons.

52. Le *noir de fumée*, le charbon de sucre, le charbon de bois, etc., sont des variétés de carbone amorphe mélangé à des matières étrangères.

53. Le *noir animal* s'obtient par la calcination des os en vase clos : c'est un décolorant et un désinfectant.

54. Les *houilles* sont des amas de végétaux fossiles de l'époque primaire; on les divise en houilles grasses et en houilles sèches · elles servent au chauffage et à la fabrication du gaz d'éclairage.

55. La *tourbe* est un amas de végétaux aquatiques de l'époque actuelle ayant subi une transformation chimique par leur enfouissement dans le sol.

56. Le *carbone*, en brûlant dans l'oxygène, peut donner naissance à de l'acide carbonique ou à de l'oxyde de carbone. Il est très réducteur.

57. L'*acide carbonique* se prépare en décomposant un carbonate par un acide. — C'est un gaz de densité 1,529, assez soluble dans l'eau, liquéfiable et solidifiable. — Il n'entretient ni la respiration, ni la combustion. — Il trouble l'eau de chaux et est absorbé par la potasse.

58. L'*oxyde de carbone* se prépare en décomposant l'acide oxalique par la chaleur en présence de l'acide sulfurique. — C'est un gaz combustible, brûlant avec une flamme bleue. Il est très délétère.

203. — **Le carbone, le silicium et le bore** forment une famille de métalloïdes, dont le dernier semble être le lien naturel entre les métalloïdes tels que le phosphore et l'arsenic et les métalloïdes tels que le silicium et le carbone.

CARBONE.

$$C = 6 = 1 \text{ vol.}$$

204. — On désigne vulgairement sous le nom de *charbons*, un grand nombre de corps, de constitution très complexe, mais renfermant une proportion considérable de *carbone* libre. On les divise en *charbons naturels*, tels que le *diamant*, le *graphite*, les *houilles*, la *tourbe*; et en *charbons artificiels*, tels que le coke, le charbon de bois, le noir animal, le noir de fumée, etc., qui proviennent de la calcination, à l'abri, de l'air, de certaines matières organiques. Tous ces charbons, en brûlant dans l'air ou dans l'oxygène en excès, produisent un gaz, qui n'entretient ni la respiration ni la combustion, et qui trouble l'*eau de chaux*: ce gaz a reçu le nom d'*acide carbonique* [1]; il est le résultat de la combinaison du *carbone* pur avec l'*oxygène*.

205. — Le carbone se présente sous trois états : *cristallisé*, *graphitoïde*, *amorphe*.

CARBONE CRISTALLISÉ ou DIAMANT.

206. — Le *diamant* est du *carbone* pur : il brûle dans l'oxygène, sans résidu, en se transformant totalement en acide carbonique. On le trouve dans les terrains d'alluvion récente. On soumet les sables diamantifères à des lavages méthodiques; le diamant se sépare en vertu de sa grande densité, 3,5.

Le *diamant brut* est un corps solide, transparent, généralement incolore, mais coloré souvent en jaune, en rose, en vert; on en trouve quelquefois qui sont opaques et noirs : on les appelle diamants enfumés ou *carbones*. Il cristallise dans le système cubique, en octaèdres, en solides à 24 et à 48 faces, en dodécaèdres rhomboïdaux. Le diamant brut est opaque à la surface, garni de stries et peu régulier; il faut alors le soumettre à la *taille*, qui a pour but de lui donner artificiellement un grand nombre de facettes et d'arêtes vives, au travers desquelles s'effectueront les jeux de lumière.

1. Ou mieux, *anhydride carbonique*.

207. Taille du diamant. — Pour tailler le diamant [1], on le dégrossit d'abord en sciant la pierre avec un archet dont le fil métallique est enduit d'*égrisée*, ou poudre de diamant ; puis, on use deux diamants l'un contre l'autre, pour produire les facettes définitives que la pierre présentera : enfin, on polit ces facettes en les frottant sur une meule horizontale en fer, enduite d'une pâte fluide formée d'huile et de poussière de diamant : on imprime à la meule un mouvement de rotation rapide et on lui présente successivement chacune des faces du diamant à polir.

Le diamant se taille en *brillant* ou en *rose*. Le brillant (fig. 93) a la forme de deux pyramides accolées par leur base commune : il porte 64 facettes. La partie supérieure, qui est plane, s'appelle la *table ;* la partie inférieure, terminée en pointe, s'appelle la *culasse ;* on le monte à jour entre des griffes d'or ou d'argent.

La *rose* est plate en dessous et terminée par un dôme à 24 facettes (fig. 94) Elle a moins de valeur que le brillant. — Les diamants de trop peu de valeur pour être taillés servent à couper le verre, à faire la poudre de diamant, ou *égrisée*, à fabriquer les pivots de certaines pièces d'horlogerie, etc.

Les diamants à couper le verre doivent présenter des arêtes arrondies, pour pénétrer dans le verre comme un coin et le fendre.

Fig. 93. — **Brillant vu de face et en élévation.**

Fig. 94. — **Rose vue de face et en élévation.**

Le *diamant* est le plus précieux de tous les corps connus ; sa valeur dépend de son poids et de sa transparence ou de son *eau*, comme on dit en joaillerie. L'unité de poids employée dans la vente des diamants est le *karat* ou *carat*, valant 205 milligrammes.

1. La *taille du diamant* s'effectue actuellement d'après les procédés de *Louis de Berquem*, gentilhomme de Bruges, qui les imagina en 1746.

Les principaux diamants connus sont le *Régent de France* (fig. 93), le *Sancy*, l'*Étoile du Sud*, le *Kohinoor*, etc.

Tous ces diamants viennent de l'Inde. Le Brésil en fournit aussi de très beaux; les diamants du Cap sont moins estimés, par suite de leur couleur jaunâtre.

208. Propriétés. — Le *diamant* a pour densité 3,5; c'est le plus dur de tous les corps connus : il les raye tous, et n'est rayé par aucun d'eux; aussi ne peut-on le tailler qu'avec sa propre poussière. Il s'écrase facilement sous le pilon. Il est très réfringent. Il est *infusible*. Il brûle dans l'oxygène plus difficilement que toute autre variété de carbone : il se transforme alors en acide carbonique et 6 grammes *de carbone pur se combinent avec 16 grammes d'oxygène.*

GRAPHITE ou PLOMBAGINE

209. Le *graphite*[1] est un corps solide, grisâtre, doux au toucher, tachant les doigts et laissant sur le papier une trace d'un gris de plomb : de là, les noms de *mine de plomb*, de *plombagine*. On le trouve en lamelles hexagonales, agglomérées en masses compactes dans les terrains primitifs, à Ceylan*, en Sibérie *. — Il a pour densité 2,45 environ. Il renferme 98 % de carbone pur. *Il est bon conducteur de la chaleur et de l'électricité.* — Il sert à fabriquer les crayons, à rendre conductrice la surface des moules de galvanoplastie, à préserver de la rouille les ustensiles en fonte et en tôle de fer, à faire des creusets résistant aux plus hautes températures de nos fourneaux et à adoucir le frottement des engrenages.

CARBONE AMORPHE

210. On appelle *carbone amorphe* le résidu charbonneux que l'on obtient toutes les fois que l'on calcine à l'abri de l'air une substance organique d'origine végétale ou animale. Ce carbone sera pur, si la matière organique calcinée ne renferme pas de corps minéraux fixes; le *sucre*, par exemple, donne, par la calcination, un charbon très volumineux, poreux, léger, très brillant, très fragile, qui est du *carbone amorphe pur*.

---

1. Du grec: *graphein*, écrire.

211. Noir de fumée. — Les huiles, les graisses, les essences brûlent à l'air, en donnant une flamme fuligineuse, contenant une grande quantité de carbone fixe incandescent. Si dans cette flamme on introduit un corps froid, on obtient un dépôt de charbon amorphe (fig. 95) appelé *noir de fumée,*

Fig. 95. **Préparation du noir de fumée.** — A, marmite dans laquelle on brûle la matière organique. — B, tour en maçonnerie avec son toit et sa cheminée. — C, cône en tôle pour racler le noir de fumée condensé sur les parois de la tour.

que l'on débarrasse des matières grasses ou résineuses entraînées, en le calcinant dans un creuset fermé. Le noir de fumée sert à la fabrication de l'encre de Chine et de l'encre d'imprimerie, du cirage, du noir pour la peinture, etc.

212. Charbon des cornues à gaz. — On trouve à la partie supérieure des *cornues à gaz* un dépôt gris, brillant, dur, sonore, très compact, formé par des paillettes de charbon agrégées provenant de la destruction par la chaleur de certains produits volatils qui se dégagent de la houille, quand on la distille : c'est du carbone presque pur. — On utilise le charbon de cornues pour fabriquer des cylindres en charbon pour l'éclairage électrique, des prismes en charbon pour les piles de Bunsen, des tubes et creusets infusibles et résistant aux divers agents chimiques.

213. Noir animal. — On appelle *noir animal, noir d'ivoire*, du carbone amorphe très divisé, incrusté dans les cavités des *os* calcinés au rouge, *à l'abri de l'air*, dans des creusets couverts. Les os sont constitués par un tissu organique, appelé *tissu osseux*, et par une partie minérale formée, comme nous l'avons déjà vu, de carbonate et de phosphate de chaux : par la calcination à l'abri de l'air, la trame organique dégage des vapeurs infectes et laisse comme résidu du carbone très divisé, réparti dans la masse minérale.

Le *noir animal* est le plus poreux des charbons; aussi fixe-t il dans ses pores les matières colorantes, exactement retenues par lui comme elles le sont par les fibres d'un tissu : le *noir animal est un décolorant très énergique*. Si l'on agite du vin, de la teinture de tournesol ou de l'encre avec du noir animal en grains, et si l'on jette la masse sur un filtre, le liquide filtré sera absolument incolore : la matière colorante s'est fixée sur le charbon, sans se combiner avec lui. On s'en sert dans l'industrie pour décolorer les jus sucrés, le phosphore brut, etc.

Au bout d'un certain temps, le noir animal a besoin d'être *revivifié :* à cet effet, on le calcine en vase clos et on le soumet à l'action d'un courant de vapeur d'eau, sous pression.

Le noir animal est aussi un *désinfectant* très employé : il condense dans ses pores l'hydrogène sulfuré, l'ammoniaque et les gaz délétères qui peuvent se trouver en dissolution dans une eau stagnante : aussi emploie-t on des filtres au *noir animal* pour purifier les eaux qui doivent servir à l'alimentation. On emploie aussi le noir animal comme engrais dans l'agriculture.

COMBUSTIBLES MINÉRAUX

214. On désigne sous le nom de *combustibles minéraux* des matières charbonneuses, extraites du sol, telles que l'*anthracite*, les *houilles*, les *lignites* et la *tourbe*. Ce sont des amas de végétaux fossiles, ayant vécu à des époques géologiques plus ou moins éloignées de l'époque actuelle et appartenant généralement à l'embranchement des *acotylédonés*[1], tels que des fougères, des équisétacées, des prèles, des sigillaria, etc., comme le prouvent les empreintes de feuilles, d'écorces, de tiges que l'on rencontre souvent à la surface de la houille. Ces *combustibles* renferment d'autant plus de carbone fixe, qu'ils appartiennent à une époque géologique plus reculée.

215. Anthracite[2]. — L'*anthracite* est un charbon brillant, très compact, de densité variant entre 1,2 et 2. On le trouve dans le terrain *dévonien* *; la Sarthe, la Mayenne, le pays de Galles, la Pensylvanie, etc., en offrent les principaux gisements.

Voici la composition de l'anthracite d'Angers.

Densité.................... 1,367

Carbone......................	91,98	
Hydrogène	3,02	
Oxygène et azote........... ..	3,16	Coke 90 %
Cendres.................. ..	0,94	
	100,00	

Chaleur dégagée par la combustion : 8,250 calories par unité de poids.

L'*anthracite* brûle avec une flamme courte et la combustion ne peut être entretenue qu'au moyen d'un vif courant d'air : il produit alors beaucoup de chaleur en brûlant. Il ne crépite pas au feu. C'est un combustible très apprécié dans l'industrie.

216. Houilles. — La *houille* est une substance noire, opaque, tendre, s'allumant facilement et brûlant avec flamme, en répandant une odeur bitumineuse : elle fond et s'agglomère pendant la combustion. Sa densité varie de 1 à 1,6.

La houille résulte d'une transformation chimique de végétaux ayant vécu à l'époque géologique primaire. On les retrouve aujourd'hui à l'état fossile dans le *terrain carbonifère*, en

1. Voir Dastre. Cours d'histoire naturelle.
2. Du grec *anthrakos*, charbon.

assises parallèles plus ou moins puissantes limitées à leur partie supérieure par un banc de *schiste noir*, appelé le *toit*, et à leur partie inférieure par un autre banc semblable, appelé le *mur* ; leur épaisseur varie entre 35 centimètres et 10 mètres, et quelquefois plus.

La houille se trouve dans les bassins houillers de l'Angleterre, de la Belgique, et dans diverses régions de la France, etc.

Une houille doit présenter les qualités suivantes :

1° Elle doit dégager assez de chaleur pour servir au chauffage, soit par la masse incandescente, soit par la chaleur rayonnée par la flamme.

2° Elle doit donner un résidu de cendres relativement faible.

3° Elle devra donner, à la distillation, une quantité plus ou moins considérable de produits volatils et laisser pour résidu un coke léger, poreux et de bonne qualité.

Voici, par exemple, la composition d'une houille :

Carbone fixe..	60,00
Matières volatiles....................................	33,70
Cendres...	1,42
Eau	4,88
	100,00
Le coke est dans la proportion de...........	61,42 %.
Chaleur dégagée......................................	8201 cal.

217. Les houilles se divisent en *houilles grasses* ou houilles à longue flamme, et en houilles *sèches*, plus compactes, ou houilles à courte flamme.

Les *houilles grasses* sont excellentes pour la fabrication du gaz d'éclairage : elles donnent 40 % de matières volatiles à la distillation et 60 % de coke léger et fondu moyennement compact. Telles sont les *houilles de Mons*, en Belgique.

Certaines houilles grasses sont excellentes pour les travaux de forge; on les appelle alors *houilles grasses maréchales*, telles que celles de Rive-de-Gier, en France, de Newcastle, en Angleterre : elles donnent 30 % de matières volatiles et 70 % d'un coke boursouflé dégageant beaucoup de chaleur.

Les *houilles sèches*, comme celles de Blanzy, en France,

dégagent moins de chaleur, donnent 57 % d'un coke fritté, de mauvaise qualité : on les emploie pour la cuisson des briques, le chauffage des chaudières à vapeur, etc.

218. Lignites. — Le *lignite* est le produit de l'altération des bois à la suite d'un très long enfouissement à l'abri de l'air. On obtient alors soit une masse compacte, homogène, brillante, connue sous le nom de *jais* ou *jayet*, très recherchée comme objet de parure et servant à faire des bijoux de deuil, soit une matière pulvérulente comme la *terre d'ombre* des peintres, soit enfin une espèce de *bois brun*, ayant gardé sa *texture végétale*. Ces variétés de lignite constituent un mauvais combustible, brûlant avec une flamme fuligineuse [1] et répandant une odeur infecte.

Les *lignites* sont de formation géologique récente : on en trouve surtout dans l'argile plastique du terrain tertiaire.

219. Tourbe. — La *tourbe* est une substance brunâtre, d'aspect terreux, combustible quand elle est sèche, et répandant en brûlant une odeur désagréable caractéristique. Elle provient de la transformation chimique de végétaux aquatiques de l'époque géologique actuelle, tels que les **sphaignes** [2], les mousses du genre *Hypnum*, les *prêles*, les *joncs* et les *roseaux*, opérée à une température de 6 à 8 degrés.

La tourbe s'extrait des *tourbières*, telles que les tourbières de la Somme, espèces de marais peu profonds dont la vase est essentiellement tourbeuse. Avec un petit *louchet* *, on enlève des morceaux de tourbe que l'on fait sécher sur le bord de la tourbière.

La tourbe de la Somme contient :

Charbon	24,4
Matières volatiles	72
Cendres	3,6
	100,00

La meilleure est celle des environs d'Abbeville : elle est dure, pesante, compacte et d'un beau brun foncé.

La *tourbe* a un pouvoir calorifique inférieur à celui du bois. On l'emploie uniquement pour le chauffage à bon marché.

1. Du latin, *fuligo, fuliginis*, suie.
2. La *sphaigne* est une mousse aquatique vivace, verdâtre ou rougeâtre.

COMBUSTIBLES ARTIFICIELS

220. Coke. — Le *coke* est le résidu fixe de la distillation de la houille : il reste dans les cornues des usines à gaz sous la forme d'une masse spongieuse, grise, plus ou moins compacte. Il dégage en brûlant une grande quantité de chaleur, mais il laisse un résidu de cendres considérable ; il brûle plus difficilement que la houille et, si le tirage de la cheminée n'est pas suffisant ou si la masse du coke est trop faible, il s'éteint.

221. Charbon de bois. — On appelle ainsi le résidu fixe de la combustion incomplète du bois ou de sa distillation. Le *bois sec* a, en moyenne la composition suivante :

Carbone...........................	38,5
Eau libre ou combinée.............	60,5
Cendres...........................	1
	100,00

Dès lors, le bois devrait donner 39,5 °/₀ de charbon de bois environ ; mais il se forme toujours, dans la distillation du bois, des produits qui contiennent tous du *carbone* ; aussi n'obtient-on jamais plus de 27 °/₀ de charbon de bois par les meilleurs procédés : les charbonnières des forêts ne donnent que 17 °/₀.

Les propriétés et la composition du charbon de bois dépendent de la température à laquelle il a été obtenu : il est d'autant meilleur conducteur de la chaleur et de l'électricité qu'il a été produit à une température plus élevée ; il s'allume d'autant plus difficilement qu'il a été obtenu à une plus haute température.

Lorsque le bois brûle, les différents produits volatils qu'il fournit absorbent, pour se vaporiser, une certaine quantité de chaleur : aussi, le charbon de bois produira-t-il, en brûlant, une température plus élevée que celle qu'aurait produite la combustion du bois : de là l'usage du charbon de bois dans les forges catalanes, pour la métallurgie du fer *.

222. Préparation du charbon de bois. — On peut l'obtenir soit par *combustion partielle* du bois, soit par carbonisation du bois en vase clos ou *distillation*.

1° *Procédé des meules.* Dans les forêts, on installe des charbonnières formées par un certain nombre de *meules* établies à l'abri de l'humidité et du vent. On nivelle le sol, on le recouvre d'une couche de 30 centimètres de terre mélangée avec du poussier de charbon, et on enfonce au centre quatre pieux A (fig. 96) que l'on entoure de branchages, pour faire une cheminée centrale de 5 mètres de hauteur et de 30 centimètres de

Fig. 96. **Fabrication du charbon de bois par le procédé des meules.** — Le bois est calciné à l'abri de l'air et transformé en charbon de bois.

diamètre. Autour de la cheminée on range le bois verticalement dans des plans passant par l'axe de la cheminée, de manière à former un tronc de cône, auquel on en superpose un second, puis un troisième, puis des rondins, jusqu'à ce que la meule ait la hauteur voulue. On remplit les vides avec du petit bois ; on recouvre la meule avec du gazon, de la mousse, des feuilles, et l'on termine par un mélange de terre et de poussier de charbon. On a ménagé en B, du côté le moins exposé au vent, un canal intérieur allant jusqu'à la cheminée centrale, pour déterminer la combustion du combustible que l'on placera dans la cheminée pour l'allumage.

Quand l'allumage est fait, une partie du bois prend feu et la chaleur dégagée par cette combustion carbonise une partie de la masse ; la combustion descend de proche en proche et on en règle la marche en pratiquant, dans le revêtement, des trous ou *évents* pour amener l'air dans les parties de la meule qui se tassent le moins : la carbonisation s'effectue au centre de la meule. Quand la carbonisation est terminée, on bouche toutes les ouvertures et on laisse refroidir ; on détruit la meule et on en extrait le charbon de bois, en séparant les fumerons.

2° *Distillation du bois.* Elle se fait dans des cylindres en tôle, contenus dans un fourneau en maçonnerie chauffé avec du coke. Ces cylindres communiquent avec des réfrigérents, dans lesquels se condenseront les produits volatils provenant de la distillation du bois, tels que l'acide pyroligneux, l'esprit de bois, le goudron de bois, etc.

Le rendement peut alors atteindre 25 °/₀ et les produits volatils peuvent être utilisés.

223. Le charbon de bois est noir, dur, sonore et cassant. Il brûle sans flamme en donnant 2 à 3 °/₀ de cendres. Il a la propriété d'absorber les gaz : 1 vol. de charbon de bois absorbe :

$$90 \quad \text{vol. de } AzH^3$$
$$85 \quad \text{vol. de } HCl$$
$$55 \quad \text{vol. de } HS.$$
$$9,25 \text{ vol. de } O$$
$$1,75 \text{ vol. de } H.$$

On utilise cette propriété du charbon pour en faire un *désinfectant,* surtout pour la filtration des eaux.

224. Propriétés chimiques générales du carbone. — Le carbone se combine directement avec l'oxygène pour former de l'*acide carbonique,* s'il y a excès d'oxygène, et de l'*oxyde de carbone,* si l'oxygène est insuffisant.

$$C + 2O = CO^2 \text{ (acide carbonique).}$$
$$C + O = CO \text{ (oxyde de carbone).}$$

6 grammes de carbone se combinent avec 16 grammes d'oxygène pour former 22 gr. d'acide carbonique : la combinaison est exothermique et il se dégage 47 calories.

Il se combine directement avec l'hydrogène pour former *l'acétylène,* C^4H^2, sous l'action de l'arc électrique. La vapeur de soufre se combine directement avec le carbone porté au rouge : il se forme du sulfure de carbone CS^2.

Le charbon incandescent décompose l'eau, l'acide azotique fumant, pour s'emparer de leur oxygène : il se combine avec le gaz ammoniac pour former de l'hydrogène et de l'acide cyanhydrique, C^2AzH. Il *réduit* tous les oxydes métalliques excepté la potasse, la soude, la chaux, la baryte et l'alumine : on utilise cette propriété dans la métallurgie.

225. Le *carbone* a pour équivalent en poids 6, parce que c'est le poids de carbone qui entre dans la composition de 22 d'acide carbonique, équivalent de cet acide. Son équivalent *théorique* en volume est $\bar{1}$ et sa densité théorique de vapeur est 0,829 : ces nombres n'ont pu être déterminés expérimentalement, puisque le carbone est fixe aux plus hautes températures connues.

ACIDE CARBONIQUE [1]

Anhydride carbonique.

$$CO^2 = 22 = 2 \text{ vol. ou mieux, } C^2O^4 = 44 = 4 \text{ vol.}$$

226. Historique. — Paracelse et **Van Helmont** l'obtinrent par la calcination de la craie et lui donnèrent le nom d'*air crayeux*; puis, **Block**, **Priestley**, **Lavoisier**, et enfin **Dumas** et **Stas** en fixèrent exactement la composition et les propriétés.

227. Préparation. — On a recours aux *carbonates*, dont on chasse l'acide carbonique par un acide plus fixe que lui. On choisit le *carbonate de chaux*, à l'état de marbre concassé ou de craie. On introduit ces fragments de marbre dans un appareil à hydrogène (fig. 97) et l'on remplit le flacon à moitié d'eau ordinaire; par le tube à entonnoir, on ajoute peu à peu de l'acide chlorhydrique. Une vive effer-

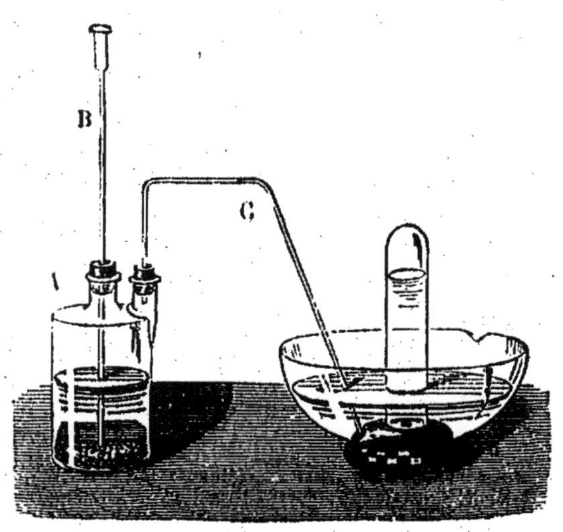

Fig. 97. **Préparation de l'acide carbonique.** — Flacon à deux tubulures renfermant du marbre concassé et de l'acide chlorhydrique étendu d'eau. L'acide carbonique se dégage à froid et est recueilli sur la cuve à eau.

1. On devrait l'appeler *anhydride carbonique*; mais nous nous conformerons à l'usage et nous lui conserverons le nom d'acide carbonique, en priant nos lecteurs de ne pas oublier que le gaz carbonique CO^2 est un véritable anhydride : l'acide carbonique proprement dit est l'hydrate $C^2O^4,2HO$. (Voir § 230.)

ve scence se produit; l'acide carbonique est recueilli sur la cuve à eau :

$$CaO,CO^2 + HCl = CaCl + CO^2 + HO.$$

Le chlorure de calcium, CaCl, reste dissous dans l'eau du flacon.

Dans l'industrie des eaux gazeuses, on remplace le marbre par la craie et l'acide chlorhydrique par l'acide sulfurique; dans ce cas, il faut agiter continuellement la masse, pour éviter un dépôt de sulfate de chaux qui préserverait la craie de toute attaque ultérieure par l'acide :

$$CaO,CO^2 + SO^3,HO = CaO,SO^3 + CO^2 + HO.$$

228. Propriétés physiques. — *L'acide carbonique* est un gaz incolore, inodore, d'une saveur aigrelette, ayant pour densité 1,520, ce qui donne $1^{gr},977$ pour le poids d'un litre. L'eau en dissout son propre volume. Il se liquéfie à 6° sous la pression de 36 atmosphères. L'opération se fait en compri. mant de l'acide carbonique dans un récipient bien résistant, en fer forgé, entouré de glace, par l'intermédiaire d'une pompe de compression, imaginée par M. **Cailletet** : on peut obtenir ainsi 400 grammes d'acide carbonique liquide en une heure.

L'acide carbonique liquide est un liquide incolore, très mobile, de densité 0,92, très dilatable, que l'on conserve dans des tubes en verre très résistants, scellés à la lampe; il a pour point critique 32°.

Quand on laisse échapper dans l'air un jet d'acide carbonique liquide, celui-ci se vaporise instantanément, en empruntant à lui-même la chaleur nécessaire à la vaporisation; la partie qui se vaporise refroidit suffisamment l'autre partie pour en opérer la solidification. On obtient alors une neige blanche, dont la température est de — 80° et qui ne se transforme que très lentement en gaz acide carbonique. Un mélange d'acide carbonique solide et d'éther ordinaire constitue un mélange réfrigérant pouvant produire un grand abaissement de température, — 110°.

229. Propriétés chimiques. — L'acide carbonique n'entretient pas la combustion.

Il est réduit par l'hydrogène ou le charbon au rouge ; on obtient dans les deux cas de l'oxyde de carbone, CO.

$$CO^2 + H = CO + HO$$
$$CO^2 + C = 2CO.$$

Il trouble l'eau de chaux : c'est son caractère distinctif : il forme avec la chaux un carbonate neutre de chaux insoluble, CaO,CO^2, qui se transforme en bicarbonate et se dissout, si l'acide carbonique est en excès.

Il est complètement absorbable par une solution de potasse : il se combine avec cette base pour former du carbonate de potasse, KO,CO^2.

230. Propriétés acides. — Le gaz *acide carbonique* colore la teinture de tournesol en rouge vineux. — Le véritable acide carbonique serait $C^2O^4,2HO$; mais on n'a pas encore obtenu cet hydrate, qui serait un *acide bibasique*. Il forme avec les oxydes basiques ordinaires des carbonates neutres, tels que le carbonate de cuivre, $2CuO,C^2O^4$ ou CuO,CO^2, comme on l'écrit vulgairement. Avec les alcalis, il forme un carbonate neutre et un carbonate acide, ou bicarbonate, tels que le carbonate neutre de potasse, $2KO,C^2O^4$, et le bicarbonate de potasse, KO,HO,C^2O^4.

231. Composition. — On peut la déterminer par la synthèse, comme pour l'acide sulfureux, en faisant brûler du charbon de sucre dans l'oxygène pur : on constate que *l'acide carbonique formé a le même volume que l'oxygène employé.* Pour trouver le carbone, on a recours aux poids :

1 litre de CO^2 pèse........................	1gr,077
1 litre de O..............................	1gr,429
La différence..................	0gr,548

représente le *poids théorique* d'un *demi-litre* de vapeur de carbone.

En résumé, l'acide carbonique est formé par la combinaison d'un volume d'oxygène et un demi-volume de vapeur de carbone condensés en un volume (Lavoisier).

Dumas et **Stas** ont déterminé la composition en poids de l'acide carbonique par la méthode suivante :

On place dans un tube en porcelaine E (fig. 98) une nacelle en platine renfermant du diamant ou du charbon de sucre.

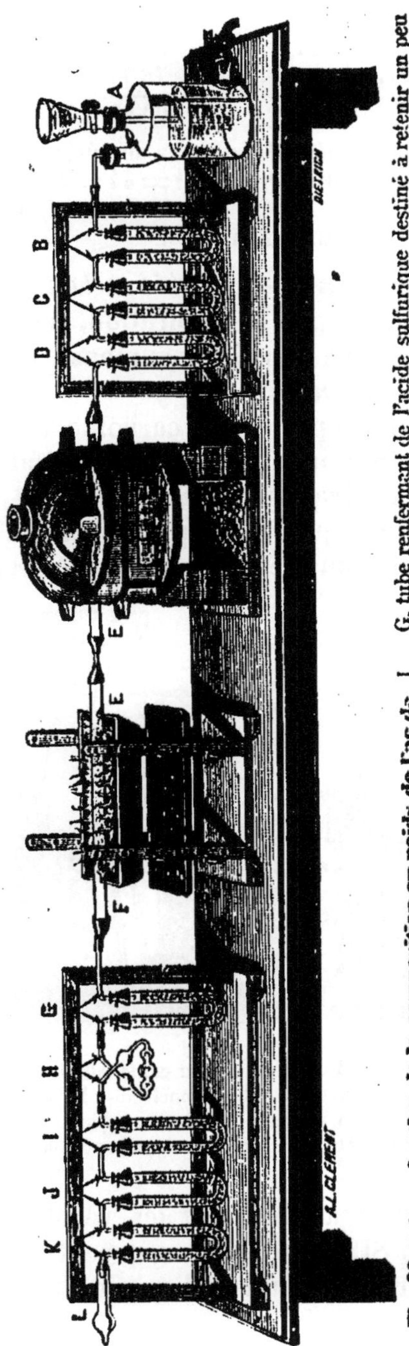

Fig. 98. **Détermination de la composition en poids de l'ac de carbonique.** — A, gazomètre renfermant de l'oxygène.

B, C, D, tubes destinés à purifier et à dessécher l'oxygène.

E, tube en porcelaine renfermant le charbon pesé dans la nacelle de platine.

E, F, tube en verre vert contenant de l'oxyde de cuivre dans le but de transformer en acide carbonique l'oxyde de carbone qui aurait pu se former.

G, tube renfermant de l'acide sulfurique destiné à retenir un peu d'eau venant des bouchons, etc.

H, tube de Liebig contenant une solution de potasse.

I, tube renfermant de la pierre ponce alcaline.

J, tube contenant de la potasse solide.

K, tube témoin renfermant de la potasse.

L, tube à potasse destiné à retenir l'humidité et l'acide carbonique de l'air.

On chauffe le tube au rouge et on y fait passer un courant d'oxygène pur et sec : il se forme de l'acide carbonique et de l'oxyde de carbone, que l'on transforme en acide carbonique en faisant passer les gaz sur de l'oxyde de cuivre légèrement chauffé dans un tube en verre vert EF. L'acide carbonique total est absorbé par une solution de potasse contenue dans un tube de Liebig H, et par des fragments de potasse solide contenue dans le tube J.

La perte de poids de la nacelle, après l'expérience, fait connaître le poids du carbone combiné à l'oxygène ; l'augmentation de poids des tubes à potasse donne le poids d'acide carbonique formé : l'oxygène s'obtient par différence.

On trouve ainsi que l'acide carbonique est formé, en poids, de :

Carbone... 27,27
Oxygène... 72,73
                                                      ———
                                                     100,00

La formule de l'acide carbonique déduite de ces expériences, est $CO^2 = 22 = 2$ vol., ou, plus rationnellement, $C^2O^4 = 44 = 4$ vol.; car 44 est le poids d'acide carbonique, qui se combine à 94, ou 2 équivalents de potasse pour former un sel neutre.

232. Action sur l'organisme. — *L'acide carbonique* n'est pas vénéneux; il n'entretient pas la respiration, parce qu'il empêche l'arrivée de l'oxygène dans les poumons : *il y a asphyxie et non pas empoisonnement* [1].

On purifie une atmosphère viciée par l'acide carbonique en y introduisant de la chaux éteinte ou un mélange de sulfate de soude et de chaux éteinte à équivalents égaux.

Pour les asphyxiés, il faut pratiquer la respiration artificielle * et des insufflations d'air dans les voies respiratoires.

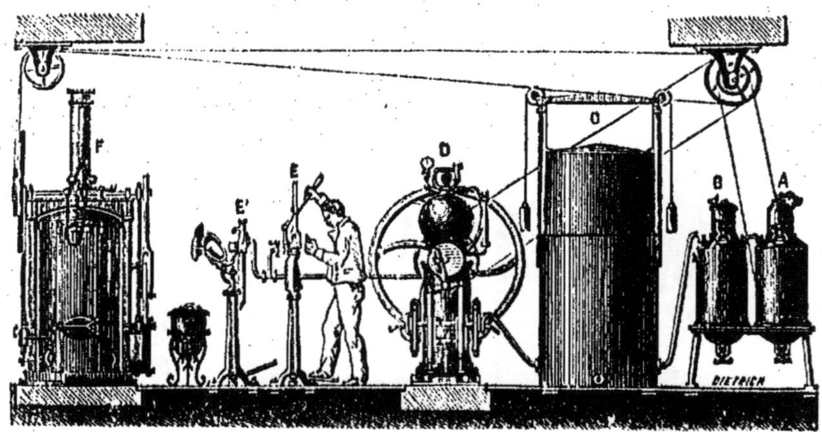

Fig. 90. **Fabrication de l'eau de Seltz.** — A, vase en cuivre contenant la craie pulvérisée et l'acide sulfurique. — B, flacon laveur. — C, gazomètre. — D, sphère métallique où on comprime l'eau et le gaz carbonique. — E, E', appareil pour remplir les siphons. — F, machine à vapeur pour agiter la craie dans le récipient A et faire mouvoir la pompe foulante.

233. État naturel. — Les animaux et les végétaux exhalent de l'acide carbonique. Si l'on expire les gaz contenus dans les poumons dans un verre contenant de l'eau de chaux,

1 Voir Histoire naturelle. — Dastre

celle-ci se trouble immédiatement, accusant la présence de l'acide carbonique. Il est absorbé par les parties vertes des végétaux, qui en fixent le carbone et rejettent l'oxygène.

Fig. 100. Siphon d'eau de Seltz.

L'*acide carbonique* s'exhale naturellement du sol dans la *grotte du Chien*, près de Naples : il provient de la décomposition des matières organiques végétales. Le même phénomène se produit dans les puits profonds.

234. Applications. — Il sert principalement à la fabrication des boissons gazeuses et de l'eau de Seltz artificielle.

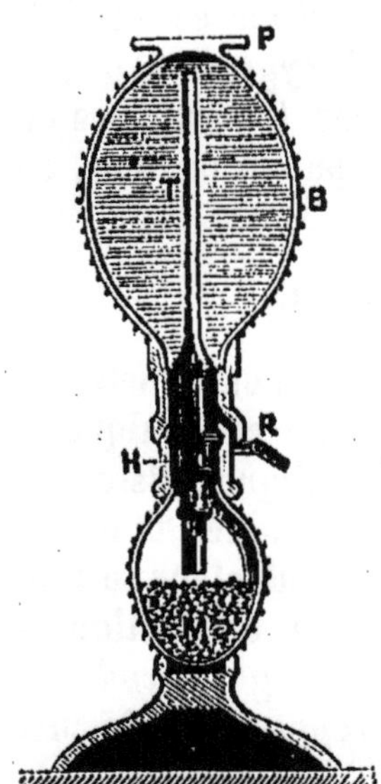
Fig. 101. Gazogène Briet.

L'acide carbonique est préparé par l'action de l'acide sulfurique étendu sur de la craie pulvérisée, toujours en mouvement dans le récipient A (fig. 99).

Il se lave dans le flacon B et s'accumule dans le gazomètre C. Une pompe envoie à la fois de l'eau et du gaz carbonique dans un réservoir très résistant D, sous la pression de 6 à 8 atmosphères ; de là le mélange est introduit dans des appareils spéciaux, appelés **siphons** (fig. 100).

On peut aussi préparer l'eau de Seltz sur les tables dans des appareils dits *gazogènes Briet* (fig. 101), en faisant dissoudre dans l'eau, sous pression, le gaz acide carbonique obtenu par la réaction de l'*acide tartrique* sur le *bicarbonate de soude*. En vertu des lois de Berthollet, l'acide carbonique, gazeux à la température ordinaire, sera chassé de son sel par l'acide tartrique.

Pour se servir du gazogène Briet, on sépare le vase M du vase B et on retourne celui-ci sur son pied P ; puis, on le remplit d'eau. On retire le tube TH, et on met en M l'acide tartrique et du bicarbonate de soude. Après avoir disposé le tube T en étain, on visse M sur B.

L'appareil étant ensuite retourné comme on le voit, une petite quantité d'eau pénètre par la partie supérieure du tube, et facilite la réaction des deux poudres. Pénétrant dans le tube par les trous en H, le gaz s'élève dans l'eau de B, et s'y comprime par sa force expansive. On tire l'eau en ouvrant le robinet, qui ne communique qu'avec la partie B.

Les vases M et B sont en verre épais entouré d'osier pour éviter les accidents en cas de rupture de l'appareil.

OXYDE DE CARBONE

$$CO = 14 = 2 \text{ vol.}$$

235. Préparation. — L'*oxyde de carbone* se produit toutes les fois que le carbone brûle dans l'oxygène et que le carbone est en excès. On le prépare dans les laboratoires en décomposant *l'acide oxalique*, $C^4O^6,6\,HO$, par la chaleur, en présence de l'acide sulfurique :

$$C^4O^6,6\,HO = 2\,CO + 2\,CO^2 + 6\,HO.$$

L'acide sulfurique, tendant à s'emparer de l'eau, facilitera la décomposition de l'acide oxalique en acide carbonique et en oxyde de carbone. On chauffe l'acide oxalique cristallisé, mélangé à six fois son poids d'acide sulfurique, dans un ballon (fig. 102), auquel est adapté un tube abducteur se rendant dans un flacon laveur B, contenant une dissolution de potasse, pour retenir l'acide carbonique. Le gaz *oxyde* de carbone se dégage sous des éprouvettes C, reposant sur la cuve à eau.

On peut aussi préparer l'oxyde de carbone par le procédé suivant :

On introduit 15 grammes de cyanoferrure de potassium

et 135 grammes d'acide sulfurique concentré — l'acide étendu donnerait de l'acide cyanhydrique — dans une cornue d'un litre au moins de capacité (à cause du boursouflement considérable qui a lieu), et l'on chauffe au moyen d'une lampe à alcool que l'on éloigne dès que le mélange menace d'envahir le col de la cornue.

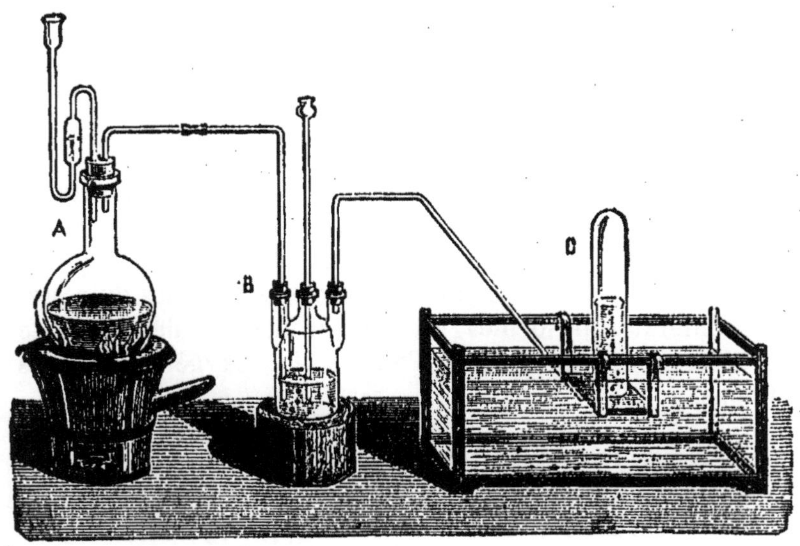

Fig. 102. **Préparation de l'oxyde de carbone.** — A, ballon renfermant l'acide oxalique et l'acide sulfurique. — B, flacon laveur renfermant une solution de potasse. — C, éprouvette pour recueillir l'oxyde de carbone.

Il se produit, outre l'oxyde de carbone, des sulfates de potasse, de protoxyde de fer et d'ammoniaque.

Le gaz qui se dégage au commencement de l'opération est très pur. Mais celui qu'on recueille à la fin, alors que la température s'élève, contient des traces d'acides carbonique et sulfureux, provenant de l'action combinée du charbon et du protoxyde de fer sur l'acide sulfurique. On se débarrasse de ces acides par la potasse caustique.

15 grammes de cyanoferrure de potassium, traités comme il vient d'être dit, donnent environ 4 litres d'oxyde de carbone.

236. Propriétés. — *L'oxyde de carbone* est un gaz incolore, inodore, insipide, ayant pour densité 0,972. *Il est très difficilement liquéfiable.*

Il brûle à l'air ou dans l'oxygène, avec une flamme bleue, en se transformant en acide carbonique, avec dégagement de chaleur :

$$CO + O = CO^2 + 34 \text{ cal. } 5.$$

Il est très avide d'oxygène : c'est un réducteur très énergique Nous en verrons l'emploi dans la métallurgie pour la réduction des oxydes métalliques.

C'est un corps *neutre.*

Il exerce sur l'organisme une action toxique très énergique. Il occasionne de violents maux de tête, des nausées, du vertige, et enfin la mort 2 à 3 pour cent de ce gaz dans l'atmosphère la rendent mortelle. Il se combine avec les globules du sang, et la combinaison formée est très difficile à détruire : le contrepoison est l'arrivée de l'air ou de l'oxygène dans les poumons.

237. Analyse de l'oxyde de carbone. — On introduit dans un eudiomètre à mercure (fig. 103) 100 volumes d'oxyde de carbone et 100 volumes d'oxygène; après le passage de l'étincelle le volume du mélange est de 150 volumes, dont 100 volumes peuvent être absorbés par la potasse. Enfin, le résidu final est de 50 volumes d'oxygène pur. Or les 100 volumes d'acide carbonique absorbés par la potasse contenaient 100 volumes d'oxygène et 50 volumes de vapeur de carbone. Les 50 volumes de carbone ont été fournis par l'oxyde de carbone, et, sur les 100 volumes d'oxygène, 50 ont été fournis par l'oxygène introduit et 50 par l'oxyde de carbone. Donc 100 volumes d'oxyde de carbone sont formés par la combinaison de 50 volumes d'oxygène et de 50 volumes de vapeur de carbone unis sans condensation.

238 Air confiné. — Lorsque plusieurs personnes sont réunies dans une salle éclairée et chauffée, dont la ventilation est insuffisante, on éprouve bientôt des maux de tête et tous les symptômes de l'empoisonnement par l'oxyde de carbone.

En effet : d'abord, il s'accumule de l'acide carbonique provenant de la respiration et des miasmes produits par la transpiration; puis, les appareils de chauffage actuels forment une assez grande quantité d'oxyde de carbone par suite de leur tirage insuffisant : il faut alors ouvrir les portes et les

Fig. 103. **Analyse eudiométrique de l'oxyde de carbone.** — On fait passer l'étincelle électrique à travers un mélange d'oxygène et d'oxyde de carbone. On mesure le volume de l'acide carbonique formé et on en déduit la composition de l'oxyde de carbone.

fenêtres pour combattre les effets de l'oxyde de carbone. On devra déterminer dans les appartements une aération suffisante, ne jamais fermer les clefs des poêles allumés, et empêcher l'atmosphère de devenir trop sèche en plaçant sur les poêles une terrine pleine d'eau. Les poêles en fonte produisent de l'oxyde de carbone dans l'air qui touche leurs parois : les poêles en faïence sont préférables et on devra envelopper de poteries les tuyaux de chauffage. Quant aux poêles modernes, système Choubersky ou autres, ils chauffent fort bien, mais ils devraient être exclus des appartements à cause de l'oxyde de carbone qu'ils versent dans l'atmosphère.

Conseils pédagogiques. — On insistera sur les trois états allotropiques du carbone : cristallisé, graphitoïde, amorphe. On fera ressortir les propriétés absorbantes du charbon et on énumérera toutes les applications pratiques de ce métalloïde. On mettra en évidence les caractères distinctifs de l'acide carbonique, son rôle dans la nature et sa préparation. On appellera l'attention des élèves sur la composition des atmosphères confinées, sur les procédés de chauffage et de ventilation. On s'étendra particulièrement sur le pouvoir réducteur de l'oxyde de carbone et sur ses applications en métallurgie.

Questionnaire. — Qu'appelle-t-on charbon ? — Qu'est-ce que le diamant ? — Comment le taille-t-on ? — Qu'est-ce que le graphite ? — Qu'est-ce que le charbon de cornue ? — Qu'est-ce que le charbon de bois ? — Comment prépare-t-on le noir animal ? — Quel est son usage ? — Qu'est-ce que le noir de fumée ? — Qu'est-ce que la houille ? — Quelles sont les diverses espèces de houilles ? — Comment prépare-t-on le coke, le charbon de bois ? — Qu'est-ce que la tourbe ? — Qu'est-ce que le pouvoir réducteur du carbone ? — Comment prépare-t-on l'acide carbonique ? — Quels sont ses caractères distinctifs ? — Quelle est son action sur l'organisme ? — Qu'est-ce que l'eau de Seltz ? — Comment détermine-t-on la composition de l'acide carbonique en poids et en volumes ? — Comment prépare-t-on l'oxyde de carbone ? — L'oxyde de carbone est-il combustible ? — Est-il vénéneux ?

CHAPITRE X

GAZ D'ÉCLAIRAGE. — FLAMME

Sommaire. — 59. On appelle *carbures d'hydrogène* des corps composés formés de carbone et d'hydrogène : — Ils sont tous combustibles et brûlent avec une flamme plus ou moins éclairante.

60. Le *gaz d'éclairage* s'obtient en distillant la houille en vase clos : on obtient comme résidu le coke et il se dégage un grand nombre de produits volatils que l'on purifie. — Le gaz d'éclairage est un mélange de formène et de gaz combustibles divers. — Il détone, quand il est mélangé à l'air, à l'approche d'un corps enflammé.

61. On appelle *flamme* toute matière gazeuse portée à l'incandescence. — Éclat des flammes renfermant un corps solide fixe incandescent. — Propriétés des toiles métalliques. — Constitution d'une flamme. — Emploi du chalumeau.

GAZ D'ÉCLAIRAGE

239. — On appelle *carbures d'hydrogène des corps composés* formés de *carbone* et *d'hydrogène*. Les uns sont naturels, comme le caoutchouc, l'essence de térébenthine, le gaz des marais ; les autres sont artificiels, comme la benzine, la naphtaline, l'acétylène, l'éthylène, etc.

Nous étudierons ces *carbures* avec le plus grand soin en chimie organique ; nous n'énumérerons ici que les propriétés principales des carbures d'hydrogène extraits de la houille par distillation.

240. — L'un des plus importants est le *formène*, ou *gaz des marais*, C^2H^4, brûlant avec une flamme très éclairante.

L'*éthylène*, C^4H^4, est aussi un gaz très combustible, brûlant avec une flamme plus éclairante que celle du *formène*.

L'*acétylène*, C^4H^2, est un gaz combustible, qui se produit dans la décomposition par la chaleur d'un grand nombre de matières organiques.

241. Gaz d'éclairage. — L'éclairage au gaz a été proposé, **pour la première fois**, en 1785, par un ingénieur français, **Philippe Lebon**, qui obtenait le gaz d'éclairage en distillant la houille. En effet, la houille grasse, soumise à la distillation, donne, par 100 kilogrammes :

25 mètres cubes de gaz.
4 kilog. 1/2 de goudron.
1 hectolitre 2/3 de coke.

On pourrait aussi distiller certains schistes bitumineux, tels que le *boghead*, qui sert à la préparation du *gaz portatif*.

L'industrie de l'éclairage au gaz a subi une série de transformations : aujourd'hui, on arrive à obtenir le gaz d'éclairage à très bon compte ; on recueille tous les produits secondaires de la distillation de la houille et on les utilise.

La distillation de la houille s'effectue dans des cornues en terre réfractaire, ayant la forme de demi-cylindres elliptiques, chauffées dans un même foyer en maçonnerie. Elles sont ouvertes à leur partie antérieure et peuvent être fermées par une plaque de fonte lutée et maintenue par une vis de pression. Par cette ouverture, on introduit la houille et on retire le coke après la distillation. A la garniture antérieure de chaque cornue est adapté un tube pour conduire les gaz dégagés dans les *épurateurs*.

242. Épuration du gaz. — Les produits volatils de la distillation de la houille sont : *formène, acide carbonique, hydrogène, oxyde de carbone, éthylène, acétylène, vapeurs de sulfure de carbone et de benzine, hydrogène sulfuré, vapeurs de goudron, ammoniaque, sels ammoniacaux volatils*, etc., etc.

Il faut donc absorber tous les produits inutiles et ne garder que le *formène*, l'*hydrogène*, l'*éthylène* et des traces d'autres gaz tels que l'azote et l'oxyde de carbone, dont on ne peut se débarrasser : le gaz subit d'abord une *épuration physique*, puis une *épuration chimique*.

1° *Épuration physique*. — Au sortir de la cornue, le gaz se rend dans un flacon laveur B, appelé *barillet* (fig. 104) dans lequel se condensent l'eau et une partie du goudron; puis, le gaz passe dans le *jeu d'orgue* C, où, par refroidissement au contact de l'air, le gaz se débarrasse du goudron, de la vapeur d'eau et des sels ammoniacaux, qui se rassemblent dans la caisse du jeu d'orgue et tombent dans la fosse au goudron. Le gaz traverse ensuite une colonne D, remplie de coke et de grès concassés, où s'achève l'épuration physique.

2° *Épuration chimique*. Le gaz, après cette première opération, se rend dans l'épurateur chimique E, contenant des claies superposées recouvertes d'un mélange de *chaux vive, de sulfate de chaux, de sciure de bois et de sesquioxyde de fer* : la chaux absorbe l'acide carbonique; le sulfate de chaux et le sesquioxyde de fer absorbent l'ammoniaque et l'hydrogène sulfuré et purifient le gaz d'éclairage aussi complètement que possible.

Au sortir de l'épurateur chimique, le gaz se rend dans le *gazomètre* F, où il s'accumule, pour être ensuite distribué dans les tuyaux de conduite de la ville.

243. — Le gaz d'éclairage renferme :

Formène......................	50 % en volumes.
Hydrogène....................	30 à 35 %.
Oxyde de carbone.............	7 à 8 %.
Carbures d'hydrogène divers...	5 à 6 %.
Azote........................	2 à 3 %.
Ethylène.....................	traces.

Fig. 104. — Coupe des appareils d'une

A, cornues où l'on distille la houille.
B, barillot.
C, jeu d'orgue pour l'épuration physique du gaz.

Il brûle avec une flamme très éclairante, grâce au carbone libre et fixe incorporé dans la flamme, et porté à l'incandescence. Il a une odeur désagréable, due à un peu d'*hydrogène sulfuré* et de *vapeur de sulfure de carbone* dont on ne peut entièrement le débarrasser : grâce à cette odeur, on est averti des fuites de gaz, et on peut éviter les *explosions* qui se produisent, quand on pénètre avec une lumière dans un appartement où se trouve un mélange de gaz d'éclairage et d'air atmosphérique. Le pouvoir éclairant du gaz d'éclairage doit être tel que 105 litres de gaz brûlant pendant une heure dans un bec d'Argant ordinaire produisent une flamme équivalente à celle d'une lampe carcel brûlant 42 grammes d'huile en une heure.

Dans ces conditions, la consommation du gaz revient à 3 centimes par bec et par heure, tandis que l'éclairage à l'huile reviendrait à 14 centimes et l'éclairage par les bougies à 19 centimes.

244. — Les eaux d'épuration sont très riches en ammoniaque et en sels ammoniacaux; on les utilise dans l'industrie pour

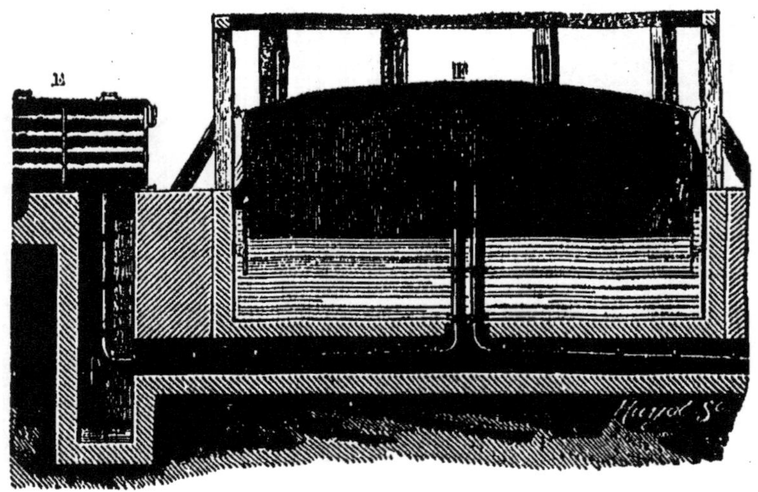

Usine à gaz.

D, tour à coke.
E, épurateur chimique.
F, gazomètre.

en extraire l'ammoniaque et la transformer en sulfate d'ammoniaque. — Les goudrons de houille renferment : de la *benzine,* de l'*acide phénique,* du *toluène,* de l'*anthracène,* de la *naphtaline,* etc. Tous ces produits secondaires de la distillation de la houille ont trouvé leur emploi dans l'industrie.

245. — Enfin, depuis quelques années, on se sert beaucoup d'appareils de chauffage par le gaz et de *moteurs à gaz*, dans lesquels la force motrice est due à l'inflammation d'un mélange détonant de gaz d'éclairage et d'air en proportions convenables.

FLAMME

246. — On appelle *flamme*, toute matière gazeuse portée à l'incandescence : la température des flammes est toujours très élevée et supérieure au rouge blanc ; pour le montrer, il suffit de placer un fil de platine à une petite distance de la flamme d'une lampe à alcool : il rougit aussitôt.

Les gaz donnent des flammes peu brillantes, malgré leur température élevée : ainsi l'hydrogène brûle avec une flamme peu éclairante. L'éclat d'une flamme augmente, quand on y introduit un corps solide fixe, qui se trouve alors porté au rouge ; c'est ce qui arrive pour la flamme du phosphore, qui doit son éclat à l'anhydride phosphorique incandescent. Les *carbures d'hydrogène* brûlent avec une flamme très éclairante, grâce au carbone solide incandescent qui est contenu dans la flamme et provenant de la décomposition partielle des carbures par la chaleur. S'il y a trop de charbon, la flamme devient *fuligineuse* et donne un abondant dépôt de noir de fumée. Si l'on augmente la proportion d'oxygène ou d'air, la flamme devient pâle parce que la combustion du carbone est complète et que la flamme ne renferme plus de matière solide. **Bunsen**

Fig. 105. — Une toile métallique introduite dans une flamme la refroidit.

a construit un bec dans lequel tout le carbone du gaz d'éclairage est brûlé par l'oxygène de l'air : on obtient ainsi une source de chaleur très intense.

Pour éteindre une flamme, il suffit d'en abaisser la température au-dessous du point d'inflammation du gaz combustible qui la constitue : c'est ce que l'on fait en soufflant vivement sur la flamme d'une bougie. L'introduction d'une toile métallique dans une flamme suffit pour la refroidir, eu égard à la conductibilité des métaux pour la chaleur. Si l'on écrase une flamme avec une toile métallique (fig. 105), on arrête brusquement la flamme; mais les gaz qui la constituaient existent encore : il suffit d'approcher une allumette allumée au-dessus de la toile pour les enflammer de nouveau. **Davy** a inventé, d'après ce principe, une lampe de sûreté pour les mineurs.

247. Constitution de la flamme d'un bec de gaz. — Cette flamme (fig. 106) est formée de trois régions concentriques : l'une, intérieure, est *sombre* : elle est formée par le gaz qui ne brûle pas encore; puis, on trouve une *zone blanche*, très éclairante, contenant du carbone et des carbures d'hydrogène à l'état solide et incandescents : cette zone est bordée d'une frange à peine visible, produite par la combustion complète du carbone et des carbures aux dépens de l'oxygène de l'air. Enfin, à la base de la flamme, on voit une *région bleuâtre* due à la combustion de l'oxyde de carbone et du formène.

La région centrale est à une température très peu élevée : une allumette soufrée n'y prend pas feu. La région médiane est à une température plus élevée : cependant, un fil de platine n'y rougit pas. La frange extérieure est, au contraire, à une haute température : c'est la partie la plus chaude de la flamme.

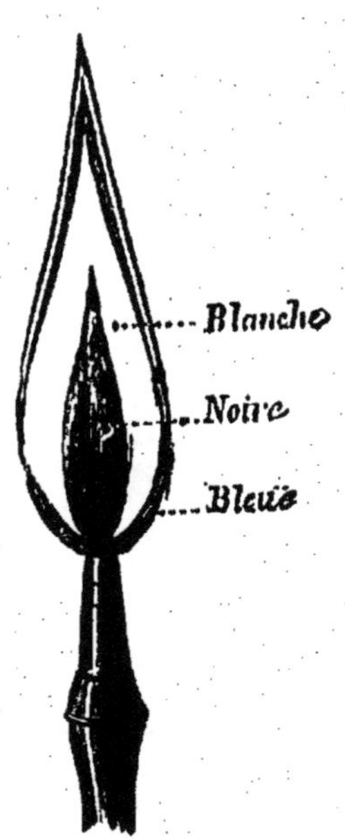

Fig. 106. Flamme d'un bec de gaz.

La flamme d'une bougie est identique à celle du gaz d'éclairage : la partie sombre centrale contient des produits

1. Voir Chimie organique. *Carbures d'hydrogène.*

gazeux provenant de la décomposition par la chaleur de la matière grasse dont la mèche est imprégnée. Pour le démontrer, il suffit d'introduire dans la flamme un tube en verre recourbé (fig. 107) dont l'une des extrémités sera introduite dans le voisinage de la mèche : il se dégagera par l'autre des gaz combustibles inflammables. Si on place le tube dans la zone brillante de la flamme, il s'échappera une fumée noirâtre, très riche en noir de fumée. **(Faraday.)**

Fig. 107. **Expérience de Faraday.** — On recueille dans un ballon les gaz provenant de la combustion d'une bougie.

248. On appelle *chalumeau* (fig. 108) un tube métallique, muni d'une embouchure, par laquelle on insuffle de l'air, qui s'échappe par un orifice étroit et peut être dirigé sur une flamme pour en activer la combustion et en élever la température. La flamme se recourbe en forme de dard (fig. 109) et offre alors trois régions : la région intérieure, *a*, bleuâtre, présente le maximum de température ; on y introduit les corps que l'on veut porter à une tempé-

Fig. 108. **Cha-
lumeau ordi-
naire.**

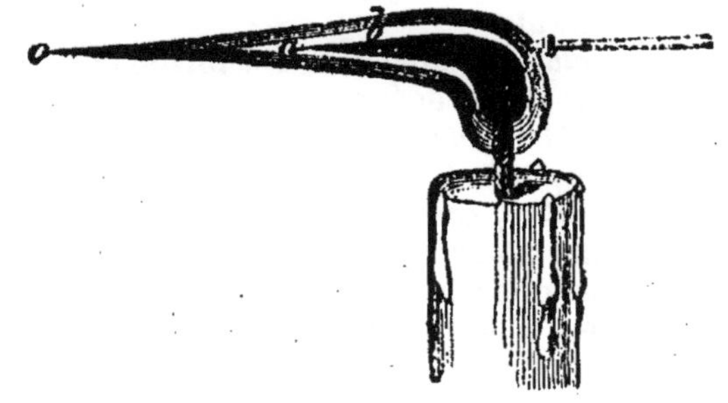

Fig. 109. **Flamme d'une bougie sous l'action du chalumeau.**

a, région à haute température.
b, flamme réductrice.
c, flamme oxydante.

rature élevée, sans les oxyder ni les réduire; la région *b*, intermédiaire, est très brillante : elle renferme du carbone ; c'est la flamme *réductrice* du chalumeau; la région *c*, extérieure, à peine visible, renferme un excès d'air : c'est la flamme *oxydante* du chalumeau.

Il faut souffler dans le chalumeau l'air entré par le nez et rejeté par la contraction des joues : l'air expiré des poumons ne convient pas, parce qu'il est chargé d'acide carbonique.

Questionnaire. — Qu'est-ce que le gaz d'éclairage ? — D'où le retire-t-on ? — Quel est l'inventeur de l'éclairage au gaz ? — Comment purifie-t-on le gaz d'éclairage ? — Quels sont les produits secondaires de la fabrication du gaz d'éclairage ? — Qu'est-ce qu'une flamme ? — D'où provient l'éclat des flammes ? — Qu'est-ce qu'un chalumeau ? — Comment l'emploie-t-on ?

CHAPITRE XI

SULFURE DE CARBONE. — CYANOGÈNE ET ACIDE CYANHYDRIQUE. — ACIDE BORIQUE. — SILICE.

Sommaire. — 62. Le *sulfure de carbone* s'obtient par la combinaison directe du soufre et du charbon : il est endothermique. Il est analogue à l'acide carbonique : on l'appelle quelquefois acide sulfocarbonique : il forme avec les sulfures alcalins des sels nommés sulfocarbonates.

63. Le *cyanogène* est un corps composé jouant le rôle d'un corps simple, d'un métalloïde analogue au chlore. On l'obtient en décomposant par la chaleur le cyanure de mercure.

Il forme avec l'oxygène l'acide fulminique : les fulminates sont très détonants.

64. L'*acide cyanhydrique* est formé par la combinaison du cyanogène et de l'hydrogène : c'est un poison foudroyant.

65. L'*acide borique* est cristallisé en paillettes nacrées : son sel le plus important est le borax.

66. La *silice*, ou acide silicique, se présente à l'état cristallisé, sous forme de cristal de roche ou quartz, à l'état gélatineux et à l'état amorphe : le silex, l'agate, le grès, le sable sont de la silice cristallisée. Elle forme des silicates, dont les plus importants sont le verre, le cristal et l'émail.

SULFURE DE CARBONE
$$CS^2 = 88 = 2\,\text{vol.}$$

249. Préparation. — Ce liquide, découvert par Lam-

padius, en 1796, se prépare en faisant agir, à la température du rouge, la *vapeur de soufre* sur la *braise* de boulanger, contenue dans un tube en grès ou en porcelaine chauffé dans un fourneau long à réverbère (fig. 110) et légèrement incliné.

$$C + 2S = CS^2 \text{ (gazeux)} - 10 \text{ cal. } 5,$$
$$C + 2S = CS^2 \text{ (liquide)} - 7,5.$$

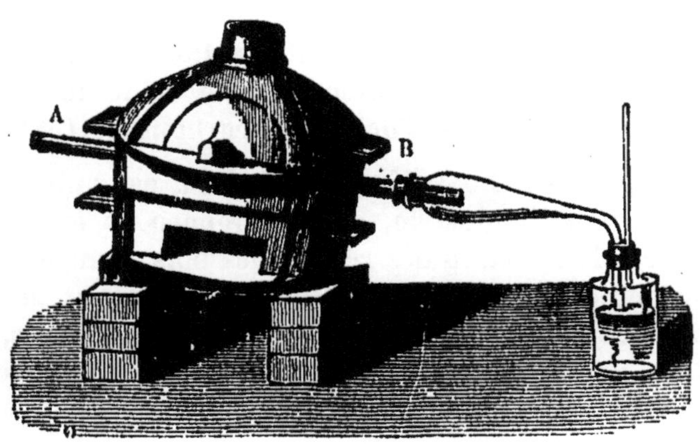

Fig. 110. **Préparation du sulfure de carbone.** — AB, tube en porcelaine renfermant de la braise de boulanger chauffée au rouge. — On introduit le soufre en A — Le sulfure de carbone distille et se condense en C, dans le flacon.

On introduit, par l'extrémité A, du soufre en morceaux, qui fond, se vaporise et se combine au carbone : le sulfure de carbone formé se condense dans l'allonge et dans le récipient C, renfermant un peu d'eau, dont le sulfure de carbone occupe le fond.

On sépare le sulfure de carbone de l'eau, on le met en digestion avec la chaux vive pour lui enlever son odeur fétide, et on le distille à 50°.

250. Propriétés. — C'est un liquide très mobile, incolore, d'une odeur éthérée, quand il est pur : il répand généralement une odeur infecte de choux pourris, due aux impuretés qu'il renferme. Il est très réfringent. Il bout à + 45° et et se solidifie à — 116°.

Il est insoluble dans l'eau. il dissout le phosphore, l'iode, le brome, le soufre, les corps gras, le caoutchouc, etc. *Il est vénéneux*

Il brûle avec une flamme bleue, en produisant de l'anhydride sulfureux et de l'acide carbonique :

$$CS^2 + 6O = CO^2 + 2 SO^2.$$

251. Acide sulfocarbonique, $C^2S^4,2HS$. — En se combinant avec les sulfures alcalins, le sulfure de carbone forme des sels très importants, appelés *sulfocarbonates*, analogues aux carbonates, dont ils diffèrent par la substitution du soufre à l'oxygène. Tels sont le sulfocarbonate neutre de potasse, $2KS,C^2S^4$, et le sulfocarbonate acide de potasse, KS,HS,C^2S^4. On a pu obtenir l'acide sulfocarbonique, $C^2S^4,2HS$.

252. Usages. — Le *sulfure de carbone* est aujourd'hui très employé dans l'industrie, qui le prépare en grand : on l'emploie pour l'extraction des résines des bois résineux, pour enlever la matière grasse des graines oléagineuses, le *suint* des toisons des moutons, pour l'extraction des parfums, etc.

Le *sulfure de carbone* et le sulfocarbonate de potasse ont été préconisés contre le phylloxera de la vigne.

CYANOGÈNE ET ACIDE CYANHYDRIQUE

253. Cyanogène, $C^2Az = 26 = 2$ vol. ou $Cy = 26 = 2$ vol. — On appelle ainsi un corps composé, ayant la propriété de jouer le même rôle chimique qu'un corps simple, analogue au chlore, au brome et à l'iode, comme l'a montré **Gay-Lussac**; c'est un *radical* composé métalloïde, comme *l'ammonium* est un radical composé métallique. Aussi le désigne-t-on par le symbole Cy. Il forme avec les métaux des cyanures métalliques, analogues aux chlorures correspondants : les plus importants sont le *cyanure de potassium*, le *cyanure d'argent* et le *cyanure de mercure*.

254. Préparation. — On prépare le *cyanogène* en décomposant par la chaleur dans une cornue lutée quelques grammes de cyanure de mercure HgCy : Il se dégage des vapeurs de mercure qui se condensent dans le col de la cornue et du cyanogène gazeux, que l'on recueille sur la cuve à mercure.

$$HgCy = Hg + Cy$$

255. Propriétés. — C'est un gaz incolore, d'une odeur

particulière très pénétrante, de densité 1,8 se liquéfiant à
— 20°, sous la pression atmosphérique, en un liquide incolore,
mobile, de densité 0,8; il se congèle à — 34°. L'eau en dissout 4 fois son volume et l'alcool 23 fois le sien. Sous l'action
de la chaleur, il se transforme, en se condensant, en une
variété allotropique, solide, appelée le *paracyanogène*, que
l'on obtient en chauffant le cyanogène en vase clos, à la
température de 440°.

Le *cyanogène*, étant un composé endothermique, se
décompose facilement par la chaleur ou par l'étincelle électrique en ses deux éléments : il fournit alors son propre
volume d'azote et du carbone très divisé. Il est très détonant.

Il brûle à l'air ou dans l'oxygène avec une flamme pourpre
bordée de vert, en donnant de l'azote et de l'acide carbonique.

Il s'unit à l'hydrogène, volume à volume, à 500°, en fournissant l'acide *cyanhydrique*, HCy, analogue à l'acide chlorhydrique :

$$C^2Az + H = C^2AzH \text{ ou } HCy + 7 \text{ cal. } 8.$$

256. Le *cyanogène* est formé par la combinaison *indirecte* de
2 volumes d'azote et 2 volumes de vapeur de carbone, condensés
en 2 volumes, contrairement à la loi de Gay-Lussac.

257. Fulminates. — Les composés oxygénés du cyanogène sont :

L'acide cyanique......................	CyO,HO
— fulminique....................	$Cy^2O^2,2\,HO$
— cyanurique...................	$Cy^3O^3,3\,HO.$

L'acide *fulminique* donne naissance à des *fulminates*, tels
que le fulminate de mercure $2\,HgO,Cy^2O^2$, et le fulminate
d'argent, $2\,AgO,Cy^2O^2$, corps très détonants, que l'on obtient
en éteignant le mercure, ou l'argent dans l'acide azotique et
ajoutant au mélange un poids déterminé d'alcool. Les fulminates détonent par le choc ou par la percussion ; on emploie
le *fulminate de mercure* pour la fabrication des *capsules* et des
amorces de guerre.

258. Acide cyanhydrique ou **prussique,** $HCy =$
$27 = 4$ vol. —

L'acide *cyanhydrique* est un liquide incolore, d'une odeur

caractéristique d'amandes amères, bouillant à 26°. Il est très soluble dans l'eau.

C'est le poison le plus violent que l on connaisse : une goutte placée sur la langue d'un chien le foudroie instantanément ; ses vapeurs, respirées, occasionnent des étourdissements et amènent promptement la mort. Son contrepoison est l'ammoniaque ou le chlore.

259. On l'obtient pur en distillant dans une petite cornue de verre 30 grammes de cyanure de mercure bien sec et 15 grammes d'acide chlorhydrique en solution concentrée :

$$HgCy + HCl = HgCl + HCy.$$

On l'obtient en solution étendue en distillant 10 grammes de prussiate jaune de potasse, 7 grammes d'acide sulfurique et 14 grammes d'eau : on recueille dans le ballon réfrigérant un liquide formé de 1 partie d'acide pur pour 9 parties d'eau : ce mode de préparation l'a fait nommer *acide prussique.*

260. On le trouve tout formé dans les noyaux de cerises, l'essence d'amandes amères, la feuille de laurier-cerise, les fleurs du pêcher, etc. Le kirsch, l'eau de noyau lui doivent leur saveur et leur parfum.

ACIDE BORIQUE
BoO³,3HO.

261. *L'acide borique* se trouve à l'état naturel dans les vapeurs très chaudes, appelées *suffioni,* qui se dégagent des crevasses du sol, dans la Toscane '. On creuse autour de chacun des suffioni de petits lacs (*lagoni*) qu'on alimente avec de l'eau, dans laquelle les vapeurs se condensent : au bout de 24 heures, ces eaux renferment 2 pour cent d'acide borique environ. On concentre ces eaux et on les abandonne à la cristallisation dans des chaudières en plomb. Dans les laboratoires on prépare l'acide borique en dissolvant à chaud 100 grammes de borax dans 400 grammes d'eau et en ajoutant à la liqueur de l'acide chlorhydrique jusqu'à réaction franchement acide. L'acide borique cristallise par refroidissement.

262. — L'*acide borique* est un corps solide, cristallisé en lamelles incolores, dont la formule est $BoO^3, 3HO$. C'est un acide fixe, formant avec les alcalis des sels appelés *borates*, dont le plus important est le *borax*, ou *biborate de soude*.

L'acide borique est employé comme *fondant* dans les verreries. Le borax est employé pour décaper * les métaux que l'on veut souder, car il possède la propriété de dissoudre les oxydes métalliques : on saupoudre les deux surfaces à souder avec du borax pulvérisé, on ajoute la soudure en grenaille et on chauffe le tout jusqu'à ce que la soudure commence à fondre.

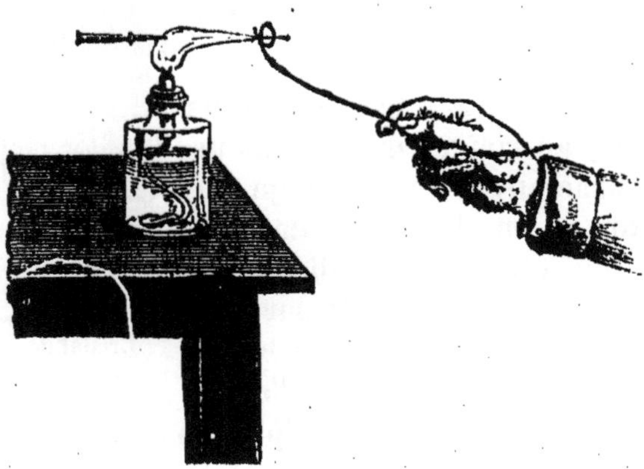

Fig. 111. **Coloration du borax par les oxydes métalliques.** — On fond au chalumeau du borax maintenu par une anse en fil de platine. On y incorpore l'oxyde métallique. On chauffe de nouveau et on obtient une perle de borax diversement colorée suivant l'oxyde employé.

Le borax est aussi employé dans les essais au chalumeau (fig. 111).

On en imprègne les mèches des bougies : la mèche se recourbe en dehors de la flamme, brûle et forme de petits globules vitreux qui s'en détachent au fur et à mesure de la combustion du corps gras.

SILICE, ACIDE SILICIQUE
$SiO^2 = 30.$

263. État naturel. — La silice est très répandue dans la croûte terrestre : elle constitue le *quartz* ou *cristal de roche*, l'*améthyste*, le *silex*, le *sable*, le *grès*, l'*agate*, la pierre meulière, etc. Les *geysers* * d'Islande en contiennent de grandes quantités. Elle forme des *silicates* très abondants, tels que le *mica*, le *feldspath*, qui, avec le quartz, constituent le *granit*.

264. Propriétés. — La silice cristallisée constitue le *quartz* ou *cristal de roche*, cristallisé en prismes hexagonaux droits, surmontés de pyramides régulières (fig. 129), de densité 2,6. L'*améthyste* est du quartz coloré en violet. L'*agate*, le *jaspe* et la *cornaline* sont des variétés de quartz coloré par des matières étrangères. Le quartz est inattaquable par les acides, excepté par l'acide fluorhydrique.

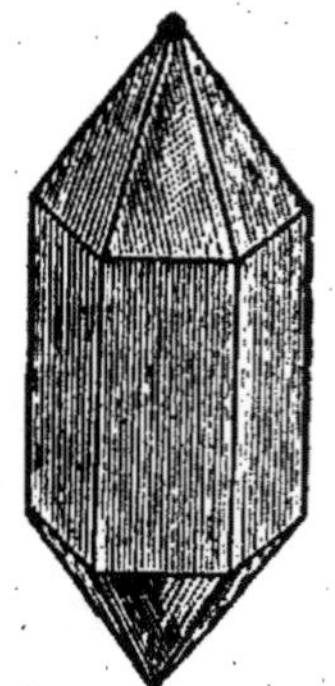

Fig. 112. — Cristal de quartz

Le sable est de la silice cristallisée en petits grains. Si l'on chauffe, au rouge blanc, dans un creuset en terre réfractaire, un mélange de 1 partie de sable fin et de 4 parties de carbonate de potasse, on obtient du silicate de potasse fondu, KO,SiO^2, que l'on coule sur une pierre froide et que l'on dissout dans l'eau bouillante. Si l'on verse dans cette dissolution de l'acide chlorhydrique, on voit se former un précipité de *silice gélatineuse*, $3SiO^2,2HO$, soluble dans les liqueurs alcalines et dans l'acide chlorhydrique très étendu. Dans les laboratoires on peut obtenir la silice gélatineuse en traitant par l'acide chlorhydrique ou par l'acide sulfurique une solution concentrée de silicate de potasse. Une portion de la silice se précipite en gelée, tandis que l'autre reste dissoute en proportions qui varient avec la concentration des liqueurs.

C'est sous cette forme que la silice, à la faveur de l'acide carbonique, se dissout dans la sève des végétaux et pénètre dans leurs tissus, dans la tige des *graminées*, par exemple.

Enfin, si l'on calcine au rouge la silice gélatineuse, ou si l'on calcine fortement la silice cristallisée naturelle, on obtient la *silice amorphe*[*], sous la forme de grains blancs, anhydres, âpres au toucher, happant à la langue, ayant pour densité 2,21.

265. La *silice* est une substance fixe; anhydre, elle constitue un véritable anhydride, qui se combine avec les oxydes métalliques, pour former des *silicates* très importants tels que le *verre*, le *cristal*, l'*émail*; — Le véritable acide silicique est de la silice hydratée.

Elle est employée en bijouterie, à l'état de cristal de roche, d'améthyste, d'opale ou silice hydratée. Le grès sert à paver les rues, les meules sont en silex; le sable sert à faire du mortier, à fabriquer le verre, la poterie, le cristal, etc.

Conseils pédagogiques. — On exposera avec soin les propriétés de l'acide sulfocarbonique, en montrant son analogie avec l'acide carbonique; à ce propos, on fera ressortir les analogies du soufre et de l'oxygène.

On insistera sur le rôle chimique du cyanogène et sur son analogie avec le chlore.

Questionnaire. — Qu'est-ce que le sulfure de carbone? — À quoi peut-il servir? — Comment prépare-t-on le cyanogène? — L'acide cyanhydrique est-il vénéneux? — Qu'est-ce que le fulminate de mercure? — Où et sous quelle forme trouve-t-on la silice? — Quelles sont ses propriétés? — Qu'est-ce que le quartz? — Comment prépare-t-on la silice gélatineuse? — Comment prépare-t-on l'acide borique?

CHAPITRE XII

PROPRIÉTÉS GÉNÉRALES DES MÉTAUX. — ALLIAGES. — ACTION DE L'OXYGÈNE, DU SOUFRE ET DU CHLORE SUR LES MÉTAUX.

Sommaire. — 67. Les *métaux* sont des corps, bons conducteurs de la chaleur et de l'électricité, formant avec l'oxygène des composés appelés oxydes métalliques. — Ils sont tenaces, ductiles, malléables. — Ils sont plus ou moins facilement oxydables. — On les classe d'après l'action qu'ils exercent sur l'eau et la facilité plus ou moins grande avec laquelle leurs oxydes sont réductibles par la chaleur seule.

68. On appelle *alliages* des combinaisons formées par les métaux entre eux et douées de qualités spéciales qui les rendent propres aux usages industriels. — Les alliages présentent le phénomène de la *liquation*.

69. L'*oxydation des métaux* est facilitée par la présence de la vapeur d'eau et des acides.

70. Les oxydes métalliques se divisent en cinq classes : *oxydes basiques, indifférents, acides, salins et singuliers*. — Ils sont réductibles par le charbon.

71. Le soufre et le chlore attaquent facilement les métaux; il en résulte des *sulfures* ou des *chlorures* métalliques.

72. Les *sulfures* sont analogues aux oxydes : un certain nombre d'entre eux sont natifs et sont employés comme minerais métalliques.

73. On trouve dans la nature le *chlorure* de sodium ou sel marin, des *chlorures alcalins* dans les eaux de la mer, et du *chlorure d'argent* dans le sol.

266. On appelle **métaux** des corps simples, doués d'un éclat particulier dit métallique, *bons conducteurs de la chaleur et*

de l'électricité. En se combinant avec l'*oxygène*, ils forment des composés binaires, appelés *oxydes métalliques*, dont l'un au moins est une *base*, capable de réagir sur un acide pour former un *sel*.

267. Propriétés physiques. — Les métaux sont généralement solides, à l'exception du mercure qui est liquide à la température ordinaire. Leur couleur est variable : le cuivre est rouge, l'or est jaune, le fer est gris, l'argent d'un blanc jaunâtre, le zinc d'un blanc bleuâtre : tous les autres sont d'un gris blanc. Leur *densité* est très variable : les métaux usuels ont une densité variant entre 7 et 9; l'or a pour densité 19,25, le platine 21,5, l'iridium 22,38.

268. Fusibilité. — Tous les métaux fondent à des températures plus ou moins élevées :

Mercure	—40°	Zinc	410°
Potassium	55°	Antimoine	450°
Étain	228°	Aluminium	700° (rouge)
Plomb	335°	Argent	954° (rouge vif)
Cadmium	360°	Cuivre	1100°
Or	1045°	Fer	1500° (rouge blanc)
Platine	1775°	Iridium	2500°

269. Volatilité. — Certains métaux sont volatils à une température suffisamment élevée :

Le Mercure bout à	360°	Le Zinc bout à	930°
Le Cadmium	860°	Le Magnésium	1040°

Le plomb, l'argent et l'or émettent des vapeurs au-dessus de leur point de fusion.

270. Conductibilité pour la chaleur. — En prenant pour terme de comparaison le pouvoir conducteur de l'argent, on obtient les nombres suivants :

Argent	1000	Zinc	193	Plomb	43
Cuivre	736	Étain	145	Platine	84
Or	532	Fer	119	Bismuth	18

271. Conductibilité électrique. — Le tableau suivant fait connaître quelle est la longueur des fils de même section qui offrent la même résistance électrique qu'un fil d'argent de 100 centimètres :

Argent	100	Or	65,4	Platine	8,04
Cuivre	91,4	Fer	13,2	Mercure	1,8

272. Ténacité. — Un métal est d'autant plus *tenace* qu'il offre plus de résistance à la rupture, quand on le soumet à la traction. Le *cobalt*, le *nickel* et le *fer* sont très tenaces; l'*étain* et le *plomb* le sont fort peu.

273. Dureté. — Un métal est d'autant plus *dur* qu'il se laisse rayer moins facilement. Le chrome et le fer sont très durs; le zinc, le platine, le cuivre, l'or, l'argent et l'étain sont assez mous; le plomb, le potassium et le sodium sont rayés par l'ongle.

274. Ductilité. — Un métal est d'autant plus *ductile* qu'il peut être étiré en fils plus fins. Voici l'ordre de ductilité des métaux :

1. Or.   3. Platine.   5. Fer.   7. Zinc.   9. Plomb.
2. Argent. 4. Aluminium. 6. Cuivre. 8. Étain.

L'or est le plus ductile et le plomb est le moins ductile des métaux.

Pour étirer les métaux en fils, on les fait passer à travers une série de trous de plus en plus fins pratiqués dans une plaque d'acier fondu, appelée une *filière*.

275. Malléabilité. — Un métal est *malléable*, lorsqu'il s'étend facilement en feuilles sous le marteau ou sous la pression du laminoir. L'or est le plus malléable des métaux ; on en fait des feuilles d'or dont il faut 500 pour 1 millimètre d'épaisseur.

Voici l'ordre de malléabilité des métaux :

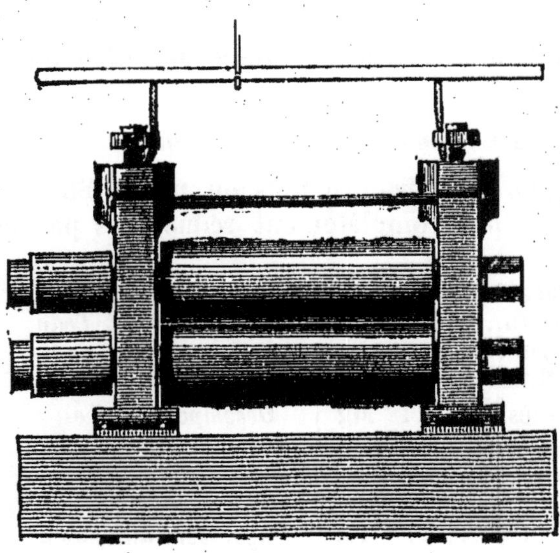

Fig. 113. — Laminoir formé de deux cylindres d'acier entre lesquels on engage la barre à transformer en feuille.

1. Or. 3. Aluminium. 5. Etain. 7. Plomb. 9. Fer.
2. Argent. 4. Cuivre. 6. Platine. 8. Zinc. 10. Nickel.

Un laminoir est formé de deux cylindres d'acier (fig. 113), tournant en sens contraire entre lesquels on engage la barre de métal à transformer en feuille. Au moyen d'une vis de pression on diminue progressivement la distance des deux cylindres : on fait passer plusieurs fois de suite la barre entre les cylindres jusqu'à ce qu'elle ait l'épaisseur voulue.

Un métal qui a passé au laminoir ou à la filière devient cassant : il s'est *écroui ;* pour lui rendre ses propriétés primitives, on le *recuit ;* on le chauffe au rouge et on le laisse refroidir lentement.

276. Pour les applications industrielles, on choisira les métaux d'après leurs propriétés physiques, en tenant compte des altérations chimiques qu'ils peuvent subir par leur exposition à l'air ou sous l'action des différents agents chimiques.

CLASSIFICATION DES MÉTAUX

277. On ne peut donner des métaux qu'une classification artificielle ; on emploie encore la classification de **Thénard,** légèrement modifiée ; elle est fondée sur les modifications qu'éprouvent les métaux au contact de l'air, de l'eau, des acides : elle repose donc sur des caractères essentiellement pratiques.

Première classe *(métaux communs).*

Ils s'oxydent à une température plus ou moins élevée ; leurs oxydes ne sont pas complètement réductibles par la chaleur :

1re Section.	Potassium......	K	*Métaux, dits alcalins, qui décomposent l'eau à la température ordinaire.*
	Sodium.........	Na	
	Baryum.......	Ba	
	Calcium........	Ca	
2e Section.	Magnésium.....	Mg	*Décomposent l'eau vers 100°.*
	Manganèse.....	Mn	
3e Section.	Fer...........	Fe	*Décomposent l'eau au rouge ; sont attaqués à froid par les acides énergiques.*
	Nickel........	Ni	
	Cobalt.........	Co	
	Chrome........	Cr	
	Zinc..........	Zn	
	Cadmium......	Cd	

| 4ª Section. | Étain............ | Sn | Décomposent l'eau au-dessus du rouge; sont attaqués par les dissolutions alcalines en dégageant de l'hydrogène. |
| | Antimoine...... | Sb | |

5ª Section.	Cuivre	Cu	Décomposent faiblement l'eau à une température très élevée; ne la décomposent pas à froid, ni en présence des acides puissants ni en présence des solutions alcalines.
	Plomb..........	Pb	
	Bismuth........	Bi	

Deuxième classe *(métaux intermédiaires.)*

Les métaux de cette classe ne s'oxydent pas à l'air, même à une température très élevée; leurs oxydes sont irréductibles par la chaleur ou par l'hydrogène ou par le charbon.

| 6ª Section. | Aluminium.......... | Al. |
| | Glucinium.......... | Gl. |

Troisième classe *(métaux précieux.)*

Leurs oxydes sont facilement réductibles par la chaleur en métal et en oxygène.

7ª Section.	Mercure........	Hg	S'oxydent à une température peu élevée.
	Palladium......	Pd	
	Iridium........	Ir	

8ª Section.	Argent..	Ag	Inaltérables à toutes les températures.
	Or.............	Au	
	Platine........	Pt	

ALLIAGES

278. Dans les arts, on n'emploie que très rarement les métaux purs, car aucun d'eux ne peut posséder toutes les qualités requises pour un usage industriel déterminé; ainsi, l'or et l'argent sont trop mous: la monnaie d'or ou d'argent pur s'userait trop vite; on lui donne la dureté, en alliant du cuivre au métal précieux. Aucun métal isolé ne posséderait les conditions de *fusibilité*, de *ténacité* et de *malléabilité* requises pour la fabrication des caractères d'imprimerie: l'alliage de 80 parties de plomb et de 20 parties d'antimoine est assez fusible pour que l'on puisse couler facilement les caractères, et il est doué d'une ténacité telle qu'il ne s'écrase pas sous l'action de la presse, sans pourtant couper le papier.

Les *métaux* s'emploient alors exclusivement à l'état d'alliages, formés par l'union des métaux entre eux.

279. Propriétés. — Les *alliages* sont toujours plus durs, plus cassants, moins ductiles et moins tenaces que le plus ductile et le plus tenace des métaux constitutifs.

Leur fusibilité est plus grande que celle du métal le moins fusible ; elle peut même être plus grande que celle du métal le plus fusible : l'*alliage de* **Darcet**, par exemple, fond dans la vapeur d'eau bouillante (fig. 114) : il est formé de 8 parties de bismuth, 5 parties de plomb et 3 parties d'étain : le métal le plus fusible, l'étain, fond à 228°. — Le potassium et le sodium forment un alliage liquide à la température ordinaire.

Le mercure, l'étain et le bismuth donnent de la fusibilité à l'alliage ; le plomb et l'étain donnent de la dureté ; l'antimoine rend l'alliage cassant. Les alliages dans lesquels entre le mercure s'appellent *amalgames*.

Fig. 114. — Fusion de l'*alliage de Darcet* dans la vapeur d'eau bouillante.

280. Principaux alliages.

	1er titre.	2e titre.	3e titre.
Monnaies d'or...................... { Or............. 900			
Cuivre......... 100			
Médailles d'or....................... { Or............. 916			
Cuivre......... 84			
Bijoux en or...................... { Or.....	920	850	750
Cuivre.	80	150	250

Monnaies d'argent. Pièces de 5 francs.	Argent	900
	Cuivre	100
Monnaie divisionnaire d'argent	Argent	835
	Cuivre	165
Vaisselle d'argent	Argent	950
	Cuivre	50
Bronze des canons	Cuivre	90
	Étain	10
Bronze des tamtams et des cymbales	Cuivre	80
	Étain	20
Bronze des cloches	Cuivre	78
	Étain	22
Bronze d'aluminium	Cuivre	90,05
	Aluminium	10, 5
Laiton ordinaire	Cuivre	66
	Zinc	33
Chrysocale	Cuivre	90
	Zinc	10
Caractères d'imprimerie	Plomb	80
	Antimoine	20
Soudure des plombiers	Étain	33
	Plomb	66
Robinets, vaisselle d'étain	Étain	92
	Plomb	8
Mesures en étain (litres, décilitres)	Étain	82
	Plomb	18
Maillechort	Cuivre	50
	Zinc	25
	Nickel	25
Métal anglais	Étain	100
	Antimoine	8
	Cuivre	4
	Bismuth	1
Alliage fusible de Darcet	Bismuth	8
	Plomb	5
	Étain	3
Bronze des monnaies	Cuivre	95
	Étain	4
	Zinc	1

Monnaie de nickel belge............ { Cuivre.......... 4 / Nickel 1

281. Préparation des alliages. — Les alliages se préparent en faisant fondre dans un creuset les métaux à allier : on agite la masse pour la rendre homogène et on la coule rapidement dans les moules. Il est quelquefois presque impossible d'obtenir une masse bien homogène : ainsi, lorsqu'on coule un canon, il faut laisser au-dessus de la bouche une masse liquide assez considérable, appelée *masse-lotte*, qui pressera sur la masse inférieure et l'empêchera de se séparer en deux ou trois masses superposées de composition différente : cela tient à ce que le bronze des canons tend à subir la *liquation*.

282. Liquation des alliages. — Chauffons un alliage de manière à déterminer sa fusion complète, et laissons-le refroidir en plongeant un thermomètre dans la masse : le thermomètre accuse d'abord un abaissement continu de température ; puis, il demeure stationnaire pendant un certain temps ; il descend de nouveau, reste stationnaire, et ainsi de suite plusieurs fois jusqu'à solidification complète de l'alliage. A chaque point d'arrêt du thermomètre correspond la solidification d'un alliage défini : l'alliage total est donc un mélange de plusieurs alliages de composition définie dissous dans le plus fusible d'entre eux.

Inversement, si on chauffe l'alliage solide dans le voisinage de son point de fusion, l'alliage le plus fusible fond le premier et se sépare du reste de la masse solide ; puis, un second alliage fond à son tour, et ainsi de suite, jusqu'à ce que tout l'alliage primitif soit fondu : ce phénomène a reçu le nom de *liquation*. On l'observe avec les alliages fusibles que l'on plaçait autrefois sur les chaudières des machines à vapeur pour prévenir les accidents résultant de leur explosion.

283. Les alliages sont de véritables combinaisons. — La formation des alliages dégage de la chaleur, comme on peut l'observer en projetant du sodium en morceaux dans du mercure légèrement chauffé : on entend un bruit semblable à celui d'un fer rouge trempé dans l'eau. Ils cristallisent : l'*amalgame de sodium* se sépare facilement, en longues aiguilles cristallines brillantes, du mercure en excès. Enfin le phénomène de la *liquation* démontre l'existence de combinaisons définies formées par les métaux, en s'alliant les uns aux autres.

ACTION DE L'OXYGÈNE ET DE L'AIR SUR LES MÉTAUX.

284. L'*oxygène sec* agit sur tous les métaux, à une température plus ou moins élevée, à l'exception de l'argent, de l'or, du platine, de l'aluminium et de l'iridium ; le potassium seul s'oxyde à la température ordinaire dans l'oxygène sec ou dans l'air sec. Le fer est inaltérable dans l'oxygène sec, mais il se transforme à l'air humide en sesquioxyde de fer hydraté, appelé vulgairement *rouille :* cette oxydation est due à la présence de la vapeur d'eau et de l'acide carbonique de l'air. Dès que l'oxydation a commencé en un point, elle gagne rapidement toute la masse du fer, qui se transforme complétement en rouille ; on admet qu'il se forme alors un couple électrique entre le fer et le sesquioxyde de fer : la vapeur d'eau de l'atmosphère est décomposée, son oxygène se porte sur le fer pour l'oxyder, et l'hydrogène se dégage ; il peut même se former un peu d'ammoniaque aux dépens de l'azote de l'air.

Avec le zinc, il y a formation, à l'air, d'hydrocarbonate de zinc ; mais l'action chimique est limitée à la surface du métal. On utilise cette propriété du zinc, pour préserver le fer de l'oxydation : on recouvre le fer d'une couche extérieure de zinc, et l'on obtient ainsi le *fer galvanisé.* On pourrait aussi recouvrir la surface du fer avec une couche de vernis, de peinture à l'huile ou de peinture au *minium,* qui préserve le métal sous-jacent du contact de l'air.

Le cuivre se recouvre à l'air d'une couche de *vert-de-gris,* ou hydrocarbonate de cuivre : ce vert-de-gris constitue la *patine* * des bronzes d'art.

285. Oxydes métalliques. — Les *oxydes métalliques* sont des corps composés, formés par la combinaison des métaux avec l'oxygène. Ce sont des corps solides insolubles dans l'eau, à l'exception des *alcalis.* Ils sont ternes, *mauvais conducteurs de la chaleur et de l'électricité ;* un grand nombre d'entre eux sont réductibles par l'hydrogène. Certains oxydes métalliques peuvent être réduits par le charbon; il se forme de l'acide carbonique ou de l'oxyde de carbone suivant la température à laquelle s'effectue la réduction :

$$2CuO + C = CO^2 + 2Cu$$
$$ZnO + C = CO + Zn.$$

Par exemple, en chauffant dans un tube d'essai de l'oxyde de cuivre et du charbon de bois pulvérisé, on obtient un résidu de cuivre métallique et il se dégage de l'acide carbonique (fig. 115).

Fig. 115. Réduction de l'oxyde de cuivre par le charbon. — A, tube d'essai dans lequel on chauffe un mélange d'oxyde de cuivre de charbon. — T, tube conduisant l'acide carbonique dans une éprouvette E contenant de l'eau de chaux.

286. Classification des oxydes. — **1re Classe.** *Oxydes basiques ou bases.* Leurs hydrates se combinent avec les acides pour former des sels. Ce sont les *alcalis* ou bases fortes, telles que la potasse, la soude, la chaux, la baryte; les bases terreuses, telles que la magnésie; les *protoxydes* métalliques de fer, de cuivre, etc. Les oxydes basiques sont tous des *protoxydes* : MO.

2e Classe. *Oxydes indifférents.* Ils réagissent sur les acides en jouant le rôle de *bases* et sur les bases fortes en jouant le rôle d'*acides.*

Ce sont les sesquioxydes de fer, de chrome, d'aluminium, l'oxyde de zinc ; ainsi, l'alumine Al^2O^3, forme avec l'acide sulfurique le sulfate d'alumine ; mais elle est soluble dans la potasse, avec laquelle elle forme l'aluminate de potasse.

3e Classe. *Oxydes acides.* Ils peuvent se combiner avec les bases pour former des sels : ce sont l'acide plombique PbO^2, l'acide stannique SnO^2, l'acide chromique CrO^3, etc.

4e Classe. *Oxydes salins.* Ce sont des sels dans lesquels un oxyde joue le rôle d'acide et un autre oxyde le rôle de base. Ex. : l'oxyde salin de fer $Fe^3O^4 = FeO,Fe^2O^3$, le minium $Pb^3O^4 = 2PbO,PbO^2$, l'oxyde rouge de manganèse $Mn^3O^4 = MnO,Mn^2O^3$, etc.

5e Classe. *Oxydes singuliers.* Ils ne se combinent jamais avec les acides ou les bases qu'après s'être décomposés partiellement : ce sont le bioxyde de manganèse MnO^2, le bioxyde de baryum BaO^2, etc.

287. Préparation des oxydes métalliques. — On les prépare par l'un des procédés suivants :

1° *Oxydation directe du métal à l'air.* Chauffez du cuivre et faites passer sur ce métal un vif courant d'air, vous le verrez se recouvrir d'une couche d'oxyde noir de cuivre CuO. Ainsi se prépare la litharge, PbO, et l'oxyde de zinc, ZnO.

2°. *Décomposition du carbonate ou de l'azotate correspondant.* Chauffez de la craie au rouge, il se dégagera de l'acide carbonique et il restera comme résidu fixe de la *chaux* vive, CaO. L'oxyde de mercure, HgO, se prépare en décomposant l'azotate de mercure par la chaleur.

3°. Versez une solution de potasse ou d'ammoniaque dans une solution d'azotate de plomb, vous obtiendriez un précipité blanc d'hydrate d'oxyde de plomb. Versez de l'ammoniaque ordinaire dans une solution de perchlorure de fer, vous verrez apparaître un précipité, couleur de rouille, d'hydrate de sesquioxyde de fer.

288. État naturel. — On en trouve un très grand nombre dans le sol, où ils constituent la plupart des minerais métalliques exploités.

ACTION DU SOUFRE ET DU CHLORE SUR LES MÉTAUX

289. Action du soufre sur les métaux. — Sulfures. — Presque tous les métaux se combinent directement avec le soufre sous l'action de la chaleur, à l'exception de l'*aluminium*, du *zinc*, de l'*or* et du *platine*; la réaction est *exothermique*: il se forme le *sulfure métallique* correspondant.

Les *sulfures métalliques* sont presque tous insolubles dans l'eau, excepté les sulfures alcalins ; ils sont colorés. On utilise leur coloration soit pour la peinture, soit dans l'analyse chimique pour distinguer les sels métalliques les uns des autres.

Il existe la plus grande analogie entre les *sulfures* et les *oxydes* : cela résulte de l'analogie qui existe entre le soufre et l'oxygène.

La classification des sulfures est la même que celle des oxydes.

On les prépare, soit en combinant directement le soufre et le métal sous l'action de la chaleur, soit en chauffant l'oxyde métallique avec de la fleur de soufre et de l'eau, soit en faisant passer un courant d'hydrogène sulfuré dans une solution saline du métal, soit enfin en traitant par une solution de sulfure alcalin une solution saline du métal.

On trouve dans la nature un grand nombre de sulfures cristallisés, tels que la pyrite martiale, FeS^2, la galène, PbS, la blende, ZnS, etc.

292. Action du chlore sur les métaux. — Chlorures. — *Tous les métaux* sont attaqués par le chlore à une température plus ou moins élevée ou par le *chlore naissant*. On obtient le *chlorure* correspondant au métal.

La plupart des chlorures métalliques sont solides, fusibles, volatils : certains d'entre eux sont liquides, comme le bichlorure d'étain et le perchlorure d'antimoine. La chaleur en décompose un certain nombre. Le chlorure d'argent est décomposé par la lumière : le courant électrique les décompose en chlore et en métal.

Les *chlorures* sont généralement solubles dans l'eau, à l'exception du chlorure d'argent, du sous-chlorure de mercure et du chlorure de plomb ; l'eau en décompose quelques-uns, comme le chlorure d'antimoine et le chlorure de bismuth.

L'oxygène est à peu près sans action sur les chlorures ; l'hydrogène en réduit un petit nombre ; l'ammoniaque est absorbée par presque tous les chlorures métalliques, surtout par le chlorure d'argent et le chlorure de calcium.

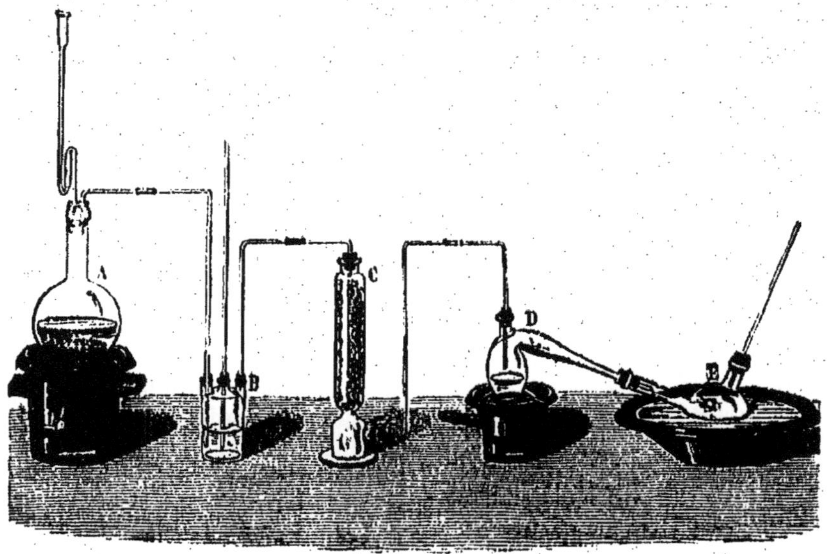

Fig. 116. Préparation de $SnCl_2$. — A, appareil producteur de chlore. — B, C, appareils desséchants. — D, cornue contenant l'étain en feuille. — E, ballon refroidi dans lequel se condense le bichlorure d'étain.

201. Réactif des chlorures. — Les chlorures métalliques solubles, traités par l'azotate d'argent, donnent un précipité blanc, caillebotté, de chlorure d'argent, AgCl, noircissant à la lumière, soluble dans l'ammoniaque et dans le cyanure de potassium.

202. Préparation des chlorures. — On les prépare :
1°. En faisant réagir le chlore sur le métal, comme pour

la préparation du *bichlorure d'étain*, SnCl², (fig. 116) du ses-quichlorure de fer, Fe²Cl³.

2°. Par l'action combinée du chlore et du charbon sur l'oxyde métallique, comme pour la fabrication du chlorure d'aluminium, Al²Cl³.

3°. En faisant réagir l'acide chlorhydrique sur le métal, soit à l'état gazeux, soit en dissolution, comme dans la préparation du protochlorure de fer, FeCl, du protochlorure d'étain, SnCl, etc.

4°. Par l'action de l'*eau régale* sur le métal, comme pour les chlorures d'or et de platine.

5°. En faisant réagir l'acide chlorhydrique sur l'oxyde, le carbonate ou le sulfure métallique, comme pour les chlorures de baryum et d'antimoine.

203. État naturel. — On trouve dans la nature le chlorure de sodium, NaCl, à l'état de sel marin ou de sel gemme, des chlorures de potassium et de magnésium dans l'eau de mer, du chlorure d'argent dans le sol.

Conseils pédagogiques. — Après avoir exposé les propriétés générales des métaux, on fera ressortir les caractères sur lesquels repose leur classification. On insistera sur les lois qui, président à la formation des alliages. Enfin on énumérera les principaux sulfures et chlorures métalliques naturels.

Questionnaire. — Qu'est-ce qu'un métal? — Quelles sont les principales propriétés physiques des métaux? — Qu'est-ce qu'une filière? — Qu'est-ce qu'un laminoir? — Donnez les règles de la classification des métaux. — Qu'est-ce qu'un alliage? — Quels sont les alliages usuels? — Qu'appelle-t-on liquation? — Les alliages sont-ils des combinaisons? — Qu'est-ce qu'un oxyde métallique? — Quelle est l'action du charbon sur les oxydes métalliques? — Quelle est la classification des oxydes? — Quel est le réactif des chlorures? — Quels sont les principaux sulfures naturels? — Quels sont les principaux chlorures naturels?

CHAPITRE XIII

SELS. — LOIS DE BERTHOLLET. — ÉQUIVALENTS.

Sommaire. — 74. On appelle *sel* le résultat de la combinaison d'un acide et d'une base, ou mieux, le résultat de la substitution d'un métal à l'hydrogène remplaçable d'un acide.

75. Les sels renferment de l'eau d'interposition, de l'eau de cristallisation et de l'eau de constitution.

76. *Ils sont décomposés par le courant électrique :* le métal ou

l'élément électro-positif se dépose sur l'électrode négative. — Les métaux peuvent, dans les sels, se substituer les uns aux autres, équivalent à équivalent.

77. Les *lois de Berthollet* régissent l'action des acides, des bases et des sels sur les sels. — Elles sont fondées sur l'insolubilité du composé qui peut prendre naissance.

78. On appelle *sel neutre*, tout sel dans lequel tout l'hydrogène de l'acide générateur a été remplacé par un métal : dans le cas contraire, le sel est dit être un sel acide.

79. On appelle *équivalent d'un métal* le poids de ce métal qui peut se substituer à l'hydrogène dans la formation des sels. On appelle équivalent d'un métalloïde le poids de ce métalloïde qui remplace 8 d'oxygène devant 1 d'hydrogène ou 39 de potassium, ou 108 d'argent.

80. L'*équivalent d'une base* est le poids de cette base qui contient 8 d'oxygène.

81. L'*équivalent d'un acide* est le poids de cet acide qui se combine à 1, 2 ou 3 équivalents de potasse pour former un sel neutre, suivant que l'acide est monobasique, bibasique ou tribasique.

SELS.

204. Lavoisier a défini un sel *le résultat de la combinaison d'un acide et d'une base :* de plus, l'acide devait nécessairement renfermer de l'oxygène. Plus tard, on donna le nom de *sels haloïdes** aux chlorures, bromures et iodures alcalins. Aujourd'hui, la définition d'un sel est plus générale : *on appelle sel le résultat de la substitution d'un métal, équivalent à équivalent, à l'hydrogène remplaçable d'un acide.* En effet, le *chlorure de zinc*, obtenu en traitant le zinc par l'acide chlorhydrique, est un *sel* au même titre que le *sulfate de zinc*, provenant de l'attaque du zinc par l'acide sulfurique.

205. Propriétés physiques. — Les *sels* sont des corps solides, cristallisables, doués d'une couleur dépendant généralement du métal générateur et pouvant caractériser ce métal : les sels de cuivre sont bleus ou verts, les sels de manganèse sont roses, les sels de protoxyde de fer sont verts, etc. La plupart des sels sont solubles dans l'eau; quelques-uns sont insolubles dans ce liquide : généralement, la solubilité d'un sel dans l'eau croît avec la température, comme pour le salpêtre, le sulfate de potasse, etc. D'autres sont à peu près aussi solubles à froid qu'à chaud, comme le sel marin; enfin, le sulfate de soude présente un maximum de solubilité vers 33° : à ce moment le sel dissous change de constitution ; en effet, celui qui cristalliserait de sa solution saturée au-dessous de 33°, aurait pour formule $NaO,SO^3 + 10HO$, tandis que celui que l'on obtient au-dessus de 33° est anhydre.

La solubilité d'un sel dans l'eau à toute température peut être représentée par une courbe appelée *courbe de solubilité* (fig. 117).

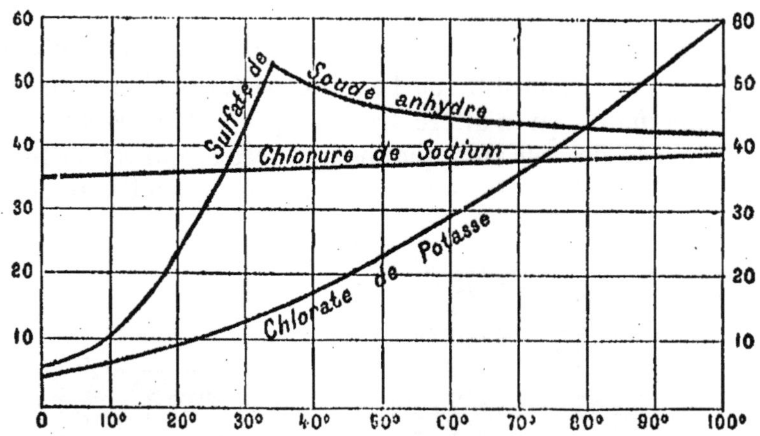

Fig. 117. — Courbes de solubilité.

206. Eau d'interposition. — Eau de cristallisation. — Les sels, cristallisés par voie de dissolution, sont formés par des agglomérations de cristaux qui emprisonnent entre eux de petites quantités d'eau-mère : cette eau a reçu le nom d'*eau d'interposition* : c'est grâce à elle que les sels décrépitent, quand on les chauffe. Pour s'en débarrasser, on pulvérise le sel et on le maintient dans une étuve à 100°, jusqu'à ce qu'il cesse de perdre de son poids.

L'eau peut se trouver dans les sels à l'état d'*eau de cristallisation* : ainsi, si l'on prend le sulfate de cuivre, sel bleu cristallisé, et si on le chauffe à 200°, il devient blanc et amorphe; il perd 5 équivalents d'eau et il reste du sulfate de cuivre anhydre, CuO,SO^3 : de même, le sulfate de fer, $FeO,SO^3 + 7HO$, sel vert cristallisé, abandonne son eau de cristallisation vers 300° et devient blanc et amorphe. Le gypse ou sulfate de chaux naturel cristallisé, $CaO,SO^3 + 2HO$, perd son eau de cristallisation, quand on le calcine, et se transforme en *plâtre* ou sulfate de chaux anhydre, CaO,SO^3, poudre blanche amorphe.

On appelle sels *déliquescents* des sels qui absorbent peu à peu la vapeur d'eau de l'atmosphère et se dissolvent dans l'eau qu'ils ont absorbée. On appelle sels *efflorescents* des sels qui perdent une partie de leur eau d'hydratation et se transforment en une masse farineuse pulvérulente : le carbonate de potasse est le type des sels déliquescents et le carbonate de soude le type des sels efflorescents.

297. Eau de constitution. — Quand on fait disparaître l'eau d'interposition ou l'eau de cristallisation d'un sel, en le chauffant, on n'altère pas ses propriétés *chimiques*; mais il existe des sels, tels que les *sels acides*, qui renferment des *équivalents d'eau de constitution* qu'on ne peut leur enle-

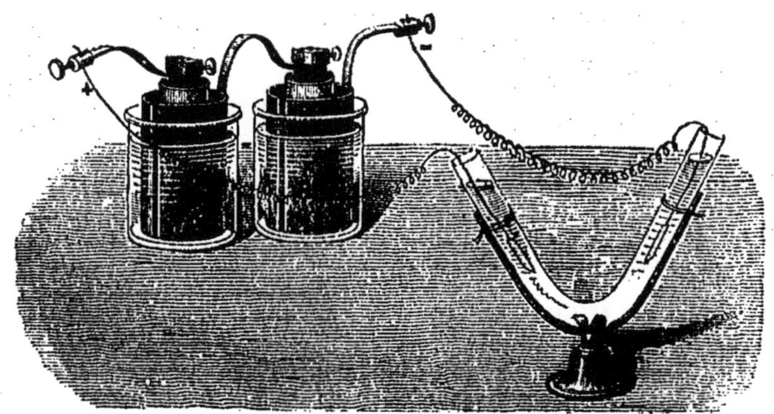

Fig. 118. — Électro-analyse d'un sel par le courant électrique.

ver sans les transformer en d'autres sels. Prenons, par exemple, le bicarbonate de soude, NaO,HO,C^2O^4. Si on le chauffe au-dessus de 100°, il perd un équivalent d'eau et la moitié de son acide carbonique, pour se transformer en carbonate neutre de soude, NaO,CO^2, indécomposable par la chaleur. L'équivalent d'eau contenu dans le bicarbonate de soude est un équivalent d'eau de constitution, jouant le rôle de base.

298. Action de la chaleur sur les sels. — Lorsque l'on chauffe un sel hydraté, il commence par abandonner son eau, dans laquelle le sel anhydre se dissout : le sel subit la *fusion aqueuse*; puis, l'eau s'évapore, et le sel anhydre reste solide, puis, celui-ci fond à son tour et éprouve la *fusion ignée*. Enfin, à une température plus élevée, le sel peut être décomposé.

299. Action de l'électricité. — Les dissolutions salines sont décomposées par le courant électrique : le métal se dégage sur l'électrode négative et les éléments électro-négatifs apparaissent sur l'électrode positive [1] (fig. 118).

300. Action des métaux. — Richter a montré le premier que les métaux pouvaient se substituer les uns aux autres dans leurs dissolutions salines : la substitution s'effectue équivalent à équivalent. Plongeons une lame de cuivre dans une dissolution d'azotate d'argent, elle se recouvrira de cristaux brillants d'argent métallique et il se formera de l'azotate de cuivre, comme on peut le constater en ajoutant un peu d'ammoniaque à la liqueur : elle prend immédiatement une coloration bleu céleste très intense ; de plus, si l'on détermine la perte de poids de la lame de cuivre et le poids de l'argent déposé, on trouve que ces poids sont entre eux comme 31,75, équivalent du cuivre, est à 108, équivalent de l'argent. — Plaçons quelque clous dans un verre et versons dans le verre une dissolution de sulfate de cuivre : les clous se recouvriront instantanément d'une couche de cuivre rouge ; la substitution des deux métaux se sera effectuée dans le rapport de 28, équivalent du fer, à 31,75, équivalent du cuivre. — Plongeons une lame de zinc ou de fer dans de l'acide sulfurique étendu : il se dégagera de l'hydrogène et il se dissoudra du zinc ou du fer, pour former du sulfate de zinc ou de fer.

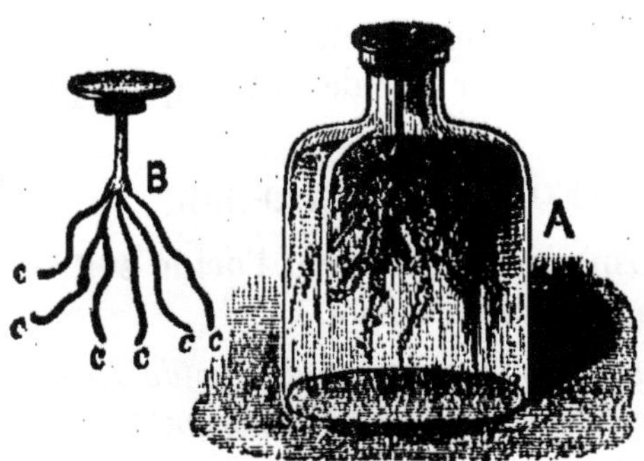

Fig. 118. Arbre de Saturne. — A, bocal renfermant 1 litre d'eau et 40 gr. d'acétate de plomb dissous. — B, morceau de zinc auquel sont attachés des fils de cuivre C. On plonge le tout dans la solution du vase A. — On voit des cristaux de plomb se déposer sur le fil et former des arborescences.

1. Voir Physique Drincourt et Dupuys. *Électro-chimie.*

Pour 1 gr. d'hydrogène dégagé, il se dissoudra 33 gr. de zinc ou 28 gr. de fer, etc.

L'*arbre de Saturne* [1] est une application de l'action des métaux sur les sels (fig. 119).

301. Action des acides, des bases, des sels sur les sels. — L'action des acides, des bases et des sels sur les sels est régie par les **lois de Berthollet**, fondées sur l'insolubilité et sur la volatilité des produits de la réaction.

302. Principe fondamental. — *Un acide, une base ou un sel réagissent sur un sel, lorsqu'il peut résulter de cette réaction un corps moins soluble ou plus volatil que les corps réagissants, dans les conditions de l'expérience.*

LOIS DE BERTHOLLET

303. Action des acides sur les sels. — **1re loi.** — *Un acide est chassé de son sel par tout autre acide plus fixe que lui.*

Exemples : 1°. Décomposition des carbonates par les acides, même les plus faibles :

$$KO,CO^2 + HCl = KCl + CO^2 + HO$$
$$NaO,CO^2 + SO^3,HO = NaO,SO^3 + HO + CO^2.$$

2°. Préparation de l'acide azotique : l'acide azotique qui bout à 86° est chassé, vers 100°, par l'acide sulfurique, qui bout à 325° :

$$KO,AzO^5 + S^2O^6,2HO = KO,HO,S^2O^6 + AzO^5,HO.$$

3°. La silice et l'acide phosphorique chassent l'acide sulfurique des sulfates à la température du rouge.

2e loi. — *Un acide chasse de son sel un autre acide insoluble ou très peu soluble à la température de l'expérience.*

Exemple : L'acide sulfurique précipite la silice du silicate de potasse, à l'état de silice gélatineuse.

3e loi. — *Tout acide est chassé de son sel par un autre acide qui peut former, avec la base du sel, un sel insoluble.*

Exemples : 1°. L'acide sulfurique chasse l'acide azotique de

1. Le *plomb* était dédié à *Saturne*.

l'azotate de plomb, parce qu'il peut se former du sulfate de plomb insoluble :

$$PbO,AzO^5 + SO^3,HO = AzO^5,HO + \underline{PbO,SO^3}.$$

2°. L'acide chlorhydrique précipite l'azotate d'argent à l'état de chlorure d'argent :

$$AgO,AzO^5 + HCl = AzO^5,HO + \underline{AgCl}.$$

304. Action des bases sur les sels. — 1re loi. — *Une base fixe chasse d'un sel une autre base volatile à la température de l'expérience.*

Exemple : La potasse, la soude, la chaux chassent l'ammoniaque des sels ammoniacaux.

2° loi. — *Une base soluble chasse d'un sel une autre base insoluble.*

Exemple : L'oxyde de plomb est chassé de ses sels par la potasse ou l'ammoniaque :

$$PbO,AzO^5 + KO,HO = \underline{PbO,HO} + KO,AzO^5.$$

On applique cette loi pour la préparation d'un grand nombre d'oxydes métalliques.

3° loi. — *Une base est chassée de son sel par une autre base pouvant former avec l'acide du sel un sel insoluble.*

Exemple : On prépare la potasse caustique en traitant une dissolution de carbonate de potasse par un lait de chaux : il se forme du carbonate de chaux insoluble, et la potasse, mise en liberté, se dissout dans la liqueur :

$$KO,CO^3 + CaO,HO = \underline{CaO,CO^2} + KO,HO.$$

305. Action des sels sur les sels. — 1re loi. — *Deux sels réagissent l'un sur l'autre, lorsqu'ils peuvent donner naissance à un sel insoluble à la température de l'expérience.*

1er exemple : Une dissolution d'azotate de baryte et une dissolution de sulfate de potasse réagissent l'une sur l'autre :

$$BaO,AzO^5 + KO,SO^2 = \underline{BaO,SO^3} + KO,AzO^5.$$

2° exemple : Azotate d'argent et sel marin :

$$AgO,AzO^5 + KCl = \underline{AgCl} + KO.AzO^5.$$

3° exemple : A la température de l'ébullition, le chlorure de potassium et l'azotate de soude réagissent l'un sur l'autre, parce qu'il peut se former du chlorure de sodium, très peu soluble à la température de l'expérience :

$$NaO,AzO^5 + KCl = \underline{NaCl} + KO,AzO^5.$$

On utilise cette réaction pour préparer le salpêtre.

2° loi. — *Deux sels réagissent l'un sur l'autre lorsqu'ils peuvent former un sel volatil à la température de l'expérience.*

Exemple : Si l'on chauffe un mélange de sulfate d'ammoniaque et de carbonate de chaux, il se dégage du *carbonate d'ammoniaque.*

En chauffant du sel marin et du sulfate de mercure, on obtiendrait du chlorure de mercure volatil.

306. Lorsqu'aucun produit insoluble ou volatil ne peut prendre naissance, on ne peut plus savoir *à priori* quelle sera la réaction produite. M. **Berthelot** a montré que, dans ce cas, il tend toujours à se former la combinaison *qui dégage la plus grande quantité de chaleur possible.*

Prenons, par exemple, une dissolution de sulfate de fer et une dissolution d'acétate de soude et mélangeons-les : la liqueur prend une teinte rouge foncé annonçant la formation d'une certaine quantité d'acétate de fer.

L'acide borique, quoique soluble dans l'eau, est chassé du borax par l'acide chlorhydrique, même étendu, parce que la formation du chlorure de sodium dégage plus de chaleur que la combinaison de l'acide borique avec la soude.

LOIS DE CONSTITUTION DES SELS — ÉQUIVALENTS

307. On appelait autrefois *sel neutre* tout sel qui était sans action sur la teinture de tournesol : on forme ainsi un certain nombre de sels neutres, tels que l'azotate de potasse, le sulfate de soude, l'azotate de baryte, etc. On savait quels étaient les poids d'acides nécessaires pour neutraliser le même poids de potasse et quels étaient les poids des différentes bases anhydres nécessaires pour neutraliser le même poids d'acide azotique ou d'acide sulfurique. On vit alors que, pour les azotates neutres, les poids d'acide azotique et de base anhydre qui se neutralisaient renfermaient des proportions d'oxygène qui étaient entre elles comme 5 est à 1 ; pour les sulfates neutres, ce rapport était de 3 à 4, etc... Alors, on étendit la notion de sel neutre ; avec **Richter** et **Berzélius** ', on appela *sel neutre* tout sel dans lequel il existait entre l'oxygène de l'acide et l'oxygène de la base un rapport simple, égal au rapport caractéristique du genre de sels considéré.

Pour les Azotates neutres, ce rapport est 6
Sulfates 3
Carbonates 2
Chlorates........................ 6

On appela *sel acide* tout sel dans lequel le rapport de l'oxygène de l'acide à l'oxygène de la base était supérieur au rapport générique ; et *sel basique*, tout sel dans lequel le rapport de l'oxygène de l'acide à l'oxygène de la base était inférieur au rapport générique.

308. Mais aujourd'hui, on considère les *sels* comme provenant de la substitution des métaux à l'hydrogène remplaçable des acides.

Un acide est *monobasique*, lorsqu'il ne renferme qu'un seul équivalent d'hydrogène remplaçable par un métal. Le type est l'acide azotique, AzO^5,HO. Il suit de là que les azotates auront pour formule MO,AzO^5 ; en outre ils seront *neutres*.

Un acide est *bibasique*, lorsqu'il renferme deux équivalents d'hydrogène remplaçable par un métal. Lorsque les deux équivalents d'hydrogène auront été remplacés par deux équivalents de métal, le sel sera dit **neutre;** si l'on ne remplace qu'un seul d'équivalent d'hydrogène par un métal, le sel sera dit un sel **acide.** Le type des acides bibasiques est l'acide sulfurique, $S^2O^6,2HO$. Les *sulfates neutres* auront pour formule $2MO,S^2O^6$ et les *sulfates acides* ou *bisulfates* auront pour formule MO,HO,S^2O^6.

Un acide est *tribasique*, lorsqu'il renferme trois équivalents d'hydrogène remplaçable. Il formera alors trois sels : l'un *neutre* et deux autres *acides*. Exemple : *l'acide orthophosphorique*, $PhO^5,3HO$.

Les orthophosphates neutres auront pour formule $3MO,PhO^5$, et les deux orthophosphates acides auront pour formules $2MO,HO,PhO^5$ et $MO,2HO,PhO^5$.

Les équivalents d'hydrogène d'un acide *polybasique* ' peuvent être remplacés par des métaux différents : *sulfate double de fer et de potasse,* FeO,KO,S²O⁶; *orthophosphate triple de soude, de magnésie et d'ammoniaque,* NaO,MgO,AzH⁴O,PhO⁵.

Certaines bases, comme l'oxyde de plomb, 2PbO,2HO, exigent deux équivalents d'acide monobasique pour être saturées; il se formera alors un azotate neutre de plomb, PbO,AzO⁵ et un *azotate basique de plomb,* 2PbO,HO,AzO⁶ ou *sous-azotate de plomb.*

300. Équivalents. — Les expériences de **Richter**, relatives à l'action des métaux sur les sels, ont montré que, généralement, un métal chasse d'un sel un autre métal d'une section supérieure à la sienne. Si nous partons de l'azotate d'argent, nous voyons que 108 gr. d'argent sont déplacés par 31 gr. 75 de cuivre, lesquels sont déplacés du sulfate de cuivre par 28 gr. de fer, lesquels déplacent 1 gr. d'hydrogène dans l'acide chlorhydrique.

Les poids   1 gr..................... Hydrogène
            28..................... Fer
            30.75..................... Cuivre
            108..................... Argent

sont donc les poids de ces différents métaux qui peuvent se remplacer chimiquement, pour former des combinaisons analogues : ils *s'équivalent* donc *chimiquement;* de là le nom d'*équivalents* qui leur a été donné. Ces mêmes poids s'équivalent aussi devant 8 gr. d'oxygène, avec lesquels ils se combinent pour former des protoxydes métalliques basiques, qui, à leur tour, sont équivalents devant un même poids d'acide azotique ou d'acide chlorique.

Mais les poids de métaux précédents s'équivalent aussi devant :

16ᵍ   de soufre
35ᵍ,5 de chlore
80ᵍ   de brome, etc.

En résumé, les *équivalents* des métaux représentent les poids de ces corps simples qui peuvent chimiquement se substituer les uns aux autres dans toutes les combinaisons : on les a rapportés à celui de l'hydrogène pris pour unité. Ce sont :

H..................... 1
K..................... 39

$$
\begin{array}{ll}
\text{Na} \dots\dots\dots\dots\dots\dots\dots & 23 \\
\text{Fe} \dots\dots\dots\dots\dots\dots\dots & 28 \\
\text{Cu} \dots\dots\dots\dots\dots\dots\dots & 31,75 \\
\text{Ag} \dots\dots\dots\dots\dots\dots\dots & 108,\ ^1\ \text{etc.}
\end{array}
$$

En outre, ces poids représentent les *nombres proportionnels* de chacun des métaux, c'est-à-dire les nombres suivant les multiples entiers desquels ces métaux entreront dans les combinaisons.

310. *L'équivalent d'un métalloïde* est le poids de ce métalloïde qui remplace 8 d'oxygène vis-à-vis de 1 d'hydrogène ou 39 de potassium ou 108 d'argent.

$$
\text{On a ainsi : }\quad
\begin{array}{ll}
\text{Cl} \dots\dots\dots\dots\dots\dots\dots & 35,5 \\
\text{Br} \dots\dots\dots\dots\dots\dots\dots & 80 \\
\text{I} \dots\dots\dots\dots\dots\dots\dots & 127,\ \text{etc.}
\end{array}
$$

Mais pour l'azote, le bore, le carbone, etc., on ne peut plus raisonner ainsi ; on choisit alors le nombre qui permet de représenter le plus simplement possible les réactions du métalloïde et la composition de ses combinaisons.

Pour l'azote, on a choisi 14, parce qu'il entre dans la composition d'un équivalent d'acide azotique et que ce nombre permet de représenter très simplement la série des composés oxygénés de l'azote.

Une fois l'équivalent de l'azote connu, on en a déduit celui de phosphore et celui de l'arsenic.

De même, l'équivalent du carbone est 6, parce qu'il entre dans le poids, 22 d'acide carbonique, qui représente l'équivalent de cet acide.

311. *L'équivalent d'une base* est le poids de cette base qui contient 8 d'oxygène. Pour les sesquioxydes, on a triplé ce nombre, pour éviter les exposants fractionnaires : il s'ensuit que la formule de leurs sels a dû aussi être triplée : exemple, l'alumine a pour formule $Al^{\frac{2}{3}}O$ ou Al^2O^3 ; alors le sulfate d'alumine a pour formule $Al^2O^3,3SO^3$.

312. *L'équivalent d'un acide* est le poids de cet acide qui se combine à 1, 2 ou 3 équivalents de potasse suivant que l'acide est *mono, bi,* ou *tribasique.*

___
1. Voir la Nomenclature des métaux.

313. *L'équivalent d'un sel* est égal à la somme des équivalents des corps qui le constituent [1].

Conseils pédagogiques. — On appellera l'attention des élèves sur le rôle de l'eau dans les sels, sur les lois de Berthollet et sur la constitution des sels. Pour la théorie des équivalents, on multipliera les expériences relatives à la substitution des corps simples les uns par les autres.

Questionnaire. — Qu'est-ce qu'un sel? — Quelle est l'action de l'eau sur les sels? — Qu'appelle-t-on eau de cristallisation? — Qu'appelle-t-on eau de constitution? — Qu'est-ce qu'un sel déliquescent, un sel efflorescent? — Qu'est-ce qu'un arbre de Saturne? — Qu'appelle-t-on lois de Berthollet? — Donnez quelques exemples. — Qu'appelle-t-on équivalent d'un métal, d'un métalloïde, d'une base, d'un acide? — Qu'est-ce qu'un sel neutre, un sel acide, un sel basique? — Qu'est-ce qu'un acide monobasique, bibasique, tribasique? — Qu'appelle-t-on équivalent d'un sel? — Quelle est la formule du sulfate d'alumine?

CHAPITRE XIV

POTASSIUM ET SODIUM; — LEURS COMPOSÉS USUELS. — POUDRE DE GUERRE.

Sommaire. — 82. Le *potassium* et le *sodium* sont des métaux ayant pour l'oxygène une grande affinité : ils décomposent l'eau à la température ordinaire, en formant des bases fortes, ou *alcalis*, appelées potasse et soude. On les prépare en réduisant leurs carbonates par le charbon.

83. La *potasse caustique*, KO,HO et la *soude caustique* NaO,HO, sont des corps solides, fondant au rouge, fixes, très solubles dans l'eau. Elles sont très caustiques. Ce sont des bases fortes, qui réagissent sur les acides, pour former des sels, dits sels alcalins. Elles servent surtout dans les laboratoires pour préparer les oxydes métalliques et neutraliser les liqueurs acides.

84. Le *chlorure de sodium*, $NaCl$, ou sel marin, ou *sel gemme*, s'extrait soit des mines de sel gemme, soit par évaporation des eaux de la mer dans les marais salants : il sert comme condiment des aliments et il est employé pour la fabrication de la soude artificielle.

85. On appelle *potasse du commerce* le carbonate neutre de potasse, KO,CO^2 : on l'obtient en lessivant les cendres des végétaux et en faisant cristalliser la liqueur. C'est un sel blanc, déliquescent, très soluble dans l'eau, servant à la fabrication des savons mous par la saponification des huiles. On l'obtient aussi en grande abondance en le retirant des salins de betteraves. (Voir § 325.

1. Voir, aux Compléments, la théorie complète des équivalents.

86. On appelle *soude du commerce* le carbonate neutre de soude, NaO,CO^2, sel blanc, efflorescent, très soluble dans l'eau, que l'on obtient artificiellement par le procédé **Leblanc** : on transforme d'abord le sel marin en sulfate de soude par un traitement à l'acide sulfurique; puis, on trasforme le sulfate de soude en carbonate de soude, en faisant agir sur lui un mélange de craie et de charbon dans des fours à réverbère. La soude du commerce sert à la fabrication des savons durs, du verre ordinaire et du borax.

87. Le *salpêtre* ou azotate de potasse, KO,AzO^5, est un sel blanc, soluble dans l'eau, cédant très facilement son oxygène, surtout en présence du soufre et du charbon. On le prépare aujourd'hui en transformant l'azotate de soude naturel, ou salpêtre du Chili, ou azotate de potasse au moyen du chlorure de potassium.

88. La *poudre de guerre* est un mélange explosif de salpêtre, de charbon et de soufre, dans la proportion de 75 de salpêtre, 12,5 de charbon, et 12,5 de soufre.

POTASSIUM ET SODIUM
$$K = 39. \qquad Na = 23.$$

314. Ces métaux, dits *métaux alcalins*, sont des corps solides, mous comme de la cire, durcissant au-dessous de 0°, d'un blanc brillant, quand il sont fraîchement coupés, mais se ternissant aussitôt à l'air, dont ils décomposent la vapeur d'eau. Aussi faut-il les conserver dans des huiles hydrocarbonées telles que l'huile de naphte.

Le potassium a pour densité 0,86; le sodium, 0,97.

Le potassium fond à 62°,5; le sodium, à 92°.

Ils se vaporisent au rouge.

Ils ont pour l'oxygène une très grande affinité. Ils se combinent avec la plupart des métalloïdes et peuvent déplacer un certain nombre de métaux de leurs chlorures, comme on le voit dans la métallurgie du magnésium et de l'aluminium.

Leurs réactions chimiques sont presque identiques; mais elles sont moins énergiques avec le sodium qu'avec le potassium : les composés formés sont analogues.

Ces métaux décomposent l'eau à la température ordinaire, en se substituant à l'hydrogène, équivalent à équivalent :

$$K + HO = KO \text{(dissous)} + H + 47 \text{ cal., 8.}$$

La chaleur dégagée est suffisante pour enflammer l'hydrogène, qui brûle avec une flamme pourpre, provenant de la vapeur de potassium contenue dans la flamme, en sillonnant l'eau en tous sens.

Avec le sodium, la réaction est moins énergique; la chaleur dégagée n'est pas suffisante pour enflammer l'hydrogène, si l'on opère sur une masse d'eau un peu considérable [1] :

$$Na + HO = NaO \text{ (dissous)} + H + 43 \text{ cal., 1.}$$

Les alcalis formés : potasse KO,HO, et soude, NaO,HO, se dissolvent dans l'eau, qui ramène alors au bleu la teinture de tournesol rougie par un acide.

Au moment où le fragment de potasse ou de soude formée arrive au contact du liquide, il éclate en lançant de la potasse dans toutes les directions. Il faut alors faire l'expérience dans un vase profond ou recouvrir le récipient d'une plaque de verre (fig. 120).

Fig. 120.

315. État naturel et usage. — Ces deux métaux sont très abondants dans la nature à l'état de silicates, de carbonates, de chlorures, d'azotates et de sels divers.

Le potassium et le sodium sont employés en chimie comme réducteurs.

316. Préparation. — On les prépare par le procédé de **Brünner**, qui consiste à réduire les carbonates de potasse ou de soude par le charbon:

$$KO,CO^2 + 2C = K + 3CO$$
$$NaO,CO^2 + 2C = Na + 3CO$$

Henri Sainte-Claire-Deville a créé un véritable procédé métallurgique pour le sodium, procédé applicable de tous points au potassium.

On prend 20 parties carbonate de soude sec
       9   —   houille
       3   —   craie.

1. En employant de l'eau gommée ou quelques gouttes d'eau, on obtient l'inflammation de l'hydrogène, qui brûle avec la flamme jaune caractéristique du sodium.

On place le mélange dans des bouteilles en fer forgé A, (fig. 121) placées dans un fourneau en maçonnerie et fortement

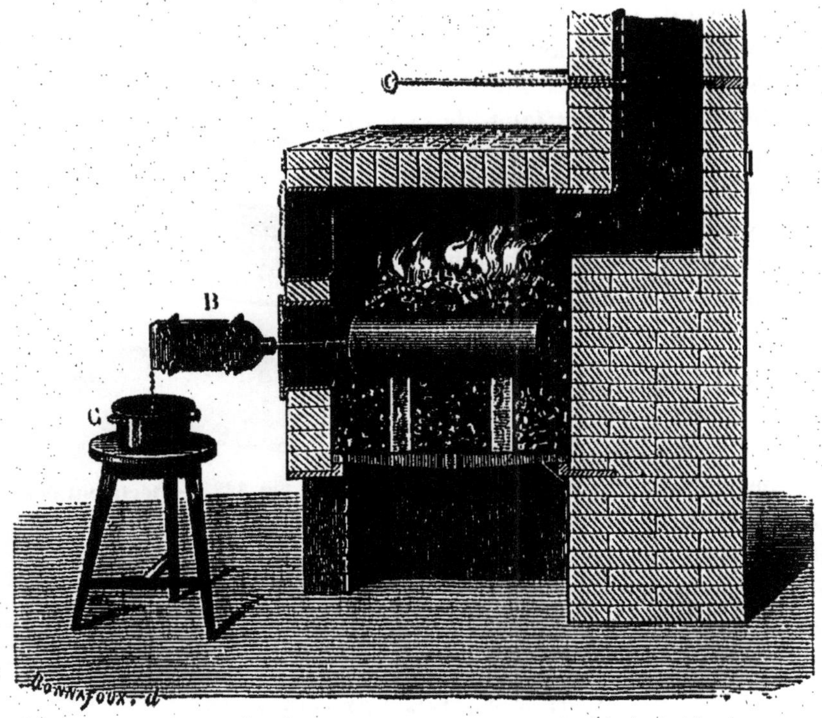

Fig. 121. — Métallurgie du sodium.

chauffés : on y a adapté un récipient en tôle B, (fig. 122) ayant la forme d'une boîte rectangulaire verticale, dont le couvercle est réuni au fond par des vis de pression, et ouverte dans la partie opposée à la bouteille. Le sodium en vapeurs se condense dans le récipient B en sodium liquide, qui tombe dans le vase C, plein d'huile de naphte.

317. Potasse. KO,HO. — **Soude.** NaO,HO. — Ces bases énergiques, ou *alcalis*, sont des corps solides, blancs, en plaques opaques, non cristallisées, fondant au rouge et indécomposables par la chaleur. Elles se combinent avec l'eau, en dégageant de la chaleur, pour former des hydrates définis, tels que KO,5HO. Elles se dissolvent dans l'eau en toutes proportions. La potasse abandonnée à l'air en absorbe l'acide carbonique; elle se transforme en carbonate de potasse déliques-

cent ; la soude se transforme en carbonate de soude efflorescent : on doit les conserver dans des flacons bien bouchés.

Elles sont très caustiques : aussi
emploie-t-on la potasse pour ronger
les chairs, sous le nom de *pierre à
cautère* ou de *caustique de Vienne,*
quand elle est mélangée à la chaux.

Elles se combinent avec tous les
acides pour former les sels, dits sels
alcalins, avec un dégagement de chaleur plus considérable pour la potasse
que pour la soude.

318. Usages. — Elles servent souvent a fabriquer les savons : la potasse,
fondue et coulée dans une lingotière
en fer, forme de petits cylindres, employés comme pierre à cautère. Dans
les laboratoires, la potasse et la soude

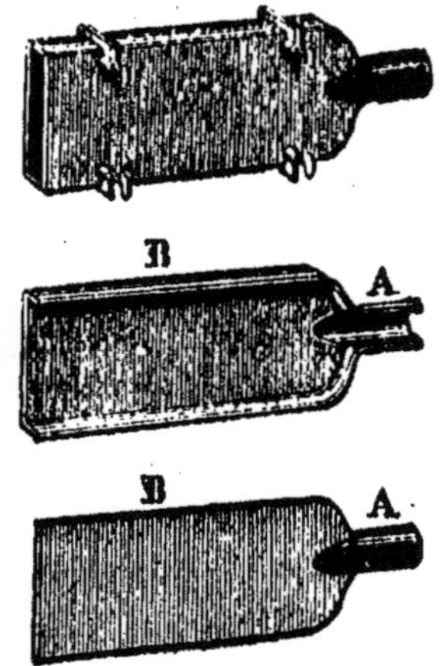

Fig. 132. — **Récipient destiné à condenser la vapeur
de sodium.**

servent à précipiter les oxydes métalliques, à neutraliser
les liqueurs acides, etc.

319. Préparation de la potasse. — Leur préparation est une application des lois de **Berthollet** :

$$KO,CO^2 + CaO,HO = KO,HO + \underline{CaO,CO^2}$$
$$NaO,CO^2 + CaO,HO = NaO,HO + \underline{CaO,CO^2}.$$

Nous décrivons seulement le procédé de préparation de la
potasse, qui est applicable à la soude.

On introduit dans une bassine de fonte sept à huit litres
d'eau, dans laquelle on fait dissoudre 2 kilogrammes de carbonate de potasse : on fait bouillir et on ajoute, par petites
portions, 1 kilogramme de chaux délayée dans de l'eau et
formant un *lait de chaux*, en ayant soin d'ajouter de temps
en temps un peu d'eau pour remplacer l'eau évaporée ; sans
cette précaution, l'alcali concentré produirait la réaction
inverse et régénérerait le carbonate de potasse.

L'opération est terminée, lorsqu'en prenant un peu de
liqueur et en la filtrant, on obtient un liquide clair qui ne
précipite plus par l'eau de chaux. On enlève la bassine du

feu; on laisse reposer la masse; on décante la liqueur dans une bassine d'argent et on chauffe rapidement pour évaporer l'excès d'eau. Lorsque le contenu de la bassine d'argent n'émet plus de vapeurs et reste en fusion tranquille, on le roule sur une plaque de cuivre; la masse se solidifie : on la brise et on renferme les fragments de potasse dans des flacons bien bouchés. On obtient ainsi la *potasse caustique à la chaux*, ou potasse impure.

Pour obtenir la potasse pure, on traite la potasse à la chaux par l'alcool, qui dissout la potasse seule; on décante au bout de plusieurs jours et on distille dans une cornue de verre, puis dans une bassine d'argent : on obtient comme résidu de la potasse pure ou *potasse à l'alcool*.

CHLORURES DE POTASSIUM ET DE SODIUM.

320. Chlorure de potassium, KCl. — C'est un sel blanc, cristallisé en cubes, d'une saveur salée, servant à préparer le salpêtre, le chlorate et le sulfate de potasse.

On le retire des mines de sel gemme de **Stassfurt**, qui contiennent un chlorure double de magnésium et de potassium : on peut encore le retirer des soudes de varechs de Normandie ou des salins de betteraves.

321. Chlorure de sodium. NaCl. — Le chlorure de sodium, ou sel marin, est un corps solide blanc, cristallisé en cubes, agglomérés en *trémies* (fig. 123), soluble dans 3 fois son poids d'eau à toute température, fondant au rouge et se vaporisant à une température très élevée. Il décrépite, quand on le projette sur des charbons ardents. Il absorbe la vapeur d'eau de l'atmosphère, quand il contient des sels de magnésie (sel gris de cuisine); quand il est pur, il n'est déliquescent que dans l'air saturé de vapeur d'eau.

Fig. 123. — Trémie de sel marin.

Il sert à préparer le sulfate de soude, et, par suite, la soude artificielle, l'acide chlorhydrique, etc. Il est employé comme condiment dans l'alimentation.

322. État naturel. Extraction. — On le rencontre dans le sol à l'état de *sel gemme*, dans l'étage saliférien du terrain jurassique. L'eau de mer renferme 2 °/₀ de chlorure de sodium : on l'en extrait sous le nom de *sel marin*.

323. Extraction du sel gemme. — Le *sel gemme*, quand il est pur et en masses considérables, s'extrait de la mine, à ciel ouvert, comme la pierre à chaux, ou au moyen de galeries, comme la houille. Le sel est pilé et livré directement au commerce, comme cela se pratique à **Vieliczka**, en Pologne, ou à **Cardona**, en Espagne.

En Wurtemberg, le sel gemme est mélangé de matières terreuses, notamment d'oxyde de fer, dont on le débarrasse par dissolution ; puis on évapore la dissolution dans de grandes bassines rectangulaires chauffées : le sel blanc cristallise; on le recueille et on le livre au commerce.

On trouve, dans le voisinage des terrains salifères, des sources *salées*, contenant trop peu de sel pour pouvoir être immédiatement évaporées avec avantage.

On les soumet d'abord à une évaporation spontanée, sous des hangars appelés *bâtiments de graduation*, puis on les concentre dans des chaudières plates en tôle, on les soumet au *schlotage* *, qui précipite le sulfate de chaux et le sulfate de soude, et on les fait cristalliser dans de nouvelles chaudières où s'opère le salinage. On recueille les trémies et on les porte au séchoir.

Cette industrie est presque complètement abandonnée.

324. Extraction du sel marin dans les marais salants. — Les eaux de la mer constituent une source inépuisable de sel ; elles contiennent par mètre cube :

26	à 31 kilos de chlorure de sodium		
3	à 7 —	—	de magnésium
0,01	à 1 —	—	de potassium
0,5	à 6 —	sulfate de magnésie	
0,14	à 6 —	—	de chaux.

On retire le sel des eaux de la mer par évaporation spontanée à l'air libre dans les *marais salants*.

Si l'eau de mer ne contenait que du chlorure de sodium, il suffirait de l'abandonner à l'évaporation, jusqu'à ce que le sel fût entièrement déposé et cristallisé; mais la présence des sels étrangers oblige à procéder méthodiquement. Au début de l'opération, l'eau de mer se concentre, sans dépôt de sel; puis, lorsque le point de saturation est atteint pour l'un des sels, celui-ci cristallise, de sorte que chaque sel se sépare du liquide à mesure que le volume de la solution diminue et que le point de saturation correspondant est atteint.

Le marais salant communique avec la mer par un réservoir préparatoire A (fig. 124), où les eaux se clarifient; puis on trouve un premier bassin B, où les eaux se concentreront et laisseront déposer le carbonate de chaux et l'oxyde de fer; un second bassin C vient ensuite; dans le troisième bassin D, le sel se dépose.

Les divers bassins sont divisés en compartiments communiquant entre eux : ils sont peu profonds, en pente très douce, de sorte que l'eau y circule très lentement et présente une surface d'évaporation considérable.

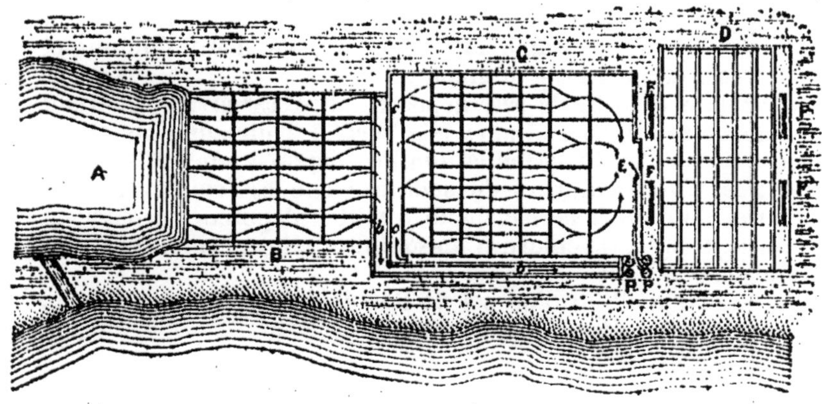

Fig. 124. — **Marais salant de la Méditerranée.**

Les bassins sont rendus étanches * par un revêtement d'argile, sur le fond, que l'on feutre en y cultivant des conferves * pour faciliter le travail de la récolte et empêcher le sel déposé de se souiller de boue.

Voici la description d'un marais salant des environs de Montpellier :

A, bassin irrégulier, de large surface, peu profond, où les eaux de mer se clarifient et se concentrent.

B, *partènements inférieurs* où s'achève la concentration et où se déposent l'oxyde de fer et le carbonate de chaux. — Les eaux passent de là dans les puits P, d'où des machines puissantes les renvoient dans les *partènements supérieurs* C, où se dépose le sulfate de chaux.

Au sortir de là, les eaux passent dans l'*avant-pièce* E, puis tombent dans les puits P', d'où elles sont renvoyées dans les tables salantes D, sur lesquelles se dépose le sel.

Puis, les eaux-mères sont rejetées à la mer ou utilisées pour en extraire le brome et l'iode.

Superficie d'un marais salant :

Partènements inférieurs...............	250	hectares.
— supérieurs..............	40	—
Avant-pièce.......................	8	—
Tables salantes...................	32	—

Au sortir des partonements supérieurs, l'eau marque 24° Baumé; les sels se déposent sur le fond des tables salantes en couche compacte que l'on enlève et que l'on amoncèle en forme de pyramides triangulaires F, que l'on recouvre d'argile. Le sel s'égoutte et le chlorure de magnésium, qui est très déliquescent, est entraîné par l'eau de pluie et s'infiltre dans le sol: le sel marin est alors aussi pur que possible.

La composition du sel déposé sur les tables salantes varie avec le degré de concentration des eaux-mères; à mesure que la concentration s'opère, la proportion de sulfate de chaux diminue et celle des sels de magnésie augmente.

La première qualité de sel, déposée entre 25° et 27°, contient 96 % de chlorure de sodium; elle sert à l'alimentation et est broyée à la meule; la seconde qualité, déposée entre 27° et 29°, contient 94 % de chlorure de sodium: elle est employée dans l'industrie chimique: la troisième qualité, déposée entre 29° et 33°, contient 90 % de chlorure de sodium: elle est employée pour les salaisons.

Voici la composition d'un sel de Portugal de première qualité. 100 parties de sel desséché renferment:

Chlorure de sodium	96,06
— de magnésium	0,30
Sulfate de magnésie	0,45
— de chaux	0,88
Eau de cristallisation	2,37
	100,00

L'extraction du sel marin se fait dans les marais salants de la Méditerranée, de mai à septembre; sur les côtes de l'Océan de mai à juillet; aussi, l'industrie des marais salants y est-elle très peu développée. Elle présente, au contraire, une importance considérable sur les côtes méditerranéennes de la France et sur les côtes du Portugal, dont le sel est le plus estimé.

328. Carbonates de potasse. — On connaît le carbonate neutre, KO,CO^2 et le bicarbonate de potasse KO,HO,C^2O^4. Le premier est un sel déliquescent, très soluble dans l'eau, fondant au rouge, et fixe à toute température. On obtient le carbonate de potasse pur en calcinant le bioxalate de potasse ou le bitartrate de potasse et en reprenant la masse calcinée par l'eau. On pourrait aussi chauffer au rouge un mélange de 2 parties de salpêtre et de 1 partie de bitartrate de potasse; le résidu obtenu ou *flux blanc* est du carbonate de potasse presque pur.

Le bicarbonate de potasse est cristallisé, inaltérable à l'air, moins soluble que le carbonate neutre et se décomposant par la chaleur en carbonate neutre, avec dégagement d'eau et d'acide carbonique. On l'obtient en faisant passer un courant d'acide carbonique à travers une dissolution concentrée de carbonate neutre de potasse et en abandonnant ensuite la liqueur à la cristallisation.

326. Potasses du commerce. — On désigne, sous le nom de *potasse du commerce*, le carbonate neutre de potasse : on l'extrait de la cendre des végétaux. En effet, les végétaux contiennent un grand nombre de sels de potasse, tels que des tartrates, oxalates, acétates de potasse, qui, par la chaleur, se réduisent en carbonate de potasse; on incinérera alors les végétaux et on soumettra la cendre à un lessivage méthodique : la *lessive* obtenue renferme du *carbonate de potasse*, du *chlorure de potassium* et du *sulfate de potasse*. On l'évapore et on obtient un produit cristallisé, appelé le *salin* ou *potasse brute*.

On peut aussi obtenir la potasse en distillant en vase clos les *vinasses*, résidus de la distillation des *mélasses* fermentées : il reste un résidu charbonneux, nommé *salin*, que l'on lessive, et dont, par évaporation et cristallisation, on extrait un mélange de sulfate de potasse, de chlorure de potassium, de carbonate de potasse et de carbonate de soude.

Voici la composition de quelques potasses usuelles :

	Toscane.	Russie.	Amérique.	Potasse de vinasses.
Eau	7,3	8,8	»	6
Matières insolubles....	0,6	1,2	2,6	21
KO,SO^3	13,6	14,1	15,3	5
KCl..............	0,9	2,1	8,2	17
KO,CO^2..........	74,2	69,6	68,1	35
NaO,CO^2........	3	3,1	5,8	16
Perte.............	0,5	1,1	»	»
	100	100	100	100

On purifie la potasse brute par cristallisations successives qui la débarrassent des sels étrangers, moins solubles que le carbonate de potasse : on obtient alors la *potasse perlasse,* qui contient encore du carbonate de soude.

La valeur commerciale d'une potasse dépend de la qualité d'alcali qu'elle renferme, à l'état libre ou à l'état de carbonate : on détermine le *titre pondéral* d'une potasse par des procédés spéciaux dits *alcalimétriques,* que l'on trouvera décrits dans le complément.

327. Usages. — On emploie les potasses du commerce pour fabriquer les savons mous, le cristal, les cyanures, le potassium, et enfin pour faire le *lessivage du linge.* On traite le linge souillé par une lessive de cendres ou de carbonate de potasse : la matière grasse qui imprègne le linge forme un savon soluble à base de potasse, que l'on dissout par un lavage à grande eau.

328. Carbonates de soude. — On connaît le carbonate neutre de soude, $NaO,CO^2 + 10HO$, sel blanc, efflorescent, très soluble dans l'eau, fusible au rouge, sans se décomposer ; il existe encore le sesquicarbonate de soude, ou natron $2NaO,HO,3CO^2$ et le bicarbonate de soude, NaO,HO,C^2O^4, qui se détruit à 70° et se change en carbonate neutre : le bicarbonate de soude, contenu dans les eaux de Vichy, sert à préparer l'eau de Seltz artificielle, l'acide carbonique, les pastilles de Vichy, etc.

329. Soude du commerce. — On appelle *soude du commerce,* le carbonate neutre de soude impur, obtenu soit par la calcination des végétaux marins, soit par le procédé **Leblanc.**

Certains végétaux marins, tels que la *barille,* cultivée sur les côtes d'Espagne, ou la *salicornia amara* des côtes de France, renferment de l'oxalate de soude, que l'on transforme en carbonate de soude par la calcination : on lessive les cendres et on obtient, par cristallisation de la liqueur, la *soude brute,* ou *soude d'Espagne.*

Pendant les guerres de la Révolution, les importations de soude devinrent impossibles et le Comité de Salut public fit appel, le 12 pluviôse an II, à tous les inventeurs de procédé capables de convertir le sel marin en soude. **Leblanc**[1] fit connaître le meilleur procédé de fabrication, qui est encore suivi aujourd'hui dans les usines de Chauny, Rouen, Thann, Salindres, Marseille.

330. Soude artificielle. — Procédé Leblanc. — La matière première est le sel marin, ou chlorure de sodium, que l'on transforme en sulfate de soude, en l'attaquant par l'acide sulfurique, comme nous l'avons vu dans la préparation de l'acide chlorhydrique :

$$NaCl + SO^3,HO = HCl + NaO,SO^3,$$

Le *sulfate de soude*, en petits grains réguliers, est traité par un mélange de craie, ou carbonate de chaux, et de charbon, qui le transforme en carbonate de soude, avec formation d'un oxysulfure de calcium, $2CaS,CaO$, tout à fait insoluble.

Les proportions sont :

        1000 parties de sulfate de soude.
        1040   —   craie.
         530   —   charbon (houille).

La réaction chimique s'effectue soit dans des fours à réverbère, soit dans des cylindres tournants.

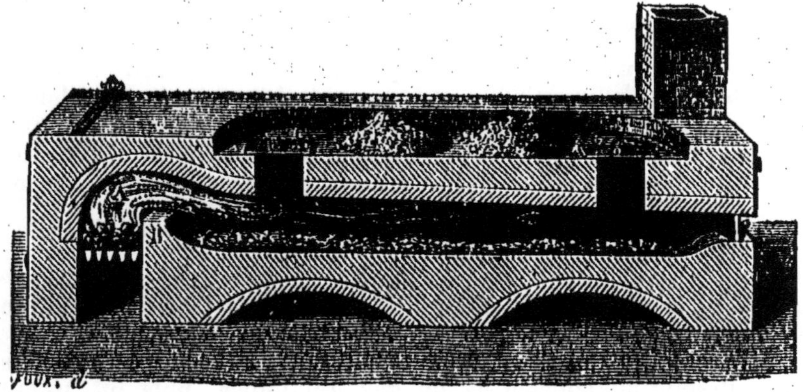

Fig. 128. — Four à réverbère pour la fabrication de la soude artificielle.

1° *Procédé des fours.* Les fours sont en briques réfractaires, liées par un coulis spécial que vendent les fabricants de briques réfractaires. Un four se compose d'une sole séparée du foyer A (fig. 128), par une petite muraille B, appelée le *pont*. La sole est recouverte par un réverbère, et le tout constitue un four elliptique[2]. Ce four communique par les ouvertures C avec une sole

1. Nicolas Leblanc, né à Issoudun en 1753, était officier de santé et a laissé des travaux importants. Il est mort en 1808.

supérieure, sur laquelle on dépose en tas le mélange de sulfate, de craie et de houille : il y reste trois quarts d'heure ; on le brasse avec un râteau. Quand le mélange est échauffé, on le fait tomber par les ouvertures C sur la sole inférieure ; on l'y étale et on le brasse continuellement avec des râteaux pleins et des spatules en fer, de manière à présenter successivement à la flamme toutes les parties du mélange. La matière fond, et quand elle est devenue très fluide l'opération est terminée, : alors, sans cesser de brasser, on fait tomber la masse fondue dans un chariot en tôle, où l'on continue à la brasser avec un petit ringard *, après y avoir ajouté deux pelletées de charbon.

On laisse refroidir la masse dans le chariot ; puis, on fait basculer celui-ci et la masse se sépare d'elle-même sous la forme d'un gâteau, peu épais, de soude brute, qui peut être directement employée pour la fabrication des savons, mais que l'on soumet à un lessivage méthodique pour séparer le carbonate de soude de l'oxysulfure de calcium.

2° *Procédé des cylindres tournants.* Pour économiser le combustible et la main-d'œuvre, on construit des fours cylindriques, en tôle de 12 millimètres d'épaisseur, auxquels on imprime un mouvement continu de rotation : ces fours sont chauffés par un foyer formant avant-corps, et la flamme pénètre dans l'intérieur des fours ; de cette façon, on a un rendement meilleur et les frais de fabrication sont moindres.

331. Procédé Solvay. — Ce procédé consiste à faire réagir le bicarbonate d'ammoniaque sur une solution saturée de chlorure de sodium ; il se produit du bicarbonate de soude pur, très peu soluble dans l'eau mère, et du chlorure d'ammonium très soluble ; en vertu des lois de **Berthollet**, le bicarbonate de soude se dépose :

$$AzH^4O,HO,C^2O^4 + NaCl = \underline{NaO,HO,C^2O^4} + AzH^4Cl.$$

On recueille le bicarbonate de soude, on le lave pour le débarrasser de son eau mère, et on le calcine pour le transformer en carbonate neutre de soude pur.

Dans l'industrie, on dissout à saturation du sel marin dans une dissolution concentrée de gaz ammoniac, puis on y fait passer un courant d'acide carbonique, en agitant continuellement la masse : à un moment donné, le bicarbonate de soude cristallise en abondance.

Quant à l'eau mère renfermant le sel ammoniac, on la traite par un lait de chaux et on la fait bouillir : la chaux chasse l'ammoniaque, qui pourra servir pour une nouvelle opération.

On obtient ainsi du carbonate de soude très pur. La *soude a l'ammoniaque* tend aujourd'hui à détrôner la soude artificielle due au procédé Leblanc.

332. Usages du carbonate de soude. — Il sert à la fabrication des savons durs, à la fabrication du verre ordinaire, dans le blanchiment, dans la teinture et dans la fabrication du borax.

333. Azotate de potasse. — Salpêtre. — Poudre.

L'*azotate de potasse*, KO,AzO^5, est un sel anhydre, cristallisé en prismes réguliers à six pans, généralement striés et creux, d'une saveur fraîche et très salée.

Il se décompose par la chaleur, en perdant $\frac{1}{3}$ de son oxygène : il se transforme en azotite de potasse, KO,AzO^3, irréductible par la chaleur :

$$KO,AzO^5 = KO,AzO^3 + 2O.$$

Il fuse, quand on le projette sur des charbons ardents, parce qu'il abandonne de l'oxygène qui active la combustion du charbon.

Sous l'action combinée du soufre et du charbon, il dégage de l'azote, de l'acide carbonique, et il laisse comme résidu du sulfure de potassium :

$$KO,AzO^5 + 3C + S = KS + Az + 3CO^2.$$

La combustion de la poudre repose sur la réaction précédente.

Il est très soluble dans l'eau, et sa solubilité croît quand la température s'élève.

1 gr. de salpêtre exige pour se dissoudre :

à 0°..............	7,5 gr. d'eau.	à 45°..................	1,34
10°..............	3,9	77°,7..................	0,424
35°..............	1,82	115°,0 (1)..............	0,208

L'azotate de potasse est connu sous le nom de *salpêtre* ou de *nitre*.

334. État naturel du salpêtre. — Le salpêtre se trouve sur le sol sous forme d'efflorescences, en Égypte, aux Indes, dans l'Amérique du Sud. Nous avons fait connaître, à propos de l'ammoniaque, la théorie de la nitrification. On avait essayé de produire artificiellement le salpêtre dans les nitrières artificielles, en disposant sur une aire argileuse des couches de cendres et de fumier, que l'on arrosait avec de l'urine et que l'on laissait exposées à l'air.

1. Température d'ébullition de la dissolution.

Aujourd'hui, on prépare l'azotate de potasse en traitant le *salpêtre du Chili et du Pérou*, ou azotate de soude[1], NaO, AzO^5 par le chlorure de potassium ; ou bien on traite les débris de démolition de manière à les transformer en azotate de soude, puis en azotate de potasse.

On appelle *salpêtre du Chili ou du Pérou*, *l'azotate de soude* naturel, dont les principaux gisements sont exploités dans l'Amérique du Sud, entre 19° et 21° de latitude australe : ces salpêtres renferment, en moyenne, 65 % d'azotate de soude et 28 % de sel marin, avec 7 % de sels étrangers et d'eau. On les dissout à saturation dans l'eau bouillante : le sel marin, fort peu soluble, reste en partie avec les matières terreuses ; on décante la liqueur, on la fait cristalliser et on obtient un sel qui ne contient plus que 2 % de sel marin et qui renferme 96 % d'azotate de soude. Ce sel est envoyé dans les salpêtreries, où on le transforme en azotate de potasse.

Les débris de démolition, les vieux plâtras sont très riches en azotates divers, surtout en azotate de chaux et en azotate de magnésie, mélangés à des chlorures de sodium, de potassium, de calcium et de magnésium.

338. Fabrication du salpêtre. — On soumet les débris de démolition à un lessivage méthodique, qui permet d'obtenir des liqueurs très riches en azotates et d'une composition constante. Les lessives contiennent :

Azotate de potasse et chlorure de potassium.....	10
— de chaux et de magnésie.................	70
Chlorures divers...............................	20
	100

On y trouve aussi du carbonate d'ammoniaque.

On commence par traiter les lessives par un lait de chaux, qui transforme l'azotate de magnésie en azotate de chaux ; puis, on ajoute à la lessive du sulfate de soude, qui transforme l'azotate de chaux en azotate de soude soluble, avec dépôt de sulfate de chaux insoluble :

$$CaO, AzO^5 + NaO, SO^3 = CaO, SO^3 + NaO, AzO^5.$$

La liqueur, éclaircie et décantée, ne contient plus que de l'azotate de soude avec un peu d'azotate de potasse et des chlorures alcalins.

1. On l'appelle aussi *nitrate de soude*, surtout dans l'industrie.

336. Transformation de l'azotate de soude en azotate de potasse. — L'azotate de soude, quelle que soit son origine, doit être transformé en azotate de potasse.

A cet effet, on fait une dissolution concentrée d'azotate de soude à l'ébullition et on y ajoute peu à peu du chlorure de potassium : comme le salpêtre est très soluble dans l'eau, et que le chlorure de sodium l'est fort peu à la température de l'expérience, il se forme, en vertu des lois de **Berthollet**, de l'azotate de potasse soluble et du chlorure de sodium, qui se précipite au fond de la bassine :

$$NaO, AzO^5 + KCl = KO, AzO^5 + \underline{NaCl}.$$

On peut se rendre compte de la réaction, en remarquant qu'à 115°,0, température de l'expérience, 1 gramme d'azotate de potasse se dissout dans 0^{gr},208 d'eau, 1 gramme de sel marin dans 2^{gr},47 d'eau et 1 gramme de chlorure de potassium dans 1^{gr},68 d'eau : dès lors, les chlorures doivent se précipiter pendant la concentration des liqueurs.

Fig. 126. Fabrication du salpêtre. — A, chaudière en cuivre renfermant la solution de nitrate de soude et de chlorure de potassium. — F, foyer du fourneau. — M, vase en cuivre mû par la chaîne D, pour recueillir les sels insolubles.

L'opération se fait dans des chaudières en cuivre A, chauffées par un foyer (fig. 126), et contenant la dissolution concentrée de nitrate de soude dans l'eau et la quantité de chlorure de potassium nécessaire, qu'on a déterminée par un essai préalable en petit.

On chauffe et on porte la liqueur à l'ébullition : les chlorures alcalins se déposent peu à peu dans un vase plat M, que l'on fait monter et descendre au moyen d'une chaîne, pour déterminer des courants liquides qui entraînent les sels insolubles au centre de la chaudière, et, par suite, les font tomber dans le vase M ; de temps en temps, on relève le vase M pour le vider ; il se forme aussi des écumes noirâtres à la surface du liquide ; on les enlève avec une écumoire ; on en facilite la formation en ajoutant à la liqueur un peu de colle forte.

L'opération est terminée, lorsque la liqueur projetée sur une surface froide se fige immédiatement. On cesse de chauffer ; on laisse reposer la liqueur et on la transvase dans des cristallisoirs en cuivre, où le salpêtre cristallise en aiguilles jaunâtres quand la température n'est plus que de 50°. On recueille ces cristaux, qui constituent le *salpêtre brut*.

337. Raffinage du salpêtre. — Le salpêtre brut renferme toujours de 6 à 10 °/₀ de sels étrangers, notamment de l'azotate de soude et des chlorures. Or, ces sels sont très hygrométriques : il faut s'en débarrasser pour obtenir le salpêtre destiné à la préparation de la poudre, qui ne doit contenir que $\frac{1}{15000}$ environ d'impuretés : cette opération porte le nom de *raffinage*.

On traite le salpêtre brut par la quantité d'eau strictement nécessaire pour dissoudre tout le salpêtre à la température de l'ébullition. On chauffe la liqueur : la majeure partie des chlorures ne se dissout pas, tandis que tout le salpêtre se dissout ; la liqueur est versée dans des cristallisoirs en cuivre et on agite continuellement la masse pour que le salpêtre cristallise en cristaux très fins, aussi exempts d'eau mère que possible ; les chlorures, aussi solubles à froid qu'à chaud, ne cristallisent pas. Le salpêtre ainsi obtenu contient encore 1,5 °/₀ de sel marin : on l'en débarrasse par le *clairçage*.

Le *clairçage* s'opère dans des caisses en bois (fig. 127), en forme

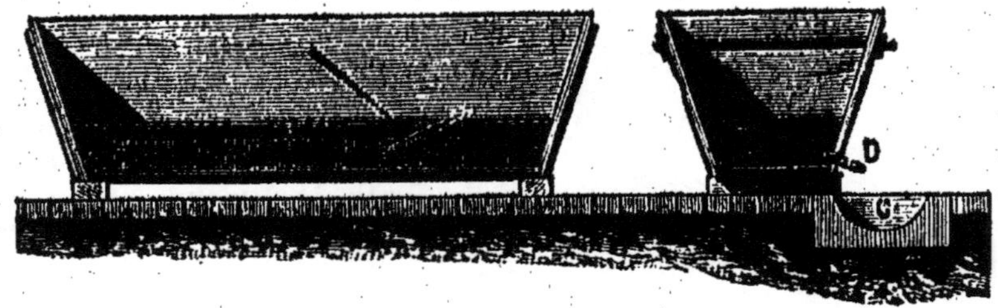

Fig. 127. — Caisses de clairçage pour le salpêtre.

de trémies, de 2ᵐ,80 de long sur 1ᵐ,50 de large, munies d'un double fond *ab* percé de trous, sur lequel on entasse le salpêtre. On arrose celui-ci avec 30 litres d'eau, qu'on laisse en contact avec la masse pendant quelques heures pour dissoudre le sel marin ; on ouvre le tampon *d*, on fait écouler l'eau ; on laisse égoutter pendant une heure, puis, on lave avec 30 litres d'eau. Enfin on fait un dernier lavage avec 12 litres d'eau ; les dernières eaux du lavage peuvent être considérées comme une solution pure de salpêtre et utilisées pour les lavages ultérieurs.

On sèche ensuite le salpêtre à une douce chaleur dans des cristallisoirs en cuivre, on le tamise et on le place dans des barils en bois.

338. Usages. — Il est surtout employé pour la fabrication de la poudre de guerre, pour la confection des pièces d'artifices et pour la fabrication de l'acide azotique.

POUDRE

330. Nous avons vu (§ 322) que le mélange de charbon, de soufre et de salpêtre formait un mélange très explosif, produisant une élévation de température considérable et un dégagement de gaz abondant : ce mélange a reçu le nom de *poudre à tirer*, ou poudre de guerre. Dans la poudre, le soufre sert à donner la facilité d'inflammation et le charbon à produire une grande quantité de gaz; le salpêtre fournit l'oxygène.

Le calcul des équivalents, donné par la formule :

$$KO,AzO^5 + S + 3C = KS + 3CO^2 + Az$$

conduit à prendre :

Salpêtre	75
Soufre	12, 5
Charbon	12, 5
	100, 00

En doublant le charbon on obtiendrait plus de gaz; mais la poudre serait plus difficilement inflammable.

Les produits principaux de la combustion sont : l'azote et l'acide carbonique, sous le volume de 33 litres par 100 grammes de poudre, mesurés à 0° et sous la pression 760 millimètres. On obtient en outre du sulfure de potassium, KS, qui encrasse l'arme, et des produits divers provenant de la combustion du charbon.

Or, la combustion de la poudre, en vase clos, produit une température d'environ 2,200 degrés; dès lors, les gaz obtenus acquièrent une force élastique considérable et peuvent servir à lancer un projectile. Une bonne poudre doit brûler complètement pendant le temps que met le projectile à parcourir l'arme dans toute sa longueur; elle ne doit pas s'enflammer brusquement dans toute sa masse, car elle serait brisante et ferait éclater l'arme : aussi, donne-t-on à la poudre la forme de grains, d'un demi-millimètre de diamètre, de manière à ce que la combustion s'effectue de proche en proche, de grain à grain, pendant la durée du parcours du projectile dans l'arme. Si les grains sont trop gros, ils sont incomplètement brûlés et sortent incandescents de l'arme avec le projectile : la poudre fait *long feu*.

La poudre s'enflamme à la température de 300°, ou sous l'action de l'étincelle électrique, ou par l'explosion d'une capsule de fulminate de mercure.

On emploie, en France, trois espèces de poudres : la *poudre de guerre*, la *poudre de chasse*, la *poudre de mine*, pour faire sauter les quartiers de roc.

	Poudre de guerre.	Poudre de chasse.	Poudre de mine.
Salpêtre..	75 »	78	62
Charbon..	12, 5	12	18
Soufre....	12, 5	10	20
	100, »	100	100

La poudre de mine est en grains de la grosseur d'un pois : elle brûle moins vite et est moins expansive que les autres. On lui donne une constitution différente, pour qu'elle ne puisse pas servir comme poudre de chasse, car le gouvernement se réserve le monopole de la vente de la poudre de chasse. Aujourd'hui, la poudre de mine est remplacée partout par la *dynamite*.

340. Fabrication de la poudre. — On doit choisir du salpêtre raffiné, ne renfermant pas plus de $\frac{1}{1000}$ de chlorures, du soufre en canons pulvérisé, du charbon roux, obtenu en calcinant la *bourdaine* en vase clos à 400 degrés.

Les trois matières premières, réduites en poudre impalpable, sont d'abord mélangées à la main, puis introduites dans un mortier A en chêne (fig. 128), dont le fond D est en cœur de chêne placé debout.

On place dans le mortier 1 kil. 25 de charbon et 1 litre d'eau. On bat la masse, pendant une demi-heure, avec un *pilon* AC (fig. 129), en

Fig. 128. — Mortier en chêne.

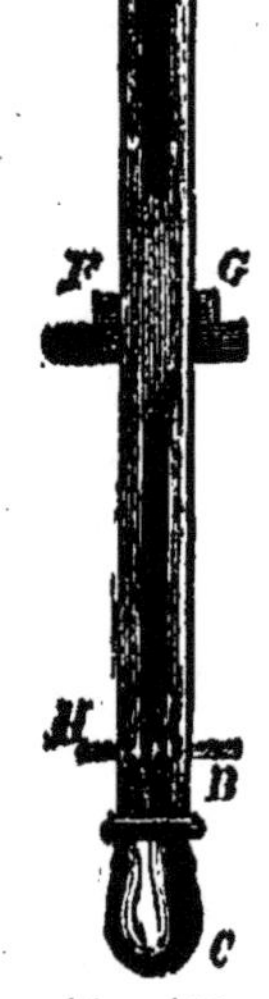

Fig. 129.
Pilon.

hêtre, terminé par une poire en bronze C, et mû par des bocards qui soulèvent les pièces F et G.

On ajoute ensuite 1 kil. 25 de soufre et 7 kil. ½ de salpêtre : on bat la masse *pendant quatorze heures*, en ajoutant de

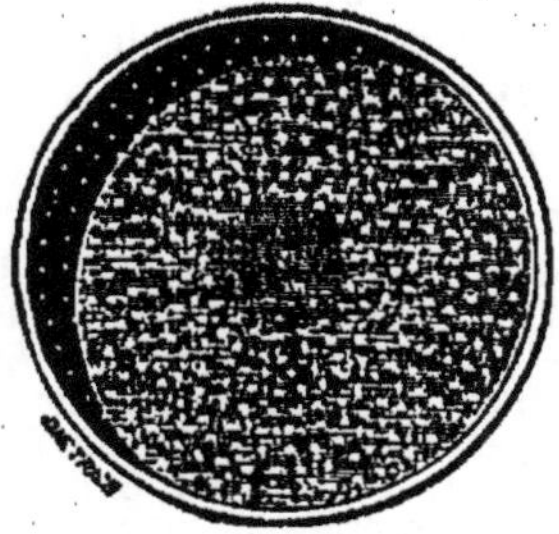

Fig. 130. — Guillaume.

l'eau de temps à autre et en la changeant de mortier toutes les heures. Au bout de ce temps, le mélange est suffisamment homogène et présente la forme d'une galette, qu'on fait légèrement sécher. Cette galette est ensuite portée sur un crible, appelé *guillaume* (fig. 130), placé sur une caisse en bois, appelée *maie* (fig. 131); on imprime au crible un mouvement de va-et-vient; un disque

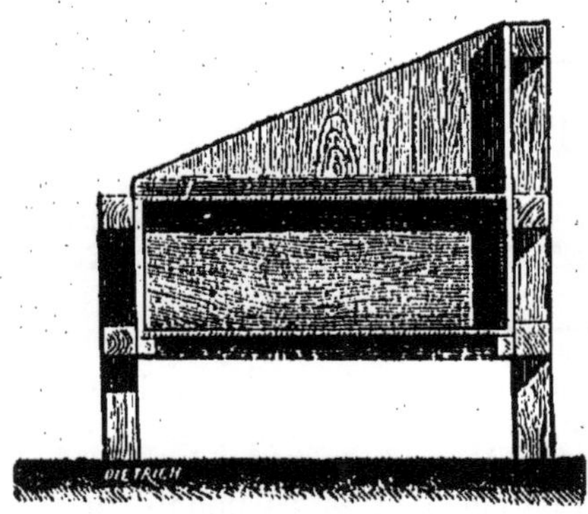

Fig. 131. — Maie.

Fig. 132. Tourteau.

en bois, pesant 3 kilogrammes, appelé *tourteau* (fig. 132) tourne constamment dans le guillaume. Le tourteau, grâce à son poids et au mouvement continu du guillaume, réduit la galette en fragments qui passent ensuite à travers deux autres cribles pour arrêter les grains trop gros et laisser passer les grains trop fins.

On recueille les grains de poudre de bonne dimension et on les fait sécher au soleil ou dans un courant d'air chaud.

La poudre de chasse subit en outre l'opération du *lissage*, dans un tonneau garni de côtes saillantes et animé d'un mouvement de rotation, dans lequel on introduit la poudre de chasse avant de la sécher.

Depuis plusieurs années, on remplace le procédé du pilon par le procédé des meules, dans lequel le mélange est écrasé par des meules verticales en bronze, tournant sur elles-mêmes et autour d'un axe vertical : la sole de l'appareil est en chêne.

341. Feux de pyrotechnie. — On les obtient en mélangeant à du salpêtre ou à de la poudre des matières combustibles.

FEU ROUGE.		FEU VERT.		FEU JAUNE.	
Azotate de strontiane.	340	Azotate de baryte....	340	Azotate de soude....	300
Chlorate de potasse..	200	Chlorate de potasse..	200	Soufre...............	100
Soufre...............	100	Soufre...............	100	Sulfure d'antimoine.	20
Sulfure d'antimoine...	40	Sulfure d'antimoine.	20	Charbon fin........	6
Charbon fin.........	1	Charbon fin........	1		

Questionnaire. — Qu'appelle-t-on métaux alcalins? — Quelle est l'action du potassium sur l'eau? — Quel est le procédé métallurgique employé pour préparer le sodium? — Qu'est-ce que la potasse, la soude? — Quelles sont leurs propriétés basiques? — Comment la prépare-t-on? — Qu'appelle-t-on potasse à la chaux, potasse à l'alcool? — Qu'est-ce que le sel gemme? — Qu'est-ce que le sel marin? — Qu'est-ce qu'un marais salant? — Qu'appelle-t-on potasses et soudes du commerce? — Qu'est-ce que la soude artificielle? — Qu'est-ce que le procédé Leblanc? — Quels sont les usages de la soude? — Qu'appelle-t-on salpêtre? — Qu'est-ce que le salpêtre du Chili? — Quels sont les procédés de préparation et de raffinage du salpêtre? — Comment prépare-t-on la poudre de guerre? — Quels sont les caractères d'une bonne poudre?

CHAPITRE XV

MAGNÉSIUM. — CALCIUM. — CHAUX. — CARBONATE, SULFATE, PHOSPHATE ET CHLORURE DE CHAUX.

Sommaire. — 89. Le *magnésium* est un métal blanc, très malléable, brûlant à l'air avec une flamme très brillante, il forme avec l'oxygène, la magnésie MgO, base énergique dont les sels principaux sont le sulfate de magnésie et le carbonate de magnésie.

90. Le *calcium* est un métal jaune, se transformant à l'air humide en chaux hydratée. — La *chaux* vive ou protoxyde de calcium, CaO, est une masse blanche, terreuse, très caustique, pouvant se combiner avec l'eau en dégageant une grande quantité de chaleur : elle devient alors la *chaux éteinte*, CaO,HO ; l'eau de chaux est une solution saturée de chaux dans l'eau : la chaux sert surtout à la préparation des mortiers.

91. Le *carbonate de chaux*, CaO,CO^2, se trouve dans la nature à l'état de *spath d'Islande*, d'*aragonite*, de *marbre*, de *craie*, de *pierre à chaux*, etc. Il se décompose par la chaleur en chaux vive et en acide carbonique.

92. Le *sulfate de chaux* se trouve dans la nature à l'état de *gypse*, CaO,SO^3 + 2HO, qui, par la calcination à 120°, perd son eau et se transforme en plâtre, CaO,SO^3, utilisé pour le moulage, pour le scellement des matériaux de construction.

93. Le *phosphate de chaux* naturel, 3CaO,PhO^5, se trouve soit dans la partie minérale des os, soit à l'état de coprolithes. Transformé en superphosphate de chaux, il est employé comme engrais.

94. Le *chlorure de chaux* est un mélange de chlorure de calcium et d'hypochlorite de chaux, obtenu en faisant passer un courant de gaz chlore sur de la chaux éteinte : c'est un désinfectant et un décolorant très énergique.

MAGNÉSIUM
$$Mg = 12.$$

342. — Le *magnésium* est un métal d'un blanc d'argent, très malléable, ayant pour densité 1,75, fondant à 500° et se volatilisant vers 1000°. Il brûle à l'air avec une flamme éblouissante : le produit est un corps solide, fixe, la *magnésie*, qui donne à la flamme son éclat ; cette flamme, très riche en rayons violets, peut servir pour obtenir des épreuves photographiques des souterrains, grottes, cryptes, etc.

343. — Il forme avec l'oxygène la *magnésie* ou *oxyde de magnésium*, MgO, que l'on prépare d'ordinaire en calcinant la magnésie blanche des pharmaciens, ou hydrocarbonate de magnésie. La magnésie, faiblement calcinée, se combine aux acides avec dégagement de chaleur : c'est une base énergique. On l'emploie comme contrepoison dans les empoisonnements par l'acide arsénieux.

344. — Le sel de magnésie le plus important est le *sulfate de magnésie*, ou *sel de Sedlitz*, $MgO, SO^3 + 7HO$, très soluble dans l'eau, employé comme purgatif, à la dose de 45 grammes, et contenu dans les eaux de Sedlitz, d'Epsom et de Pullna.

On prépare le sulfate de magnésie en traitant la *dolomie*, ou carbonate naturel double de chaux et de magnésie, par l'acide sulfurique. Il se forme du sulfate de chaux insoluble et du sulfate de magnésie soluble que l'on fait cristalliser par évaporation.

La magnésie blanche des pharmaciens est une poudre blanche très légère d'hydrocarbonate de magnésie, $4MgO, HO, 3CO^2 + 7HO$, que l'on obtient en traitant une dissolution de sulfate de magnésie par une dissolution de carbonate de soude : on recueille le précipité et on le dessèche. Il sert a préparer les limonades purgatives, que l'on obtient en dissolvant la magnésie blanche dans une dissolution d'acide citrique.

CALCIUM

$$Ca = 20.$$

345. — Le *calcium* est un métal jaune, très brillant, s'altérant très rapidement à l'air humide en se transformant en chaux hydratée : il fond au rouge et brûle à l'air avec un vif éclat.

On l'obtient en décomposant par le courant électrique le chlorure de calcium fondu ou en décomposant l'iodure de calcium par le sodium, à la température du rouge, dans un tube en fer fermé.

CHAUX

$$CaO = 28.$$

346. Préparations. — La chaux se prépare dans l'industrie par la calcination du carbonate de chaux ou pierre à chaux : dans les laboratoires, on obtient la chaux pure en calcinant l'azotate de chaux pur.

347. Propriétés. — La chaux fraîchement préparée est de la chaux anhydre ou *chaux vive*, CaO : elle se présente sous la forme d'une masse blanche, amorphe, terreuse, très caustique, infusible à toute température, ayant pour densité 2,3.

Si l'on projette de l'eau sur la chaux vive, la masse reste sèche : elle s'échauffe, craque, se brise et se gonfle en dégageant des torrents de vapeur d'eau ; la chaux est alors devenue de l'*hydrate de chaux*, CaO,HO, ou *chaux éteinte*. Il s'est formé une véritable combinaison de chaux vive et d'eau :

$$CaO + HO = CaO,HO + 7^{calories},55.$$

La température peut s'élever jusqu'à 300°.

On appelle *lait de chaux* la bouillie obtenue en délayant la chaux éteinte dans l'eau ; on appelle *eau de chaux*, la dissolution de 1 gramme de chaux dans 800 grammes d'eau à 15° : la solubilité de la chaux dans l'eau est très faible et décroît quand la température s'élève.

La chaux, exposée à l'air, en absorbe l'acide carbonique et la vapeur d'eau : elle se *délite* et tombe en poussière.

348. Usages. — Elle sert à préparer la potasse, la soude, l'ammoniaque, le chlorure de chaux, à déféquer* les jus sucrés, à gonfler et épiler les peaux destinées à être tannées. Enfin, elle entre dans la composition des mortiers.

CARBONATE DE CHAUX
CaO,CO²

349. État naturel. — C'est le corps le plus répandu dans la nature : à l'état cristallisé, il constitue le *spath d'Islande et l'aragonite;* à l'état saccharoïde, il forme le marbre; et, à l'état amorphe, il est connu sous le nom de *calcaire, pierre à chaux, blanc de Troyes, blanc d'Espagne, moellon, craie, pierre lithographique,* etc.

Le *spath d'Islande* est un corps solide incolore, très transparent, doué de la double réfraction, ayant pour densité 2,7, cristallisé en

Fig. 133 — Spath d'Islande.

rhomboèdres (fig. 133), d'un angle de 105°,5.

L'*aragonite* cristallise en prismes droits à base rectangle (fig. 134). Elle a pour densité 2,9. Sous l'action de la chaleur, elle se brise en petits fragments rhomboédriques.

Le *marbre blanc,* ou marbre statuaire, est formé de grains cristallins d'un beau blanc, à demi transparents : les *marbres de couleur* doivent leur oloration à des oxydes métalliques; le *marbre* noir est du *calcaire carbonifère.*

Le calcaire ordinaire, dont le type est la *pierre à bâtir,* est formé par l'agglomération de débris de coquilles d'animaux marins, qui peuplaient les

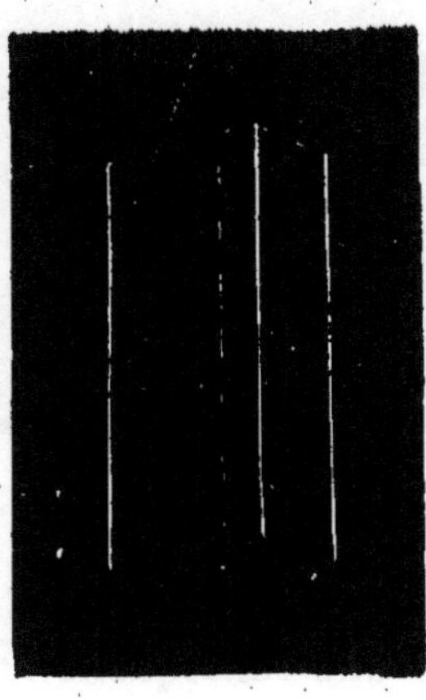

Fig. 134. — Aragonite.

eaux de l'époque secondaire *. La *craie* est formée par des débris d'animaux microscopiques. La *pierre lithographique* est un calcaire compacte, susceptible d'un beau poli. L'*albâtre* est du carbonate de chaux translucide *, servant à l'ornementation.

350. Propriétés. — Le carbonate de chaux est un corps solide, dimorphe, insoluble dans l'eau, se décomposant par la chaleur en chaux vive et en acide carbonique :

$$CaO,CO^2 = CaO + CO^2.$$

Cette décomposition, quand elle s'effectue en vase clos, a une limite : il existe alors, pour chaque température, une tension *maxima* de dissociation, qui croît avec la température : quand cette limite est atteinte, l'excès de calcaire non décomposé fond et, après refroidissement, est retrouvé dans l'appareil à l'état de marbre. (*Hales.*)

Fig. 135. — Grotte avec stalactites et stalagmites.

Le carbonate de chaux fait effervescence avec les acides, en perdant son acide carbonique; c'est une conséquence des lois de **Berthollet.**

Le carbonate de chaux, insoluble dans l'eau pure, est soluble dans l'eau chargée d'acide carbonique : il se transforme en bicarbonate de chaux, CaO,HO,C^2O^4, légèrement soluble dans l'eau. Toutes les eaux courantes renferment ainsi du carbonate de chaux, dissous à la faveur de l'acide carbonique de l'air atmosphérique. Certaines sources sont très riches en acide carbonique et dissolvent alors une grande quantité de carbonate de chaux : quand elles arrivent au contact de l'air, elles perdent l'acide carbonique en excès et abandonnent une quantité correspondante de carbonate de chaux, qui cristallise et forme des *pétrifications* appelées *stalactites* * et *stalagmites* * (fig. 135).

351. Usages. — Il est employé à l'état de pierre à bâtir, de pierre de taille, de marbre, d'albâtre, de pierre lithographique, de craie, etc. Il sert à la préparation de la chaux vive, des eaux gazeuses artificielles, etc.

SULFATE DE CHAUX

CaO, SO^3.

352. La seule variété utile de sulfate de chaux est le *gypse*, ou pierre à plâtre, $CaO, SO^3 + 2HO$, que l'on trouve dans le terrain tertiaire * supérieur, notamment à Paris, à Chaumont, cristallisé en petits cristaux maclés *, appartenant au cinquième système, ou en une variété que l'on appelle gypse en *fer de lance* (fig. 136) : celui-ci est formé par la superposition de feuillets transparents très minces, que l'on détache facilement avec un couteau ; ces feuillets, chauffés, s'exfolient et donnent du plâtre.

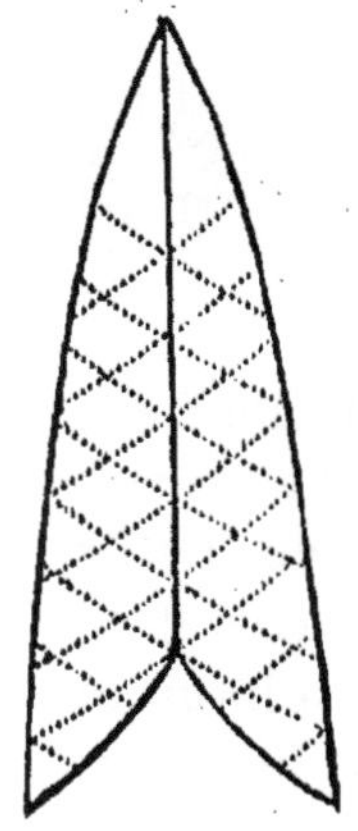

Fig. 136. — Gypse en fer de lance.

Le sulfate de chaux est très peu soluble dans l'eau, qui en dissout les $\frac{2}{1000}$ de son poids. Chauffé vers 120°, il perd son eau de cristallisation et se transforme en *plâtre* ou sulfate de chaux anhydre, CaO, SO^3, susceptible de s'hydrater de nouveau en présence de l'eau ; mais si la température de calcination s'est élevée jusqu'au rouge, le plâtre ne reprend plus son eau de cristallisation.

353. Plâtre. — Le *plâtre* est du sulfate de chaux anhydre, obtenu en calcinant le *gypse* à une température qui ne doit pas dépasser 135°. L'opération se fait dans les *fours à* *plâtre*, construits sous des hangars au moyen de grosses pierres à plâtre déposées en voûtes, que l'on charge ensuite de fragments de plus en plus petits (fig. 137). On allume sous les voûtes un feu de branchages et on conduit l'opération de manière à ne pas avoir un plâtre *trop cuit*. On démolit le four, on sépare les morceaux trop cuits, facilement reconnaissables à leur aspect, on brise les autres dans un moulin, on les passe au crible et on les enferme dans des sacs.

La fig. 138 représente des fours à plâtre perfectionnés, établis à Vaujours, près de Paris.

Fig. 137. — Four à plâtre.

384. Usages du plâtre. — Le plâtre, gâché avec son volume d'eau, s'hydrate et passe rapidement à l'état de sulfate de chaux, $CaO,SO^3 + 2HO$, sous la forme de petits cristaux *feutrés*, enchevêtrés les uns dans les autres : la transformation s'accomplit avec augmentation de volume et dégagement de chaleur; on peut donc employer le plâtre comme mortier.

On l'emploie aussi pour le moulage : la dilatation qui accompagne la *prise* du plâtre lui permet de pénétrer dans tous les détails du moule.

Le plâtre est un excellent engrais pour les prairies artificielles, à la dose de 300 kilog. par hectare. Il doit être conservé à l'abri de l'humidité, parce qu'il absorbe rapidement la vapeur d'eau de l'atmosphère et s'évente : alors il ne fait plus prise avec l'eau.

On appelle *stuc* la masse obtenue en gâchant du plâtre avec une dissolution chaude de colle forte : le stuc est très dur et susceptible de prendre un beau poli.

Fig. 138. — A A'. Fours à plâtre.
B. Moulin à broyer le plâtre cuit.

On peut aussi rendre le plâtre plus dur en lui ajoutant de l'alun, du sulfate de zinc ou du silicate de potasse.

PHOSPHATE DE CHAUX

388. — Le *phosphate de chaux naturel* est *l'orthophosphate neutre de chaux*, $3CaO,PhO^5$, appelé vulgairement phosphate tribasique de chaux. Il forme les 80 centièmes de la partie minérale des os ; on le trouve dans la nature à l'état de *coprolithes* [1], formées d'ossements et d'excréments fossiles agglomérés en *rognons* ou en *nodules*.

Comme ce sel n'est pas soluble, on le transforme, pour les besoins de l'agriculture, en *superphosphate de chaux* ou orthophosphate acide de chaux, $CaO,2HO,PhO^5$. A cet effet, on broie les coprolithes et on les brûle ; puis on les traite par une quantité convenable d'acide sulfurique à 50° Baumé, qui les transforme en une pâte qui se solidifie en s'échauffant. Le superphosphate est alors employé comme engrais ; on le répand à la surface du sol ; la même transformation s'opère lentement à la faveur de l'acide carbonique et de l'eau. On conçoit alors que les végétaux, et spécialement les graminées, puisent dans le sol contenant du phosphate de chaux l'acide phosphorique nécessaire à leur alimentation.

CHLORURE DE CHAUX

386. — Nous avons vu précédemment que l'on désigne sous le nom de *chlorure de chaux* un mélange de chlorure de calcium et d'hypochlorite de chaux obtenu en faisant passer un courant de chlore gazeux sur de la chaux éteinte, étendue en couches minces sur des tablettes alternantes disposées dans une chambre en maçonnerie :

$$2\,CaO + 2\,Cl = CaO,ClO + CaCl$$

On obtient ainsi une masse blanche, ayant l'aspect de la chaux éteinte, décomposable par les acides les plus faibles, mettant en liberté de l'acide hypochloreux et constituant un décolorant et un désinfectant très énergique. Il renferme toujours un excès de chaux qui en facilite la conservation

Il a une saveur âcre ; il répand l'odeur de l'acide hypochloreux ; il est très soluble dans l'eau ; il est aussi très hygrométrique et doit être conservé à l'abri de l'air.

387. Usages. — Il sert à remplacer le chlore dans l'industrie, car il peut dégager 200 fois son volume de chlore. Il est employé pour assainir les hôpitaux, les ateliers, les prisons, les fosses d'aisance et les égouts, dont il détruit les miasmes putrides. Il sert au blanchiment des étoffes de fil et de coton, à la décoloration des chiffons pour la fabrication du papier, etc.[1].

1. Voir, au Complément, le dosage du chlore d'un chlorure décolorant, à l'article *Chlorométrie*.

CHAPITRE XVI

ALUMINIUM. — ALUMINE. — ALUNS. — ARGILES. — POTERIES. — VERRES. — CHAUX ET MORTIERS.

Sommaire. — **95.** L'*aluminium* est un métal, d'un blanc bleuâtre, inaltérable à l'air : allié au cuivre, il forme le bronze d'aluminium.

96. L'*alumine*, Al^2O^3, à l'état cristallisé, constitue le corindon, le saphir, le rubis, la topaze, l'améthyste : on peut aussi l'obtenir à l'état gélatineux et à l'état amorphe. L'alumine gélatineuse forme des *laques* avec les matières colorantes.

97. Les *aluns* sont des sulfates doubles à bases de sesquioxyde et d'alcali : le plus employé est l'*alun ordinaire*, $Al^2O^3,3SO^3+KO$, SO^3+24HO, cristallisé en octaèdres réguliers. Calciné, il perd son eau et se boursoufle : on l'emploie en teinture comme mordant, en médecine, comme astringent.

98. Les *argiles* sont des masses terreuses, d'un grain très fin, formées de silicate d'alumine, mélangé à de la silice en excès et à des oxydes divers. Elles servent à la fabrication de la porcelaine et des poteries.

99. Le *verre* est une substance transparente, dure, cassante, obtenue en mélangeant du sable avec divers oxydes, pour obtenir, par voie de fusion, des silicates doubles insolubles dans l'eau et très peu altérables à l'air.

100. Le verre ordinaire est à base de chaux et de potasse ou de soude. Le cristal est à base de potasse et de plomb.

101. Les *chaux* s'obtiennent par la calcination du carbonate de chaux naturel dans les fours coulants ou intermittents. On les divise en *chaux aériennes*, qui foisonnent avec l'eau, et en *chaux hydrauliques*, qui font prise avec ce liquide.

102. Les *mortiers* sont des mélanges de chaux et de sable. Les mortiers aériens durcissent par la transformation de la chaux en carbonate de chaux par suite de leur exposition à l'air. Les mortiers hydrauliques durcissent par suite de la formation de silicate et d'aluminate de chaux insolubles.

ALUMINIUM
$$Al = 13,75,$$

388. — L'*aluminium* se prépare aujourd'hui par le procédé de **Henri Sainte-Claire-Deville**, qui consiste à traiter au rouge, dans un four à réverbère, le chlorure double d'aluminium et de sodium par le sodium. On obtient ainsi un métal d'un blanc bleuâtre, très léger, de densité **2,56**, d'une dureté et d'une ténacité comparables à celles de l'argent.

Il est sonore, bon conducteur de la chaleur et meilleur conducteur de l'électricité que le fer; il fond à 700° et n'a pas encore pu être volatilisé.

L'aluminium doit être considéré comme un *métal précieux:* il est inaltérable à l'air, il n'est pas attaqué par l'hydrogène sulfuré ; les acides azotique et sulfurique l'attaquent lentement à chaud, l'acide chlorhydrique le transforme à froid en chlorure d'aluminium soluble, Al^2Cl^3.

Il ne s'allie qu'avec le cuivre, l'argent et le fer; on l'utilise dans l'industrie pour la fabrication des objets légers, comme les montures de lunettes de spectacle; on l'allie souvent au cuivre pour former le bronze d'aluminium, d'une belle couleur jaune, employé pour la confection de surtouts de table, de couverts, de chaînes et de boîtes de montres.

ALUMINE

$$Al^2O^3. = 52.$$

339. État naturel. — A l'état cristallisé, l'alumine constitue le *corindon*, pierre précieuse incolore, transparente,

cristallisé en rhomboèdres isomorphes des cristaux naturels de sesquioxyde de fer. Lorsque le corindon renferme les traces d'oxydes étrangers, il se colore et constitue les pierres précieuses connues sous les noms de *saphir*, *rubis*, *améthyste* et *topaze*, ayant pour densité 4, et constituant les pierres les plus dures que l'on connaisse après le diamant; l'*émeri* est un mélange d'alumine et de sesquioxyde

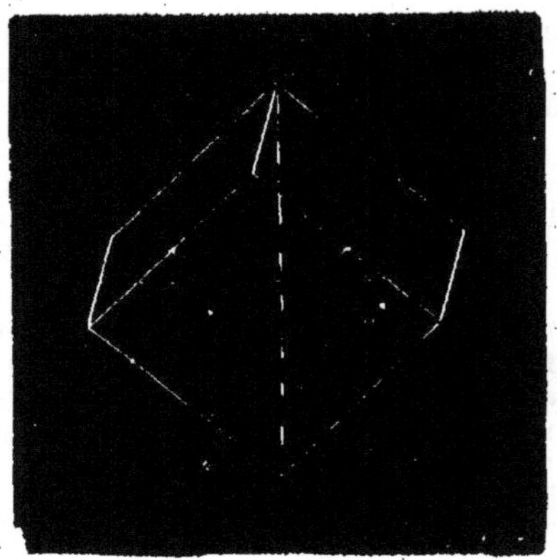

Fig. 139. — Alumine cristallisée en rhomboèdre.

de fer, servant à user le verre et à polir les métaux; étendu sur une feuille de papier et fixé par un peu de colle forte, il constitue le papier d'émeri.

Combinée avec la silice, l'alumine forme les *argiles* et les *feldspaths*.

300. Propriétés. — L'alumine est un corps solide, blanc, happant à la langue, infusible dans nos fourneaux, fondant dans la flamme du chalumeau à gaz oxhydrique, complètement insoluble dans l'eau pure et pouvant se présenter sous trois états : *cristallisée, gélatineuse* et *amorphe.*

L'*alumine cristallisée* est l'alumine naturelle, connue sous le nom de corindon ; elle présente la forme rhomboédrique (fig. 139).

L'*alumine gélatineuse* s'obtient en versant une solution de carbonate d'ammoniaque ou d'ammoniaque ordinaire dans une solution de sulfate d'alumine d'alun ordinaire ou de chlorure d'aluminium. On obtient un précipité blanc, gélatineux, retenant l'eau avec énergie et ne l'abandonnant qu'aux plus hautes températures ; les *argiles* doivent à l'alumine qu'elles renferment la propriété de conserver pendant la saison sèche l'eau nécessaire à l'alimentation des végétaux.

L'alumine en gelée possède la propriété de retenir les matières colorantes, avec lesquelles elle forme des *laques* colorées qui sont de véritables combinaisons, employées en peinture et dans l'impression sur étoffes. Pour obtenir une laque, il suffit de préparer une dissolution chaude de cochenille, d'y ajouter du sulfate d'alumine et de précipiter l'alumine par une solution de carbonate d'ammoniaque ; il se formera un précipité gélatineux, coloré en rouge vif, que l'on recueillera en jetant la masse sur un filtre ; la liqueur filtrée sera incolore et la *laque* restera sur le filtre.

L'alumine gélatineuse est soluble dans les acides forts et dans les alcalis ; avec l'acide sulfurique, elle formera du sulfate d'alumine, $Al^2O^3,3SO^3$; avec la potasse, elle formera de l'aluminate de potasse, $3KO,2Al^2O^3$. Elle ne se combine ni avec l'acide carbonique ni avec l'hydrogène sulfuré.

L'*alumine amorphe* s'obtient en calcinant fortement l'alumine gélatineuse ou en calcinant l'alun ammoniacal ; elle se présente sous la forme d'une masse blanche, légère, amorphe, difficilement soluble dans les acides et les alcalis.

301. Usages. — A l'état de pierres précieuses, elle est utilisée en joaillerie ; elle est employée en teinture pour fixer la matière tinctoriale sur les étoffes. Elle entre dans la composition de l'*outremer* et du *lapis-lazuli.*

ALUNS

302. — On désigne sous le nom d'*aluns* des sulfates doubles, dont l'une des bases est un sesquioxyde et dont l'autre est un alcali.

Ce sont : l'alun ordinaire $Al^2O^3, 3SO^3 + KO, SO^3 + 24HO$.
l'alun de fer $Fe^2O^3, 3SO^3 + KO, SO^3 + 24HO$.
l'alun de chrome $Cr^2O^3, 3SO^3 + KO, SO^3 + 24HO$.

L'alun ordinaire est blanc; l'alun de fer est rose et l'alun de chrome est violet.

Tous les aluns sont isomorphes entre eux et cristallisent en octaèdres réguliers (fig. 140) : ils peuvent exister ensemble dans un même cristal en proportions quelconques.

303. Alun ordinaire. $Al^2O^3, 3SO^3 + KO, SO^3 + 24HO$. — L'alun ordinaire se prépare par plusieurs procédés :

1° On mélange des solutions chaudes de sulfate d'alumine et de sulfate de potasse en proportions convenables : l'alun cristallise par refroidissement.

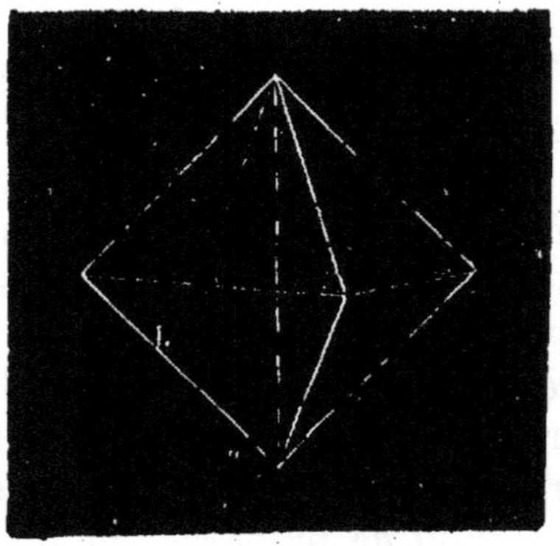

Fig. 140. — **Cristal d'alun.**

Le sulfate d'alumine a été obtenu en traitant le *kaolin* ou argile exempt d'oxyde de fer et de carbonate de chaux, par l'acide sulfurique à 52°, à une température de **70°**.

2° Dans la campagne de Rome, à la Tolfa, on trouve une roche naturelle, appelée *alunite*, qui est de l'alun ordinaire mélangé à un excès d'alumine et à du sesquioxyde de fer. On calcine modérément l'alunite, puis on la trempe dans l'eau pour la laisser s'en imbiber; enfin, on lessive le produit : l'eau se charge d'alun pur, en laissant l'alumine en excès et

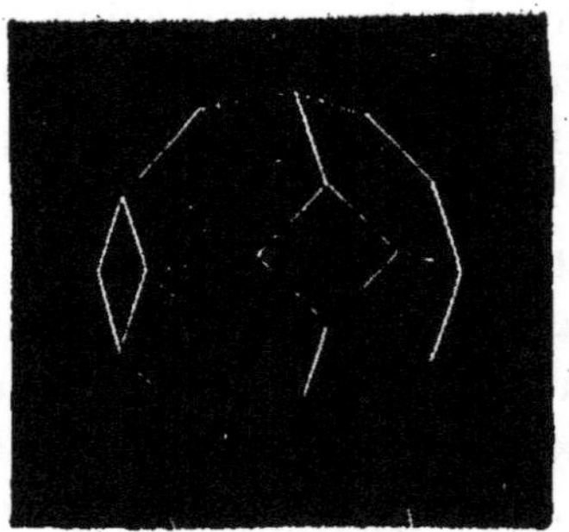

Fig. 141. — **Alun de Rome.**

l'oxyde de fer. On décante la liqueur et on la laisse cristalliser : elle abandonne des cristaux d'alun ayant la forme de *cubo-octaèdres* (fig. 141), et connu sous le nom d'*alun de Rome*, très estimé des teinturiers, parce qu'il ne contient pas de sulfate de fer.

3° On grille à l'air des schistes alumineux comme ceux de Picardie ou de Liége, contenant de la pyrite martiale, FeS^2 : il se forme du sulfate d'alumine et du sulfate de fer; on dissout ces deux sels, on sépare le sulfate de fer par cristallisation, parce qu'il est moins soluble que le sulfate d'alumine; on ajoute du sulfate de potasse en proportions convenables : l'alun se forme et cristallise à froid. L'alun de Picardie est toujours mélangé à un peu de sulfate de fer, dont on ne peut le débarrasser.

364. Propriétés de l'alun. — C'est un sel blanc cristallisé en octaèdres réguliers (fig. 141), s'effleurissant à l'air à leur surface. Il est soluble dans 10 fois son poids d'eau froide et dans le *tiers* de son poids d'eau à 100°. L'alun subit la fusion aqueuse vers 92°; si on le laisse refroidir, il prend l'aspect vitreux et constitue l'*alun de roche;* au rouge sombre, il perd ses 24 équivalents d'eau et devient anhydre, en se boursouflant (fig. 142) : on le nomme alors *alun calciné;* au rouge blanc, il dégage de l'acide sulfureux et de l'oxygène, en laissant un résidu fixe d'alumine et de sulfate de potasse.

Fig. 142. — Calcination de l'alun

365. Usages. — On l'emploie comme *mordant* dans la teinture, pour fixer les couleurs; il sert à conserver les cuirs, à coller la pâte à papier, à clarifier les suifs et les eaux bourbeuses. En médecine, on l'emploie comme astringent et comme caustique.

366. Alun d'ammoniaque, $Al^2O^3,3SO^3 + AzH^4O, SO^3 + 24HO$. — On emploie quelquefois ce sel d'un beau blanc pour les mêmes usages que ceux auxquels on destine l'alun de potasse. — On le prépare en mélangeant des dissolutions chaudes et concentrées de sulfate d'alumine et de sulfate d'ammoniaque.

367. Alun de chrome, $KO, SO^3 + Cr^2O^3, 3 SO^3 + 24 HO$. — C'est le principal sel de sesquioxyde de chrome. Il se présente en beaux cristaux octaédriques d'un violet si foncé qu'ils paraissent noirs. Ces cristaux, nourris dans leur eau mère, acquièrent facilement un volume considérable. La dissolution de ce sel est violette, elle passe à la modification verte quand on la chauffe, et alors elle est devenue incapable de reproduire les cristaux.

Pour obtenir cet alun, on dissout à chaud 150 grammes de bichromate de potasse dans un litre d'eau, on ajoute 250 grammes d'acide sulfurique et on laisse refroidir. On place la capsule de porcelaine où l'on a fait cette opération dans une grande terrine pleine d'eau froide et l'on y verse très lentement, 60 grammes d'alcool. Le lendemain, on trouve le vase recouvert d'une grande quantité d'octaèdres réguliers très nets.

SILICATES. — ARGILES. — POTERIES ET VERRES

368. Silicates. — On appelle *silicates* les sels formés par la combinaison de l'acide silicique avec les oxydes basiques. Les principaux silicates sont le silicate de potasse, KO, SiO^2, et le silicate de soude, NaO, SiO^2, ou silicates solubles dans l'eau. Les silicates de chaux, d'alumine, de fer et de plomb sont insolubles dans l'eau, mais fusibles en une matière vitreuse, transparente, attaquable par l'acide fluorhydrique et par les solutions concentrées des alcalis caustiques et des carbonates alcalins. Par voie sèche, à haute température, ces silicates sont presque entièrement décomposés en oxydes métalliques et en silice.

On connaît aussi des silicates doubles de composition définie, comme les silicates doubles d'alumine et d'un alcali, connus sous le nom de *feldspaths*, tels que le *feldspath orthose* et le *feldspath albite*.

On trouve aussi certains silicates mélangés à un excès de silice, comme les argiles, ou des silicates à bases multiples, qui ne sont que des mélanges irréguliers de silicates simples : ils sont souvent plus fusibles que les silicates simples, surtout si les bases de ces silicates sont les alcalis, l'oxyde de plomb, le sous-oxyde de cuivre, etc.

Les silicates sont très abondants dans la nature; ce sont les *argiles*, les *feldspaths*, l'*émeraude*, le *mica*, etc. Ils entrent dans la constitution du verre et des poteries.

369. Argiles. — On donne le nom d'*argiles* à des masses terreuses, d'un grain très fin, d'une couleur variant du jaune au gris, suivant leur composition, formées de silicate d'alumine plus ou moins mélangé à de la silice en excès, à de l'oxyde de fer, à de l'alumine, à de la magnésie et à du carbonate de chaux, etc.

L'argile pure est blanche ; l'argile mélangée à de l'oxyde de fer est jaune rougeâtre et se colore par la cuisson en rose ou en rouge plus ou moins intense, comme on le voit dans la fabrication des briques et des tuiles. L'argile est très poreuse et très avide d'eau, dont elle peut retenir jusqu'aux trois quarts de son volume. Au contact de l'air, l'argile délayée avec de l'eau en pâte liante perd de l'eau et éprouve un *retrait* considérable, en se fendillant en tout sens : l'argile calcinée se comporte de même. L'argile bien humectée d'eau devient imperméable : cela explique l'existence des cours d'eau souterrains, formés par les eaux qui se sont infiltrées à travers les couches supérieures du sol et sont arrivées au contact de couches d'argile qu'elles ne peuvent traverser.

L'argile se délaye facilement dans l'eau et forme une pâte onctueuse, douce au toucher, pouvant être coupée au couteau et être polie avec l'ongle. L'argile pure est réfractaire : par la cuisson, elle diminue de poids et de volume, en perdant de l'eau ; elle devient très dure, perd ses propriétés plastiques et ne les reprend jamais. Les argiles qui contiennent de l'oxyde de fer et de la chaux fondent à une température élevée. Les argiles sont les seules substances qui font pâte avec l'eau et durcissent au feu : les craies font pâte avec l'eau, mais ne durcissent pas par la cuisson.

La densité de l'argile varie de 1.7 à 2.7 : elle est attaquable par les acides chlorhydrique et azotique bouillants, ainsi que par l'acide sulfurique à une douce chaleur.

Les argiles peuvent être rapportées à trois types différents : *argile terreuse* et *lâche*, dont le type est le *kaolin*; *argile terreuse* et *serrée*, comme l'*argile plastique*, l'*argile figuline* et l'*argile schistoïde*, comme le *Klebschieffer* d'Allemagne.

Le *kaolin* de Saint-Yrieix a pour composition :

Silice.	46,8
Alumine.	37,3
Potasse.	2,5
Eau.	13,3
	100 »

L'*argile plastique* de Vaugirard-Paris a pour composition :

Silice.	51,84
Alumine.	26,10
Oxyde de fer.	4,91
Chaux.	2.25
Magnésie.	0,23
Eau.	14,67
	100 »

L'*argile schistoïde* de Saint-Ouen a pour composition :

Silice.	51
Alumine.	14
Magnésie	13,4
Oxyde de fer	3,2
Eau	18,4
	100 »

370. Usages. — Le kaolin sert à la fabrication de la porcelaine; l'argile plastique est employée pour la fabrication des poteries fines, des briques réfractaires et des creusets : elle ne fond pas et acquiert une grande dureté par la cuisson. Les *argiles figulines* fondent à une haute température : elles renferment de la chaux et de l'oxyde de fer; elles servent à la fabrication des poteries grossières et des terres cuites; sous le nom de terre glaise, on les emploie pour le modelage. Les *marnes* sont des terres argileuses mélangées avec de la craie. Elles servent en agriculture pour amender les terres.

Les argiles proviennent de la décomposition des foldspaths naturels par l'eau, dont le contact prolongé amène la dissolution du silicate de potasse et la séparation de la silice et du silicate d'alumine insolubles.

POTERIES

371. Les *poteries* se divisent en deux catégories : les poteries dont la pâte ne se ramollit pas à la cuisson, ou *poteries tendres*, rayées par l'acier, et les poteries dont la pâte se ramollit au feu en devenant compacte, ou *poteries dures*, non rayées par l'acier.

Tous les produits céramiques sont fabriqués à l'aide des diverses variétés d'argile, cuites à une température plus ou moins élevée et rendues imperméables par une *glaçure* ou *couverte*, qui donne à leur surface un beau poli.

Les poteries à pâte dure sont les faïences fines, les grès, les porcelaines; les poteries à pâte tendre sont les faïences communes et les poteries grossières.

En mélangeant à l'argile une substance fusible à la température de cuisson de la poterie, celle-ci devient translucide et constitue la *porcelaine* ou poterie semi-vitrifiée.

372. Porcelaine. — La pâte à porcelaine est formée par un mélange de kaolin, argile pure et infusible, et de fondants, tels que le sable, la craie, le gypse, pris séparément ou réunis en proportions diverses : on obtient ainsi la *porcelaine véritable*. La porcelaine *anglaise*, ou demi-porcelaine, est formée de kaolin, de feldspath et de cendres d'os.

Pour fabriquer la porcelaine, ou *porphyrise* [1] le kaolin et le fondant, on les mélange en proportions convenables et on les délaie vec de l'eau : on obtient ainsi *une pâte claire*, que l'on tamise pour ne laisser passer que les grains les plus fins. On la presse et on l'abandonne dans les *fosses à pourrir*, cuves en bois où s'effectue une putréfaction des matières organiques contenues dans les eaux, dégageant des gaz qui malaxent la pâte et lui donnent la plasticité favorable au façonnage et à la cuisson. Au sortir des fosses, la pâte est soumise au *marchage* et au *battage*, jusqu'à ce que la cassure de la pâte ne présente plus de traces de bulles d'air : le bloc de pâte est alors divisé à l'aide d'un fil métallique en ballons de volume suffisant pour le façonnage des objets auxquels on les destine.

1. Réduire en poudre impalpable.

Le façonnage se fait au tour (fig. 143), formé d'un volant A en bois plein, dont l'axe porte une tête C en plâtre : l'ouvrier le met en mouvement au moyen d'une pédale. La pâte est placée sur la tête et ébauchée à la main; puis elle est soumise au *tournassage*, opération qui consiste à enlever la pâte en excès et à déterminer la forme extérieure de la pièce.

Pour la fabrication des assiettes, on opère par *moulage* : le moule est en plâtre; on l'enfonce dans la pâte, on le retourne et on le place sur la tête du tour; on façonne le pied de l'assiette et on laisse la pâte en contact avec le moule pendant un certain temps; on procède au *démoulage* : ensuite, on place sur la tête du

Fig. 143. — Tour de potier.

tour l'assiette démoulée et déjà consistante; puis, on procède au *tournassage*.

Pour la fabrication des objets en porcelaine mince, on procède par *coulage* : on fait une pâte très fluide, appelée *barbotine*, que l'on coule dans des moules en plâtre : le moule est d'abord complètement rempli de barbotine, après avoir été enduit d'un mélange de barbotine et d'acide fluorhydrique pour faciliter le démoulage; on laisse le moule en repos pendant quelque temps; le plâtre du moule, très avide d'eau, solidifie sur ses parois une certaine épaisseur de barbotine; on fait écouler l'excédant de barbotine et on procède au démoulage (fig. 144).

Fig. 144. — Moule en plâtre.

Les pièces obtenues par l'un des procédés précédents sont ensuite soumises au *rachevage*, qui les complète, les termine et les orne, après avoir fait disparaître les coutures de la porcelaine et les défauts de la pâte.

Les pièces de porcelaine subissent une dessiccation lente à l'air, puis un commencement de cuisson, qu'on appelle le *dégourdi*, dans le laboratoire supérieur d'un four, appelé *globe* (fig. 145). Le *dégourdi* ne doit pas être poussé trop loin, car la pièce refuse d'absorber l'eau de la *couverte :* s'il n'a pas été suffisant, la porcelaine est trop poreuse et absorbe trop rapidement l'eau de la couverte : la pratique seule apprend à déterminer convenablement le degré du dégourdi : généralement, la porcelaine bien dégourdie a une teinte d'un rose pâle caractéristique : en outre, la porcelaine doit happer à la langue.

La porcelaine dégourdie reçoit alors la *glaçure,* ou *émail,* ou *couverte,* qui doit la rendre imperméable et lui donner son poli. La couverte est généralement formée d'un mélange de *quartz* et de *feldspath,* connu sous le nom de *pegmatite,* que l'on porphyrise et que l'on délaie dans l'eau en une bouillie claire. Cette couverte doit pouvoir se répandre sur toute la surface de

Fig. 145. **Four à porcelaine.** — A, alandiers. — 1ᵉʳ et 2ᵉ étages : Laboratoires pour la cuisson de la porcelaine émaillée. — 3ᵉ étage : Laboratoire pour le dégourdi, nommé *globe.*

la porcelaine, sans pourtant pénétrer trop profondément dans la pâte : elle doit être en rapport de fusibilité avec la pâte, et en rapport de dilatation et de contraction avec elle ; sinon, elle se fendille et il en résulte des fissures ou *tressaillures*, par lesquelles les corps gras, les acides pénètrent dans la pâte et l'altèrent.

La mise en couverte se fait en mélangeant dans un baquet la pegmatite pulvérisée et l'eau, de manière à ce qu'il ne reste aucun grumeau ; au moyen d'un *aréomètre spécial*, on juge du degré convenable de densité du liquide. La pièce dégourdie est soumise à l'*espassage*, opération qui consiste à enlever, à l'aide d'un plumeau ou *espassin*, la poussière et les corps étrangers adhérents à la pièce : si l'on doit faire des réserves, on enduira de suif les parties réservées. La pièce est ensuite complètement trempée dans le bain d'émail et y séjourne pendant un temps plus ou moins long, suivant l'épaisseur de couverte que l'on veut obtenir : la durée du séjour dépend aussi du degré de dégourdi de la pièce. Les pièces en *biscuit*, dégourdies à une température élevée, exigent un séjour plus prolongé dans le baquet à émail. Au sortir du baquet à émail, la pièce dégourdie absorbe l'eau de la couverte et se recouvre d'une couche mince uniforme de substance vitrifiable.

Les pièces, recouvertes de leur émail, doivent alors subir la seconde cuisson. A cet effet, on les place dans des *cazettes* (fig. 146), ou cylindres en terre réfractaire destinés à protéger la pièce pendant la cuisson : entre chacune des cazettes formant les piles se trouve du *colombin*, espèce de lut, qui empêche les gaz et les flammes du four de pénétrer dans les cazettes.

Fig. 142. — **Cazette.**

Les cazettes sont ensuite disposées en piles à l'intérieur du four à porcelaine, au premier et au second étage. Le four est construit en briques réfractaires, dont la muraille a environ 65 centimètres d'épaisseur (fig. 145) ; cette muraille porte, aux deux premiers étages, des ouvertures communiquant avec des foyers (A), appelés *alandiers*, garnis de grosses bûches, que l'on allume : la flamme et les produits de la combustion pénètrent dans le four et, après avoir traversé le globe, s'échappent par la partie supérieure du four : la durée de la cuisson est de 50 heures dans les fours au bois.

Quand la cuisson est terminée, on laisse refroidir le four et on procède au défournement ; les pièces, au sortir du four, sont recouvertes d'une glaçure provenant de la vitrification de l'émail ; la porcelaine elle-même a subi une semi-vitrification et est devenue translucide.

373. Décoration de la porcelaine. — La porcelaine est décorée par application de matières colorantes empruntées au règne minéral, telles que les oxydes de cobalt, de chrome, d'urane, de zinc, de manganèse, de cuivre et d'étain, de chromate de plomb, les ocres rouge et jaune, la terre d'ombre et la terre de Sienne. Ces couleurs doivent être vitrifiables : on obtient ce résultat en les mélangeant à des fondants qui leur servent de véhicules ; elles doivent être inaltérables à leur température de fusion, conserver l'état vitreux après la cuisson, adhérer fortement à la porcelaine et être en rapport de dilatabilité avec elle. On applique souvent sur la porcelaine de l'or pulvérulent, obtenu en précipitant une dissolution de chlorure d'or par le sulfate de fer : on ajoute à l'or précipité du borax et de l'oxyde de bismuth.

On peut, pour procéder à la décoration de la porcelaine, soit appliquer les couleurs sur la porcelaine dégourdie avant le dépôt d'émail, soit appliquer les couleurs sur la porcelaine cuite revêtue de sa couverte : dans le premier cas, on emploie les couleurs dites de *grand feu;* dans le second cas, les couleurs employées sont appelées couleurs de *moufle.*

Dans la décoration au grand feu, les couleurs, délayées dans de l'essence de térébenthine, sont appliquées à l'aide de pinceaux sur la porcelaine dégourdie; puis, on recouvre la pièce de sa couverte et on la fait cuire au four, comme la porcelaine blanche. Les couleurs pénètrent dans le corps même de la pâte et offrent ainsi une solidité parfaite : leur éclat est beaucoup plus vif que celui des couleurs de moufle ; malheureusement, les couleurs de grand feu sont peu nombreuses, tandis que la palette du peintre céramique est très riche en couleurs de moufle.

Dans la décoration *au moufle,* la porcelaine revêtue de sa couverte et cuite reçoit sur son émail les couleurs déposées par le peintre : ces couleurs sont des mélanges d'oxydes métalliques et de fondants délayés dans de l'essence de térébenthine.

La pièce décorée est déposée au séchoir pour évaporer les essences avant la cuisson; puis, on la place dans un *moufle,* espèce de caisse rectangulaire en briques réfractaires, placée au centre d'un fourneau en maçonnerie, alimenté par du bois à flamme longue et vive : la flamme et les produits de la combustion peuvent circuler autour du moufle, sans pénétrer dans son intérieur. Lorsque les pièces sont placées dans le moufle, on chauffe modérément d'abord ; ensuite on élève progressivement la température et on termine par un feu vif.

374. Faïences. — La *faïence* fine est formée d'un mélange d'argile plastique et de quartz. La pâte subit la série d'opérations usitées dans la fabrication de la porcelaine : après le dégourdi, on applique sur la faïence une *couverte,* ou *émail,* formée de quartz, de carbonate de potasse et d'oxyde de plomb; on soumet la faïence recouverte à une nouvelle cuisson, pendant laquelle elle se recouvre d'une couche vitreuse et imperméable de silicate double de potasse et de plomb. Si la pâte de la faïence est colorée par de l'oxyde de fer, on emploie une couverte opaque, qui est un véritable émail auquel l'oxyde d'étain a donné de l'opacité.

375. Poterie commune. — Les objets de poterie commune sont fabriqués avec des argiles ferrugineuses mélangées à du sable et à de la marne : la couverte est un silicate double d'alumine et de plomb. *Il faut éviter d'y laisser séjourner des aliments gras ou contenant du vinaigre, qui attaqueraient peu à peu la couverte en formant des sels de plomb très vénéneux.*

376. Terres cuites. — On désigne sous le nom de *terres cuites* tous les objets faits avec des argiles marneuses mêlées de sable : ce sont les *briques*, les *tuiles*, les *pannes*, les *formes à sucre*, les *pots à fleurs*, les *fourneaux à main*, les *tuyaux de conduite*, etc. La pâte est façonnée à la main ou au tour ; puis, elle subit une cuisson à une température peu élevée.

Les *briques* sont façonnées au moule, puis, séchées à l'air et enfin cuites dans des fours : les *briques réfractaires* sont fabriquées avec des argiles pures additionnées de sable blanc.

377. Grès. — Les *grès*, dits *grès cérames*, sont des poteries à pâte dure, semi-vitrifiée, mais non translucide : la pâte est faite avec des argiles moins pures que celles qu'on emploie pour la porcelaine. Ils subissent la cuisson à une très haute température ; pour les vernir, on projette dans le four, pendant la cuisson, une certaine quantité de *sel marin* humide, qui se vaporise et se décompose au contact des parois argileuses du grès : il se forme alors un silicate double d'alumine et de soude produisant un vernis fusible lustrant la surface du grès.

VERRES.

378. — On donne le nom de *verre* à une substance transparente, dure, cassante, insoluble dans l'eau, fusible à une température élevée, inattaquable par les acides, pouvant s'étirer en fils et se mouler facilement.

Le verre est un mélange de silicates divers, dont la nature et les proportions varient avec le but que l'on se propose d'atteindre.

379. Propriétés du verre. — Le verre est mauvais conducteur de la chaleur : refroidi brusquement il se brise ; chauffé en un seul point, il se fend en éclats irréguliers. Sous l'action d'un choc, le verre se brise en présentant une cassure *conchoïde* ou une cassure en *aiguilles*.

Le verre, soumis à l'action de la chaleur, passe par tous les degrés de plasticité, jusqu'à ce qu'il soit complètement fluide : on profite de cette propriété pour l'étirer en fils ou en tubes et pour le souder à lui-même. Le verre *trempé* devient cassant et se brise sous les influences les plus légères : les *larmes bataviques* et les *fioles philosophiques* en sont la preuve ; aussi, toutes les pièces en verre subissent-elles le *recuit*, avant d'être livrées au commerce. Pour recuire le verre, on le chauffe à une température voisine de celle à laquelle il se ramollit, et on le refroidit très lentement : en trempant le verre régulièrement, on peut diminuer sa fragilité ; on prépare, depuis quelques années, du verre trempé par immersion dans de l'huile et qui est moins fragile que le verre ordinaire. Le verre, soumis à un ramollissement prolongé, devient entièrement opaque ; il se dévitrifie et constitue la *porcelaine de Réaumur*.

L'*eau* altère le verre : si l'on met du verre à vitres finement pulvérisé en digestion dans l'eau, celle-ci prend, au bout d'un certain temps, une réaction alcaline ; cette action explique l'altération des vitres des anciens édifices abandonnés ou du verre enfoui dans le sol ; leur surface devient opaque et le verre fait effervescence avec les acides.

Les corps réducteurs, comme le charbon, agissent sur les verres formés de silicate à oxyde réductible, comme le cristal, ou verre à base de plomb.

Les acides attaquent très lentement le verre, à l'exception de l'*acide fluorhydrique*, qui s'empare de la silice des silicates : on utilise cette propriété de l'acide fluorhydrique pour la gravure sur verre.

Les alcalis caustiques et les carbonates alcalins attaquent peu à peu le verre, en s'emparant de la silice du silicate et en mettant en liberté les bases insolubles à l'état d'oxydes ou de carbonates.

380. Composition du verre. — On ne peut employer, pour fabriquer le verre, que des mélanges de plusieurs silicates, parce que les silicates simples sont, ou solubles dans l'eau, ou trop peu fusibles, ou cristallisables. Les silicates employés sont les *silicates de potasse*, de *soude*, de *chaux*, de *magnésie*, de *baryte*, de *plomb*, de *fer*, d'*alumine* et de *zinc*. De la nature des silicates employés et de leurs proportions dépendront la fusibilité, la dureté, la densité et le pouvoir réfringent du verre.

Les verres à base de plomb sont très fusibles et très réfringents ; les verres à base de soude sont fusibles, plastiques, d'un éclat remarquable ; mais ils présentent une teinte verdâtre, comme on peut le constater en regardant un verre à vitre par sa tranche. Les verres à base de potasse sont mous, sans éclat et moins fusibles que les verres à base de soude. Les verres à base de chaux sont plus fixes, plus durs et plus éclatants. Les verres les plus durs et les moins fusibles sont les verres à base de magnésie et d'alumine.

Le verre prend des noms différents suivant la nature et les proportions des bases qui entrent dans sa composition ; on connaît huit variétés principales de verres :

1° *Verre soluble.* — C'est un silicate de potasse ou de soude, servant à imprégner les tissus que l'on veut rendre incombustibles, à silicatiser la pierre, à faire des pansements destinés à immobiliser les membres fracturés.

2° *Verre de Bohême.* — *Crown-glass.* Le verre de Bohême, peu fusible, très léger, est un silicate de potasse et de chaux, de densité 2,396, très employé dans les laboratoires. — Le *Crown-glass* est un verre d'optique, à base de potasse et de chaux, mais plus riche en potasse et en chaux que le verre de Bohême : il a pour indice de réfraction 1,54.

3° *Verre à vitres.* — C'est un silicate à base de soude et de chaux. Le *verre à glaces* contient moins de chaux que le verre à vitres; aussi est-il moins dévitrifiable.

4° *Verre à bouteilles.* — C'est un verre très fusible, formé de silicate de soude, de chaux, d'alumine et de fer.

5° *Cristal ordinaire.* — C'est un silicate à base de plomb et de potasse, préparé avec du sable très pur, du carbonate de potasse et du *minium* : il a beaucoup d'éclat et de transparence.

6° *Flint-glass.* — C'est un cristal plus riche en plomb que le cristal ordinaire : il est très réfringent; son indice de réfraction est 1,637; il est employé pour la construction des instruments d'optique.

7° *Strass.* — Cristal plus riche en plomb que les précédents, il est très dense et très réfringent; il sert pour imiter les pierres précieuses.

8° *Émail.* — L'émail est un cristal rendu opaque par de l'oxyde d'étain ou d'antimoine ou par du phosphate de chaux.

TABLEAU de la composition des principaux verres.

	VERRE SOLUBLE.	VERRE DE BOHÊME.	CROWN-GLASS.	VERRE A VITRES.	GLACES DE Sᵗ-GOBAIN.	CRISTAL.	FLINT-GLASS.	STRASS.	ÉMAIL.
Silice.............	69	71,0	62,8	69,75	72,1	56	42,5	38,2	31,6
Chaux.............	»	10,0	12,5	13,31	12,2	2,6	0,5	»	»
Potasse...........	31	11,0	22,1	»	»	8,9	11,7	7,8	8,3
Soude.............	»	»	»	15,52	15,7	»	»	»	»
Alumine	»	2,2	2,6	1,82	»	»	1,8	»	»
Oxyde de fer.....	»	3,9	»	»	»	»	»	1,0	»
Oxyde de plomb.	»	»	»	»	»	32,5	43,5	53,0	50,3
Oxydes divers....	»	1,3	»	»	»	»	»	»	»
Oxyde d'étain....	»	»	»	»	»	»	»	»	9,8

381. Fabrication du verre à vitres. — Le verre se fabrique en fondant dans des creusets du sable mélangé aux carbonates et aux oxydes métalliques qui doivent concourir à la formation des silicates. Les creusets, ou *pots de verrier*, en terre réfractaire, sont

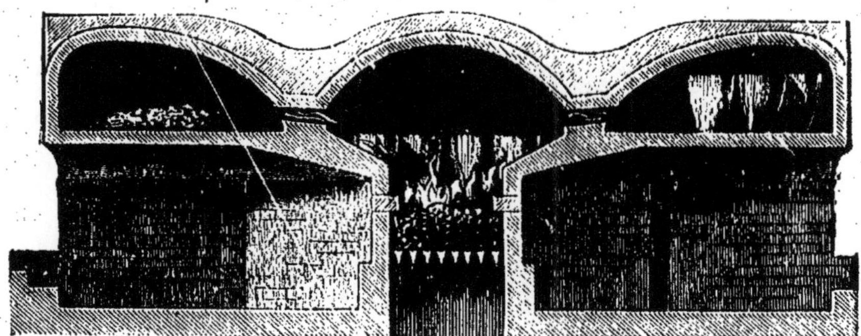

147 — Four de verrerie.

rangés dans un fourneau circulaire (fig. 147) et chauffés au rouge vif par la combustion du bois : la flamme et les produits de la combustion passent sous des arches, B, B, sur la sole desquelles on place les matières premières mélangées à des débris de verres afin qu'elles s'échauffent et qu'elles subissent un commencement de combinaison : elles sont alors *frittées;* la masse frittée, introduite dans les creusets, fond peu à peu et la combinaison de la silice et des oxydes métalliques s'effectue. Les matières étrangères nagent à la surface du bain de silicates fondus; on les enlève avec une cuiller en fer : s'il arrive que le verre soit coloré par un peu de silicate de fer, on ajoute une quantité convenable de bioxyde de manganèse (*savon des verriers*), pour en opérer la décoloration.

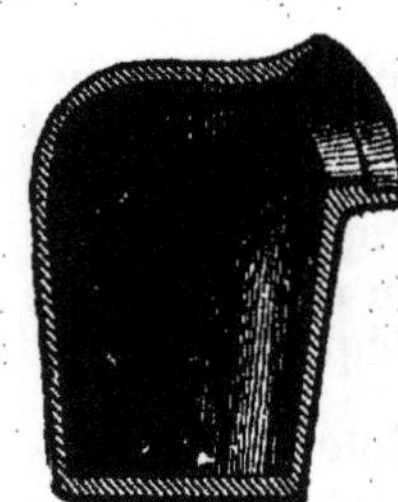

Fig. 148.
Creuset de verrier.

Quand le verre a été *affiné*, on ralentit la combustion du bois, pour abaisser la température du four et amener le verre au degré de fluidité le plus propre au travail.

On pourrait aussi chauffer les fours à la houille : il faudrait alors donner au creuset la forme ci-contre (fig. 148); on peut aussi employer les fours *Siémens* * chauffés au gaz.

Quand le verre affiné est à une température convenable, à l'état pâteux, l'ouvrier verrier, au moyen d'une *canne* creuse, cueille dans le creuset une masse de verre, qu'il *pare* et qu'il *souffle* en lui donnant la forme (1) (fig. 149); puis, il réchauffe la masse de verre, élève la canne verticalement en l'air et fait prendre à la masse la forme (2); le fond de la pièce de verre est alors échauffé à l'ouverture du four et amené successivement aux

formes (3) (4) (5), obtenues en soufflant fortement dans la canne
et en lui imprimant un mouvement pendulaire : la pièce de
verre prend alors la forme cylindrique. On ouvre la partie sphérique qui termine le cylindre, en la ramollissant et en la perçant
avec une pointe de fer : on régularise l'ouverture en faisant tourner la pièce sur elle-même; puis, on place le cylindre sur un che-

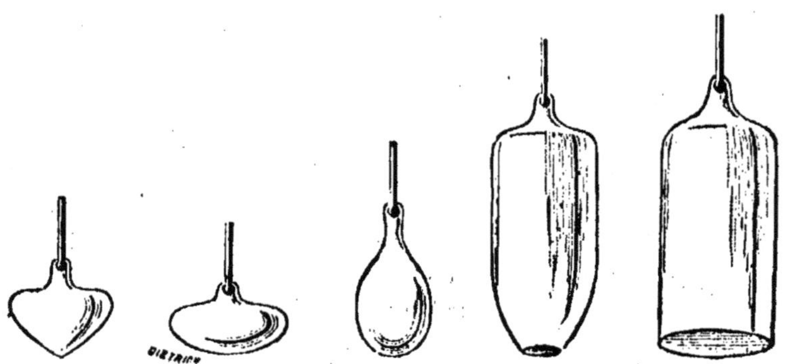

Fig. 149. Formes successives prises par une masse de verre.

valet et, à l'aide d'un fil de verre chaud, on détache la canne : on
obtient ainsi un manchon de verre, que l'on fend en promenant
un fer rouge le long d'une génératrice * et en mouillant avec le
doigt un des points chauffés : le manchon fendu est porté dans
un four où il se ramollit et il est ensuite rabattu sur une surface
plane et étendu en une feuille de verre unie.

382. **Glaces.** — Pour fabriquer les glaces, à la manufacture de
Saint-Gobain, on fond dans de grands creusets un mélange de
sable de Fontainebleau, de carbonate de soude sec et de craie bien
blanche. Quand la masse a été fondue, affinée et amenée au degré
de consistance voulue, on enlève le creuset du four et on coule le
verre, en liqueur brillante, transparente et onctueuse, sur une
vaste table en fonte, sur laquelle le verre s'étend comme une cire
ductile : on passe sur le verre rouge un rouleau en fonte, pendant
que le *rangeur* écrème les défauts apparents. La glace est ensuite
poussée dans une *carcaise*, ou four chauffé, dans laquelle la glace
se recuit et se refroidit lentement : la glace séjourne deux ou trois
jours dans la carcaise, à la sortie de laquelle on l'équarrit.

383. Les bouteilles, les carafes, les objets de gobeloterie se façon-
nent par le *moulage* : l'ouvrier verrier cueille le verre au bout de
la canne, le souffle légèrement et l'introduit dans un moule en
bois, à deux compartiments, dont le verre prend la forme, sous
l'action du souffle du verrier.

384. **Cristal.** — Le cristal est un silicate de potasse et de plomb,
employé pour les vases d'ornement, les lustres, les candélabres,

la verrerie de luxe à facettes, à moulures et à gravures. On introduit dans le creuset :

> Sable pur...................... 300.
> Minium....................... 200.
> Carbonate de potasse.. ..... 90 à 95.

et on fond la masse dans des fours à houille ou à gaz : l'opération dure de dix-huit à vingt heures, pour laisser au cristal le temps de s'affiner et de se débarrasser des bulles de gaz retenues dans la masse.

Le cristal se façonne, soit par soufflage, soit par moulage : de plus, comme il peut facilement se souder à lui-même, à l'état pâteux, on peut ajouter aux pièces des anses, des pieds et des ornements. Le moulage du cristal se fait dans des moules en bois ou en fonte à grains serrés.

Les pièces en cristal façonnées sont recuites, puis taillées et polies ou gravées sur de petites moules en cuivre.

385. Émaux. — *L'émail* est un verre incolore tenant en suspension dans sa masse un corps opaque non dissous. On incorpore au cristal de l'acide stannique, du phosphate de chaux, des chlorures de plomb et de zinc; l'opacité de l'émail augmente avec la quantité de plomb que contient le cristal.

Les émaux servent à la fabrication de la mosaïque, des perles fausses, des cloisonnés, et à la décoration de la porcelaine.

386. Verres colorés. — Les verres colorés dans toute leur masse s'obtiennent en ajoutant aux matières constituant le verre des oxydes métalliques, qui, en se transformant en silicates, donnent aux verres leur coloration.

Le verre *bleu* s'obtient au moyen de l'oxyde de cobalt ou de l'oxyde de cuivre.

Le verre vert est coloré par le protoxyde de cuivre.

Le verre violet est dû à l'oxyde de manganèse.

Le verre rouge est obtenu au moyen du sous-oxyde de cuivre. On peut aussi fabriquer du verre blanc recouvert de verre coloré rendu adhérent par l'action de chaleur.

En soumettant le verre, sous l'influence de la chaleur et de la pression, à l'action de l'eau contenant 15 0/0 d'acide chlorhydrique, on obtient du verre irisé.

L'industrie du verre est très florissante en France dans les manufactures de Saint-Gobain, de Baccarat, de Saint-Louis, de Chauny. Le verre de Bohême est aussi très estimé.

CHAUX ET MORTIERS.

387. Chaux. — La chaux se prépare dans l'industrie en calcinant la pierre à chaux, ou calcaire, ou carbonate de chaux naturel : le calcaire perd son acide carbonique et on obtient comme résidu la chaux vive, mélangée à une quantité d'argile plus ou moins considérable, suivant la composition du calcaire employé.

La calcination de la pierre à chaux s'effectue dans des fours, dits fours à chaux, soit intermittents, soit coulants.

Fours intermittents. Ces fours (fig. 150) ont la forme des creusets ovoïdes en briques réfractaires ; on construit une voûte avec de gros morceaux de calcaire ; puis, on la recouvre de fragments plus petits, laissant entre eux les intervalles nécessaires au passage du gaz. Quand le four est rempli jusqu'au *gueulard* E, on introduit par le *carneau* D du menu bois ou de la tourbe, que l'on allume, et on porte progressivement la masse du calcaire au rouge : la chaleur décompose le carbonate de chaux et la

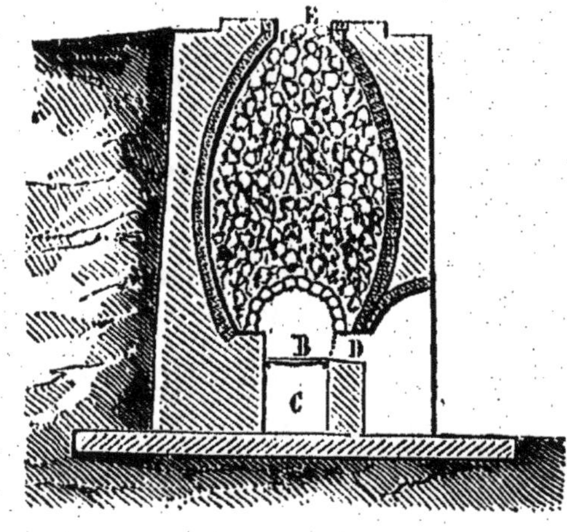

Fig. 150. **Four intermittent.** — A, calcaire. — B, foyer. — C, cendrier. — D, carneau. — E, gueulard.

décomposition est facilitée par la vapeur d'eau provenant des pierres employées, qui ont conservé leur *humidité de carrière.* Quand la cuisson est terminée, on brise la voûte et on extrait la chaux par le carneau D.

Fours coulants. — Les fours coulants, presque constamment employés aujourd'hui, diffèrent des précédents en ce que l'on introduit des

Fig. 151. **Four coulant**

couches alternatives de calcaire et de combustible. Une fois la mise en train opérée, la fabrication ne s'arrête pas : on retire la chaux par le bas du four et on charge par le haut de nouvelles quantités de calcaire et de combustible (fig. 151). La chaux ainsi obtenue subit une cuisson régulière et nécessite une dépense de combustible moindre qu'avec les fours intermittents.

388. Les chaux se divisent en *chaux aériennes, chaux hydrauliques* et *ciments*. Les **chaux aériennes** ne renferment que très peu d'argile; elles forment avec l'eau une pâte plus ou moins liante; elles peuvent être *grasses* ou *maigres*. Les *chaux grasses*, ou chaux presque pures, foisonnent avec l'eau, en dégageant beaucoup de chaleur et en doublant de volume; elles forment avec l'eau une pâte liante et grasse. Les *chaux maigres* renferment un peu d'argile, d'oxyde de fer et de magnésie; elles sont grises, rudes au toucher, ne foisonnent pas avec l'eau, avec laquelle elles forment une pâte courte et peu liante, sans changer sensiblement de volume.

Les chaux aériennes, mélangées à du sable, constituent les *mortiers aériens*, employés dans les constructions ordinaires.

Les **chaux hydrauliques** renferment une proportion d'argile, qui varie de 18 à 35 0/0 ; elles ne se délitent pas dans l'eau, avec laquelle elles se combinent en durcissant. Elles *font prise* avec l'eau en un temps très court. On les divise en *chaux moyennement hydrauliques, chaux hydrauliques ordinaires* et *chaux éminemment hydrauliques*.

Les *chaux moyennement hydrauliques* contiennent 18 0/0 d'argile : elles font prise après quinze jours d'immersion ; leur consistance est celle du savon sec.

Les *chaux hydrauliques ordinaires* renferment 25 0/0 d'argile : elles font prise après six ou huit jours d'immersion; leur dureté est celle de la pierre tendre.

Les *chaux éminemment hydrauliques* renferment de 30 à 35 0/0 d'argile : elles font prise en deux ou trois jours et acquièrent la dureté de la pierre dure.

Les *ciments* contiennent de 35 à 70 0/0 d'argile. Ils font prise immédiatement avec l'eau et deviennent très durs : ils peuvent être employés pour les constructions hydrauliques et les constructions aériennes ; les principaux ciments sont le ciment romain, le ciment de Portland et le ciment Vicat.

389. Mortiers. — Les *mortiers aériens* se font avec de la chaux grasse, que l'on éteint et à laquelle on incorpore du sable : on obtient ainsi une pâte qui sert à joindre les pierres d'un édifice; avec le temps, le mortier perd son eau, la chaux absorbe l'acide carbonique de l'air et se transforme en carbonate de chaux, qui cristallise, empâte les grains du sable et forme une masse adhérente à elle-même et aux pierres.

Les *mortiers hydrauliques* s'obtiennent en mélangeant de la chaux hydraulique et du sable ou de la chaux grasse et des matières argileuses cuites, comme des débris de poteries, de tuiles, de briques, de *pouzzolanes* [1]. Les mortiers hydrauliques durcissent, parce que la silice de l'argile tend à former du silicate de chaux et que l'alumine de l'argile formera de l'aluminate de chaux : ces deux composés sont insolubles dans l'eau et deviennent très durs.

On appelle *béton* un aggloméré de chaux hydraulique et de petites pierres argileuses ; il est employé pour poser les piles des ponts et construire les digues.

Questionnaire. — Qu'est-ce que l'aluminium ? — Comment le prépare-t-on ? — Quelles sont ses propriétés ? — Avec quel métaux s'allie-t-il ? — Quels sont ses usages ? — Quels noms donne-t-on à l'alumine cristallisée naturelle, suivant qu'elle est incolore ou diversement colorée ? — Qu'est-ce que l'émeri ? — Quels minéraux forme l'alumine en se combinant avec la silice ? — Comment s'obtient l'alumine gélatineuse ? — Quelles propriétés l'alumine communique-t-elle aux argiles ? — Quels sont les usages de l'alumine ? — Quelles sont ses combinaisons ? — Qu'est-ce que l'alumine amorphe ? — Qu'est-ce que les aluns ? — Par quels procédés s'obtiennent-ils ? — Quelles sont les propriétés de l'alun ? — Ses usages ? — Qu'est-ce que les silicates ? — Quels silicates trouve-t-on le plus abondamment dans la nature ? — Quelles sont les matières d'un usage journalier dans la composition desquelles entrent les silicates ? — Qu'est-ce que les argiles ? — Quelles sont leurs propriétés ? — Quels sont les principaux types d'argiles ? — Quels sont leurs usages ? — Comment les argiles se forment-elles dans la nature ? — Comment se divisent les produits céramiques ? — Qu'est-ce que la porcelaine ? — A quoi le porcelaine doit-elle sa transparence ? — Exposez les différentes opérations auxquelles donne lieu la fabrication de la porcelaine. — Qu'est-ce que les faïences ? — Comment sont fabriquées les poteries communes ? — Quelles précautions nécessite leur usage ? — Qu'est-ce que les terres cuites ? — Qu'est-ce que les briques réfractaires ? — Qu'est-ce que les grès à poterie ? — Qu'est-ce que le verre ? — Quelles sont ses propriétés ? — Quels sont les corps qui attaquent plus ou moins activement le verre ? — Quelles sont les variétés principales de verre ? — Quelles sont leurs différentes compositions ? — Comment se fabrique le verre à vitres ? — Qu'est-ce que le cristal ? — Comment s'obtiennent les émaux, les verres colorés ? — Qu'est-ce que la chaux ? — Comment la calcine-t-on ? — Qu'appelle-t-on chaux aériennes, grasses, maigres, hydrauliques, ciments, mortiers, pouzzolane, béton ?

CHAPITRE XVII

MÉTALLURGIE DU FER. — FONTES. — FER. — ACIERS

Sommaire. — 103. La *métallurgie* est l'art d'extraire les métaux de leurs minerais.

104. Les minerais de fer sont des oxydes ou des carbonates de fer, que l'on réduit par le charbon. La gangue est rendue fusible par l'addition d'un fondant, avec lequel elle se combinera, pour donner naissance aux scories.

105. Le traitement métallurgique des minerais de fer s'accomplit dans une *forge* ou dans un *haut fourneau* : le produit de l'opération est la *fonte*.

---

1. La pouzzolane est une roche volcanique, renfermant 90 % d'argile, que l'on trouve aux environs de Pouzzoles.

106. La *fonte* est du fer contenant 2 à 5 pour cent de carbone; on en connaît deux variétés : la *fonte grise* et la *fonte blanche.*

107. La fonte, soumise à l'affinage, se transforme en *fer doux,* qui ne renferme plus que 5 à 6 millièmes de carbone et de silicium.

108. L'*acier* est du fer renfermant de 0,7 à 1 pour cent de carbone; on prépare l'acier soit en affinant partiellement la fonte, comme dans le procédé Bessemer, soit en carburant le fer doux; le premier procédé donne l'acier de forge, et le second procédé fournit l'acier de *cémentation.*

109. L'acier trempé est dur et cassant comme le verre; l'acier *recuit* est plus ou moins dur, suivant la température à laquelle a eu lieu le recuit.

MÉTALLURGIE.

390. L'or, le platine et quelques métaux précieux se rencontrent seuls à l'*état natif;* les autres métaux existent à l'état d'oxydes, de carbonates ou de sulfures métalliques naturels, connus sous le nom de *minerais.* La métallurgie est l'art de transformer le minerai en métal, de telle sorte que le prix de revient du métal ne dépasse pas sa valeur commerciale : on opère généralement par *voie ignée,* en réservant la *voie humide* pour les métaux précieux.

Les procédés métallurgiques sont de véritables opérations chimiques, ayant pour but d'isoler le métal de sa combinaison : nous allons étudier en particulier la *métallurgie du fer.*

391. Minerais de fer. — Les minerais de fer sont des oxydes, des carbonates, et des sulfures de fer.

1° *Minerais oxydés.* L'un des meilleurs minerais de fer est la *magnétite* ou *oxyde magnétique de fer* ou *oxyde salin de fer,* Fe^3O^4, qui se présente sous l'aspect d'une pierre noire granuleuse, ne renfermant que très peu de matières étrangères : aussi est-ce un minerai très estimé; on le trouve dans les Alpes scandinaves.

Le *fer oligiste,* ou sesquioxyde de fer cristallisé, Fe^2O^3, sous la forme de rhomboèdres très brillants, comme le fer de l'île d'Elbe ou le fer de Framont, dans les Vosges; l'*hématite rouge* ou sesquioxyde de fer anhydre et amorphe, d'une couleur rouge, à l'aspect terreux, est encore un minerai de fer excellent.

L'*ocre rouge* est du sesquioxyde de fer mélangé à de l'argile.

On trouve souvent dans la nature, du sesquioxyde de fer hydraté, sous les noms de *limonite, hématite brune, fer oolithique, fer pisolithique, ocre jaune, terres ferrugineuses*, etc.

2° *Minerais carbonatés.* Le carbonate naturel de fer cristallisé, ou *fer spathique*, que l'on trouve à Saint-Étienne et dans les Pyrénées, est un excellent minerai de fer. Le carbonate de fer amorphe, ou *fer des houillères*, se trouve dans les mines de houille; alors, la présence simultanée du combustible et du minerai permet de fabriquer du fer excellent à un très bas prix : on le rencontre en abondance en Angleterre; de là la supériorité de cette nation pour la production du fer.

3° *Minerais sulfurés.* Ce sont : la *pyrite martiale*, FeS^2, cristallisée en cubes ou en dodécaèdres pentagonaux, d'un

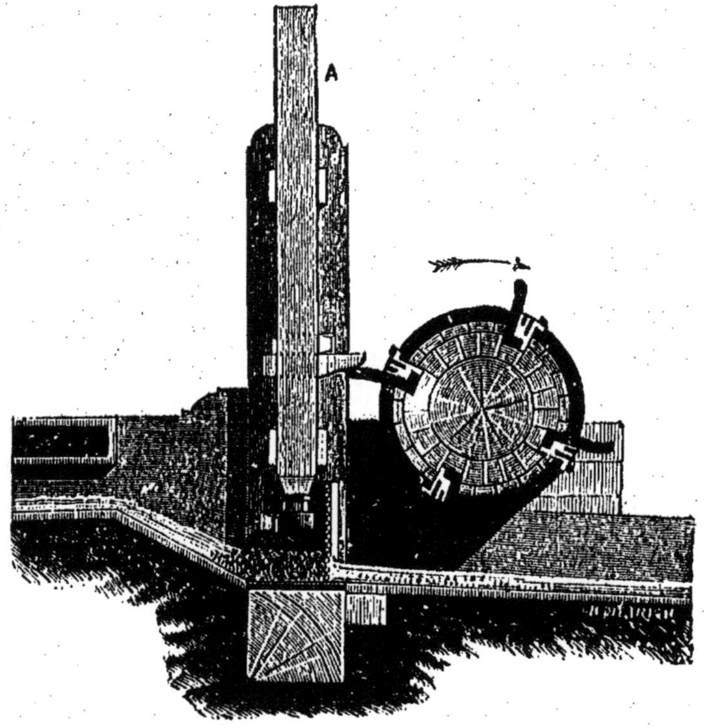

Fig. 62. Bocardage du minerai de fer.

jaune brillant comme de l'or, et la *pyrite magnétique*, Fe^3S^4, d'un jaune de bronze. Ces minerais ne doivent pas être exploités, parce qu'ils fournissent du fer renfermant toujours du soufre et du phosphore et rendu cassant par la présence de ces métalloïdes.

On n'emploie que les minerais *oxydés* ou *carbonatés*.

Tout minerai de fer contient du carbonate de fer ou un oxyde de fer mélangé à des roches étrangères, dont l'ensemble constitue la *gangue* du minerai : cette gangue est généralement *siliceuse*; quelques minerais possèdent une gangue calcaire.

392. Traitement du minerai. — Le minerai de fer est soumis d'abord à un traitement *mécanique*, ayant pour but de le séparer de la majeure partie de sa gangue, puis à un traitement *chimique*, par lequel on extrait le métal.

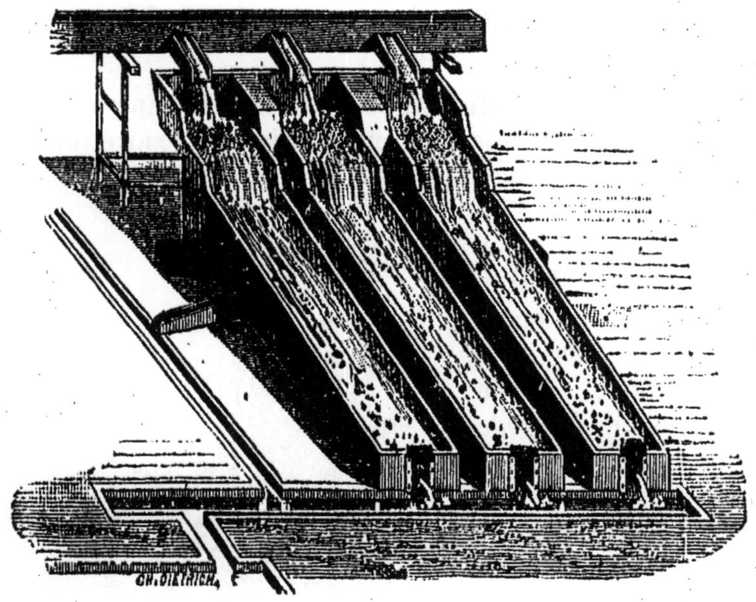

Fig. 153. Lavage des minerais bocardés.

1° *Traitement mécanique.* — Le minerai est d'abord trié à la main pour séparer le minerai directement exploitable des fragments composés uniquement de gangue et des morceaux formés de gangue et de minerai : le minerai directement exploitable est envoyé à l'usine; les fragments de gangue sont rejetés et les morceaux formés de gangue et de minerai sont *broyés* entre deux cylindres cannelés, puis pulvérisés dans une auge à l'aide de pilons armés d'une tête en fer et connus sous le nom de *bocards* (fig. 152).

Le minerai bocardé est ensuite soumis à un lavage dans de grandes auges inclinées (fig. 153), produisant un triage final, grâce à la différence de densité de la gangue et du minerai.

2° *Traitement chimique.* — La métallurgie du fer a pour but de réduire l'oxyde ou le carbonate de fer par le charbon, en ajoutant au minerai du carbonate de chaux, ou *castine*, formant avec la gangue un silicate fusible d'alumine et de chaux, qui viendra nager à la surface du fer fondu et dont on pourra le séparer facilement ; ce silicate constitue ce qu'on appelle les *scories*. Lorsque la gangue du minerai est *calcaire*, on y ajoute de l'argile, ou *erbue*, pour former encore une scorie fusible.

393. Méthode catalane. — Lorsque la gangue est argileuse, on peut se dispenser d'ajouter de la castine au minerai : la gangue forme alors avec l'oxyde de fer un silicate d'alumine et de fer très fusible : mais il y a, dans ce cas, perte d'une partie du fer. Cette méthode, connue sous le nom de *méthode catalane*, ne peut être employée que pour des minerais très riches et dans les contrées où le bois est abondant, comme dans les Pyrénées, en Catalogne et en Corse.

La *forge catalane* se

Fig. 154. Forge catalane.

compose d'un creuset en pierres réfractaires (fig. 154), de 70 à 80 centimètres de profondeur. On le remplit de charbon de bois bien allumé, et dont on active la combustion au moyen d'un vif courant d'air lancé par la tuyère d'une machine soufflante. Ensuite, on ajoute du charbon de bois contre la tuyère et du minerai sur la face opposée du creuset en forme de cylindre convexe; pendant l'opération on ajoute au fur et à mesure un mélange de charbon et de minerai en petits fragments.

La combustion du charbon produit de l'*oxyde de carbone*, puisqu'il y a excès de combustible ; cet oxyde de carbone réduit l'oxyde de fer, dont le métal se rassemble au fond du creuset, et dont l'oxygène transforme l'oxyde de carbone en acide carbonique, qui se dégage; de plus, une partie de l'oxyde de fer se combine à la gangue argileuse, pour former une scorie très fusible de silicate double de fer et d'alumine, qui se mélange au fer métallique. Au bout de 5 à 6 heures, on trouve dans le creuset une masse métallique spongieuse empâtée de scorie : on comprime cette masse sous un mar·teau pesant 500 à 600 kilogrammes, appelé *mail*, qui, en battant le fer, le rend compact et en fait sortir la scorie. Le fer est ensuite forgé à plusieurs reprises et façonné en barres qu'on livre au commerce.

394. Haut fourneau. — La méthode du haut fourneau, presque exclusivement employée aujourd'hui, a l'avantage de permettre l'extraction de tout le fer du minerai : à cet effet, on ajoute au minerai de fer de la castine, qui forme avec la gangue un silicate double d'alumine et de chaux, ne fondant qu'à une haute température: le fer obtenu fond et se combine avec du carbone, pour passer à l'état de fonte : aussi faut-il employer comme combustible le *coke*.

Un haut fourneau (fig. 155) est une cuve de 18 à 20 mètres de hauteur, formée par la réunion de deux troncs de cône raccordés par leur grande base et adossée à une colline ou à un escarpement du sol.

Le tronc de cône supérieur, ou *cuve*, est construit en briques réfractaires ; le tronc de cône inférieur, ou *étalages*, est bâti en pierres siliceuses infusibles : la base commune aux deux troncs de cône s'appelle le *ventre*; l'ouverture du haut fourneau s'appelle le *gueulard*, par lequel on introduit le combustible et le minerai : au-dessous des étalages se trouve un cylindre en pierre réfractaires, appelé l'*ouvrage*, dans lequel viennent aboutir les nez des *tuyères*, alimentées par une puissante machine soufflante. Au-dessous de l'ouvrage se

Fig. 155. Haut fourneau. — A, B, cuve. — B, ventre. — C, étalages. — A, gueulard. — D, nez d'une tuyère aboutissant dans l'ouvrage. — G, creuset. — o, dame.

trouve le *creuset*, dont la partie antérieure, appelée la *dame*, se termine par un plan incliné : le creuset présente en outre une ouverture *E*, appelée la *tympe*, destinée à l'écoulement des scories.

On introduit d'abord par le gueulard une grande quantité de combustible, que l'on allume et dont on active la combustion en lançant de l'air dans l'ouvrage par les tuyères. Quand la température est assez élevée, on charge le haut fourneau de couches alternatives de *minerai*, de *castine* et de *combustible*, jusqu'au niveau du gueulard.

La combustion du coke produit de l'oxyde de carbone, qui traverse la première couche de minerai et le réduit :

$$Fe^2O^3 + 3\ CO = 3\ CO^2 + 2\ Fe.$$

Le fer tombe dans les étalages, où il se convertit en fonte, fond et gagne le creuset. L'acide carbonique formé trouve la couche de combustible incandescent suivante et se réduit à l'état d'oxyde de carbone :

$$CO^3 + C = 2\ CO.$$

Cet oxyde de carbone réduit le minerai qui suit, se transforme en acide carbonique et la même série de réactions chimiques se reproduit indéfiniment, puisque l'on charge continuellement le haut fourneau par le gueulard. Par celui-ci sortent des gaz qui brûlent et produisent une grande quantité de chaleur, que l'on utilise pour échauffer l'air lancé par les tuyères. Dans les étalages, la gangue et la castine se combinent pour former la scorie, qui fond ; de sorte qu'au bout d'un certain temps, le creuset renferme de la fonte fondue surmontée d'un bain de scories liquides qui s'écoulent le long du plan de la dame par la tympe du creuset. Quand le creuset est plein de fonte liquide, on débouche *un trou de coulée* placé à la partie inférieure : la fonte coule dans des canaux creusés sur le sol de l'usine : elle s'y solidifie en demi-cylindres, appelés *gueuses*. Un haut fourneau, une fois mis en marche, ne s'arrête jamais, jusqu'au moment où il doit être réparé.

La fonte au coke ainsi obtenue renferme toujours un peu de silicium, provenant de la réduction de la silice par le fer à haute température.

On pourrait aussi alimenter le haut fourneau avec du charbon de bois : sa hauteur est alors réduite à 10 mètres : la fonte au bois est plus estimée que la fonte au coke, parce que celle-ci peut contenir un peu de soufre, provenant du coke, malgré l'excès de castine employé pour retenir le soufre du combustible.

La fonte est ensuite convertie en fer doux ou livrée à l'industrie, où elle trouve son application.

FONTES.

395. La *fonte* est du fer contenant de 2 à 5 pour 100 de carbone, avec des quantités très minimes de silicium, de soufre, de phosphore et de manganèse : on peut aussi y trouver de l'azote. On connaît deux variétés de fontes : la *fonte grise* et la *fonte blanche.*

La *fonte grise* est d'un gris noir ; elle a pour densité 7 environ ; elle fond à 1200° et devient très fluide ; aussi, est-elle employée pour le moulage : en se solidifiant, elle augmente de volume et pénètre dans tous les détails du moule. Elle est douce, grenue et peut être travaillée à la lime et au tour.

Le carbone de la fonte grise est libre en partie ; on l'aperçoit dans la masse sous l'aspect de paillettes de graphite : pour s'en assurer, il suffit de traiter la fonte grise par l'acide chlorhydrique ; il se dégage de l'hydrogène presque pur et il reste un résidu de carbone graphitoïde.

La *fonte blanche* possède une couleur argentine, une texture homogène en grains brillants ; sa densité est égale à 7,6 environ. Elle fond entre 1050° et 1100°, en donnant une masse pâteuse ; elle est impropre au moulage. Le carbone de la fonte blanche est presque entièrement combiné au fer, à l'état de carbure de fer : traitée par l'acide chlorhydrique, elle donne de l'hydrogène rendu infect par une forte proportion de carbures d'hydrogène.

La production de l'une ou l'autre variété de fonte dépend de la température à laquelle a eu lieu la réduction du minerai de fer : la fonte blanche se produit à basse température ; la fonte grise prend naissance à une température très élevée.

396. Usages de la fonte. — La *fonte* grise est employée pour le moulage des ustensiles et des objets en fonte.

Pour mouler les colonnes de fonte, les pièces de machines, les grilles, les charpentes, etc., on coule directement la fonte du haut fourneau dans le moule. Pour le moulage des objets moins grossiers, on refond la fonte dans un fourneau à cuve, appelé *cubilot* (fig. 156), et on la coule dans des moules en sable maintenus par des châssis de fer.

La fonte blanche est utilisée pour la fabrication du fer doux par les procédés d'*affinage*.

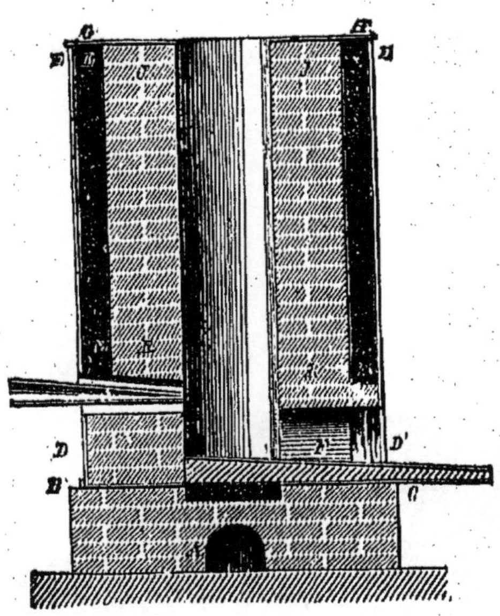

Fig. 156. Cubilot.

AFFINAGE DE LA FONTE. — FER DOUX.

397. On appelle *fer doux* du fer pur, aussi débarrassé que possible du carbone et des matières étrangères contenues dans la fonte : le fer doux est ductile et malléable. On l'obtient en *affinant* la fonte, c'est-à-dire en oxydant à l'air, à une température élevée, le carbone, le silicium, le soufre et le phosphore que renferme la fonte : le carbone est transformé en oxyde de carbone et le silicium en un *silicate de fer* irréductible par le charbon.

398. Procédé anglais. Puddlage. — Le meilleur procédé d'affinage de la fonte est l'affinage à la houille, ou *procédé anglais*. La fonte est d'abord fondue dans un fourneau analogue à celui de la forge catalane, au contact du courant d'air lancé par une tuyère; la fonte s'oxyde et il se forme une scorie plus légère que le métal qui vient nager à la surface : la fonte, fondue et débarrassée de la majeure partie des matières étrangères, s'écoule par un trou de coulée percé à la partie inférieure du fourneau dans des rigoles, où on la refroidit brusquement avec de l'eau; elle est alors transformée en fonte blanche ou *fine-métal*, ne renfermant plus de silicium. Cette opération, appelée *mazéage* ou *finage*, ne doit pas s'appliquer aux fontes naturellement blanches des hauts fourneaux au bois, qui peuvent être puddlées immédiatement.

Puddlage. — Le fine-métal est ensuite placé dans le four à *puddler*, où il est en contact avec la flamme du combustible renversée par la voûte du foyer et non pas avec le combustible lui-même, qui lui céderait son soufre et en altérerait les qualités.

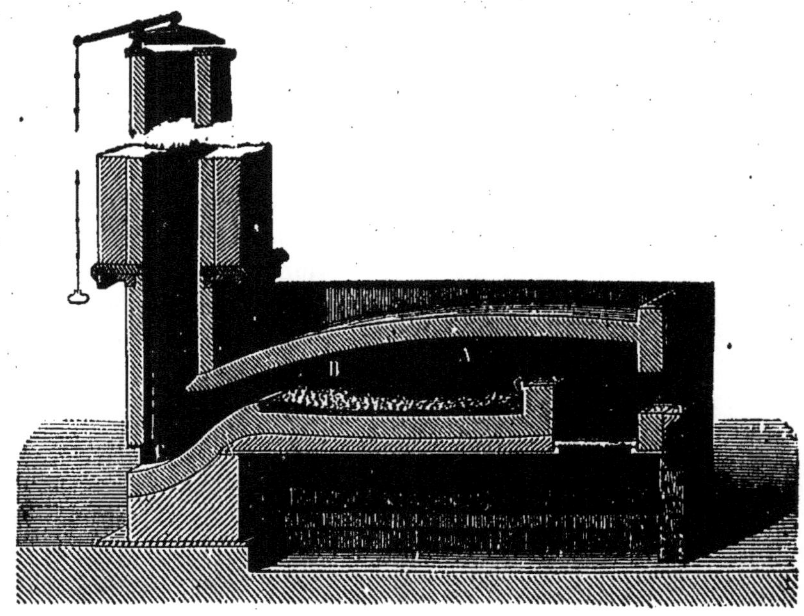

Fig. 157. Four à puddler. — A, B, portes de travail.

Un four à *puddler* est un four à réverbère (fig. 157), dont la sole est en fonte ou en briques réfractaires, recouvertes d'un lit de scories de haut fourneau. On y place 300 kilogr. de fonte et 50 kilogr. de scories riches et de battitures * de fer, et l'on donne un violent coup de feu au moyen du combustible brûlé sur la grille *c*. Quand la masse est amenée à l'état pâteux, on ouvre les portes de travail A et B et on agite constamment la masse avec des ringards en fer, jusqu'à ce que la masse ne bouillonne plus et que l'on ne voie plus de flammes bleues d'oxyde de carbone brûler à la surface. Alors l'ouvrier réunit le métal en *loupes* de 25 à 30 kilogrammes, que l'on cingle sous le marteau pilon pour en extraire la scorie et souder le métal à lui-même. On obtient ainsi environ 85 kilogr. de fer ductile pour 100 kilogr. de fonte. Le fer doux ainsi obtenu renferme encore 0,05 % de charbon et 0,005 % de silicium.

ACIERS.

399. L'*acier* est du fer moins riche en carbone que la fonte, puisqu'il renferme une quantité de carbone, variant de 0,7 à 1 % : on y trouve aussi des traces de silicium, de phosphore, de soufre et d'azote. Il a pour densité 7,7. Il est sonore, tenace, élastique à un plus haut degré que le fer; sa cassure est *grenue*, tandis que celle du fer doux est *fibreuse*. Le *carbone* de l'acier lui donne *la résistance* et la *propriété de prendre la trempe*, tandis qu'il en *diminue* la *ductilité*. Le *silicium* rend l'acier cassant et altère sa résistance au choc. Le soufre et le phosphore donnent de la fragilité à l'acier : il faut donc les éviter autant que possible.

On prépare l'acier soit en *affinant* la fonte, soit en *carburant* le fer : le premier procédé donne l'*acier de forge*, le second fournit l'acier de *cémentation*.

400. Acier de forge. — On affine la fonte dans une forge, en la liquéfiant sous le vent d'une tuyère : on arrête l'affinage au moment où l'acier a pris nature.

401. Acier Bessemer. — Le procédé d'affinage **Bessemer** consiste à faire passer dans une grande cornue, ou **convertisseur**, au travers de la fonte en fusion, un très grand nombre de minces jets d'air fortement comprimé : cet air comprimé *oxyde*, *chauffe* et *brasse* la matière métallique. La fonte, au sortir du haut fourneau, renferme assez d'éléments combustibles pour développer par leur combustion la haute température capable de maintenir fondu le fer affiné; en outre, ces éléments combustibles sont précisément ceux dont il faut débarrasser la fonte pour la transformer en acier plus ou moins doux. Les fontes employées sont des fontes blanches manganésifères, telles que la fonte de Neuberg et la fonte de Workington, provenant généralement du fer spathique.

L'opération s'effectue dans des cornues en tôle, garnies intérieurement de terre réfractaire, et pouvant tourner autour d'un axe horizontal (fig. 158.) Un tube A, situé à la partie antérieure, reçoit l'air envoyé par une machine soufflante; cet air gagne le tube latéral D et arrive dans les tuyères situées dans l'intérieur de la cornue.

On échauffe d'abord le convertisseur, en y faisant brûler du coke; puis, on y introduit 5,000 à 6,000 kilos de fonte liquide, fondue dans un cubilot placé près du convertisseur. On lance l'air dans la cornue; le carbone de la fonte s'oxyde et dégage assez de chaleur pour maintenir la masse en fusion : le silicium s'oxyde, ainsi que la majeure partie du manganèse; il sort alors du convertisseur une légère gerbe d'étincelles et une

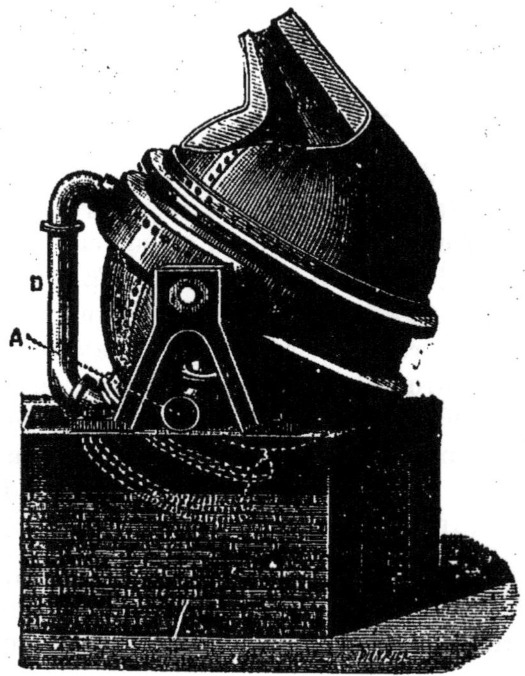

Fig. 105. **Convertisseur Bessemer.** — B, cornue en terre réfractaire. — A, tube par lequel on insuffle l'air dans la cornue.

petite flamme courte et peu éclairante. La flamme devient plus éclairante; le bruit du vent traversant le métal s'accentue; il en résulte un bouillonnement violent accompagné de fortes secousses : c'est la période de *décarburation*. La flamme devient moins éclairante; le bouillonnement est remplacé par un roulement contenu : l'opération est terminée. On ajoute alors à la masse une quantité déterminée de fonte, qui produit l'aciération par la proportion de carbone qu'elle renferme. On brasse le tout et on procède à la *coulée* en faisant tourner le convertisseur autour de son axe pour verser l'acier fondu dans des poches qui le feront ensuite écouler dans les moules voisins.

402. Acier Martin. — On décarbure la fonte en y ajoutant des fragments de fer doux et d'acier en quantité telle que le carbone contenu dans la masse totale se trouve dans une proportion intermédiaire entre celle que contient la fonte et celle que contient le fer doux. L'opération se fait dans des fours à réverbère, dits *fours Siemens*, chauffés par un mélange d'air et de gaz provenant de la distillation de la houille. On obtient ainsi un acier bien homogène, et dont on peut maintenir la proportion de carbone au degré correspondant à l'usage auquel l'acier est destiné.

403. Acier de cémentation. — On appelle *acier de cémentation*, ou *acier poule*, l'acier obtenu en chauffant du fer doux, de Suède ou de Russie, avec du charbon en poudre dans des caisses de cémentation, C, C, (fig. 159), en briques réfractaires, chauffées de toutes parts par la flamme d'un foyer G, qui circule autour d'elles. On dispose dans les caisses de cémentation des couches alternatives de cément et de barres de

Fig. 159. Four de cémentation. — C, caisses de cémentation. — G, foyer.

fer doux : le cément est un mélange de poussier de charbon de bois, de cendres et de sel marin. On porte les caisses au rouge et on les maintient à cette température pendant une quinzaine de jours.

L'acier de cémentation n'est pas homogène; il présente un grand nombre de boursouflures : il faut alors le *corroyer*, c'est-à-dire souder ensemble un certain nombre de barres, ou bien on peut *fondre* l'acier dans des creusets en argile réfractaire chauffés au coke : l'acier fondu est ensuite coulé dans des lingotières.

404. Propriétés de l'acier. — L'acier fond à une température un peu inférieure à celle de la fusion du fer, d'autant moins élevée que l'acier est plus carburé. Chauffé au rouge, puis refroidi brusquement par la *trempe* dans l'eau, il devient très dur et aussi cassant que le verre : on obtient alors l'acier **trempé.** Par le refroidissement lent, au contraire, l'acier, chauffé au rouge, se transforme en acier recuit, en gardant son élasticité et en présentant plus ou moins de dureté, suivant la température à laquelle a eu lieu le *recuit.* Pour *recuire* l'acier, on le trempe, puis on le porte à une température graduée de façon à détruire plus ou moins l'effet de la trempe Il se colore alors de teintes variables :

à 220°. . . . . jaune paille.
à 240°. . . . . jaune d'or.
à 258°. . . . . pourpre.
à 263°. . . . . violet.
à 295°. . . . . bleu.
à 322°. . . . . bleu foncé.

Quand l'acier trempé a été porté à l'une de ces températures, on le laisse ensuite refroidir lentement.

405. Usages de l'acier. — L'acier de forge est employé pour fabriquer des lames d'épée, de sabre, de fleuret, des scies, des ressorts de voiture, des rails de chemin de fer, des bandages, etc. L'acier Bessemer et l'acier Martin servent à la construction des coques de navires, des tôles pour chaudières à vapeur, des canons, des affûts, des projectiles. L'acier fondu sert à la fabrication des ressorts de montre, des burins, des outils, des objets de coutellerie, des instruments de chirurgie, etc.

Conseils pédagogiques. — On insistera spécialement sur les réactions chimiques qui constituent la base de la métallurgie en général, en montrant que ces réactions sont applicables à la plupart des minerais des différents métaux. On appellera l'attention des élèves sur le pouvoir réducteur du charbon et de l'oxyde de carbone. On fera ressortir la différence qui existe entre le fer doux, les fontes et l'acier.

Questionnaire. — Qu'est-ce que la métallurgie? — Quels sont les minerais de fer? — Qu'appelle-t-on la gangue d'un minerai? — Comment traite-t-on les minerais de fer? — Qu'appelle-t-on méthode catalane? — Décrivez un haut fourneau. — Que se passe-t-il dans un haut fourneau en activité? — Qu'est-ce que la fonte? — Quelles sont les différentes espèces de fontes? — Quels sont leurs usages respectifs? — Qu'est-ce que le fer doux? — Comment l'obtient-on? — Qu'est-ce que le puddlage? — Qu'est-ce que l'acier? — Quels sont les divers procédés pour préparer l'acier? — Qu'est-ce que la cémentation? — Quelles sont les propriétés de l'acier? — Quels sont ses usages?

CHAPITRE XVIII

Sommaire. — 110. *Fer.* Fe = 28. C'est un métal d'un gris bleuâtre, de densité 7,8, fondant vers 1000°, pouvant se souder à lui-même. Il est magnétique. Il se transforme à l'air humide en rouille, $2Fe^2O^3,3HO$. Il brûle dans l'oxygène en se transformant en Fe^3O^4. Il est attaqué par le soufre et le chlore et par la plupart des acides.

On préserve le fer de l'oxydation à l'air en le recouvrant d'une couche de peinture au minium ou d'une couche d'étain, de zinc ou de plomb.

111. Les oxydes de fer sont : le *protoxyde de fer*, FeO; le *sesquioxyde de fer*, Fe^2O^3; l'*oxyde magnétique*, Fe^3O^4; l'*acide ferrique*, FeO^3.

112. Le *sulfure de fer artificiel*, FeS, s'obtient en chauffant dans un creuset un mélange de soufre et de fer; le bisulfure de fer, FeS^2, est une roche naturelle, appelé *pyrite martiale*.

Le perchlorure de fer, Fe^2Cl^3, est un *hémostatique* puissant.

Le sulfate de fer, $FeO,SO^3 + 7HO$, ou vitriol vert, sert à préparer l'encre ordinaire, le colcothar, le bleu de Prusse : c'est un désinfectant.

Le carbonate de fer, FeO,CO^2, est un minerai de fer très estimé : il existe dans les eaux ferrugineuses.

113. *Zinc.* Zn = 32, 75. Le *zinc* est un métal d'un blanc bleuâtre, fondant à 350° et bouillant à 930°; on peut le laminer à la température de 140°.

Il est inaltérable à l'air sec : il brûle dans l'air ou dans l'oxygène, à la température de son ébullition : il se transforme en oxyde de zinc, ZnO. Exposé à l'air ordinaire, il se recouvre d'une couche d'hydrocarbonate de zinc. Il est attaqué par les acides et par les solutions alcalines.

Il sert à fabriquer des ustensiles de ménage, des feuilles pour couvrir les toits, à galvaniser le fer, etc.

114. L'*oxyde de zinc*, ZnO, est un corps solide, blanc, très léger, appelé *blanc de zinc* et employé pour la peinture en blanc.

115. Le *sulfure de zinc*, ZnS, se trouve à l'état naturel dans le sol; on le nomme *blende*.

116. Le *carbonate de zinc* ou *calamine*, ZnO,CO^2, constitue le principal minerai de zinc.

117. Le *sulfate de zinc*, $ZnO,SO^3 + 7HO$, ou vitriol blanc, est un sel soluble dans l'eau, employé comme caustique léger en médecine.

118. Le zinc s'obtient en grillant la blende ou la calamine et en réduisant le minerai grillé par le charbon.

119. *Nickel.* Ni = 29 5. Le *nickel* est un métal d'un blanc grisâtre, ne s'oxydant pas à l'air. Il est employé surtout pour recouvrir les métaux d'une couche inaltérable et susceptible d'un beau poli.

FER.

$$Fe = 28.$$

406. Propriétés physiques. — Le fer est un métal d'un gris bleuâtre, de densité 7,8 en moyenne, fondant entre 1500 et 1600°, pouvant se souder à lui-même, à la température du *blanc soudant*, présentant une cassure nerveuse, quand il est de bonne qualité, et une cassure grenue, quand il manque de ténacité. Le fer est éminemment *magnétique* [1] ; le fer doux s'aimante instantanément et perd instantanément son aimantation, lorsque l'action magnétisante est supprimée. L'acier aimanté conserve son aimantation.

Le fer possède la propriété d'absorber les gaz, en particulier l'hydrogène et l'oxyde de carbone ; de là le danger d'employer les poêles en fonte qui laissent passer au travers de leurs parois une portion des gaz du foyer, notamment de l'oxyde de carbone.

407. Propriétés chimiques. — Le fer ne se combine pas avec l'oxygène *sec*, à la température ordinaire. Il se transforme, à l'air humide, en *rouille*, ou sesquioxyde de fer hydraté, grâce à l'acide carbonique de l'air et à la production d'ammoniaque, par suite de l'existence d'un couple voltaïque entre le fer et l'oxyde formé.

Au rouge, le fer s'oxyde dans l'oxygène pur ou dans l'air, en donnant naissance à de l'oxyde magnétique de fer, Fe^3O^4 ; au rouge blanc, le fer brûle dans l'oxygène ou dans l'air, en répandant de vives étincelles, comme on le voit dans la combustion du fer dans l'oxygène ou dans le travail du fer à la forge.

Il se combine avec la vapeur de soufre en dégageant une grande quantité de chaleur :

$$Fe + S = FeS + 11 \text{ cal.}, 9.$$

Il se combine directement au *chlore*, pour former le perchlorure de fer, Fe^2Cl^3 :

$$2 Fe + 3 Cl = Fe^2Cl^3 + 96 \text{ cal.}$$

Le phosphore, l'arsenic, le silicium et le carbone se com-

1. Voir *Cours de physique*, Drincourt et Dupuys

binent directement au fer à une température suffisamment
élevée.

Le fer n'est pas attaqué à froid par l'eau pure exempte
d'air et d'acide carbonique. Le fer décompose la vapeur d'eau,
au rouge, en dégageant de l'hydrogène et en formant de
l'oxyde magnétique de fer :

$$3 \, Fe + 4HO = Fe^3O^4 + 4H.$$

La plupart des acides minéraux attaquent le fer, pour former les sels de fer correspondants, avec un dégagement de
chaleur plus ou moins grand.

408. Usages du fer. — Les usages du fer sont innombrables : toutes les industries en font une consommation
considérable.

Il est souvent nécessaire de préserver le fer de l'oxydation ;
on emploie à cet effet plusieurs procédés : on le recouvre
d'une couche de *minium* délayé avec de l'huile de lin, ou on
le plonge dans un bain d'*étain fondu*, après l'avoir décapé à
l'acide chlorhydrique faible ou par l'action de vapeurs de sel
ammoniac ; on obtient ainsi le *fer-blanc*.

En trempant le fer dans un bain de *zinc* fondu, on obtiendrait le fer *galvanisé*. On pourrait aussi recouvrir le fer
d'une couche de *plomb*.

Le fer exposé à l'air se transforme complètement en rouille,
parce que l'oxyde de fer est *poreux ;* si l'on recouvre le fer
d'une couche de *zinc* ou d'*étain*, le fer sera préservé de l'oxydation ; le *fer galvanisé* est préférable au *fer-blanc*. En effet,
l'hydrocarbonate de zinc est *imperméable ;* donc, l'oxydation
du zinc ne sera que superficielle ; de plus, si par hasard le fer
est mis à nu, il ne s'oxydera pas, parce que le zinc, étant le
pôle négatif du couple électrique formé par la superposition
des deux métaux, s'oxydera seul.

Dans le fer-blanc, la couche d'étain est à peu près inaltérable à l'air ; mais si le fer est mis à nu, il s'oxydera immédiatement, parce qu'il est le pôle négatif du couple : Étain —
Fer ; la présence de l'étain active donc l'oxydation du fer.

On pourrait aussi préserver le fer de toute oxydation en le
recouvrant d'un dépôt galvanique de cuivre, comme on le fait
pour les candélabres à gaz et pour les fontaines publiques.

OXYDES DE FER.

409. On connaît plusieurs oxydes de fer :

Le protoxyde de fer . . . . Fe O.
Le sesquioxyde . . . . Fe²O³.
L'oxyde magnétique de fer. . . . . Fe³O⁴.
L'acide ferrique. . . . . Fe O³.

410. Protoxyde de fer, FeO. — Cet oxyde se prépare, à l'état hydraté, en précipitant une dissolution de sulfate de fer, FeO,SO³, par
une dissolution de potasse ou
de soude : on obtient des flocons verdâtres, qui s'oxydent
rapidement au contact de
l'air, en devenant ocreux, par
suite de leur transformation
en sesquioxyde de fer hy-
draté.

Cet oxyde est une base
énergique, qui, en se combinant avec les acides, donne
des sels *verts*, appelés sels de
fer *au minimum*.

Fig. 160. **Fer oligiste.**

411. Sesquioxyde de fer, Fe²O³. — Cet oxyde de fer,
anhydre, cristallisé, constitue le *fer oligiste* naturel, en rhomboèdres, isomorphes de l'alumine (fig. 160); à l'état amorphe,
il constitue l'*hématite rouge*, la sanguine, etc; à l'état *hydraté*,
il constitue la *limonite*, l'*hématite brune*, les *ocres*, la *rouille*, etc.

On prépare le sesquioxyde de fer anhydre et amorphe en
décomposant, au rouge blanc, le sulfate de fer ordinaire : on
obtient une poudre rouge, appelée *colcothar, rouge d'Angleterre*, servant à polir les métaux.

On l'obtient *hydraté*, en versant une solution de potasse ou
d'ammoniaque dans une dissolution de perchlorure de fer,
Fe²Cl³; on obtient un précipité couleur de rouille, ayant
pour formule 2Fe²O³, 3HO : le fer, exposé à l'air humide,
se recouvre d'une couche de rouille de même composition.

L'hydrate de sesquioxyde de fer est une base faible analogue à l'alumine, pouvant se combiner avec les acides, pour former des sels, de couleur rougeâtre, appelés *sels de fer au maximum*. Fortement calciné, il devient anhydre et n'est plus attaqué par les acides.

C'est un des minerais de fer les plus importants.

412. Oxyde magnétique de fer, Fe^3O^4. — On le trouve dans le sol à l'état d'*aimant naturel* : on l'obtient artificiellement en faisant brûler le fer dans l'oxygène ou en décomposant la vapeur d'eau par le fer chauffé au rouge.

C'est le plus stable des oxydes de fer : il fond à une température élevée sans se décomposer.

C'est un minerai de fer très recherché, parce qu'on le trouve dans le sol à l'état de pureté parfaite ; il donne des fers très estimés, comme les fers anglais de Manchester et de Sheffield.

SULFURES DE FER.

413. On connaît plusieurs *sulfures de fer* : les plus importants sont le *sulfure de fer artificiel*, FeS, le *bisulfure* de fer naturel ou *pyrite martiale*, FeS^2, et la *pyrite magnétique*, Fe^3S^4.

Le *sulfure de fer artificiel*, FeS, se prépare en fondant ensemble dans un creuset porté au rouge des poids égaux de fer en limaille et de soufre en fleurs. On obtient ainsi une masse fondue qui sert à préparer l'hydrogène sulfuré.

Le *bisulfure de fer*, FeS^2, est très répandu dans la nature à l'état de *pyrite martiale*, cristallisée en cubes d'un beau jaune d'or, très brillants, inaltérables à l'air, ou en dodécaèdres rhomboïdaux. On la confond souvent avec l'or ; il suffit, pour la distinguer, de griller le minéral, qui dégagera de l'anhydride sulfureux : on connaît une autre variété de pyrite, appelée *sperkise*, ou pyrite blanche, cristallisée en prismes rhomboïdaux droits ; on la rencontre le plus souvent en rognons qui s'effleurissent à l'air humide et se transforment en sulfate de fer, avec un grand dégagement de chaleur.

La pyrite martiale, calcinée en vase clos, abandonne le tiers de son soufre et se transforme en pyrite magnétique, Fe^3S^4 :

$$3FeS^2 = 2S + Fe^3S^4.$$

La pyrite martiale, grillée à l'air, se transforme en anhydride sulfureux et en un résidu de sesquioxyde de fer : cette réaction s'accomplit dans le grillage des pyrites pour la fabrication de l'acide sulfurique.

CHLORURES DE FER.

414. Protochlorure de fer, $FeCl$. — On l'obtient en traitant le fer par l'acide chlorhydrique, à l'abri de l'air : on obtient des cristaux verdâtres de protochlorure de fer hydraté, $FeCl + 4HO$.

415. Perchlorure de fer, Fe^2Cl^3. — On le prépare en faisant passer un courant de chlore en excès sur du protochlorure de fer ou sur du fer chauffé modérément dans un tube de verre ou de porcelaine; on obtient des paillettes cristallines d'un noir violacé, à reflets métalliques : ce sont des cristaux de perchlorure de fer anhydre, Fe^2Cl^3. Il est très soluble dans l'eau; la solution, d'un jaune rougeâtre foncé, laisse déposer, par évaporation, des cristaux rouges ayant pour formule $Fe^2Cl^3 + 12HO$, que l'on prépare ordinairement en dissolvant le fer dans l'eau régale ou le sesquioxyde de fer dans l'acide chlorhydrique. — Le perchlorure de fer est très usité en médecine pour arrêter les hémorragies.

Il est réduit par un courant d'hydrogène, en donnant comme résidu du fer parfaitement pur.

SULFATES DE FER.

416. Sulfate de protoxyde de fer, $FeO,SO^3 + 7HO$. — Ce sel, appelé autrefois *vitriol vert, couperose verte*, est le plus important des sels de fer. On le prépare en traitant la ferraille par l'acide sulfurique étendu : on concentre la dissolution dans des bassines en plomb et on la laisse refroidir dans des cuves en bois, où se déposent des cristaux d'un vert émeraude, à saveur styptique *, présentant la forme de prismes obliques à base rhombe. On peut encore l'obtenir par l'oxydation des pyrites blanches au contact de l'air.

Les cristaux de sulfate de fer perdent leur eau de cristallisation vers 300°; ils donnent alors une poudre blanche de sulfate de fer anhydre et amorphe : au rouge, l'acide sulfurique distille et on obtient comme résidu le colcothar.

Les cristaux de sulfate de fer s'oxydent à l'air, en se transformant en sulfate de sesquioxyde : il en est de même de la *solution aqueuse* de sulfate de fer, qui se transforme peu à peu en sulfate de sesquioxyde et en sulfate basique de fer, qui se dépose sous forme d'une poudre jaune.

Le sulfate de fer est assez soluble dans l'eau, qui en dissout son propre poids à la température de 20°.

417. Usages du sulfate de fer. — Il sert à préparer l'encre ordinaire, l'acide de Nordhausen, le colcothar, le bleu de Prusse, la poudre d'or employée dans la peinture sur porcelaine : on l'emploie dans la teinture, pour teindre en noir, en violet et pour préparer la cuve d'indigo.

C'est un *désinfectant* assez énergique.

418. Sulfate de sesquioxyde de fer $Fe^2O^3,3SO^3$. — On l'obtient en abandonnant à l'air le sulfate de fer ordinaire, ou en le traitant par l'acide azotique bouillant. Il est sans applications.

419. Carbonate de fer, FeO,CO^2. — On le trouve dans la nature, sous le nom de *fer spathique*, cristallisé en rhomboèdres, comme le spath d'Islande et souvent associé à du carbonate de chaux et à du carbonate de magnésie. Il est insoluble dans l'eau pure et légèrement soluble dans l'eau chargée d'acide carbonique. Il existe dans les eaux minérales ferrugineuses. Il constitue le principal minerai de fer de l'Angleterre.

420. Ferrocyanure et ferricyanure de potassium. — Les cyanures de fer sont peu stables et sans intérêt : il en est autrement de certains composés, appelés *prussiates*, dont le plus ancien est le *bleu de Prusse*, découvert, en 1710 par **Diesbach**, marchand de couleurs à Berlin. Les principaux prussiates sont le *prussiate jaune de potasse* et le *prussiate rouge de potasse*.

Le premier est un cyanure double de fer et de potassium $FeCy + 2KCy + 3HO$, cristallisé en belles tables aplaties d'un beau jaune; le second a pour formule $Fe^2Cy^3 + 3KCy$: c'est un sel, rouge orangé, cristallisé en prismes magnifiques.

Tous les deux sont solubles dans l'eau et insolubles dans l'alcool.

Gay-Lussac admet que le prussiate jaune de potasse est formé par la combinaison d'un radical composé, $FeCy^3$, qu'il appelle ferrocyanogène, jouant le rôle de corps simple, avec le potassium : la formule du prussiate jaune devient alors $K^2(FeCy^3) + 3HO$: on lui donne aussi le nom de *ferrocyanure de potassium*.

De même, **Gay-Lussac** admet l'existence du *ferricyanogène*, Fe^2Cy^6; le prussiate rouge de potasse devient alors le *ferricyanure de potassium*, $K^3(Fe^2Cy^6)$.

Le *bleu de Prusse* s'obtient en faisant agir le ferrocyanure de potassium sur un sel de fer au maximum, comme le perchlorure de fer en dissolution : il se précipite en masses légères, d'un bleu presque noir, à reflets bronzés. L'*acide oxalique* le dissout en formant l'*encre bleue* ordinaire. Le bleu de Prusse est employé en teinture : mais sa couleur s'altère facilement sous l'action des alcalis ou de la lumière.

ZINC ET SES COMPOSÉS.
$Zn = 32,75.$

421. Zinc métallique. — Le zinc est un métal d'un blanc bleuâtre, à texture cristalline, ayant pour densité 6,8 à l'état fondu, et 7,2 à l'état laminé. Il fond vers 350° et il bout à 930°. Il est cassant à la température ordinaire ; il devient ductile et malléable entre 108° et 150°. Aussi, pour le laminer, faut-il le porter préalablement à 140°. Il redevient cassant à 200° et peut être alors pulvérisé dans un mortier. Il est difficile à travailler parce qu'il *graisse* la lime. Fondu dans un creuset et coulé dans l'eau par petites masses, il se solidifie en donnant le *zinc en grenaille*.

422. Propriétés chimiques. — Le zinc est inaltérable à la température ordinaire dans l'oxygène et dans l'air sec ; à la température de son ébullition, il prend feu dans l'air, en produisant une flamme blanche très éclatante : il se transforme en flocons blancs d'oxyde de zinc, très légers.

Exposé à l'air humide, il se recouvre d'une couche d'hydrocarbonate de zinc, qui préserve le reste de la masse de toute altération.

L'acide chlorhydrique attaque le zinc à la température ordinaire, en formant du chlorure de zinc, et en dégageant de l'hydrogène. Le zinc *pur* n'est attaqué que très lentement par l'acide sulfurique ; la présence de métaux étrangers détermine une attaque énergique du métal.

Le zinc se dissout dans une solution de potasse ou de soude, à l'aide d'une douce chaleur, en dégageant de l'hydrogène et en formant une combinaison d'oxyde de zinc et de potasse, dans laquelle l'oxyde de zinc joue le rôle d'acide anhydre :

$$Zn + KO,HO = KO,ZnO + H.$$

423. Usages du zinc. — Les feuilles de zinc servent pour la couverture des toits, pour fabriquer des gouttières, des baignoires et des ustensiles divers. Il sert à recouvrir le fer, pour préserver ce métal de l'oxydation ; il entre dans la composition de plusieurs alliages, tels que le *laiton*, le *maillechort*. A l'état pulvérulent, il entre dans la composition de certaines pièces d'artifice.

424. Oxyde de zinc, ZnO. — L'oxyde de zinc se prépare par l'oxydation directe du métal Dans les laboratoires, on chauffe le zinc dans un creuset jusqu'à ce qu'il commence à se vaporiser : les vapeurs de zinc s'oxydent au contact de l'air en brûlant avec une flamme blanc verdâtre éblouissante ; il se forme des flocons blancs d'oxyde de zinc, très légers, connus sous le nom de *lana philosophica*.

Dans l'industrie, on opère comme il suit :

Le zinc est placé dans des cornues semblables à celles qu'on emploie dans la fabrication du gaz de l'éclairage. Elles sont chauffées par la flamme de la houille qui circule tout autour ; un même four en contient de cinq à dix ; dans chacune on enfourne 25 à 40 kil. de zinc. Les cornues sont fermées par un bout et ouvertes par l'autre. Le métal fond, puis entre en ébullition ; la vapeur métallique rencontre, au sortir de la cornue, un courant d'air très vif appelé par une haute cheminée et brûle immédiatement avec une lueur éblouissante. L'oxyde produit est en flocons légers, qui sont entraînés par le courant ; mais on a eu soin d'interposer entre l'ouverture de la cornue et la cheminée une longue série de tubes et de chambres en tôle où l'oxyde rencontre des obstacles qui l'arrêtent, si bien que le gaz sortant de la cheminée n'en contient que des quantités très petite (fig. 155).

425. L'oxyde de zinc est un corps solide blanc, très léger indécomposable par la chaleur, réductible par l'hydrogène, le charbon, le soufre et le chlore, d'une température plus ou moins élevée. En chauffant un mélange d'oxyde de zinc et de poussier de charbon, on obtient du zinc métallique et de l'oxyde de carbone :

$$ZnO + C = CO + Zn.$$

Fig. 101. Préparation industrielle de l'oxyde de zinc.

426. Usages de l'oxyde de zinc. — Il est presque exclusivement employé, sous le nom de *blanc de zinc*, pour la peinture en blanc; il a sur la *céruse*, ou *blanc de plomb*, l'avantage de ne pas être vénéneux et de ne pas noircir en présence de l'hydrogène sulfuré; malgré cela, beaucoup de peintres préfèrent employer la céruse, qui est plus *couvrante*, et qui rend *siccative* l'huile dans laquelle on la délaye, tandis qu'avant de délayer le blanc de zinc dans l'huile, il faut rendre cette huile siccative en la chauffant avec du bioxyde de manganèse ou en la mélangeant avec des sels de manganèse.

427. Sulfure de zinc, ZnS. — On le trouve, dans la nature, à l'état de **blende**, qui, chauffée à l'air, se transforme en acide sulfureux et en oxyde de zinc.

428. Carbonate de zinc, ZnO,CO^2. — On le trouve dans la nature, à l'état de *calamine*, notamment à la *Vieille Montagne*, près de Moresnet, en Belgique; il constitue le principal minerai de zinc.

429. Sulfate de zinc, $ZnO,SO^3 + 7HO$. — Ce sel, connu sous le nom de *vitriol blanc*, ou de *couperose blanche*, se prépare en traitant des rognures de zinc pur par l'acide sulfurique étendu. On l'obtient aussi dans l'industrie en grillant le sulfure de zinc à basse température.

Il se forme dans les piles de **Daniel** et de **Bunsen**.

Il a peu d'emplois : il sert en médecine comme caustique léger dans les maladies des yeux; on en fait usage dans les fabriques d'indiennes, et pour désinfecter les liquides des fosses d'aisance.

Fig. 102. Métallurgie du zinc. — A, cylindre en terre réfractaire dans lequel on place le mélange d'oxyde de zinc et de houille. — B, C, cônes en fonte et en tôle dans lesquels la vapeur de zinc se condense.

430. Métallurgie du zinc. — Les minerais de zinc

sont la *blende* et la *calamine* : la blende grillée et la calamine calcinée donnent de l'oxyde de zinc, que l'on réduit par le charbon, à une température élevée; le zinc provenant de la réduction se vaporise et se condense dans des récipients refroidis.

A la Vieille Montagne, on introduit le mélange d'oxyde de zinc et de houille pulvérisée dans des cylindres en terre réfractaire A (fig. 163), de 1^m,10 de longueur, fermés à une

Fig. 163.—Détail des cylindres et des cônes destinés à condenser la vapeur de zinc.

extrémité et s'emboîtant dans deux cônes successifs B et C, en fonte et en tôle, faisant saillie hors du fourneau en forme d'arche, dans lequel sont placés les cylindres sur 8 rangées horizontales.

Chaque arche est chauffée par un foyer, le zinc distille et se condense dans les cônes B et C.

NICKEL.
$$Ni = 29,5.$$

431. — Le *nickel* est un métal blanc grisâtre, à cassure fibreuse, très dur, très ductile et très malléable, ayant pour densité 8,27 et un peu moins fusible que le fer. Il ne s'oxyde pas à l'air à la température ordinaire. Aussi l'emploie-t-on aujourd'hui pour recouvrir le fer et le préserver de l'oxydation.

Son sel le plus important est le sulfate de nickel, employé pour le nickelage électro-chimique.

Le nickel entre dans la composition de certains alliages, tels que le *maillechort*, l'alliage monétaire de la monnaie d'appoint belge, qui est un alliage de nickel et de cuivre, d'une belle couleur blanche, assez dur et ne s'altérant pas à l'air. Le nickel sert encore à recouvrir les métaux d'une couche inaltérable et susceptible d'un beau poli.

Questionnaire. — Quelles sont les propriétés physiques du fer? — Quelles sont ses propriétés chimiques? — Quels sont les usages du fer? — Comment le préserve-t-on de l'oxydation? — Qu'est-ce que le fer-blanc? — Qu'est-ce que le fer galvanisé? — Quels sont les oxydes connus du fer? —

Qu'est-ce que l'aimant naturel? — Quels sont les sulfures formés par le fer? — Comment obtient-on le perchlorure de fer? — Quel est son usage en médecine? — Qu'est-ce que le sulfate de fer? — Quels sont ses usages? — Qu'est-ce que le fer spathique? — Qu'est-ce que le bleu de Prusse? — Quelles sont les propriétés du zinc? — Comment sont-elles modifiées par les différentes températures? — Quels sont les principaux usages du zinc? — Quels sont les principaux composés du zinc? — Comment se traitent les minerais de zinc? — Qu'est-ce que le nickel? — Quels sont ses usages?

CHAPITRE XIX

ÉTAIN. — CUIVRE. — PLOMB. — BISMUTH.

Sommaire. — 120. *Étain*, Sn = 59. L'étain est un métal, d'un blanc argentin, assez mou, ayant pour densité 7,3, fondant à 228° et assez malléable pour pouvoir être réduit en feuilles.

Il est inaltérable à l'air : il s'oxyde à haute température, en se transformant en acide stannique, SnO^2. — Le seul sel d'étain usuel est le protochlorure d'étain, $SnCl + 2 HO$, employé en teinture comme rongeant.

121. L'étain entre dans la composition du *bronze*, du *tain des glaces*, de la soudure des plombiers ; il sert pour étamer le cuivre et la fonte, et pour fabriquer le *fer battu* et le *fer-blanc*.

122. Le minerai d'étain est la *cassitérite*, bioxyde d'étain que l'on réduit par le charbon.

123. *Cuivre*. Cu = 31,75. Le cuivre est un métal d'un rouge clair, ayant pour densité 8,9, fondant vers 1150°, très tenace, très ductile, très bon conducteur de la chaleur et de l'électricité.

124. Le cuivre exposé à l'air, se recouvre de vert-de-gris, qui forme la patine des objets en bronze. Le cuivre, grillé à l'air, se recouvre d'une couche noire de protoxyde de cuivre, CuO; cet oxyde est une base énergique et un oxydant très fréquemment employé.

125. Le principal sel de cuivre est le sulfate de cuivre, $CuO,SO^3 + 5HO$, obtenu en traitant des rognures de cuivre par l'acide sulfurique chaud : c'est un sel bleu, cristallisé en prismes obliques, assez soluble dans l'eau, employé pour la galvanoplastie, pour le chaulage des blés et pour la teinture.

126. On connaît plusieurs variétés de carbonate de cuivre hydraté, qui sont la *malachite* et l'*azurite*.

127. Les principaux alliages de cuivre sont le *bronze*, le *laiton*, le *bronze d'aluminium*, le *maillechort*, etc.

128. *Plomb*. Pb = 104. Le plomb est un métal d'un gris bleuâtre, très mou, dénué d'élasticité, ne s'écrouissant pas : il a pour densité 11,3 ; il fond à 335°.

Le plomb chauffé se transforme en oxyde de plomb, PbO, sous les noms de *massicot* et de *litharge*. Le *minium* est un oxyde salin de plomb, Pb^3O^4, de couleur rouge orangée, servant à colorer les papiers de tenture, la cire à cacheter, à fabriquer le cristal, à préserver le fer de la rouille, etc.

129. Le principal sel de plomb est la *céruse*, ou hydrocarbonate de plomb, $2PbO,CO^2 + PbO,HO$, que l'on prépare en traitant une dissolution d'acétate tribasique de plomb par l'acide carbonique : on obtient un précipité blanc, très couvrant, employé pour la peinture en blanc, sous le nom de *blanc de plomb*. Les sels de plomb sont très vénéneux : ils noircissent en présence de l'hydrogène sulfuré.

130. Le minerai de plomb est la *galène*, ou sulfure de plomb naturel, PbS, cristallisé en cubes très brillants. On la transforme en plomb métallique par voie de réaction ou de réduction par le fer.

Bismuth. $Bi = 212$. On le trouve dans la nature à l'état natif. Son sel usuel est le *sous-nitrate de bismuth*, employé pour combattre la diarrhée.

ÉTAIN.

$Sn = 59$.

132. *L'étain* était connu dès la plus haute antiquité, grâce à la facile réduction de son minerai par le charbon.

L'étain est un métal d'un blanc d'argent, assez mou, répandant par le frottement une odeur particulière, ayant pour densité **7,3**, fondant à 228° et ne se volatilisant pas sensiblement aux températures élevées.

Il est dépourvu d'élasticité, flexible, et il fait entendre, quand on le ploie, un craquement particulier, appelé *cri de l'étain*.

L'étain est très malléable; on le réduit en feuilles soit par laminage, soit par martelage; et, comme le métal ne s'écrouit pas, il est inutile de soumettre les feuilles au recuit.

L'étain a une structure cristalline, et, quand on lave la surface d'un lingot d'étain avec de l'acide chlorhydrique ou de l'eau régale, on aperçoit les arborescences brillantes constituant ce qu'on appelle le *moiré métallique*.

133. L'étain n'éprouve, à la température ordinaire, aucune altération sensible, quand on l'expose à l'air sec ou humide : il s'oxyde facilement à chaud; à une haute température, il brûle en se transformant en acide stannique blanc. Il se combine directement avec la plupart des corps simples; il est attaqué par les acides, les alcalis et les oxydants, soit à froid, soit à chaud.

134. Oxydes d'étain. — *L'étain* forme avec l'oxygène deux oxydes, qui sont : le *protoxyde d'étain*, SnO, et le *bioxyde d'étain*, SnO^2, appelé aussi *acide stannique*.

Le *protoxyde d'étain* est une base faible, qui ne forme aucun sel important. Chauffé au contact de l'air, il brûle avec incandescence et se transforme en bioxyde d'étain.

Le *bioxyde d'étain* se trouve dans la nature, cristallisé en prisme droit à base carrée : il constitue la *cassitérite* ou minerai ordinaire d'étain. Dans les laboratoires, on l'obtient à l'état d'hydrates, qui sont l'*acide métastannique*, $Sn^6O^{10}, 10HO$ et l'acide stannique SnO^2, HO. Le premier donne des sels, appelés *métastannates*, de formule $MO, 4HO, Sn^5O^{10}$; le second forme des stannates, de formule MO, SnO^2.

Le bioxyde d'étain entre dans la composition des émaux et dans celle du *pink-colour*, qui sert à colorer la faïence en rouge sang.

435. Sulfures et chlorures d'étain. — On connaît *deux sufures d'étain :* le *protosulfure*, SnS, d'un brun marron,

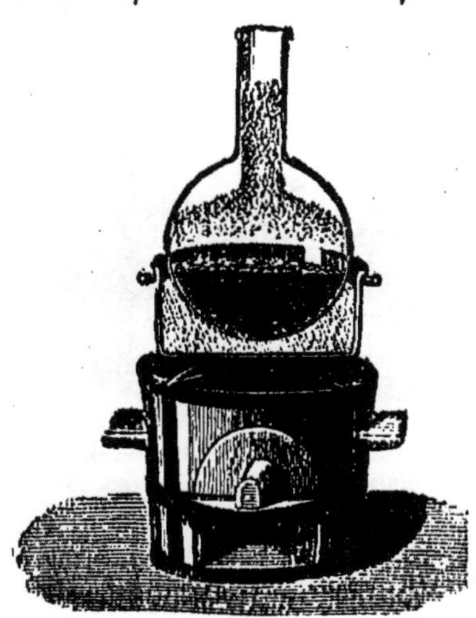

Fig 103. Préparation de l'or mussif.

s'obtient en faisant passer un courant d'hydrogène sulfuré à travers une dissolution de protochlorure d'étain; le *bisulfure d'étain*, ou *or mussif*, SnS^2, se prépare en faisant un amalgame de 11 parties d'étain avec 6 parties de mercure et en le broyant avec 7 parties de sel ammoniac. On introduit le mélange dans un matras de verre (fig. 103) et on élève progressivement la température jusqu'au rouge sombre : l'or mussif vient se sublimer dans les parties froides du ballon.

L'or mussif servait à frotter les coussins des anciennes machines électriques : on l'utilise pour bronzer le bois et colorer le laiton de diverses nuances.

436. Le protochlorure d'étain s'obtient en chauffant, au bain de sable, un *excès* d'étain en grenaille avec de l'acide chlorhydrique ordinaire : la liqueur refroidie abandonne des cristaux octaédriques, ayant pour formule $SnCl + 2HO$, connus sous le nom de *sel d'étain*. Ce sel s'altère très rapidement au contact de l'air, dont il absorbe l'oxygène ; on utilise cette propriété du protochlorure d'étain en teinture : on l'emploie comme rongeant pour enlever les couleurs à base de sesquioxyde de fer ou de manganèse : ces oxydes sont ramenés à l'état de protoxydes et peuvent se dissoudre dans le sel d'étain additionné d'acide chlorhydrique. On peut l'employer pour faire disparaître les taches de rouille sur le linge.

Le *bichlorure d'étain* ou *liqueur fumante de Libavius*, $SnCl^2$,

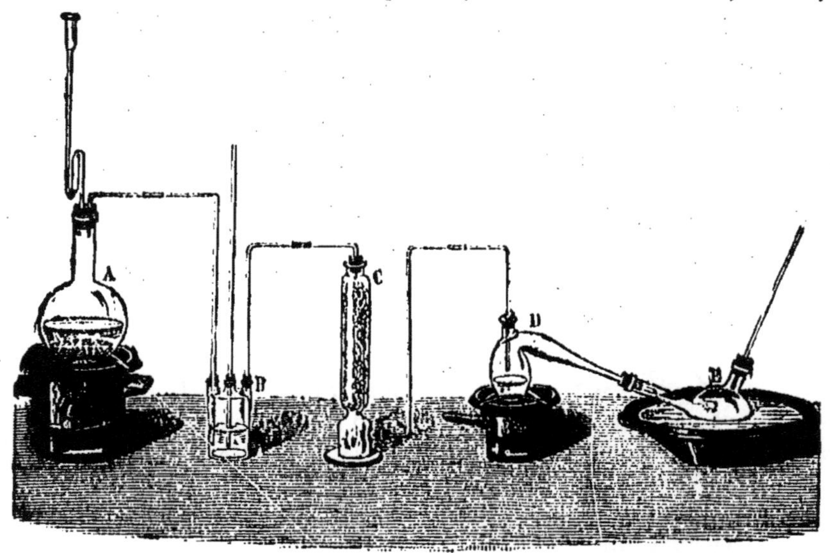

Fig. 164. **Préparation de $SnCl^2$.** — A, ballon producteur de chlore. — B, C, appareils desséchants. — D, cornue renfermant l'étain. — E, ballon où se condense le bichlorure d'étain.

s'obtient en faisant passer un courant de chlore sec sur de l'étain en feuilles (fig. 164) :

$$Sn + 2 Cl = SnCl^2 + 64 \text{ calories}, 6.$$

On obtient un liquide incolore, fumant à l'air, de densité 2,2, bouillant à 120°.

Il sert à la préparation de la *fuchsine*, du *pourpre de Cassius*, pour teindre les laines en rouge écarlate, et pour rehausser l'éclat de certaines couleurs.

437. Alliages d'étain. — , Les principaux alliages d'étain sont : le *bronze* et l'*airain*, alliages d'étain et de cuivre ; le *tain* des glaces ou *amalgame* d'étain ; la *potée d'étain* et la *soudure des plombiers,* alliages de plomb et d'étain.

Tain des glaces. — C'est un amalgame formé de 4 parties d'étain et de 1 partie de mercure. Pour étamer une glace, on nettoie la surface du verre avec le plus grand soin, en la frottant avec une peau de daim et un peu de *tain ;* puis on étend une feuille d'étain sur une table horizontale, on la recouvre d'une couche de mercure et on fait glisser la glace nettoyée sur l'amalgame, de façon à chasser toutes les bulles d'air ; on charge la glace de poids et, au bout de quelques jours, on lui donne une position oblique, pour faire écouler l'excès de mercure : au bout de quelques semaines, la glace est recouverte d'un amalgame d'étain suffisamment adhérent.

Potée d'étain. — La potée d'étain est un alliage de plomb et d'étain : le plomb a été ajouté à l'étain pour le rendre plus facile à travailler.

	Étain	Plomb
Vases et mesures de capacité.	82	18
Cuillers, flambeaux.	80	20
Plats, robinets.	92	8
Étain en feuilles pour chocolat, thé, tabac	36	64
Soudure des ferblantiers.	50	50

Soudure des plombiers. — On l'obtient en fondant 2 parties de plomb et 1 partie d'étain. Pour souder, on décape d'abord les surfaces à réunir à l'aide du sel ammoniac ; puis, à l'aide d'un fer à souder, convenablement chauffé, on applique la soudure.

438. Étamage des métaux. — On appelle *étamage* l'opération par laquelle on recouvre un métal d'une couche superficielle d'étain qui le préserve de l'oxydation.

Étamage du cuivre. — Pour étamer un vase de cuivre, on le chauffe, on le frotte avec du chlorhydrate d'ammoniaque pour le décaper, et on y introduit de l'étain fondu, que l'on promène sur toute la surface : le cuivre se recouvre d'une couche d'étain. Comme les sels d'étain ne sont pas vénéneux, le cuivre étamé pourra servir à la cuisson des aliments.

On rend souvent la couche d'étain plus adhérente par l'addition d'un dixième de plomb, qui n'est pas dangereux en semblables proportions.

Étamage du fer. — On appelle *fer battu* du fer recouvert d'une couche d'étain : on nettoie les ustensiles en fer avec du sable et on les trempe ensuite dans un bain d'étain fondu, en ayant soin de les frotter avec des tampons d'étoupe imbibée de chlorhydrate d'ammoniaque.

On étame la fonte en la recouvrant d'un alliage, composé par **M. Cudi** et formé de :

        Étain. 86
        Nickel.   6
        Fer fondu.   5

Cet alliage se produit en faisant fondre les métaux constituants dans un mélange de borax et de verre pilé.

430. Fer-blanc. — Le *fer-blanc* conserve son brillant à l'air; mais la moindre éraillure met le fer à découvert et donne naissance à une tache de rouille, qui s'étend peu à peu avec une grande rapidité.

Pour fabriquer le *fer-blanc*, on décape à l'acide chlorhydrique étendu des feuilles de tôle minces; on les lave à l'eau pure, on les frotte avec de l'étoupe ou du sable et on les plonge dans un bain de suif, pour les sécher complètement. La feuille de tôle, séchée, est immergée dans un bain d'étain fondu, recouvert lui-même de suif; on l'y laisse séjourner une heure et demie : au bout de ce temps, on retire la tôle étamée et on la laisse égoutter sur une grille en fer; la feuille de fer-blanc est recouverte d'une couche de 130 à 140 grammes d'étain par mètre carré.

Dans cette opération, l'étain s'allie avec le fer; en réalité, on a une couche d'alliage de fer et d'étain recouverte d'une couche d'étain.

Le fer-blanc, plongé dans l'acide chlorhydrique étendu, abandonne la couche superficielle d'étain : la couche sous-jacente d'alliage d'étain et de fer est mise à nu et présente des cristallisations variées, constituant le *moiré métallique :* le moiré s'altère à l'air; on doit le recouvrir d'un vernis transparent.

140. Métallurgie de l'étain. — Le seul minerai d'étain assez abondant pour être exploité est la *cassitérite* cristallisée ou en rognons : c'est du bioxyde d'étain. On la trouve dans le Devonshire, en Saxe, en Espagne, et, en France, près de Nantes et dans le Morbihan. Le minerai, après avoir été soumis au traitement mécanique, est grillé dans un four à réverbère, pour oxyder et désagréger les sulfures et les arséniosulfures de fer, de cuivre et de plomb : le minerai est ensuite réduit par le charbon de bois dans des fours dits fours à manche (fig. 165).

Fig. 165. **Métallurgie de l'étain.** — A, ouverture par laquelle on introduit le minerai et le charbon. — B, C, bassins dans lesquels se rassemble l'étain fondu. — D, ouverture par laquelle la tuyère lance le vent.

On introduit dans le four le minerai et le charbon de bois, dans la proportion de 6 kilogrammes de minerai pour 1 litre et demi de charbon de bois léger ; il passe au four 52 kilogrammes de minerai par heure. On allume le charbon de bois une première fois et on ajoute des couches alternatives de minerai et de combustible. On donne le vent : la réduction s'opère par le charbon et par l'oxyde de carbone.

L'étain fondu et les scories s'écoulent dans un premier bassin B. Quand celui-ci est plein, on fait couler le métal dans un second bassin C, tandis que les scories solidifiées restent en B. Le métal est puisé dans le bassin C avec des cuillers en fer et coulé dans des lingotières.

Pour avoir l'étain pur, on *affine* l'étain obtenu comme précédemment, en le chauffant faiblement sur la sole d'un four à réverbère : il se produit une liquation; l'étain fond le premier et se sépare des métaux étrangers.

CUIVRE.

$$Cu = 31,75.$$

441. Propriétés du cuivre. — Le *cuivre* est un métal d'un rouge clair, ayant pour densité 8, 9 environ, fondant vers 1100° et se vaporisant lentement en colorant en vert la flamme du foyer[1]. Il a une odeur et une saveur sensibles et désagréables. Il est très tenace, très ductile, assez malléable, très bon conducteur de la chaleur et de l'électricité.

Le cuivre, chauffé au rouge blanc, brûle à l'air avec une flamme verte, en se recouvrant d'une couche de *protoxyde de cuivre*, CuO, qui se détache en fragments noirâtres par un brusque refroidissement; lorsque le cuivre est en excès par rapport à l'oxygène, il se recouvre d'une pellicule rouge de sous-oxyde de cuivre, Cu^2O, formant les *battitures de cuivre*.

Le cuivre, exposé à l'air, se recouvre d'une couche de *vert-de-gris*, ou *hydrocarbonate de cuivre*, qui le préserve de toute oxydation ultérieure : c'est à la formation du vert-de-gris qu'est due la *patine* des statues en bronze et des objets d'art en cuivre.

Il se combine directement avec tous les métalloïdes, excepté l'azote et le carbone.

Le cuivre est attaqué par l'acide chlorhydrique et par l'acide sulfurique chauds, pour former le chlorure de cuivre, CuCl, et le sulfate de cuivre, CuO, SO^3.

En présence de l'air, le cuivre se combine avec les acides, à la température ordinaire : une lame de cuivre, humectée de vinaigre et exposée à l'air, se transforme en acétate de cuivre.

L'acide azotique attaque le cuivre à la température ordinaire, en le transformant en azotate de cuivre, CuO, AzO^5. Les acides gras attaquent le cuivre.

[1]. La perte de poids du cuivre par vaporisation est toujours très minime.

Le cuivre est attaqué par l'ammoniaque ordinaire en présence de l'air : il se forme une liqueur bleue, dite *liqueur de Schweitzer*, composée d'azotite d'ammoniaque et d'azotite de cuivre, ayant la propriété de dissoudre le tissu cellulaire des végétaux.

OXYDES DE CUIVRE.

442. Sous-oxyde de cuivre, Cu^2O. — On le trouve à l'état natif (cuivre oxydé rouge); on l'obtient dans les laboratoires en réduisant une solution d'acétate de cuivre par le sucre sous l'action de la chaleur. Il se présente alors sous l'aspect d'un précipité rouge pulvérulent. Il recouvre toujours la surface du lingot obtenu en coulant du cuivre fondu dans une lingotière; il porte alors le nom de *cuivre rosette*.

Il se dissout dans le verre en lui communiquant une teinte rouge de sang, comme on le voit dans le verre de Bohême et dans les vitraux anciens.

443. Protoxyde de cuivre, CuO. — On l'obtient par la calcination prolongée du cuivre à l'air, ou en décomposant par la chaleur l'azotate de cuivre ou le carbonate de cuivre.

Le *protoxyde de cuivre* est un corps solide noir, pulvérulent, facilement *réductible* par le *carbone* et par l'*hydrogène*.

L'oxyde de cuivre hydraté, CuO,HO, s'obtient sous forme de précipité bleu gris, en versant dans une dissolution de sulfate de cuivre quelques centimètres cubes d'une dissolution de potasse. Il est soluble dans l'ammoniaque ordinaire, en donnant une belle liqueur bleue, appelée *eau céleste*.

Il se combine avec les acides : c'est une *base* assez énergique.

On l'emploie pour les analyses organiques et pour colorer les verres en vert.

SULFURES DE CUIVRE.

444. On connaît la *culkosine*, ou *sous-sulfure de fer naturel*, Cu^2S, et le *sulfure de cuivre*, CuS, que l'on obtient en faisant passer un courant d'hydrogène sulfuré à travers une dissolution de sulfate ou d'azotate de cuivre.

SULFATE DE CUIVRE.

$$CuO,SO^3 + 5HO$$

445. Fabrication. — Le *sulfate de cuivre*, ou *couperose bleue*, ou *vitriol bleu*, se prépare en traitant des rognures de cuivre par l'acide sulfurique, échauffé préalablement par de la vapeur d'eau dans des cuves en bois doublées de plomb : on obtient, par évaporation des eaux mères, des cristaux de sulfate de cuivre.

On peut aussi employer les vieilles plaques de cuivre hors d'usage, comme celles qui ont servi au doublage des navires. On les mouille et on les recouvre d'une couche de fleur de soufre ; puis on les chauffe au rouge dans un four, sous l'action d'un courant d'air, qui transforme le sulfure de cuivre en sulfate. On retire les plaques du four et on les plonge dans l'eau, qui dissout le sulfate de cuivre et met le métal à nu : on couvre de nouveau celui-ci de soufre en fleurs et on continue le traitement jusqu'à la transformation complète du cuivre en sulfate.

446. Propriétés. — Le *sulfate de cuivre* est un sel *bleu*, cristallisé en prismes obliques du sixième système, transparent, s'effleurissant à l'air, perdant quatre équivalents d'eau à 100° et devenant anhydre à une température plus élevée, en se transformant en sulfate de cuivre amorphe et blanc ; au rouge, il se décompose et laisse comme résidu de l'oxyde de cuivre.

Il est assez soluble dans l'eau, qui en dissout le *quart* de son poids à froid et la *moitié* de son poids à chaud.

447. Usages. — Il sert à teindre en violet, en lilas, en noir ; il est employé en galvanoplastie, dans les piles de Daniell ; en médecine, comme caustique ; pour la fabrication de certaines encres, et en agriculture pour le *chaulage* des blés, c'est-à-dire pour détruire un petit champignon qui se développe sur les grains de blé dans les greniers. On l'utilise aussi pour la conservation des bois.

448. — Le sulfate de cuivre, traité par l'arsénite de potasse, donne un précipité vert *d'arsénite de cuivre*, ou *vert de Scheele*, employé en peinture, notamment dans l'industrie des papiers peints : le *vert de Schweinfurt*, le *vert Véronèse* sont des couleurs vertes arsénicales très vénéneuses, formées d'arsénite et d'arséniate de cuivre.

CARBONATES DE CUIVRE.

449. On connaît un grand nombre de *carbonates de cuivre* : l'*azurite*, $3\,CuO, HO, 2\,CO^2$, est un *hydrocarbonate de cuivre* cristallisé en prismes rhomboïdaux obliques, d'un beau bleu, que l'on trouve dans la nature et dont la poussière constitue les *cendres bleues*.

La *malachite*, $2\,CuO, HO, CO^2$, se rencontre dans le sol en masses fibreuses d'un éclat soyeux, colorées en vert émeraude, avec des veines plus ou moins foncées. On taille ce minéral pour en faire des objets d'ornement, tels que des coupes, des vases, etc.

Le *vert minéral* s'obtient en traitant une dissolution chaude de sulfate de cuivre par le carbonate de soude.

Le *vert-de-gris* est un hydrocarbonate de cuivre, $2\,CuO, HO, CO^2$, qui se forme sur le cuivre exposé à l'air humide.

MÉTALLURGIE DU CUIVRE.

450. Les *minerais* de cuivre sont : le *cuivre natif*, les minerais oxydés, l'*azurite*, la *malachite* et les *composés* sulfurés, qui sont de beaucoup les plus abondants.

Les minerais oxydés ou carbonatés, tels que ceux du Pérou, du Chili, de l'Oural, de Chessy, près de Lyon, sont soumis à un traitement très simple : on les réduit par le charbon sous l'action de la chaleur.

Les minerais sulfurés sont : la *chalkosine* et la *pyrite cuivreuse*, ou *chalkopyrite*, $Cu^2S + Fe^2S^3$, que l'on trouve en Angleterre, en Allemagne et dans l'Amérique du Sud.

Ces minerais sont d'abord grillés à l'air, puis fondus avec une matière siliceuse, au contact du charbon : il en résulte une *matte* fusible, que l'on soumet à une série de grillages et de fusions avec des matières siliceuses, jusqu'à ce qu'elle commence à devenir *malléable*; on obtient le *cuivre noir*, que l'on soumet au raffinage dans un four à réverbère; il se transforme en *cuivre rosette*, et contient un peu de sous-oxyde de cuivre. On ramène le cuivre rosette à l'état de cuivre pur et malléable en le chauffant dans le four à réverbère avec une certaine quantité de poussier de charbon [1].

1. La métallurgie du cuivre n'a pu être traitée complètement dans cet ouvrage, dont les limites ne comportent pas un semblable développement.

481. Le cuivre du commerce n'est jamais pur : il contient toujours du fer, de l'étain, du plomb et de l'argent. Pour obtenir du cuivre chimiquement pur, on plongera des lames de fer dans une solution de sulfate de cuivre : le cuivre se précipitera; on le recueillera, on le lavera et on le fondra dans un creuset avec un peu de borax et d'oxyde de cuivre.

ALLIAGES DU CUIVRE.

482. Le *cuivre pur* ou *cuivre rouge* sert à fabriquer des alambics, des chaudières pour les usines, des ustensiles de cuisine, des feuilles pour doubler les navires, etc.; mais, le plus souvent, on emploie les alliages du cuivre avec l'étain, le zinc, l'aluminium et quelques autres métaux usuels.

483. Bronzes. — On appelle *bronzes* les alliages de *cuivre* et d'*étain* plus fusibles et plus tenaces que le cuivre, et devenant malléables et flexibles par la trempe. Il est peu de *bronzes* qui ne renferment pas aussi du zinc et du plomb.

	Bronze type ou bronze des canons.	Bronze des instruments sonores.		Bronzes industriels pour machines.	Robinets pour machines à vapeur.	Bronze des frères Keller, statues de Versailles.	Bronze monétaire.
Cuivre,	90,0	78 ou 80		81	88	91,40	94
Étain,	10,0	22 ou 20		17	8	1,70	5
Zinc,	»	»	»	2	4	5,53	1
Plomb,	»	»	»	»	»	1,37	»
	100 »	100	100	100	100	100,00	100

Pour faire le bronze, on fond d'abord le cuivre dans un creuset en terre ou en fonte ou sur la sole d'un four à réverbère; puis on y ajoute l'étain et enfin le zinc; on brasse la masse et on procède à la coulée.

Depuis quelques années on emploie le *bronze phosphoré*, qui est plus sonore et se polit plus facilement que le bronze ordinaire. L'emploi du phosphore permet de substituer en partie le zinc à l'étain, ce qui donne à l'alliage une ténacité et une dureté considérables. Il est employé surtout pour la fabrication des cloches, des miroirs de télescope et de certaines pièces des machines à vapeur; la quantité de phosphore introduite dans l'alliage varie de 1 à 3 millièmes.

484. Laiton. — Le *laiton* est un alliage de *cuivre* et de *zinc,* obtenu par la fusion directe du mélange des deux métaux en proportions diverses, suivant les usages auxquels on destine l'alliage; la couleur du laiton varie du rouge au jaune pâle, suivant que l'on ajoute le zinc en plus grande quantité.

Le laiton se travaille facilement au marteau. Pour qu'il puisse être travaillé à la lime, on lui ajoute un peu de plomb ou d'étain; il peut alors être scié et travaillé au tour. Voici la composition des principaux laitons :

	Laiton des tourneurs.	Laiton des doreurs	Laiton à marteler.	Chrysocale ordinaire.	Similor.	Tombac ou cuivre blanc.
Cuivre,	65,0	64,3	70,0	90,0	88,0	97,0
Zinc,	33,3	33,0	30,0	7,9	12,0	2,0
Plomb,	1,5	0,2	»	1,6	»	1,0
Étain,	0,2	2,5	»	0,5	»	»
	100 »	100 »	100 »	100 »	100 »	100 »

Les boutons et les épingles en laiton sont étamés à l'étain en les faisant bouillir avec une dissolution de crème de tartre et d'étain en grenaille : le zinc du laiton précipite l'étain, qui forme sur la surface des épingles une couche adhérente.

455. Bronze d'aluminium. — Cet alliage, dû à **M. Debray,** est formé de 90 parties de *cuivre* et de 10 parties *d'aluminium;* il possède une dureté supérieure à celle du bronze ordinaire; il se travaille à chaud aussi facilement que le fer; il a une couleur jaune d'or, qui devient plus pâle si l'on augmente la proportion d'aluminium; l'alliage à 20 pour cent d'aluminium est blanc, cassant et semblable au métal des miroirs; l'alliage à 5 pour cent présente la couleur et l'éclat de l'or. Il est employé pour la fabrication d'objets d'orfèvrerie.

456. Maillechort. — On appelle *maillechort* un alliage formé de :

Cuivre 66
Zinc 13
Nickel 21

                                                             100

On le prépare en fondant d'abord le zinc et le nickel, et

en ajoutant le cuivre au moment de la coulée. Il est peu altérable à l'air.

L'*alfénide*, le *métal anglais* sont des variétés de *maillechort*. On l'emploie pour la fabrication des cafetières, théières, gobelets, couverts de table, etc.

PLOMB.
$Pb = 104$.

457. Plomb métallique. — Le *plomb* est un métal d'un gris bleuâtre, assez mou pour être rayé par l'ongle et pour laisser une trace grise sur le papier, très malléable, mais dénué de ténacité, de ductilité et d'élasticité : il ne s'écrouit * pas. Il a pour densité 11,3; il fond à 335° et il émet des vapeurs au rouge.

458. Propriétés chimiques. — Le plomb se recouvre à l'air d'une pellicule grise de sous-oxyde de plomb, Pb^2O; mais l'oxydation reste superficielle. Chauffé à l'air à une température supérieure à celle de sa fusion, il s'oxyde et se transforme en un oxyde jaunâtre de plomb, appelé le *massicot*; à une température plus élevée, on obtient la *litharge*; en présence des eaux de pluie, chargées d'acide carbonique, le plomb se recouvre d'une couche de cristaux blancs, d'*hydrocarbonate de plomb*, et une certaine quantité de plomb se trouve en dissolution dans l'eau, qui n'est plus propre à l'alimentation. Cette action n'a pas lieu avec une eau calcaire : aussi peut-on sans danger se servir de tuyaux de conduite et de réservoirs en plomb pour distribuer l'eau à domicile.

L'acide chlorhydrique et l'acide sulfurique étendus n'attaquent pas le plomb à froid; ils n'agissent sur lui que quand ils sont concentrés et bouillants.

L'acide azotique est le véritable dissolvant du plomb, qu'il transforme en azotate de plomb, avec dégagement de vapeurs rutilantes.

Les acides organiques attaquent le plomb en présence de l'air; aussi, comme les sels formés sont vénéneux, on ne doit pas employer le plomb pour la fabrication des ustensiles de cuisine.

459. Usages du plomb. — Il sert à faire les conduites

d'eau et de gaz, le plomb de chasse, les balles de fusil, les caractères d'imprimerie, la soudure des plombiers, les chambres de plomb employées dans la préparation de l'acide sulfurique, les feuilles minces des toitures, etc.

Pour fabriquer les tubes de plomb continus sans soudure, on comprime, à l'aide d'une presse hydraulique, du plomb fondu que l'on force à passer dans un tube en fer portant au centre une tige pleine. Le plomb se solidifie dans l'espace annulaire et forme un tube continu que l'on enroule sur un tambour (fig. 166).

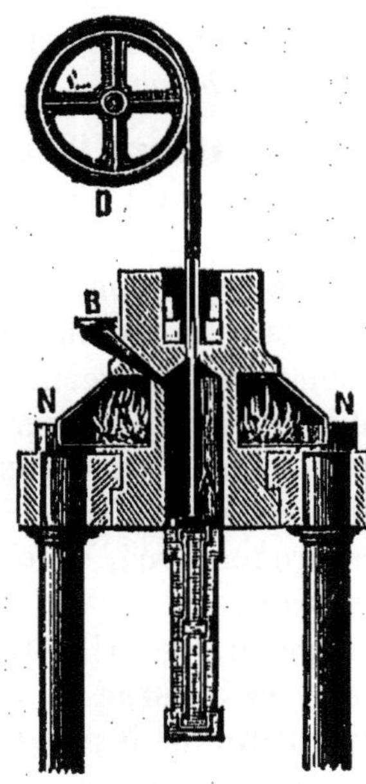

Fig. 166. Fabrication des tubes de plomb. — A, réservoir où le plomb est entretenu en fusion. — B, entonnoir pour verser le plomb. — N, N, foyers.— D, tambour.

OXYDES DE PLOMB.

460. On connaît quatre *oxydes de plomb* :

le sous-oxyde. . . . . Pb^2O
le protoxyde . . . . PbO
le bioxyde. . . . . PbO^2
lo oxyde salin . . . . Pb^3O^4

461. Protoxyde de plomb, PbO. — On l'obtient en calcinant le plomb fondu au contact de l'air ou en décomposant par la chaleur l'azotate de plomb. Si l'oxyde a été obtenu à une température inférieure à celle du rouge, l'oxyde de plomb est jaune et pulvérulent : c'est le *massicot;* si la température de calcination du plomb est suffisante pour fondre l'oxyde formé, celui-ci se présente sous la forme de lamelles d'une couleur orangée : c'est la *litharge.*

En versant de l'ammoniaque dans une dissolution d'azotate de plomb, on obtient un précipité blanc d'hydrate de protoxyde de plomb, PbO,HO.

462. Usages. — La litharge sert à la préparation de l'acétate de plomb, à la fabrication de certaines couleurs jaunes, formées d'oxyde et de chlorure de plomb. Elle rend l'huile de lin siccative. Le massicot sert à préparer le *minium.*

463. Bioxyde de plomb, PbO^2. — Le *bioxyde de plomb* est un corps solide brun, que sa couleur a fait nommer *oxyde puce* de plomb. Il joue, vis-à-vis des bases énergiques, le rôle d'un acide : de là son nom d'*acide plombique*.

464. Oxyde salin de plomb ou minium, Pb^3O^4. — Cet oxyde peut être considéré comme un plombate d'oxyde de plomb, $2PbO,PbO^2$. On le prépare en suroxydant le massicot, que l'on soumet à plusieurs reprises à l'action de la chaleur en présence de l'air; à chaque nouvelle chauffe, le massicot absorbe une quantité plus considérable d'oxygène et sa couleur se rapproche de plus en plus du rouge orangé ; l'opération est terminée lorsque le massicot transformé conserve un poids invariable, malgré une nouvelle chauffe.

En calcinant la céruse à une température modérée, on obtient la variété de minium appelée *mine orange*.

Le minium est une poudre d'un rouge orangé vif, très pesante, se transformant par la chaleur en litharge et en oxygène, si l'opération a lieu à la température de fusion du protoxyde de plomb. L'acide azotique le transforme en azotate de plomb et en acide plombique insoluble.

465. Usages. — Le minium sert à colorer les papiers de tenture, la cire à cacheter, à préparer un lut pour les joints des machines à vapeur, à fabriquer le cristal, le flint *, le strass, le vernis des poteries ordinaires et l'émail des faïences. Enfin il protège le fer de l'oxydation au contact de l'air.

SULFURE DE PLOMB.

PbS.

466. On le trouve dans la nature en cristaux cubiques très brillants, d'un gris bleuâtre : on le nomme *galène*. C'est le principal minerai de plomb. La galène est souvent argentifère; elle se présente alors sous la forme de cristaux à petites facettes. Elle a pour densité 7,5; elle fond au rouge.

La galène est réduite par le fer :

$$PbS + Fe = Pb + FeS.$$

On utilise cette propriété pour extraire le plomb de son minerai.

Elle est employée sous le nom d'*alquifoux*, pour former un vernis plombeux à la surface des poteries communes.

On peut obtenir le sulfure de plomb amorphe en faisant passer un courant d'hydrogène sulfuré à travers une dissolution d'azotate de plomb; on obtient un précipité noir à reflets métalliques :

$$PbO, AzO^5 + HS = PbS + AzO^5, HO.$$

SELS DE PLOMB.

467. Les *sels de plomb* sont des sels à base de protoxyde. Ils ont une saveur sucrée; ils sont très *vénéneux* et donnent des coliques, appelées *coliques saturnines* ou *coliques de plomb*.

468. Azotate de plomb, PbO, AzO^5. — On l'obtient en dissolvant à chaud le plomb dans l'acide azotique étendu de son volume d'eau : la liqueur abandonne des cristaux en octaèdres réguliers, très peu solubles dans l'eau froide, mais très solubles dans l'eau chaude.

469. Sulfate de plomb, PbO, SO^3. — C'est une poudre blanche, amorphe, fixe, insoluble dans l'eau et dans les acides. On l'obtient en versant de l'acide sulfurique ou une dissolution d'un sulfate alcalin dans une solution d'azotate de plomb.

470. Chromate de plomb, PbO, CrO^3. — C'est une poudre jaune, que l'on obtient en versant une dissolution d'azotate de plomb dans une solution de chromate de potasse : il est employé en peinture sous le nom de *jaune de chrome*. Il noircit en présence de l'hydrogène sulfuré.

471. Carbonate de plomb, PbO, CO^2. — On le trouve anhydre dans la nature, en prismes droits à base rectangle, isomorphes de l'aragonite. On connaît un hydrocarbonate de plomb très important, que l'on appelle la *céruse*.

CÉRUSE.

472. La céruse est une combinaison de carbonate de plomb et d'oxyde de plomb, en proportions légèrement variables, de manière à ce que la composition s'éloigne peu de celle que représente la formule : $2 PbO,CO^2 + PbO,HO$.

473. Préparation de la céruse. — On prépare la céruse par le *procédé de Clichy* ou par le procédé *hollandais*; tous deux consistent à précipiter la céruse en traitant l'acétate tribasique de plomb par l'acide carbonique.

1° *Procédé de Clichy*. — Ce procédé, inventé par **Thénard**, en 1801, a été appliqué à Clichy par **Roard**. On place dans une cuve un excès de litharge et de l'acide acétique : il se produit de l'acétate tribasique de plomb; on décante la liqueur dans un bassin à large surface et on fait dégager à travers la dissolution d'acétate tribasique de plomb un courant d'acide carbonique. Il se dépose de la céruse et il reste en solution de l'acétate neutre de plomb, que l'on transvase dans la première cuve pour le traiter de nouveau par un excès de litharge : on recommence l'opération, de façon à ne perdre que la petite quantité d'acide acétique dont la céruse est imprégnée. La céruse recueillie est lavée et séchée à basse température.

L'acide carbonique nécessaire à la préparation est obtenu, soit en faisant passer un courant d'air à travers une colonne de coke ou de charbon de bois incandescent, soit en décomposant la craie par la chaleur.

La céruse ainsi préparée est d'un beau blanc; mais elle couvre moins que la céruse hollandaise, parce qu'elle a une texture cristalline et qu'elle est légèrement transparente; on pourrait la rendre plus dense en la soumettant, à moitié sèche, à l'action de pilons en bois.

En Angleterre, on a modifié le procédé de Clichy en broyant la litharge avec 1 % d'acétate neutre de plomb dissous dans l'eau, et en faisant passer un courant d'acide carbonique sur le mélange étalé en couches minces dans des auges en schiste.

2° *Procédé hollandais*. — On produit l'acétate tribasique de plomb en faisant agir sur le plomb métallique l'air et les vapeurs d'acide acétique; la fermentation du fumier produit l'acide carbonique et la chaleur nécessaires à l'opération. On enroule en spirale des lames minces de plomb et on place verticalement chacune d'elles dans un creuset verni intérieurement et divisé en deux compartiments par un rebord placé au tiers de sa hauteur (fig. 167). Dans le compartiment inférieur on verse du vinaigre; on dispose la lame

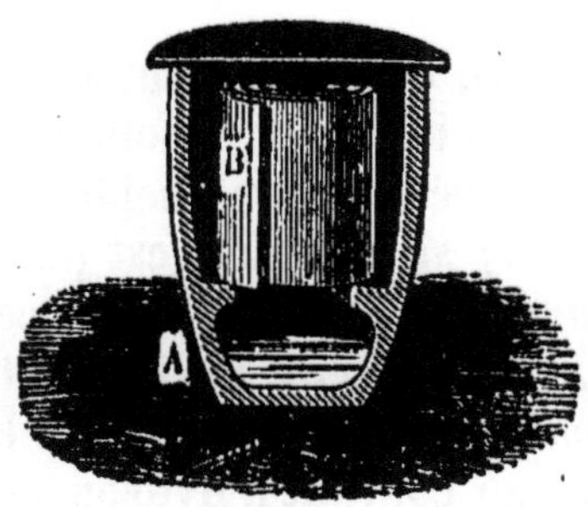

Fig. 167. **Pot pour la fabrication de la céruse.** — A, compartiment contenant le vinaigre. — B, lame de plomb enroulée en spirale.

de plomb dans le compartiment supérieur et on ferme le creuset avec une feuille de plomb. On range ces vases au fond d'une fosse et on les recouvre d'un plancher en bois à claire-voie, sur lequel on dépose une couche de fumier de ferme. On dispose une nouvelle rangée de pots, un plancher, une couche de fumier, et ainsi de suite jusqu'à ce qu'on ait atteint une hauteur de 5 à 6 mètres, en prenant la précaution de ménager la circulation de l'air dans la masse ; on opère ainsi sur 10,000 kilog. de plomb à la fois.

La fermentation du fumier dégage de la chaleur et peut élever la température jusqu'à 100 degrés environ. Les vapeurs d'acide acétique mélangées à l'air attaquent le plomb, qui se transforme en acétate neutre et en acétate tribasique, que l'acide carbonique dégagé par le fumier transforme en céruse. Au bout de 25 à 35 jours, on vide la fosse et on soumet les lames de plomb à un battage mécanique qui détache les écailles de céruse ; ces écailles sont broyées dans l'eau par des meules en pierre ; la pâte qui en résulte est versée dans des pots en terre poreuse que l'on porte dans les séchoirs.

La céruse hollandaise est moins blanche que la céruse de Clichy, parce qu'elle contient toujours un peu de sulfure de plomb, provenant de la décomposition de l'acétate de plomb par l'hydrogène sulfuré que dégage le fumier; mais elle est plus opaque et elle couvre mieux.

474. Propriétés de la céruse. — La céruse est un corps solide, blanc, doué d'un pouvoir *couvrant* considérable. Elle enlève à l'huile sa couleur jaunâtre; aussi la mélange-t-on à presque toutes les couleurs employées en peinture. Elle présente l'inconvénient de noircir, comme tous les sels de plomb, sous l'influence de l'hydrogène sulfuré. Elle est *très vénéneuse*; les poussières de céruse introduites dans l'économie produisent les accidents graves connus sous le nom de *coliques de plomb*.

La céruse est souvent falsifiée avec du sulfate de plomb ou du sulfate de baryte ou de la craie. Pour reconnaître la falsification, il suffit de traiter la céruse par l'acide nitrique ou par l'acide acétique étendu; si la céruse est pure, elle se dissoudra entièrement dans l'un ou l'autre de ces deux acides; si elle est falsifiée, elle laissera un précipité blanc de sulfate de plomb ou de baryte. Pour reconnaître la présence de la craie, on fera passer un courant d'hydrogène, sulfuré dans la liqueur contenant les produits dissous; le sel de plomb se précipitera à l'état de sulfure de plomb insoluble; on filtrera et à la liqueur filtrée on ajoutera de l'oxalate d'ammoniaque; si la céruse contenait de la craie, on obtiendrait un précipité blanc d'oxalate de chaux.

MÉTALLURGIE DU PLOMB.

478. Le minerai de plomb est la *galène*, ou sulfure de plomb, PbS. — Le traitement mécanique du minerai est très long; on opère comme pour le minerai d'étain.

Le minerai préparé est traité par deux procédés différents, suivant la richesse et la nature de sa gangue.

476. Procédé par réaction. — On l'emploie pour les galènes riches à gangue siliceuse, comme en Angleterre ou à Poullaouen, en Bretagne.

On grille la galène incomplètement, ce qui la transforme en sulfate de plomb et en oxyde de plomb.

Le sulfure de plomb non grillé réagit sur le sulfate et sur l'oxyde de plomb formés pour donner du plomb :

$$PbS + 2PbO = SO^2 + 3Pb.$$
$$PbS + PbO,SO^3 = 2SO^2 + Pb.$$

Ces deux opérations s'accomplissent successivement dans un four à réverbère (fig. 168), dont la sole est légèrement déprimée en son milieu. On recouvre cette sole d'une couche peu épaisse de minerai ; on ouvre les portes latérales A et B; on remue la masse avec des ringards en fer pour qu'elle subisse un grillage régulier sous l'action de l'air qui pénètre par les ouvertures A et B.

Quand le grillage est presque complet, on ferme les portes A et

B; on active le feu et le sulfure de plomb non grillé réagit sur la

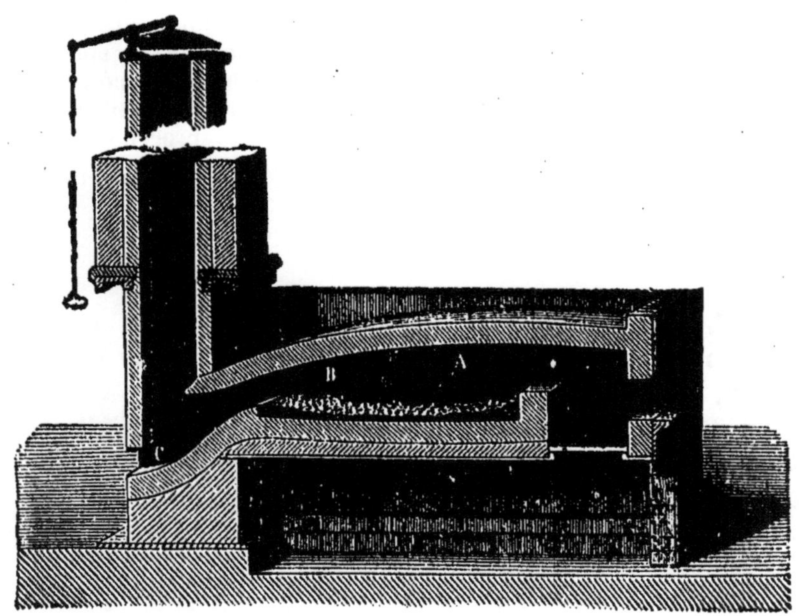

Fig. 168. **Métallurgie du plomb par réaction.**

masse pour former du plomb métallique, qui s'écoule dans un bassin de réception, en même temps qu'une *matte* très fusible de sous-sulfure de plomb, qui surnage et que l'on sépare du métal, pour la griller de nouveau dans le four à réverbère.

477. Procédé par réduction. — Lorsque la galène est très siliceuse, comme la galène du Harz, le procédé précédent ferait passer une grande partie du minerai à l'état de silicate de plomb. Pour éviter cette perte de matière première, on réduit la galène à une température élevée par le fer mélangé à des fondants convenables. Le fer réduit la galène en s'emparant du soufre et en mettant le plomb en liberté :

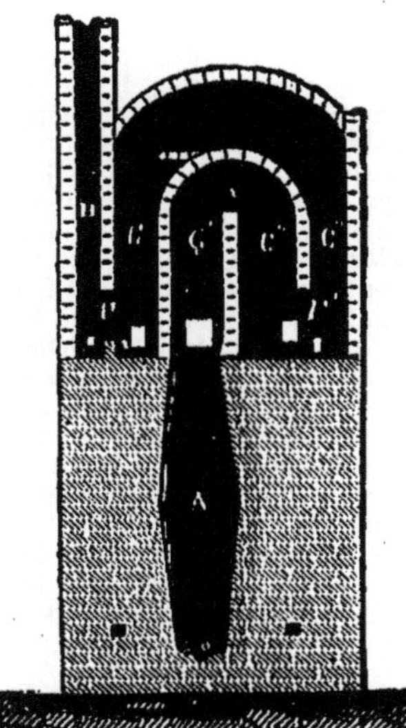

Fig. 169. **Métallurgie du plomb par réduction.**

$$PbS + Fe = Pb + FeS.$$

L'opération se fait dans un fourneau en briques réfractaires de 6 à 7 mètres de hauteur (fig. 169).

478. Quand la galène ne renferme pas de sulfure d'argent, le plomb obtenu par l'un des deux procédés précédents n'est pas argentifère : on le livre immédiatement au commerce. Mais, généralement, la galène contient une petite quantité de sulfure d'argent; le plomb extrait métallurgiquement peut alors contenir jusqu'à 2 pour cent d'argent; on le nomme alors *plomb d'œuvre*. On en extrait l'argent par *coupellation* ou par le procédé d'affinage par cristallisation.

BISMUTH.

Bi = 212.

479. Le *bismuth* se trouve dans la nature à l'état natif. C'est un métal d'un blanc rougeâtre, fondant à 264° et ne s'altérant pas à l'air à la température ordinaire.

Le seul composé important du bismuth est le *sous-nitrate de bismuth*, $BiO^3,AzO^6 + 2HO$. On l'obtient en versant dans un grand excès d'eau l'azotate de bismuth préparé en dissolvant le bismuth dans l'acide azotique; c'est une poudre blanche, employée en médecine contre la diarrhée.

Questionnaire. — Qu'est-ce que l'étain? — Quelles sont ses propriétés? — A quoi est-il employé dans l'industrie? — Qu'est-ce que l'or mussif? — Quel est l'usage du protochlorure d'étain, du bichlorure d'étain? — Qu'appelle-t-on sel d'étain? — Quels sont les principaux alliages formés par l'étain avec d'autres métaux? — Qu'est-ce que le tain des glaces? — Qu'appelle-t-on potée d'étain? — Qu'est-ce que la soudure des plombiers? — Qu'est-ce que l'étamage? — Qu'est-ce que le cuivre? — Quelles sont ses propriétés? — Quels phénomènes accompagnent sa combustion? — Quel corps se forme sur le cuivre exposé à l'air? — Quels sont les corps qui attaquent le cuivre à la température ordinaire? — Quels sont les acides qui ne l'attaquent qu'à chaud? — Qu'est-ce que le sous-oxyde de cuivre? — Quel est son emploi dans l'industrie? — Comment s'obtient le protoxyde de cuivre? — Qu'appelle-t-on eau céleste? — A quels usages sert-elle? — Comment obtient-on le sulfate de cuivre? — Quels noms lui donne-t-on vulgairement? — Quelles sont ses pro-priétés? — Quels sont ses nombreux usages? — Qu'est-ce que la malachite? — Quels sont les principaux minerais de cuivre? — Comment les traite-t-on? — Comment peut-on obtenir du cuivre pur? — Quels sont les différents métaux avec lesquels le cuivre forme des alliages? — Quels sont la composition, les propriétés, les usages du bronze, du laiton, du bronze d'aluminium, du maillechort? — Qu'est-ce que le plomb? — Quelles sont ses propriétés, ses principaux usages, ses dangers? — Quels sont les oxydes du plomb? — Qu'est-ce que la litharge, le minium? — Quels sont les usages du minium? — Qu'est-ce que la galène? — Quelles sont les propriétés des sels de plomb? — Comment les obtient-on? — Qu'est-ce que la céruse? — Par quels procédés la prépare-t-on? — Quels sont ses propriétés, ses usages, ses inconvénients, ses dangers, ses falsifications, les moyens de reconnaître ces dernières? — Comment traite-t-on le minerai de plomb? — Qu'est-ce que le bismuth? — Quel composé usité en médecine forme-t-il?

CHAPITRE XX

MERCURE. — ARGENT. — OR. — PLATINE.

Sommaire. — 131. *Mercure.* Hg = 100. Le *mercure* est un métal liquide à la température ordinaire, de densité 13,59, se solidifiant à 40°, bouillant à 350°.

Il s'oxyde lentement à l'air à la température ordinaire : le chlore l'attaque à froid; les acides sulfurique et azotique le transforment en sulfate et en azotate. C'est un poison violent. — Il sert à la construction des baromètres et des thermomètres, à l'étamage des glaces et à l'extraction de l'or et de l'argent.

132. On connaît deux oxydes de mercure : le sous-oxyde, Hg^2O, et le protoxyde, HgO, qui est une base énergique; le sulfure de mercure, HgS, est utilisé sous le nom de *vermillon*.

133. Il existe deux chlorures de mercure : le sous-chlorure, Hg^2Cl, ou *calomel*, employé comme purgatif, et le protochlorure, $HgCl$, ou *sublimé corrosif*, qui est un poison violent.

On appelle *amalgames* des alliages de mercure et d'autres métaux.

134. Le minerai de mercure est le sulfure de mercure, HgS, ou *cinabre.*

135. *Argent.* Ag = 108. L'*argent* est un métal blanc, très malléable et très ductile, très bon conducteur de la chaleur et de l'électricité, ayant pour densité 10,5 et fondant à 1000° Il est inaltérable à l'air, mais il noircit en présence de l'hydrogène sulfuré.

Il est attaqué par l'acide azotique et par l'acide sulfurique bouillant; il est inattaquable par les alcalis.

136. Le *chlorure d'argent*, AgCl, est un corps blanc, caillebotté, insoluble dans l'eau, mais soluble dans l'ammoniaque et dans l'hyposulfite de soude. Il noircit par l'action de la lumière. Il en est de même du *bromure* et de l'*iodure d'argent* : on utilise cette propriété en photographie.

137. L'*azotate d'argent*, AgO, AzO^5, ou *pierre infernale*, est un sel cristallisé en lamelles rhomboïdales solubles dans l'eau, réductibles par la lumière : on l'emploie en photographie et en médecine.

138. L'argent est toujours employé à l'état d'alliage avec le cuivre : les alliages d'argent et de cuivre s'analysent par coupellation.

139. Le minerai d'argent est le sulfure d'argent, AgS, ou *argyrose* que l'on transforme en chlorure d'argent par le sel marin; puis, on réduit le chlorure d'argent par le fer et par le mercure.

140. *Or.* Au = 98,2. L'*or* est un métal jaune, de densité 19,5, fondant à 1250°, très ductile et très malléable.

Il est inaltérable à l'air : l'eau régale le transforme en chlorure d'or, Au^2Cl^3.

141. L'or forme avec le cuivre les alliages usités pour la monnaie et pour la bijouterie.

L'or se trouve à l'état natif dans les sables charriés par les eaux; on sépare l'or du sable par amalgamation.

142. *Platine.* Pt = 98,5. Le *platine* est un métal d'un gris blanc,

mou, très ductile, de densité 21,5, fondant à 1775°, au chalumeau à gaz oxhydrique.

143. On peut l'obtenir à l'état fondu, à l'état de *mousse de platine* ou de *noir de platine*. Il a la propriété de condenser les gaz et de provoquer certaines réactions chimiques.

Il est inaltérable à l'air ; l'eau régale le transforme en chlorure de platine, $PtCl^2$.

144. Le platine sert à faire des ustensiles de laboratoire et des alambics pour la concentration de l'acide sulfurique.

MERCURE.
Hg = 100.

480. Propriétés. — Le *mercure* est le seul métal qui soit liquide à la température ordinaire ; il se solidifie à — 40° en une masse cristallisée, que l'on peut obtenir instantanément en refroidissant le mercure liquide par un mélange d'acide carbonique solide et d'éther : le mercure solide devient alors malléable comme le plomb. Il bout à 350° du thermomètre à air ; la tension de sa vapeur, à la température ordinaire, est presque nulle ; une feuille d'or, placée dans un flacon contenant un peu de mercure, blanchit au bout de quelques jours en s'amalgamant avec la vapeur de mercure. Le mercure liquide a pour densité 13, 59 à 0° ; la densité de sa vapeur est égale à 6,97.

Le mercure peut être amené, par l'agitation, à un état de division extrême ; il est alors gris et terne. On facilite la division du mercure par sa trituration avec de l'*axonge*[1] : on obtient alors l'*onguent mercuriel* des pharmaciens.

481. Le mercure s'oxyde à la longue, quand il est exposé à l'air, à la température ordinaire ; il se recouvre d'une pellicule grisâtre de *sous-oxyde de mercure*, Hg^2O, qui se dissout partiellement dans le métal et s'attache aux parois du verre. Vers 300°, le mercure se transforme en oxyde rouge de mercure, HgO.

Le *chlore* attaque le mercure à froid ; le *soufre* se combine avec lui sous l'action d'une légère élévation de température.

L'*acide sulfurique* n'attaque le mercure que s'il est chaud et concentré ; l'*acide chlorhydrique* ne l'attaque à aucune

---

1. Graisse de porc.

température; *l'acide azotique* attaque le mercure, même à froid, il se forme alors de l'azotate de sous-oxyde de mercure Hg^2O, AzO^5, si l'on opère à froid, et de l'azotate de mercure, HgO, AzO^5, si l'on opère à chaud.

482. Le mercure est un poison très violent : à forte dose, il amène rapidement la mort; absorbé lentement à l'état de vapeurs, il produit une salivation abondante, puis un tremblement particulier; les ouvriers qui sont employés à des travaux exigeant le maniement de ce métal sont atteints de ces affections. Le *contrepoison* est l'*iodure de potassium*.

483. Usages. — Il sert à construire les baromètres et les thermomètres, à remplir les cuves à mercure pour recueillir les gaz, à étamer les glaces et à extraire l'or et l'argent.

OXYDES ET SULFURES DE MERCURE.

484. Oxydes de mercure. — Le mercure forme avec l'oxygène le *sous-oxyde* de mercure, Hg^2O, se décomposant à 100° en mercure métallique et en protoxyde de mercure. On connaît aussi le *protoxyde de mercure*, HgO, qui est un oxyde basique très important.

Cet oxyde de mercure peut se préparer en paillettes cristallines en oxydant le mercure, à la température de son ébullition, au contact de l'air; on obtient ce qu'on appelait autrefois le *précipité per se* *. On le prépare ordinairement en calcinant l'azotate de mercure à une température inférieure à 400°; on obtient une poudre rouge cristalline, appelée *oxyde rouge de mercure*. Si l'on verse une dissolution de potasse dans une dissolution d'azotate de mercure, il se forme un précipité jaune, amorphe, nommé *oxyde jaune de mercure*. Cette dernière variété possède des propriétés chimiques plus énergiques que la première; elle est attaquée par le chlore à la température ordinaire, tandis que l'oxyde rouge ne l'est pas.

L'oxyde de mercure se décompose à 400° en mercure métallique et en oxygène.

485. Sulfures de mercure. — On connaît le *sous-sulfure de mercure*, Hg^2S, et le *sulfure de mercure*, HgS.

Le *sulfure de mercure*, HgS, se trouve dans la nature à l'état de *cinabre*, en cristaux rouges transparents. On l'obtient artificiellement en faisant passer un courant d'hydrogène sulfuré à travers une dissolution d'azotate de mercure; on recueille un précipité noir qui se sublime par la chaleur en une masse rouge cristalline.

Le *vermillon* est une poudre rouge, d'une très belle couleur, très résistante à l'action de la lumière. Pour le préparer, on mélange intimement :

        Mercure.   300
        Soufre.   114
        Potasse   75
        Eau.   400

et l'on chauffe le tout à 55° dans un vase en fer en agitant continuellement; l'opération est terminée, lorsque la masse a pris une belle teinte rouge. On filtre et on lave le précipité avec soin.

CHLORURES DE MERCURE

486. Il existe deux chlorures de mercure : le *sous-chlorure de mercure*, ou *calomel*, Hg^{2}Cl, et le *protochlorure de mercure*, ou *sublimé corrosif*, HgCl.

1° Sous-chlorure de mercure, Hg^{2}Cl. — On désigne sous le nom de *calomel* un sel blanc, insipide, inodore, cristallisé en prismes à base carrée, insoluble dans l'eau, soluble dans l'alcool, ayant pour densité 7,17.

La lumière, l'acide chlorhydrique et les chlorures alcalins le transforment en sublimé corrosif. La solution ammoniacale le noircit.

Le calomel n'est pas vénéneux; il est employé comme vermifuge et comme purgatif.

· On le prépare en chauffant un mélange de sulfate de mercure avec autant de mercure qu'il en renferme et avec du sel marin; le *sous-chlorure* de mercure distille :

$$HgO, SO^3 + Hg + NaCl = Hg^2Cl + NaO, SO^3.$$

On reçoit la vapeur de calomel dans un vase récipient, où l'on fait arriver de la vapeur d'eau. Le calomel se condense en poussière impalpable, connue sous le nom de *calomel à la vapeur*. Si, dans la réaction précédente, il s'était formé du *sublimé corrosif*, ce sel se serait dissous dans l'eau condensée. Le calomel ainsi préparé est soumis à une série de lavages successifs, pour être bien débarrassé du sublimé corrosif qu'il pourrait contenir.

487. 2° Protochlorure de mercure, HgCl. — On appelle ainsi un sel blanc, d'une saveur âcre et désagréable, connue sous le nom vulgaire de *sublimé corrosif*, ayant pour densité 6,5, fondant à 200° et bouillant à 295° Il est peu soluble dans l'eau ; 100 parties d'eau à 10° dissolvent 6,57 parties de sublimé ; à 100°, 100 parties dissolvent 54 parties de sublimé : l'alcool en dissout deux fois et demie son poids ; l'éther le dissout plus facilement encore.

C'est un *poison très violent ;* le contrepoison est l'albumine, qui forme avec lui une combinaison insoluble, qu'on élimine en excitant les vomissements.

Le sublimé corrosif sert à conserver les pièces anatomiques et les préparations d'histoire naturelle, on l'emploie aussi pour l'injection des bois.

On prépare le sublimé corrosif en mélangeant avec soin 5 parties de sulfate de mercure, 5 parties de sel marin sec et 1 partie de bioxyde de manganèse bien pulvérisés ; le mélange est placé dans une fiole à fond plat (fig. 170), chauffée au bain de sable pendant huit ou dix heures, à une douce température, pour que la sublimation se fasse sans perte de vapeur.

Fig. 170. Préparation du sublimé corrosif.

Le sublimé corrosif se condense sur les parties froides de la fiole et il reste au fond un mélange de sulfate de soude et de bioxyde de manganèse.

$$\text{HgO,SO}^3, + \text{NaCl} = \text{HgCl} + \text{NaO,SO}^3.$$

Le bioxyde de manganèse sert à empêcher la production du calomel.

En présence du sel marin, le sous-chlorure de mercure se transforme en protochlorure; il faut donc se garder, quand on administre du calomel a un malade, de lui ingérer des aliments salés, peu de temps avant ou après l'absorption du médicament.

488. Amalgames. — On appelle *amalgames* les alliages du mercure avec les autres métaux, autres que le fer, le nickel, l'aluminium et le platine, qui ne sont pas dissous par le mercure; ces amalgames se produisent généralement à la température ordinaire, comme l'amalgame d'or ou l'amalgame d'argent. Les amalgames industriels sont : le *tain des glaces*, l'*amalgame de bismuth fondu* pour argenter la face intérieure des ballons de verre, et les *amalgames d'or* et *d'argent*, employés pour la dorure ou l'argenture au feu.

MÉTALLURGIE DU MERCURE.

489. Le mercure se rencontre quelquefois à l'état natif; mais

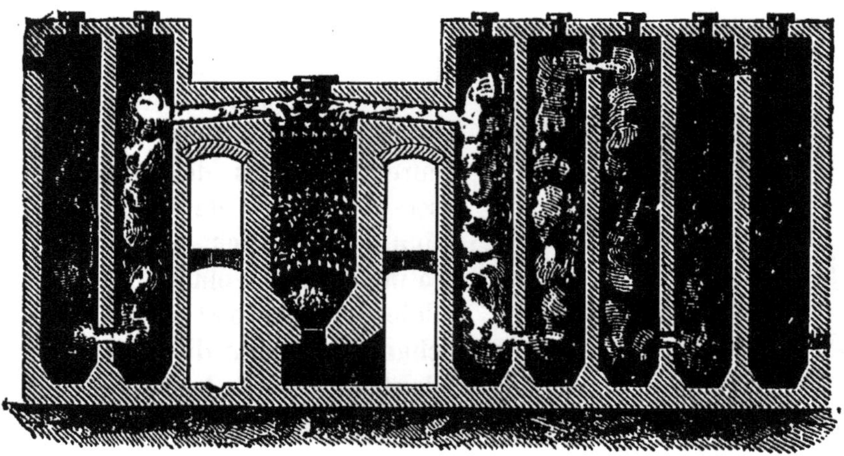

Fig. 171. **Métallurgie du mercure à Idria.** — A, four contenant le minéral. — B, capsules en terre contenant le minéral en poudre. — C, chambres de condensation.

son minerai ordinaire est le *cinabre*, HgS, que l'on trouve en Europe : à Idria, en Illyrie, et à Almaden, en Espagne.

490. Le traitement métallurgique est très simple. On grille le cinabre, si sa gangue est siliceuse; on a la réaction :

$$HgS + 2O = Hg + SO^2.$$

Si la gangue est calcaire, il se forme du sulfure de calcium et du sulfate de chaux.

1° *Procédé d'Idria.* Le minerai est disposé sur des voûtes en briques munies d'ouvertures (fig. 171); la flamme du foyer traverse ces ouvertures, entraînant avec elle de l'air qui grillera le minerai : le mercure libre se vaporise et vient se condenser dans des chambres en maçonnerie; l'acide sulfureux s'échappe par la cheminée qui termine la série des chambres de condensation.

2° *Procédé d'Almaden.* Le four est analogue au four d'Idria; seulement la vapeur de mercure se condense dans des allonges en

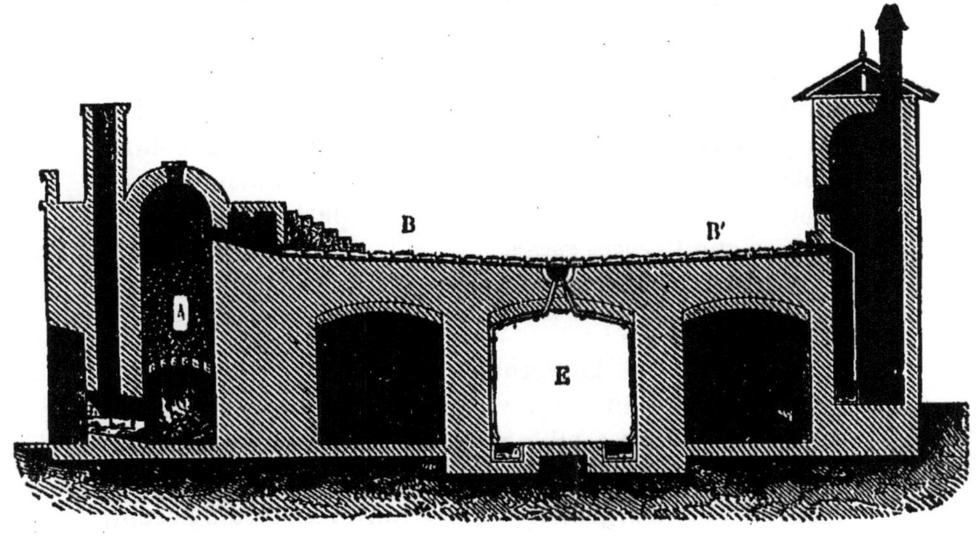

Fig. 172. Métallurgie du mercure (Almaden.). — A, four à griller le minerai B, B', aludelles. — C, bassin de réception du mercure condensé.

terre nommées *aludelles*, s'emboîtant les unes dans les autres et disposées sur deux terrasses inclinées en sens opposé (fig. 172). Le mercure condensé vient s'écouler peu à peu dans un bassin situé au point de jonction des deux terrasses.

491. **Purification du mercure.** — Le mercure du commerce renferme toujours des métaux étrangers, dont on ne peut le séparer par distillation, car ces métaux sont généralement volatils et seraient entraînés par la vapeur du mercure. On traite le mercure par de l'acide azotique à la température de 50° environ : il se forme de l'azotate de mercure, qui est décomposé peu à peu par les métaux étrangers contenus dans le mercure; ceux-ci chassent le mercure de son sel pour prendre sa place; on lave le mercure

à l'eau distillée et on le sèche : on obtient ainsi du mercure pur, très brillant, se rassemblant en globules sphériques. Lorsque le mercure est souillé par son sous-oxyde ou qu'il renferme d'autres métaux, il perd cette propriété; en outre, il mouille le verre et la porcelaine : on dit qu'il *fait la queue*.

Lorsque le mercure n'est que sali par son sous-oxyde, il suffit de le filtrer à travers un entonnoir très effilé : la pellicule d'oxyde s'attache aux parois du vase.

ARGENT.

Ag = 108.

492. Propriétés. — L'argent est un métal d'un beau blanc, très malléable, très ductile, très bon conducteur de la chaleur et de l'électricité, ayant pour densité 10,5, fondant à 1000°, et cristallisant par refroidissement du métal fondu en octaèdres réguliers. L'argent fondu dissout l'oxygène de l'air dans la proportion de 22 volumes d'oxygène pour 1 volume d'argent; en se solidifiant, il abandonne le gaz dissous préalablement en projetant brusquement des parcelles d'argent : on dit alors que l'*argent roche*.

L'argent se volatilise à une température élevée en donnant des vapeurs vertes.

493. *L'argent* est inaltérable à l'air à la température ordinaire, et même au rouge vif; tous les métalloïdes autres que l'azote peuvent se combiner directement avec lui.

L'acide *azotique*, même étendu, l'attaque très facilement : il se forme un sel d'argent très important, l'azotate d'argent, AgO,AzO^5. L'acide *sulfurique* bouillant et concentré le transforme en sulfate d'argent, AgO,SO^3. L'acide *chlorhydrique* l'attaque à peine. L'acide *sulfhydrique* l'attaque à la température ordinaire, en le recouvrant d'une pellicule noire de sulfure d'argent, AgS.

L'argent est inattaquable par les alcalis caustiques fondus : on en fait des capsules et des creusets destinés à opérer la fusion de la potasse et de la soude.

494. Préparation de l'argent pur. — On traite au rouge vif, dans un creuset, pendant une heure, le *chlorure d'argent* par un mélange de craie et de charbon : l'argent fondu se rassemble en culot au fond du creuset; on laisse refroidir celui-ci, on le casse, et on recueille l'argent solidifié.

Les résidus liquides de la photographie sont traités de la manière suivante : on en précipite l'argent au moyen d'une lame de cuivre; on recueille l'argent pulvérisé, on le lave, on le sèche et on le fond avec un peu de borax et de salpêtre. Les papiers photographiques doivent être brûlés; leurs cendres sont fondues avec 50 pour 100 de carbonate de soude sec et 25 pour cent de sable.

OXYDE ET SULFURE D'ARGENT.

495. L'oxyde d'argent, AgO, est une poudre brune, très pesante que l'on obtient en versant de l'eau de chaux ou une solution de potasse dans une dissolution d'azotate d'argent. Il est peu stable : la chaleur le décompose en argent métallique et en oxygène, vers 400°. L'ammoniaque concentrée le transforme en une poudre noire, très explosible, appelée *argent fulminant*. C'est une base très énergique, se combinant avec tous les acides forts et même avec l'acide carbonique de l'air.

496. Le sulfure d'argent, AgS, se trouve dans la nature en octaèdres réguliers. Il se produit toutes les fois que l'acide sulfhydrique humide agit sur l'argent; aussi la vaisselle d'argent noircit-elle au contact des œufs ou de la moutarde.

CHLORURE D'ARGENT.
AgCl.

497. Le chlorure d'argent se prépare en versant de l'acide chlorhydrique ou une dissolution de sel marin dans une solution d'azotate d'argent :

$$AgO,AzO^5 + NaCl = NaO,AzO^5 + AgCl.$$

On obtient un précipité blanc *caillebotté*, soluble dans l'ammoniaque et dans l'hyposulfite de soude.

Le chlorure d'argent est réduit par la lumière solaire et les radiations bleues violettes et ultra-violettes [1] : il se dépose

---

1. Voir Drincourt et Dupays, *Physique :* Propriétés du spectre solaire. — Photographie.

de l'argent métallique pulvérulent noir, et le chlore est mis en liberté; la réduction est favorisée par la présence d'une matière organique telle que le papier ou la gélatine : on utilise cette propriété en photographie.

Il est réduit par l'hydrogène naissant : il suffit de le mettre en contact avec une lame de zinc, au sein d'une petite quantité d'eau acidulée par l'acide sulfurique : on obtient un dépôt brunâtre d'argent pulvérisé.

Le chlorure d'argent sec se combine avec le gaz ammoniac, et il se forme le composé $3AzH^3,AgCl$ à $0°$, ou $3AzH^3,2AgCl$, à $25°$.

Il fond à $260°$ en un liquide visqueux qui se solidifie par refroidissement en une masse cornée (*argent corné*, *lune cornée*).

Le chlorure d'argent est très employé en photographie.

498. Bromure d'argent, $AgBr$. — On l'obtient en précipitant le bromure d'argent par le bromure de potassium : il en résulte un précipité caillebotté jaunâtre, très sensible à l'action de la lumière et soluble dans l'hyposulfite de soude et dans le cyanure de potassium On l'incorpore à la gélatine pour préparer les plaques photographiques, dites plaques à la gélatine bromée.

499. Cyanure d'argent, $AgCy$. — On l'obtient en précipitant l'azotate d'argent par le cyanure de potassium en quantité strictement suffisante. Il est soluble dans un excès de cyanure alcalin; il sert à préparer le bain d'argent pour l'argenture galvanique.

AZOTATE D'ARGENT.

AgO,AzO^5

500. L'azotate d'argent, ou pierre infernale, cristallise en lamelles rhomboïdales, solubles dans leur poids d'eau froide et dans la moitié de leur poids d'eau bouillante. Il fond au rouge sombre et se décompose au rouge vif, en laissant un résidu d'argent métallique.

L'azotate d'argent fondu, coulé dans une lingotière, se fige en cylindres grisâtres, connus sous le nom de bâtons de *pierre infernale* et employés en médecine pour la cautérisation.

Il est décomposé lentement par la lumière solaire : aussi doit-on le conserver dans des flacons jaunes ou noirs. Il est décomposé lentement par les matières organiques en laissant un résidu d'argent métallique : il tache la peau en noir.

301. Préparation. — On l'obtient en traitant les pièces de monnaie, les vieux bijoux ou de vieilles pièces d'argenterie par l'acide azotique chauffé doucement : il se forme de l'azotate d'argent et de l'azotate de cuivre. On évapore la liqueur à sec et on chauffe le résidu au rouge sombre : l'azotate de cuivre est seul décomposé, l'azotate d'argent fond. On reprend la masse par l'eau ; on filtre pour séparer l'oxyde de cuivre et on laisse évaporer la liqueur filtrée et concentrée : le nitrate d'argent cristallise.

302. Usages. — Il est employé en médecine comme caustique, soit à l'état fondu, soit en solution. On s'en sert pour marquer le linge. On dissout dans 35 grammes d'eau :

Nitrate d'argent	10^{gr}.
Sulfate de cuivre	5^{gr}.
Cristaux de soude	10^{gr}.
Gomme arabique	12^{gr}.
Ammoniaque	30^{gr}.

On imprègne de cette liqueur un cachet de bois en relief et on marque le linge que l'on expose au soleil : le sel d'argent est décomposé et laisse des traits ineffaçables par l'eau et le savon.

L'azotate d'argent est employé en photographie.

<h3 style="text-align:center">ALLIAGES D'ARGENT.</h3>

303. — L'argent est trop mou pour être employé seul ; on l'allie toujours avec du cuivre.

Voici la composition des principaux alliages français :

	Argent.	Cuivre.	Tolérance.
Monnaies ordinaires	900	100	$\frac{2}{1\,000}$
Monnaie divisionnaire	835	165	$\frac{5}{1\,000}$
Médailles, vaisselle	950	50	$\frac{2}{1\,000}$
Bijoux	800	200	$\frac{5}{1\,000}$

Ces alliages éprouvent une forte liquation, quand on les prépare : aussi la loi accorde-t-elle une tolérance de $\frac{2}{1000}$ pour les monnaies et de $\frac{5}{1000}$ pour les bijoux et les médailles, ainsi que pour l'argenterie de table.

Ces alliages sont soumis à un contrôle très sévère de la part de l'État : leur titre est vérifié par les essayeurs*, à la Monnaie de Paris.

ESSAI DES MATIÈRES D'ARGENT.

804. L'essai des matières d'argent se fait par la *voie sèche* et par la *voie humide* [1]. Nous n'étudierons ici que le procédé par voie sèche ou *coupellation*.

805. Coupellation. — Le principe de la coupellation est très simple : l'argent fondu ne s'oxyde pas ; le cuivre s'oxyde au rouge et ne fond pas ; l'oxyde de cuivre formé est soluble dans l'oxyde de plomb fondu.

L'oxyde de plomb fondu est absorbé par les corps poreux, en entraînant l'oxyde de cuivre.

On appelle *coupelle* une petite capsule très épaisse, moulée avec de la poudre d'os calcinés, très friable et très poreuse. (fig. 173).

Fig. 173. Coupelle.

On appelle *moufle* un berceau semi-cylindrique en terre réfractaire, dans lequel on chauffe les coupelles ; la moufle porte latéralement deux fentes qui livrent passage à l'air appelé par l'ouverture de la moufle (fig. 174).

On appelle *fourneau de coupelle* un fourneau à réverbère (fig. 175), dans lequel on chauffe la moufle.

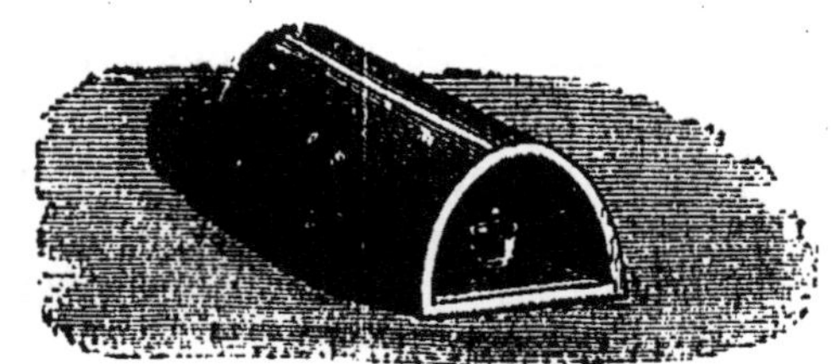

Fig. 174. Moufle. — Fente latérale.

806. Opération. — On place la moufle dans le fourneau ; on charge celui-ci de combustible, on ferme les portes A et B et on attend que la moufle soit devenue rouge. On y introduit alors la coupelle, dans laquelle on met du plomb. Quand celui-ci est fondu, on y ajoute l'alliage enfermé dans un peu de papier de soie, dont le carbone réduira la petite pellicule d'oxyde de plomb formée et permettra au plomb fondu de s'allier avec l'argent et le cuivre.

1. Pour l'essai par voie humide, voir le Complément.

On ouvre à demi la porte B : un courant d'air traverse la moufle et s'échappe par les fentes F de celle-ci.

Le cuivre et le plomb s'oxydent; la litharge formée fond, dissout l'oxyde de cuivre et s'infiltre dans la coupelle; il se forme

Fig. 175. Fourneau de coupelle. — A, porte pour charger le fourneau. — B, plate-forme sur laquelle on dispose les coupelles.

alors à la surface du bouton métallique une pellicule d'oxydes qui se renouvelle sans cesse, au fur et à mesure de son absorption par la coupelle.

Bientôt cette pellicule se colore : c'est le phénomène de l'*iris*; puis, la pellicule se déchire et laisse à nu un bouton d'argent très brillant porté à une haute température par suite de la chaleur dé ée par l'oxydation du plomb et du cuivre : c'est le phéno-mène de l'**éclair**. Le bouton reprend la température de la moufle et paraît plus sombre : on rapproche la coupelle de l'ouverture B pour opérer le refroidissement lent de l'argent fondu et éviter le *rochage*. On détache le bouton d'argent solidifié; on le pèse et on détermine le poids du cuivre par la différence entre le poids de l'alliage et le poids de l'argent.

Cette méthode occasionne une erreur de 3 à 4 millièmes, par suite de la vaporisation de traces d'argent ou de la pénétration de parcelles d'argent dans la coupelle.

On opère généralement sur 1 gramme d'alliage et on emploie une quantité de plomb pauvre, qui dépend du titre présumé de l'alliage à essayer :

Titre de l'alliage.	Plomb nécessaire.
1,000.	1 gr.
950.	3
900.	7
800.	10
700.	12
600.	14
de 600 à cuivre pur	16 à 17

La méthode par voie humide, ou méthode de **Gay-Lussac**, permet d'obtenir une plus grande exactitude : l'erreur commise est d'environ $\frac{1}{1000}$.

MÉTALLURGIE DE L'ARGENT.

807. L'argent se rencontre rarement à l'état natif. Les principaux minerais d'argent sont : le *sulfure d'argent* ou *argyrose*, AgS ; le *sulfure double d'arsenic et d'argent* et le *sulfure double d'antimoine et d'argent*. On le trouve quelquefois à l'état de chlorure, de bromure ou d'iodure d'argent. Les mines d'argent les plus riches sont celles du Mexique, du Pérou, du Chili, de la Saxe et de la Norvège. On peut encore retirer l'argent du plomb argentifère et de certains cuivres.

808. Principe de la métallurgie de l'argent. — On transforme l'argent du minerai en chlorure d'argent au moyen du sel marin ; on réduit ensuite le chlorure d'argent par le fer (*procédé saxon*) ou par le mercure (*procédé américain*) : l'argent libre est alors allié au mercure et on distille l'amalgame pour séparer l'argent du mercure.

809. Procédé saxon. — A Freiberg, en Saxe, le minerai est très pauvre ; il contient à peine 3 millièmes d'argent. On le soumet au bocardage, puis on le mêle avec le dixième de son poids de sel marin et on grille le mélange dans un four à réverbère ; le sulfure d'argent est transformé en chlorure d'argent par l'action simultanée du sel marin et de l'oxygène de l'air :

$$AgS + NaCl + 4O = NaO,SO^3 + AgCl.$$

Le produit du grillage est pulvérisé, lavé et versé dans des tonneaux en bois cerclés de fer (fig. 176) pouvant tourner autour d'un axe horizontal AB : on ajoute à la masse le dixième de son poids de fer en petites lames et de l'eau en quantité suffisante pour que le mélange forme une boue épaisse. On fait tourner les tonneaux pendant 2 heures, et on ajoute à la pâte une quantité de mercure égale à la moitié du poids du minerai ; on fait tourner encore pendant 20 heures : on remplit les tonneaux d'eau et on tourne pendant deux nouvelles heures.

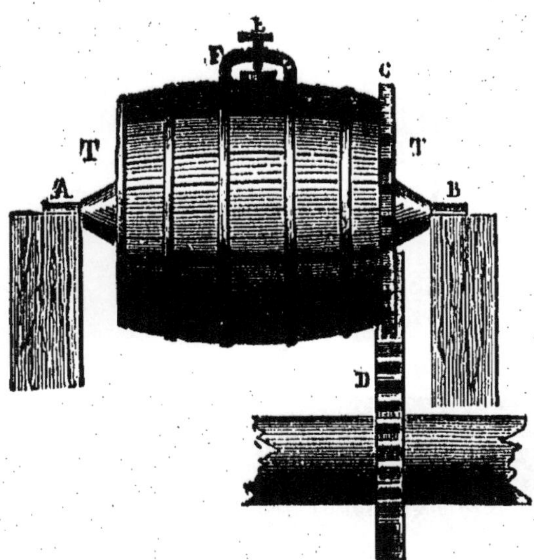

Fig. 176. **Tonneau de Freiberg** pour la métallurgie de l'argent

L'argent réduit se dissout dans le mercure et l'amalgame produit est séparé de la masse par l'eau ajoutée : on recueille l'amalgame et on le filtre à travers des sacs dont la toile laisse passer le mercure en excès ; il reste sur la toile un amalgame solide renfermant 18 pour cent d'argent impur. On place cet amalgame sur les coupes en fer d'un chandelier, appelé *chandelier de Freiberg*; on dépose ce chandelier sur le fond d'une cuvette en fonte contenant de l'eau et on le recouvre d'une cloche de fer plongeant dans la cuvette (fig. 177). On entoure la cloche de charbons incandescents : le mercure distille et se condense dans l'eau de la cuve; l'argent reste dans les coupes. L'argent ainsi obtenu renferme toujours 25 à 30 % de métaux étrangers, notamment du cuivre, du plomb ou de l'antimoine; on l'affine, de manière à ce qu'il ne renferme plus que 10 à 12 % de cuivre, et on le livre au commerce.

310. Procédé américain. — Au Mexique, au Pérou et au Chili, on est obligé, eu égard à la rareté du combustible, d'opérer à froid. On étend le minerai sur des aires en pierre, on l'humecte d'eau et on le fait piétiner par des chevaux et des mulets, après l'avoir mélangé à 3 % de son poids de sel marin. Au bout de quelques heures, on ajoute à la masse 1 % de pyrite cuivreuse grillée à l'air (*magistral*) et l'on continue le piétinement. La pyrite cuivreuse grillée est presque entièrement formée de sulfate de cuivre, qui se change en chlorure de cuivre, puis en sous-chlorure de cuivre; ce dernier réduit le sulfure d'argent et le transforme en chlorure d'argent, qui se dissout dans le sel marin en excès.

On ajoute à la masse une certaine quantité de mercure et on fait de nouveau piétiner le mélange pendant plusieurs jours; le mercure agit alors et comme réducteur du chlorure d'argent et

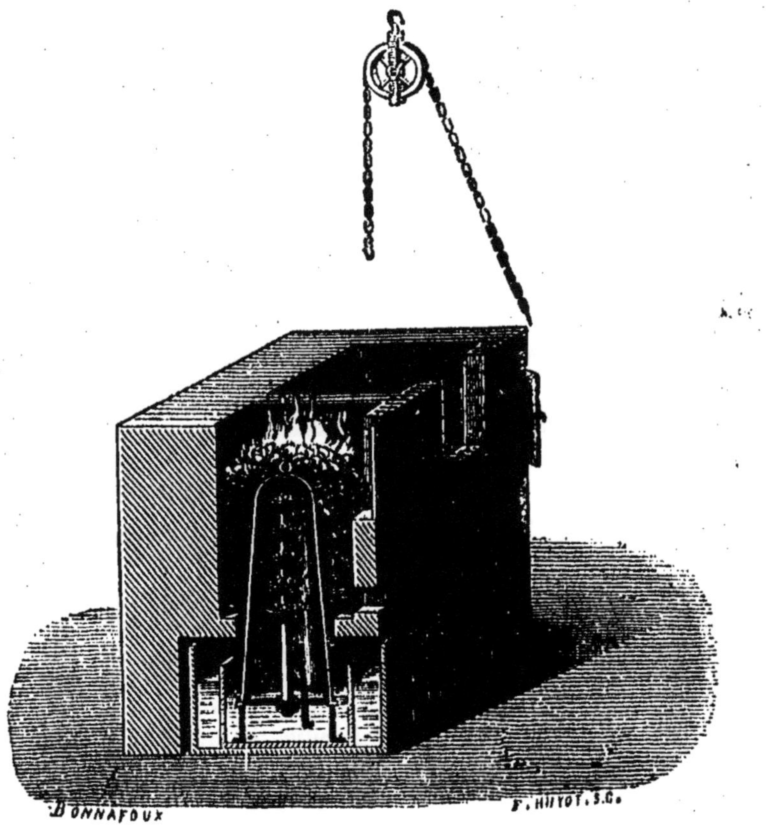

Fig. 177. Chaudoiler de Freiberg.

comme dissolvant de l'argent réduit. Au bout de quelques mois l'opération est terminée : on lave la masse à grande eau et on distille l'amalgame obtenu.

811. Traitement du plomb argentifère. — Lorsque le minerai de plomb est argentifère, le plomb obtenu par les procédés ordinaires de la métallurgie du plomb renferme tout l'argent de la galène : il constitue ce que l'on appelle le *plomb d'œuvre*. On en extrait l'argent par coupellation lorsque le plomb d'œuvre en renferme plus de $\frac{1}{6000}$ de son poids. L'opération s'effectue dans un four à réverbère (fig. 178), dont la sole A, en briques, est recouverte d'une couche de cendres B, de marnes et de débris de coupelles.

On charge le four de plomb d'œuvre, on abaisse le dôme et l'on chauffe en donnant du vent par les tuyères C : la litharge se forme, fond et s'écoule par une entaille O faite dans la coupelle;

Fig. 178. Four de coupellation pour le traitement du fer argentifère.

l'argent reste sur la sole du four. Il contient encore 6 à 8 % de plomb : on le soumet à une nouvelle coupellation sur une sole formée de cendres lessivées fortement tassées.

812. Lorsque le plomb argentifère renferme moins de $\frac{1}{6000}$ d'argent, on ne peut plus procéder par coupellation; on a recours

Fig. 179. Aire de liquation pour le traitement des cuivres argentifères.

au *pattinsonage* [1] ou affinage par cristallisation. Lorsque l'on fond

1 Ce procédé a été employé pour la première fois par M. Pattinson.

du plomb argentifère et qu'on le laisse refroidir lentement, le plomb cristallise seul au milieu du bain; on enlève les cristaux de plomb formés; le plomb qui reste devient plus riche en argent et peut être traité par la coupellation.

813. Traitement des cuivres argentifères. — On fond le cuivre argentifère avec une proportion de plomb telle que l'alliage renferme équivalents égaux de ces deux métaux, et on coule l'alliage sous la forme de disques (fig. 179), que l'on place de champ sur des plaques de fonte A, A', que l'on chauffe à une température un peu inférieure à celle de la fusion complète de l'alliage. Celui-ci subit la *liquation* : le plomb cuivreux fond en entraînant l'argent et coule dans des bassins B, d'où on l'extrait pour le soumettre à la coupellation. Il reste sur les plaques de fond du cuivre solide contenant encore un peu de plomb.

OR
Au = 98,2.

814. Propriétés. — L'*or* est un métal jaune par réflexion et vert par transparence, ayant pour densité 19,5, fondant à 1250° et se volatilisant à une température plus élevée, en produisant des vapeurs vertes; c'est le plus ductile et le plus malléable des métaux; on en fait, par le battage au marteau, des feuilles d'or ayant $\frac{1}{10\,000}$ de millimètre d'épaisseur.

Il est *inaltérable* à l'air à toute température; c'est un *métal précieux* par excellence; le chlore et le brome l'attaquent à froid. Il se dissout dans le mercure et peut former des alliages avec la plupart des métaux à une température élevée.

Les acides sont sans action sur lui; l'*eau régale* seule l'attaque et le transforme en *chlorure d'or*, Au^2Cl^3.

815. Chlorure d'or, Au^2Cl^3. — Ce sel est le seul sel d'or, soluble dans l'eau, usité dans les laboratoires ou dans les arts: on l'obtient en traitant l'or par l'eau régale et en évaporant lentement la dissolution obtenue; il se forme des cristaux jaunes ayant pour formule Au^2Cl^3,HCl. Ces cristaux chauffés abandonnent l'excès d'acide chlorhydrique et se transforment en une nappe cristalline de chlorure d'or anhydre soluble dans l'eau, l'alcool et l'éther; la solution éthérée de chlorure d'or s'appelait autrefois *or potable*. La solution de chlorure d'or est réduite par la lumière, l'acide oxalique, le sulfate de fer, avec précipitation d'or métallique pulvérulent, d'un brun verdâtre.

Traité par le protochlorure et le bichlorure d'étain mélangés, il forme un précipité appelé *pourpre de Cassius*, employé pour la peinture sur porcelaine et pour la coloration pu verre en rose et en grenat.

Le chlorure d'or est employé en photographie pour le virage des épreuves positives sur papier. L'or du chlorure d'or est chassé de ce sel par l'argent métallique qui imprègne le papier dans les noirs de l'épreuve; ceux-ci se recouvrent alors d'un dépôt violacé d'or métallique.

816. Alliages d'or. — L'or est trop mou pour pouvoir être employé seul : on l'allie toujours au cuivre.

Voici la composition des principaux alliages de ces deux métaux :

	Or.	Cuivre.	Tolérance.
Monnaies.	900	100	$\frac{2}{1\,000}$
Médailles.	910	84	$\frac{2}{1\,000}$
Bijoux.	750 840 920	250 160 80	$\frac{5}{1\,000}$

817. Usages de l'or. — L'or est employé pour frapper la monnaie d'or, les médailles d'or et pour la bijouterie; on le réduit en feuilles pour la dorure sur bois; on le dépose en couches minces sur le cuivre, le laiton, le bronze et l'argent. Autrefois, on dorait au feu; on recouvrait la pièce à dorer d'un amalgame d'or et on la chauffait; le mercure se volatilisait et il restait sur la pièce un dépôt adhérent d'or métallique, que l'on brunissait en le frottant avec un *brunissoir* formé d'un morceau d'agate enchâssé dans un manche en bois. On pouvait aussi argenter au feu par le même procédé : aujourd'hui, on préfère employer la *dorure et l'argenture galvaniques*[1], moins dangereuses pour les ouvriers et présentant l'avantage de donner un dépôt de métal d'épaisseur uniforme.

818. Métallurgie de l'or. — L'or se trouve toujours, à l'état natif, en *pépites*, ou en paillettes, au milieu de sables

1. Voir Drincourt et Dupays. *Physique : Électro-Chimie.*

charriés par les eaux. Ces sables sont lavés dans des auges
en bois ou sur des tables inclinées ; les matières sablonneuses
sont entraînées, grâce à leur faible densité; l'or reste. On
amalgame le résidu aurifère pour le séparer des sables non
enlevés par le lavage, puis on soumet l'amalgame à la distillation, pour séparer l'or du mercure.

819. On prépare l'or pur en réduisant une solution de
chlorure d'or par le sulfate de fer; l'or se précipite à l'état
d'une poudre brunâtre qu'on lave avec soin et que l'on fond
avec un mélange de borax et de salpêtre : on obtient un
culot d'or très pur.

820. Essai des matières d'or. — On peut reconnaître grossièrement le titre d'un alliage d'or au moyen de
la *pierre de touche* et d'une eau régale formée de 98 parties
d'acide azotique, 2 parties d'acide chlorhydrique et 25 parties
d'eau. La pierre de touche est un silex noir très dur : on en
frotte la surface avec l'alliage et on mouille la trace obtenue
avec quelques gouttes de l'eau régale précédente. Si l'objet
est en cuivre, la trace disparaît entièrement; si l'alliage contient de l'or, la trace est d'autant moins attaquée que le titre
est plus élevé.

Pour reconnaître approximativement le titre de l'alliage, on
frotte sur la pierre de touche des alliages d'or et de cuivre,
appelés *touchaux*, de composition connue : puis on cherche
de quelle *touche* se rapproche le plus la trace laissée sur le
silex par l'alliage essayé.

821. Si l'on veut obtenir exactement le titre de l'alliage
on a recours à la *coupellation*, en ajoutant à l'alliage un poids
d'argent triple de celui de l'or qu'il doit contenir : ce procédé
porte le nom d'*inquartation* [1].

PLATINE.

Pt = 98,8.

822. On trouve à la Nouvelle-Grenade, en Californie et
surtout dans l'Oural, un minerai appelé *minerai de platine*,
composé de platine natif, d'osmium, d'iridium, d'or, de pal-

1. Voir le Complément.

ladium, d'oxyde magnétique de fer, de sable, etc. On extrait
de ce minerai, par un traitement particulier, un métal gris,
assez mou que l'on nomme le *platine*.

823. Propriétés physiques du platine. — Le
platine est un métal d'un gris blanc, moins brillant que l'argent, ayant pour densité 21,50, mou, très malléable et très tenace, fondant à 1775°, sous la flamme du chalumeau à gaz oxygène et hydrogène (fig. 180), Il peut se souder à lui-même à une haute température.

On appelle *mousse* ou *éponge de platine* une masse poreuse que l'on obtient en calcinant le chlorure double de platine et d'ammonium : l'éponge de platine devient incandescente au contact d'un mélange d'hydrogène et d'oxygène et détermine la combinaison de ces deux gaz.

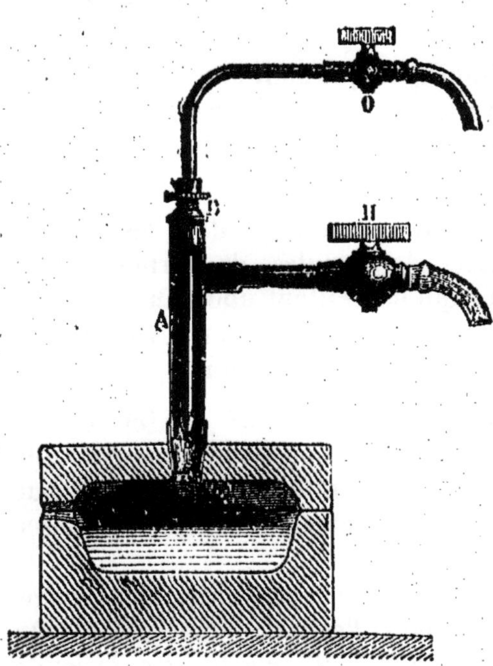

Fig. 180. **Fusion du platine.** — C, creuset en chaux. — A, tube creux par lequel se dégage l'hydrogène. — S, extrémité du tube par lequel arrive l'oxygène.

On appelle *noir de platine* un précipité noir de platine pulvérulent, que l'on prépare en traitant une dissolution de chlorure de platine par une solution alcoolique de potasse : l'alcali précipite l'oxyde de platine, que l'alcool réduit. On lave le précipité à l'acide azotique et à l'eau distillée; puis, on le sèche. Le noir de platine a la propriété de provoquer par sa présence un grand nombre de réactions chimiques, telles que la combinaison de l'hydrogène et de l'oxygène, la transformation de l'ammoniaque en acide azotique, etc.

824. Propriétés chimiques. — Le platine est inaltérable à l'air à toute température. Il ne se combine directement qu'avec le soufre, le phosphore, l'arsenic, le silicium, le bore, le zinc et le plomb. Le chlore *naissant* l'attaque et le transforme en bichlorure de platine, $PtCl^2$. On doit tenir compte de ces propriétés, quand on fait usage de creusets ou de capsules en platine, sous peine de les percer ou de les détruire.

Les acides azotique et chlorhydrique sont sans action sur le platine : l'eau régale le transforme en bichlorure de platine. La potasse, au contact de l'air, attaque le platine et le transforme en platinate de potasse, KO,PtO^2.

825. Usages. — Le platine est employé dans les laboratoires sous forme de creusets, de capsules, de cornues, etc., pour produire les réactions qui nécessitent une haute température. Dans l'industrie, il sert à la fabrication des alambics destinés à la concentration de l'acide sulfurique.

826. Bichlorure de platine, $PtCl^2$ — Le bichlorure de platine est le seul sel soluble de platine employé dans les laboratoires; on le prépare en attaquant le platine par l'eau régale et en évaporant la liqueur à sec pour chasser l'excès d'acide.

Le bichlorure de platine est un corps solide, d'un rouge brun, déliquescent, soluble dans l'eau et dans l'alcool. On l'utilise en analyse chimique pour distinguer les sels de soude des sels de potasse : il forme avec ces derniers un précipité jaune cristallin de chloroplatinate de potasse.

MÉTAUX QUI ACCOMPAGNENT LE PLATINE

827. On trouve toujours le platine accompagné du *palladium*, de l'*iridium*, du *rhodium*, du *ruthénium* et de l'*osmium*.

Le *palladium* est un métal blanc, ayant pour densité 11,8, plus fusible que le platine et absorbant 982 fois son volume d'hydrogène.

L'*iridium* est moins fusible que le platine : il ne fond qu'à 2,000 degrés : il a pour densité 22,28. On s'en est servi, en le mélangeant au platine, pour faire le mètre étalon * déposé aux Archives nationales.

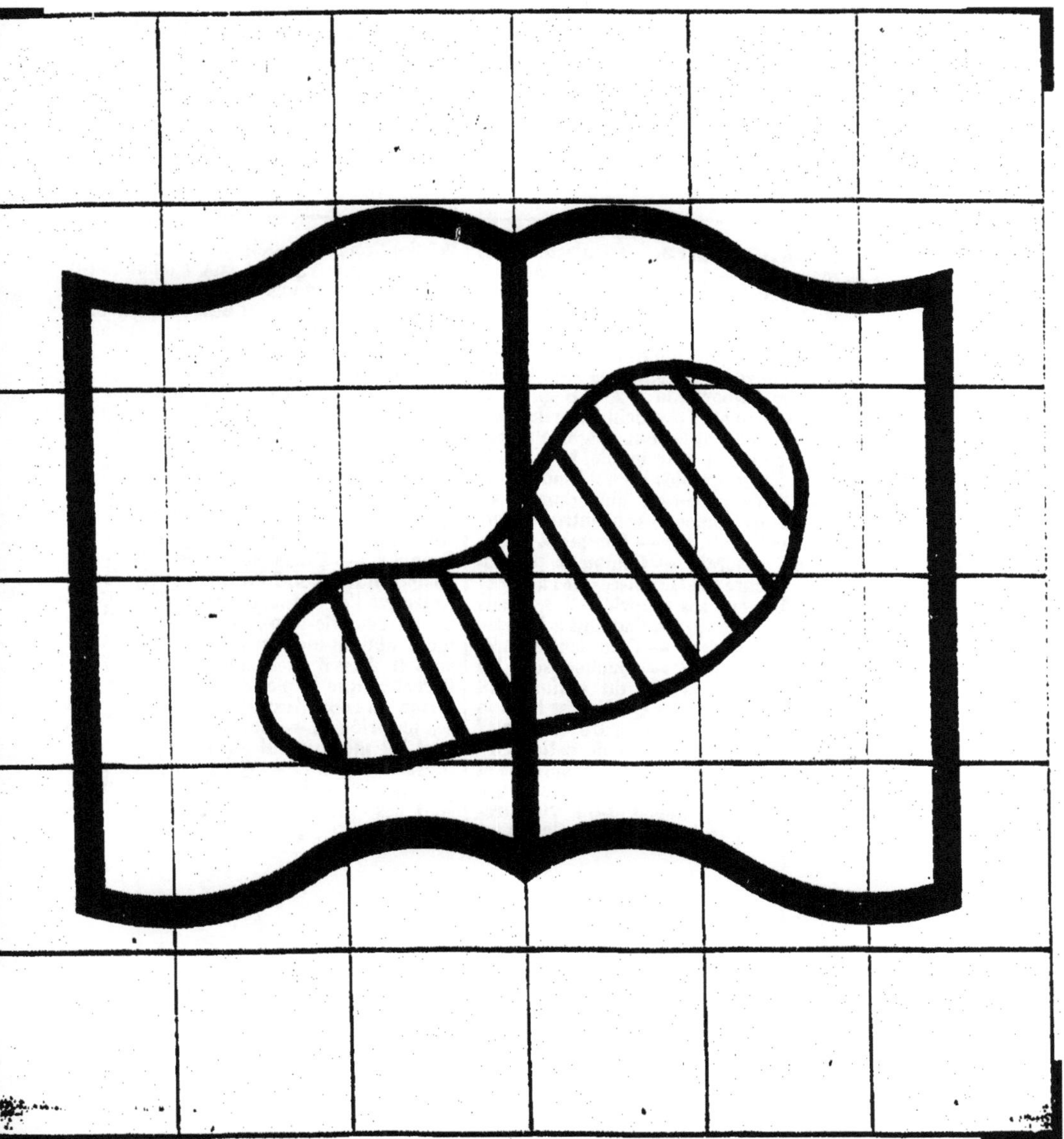

Le *ruthénium* est un métal analogue à l'étain. Le *rhodium* est plus fusible que l'iridium, mais moins fusible que le platine.

L'*osmium* est le plus réfractaire des métaux : il n'a pu encore être fondu. C'est le plus dense de tous les corps connus : il a pour densité 23. Dans la flamme du chalumeau, il se transforme en vapeurs d'*acide osmique*, très vénéneuses et très dangereuses à respirer.

Questionnaire. — Qu'est-ce que le mercure ? — Qu'est-ce qui le distingue de tous les autres métaux ? — Quelles sont ses propriétés ? — Quels sont ses usages industriels ? — Quelle est son action sur l'organisme humain ? — Quels sont ses oxydes, ses sulfures ? — Quelle différence importante y a-t-il entre le sous-chlorure et le protochlorure de mercure ? — Quel est le nom vulgaire de ces deux produits et leur emploi ? — Quelles sont les propriétés du sublimé corrosif ? — Qu'appelle-t-on amalgames ? — Sous quelles formes se rencontre le mercure dans la nature ? — Comment traite-t-on son minerai ? — Comment purifie-t-on le mercure ? — Qu'est-ce que l'argent ? — Quelles sont ses propriétés ? — Quels sont les acides qui l'attaquent à la température ordinaire ? — Comment se prépare l'argent pur ? — Quelles sont les propriétés de l'oxyde, du sulfure, du chlorure d'argent ? — Quelle est l'action de la lumière sur le chlorure d'argent ? — Quelle est l'application de cette propriété ? — Quelles sont les propriétés et les emplois du bromure et du cyanure d'argent ? — Qu'appelle-t-on vulgairement pierre infernale ? — Comment l'obtient-on ? — Quels sont ses usages ? — Pourquoi l'argent ne s'emploie-t-il pas seul ? — Quels sont les principaux alliages de l'argent en usage en France ? — Comment se fait l'essai des matières d'argent ? — Quels sont les principaux minerais d'argent ? — Par quelles opérations transforme-t-on les minerais en argent ? — Quels sont les principaux procédés ? — Comment traite-t-on les plombs et les cuivres argentifères ? — Quelles sont les propriétés de l'or ? — Quel est le seul corps qui l'attaque ? — Qu'est-ce que le chlorure d'or ? — Quels sont les titres des alliages d'or en France ? — Quels sont ses principaux usages industriels ? — Sous quelle forme se trouve l'or dans la nature ? — Comment recueille-t-on l'or natif ? — Comment obtient-on l'or pur ? — Comment se fait l'essai des matières d'or ? — Qu'est-ce que le platine ? — Sous quelle forme se rencontre-t-il ? — Quelles sont ses propriétés ? — Ses usages ? — Quels sont les métaux qui accompagnent toujours le platine ? — Quel est le corps le plus dense que l'on connaisse ? — Quelles sont les propriétés des vapeurs d'osmium ?

LIVRE DEUXIÈME
CHIMIE ORGANIQUE

CHAPITRE PREMIER

NATURE DES MATIÈRES ORGANIQUES
ANALYSE ET SYNTHÈSE
CLASSIFICATION DES MATIÈRES ORGANIQUES

Sommaire. — 145. La *chimie organique* étudie les matières contenues dans les êtres vivants.

146. Les *matières organiques* se divisent en substances organiques proprement dites et en substances organisées.

147. On appelle *analyse immédiate* l'opération par laquelle on isole les espèces chimiques les unes des autres.

148. On appelle *analyse élémentaire* la détermination des éléments constitutifs d'une espèce chimique et des proportions suivant lesquelles ils se combinent. — Les *éléments organiques* sont : le *carbone*, l'*hydrogène*, l'*oxygène* et l'*azote*.

149. La *synthèse* organique a pour objet la formation des espèces chimiques à partir de leurs éléments. M. Berthelot a effectué la synthèse de l'alcool, de la benzine, etc.

150. On connaît *sept groupes* de matières organiques : les *carbures d'hydrogène*, les *alcools*, les *aldéhydes*, les *acides*, les *éthers*, les *alcalis* et les *amides*.

328. Définitions. — « La *chimie organique* a pour objet l'étude chimique des matières contenues dans les êtres vivants[1]. » Ces matières, appelées *matières organiques*, se divisent en *substances organisées* et en *substances organiques proprement dites*. Ces dernières sont de *véritables espèces chimiques*, ayant un point de fusion et un point d'ébullition parfaitement déterminés, pouvant parfois cristalliser et présentant des propriétés physiques qui les rapprochent des corps minéraux; tels sont : l'*alcool*, le *sucre*, l'*acide oxalique*, l'*acide acétique*, la *benzine*, la *quinine*, l'*urée*, etc.

Les substances *organisées* sont celles qui font partie constitutive des organes vitaux. Elles ne cristallisent pas, et ne

---

1. Berthelot, *Chimie organique*.

peuvent, sans s'altérer, passer de l'état solide à l'état liquide ou de l'état liquide à l'état gazeux : telles sont la *cellulose*, l'*amidon*, l'*albumine*, la *fibrine*, etc.

529. Analyse immédiate. — Les matières organiques sont généralement des mélanges d'*espèces chimiques*, ou *principes immédiats* : ainsi, la *farine* du grain de blé est un mélange d'*amidon* et de *gluten;* le *jus de citron* est un liquide sucré, acide et légèrement mucilagineux, renfermant de l'*eau*, de l'*acide citrique*, du *sucre*, de l'*albumine* et quelques sels. Le gluten et l'amidon sont les principes immédiats de la farine ; l'eau, l'acide citrique, etc., sont les principes immédiats du jus de citron.

L'*analyse immédiate* est l'opération par laquelle on isole les espèces chimiques formant par leur mélange une matière organique donnée. Cette séparation présente quelquefois de grandes difficultés, car elle doit être effectuée sans altérer les matières.

On a recours aux actions mécaniques, aux dissolvants, tels que l'eau, l'alcool, l'éther, le chloroforme, les essences, ou bien on soumet les substances à l'action de la chaleur de manière à fondre ou à vaporiser quelques-unes des espèces chimiques.

Prenons quelques exemples. Proposons-nous de faire l'analyse immédiate de la *farine :* il suffira de la malaxer entre les doigts sous l'action d'un filet d'eau ; l'*amidon* sera entraîné par l'eau, le *gluten* restera entre les doigts de l'opérateur et l'*albumine* sera dissoute dans l'eau.

Pour le *jus de citron*, il suffit de le chauffer vers 75° : l'albumine se coagulera, on la séparera et on obtiendra une liqueur qui, traitée par la potasse, abandonnera l'acide citrique à l'état de citrate de potasse, etc.

En faisant macérer l'écorce du citron avec de l'eau et en distillant le mélange, on recueille un liquide volatil, qui est l'*essence de citron*, tandis qu'il reste dans l'eau un principe ligneux insoluble.

En distillant le *jus de raisin* fermenté, on en extrait l'*alcool*, qui, bouillant à 78°,4, passe le premier à la distillation.

Lorsque l'on a fait l'analyse immédiate d'une matière organique, il faut reconnaître si les corps qu'on a isolés sont bien des principes immédiats, des espèces chimiques.

Un corps est une *espèce chimique*, lorsque les propriétés physiques et chimiques sont les mêmes pour toutes les parties en lesquelles on peut le diviser par les procédés qui n'en altèrent pas la nature : la densité, la forme cristalline, le point de fusion, le point normal d'ébullition, le coefficient de solubilité, etc., sont autant de propriétés physiques qui serviront de guide.

830. Analyse élémentaire. — Elle a pour but de déterminer la nature et la proportion des corps simples qui constituent une espèce chimique [1].

Lorsque l'on fait l'analyse élémentaire qualitative des matières organiques, on trouve que toutes les matières organiques renferment du *carbone;* aussi peut-on dire que la chimie organique est l'étude des composés du carbone.

Prenons, en effet, de l'*essence de citron* et dirigeons sa vapeur à travers un tube de porcelaine chauffé au rouge : nous recueillerons de l'hydrogène et nous trouverons dans le tube un dépôt de charbon.

Carbone et *hydrogène*, voilà les deux éléments de l'essence de citron.

Chauffons maintenant un morceau de *sucre* dans un petit tube d'essai : il se dégagera une grande quantité de vapeur d'eau et il restera dans le tube une masse poreuse, noire, très légère, qui est du carbone amorphe pur, ou *charbon de sucre.* Le sucre était donc formé par du *carbone*, de l'*hydrogène* et de l'*oxygène.*

L'*albumine*, ou blanc d'œuf, fournit, quand on la chauffe, un dépôt de charbon, de la vapeur d'eau et de l'ammoniaque : elle est donc formée de *carbone, hydrogène, oxygène et azote.*

Les quatre éléments fondamentaux des substances organiques sont donc : le *carbone*, l'*hydrogène*, l'*oxygène* et l'*azote*. On y trouve accidentellement du soufre, du phosphore, etc. Si les éléments organiques sont peu nombreux, il en est autrement des composés résultant de la combinaison de ces

1. Voir, aux Compléments, l'étude des *méthodes employées.*

mêmes éléments *deux à deux, trois à trois*, ou *quatre à quatre* : on peut dire que ces composés sont innombrables.

331. Synthèse. — Pendant longtemps, on crut que la synthèse organique était impraticable et que la force vitale seule pouvait opérer par synthèse. Grâce aux travaux exécutés depuis 25 ans par M. **Berthelot**, la chimie organique peut aujourd'hui procéder par synthèse, comme la chimie minérale. « On peut former les espèces chimiques à partir de leurs éléments ou en partant de ces éléments oxydés, à l'état d'eau et d'acide carbonique, en opérant à l'instar de la nature végétale, mais par des voies différentes [1]. »

1° *Synthèse à partir des éléments*. Si l'on fait passer un courant d'hydrogène sur du carbone porté à l'incandescence par l'arc électrique (fig. 180), on obtient un gaz particulier, l'*acétylène*, C^4H^2, par la combinaison directe du carbone et de l'hydrogène :

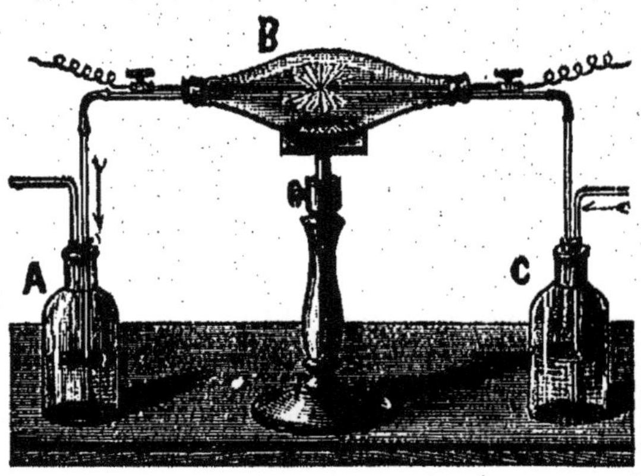

Fig. 181. **Synthèse de l'acétylène.** — A, flacon contenant de l'acide sulfurique pour dessécher le courant d'hydrogène. — B, œuf électrique. — C, flacon contenant une solution de chlorure de cuivre ammoniacal.

$$4C + 2H = C^4H^2.$$

L'acétylène, en se combinant à l'hydrogène naissant, se transforme en *éthylène*, C^4H^4, lequel, en présence de l'eau dans les conditions de l'état naissant, s'y combine et engendre l'alcool ordinaire $C^4H^6O^2$:

$$C^4H^4 + H^2O^2 = C^4H^6O^2.$$

Voilà un remarquable exemple de synthèse organique effectuée par M. **Berthelot**.

L'acétylène peut encore donner naissance à un grand

[1]. Berthelot Chimie organique.

nombre d'autres composés organiques. Si l'on chauffe dans une cloche courbe, pendant une demi-heure, un certain volume d'acétylène (fig. 182), le gaz se change peu à peu en vapeur de benzine, dont le volume est le tiers du volume de l'acétylène :

$$3\ C^4H^2 = C^{12}H^6.$$

L'acétylène peut fournir encore, par synthèse, l'acide acétique, l'acide oxalique, l'acide cyanhydrique, etc.

2° *Synthèse à partir des éléments oxydés.* L'acide carbonique peut être réduit en oxyde de carbone ; celui-ci, au contact d'un alcali, se transforme en acide formique, $C^2H^2O^4$:

Fig. 182. **Condensation de l'acétylène par la chaleur — Formation de la benzine.**

$$2\ CO + 2\ HO = C^2H^2O^4.$$

L'acide formique peut se transformer en acide carbonique et en *forméne,* ou gaz des marais, lequel, en s'oxydant directement, donnera *l'esprit de bois,* ou *alcool méthylique,* $C^2H^4O^2$.

832. La fécondité des méthodes de synthèse est très grande : non seulement elles permettent de reproduire les êtres naturels, mais encore elles créent des êtres artificiels susceptibles d'application, soit dans le domaine de la science pure, soit dans celui de l'industrie.

833. Classification des matières organiques d'après leur fonction chimique. — Les matières organiques peuvent être partagées en un certain nombre de groupes ou *fonctions chimiques,* d'après leur composition et leurs propriétés générales. On distingue :

1° Les *carbures d'hydrogène,* composés de deux éléments, carbone et hydrogène ; ce sont :

Gaz des marais. . . . . C^2H^4
Acétylène. . . . . C^4H^2
Éthylène . . . . C^4H^4
Benzine. $C^{12}H^6$

2° Les *alcools*, formés de carbone, hydrogène et oxygène, provenant de l'action indirecte de l'eau sur les carbures d'hydrogène :

Alcool méthylique. . . . . $C^2H^4O^2$
  — ordinaire. . . . . $C^4H^6O^2$
Glycérine . . . . $C^6H^8O^6$

3° Les *aldéhydes*, résultant de l'oxydation des alcools; ce sont :

L'aldéhyde ordinaire. . . . . $C^4H^4O^2$
L'essence d'amandes amères . . . . $C^{14}H^6O^2$
Le camphre . . . . $C^{20}H^{16}O^2$

4° Les *acides*, résultant d'une oxydation plus profonde des alcools :

Acide acétique . . . . . . $C^4H^6O^2 + 4\,O = C^4H^4O^4 + 2\,HO$
  — oxalique . . . . . $C^4H^6O^2 + 10\,O = C^4H^2O^8 + 4\,HO$

5° Les *éthers*, provenant de la réaction des acides sur les alcools, tels que l'éther acétique, l'éther azotique, le blanc de baleine, et surtout les corps gras, qui sont des éthers de la glycérine.

6° Les *alcalis*, résultant de l'union de l'ammoniaque avec les alcools et les aldéhydes : ce groupe comprend les alcalis artificiels, tels que les *amines*, et les alcalis naturels ou *alcaloïdes*, tels que la quinine, la morphine, etc.

7° Les *amides*, résultant de la combinaison de l'ammoniaque avec les acides, telles que l'urée, l'albumine, etc.

Conseils pédagogiques. — On insistera sur la définition de l'espèce chimique ou principe immédiat. On mettra en évidence l'existence du carbone dans toutes les matières organiques. On donnera tous les soins à l'examen des procédés de synthèse et on fera ressortir l'importance de ces procédés. On traitera avec soin la division des matières organiques en 7 groupes, et on donnera les caractères distinctifs de chaque fonction chimique.

Questionnaire. — Quel est l'objet de la chimie organique ? — Comment se divisent les matières organiques ? — | Qu'est-ce qui caractérise les *substances organiques* proprement dites ? — Qu'appelle-t-on analyse immédiate ? — Qu'est-ce qui caractérise les *espèces chimiques* ? — Qu'est-ce que l'analyse élémentaire ? — Quel est le corps que l'on trouve dans la composition de *toutes* les matières organiques ? — Quels sont les autres éléments *fondamentaux*, des matières organiques ? — Qu'est-ce que la synthèse organique ? — Quel est le chimiste qui a effectué le premier la synthèse organique ? — Citez quelques exemples de synthèse? — Comment classe-t-on les matières organiques ? — De quels éléments sont composés les carbures d'hydrogène, les alcools ? — Qu'est-ce que les aldéhydes ? — En quoi diffèrent-ils des acides ? — Quelle relation y a-t-il entre les éthers et les alcools ? — Qu'est-ce qui distingue les alcalis des acides quant à leurs éléments constitutifs ?

CHAPITRE II

CARBURES D'HYDROGÈNE

Sommaire. — 151. Les *carbures d'hydrogène* sont des corps neutres, que l'on divise en 5 classes : *carbures forméniques, carbures éthyléniques, carbures acétyléniques, carbures camphéniques, et carbures benzéniques.*

152. L'*acétylène*, C^4H^2, s'obtient par la combinaison directe du carbone et de l'hydrogène sous l'action de l'arc électrique : il est combustible et il forme avec le sous-chlorure de cuivre ammoniacal un précipité rouge caractéristique.

153. L'*éthylène*, C^4H^4, se prépare en déshydratant l'alcool ordinaire, $C^4H^6O^2$. Il est très combustible, il forme avec le chlore un liquide huileux, appelé liqueur des Hollandais, $C^4H^4Cl^2$.

154. Le *formène*, C^2H^4, ou gaz des marais, se forme naturellement dans les houillères, dans la vase des marais. Il est très combustible et brûle avec une flamme très éclairante ; il est le plus important des gaz contenus dans le gaz d'éclairage. — Mélangé à l'air, il détone à l'approche d'un corps enflammé.

155. *Feu grisou.* — *Lampe de Davy.*

156. Les *pétroles* sont des carbures d'hydrogène analogues au formène : on les divise en essences, huiles légères et huiles lourdes de pétrole ; on les utilise pour l'éclairage et pour le chauffage.

157. La *benzine*, $C^{12}H^6$, s'extrait du goudron de houille ; c'est un liquide incolore bouillant à 81° ; elle est très employée comme dissolvant. Elle a pour dérivé nitré la nitrobenzine, $C^{12}H^5AzO^4$.

158. La *naphtaline*, $C^{20}H^8$, et l'*anthracène*, $C^{28}H^{10}$, s'extraient des huiles lourdes de goudron.

159. L'*essence de térébenthine*, $C^{20}H^{16}$, est le type d'un grand nombre de carbures d'hydrogène contenus dans la plupart des essences végétales. On l'extrait des résines qui s'écoulent des incisions faites aux végétaux de la famille des conifères.

160. Le *caoutchouc* et la *gutta-percha* sont des sucs laiteux qui s'écoulent de la tige de certains arbres, tels que le *ficus elastica* et l'*isosondra.*

334. Carbures en général. — Les *carbures d'hydrogène* sont des *corps neutres*, les uns gazeux, les autres liquides, les autres solides et cristallisés, différant les uns des autres par leurs propriétés physiques et chimiques.

On les divise en cinq classes :

1° Les *carbures forméniques*, de formule $C^{2n}H^{2n+2}$, dont le type est le gaz des marais, C^2H^4.

2° Les *carbures éthyléniques*, de formule $C^{2n}H^{2n}$, dont le type est l'éthylène, C^4H^4.

3° Les *carbures acétyléniques*, de formule $C^{2n}H^{2n-2}$, dont le type est l'acétylène, C^4H^2.

4° Les *carbures camphéniques*, de formule $C^{2n}H^{2n-4}$, dont le type est l'*essence de térébenthine*, $C^{20}H^{16}$.

5° Les *carbures benzéniques*, $C^{2n}H^{2n-6}$, dont le type est la *benzine*, $C^{12}H^6$.

Les carbures de chaque série forment une suite de corps homologues, différant entre eux par C^2H^2 : les propriétés chimiques générales sont les mêmes pour tous les corps d'une même série. Toutes les formules sont rapportées à *quatre volumes* de gaz, de sorte que la densité croît au fur et à mesure que l'on s'élève dans la série. Aussi, dans chaque série, les premiers termes sont généralement gazeux, mais les termes suivants ne tardent pas à prendre l'état liquide et même l'état solide. Les points d'ébullition des carbures d'une même série s'élèvent aussi progressivement de 20 à 25°, en moyenne, d'un carbure au suivant.

ACÉTYLÈNE

$C^4H^2 = 26 = 4$ vol.

838. Préparation. — L'*acétylène* prend naissance dans une foule de circonstances, notamment par l'action de la chaleur ou de l'électricité sur les matières organiques, ou par la combustion incomplète de presque tous les composés organiques.

On le prépare généralement en décomposant l'*acétylure de cuivre*, C^4HCu^2O,HO, par la moitié de son volume d'acide chlorhydrique ordinaire : on fait bouillir et on recueille l'acétylène sur la cuve à mercure :

$$C^4HCu^2O,HO + 2HCl = C^4H^2 + 2CuCl + 2HO.$$

Pour obtenir l'acétylure de cuivre, il suffit de faire passer dans une dissolution de sous-chlorure de cuivre ammoniacal les produits de la combustion incomplète du gaz d'éclairage, au moyen d'une trompe aspirante; on obtiendra un précipité rouge d'acétylure de cuivre, que l'on séparera de la liqueur par décantation.

On peut aussi combiner directement l'hydrogène et le carbone sous l'action de l'arc électrique (fig. 181).

En faisant passer le mélange d'hydrogène et d'acétylène ainsi obtenu à travers une dissolution de sous-chlorure de cuivre ammoniacal, on préparera l'acétylure de cuivre sous forme d'un précipité rouge.

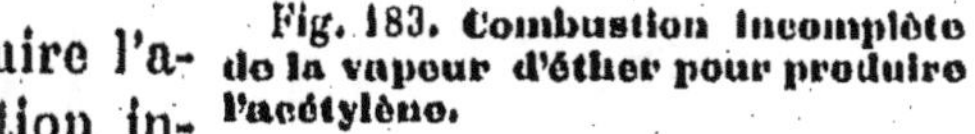

Fig. 183. Combustion incomplète de la vapeur d'éther pour produire l'acétylène.

On peut encore produire l'acétylène par la combustion incomplète de quelques gouttes d'éther dans une grande éprouvette (fig. 183).

836. Propriétés. — L'acétylène est un gaz incolore, d'une odeur fétide, ayant pour densité 0,91, assez soluble dans l'eau, très soluble dans l'alcool, se liquéfiant à 0^0 sous la pression de 48 atmosphères. Il brûle avec une flamme blanche en donnant un dépôt abondant de noir de fumée.

Il forme avec la solution de sous-chlorure de cuivre ammoniacal un *précipité rouge* caractéristique d'acétylure de cuivre, C^4HCu^2O,HO.

Soumis à l'action de la chaleur, il donne naissance à divers produits de condensation, tels que la benzine, $C^{12}H^6$; la naphtaline, $C^{20}H^8$; l'anthracène, $C^{28}H^{10}$, etc.

La formation directe de l'acétylène se fait avec absorption de chaleur :

$$4 C + 2H = C^4H^2 - 64 \text{ calories.}$$

ÉTHYLÈNE
$$C^4H^4 = 28 = 4 \text{ vol.}$$

837. Préparation. — L'éthylène, ou *gaz oléfiant*, ou bicarbure d'hydrogène, a été découvert, en 1795, par quatre chimistes hollandais : **Deimann, van Troostwyk, Bontd et Lau-**

werenburgh, aussi l'appelle-t-on quelquefois *gaz des Hollandais.* On le prépare en déshydratant l'alcool ordinaire à l'aide de l'acide sulfurique, à une température supérieure à 140° :

$$C^4H^6O^2 = C^4H^4 + 2\,HO.$$

L'opération se fait dans un ballon (fig. 184) muni d'un tube

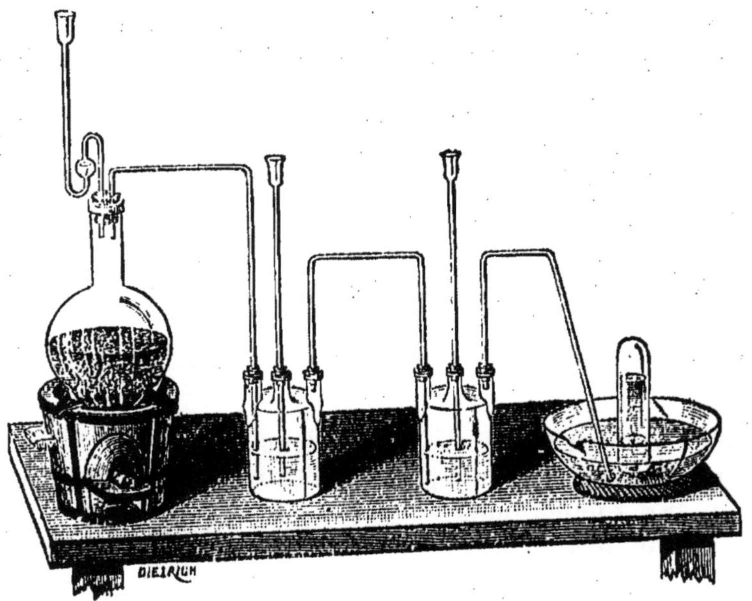

Fig. 184. — Préparation de l'éthylène.

abducteur communiquant avec une série de flacons laveurs, dont le premier renferme une dissolution de potasse, et le second de l'acide sulfurique concentré. On introduit dans le ballon un mélange de 100 centimètres cubes d'alcool et de 200 centimètres cubes d'acide sulfurique, auquel on ajoute du sable pour empêcher la masse de se boursoufler. On chauffe avec précaution vers 160°. Il se dégage de l'éthylène, de la vapeur d'éther, de l'acide sulfureux, de l'acide carbonique, etc Le gaz se purifie dans les flacons laveurs et vient se rendre dans les éprouvettes reposant sur la cuve à eau ou à mercure.

538. Propriétés. — L'éthylène est un gaz incolore, doué d'une odeur de marée, ayant pour densité 0,97, se liquéfiant à — 1° sous la pression de 42 atmosphères 1/2, très peu soluble dans l'eau et un peu plus soluble dans l'alcool.

Il est très combustible : il brûle avec une flamme très éclairante, en produisant de l'eau et de l'acide carbonique :

$$C^4H^4 + 12\,O = 4\,CO^2 + 4\,HO.$$

Le mélange de 1 volume d'éthylène et de trois volumes d'oxygène constitue un mélange détonant doué d'un pouvoir explosif considérable : si on l'effectue dans un flacon de verre, celui-ci est toujours brisé; pour répéter l'expérience, on aura soin d'entourer le flacon de plusieurs linges.

Le chlore réagit sur l'éthylène, soit par addition, soit par substitution à l'hydrogène, soit par combustion.

1° Introduisons des volumes égaux de gaz chlore et d'éthylène dans une grande éprouvette reposant sur un cristallisoir plein d'eau. Les deux gaz se combineront aussitôt sous l'action de la lumière diffuse; l'eau montera progressivement dans l'éprouvette et sa surface se couvrira de gouttelettes huileuses qui se rassembleront et tomberont au fond du cristallisoir. On obtient ainsi la *liqueur des Hollandais*, liquide pesant, d'une odeur éthérée assez agréable et ayant pour formule $C^4H^4Cl^2$:

$$2\,Cl + C^4H^4 = C^4H^4Cl^2.$$

2° Si l'on continue à faire agir le chlore sur la *liqueur des Hollandais*, il y aura substitution du chlore à l'hydrogène, équivalent à équivalent, et on obtiendra les produits suivants :

$$C^4H^3Cl^3$$
$$C^4H^2Cl^4$$
$$C^4HCl^5$$
$$C^4Cl^6,\ \text{avec formation d'acide chlorhydrique.}$$

3° On introduit dans une grande éprouvette à pied un mélange de *un* volume d'éthylène à *deux* volumes de chlore; on y met le feu : on voit une flamme rougeâtre descendre lentement jusqu'au fond de l'éprouvette, dont la surface se recouvre de noir de fumée :

$$C^4H^4 + 4\,Cl = 4\,HCl + 4\,C.$$

L'acide chlorhydrique formé se dégage à l'état gazeux.

L'éthylène, qui est un des produits de la distillation de la *houille*, existe dans le gaz d'éclairage en proportion d'autant plus faible que la calcination de la houille a été opérée à une température plus élevée.

FORMÈNE

$$C^2H^4 = 16 = 4 \text{ vol.}$$

339. État naturel. — Le *formène*, ou hydrogène proto-carboné, ou protocarbure d'hydrogène, découvert par Volta, en 1778, se rencontre dans la nature dans des conditions fort diverses.

1° Il se dégage en abondance du sein de la terre pendant les éruptions volcaniques.

2° Il s'échappe souvent des sources de pétrole et constitue les gaz inflammables que l'on rencontre en Dauphiné, en Chine, en Pensylvanie, etc.

3° Il se développe spontanément aux dépens de certaines espèces de houilles : il constitue ce que l'on appelle le *grisou*, qui mélangé à l'air, détone lorsqu'on l'enflamme et produit des accidents très graves.

4° Il se développe par la décomposition spontanée des végétaux enfouis sous l'eau dans la vase de nos marais : de là le nom de *gaz des marais*, qui lui est donné communément.

5° Il prend naissance dans le corps des animaux vivants : par exemple, il fait partie des gaz intestinaux.

Fig. 185. **Extraction du gaz des marais.**

340. Préparation. — Pendant longtemps, on extrayait le formène de la vase des marais; on agitait celle-ci avec un bâton (fig. 185), et on recueillait le gaz dans un flacon renversé rempli d'eau et muni d'un entonnoir. Mais le gaz ainsi obtenu n'est pas pur. **M. Dumas** a indiqué un procédé de préparation artificielle du formène, qui est universellement adopté aujourd'hui.

On chauffe dans une petite cornue de verre vert ou de grès (fig. 186) un mélange de 30 grammes d'acétate de soude fondu et de 120 grammes de chaux sodée [1] : on recueille le formène

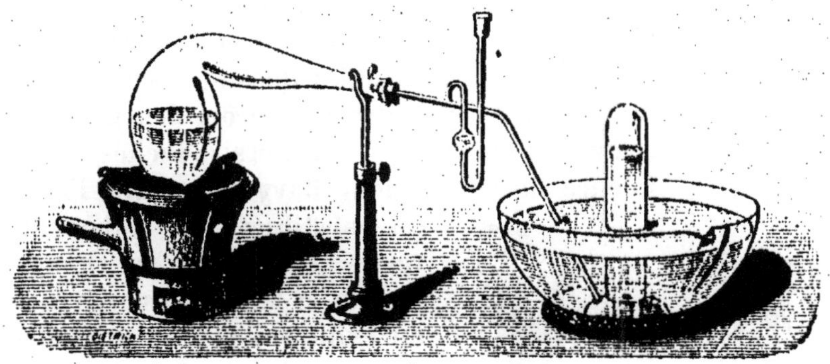

Fig. 186. Préparation du formène.

sur la cuve à eau ou à mercure :

$$NaO,C^4H^3O^3 + NaO,HO = C^2H^4 + 2\,(NaO,CO^2).$$

841. Propriétés. — La *formène* est un gaz incolore, inodore, neutre, de densité 0,559, très peu soluble dans l'eau et très difficilement liquéfiable.

La *formène* est éminemment combustible ; il brûle avec une flamme très éclairante, en produisant de l'eau et de l'acide carbonique .

$$C^2H^4 + 80 = 2\,CO^2 + 4\,HO.$$

Mélangé à l'air, il forme un mélange détonant doué d'un pouvoir brisant considérable, qui fait explosion quand on approche un corps enflammé ; de là les dangereuses explosions de *feu grisou* dans les mines de houille et les explosions du mélange de gaz d'éclairage et d'air atmosphérique.

Le *chlore* peut se substituer à l'hydrogène du formène équivalent à équivalent ; il se forme des produits de substitution, dont le plus important est le *chloroforme,* C^2HCl^3.

Sous l'action de la chaleur, le chlore réagit au rouge sur le formène :

$$C^2H^4 + 4\,Cl = 4\,HCl + 2\,C.$$

842. Feu grisou. Lampe de Davy. — Le *formène* se dégage spontanément dans les houillères et s'accumule

1. La chaux sodée s'obtient en calcinant la chaux vive avec la moitié de son poids de soude caustique.

dans les parties supérieures des galeries, où, mélangé à l'air, il forme un mélange explosif, détonant avec une violence extrême, lorsqu'un mineur pénètre dans la galerie avec une lampe allumée. Le grisou, en faisant explosion, projette les malheureux ouvriers mineurs contre les parois des galeries ou les ensevelit sous les quartiers de rochers détachés de la mine par la violence de l'explosion. **Davy** eut alors l'idée de substituer aux tubes de verre qui forment la cheminée de la lampe des mineurs un cylindre en toile métallique ne présentant aucune solution de continuité ; il construisit ainsi la lampe de sûreté, connue sous le nom de *lampe de Davy* · (fig. 187). **M. Combes**, pour rendre la lampe plus éclairante, remplace la partie inférieure de la toile métallique par un tube en verre très fort (fig. 188).

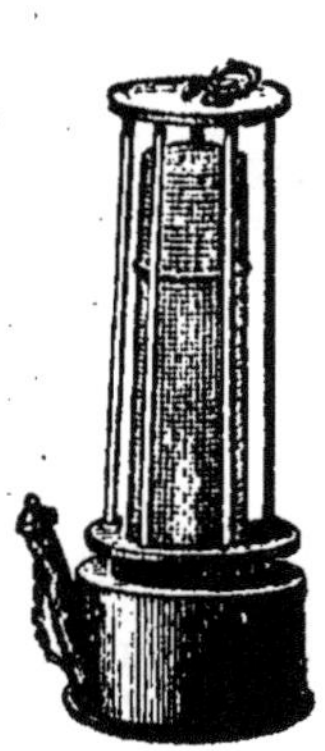

Fig. 187.
Lampe de Davy.

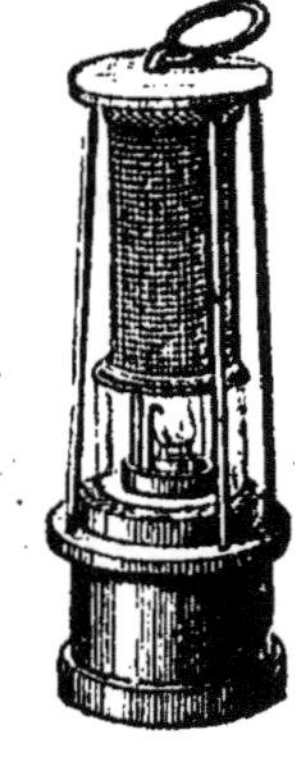

Fig. 188.
Lampe Combes.

L'explosion se produit dans l'intérieur de la toile métallique ; mais elle ne peut pas se propager au dehors, eu égard à ce fait que la toile métallique refroidit au-dessous du rouge la flamme qui s'est produite dans l'intérieur de la cheminée ; en outre, la lampe s'éteint faute d'oxygène.

343. Usages du formène. — Le *formène* entre dans la composition du gaz d'éclairage dans la proportion de 50 0/0 environ : le gaz d'éclairage lui doit son pouvoir éclairant.

344. Pétroles. — Les *pétroles* sont des carbures d'hydrogène analogues au formène ; ils sont constitués par des carbures d'hydrogène dont le point d'ébullition varie depuis 4° jusqu'à 500°, mélangés en proportions variables. Le pétrole pur est un liquide ayant pour densité 0,8, semblable à une huile odorante et volatile. Il est très inflammable ; quand on en approche un corps enflammé, il prend feu à distance par le moyen de sa vapeur ; il brûle avec une flamme bleuâtre, en produisant une fumée épaisse.

Les pétroles se divisent en *essences légères de pétrole*, *huile lampantes* et *huiles lourdes de pétrole*.

Le pétrole brut distillé fournit un certain nombre de produits commerciaux :

1° Les *huiles légères de pétrole*, bouillant entre 35 et 70°, sont des corps très inflammables et très dangereux à manier.

2° L'*essence de pétrole*, bouillant entre 70 et 120°, émettant des vapeurs à la température ordinaire, ne doit être employée qu'avec précaution en utilisant les lampes à éponge pour sa combustion.

3° L'*huile de pétrole rectifiée* ou *huile lampante*, bouillant entre 150 et 280°, n'émet pas de vapeurs à la température ordinaire et on peut y plonger sans danger une allumette enflammée. Pour la faire servir à l'éclairage, on la purifie par un traitement à l'acide sulfurique et à la soude.

4° Les *huiles lourdes de pétrole* contiennent des carbures d'hydrogène dont le point d'ébullition est compris entre 300 et 400°, elles ne sont plus propres à l'éclairage; on les emploie pour le chauffage ou pour graisser les machines.

5° Lorsque l'on ne pousse pas la distillation du pétrole jusqu'au bout, et qu'on abandonne le résidu de la distillation à l'évaporation lente à l'air libre, on obtient une substance onctueuse, inodore, qui, décolorée par le noir animal, forme une matière butyreuse, appelée la *vaseline*, employée aujourd'hui en pharmacie pour remplacer l'axonge dans la préparation des pommades.

6° Le résidu final de la distillation du pétrole brut est constitué par des matières goudronneuses, qui, portées au rouge, laissent un dépôt solide et charbonneux.

345. Applications du pétrole. — Le pétrole est surtout employé pour l'éclairage : à cet effet, on brûle les huiles lampantes de pétrole dans des lampes très simples, formées d'un réservoir dans lequel plonge une mèche de coton plate ou circulaire. Les huiles légères de pétrole sont transformées en benzine; les huiles lourdes servent au graissage des machines. Le pétrole peut aussi être employé pour le chauffage, même pour le chauffage des machines à vapeur. Le pétrole est un désinfectant puissant; on l'utilise pour la conservation des bois. Enfin, au Canada, on le fait servir à la fabrication du gaz d'éclairage.

346. Extraction du pétrole. — On désigne sous le nom de *naphte* une huile odorante que l'on rencontre dans la nature et constituant le *pétrole brut*. On trouve le *naphte* en abondance sur les bords de la mer Caspienne, à Java et en Amérique. Il forme des sources peu profondes ou des puits très abondants, que l'on exploite à l'aide de pompes aspirantes qui amènent le pétrole à la surface du sol.

347. Paraffine. — Parmi les carbures solides et cristallisables contenus dans les pétroles, le plus important est la *paraffine*. On l'obtient en soumettant au refroidissement les huiles lourdes de pétrole qui passent à la distillation entre 300 et 400 degrés. On obtient un dépôt que l'on purifie par expression et que l'on décolore par le noir animal.

La *paraffine* est un corps solide, incolore, fondant vers 55°, bouillant vers 330°, et émettant, vers 125°, des vapeurs blanches facilement inflammables et brûlant à l'air avec une flamme brillante. La *paraffine* est utilisée pour faire des bougies transparentes et pour rendre imperméables à l'eau les bouchons, les tissus, les surfaces métalliques, les jus sucrés, etc.

348. Bitumes. — On désigne sous le nom de *bitumes*, des roches solides ou pâteuses, de couleur noire, à cassure conchoïdale, très fragiles, entrant en fusion vers 100°, facilement inflammables et brûlant avec une flamme claire et une fumée épaisse. Les bitumes proviennent soit de la distillation naturelle de la houille et des schistes bitumineux, soit de masses considérables de carbure d'hydrogène retenues prisonnières au-dessous de l'écorce terrestre; ils ont alors la même origine que les pétroles. Les gisements de bitume sont très abondants en France, notamment dans l'Ain, le Puy-de-Dôme, l'Alsace; on l'extrait par galeries, comme la houille.

L'*asphalte* du commerce est un bitume mou, semblable à de la poix; on le mélange à du gravier pour en revêtir nos chaussées; il durcit par le froid et se ramollit par la chaleur.

On trouve dans la nature des *schistes bitumineux*, qui, soumis à l'action de la chaleur, dégagent du gaz d'éclairage et des carbures d'hydrogène connus sous le nom d'*huiles de schiste* ou *huiles minérales* et employés pour l'éclairage. L'un des plus importants schistes bitumineux est le *boghead*. Le *gaz de schiste* possède un pouvoir éclairant triple de celui du gaz de houille : on l'utilise sous le nom de *gaz portatif*.

BENZINE

$$C^{12}H^6 = 78 = 4 \text{ vol.}$$

849. Préparation. — La *benzine*, découverte par Faraday, en 1825, se trouve dans le goudron de houille; pour l'en extraire, on distille à feu nu le goudron de houille dans de vastes chaudières ou dans des cylindres en fonte communiquant avec un appareil réfrigérant. Il passe à la distillation, entre 160° et 200° des huiles légères, dont la densité varie entre 0,75 et 0,85 ; on les recueille et on en extrait la benzine. Les huiles lourdes de houille, distillant entre 200° et 220°, ayant pour densité 0,9 contiennent le phénol, l'aniline et la naphtaline.

Les huiles légères contenant la benzine, après avoir subi un traitement à l'acide sulfurique et à la soude, sont soumises à une série de distillations fractionnées, afin de séparer la benzine qui bout vers 80°. La benzine, isolée après plusieurs rectifications successives, est refroidie à zéro : elle cristallise ; on la presse pour la séparer des liquides étrangers qui l'accompagnent ; on répète plusieurs fois cette opération et on obtient finalement la benzine parfaitement pure.

850. Propriétés. — La *benzine* est un liquide incolore, d'une odeur agréable, d'une saveur douce, cristallisant à 0° et bouillant à 81°. Elle a pour densité 0,85. Elle est à peine soluble dans l'eau, facilement soluble dans l'alcool et l'éther. Elle dissout le soufre, le phosphore, le brome, l'iode, le caoutchouc, la cire, le camphre, les corps gras, les huiles essentielles, etc.

Elle est très inflammable et brûle avec une flamme brillante, mais fuligineuse :

$$C^{12}H^6 + 30O = 12CO^2 + 6HO$$

La benzine est employée pour enlever les taches de graisse

(*benzine Colas*) [1] ; mais elle sert surtout à préparer la *nitro-benzine*, matière première avec laquelle on fabrique l'*aniline*.

551. Nitrobenzine, $C^{12}H^5AzO^4$. — La *nitrobenzine*, découverte par **Mitscherlich**, s'obtient en faisant réagir par petites portions la benzine pure sur l'acide azotique fumant. On peut, pour une leçon, préparer facilement la nitrobenzine de la manière suivante : on place, dans un ballon de 250 gr. environ, quelques centimètres cubes d'acide azotique fumant ; puis, à l'aide d'une pipette, on y fait tomber goutte à goutte un volume égal de benzine pure. La réaction est très vive : la masse s'échauffe ; il se dégage des torrents de vapeurs nitreuses ; en fin de compte, il reste dans le ballon un liquide rougeâtre que l'on verse dans un grand verre plein d'eau : la nitrobenzine se débarrasse de l'excès d'acide azotique et se rassemble au fond du verre.

La *nitrobenzine* est un liquide jaunâtre, d'une odeur rappelant celle des amandes amères, ayant pour densité 1,2, se solidifiant à + 3° et bouillant à 213°.

Distillée avec un mélange de rognures de fer et d'acide acétique (vinaigre concentré), elle se transforme en *aniline* [2], $C^{12}H^7Az$, par suite de la réduction de la nitrobenzine par l'hydrogène naissant :

$$C^{12}H^5(AzO^4) + 6H = C^{12}H^7Az + 4HO$$

La nitrobenzine est employée en parfumerie, sous le nom d'*essence de mirbane,* pour parfumer les savons.

552. Naphtaline, $C^{20}H^8$, — La *naphtaline* s'extrait des huiles lourdes de goudron de houille distillant entre 200° et 300°. Ces huiles lourdes, abandonnées pendant quelques jours dans un endroit frais, laissent déposer une masse cristalline qui est la *naphtaline brute.* On sublime ensuite cette naphtaline brute en la chauffant dans un vase en fonte recouvert d'une feuille de papier à filtrer et surmonté d'un cône en carton, dans lequel vient cristalliser la vapeur de naphtaline (fig. 189).

---

1. Il vaut mieux employer un mélange de 3 parties de benzine et de 1 partie d'alcool.

2. Voir plus loin l'article *aniline*.

La *naphtaline* se présente sous la forme d'écailles nacrées formées par des tables rhomboïdales : elle a une forte odeur aromatique, une saveur âcre.

Elle a pour densité 1,145; elle fond à 79° et bout à 216°. Elle est insoluble dans l'eau. Elle brûle avec une flamme fuligineuse.

Elle est absolument sans usages.

553. Anthracène, $C^{28}H^{10}$. — Les huiles lourdes de houille, débarrassées de la naphtaline et soumises à la distillation, laissent passer à 360° des vapeurs qui, refroidies, forment une masse butyreuse constituant l'*anthracène brut*. Celui-ci, soumis à une sublimation ménagée, donne des cristaux lamellaires, d'un blanc éclatant, fondant à 210° et bouillant à 360°.

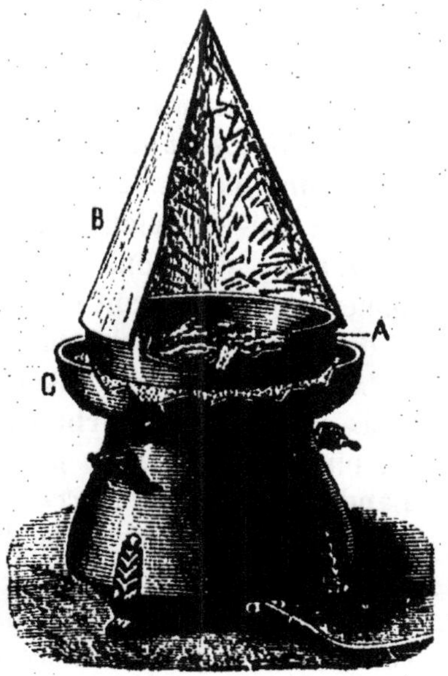

Fig. 489. **Cristallisation de la naphtaline.** — Pour l'obtenir, on fait chauffer de la naphtaline dans un vase en terre recouvert d'un cône ; les vapeurs de naphtaline se condensent dans le cône et y forment de beaux cristaux.

L'anthracène, traité par l'acide azotique, donne, entre autres produits, l'*anthraquinone*, qui traité par l'acide sulfurique concentré, puis par la potasse, donne l'*alizarine*, $C^{28}H^{8}O^{8}$.

ESSENCE DE TÉRÉBENTHINE
$$C^{20}H^{16} = 4 \text{ vol.}$$

554. — La *série camphénique* comprend les nombreux carbures d'hydrogène dont la formule est $C^{20}H^{16}$. Tous ces corps *isomères* [1] se trouvent dans la plupart des essences végétales, soit associés entre eux, soit servant de dissolvants à des principes oxygénés qu'on appelle des *résines*. Ils sont amorphes, peu volatils et d'apparence résineuse. Exposés à l'air, ils s'oxydent et se transforment en résines; il en résulte des

1. *Isomères*, ayant la même formule, mais des propriétés physiques et chimiques différentes.

mélanges de résine et de carbures d'hydrogène tels que le caoutchouc et la gutta-percha. Le type des carbures camphéniques est l'*essence de térébenthine*, $C^{20}H^{16}$

555. Essences de térébenthine. — Les *essences de térébenthine* sont les carbures d'hydrogène, que l'on prépare par la distillation des *térébenthines*. Les térébenthines sont des résines qui s'écoulent par les incisions faites aux végétaux de la famille des conifères, tels que les pins, les sapins, les mélèzes, etc.; ce sont des mélanges d'essence de térébenthine et d'une résine appelée la *colophane*, $C^{80}H^{64}O^4$.

Les arbres qui produisent les térébenthines se divisent en deux catégories : les arbres *européens*, tels que le *pin sylvestre*, ou pin d'Écosse, et le *pin maritime*, très abondant dans les Landes ; les arbres *américains*, tels que le *pin des marais*, originaire d'Australie, et le *Pinus fœda*, ou *loblolly Pine* des Américains.

Les essences de térébenthine que l'on extrait de ces arbres sont classées de la manière suivante :

1° L'*essence française*, que l'on prépare à Bordeaux avec la térébenthine du pin maritime, ayant pour densité 0,8749 et bouillant à 155°. On l'appelle *térébenthène*.

2° L'*essence anglaise* ou américaine, connue sous le nom d'*australène*, semblable à la précédente.

3° La *térébenthine de Venise*, extraite d'un mélèze du Tyrol.

4° L'*essence du Canada*, appelée improprement *baume du Canada*.

556. Extraction de l'essence de térébenthine. — L'essence de térébenthine quelle que soit son origine, s'extrait des térébenthines par distillation à 160° : le produit distillé est ensuite mélangé à de l'eau, puis distillé une seconde fois, enfin rectifié sur du chlorure de calcium. Si l'on veut avoir l'essence pure, on la neutralise par du carbonate de soude et on la distille au bain-marie dans le vide.

557. Propriétés. — *L'essence de térébenthine* est un liquide incolore, mobile, très réfringent, d'une odeur caractéristique, ayant pour densité, 0,864 à 16° et bouillant à 156°,5. Le térébenthène diffère de l'australène en ce que le premier dévie à gauche le plan de polarisation de la lumière, tandis que le second le dévie à droite [1]. Toutes leurs autres propriétés sont identiques.

L'essence de térébenthine est insoluble dans l'eau, très soluble dans l'éther et dans l'alcool.

Elle brûle à l'air, en présence d'un corps enflammé, avec une flamme fuligineuse.

A la température ordinaire, elle absorbe l'oxygène de l'air et se résinifie.

L'essence de térébenthine dissout le soufre, le phosphore, les matières grasses, les résines et le caoutchouc.

Elle est employée pour préparer les vernis dits *vernis à l'essence*; mélangée avec $\frac{9}{10}$ d'alcool, elle constitue le *gaz liquide*, employé pour l'éclairage. Un mélange à parties égales d'essence de térébenthine et d'essence de citron est employé pour enlever les taches de graisse.

558. Essences végétales. — On en connaît un très grand nombre : elles ont toutes la même formule $C^{20}H^{16}$. Ce sont des *isomères* de l'essence de térébenthine, différant par leur point d'ébullition, par leur odeur et leur saveur.

En voici le tableau :

			Point d'ébullition.	Densité.
Essence de térébenthine. .	$C^{20}H^{16} =$ 4 vol.		157°	0,85
— de camomille. . .	»	»	175°	
— de girofle	»	»	143°	0,92
— de sabine	»	»	155°	0,91
— de thym.	»	»	165°	0,87
— de citron.	$C^{10}H^{8} =$ 4 vol.		173°	0,84
— d'orange	»	»	180°	0,83
— d'élémi.	»	»	174°	0,85
— de genièvre	$C^{30}H^{24} =$ 4 vol.		160°	0,84

On les prépare en concassant les différentes parties du végétal et en les soumettant à la distillation avec de l'eau dans un alambic. Le liquide distillé est recueilli dans un récipient particulier, appelé *récipient florentin* (fig. 190). L'essence se rassemble à la partie supérieure, tandis que l'eau s'écoule par le cou de cygne.

Ces essences ont une odeur vive et pénétrante, une saveur brûlante; elles sont peu solubles dans l'eau, mais très solu-

1. Voir Drincourt et Dupays, *Physique* : Polarisation de la lumière.

bles dans l'éther. Elles sont employées dans la parfumerie ; dissoutes dans l'alcool, elles constituent des eaux de toilette, telles que *l'eau de Cologne*, que l'on prépare en dissolvant dans 3 kilog. d'alcool à 36° :

Essence de citron. 11ᵏ.
— de berga-
mote . . . 10
— de cédrat. 8
Esprit de romarin. 250

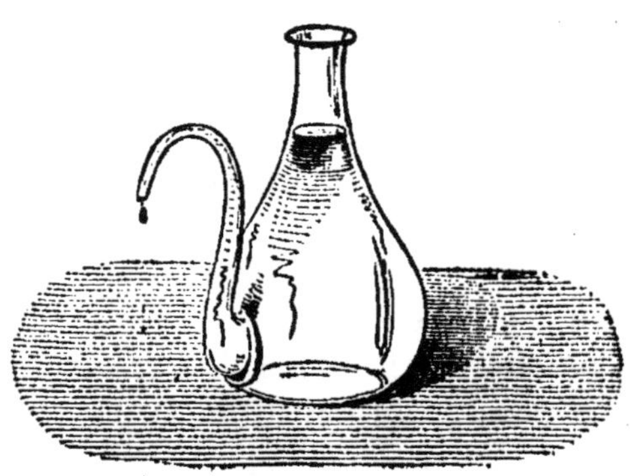

Fig. 190. Récipient florentin.

389. Résines. — Les *résines* sont des corps solides, à cassure conchoïdale, colorés en jaune et en brun et plus ou moins transparents : elles sont insolubles dans l'eau, mais solubles dans l'alcool et dans l'éther. Elles sont le résidu de la distillation des sucs végétaux. Elles brûlent à l'air avec une flamme fuligineuse. Ce sont des produits oxygénés, jouant le rôle d'acides faibles. Traitées par un alcali, elles forment des *savons résineux*, comme celui que l'on emploie pour coller le papier à la mécanique.

On les divise en :

1° Résines proprement dites : *mastic, sandaraque, copal, élémi, laque, colophane, ambre, gayac, jalap, arkanson.*

2° Baumes ; *baume du Pérou, baume de Tolu, benjoin, styrax.*

3° Gommes et résines : *asa fœtida, gomme-gutte, encens, myrrhe, scammonée*, etc.

En dissolvant les résines dans l'alcool, on obtient les *vernis pour meubles* ; on les dissolvant dans l'essence de térébenthine, on prépare les *vernis pour métaux* ; le *vernis pour voitures* s'obtient en dissolvant les résines dans l'huile de lin.

VERNIS A L'ALCOOL

POUR MEUBLES.		POUR INSTRUMENTS A CORDE.		POUR LAITON.	
Copal tendre	90	Sandaraque	120	Laque	180
Sandaraque	180	Laque en grains	60	Succin fondu	60
Mastic	90	Mastic	30	Gomme-gutte	6
Térébenthine	75	Benjoin	30	Santal rouge	1
Alcool	1000	Térébenthine	120	Sandragon	35
		Alcool	1000	Alcool	1000

VERNIS A L'ESSENCE.

POUR TABLEAUX.		POUR BOIS DORÉ ET MÉTAUX.		POUR LE FER.	
Mastic.	360	Colophane	15	Colophane	120
Térébenthine	45	Succin	60	Sandaraque	180
Camphre	15	Élémi	30	Laque	60
Essence de térébenthine.	1000	Essence de térébenthine.	375	Essence de térébenthine.	120
				Alcool	180

VERNIS GRAS.

POUR LES PEINTRES.		JAUNE.		AU COPAL.	
Sandaraque	120	Résine blanche	60	Copal fondu	600
Mastic	30	Sandaraque	60	Mastic	18
Térébenthine	6	Aloès	30	Encens	30
Huile de lin cuite.	750	Huile de lin cuite.	500	Huile d'aspic	23
Essence de térébenthine.	90	Essence de térébenthine.	10	Huile de lin cuite.	1000

La cire à cacheter est originaire de l'Inde, où l'on récolte la résine laque. On obtient une bonne cire à cacheter rouge avec le mélange suivant :

Résine laque	48 parties.	Baume du Pérou	1 partie
Térébenthine de Venise	12 —	Vermillon	36 —

360. Caoutchouc et gutta-percha. — Le *caoutchouc* est un suc laiteux qui s'écoule par les incisions faites à certains arbres, tels que le *siphonia cautchu* du Brésil ou le *ficus elastica* des Indes. Ce suc est desséché à la flamme d'un feu de bois vert et se transforme en plaques épaisses blanches, insolubles dans l'eau, mais solubles dans le sulfure de carbone.

Le caoutchouc est un corps solide blanc, ayant pour densité 0,93. Entre 10° et 35°, il est souple et élastique : il devient dur et perd son élasticité à 0°. A 100°, il devient visqueux et il fond à 180°. L'action prolongée de la lumière le colore en brun. Il peut se souder à lui-même par pression : il résiste à l'action des acides et des alcalis, à la température ordinaire.

Le caoutchouc peut se combiner au soufre, qui lui donne de la dureté : on obtient alors le *caoutchouc vulcanisé*, que l'on prépare en plongeant le caoutchouc dans un bain de soufre fondu à 120°.

Le caoutchouc sert à confectionner des vêtements, des courroies, des souliers, des tubes pour les laboratoires, pour la conduite du gaz, des fils fins pour les tissus élastiques, etc.

La *gutta-percha* est le suc laiteux qui s'écoule des arbres du genre *Inosondra*, qui ont 20 mètres de hauteur et 1 mètre de diamètre. Ce suc, en s'évaporant, devient visqueux et filant : on en fait des pains de gutta.

La *gutta-percha* a pour densité 0,98 ; elle est insoluble dans l'eau, mais soluble dans le sulfure de carbone. Elle est dure et non élastique à la température ordinaire ; elle se ramollit vers 60° ; elle s'oxyde lentement à l'air sous l'influence de la lumière et devient cassante.

La *gutta-percha* ramollie se moule avec facilité ; elle peut se souder à elle-même. On l'utilise pour faire des cuvettes, des entonnoirs, des flacons, pour préparer les moules destinés à la galvanoplastie. Elle est mauvaise conductrice de l'électricité ; on l'emploie pour isoler les fils électriques.

Conseils pédagogiques. — Montrez comment les carbures d'hydrogène peuvent donner naissance à des alcools et à des acides. On fera ressortir les propriétés similaires des carbures d'une même série. On insistera sur les produits industriels naturels ou obtenus artificiellement en partant des carbures d'hydrogène.

Questionnaire. — En combien de classes divise-t-on les carbures d'hydrogène ? — Qu'est-ce que l'acétylène ? — Comment se produit ce gaz ? — Citez quelques-uns des corps auxquels il donne naissance sous l'action de la chaleur ? — Comment se prépare l'éthylène ? — Par quels chimistes et à quelle époque ce gaz a-t-il été découvert ? — Quelles sont ses propriétés ? — Quelles sont les sources de productions du formène dans la nature ? — Quand et par qui fut-il découvert ? — Comment le prépare-t-on artificiellement ? — Quelles sont ses propriétés ? — Quel nom donne-t-on à ce gaz, lorsqu'il se produit dans les mines ? — Qu'est-ce que la lampe de Davy ? — Quel est l'usage du formène ? — Qu'est-ce que les pétroles ? — Quels sont les produits de leur distillation ? — Quels sont les emplois du pétrole et de ses dérivés ? — Où et comment le recueille-t-on ? — Qu'est-ce que le bitume, l'asphalte, le schiste. — Quel est le chimiste qui a découvert la benzine ? — D'où l'extrait-on ? — Quelles sont ses propriétés ? — Qu'est-ce que la nitrobenzine ? — Comment la transforme-t-on en aniline ? — Qu'est-ce que la naphtaline, l'anthracène, l'alizarine ? — Qu'est-ce que l'essence de térébenthine ? — Qu'est-ce que les résines ? — Comment l'essence est-elle extraite des térébenthines ? — Quelles sont les propriétés de l'essence de térébenthine ? — Les différentes essences végétales ont-elles des formules différentes ? — Outre leurs propriétés, par quoi se distinguent ces essences ? — Comment les obtient-on ? — Dans quel liquide sont-elles le plus solubles ? — Comment se divisent les résines ? — Quels sont les principaux usages des résines ? — Qu'est-ce que le caoutchouc et la gutta-percha ? — Dans quel liquide ces matières sont-elles solubles ? — Énumérez quelques-uns de leurs usages ?

CHAPITRE III

ALCOOLS. — FERMENTATIONS.

Sommaire. — 161. On appelle *alcools* des principes *neutres* formés de carbone, d'hydrogène et d'oxygène, pouvant neutraliser les acides en formant des *éthers*.

162. Les alcools se divisent en *alcools monoatomiques*, et en *alcools polyatomiques*. — On appelle *phénols* des corps intermédiaires entre les alcools et les alcaloïdes.

163. L'*alcool ordinaire*, $C^4H^6O^2$, s'obtient par la fermentation du glucose sous l'action de la levure de bière. — C'est un liquide incolore, très mobile, plus léger que l'eau, bouillant à $78°,4$. — En s'oxydant, il fournit l'acide acétique, $C^4H^4O^4$; en se déshydratant partiellement, il donne l'éther ordinaire, C^4H^5O.

164. On appelle *fermentations* la décomposition en principes immédiats définis de certaines matières organiques sous l'action d'êtres microscopiques, appelés *ferments*. On connaît la *fermentation alcoolique*, la *fermentation acétique*, la *fermentation putride*, etc.

La fermentation alcoolique est la transformation du glucose en *alcool* et en *acide carbonique*, sous l'action de la levure de bière.

165. Les boissons fermentées sont : le *vin*, la *bière*, le *cidre* et le *poiré*.

166. Le *vin* est le résultat de la fermentation du moût de raisin; la *bière* s'obtient par la fermentation du *malt d'orge*, auquel on a ajouté une décoction de houblon; le *cidre* et le *poiré* se fabriquent en faisant fermenter le jus de pommes ou le jus de poires.

167. Les boissons fermentées, soumises à la distillation, fournissent les *eaux-de-vie*, les *esprits*, les alcools du commerce; les alcools d'industrie sont les alcools de betteraves, de mélasses, de grains et de pommes de terre.

561. Alcools en général. — On appelle *alcools* des principes *neutres*, composés de carbone, d'hydrogène et d'oxygène, capables de s'unir directement avec les acides et de les neutraliser en formant des *éthers*, avec élimination d'eau. Prenons, par exemple, l'alcool ordinaire de vin, $C^4H^6O^2$; en se combinant directement avec l'acide chlorhydrique, il formera l'éther chlorhydrique, C^4H^5Cl :

$$C^4H^6O^2 + HCl = C^4H^5Cl + 2HO.$$

Avec un acide comme l'acide acétique, $C^4H^4O^4$, on obtiendrait l'éther acétique, $C^4H^5O, C^4H^3O^3$:

$$C^4H^6O^2 + C^4H^4O^4 = C^4H^5O, C^4H^3O^3 + 2HO.$$

Un alcool peut se combiner avec tous les acides et produire une série d'éthers correspondants ; il y a donc analogie entre les alcools et les oxydes basiques, entre les éthers et les sels ordinaires.

En outre, en s'oxydant, les alcools fournissent des *aldéhydes* et des *acides*. L'alcool ordinaire forme l'aldéhyde ordinaire, $C^4H^4O^2$, et l'acide acétique, $C^4H^4O^4$:

$$C^4H^6O^2 + 2O = C^4H^4O^2 + 2HO.$$
$$C^4H^6O^2 + 4O = C^4H^4O^4 + 2HO.$$

En se déshydratant, ils régénèrent le carbure d'hydrogène correspondant :

$$C^4H^6O^2 = C^4H^4 + 2HO.$$

A chaque alcool correspond un *radical organo-métallique* : à l'alcool ordinaire correspond l'*éthyle*, C^4H^5, analogue au potassium et au sodium.

Enfin, chaque alcool peut fournir, en se combinant à l'ammoniaque, des alcaloïdes artificiels ou *amines*, comme, par exemple, l'*éthylamine*, $C^4H^5AzH^2$, correspondant à l'alcool ordinaire.

$$C^4H^6O^2 + AzH^3 = C^4H^5AzH^2 + 2HO.$$

362. Classification des alcools. — Les alcools se divisent en *alcools monoatomiques*, tels que l'*alcool ordinaire*, l'*esprit de bois*, le *camphre de Bornéo*, l'*alcool benzylique*, etc., et en *alcools polyatomiques*, tels que le *glycol*, la *glycérine*, etc.

On appelle *alcool monoatomique* un alcool renfermant *deux équivalents d'oxygène* et ne pouvant neutraliser qu'*un seul équivalent* d'un acide monobasique pour former l'éther correspondant.

On les subdivise en un certain nombre de *familles* ou *séries*, comprenant un certain nombre de *corps homologues*, qui présentent dans leurs propriétés une très grande analogie et une certaine progression régulière, que l'on retrouve dans leurs formules.

1re *Série*. On la nomme *série grasse*, parce que les derniers termes ont pour acides dérivés les acides gras contenus dans les huiles, les graisses et les savons. Les alcools de cette série ont pour formule : $C^{2n}H^{2n+2}O^2$; leur point d'ébullition s'élève de 19° en passant d'un alcool au suivant; leur densité augmente progressivement, ainsi que leur cohésion. Ce sont :

Alcool méthylique.	$C^2H^4 O^2$ bouillant à	66°
— éthylique.	$C^4H^6 O^2$ —	73°
— propylique	$C^6H^8 O^2$ —	98°
— butylique.	$C^8H^{10}O^2$ —	116° etc.

2ᵉ Série : $C^{2n}H^{2n}O^2$. — Le type est l'*alcool allhylique*, $C^6H^6O^2$, dont un éther constitue l'*essence d'ail*, $C^{12}H^{10}S^2$, et qui a pour dérivé l'essence de moutarde.

3ᵉ Série : $C^{2n}H^{2n-2}O^2$. — Le type est le *camphre de Bornéo*, $C^{20}H^{18}O^2$, dont le camphre ordinaire, $C^{20}H^{16}O^2$, est l'aldéhyde.

4ᵉ Série : $C^{2n}H^{2n-6}O^2$. — Le type est l'*alcool benzylique*, $C^{14}H^8O^2$, dont l'aldéhyde est l'essence d'amandes amères; l'acide est l'acide benzoïque.

5ᵉ Série : $C^{2n}H^{2n-8}O^2$. Le type est l'*alcool cinnamique*, $C^{18}H^{10}O^2$, et la *cholestérine*, $C^{52}H^{44}O^2$, que l'on trouve dans la bile de l'homme.

363. Alcools polyatomiques. — On appelle *alcools polyatomiques* des alcools pouvant se combiner, pour former des éthers, avec plusieurs équivalents d'acides monobasiques; par exemple, la *glycérine*, $C^6H^8O^6$, peut s'unir avec un, deux ou trois équivalents d'un acide monobasique, comme l'acide acétique, et former, par suite, trois éthers acétiques différents.

Les *alcools diatomiques* contiennent *quatre* équivalents d'*oxygène;* avec chaque acide monobasique, ils forment deux éthers. Le type est le *glycol*, $C^4H^6O^4$, découvert par **Würtz**, en 1856.

Les *alcools triatomiques* contiennent *six* équivalents d'*oxygène;* avec chaque acide monobasique, ils forment trois éthers. Le type est la *glycérine*, $C^6H^8O^6$, dont les corps gras sont des éthers particuliers.

On connaît des *alcools tétratomiques*, comme l'*érythrite*, $C^8H^{10}O^8$; des *alcools hexatomiques*, tels que la *mannite*, $C^{12}H^{14}O^{12}$, que l'on extrait de la *manne* et dont le *glucose* est un aldéhyde.

364. Phénols. — On appelle *phénols* des corps qui se

rattachent aux alcools par suite de ce fait qu'ils peuvent former des éthers avec les acides et des alcaloïdes en s'unissant à l'ammoniaque ; ils s'en distinguent en ce qu'ils ne donnent ni aldéhyde, ni acide correspondants. Le type est le *phénol* ou *acide phénique*, $C^{12}H^6O^2$, qui est à la benzine ce que l'esprit de bois est au gaz des marais.

ALCOOL ORDINAIRE
$$C^4H^6O^2 = 46 = 4 \text{ vol.}$$

565. Historique et préparation. — *L'alcool ordinaire* est le plus anciennement connu et le plus répandu dans les usages domestiques et industriels ; on l'appelle *alcool vinique, esprit de vin, alcool éthylique*. Les Arabes l'ont signalé au moyen âge ; **Arnauld de Villeneuve** l'a décrit vers la fin du xiie siècle ; **Basile Valentin** l'a transformé en éther ; de **Saussure** a déterminé sa composition ; enfin les travaux de **Scheele**, de **Thénard**, de **Dumas** et de M. **Berthelot** en ont fixé la composition et les propriétés.

M. **Berthelot** a opéré la *synthèse* de l'alcool en combinant d'abord l'éthylène à l'acide sulfurique et en distillant lentement le produit de la combinaison étendu de 8 à 10 fois son volume d'eau : il passe à la distillation un mélange d'eau et d'alcool, que l'on rectifie.

L'alcool s'obtient, dans l'industrie, en soumettant le *glucose*, ou *sucre de raisins*, $C^{12}H^{12}O^{12}$, à l'action de la levure de bière ou d'organismes analogues, appelés *ferments* [1] : le glucose *fermente* et se dédouble en acide carbonique et en alcool :

$$C^{12}H^{12}O^{12} = 2 (C^4H^6O^2) + 4 CO^2.$$

On peut aussi l'obtenir par la distillation des liqueurs fermentées, vin, bière, cidre, poiré, etc., résultant de la fermentation de certains jus sucrés, tels que le jus de raisin ; ces liqueurs renferment des proportions variables d'*alcool*, d'*eau* et de principes divers auxquels elles doivent leur saveur et leur odeur caractéristiques.

566. Pour obtenir l'alcool pur, il faut le séparer de l'eau et des autres principes contenus dans les liqueurs fermentées ;

1. Voir plus loin l'article *Fermentations*.

il suffit, pour cela, d'opérer par distillation : l'alcool bout à 78° et l'eau à 100°; l'alcool passera le premier à la distillation ; mais, comme l'eau possède, à 78°, une tension de vapeur assez considérable, il distille un mélange d'alcool et d'eau que l'on devra *rectifier* à l'aide de plusieurs distillations successives; on obtiendra ainsi un liquide alcoolique dont le titre en alcool pourra s'élever jusqu'à 92 ou 94 centièmes.

L'alcool absolu se préparera en mettant l'alcool concentré du commerce en digestion avec de la baryte, jusqu'à ce que la liqueur ait pris une teinte jaunâtre caractéristique; on distillera avec précaution au bain-marie et on obtiendra comme produit distillé l'*alcool* tout à fait *anhydre*.

567. Propriétés physiques. — L'alcool est un liquide incolore, très mobile, d'une odeur agréable, d'une saveur brûlante, ayant pour densité 0,8095 à 0° et 0,7947 à 15°, il est donc très dilatable et peut être employé comme corps thermométrique. Il n'a pu encore être solidifié : il devient visqueux à —80°; il bout à 78°,4. Sa densité de vapeur est égale à 1,589.

Il dissout les résines et les corps gras, l'iode et le phosphore, et un grand nombre de gaz : la potasse, la soude et la baryte y sont solubles, ainsi que le sel marin et certains azotates.

Il coagule le sang : injecté dans les veines, il amène la mort.

568. Propriétés chimiques. — *L'alcool* brûle avec une flamme pâle, en se transformant en eau et en acide carbonique; la combustion dégage beaucoup de chaleur :

$$C^4H^6O^2 + 12O = 4\ CO^2 + 6HO + 324,5 \text{ calories.}$$

De là son emploi comme source de chaleur dans les lampes à alcool.

Les corps très oxydants déterminent l'inflammation de l'alcool.

L'alcool s'oxyde lorsqu'on le soumet à l'action de l'air sous l'influence du noir de platine ou d'un ferment particulier (*mycoderma aceti*). Il se produit alors de l'aldéhyde, $C^4H^4O^2$, et de l'acide acétique, $C^4H^4O^4$.

L'opération se fait facilement en faisant tomber de l'alcool goutte à goutte sur du noir de platine placé sur une assiette et recouvert d'une grande cloche tubulée (fig. 191) : l'alcool s'oxyde peu à peu ; il se condense sur les parois de la cloche des vapeurs acides, qui sont un mélange d'aldéhyde et d'acide acétique.

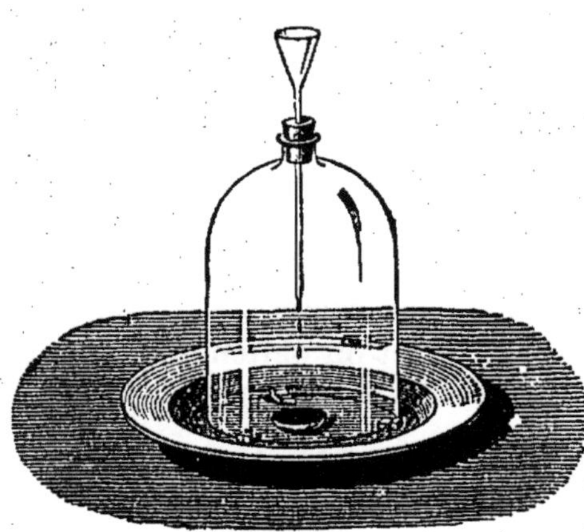

Fig. 191. **Oxydation lente de l'alcool.** — L'alcool tombe goutte à goutte sur du noir de platine et se transforme peu à peu en acide acétique aux dépens de l'oxygène de l'air.

Le *chlore* attaque l'alcool avec énergie : il se forme de l'aldéhyde et des produits chlorés, dont le principal est le *chloral*, $C^4HCl^3O^2$, employé en médecine comme calmant.

L'alcool absolu se combine à l'eau avec dégagement de chaleur et contraction de volume : il se fait en outre un dégagement du gaz dissous dans les deux liquides. La contraction de volume est *maxima* quand on mélange 52 volumes 3 d'alcool et 47 volumes 7 d'eau : on obtient 96 volumes 35, au lieu de 100 ; l'alcool se transforme en un hydrate de formule $C^4H^6O^2 + 6HO$. L'alcool est miscible à l'eau en toutes proportions ; il peut en être séparé à froid par certains sels très avides d'eau, comme le carbonate de potasse.

L'action des acides sur l'alcool est une combinaison directe de ces corps avec lui : il en résulte de l'éther et de l'eau [1].

869. Usages de l'alcool. — Il est constamment employé dans les laboratoires comme dissolvant : on l'utilise comme combustible dans la lampe à alcool ; la parfumerie l'emploie pour dissoudre les essences.

870. Alcool méthylique, $C^2H^4O^2$. — On le prépare en distillant le bois dans une cornue en fonte ; les produits volatils obtenus contiennent de l'acide acétique, de l'alcool

---

1. Voir plus loin le chapitre *Éthers*.

méthylique, etc. — On les neutralise par de la chaux et on les rectifie par plusieurs distillations ; il passe à la distillation finale un liquide incolore, qui est l'*esprit de bois* ou *alcool méthylique*.

L'esprit de bois est un liquide incolore, très mobile, d'une odeur pénétrante, d'une saveur brûlante, ayant pour densité 0,814, bouillant à 66°, miscible à l'eau, l'alcool et l'éther en toutes proportions. Il brûle avec une flamme pâle.

On l'emploie, au lieu d'alcool ordinaire, pour la préparation des vernis et comme combustible : on l'appelle communément et **improprement** *méthylène*.

Il fournit un éther chlorhydrique, qui, traité par le chlore sous l'action de la lumière solaire, se transforme en *chloroforme*.

571. Chloroforme, C^2HCl^3. — On le prépare en chauffant dans un alambic 10 kilog. de chlorure de chaux, 3 kilog. de chaux éteinte, 60 litres d'eau et 2 kilog. d'esprit de bois ou d'alcool ordinaire.

Le *chloroforme* est un liquide incolore, d'une odeur agréable, employé en médecine comme *anesthésique* * : on ne doit l'employer qu'avec de grandes précautions et éviter qu'il n'amène la paralysie du cœur.

FERMENTATIONS

572. Ferments. — On appelle *ferments* des êtres microscopiques qui, placés dans des conditions convenables, vivent et se développent aux dépens de certaines matières organiques dont ils produisent la décomposition en un certain nombre de principes immédiats toujours les mêmes : cette décomposition a reçu le nom de *fermentation*.

Ces *ferments* appartiennent au règne végétal et au règne animal. Les ferments végétaux sont les *moisissures* qui apparaissent à la surface des fruits acides, du pain moisi, des confitures, les *levures* qui vivent au sein des liquides et les *mycodermes* qui se développent à leur surface ; les ferments animaux sont des *infusoires*, tels que les *bactéries*, les *bacilles* et les *vibrions*, connus sous la dénomination générale de *microbes*. Ils constituent les germes de la fermentation putride et d'un grand nombre de maladies infectieuses.

Tous ces êtres sont caractérisés par une puissance de reproduction considérable : ainsi, des traces invisibles de mycoderme du vinaigre semées à la surface d'un liquide alcoolique suffisent pour peupler le liquide en quelques heures.

Tous ces ferments existent en germes dans l'air atmosphérique et donnent naissance à la fermentation correspondante, lorsqu'ils trouvent un milieu propre à leur développement : les belles expériences de M. **Pasteur** ne laissent aucun doute à ce sujet. Les germes se déposent sur tous les corps, comme on peut le constater sur les grains de raisin : il suffit de tremper une grappe dans l'eau distillée et de l'agiter pendant quelques instants ; par le repos l'eau abandonnera des germes, qui, introduits dans un liquide sucré, en détermineront la fermentation alcoolique.

Ces germes périssent lorsqu'on porte les liquides qui les renferment ou l'air dans lequel ils sont en suspension à une température inférieure à 100°. M. **Pasteur** a fait à ce sujet de remarquables travaux qui ont enrichi la science et l'industrie de procédés nouveaux de conservation des liquides.

573. Fermentation alcoolique. — Le *ferment* est la *levure de bière* ; la substance *fermentescible* est le *sucre de raisins*, ou *glucose*, $C^{12}H^{12}O^{12}$. La théorie de la fermentation alcoolique a été donnée pour la première fois, en 1815, par **Gay-Lussac** qui montra que, sous l'influence de la levure de bière, le glucose se dédouble en alcool et en acide carbonique :

$$C^{12}H^{12}O^{12} = 2\,(C^4H^6O^2) + 2\,C^2O^4.$$

En 1830, M. **Dubrunfaut** montra que le *sucre de cannes* absorbe deux équivalents d'eau avant de fermenter ; enfin, en 1857, M. **Pasteur** montra qu'outre l'alcool et l'acide carbonique, le sucre fournit encore de la *glycérine*, $C^6H^8O^6$, et de l'*acide succinique*, $C^8H^6O^8$, ainsi que de la cellulose et des matières grasses, qui se fixent sur la levure de bière pendant la fermentation : 100 grammes de sucre donnent 51 gr. d'alcool, 49 gr. 11 d'acide carbonique, 3 gr. 4 de glycérine, 0 gr. 6 d'acide succinique, et 1 gr. 3 de cellulose et de matière grasse.

L'analyse des vins a confirmé les résultats obtenus par

M. **Pasteur**, en montrant qu'on y trouve par litre de 6 à 8 grammes de glycérine et 1 gramme environ d'acide succinique.

Pour produire la fermentation alcoolique, on introduit dans un flacon muni d'un tube à dégagement une dissolution de glucose dans l'eau (10 %) et on y ajoute quelques grammes de levure de bière humide; on maintient la température du flacon

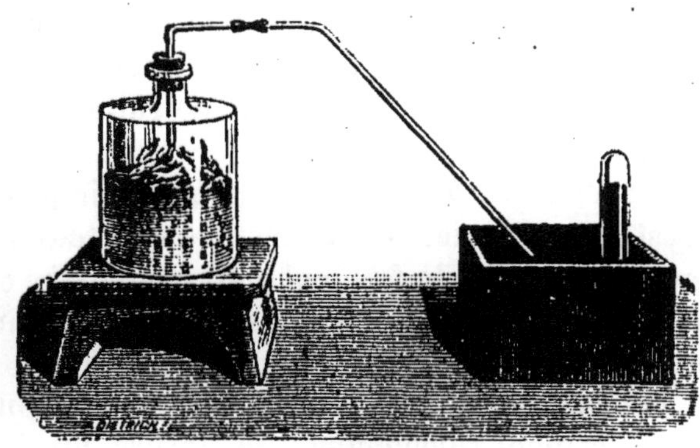
Fig. 102. Fermentation d'un liquide sucré.

à 25° environ, et on voit la masse se boursoufler, pendant qu'il se dégage de l'acide carbonique que l'on recueille dans une éprouvette (fig. 192). En outre, la liqueur a pris une odeur vineuse; elle contient de l'alcool, que l'on peut en retirer par distillation.

La durée de la fermentation est proportionnelle au poids du sucre employé : les acides et les alcalis concentrés suppriment la fermentation; une température trop élevée la supprimerait aussi.

874. Levure de bière.
— La *levure de bière* est un végétal microscopique, formé de globules fixés les uns sur les autres et se reproduisant par bourgeonnement (fig. 193) : ces globules sont formés par de la cellulose, des matières albuminoïdes et des sels minéraux, tels que du phophate de chaux. La levure de bière emprunte au

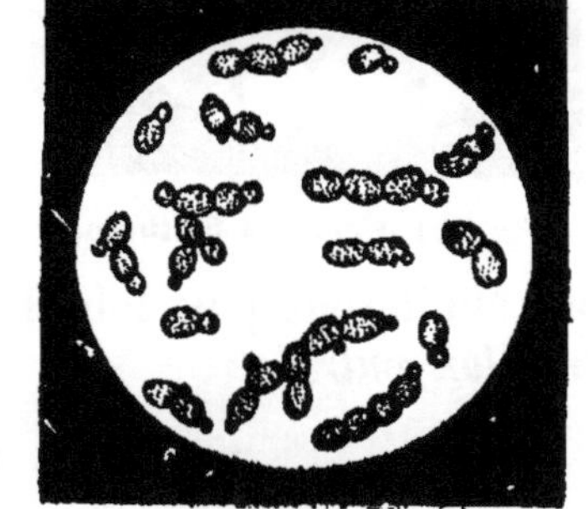
Fig. 103. Levure de bière.

liquide sucré les éléments de la cellulose et de la matière grasse des globules qui naissent pendant la fermentation :

le reste du sucre se transforme en alcool, en acide carbonique, en glycérine et en acide succinique; la levure augmente de poids et de volume et on recueille environ sept fois autant de levure qu'on en avait semé. La présence de matières albuminoïdes et de phosphates dans la liqueur est nécessaire à la fermentation; lorsque la liqueur sucrée n'en contient pas, il faut, pour produire la fermentation, mettre un excès de levure, dont une portion se détruira pour servir d'aliment à l'autre portion.

La *levure de bière* n'a pas besoin d'air pour se développer : c'est une propriété caractéristique de tous les ferments ; elle ne joue le rôle de ferment que quand elle est obligée de se développer à l'abri du contact de l'air en empruntant au sucre les éléments qui lui sont nécessaires.

M. **Pasteur** a montré que la levure de bière n'est pas le seul ferment alcoolique ; la levure du jus de raisins est une autre levure, dite levure à *fermentation basse,* qui ne joue le rôle de ferment qu'à l'abri de l'air ; développée à la surface des liquides fermentés, elle ne p ovoque plus la fermentation.

875. Fermentations diverses. — Chaque fermentation correspond à un ferment spécial; ainsi les liquides sucrés se transforment en *acide lactique* sous l'action d'un *ferment lactique,* beaucoup plus petit que la levure de bière (fig. 194), l'acide lactique se transforme en acide butyrique sous l'action de vibrions particuliers.

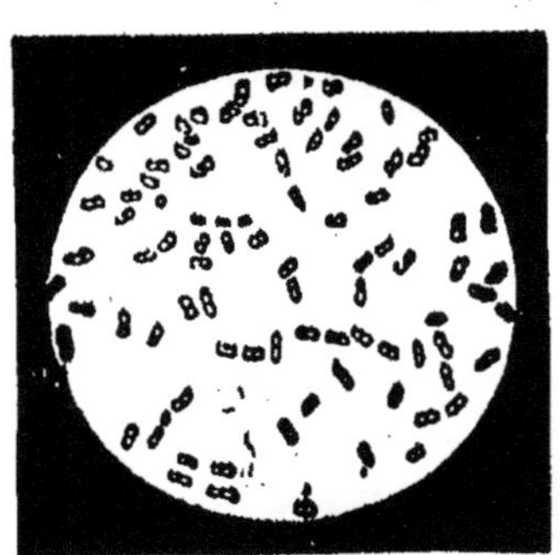

Fig. 194. Ferment lactique.

Nous étudierons plus loin la *fermentation acétique* et la *fermentation putride.*

BOISSONS FERMENTÉES

876. Tous les sucs végétaux contenant des matières sucrées et des matières albuminoïdes et minérales sont susceptibles de fermenter : on obtient alors les *boissons fermentées,* telles que le *vin,* la *bière,* le *cidre,* le *poiré.*

877. Vin — Le *vin* est le résultat de la fermentation du jus ou *moût* de raisin. Les raisins mûrs sont foulés avec les pieds dans des cuves en bois; le moût de raisin est abandonné dans les celliers à une température de 20°; il entre en fermentation et dégage de l'acide carbonique, qui soulève la pulpe du grain et la grappe et les réunit à la surface en formant une croûte appelée le *chapeau*. Quand la fermentation devient plus lente, on brise le chapeau et on mélange de nouveau toute la masse; la fermentation redevient plus active. Quand elle se ralentit de nouveau, on soutire le vin et on le met dans les tonneaux où doit s'achever la fermentation. Le vin devient de plus en plus clair; il dépose au fond des tonneaux, à l'état de *lie*, les débris du ferment et l'excès de matière colorante et de bitartrate de potasse. On soutire une seconde fois et on colle le vin avec du blanc d'œuf ou avec de la colle de poisson; en se coagulant sous l'action de l'alcool, l'albumine entraîne toutes les matières qui troublaient le vin.

Le vin renferme :

Eau 80 %, tenant en solution les autres matières;

Alcool de 5 à 20 %;

Tannin, glycérine, acide succinique, albumine, graisse, gommes; phosphate de chaux, sulfate de potasse, sulfate de chaux, crème de tartre;

Essences diverses auxquelles le vin doit son bouquet.

Matière colorante rouge provenant de la pulpe du grain de raisin.

Pour faire le *vin blanc*, on peut se servir à volonté de raisins blancs ou de raisins noirs; dans ce dernier cas, on soumet les raisins écrasés à l'action d'un pressoir qui sépare immédiatement le moût incolore de la rafle et des pellicules colorées. Les vins *mousseux* s'obtiennent en ajoutant au vin, en le mettant en bouteille, un peu de sucre candi (3 à 5 %). Le sucre fermente sous l'action du ferment qui existe encore dans le vin, même clarifié; il se forme de l'acide carbonique, qui se dissout dans le vin sous pression et le rend mousseux.

878. Maladies des vins. 1° *Vins acides.* — Le vin, exposé à l'air dans des tonneaux mal bouchés ou incomplètement remplis subit la *fermentation acétique* : il se transforme en vinaigre ; on dit alors que le vin est *aigre* ou *piqué*.

2° *Vins tournés.* — En été il se développe dans le vin de petits filaments microcospiques qui troublent le vin et dégagent de l'acide carbonique : le vin devient fade et s'altère.

3° *Fleurs du vin.* — On appelle ainsi des mycodermes blancs qui se développent à la surface du vin exposé à l'air : c'est le *mycoderma* * *vini*, qui rend le vin *plat*, en transformant son alcool en acide carbonique et en eau.

4° *Vins gras.* — Le vin peut devenir *gras* ou *huileux* par suite du développement de mycodermes particuliers ayant la forme de grains disposés en chapelets : cette maladie affecte surtout les vins blancs. Enfin les vins très vieux deviennent *amers*.

M. **Pasteur** a fait l'étude de toutes ces maladies et il a montré qu'il suffit de *chauffer* les vins pendant quelques minutes à une température de 55° pour en détruire tous les germes et en assurer la conservation indéfinie.

570. Essai des vins. — Pour déterminer la richesse alcoolique d'un vin on en extrait l'alcool par distillation à l'aide de l'alambic Salleron (fig. 195). A cet effet, on distille le vin et on recueille le *tiers* du volume de vin employé ; on y ajoute l'eau nécessaire pour compléter le volume primitif.

On détermine la richesse alcoolique de ce mélange d'eau et d'alcool au moyen de l'alcoomètre centésimal de **Gay-Lussac**, à la température de 15° ; on trouve

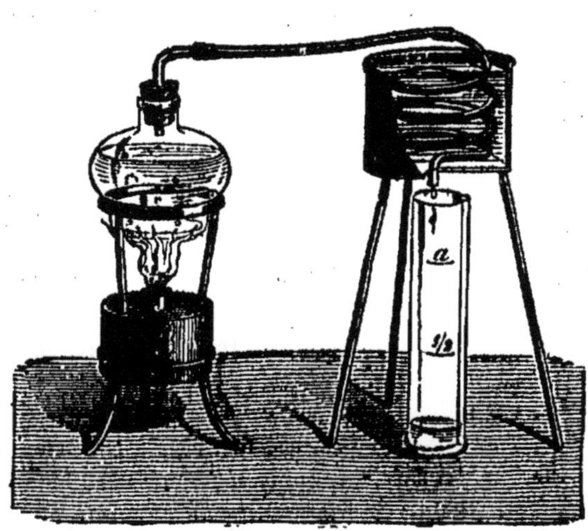

Fig. 195. Appareil Salleron pour l'essai alcoolique des vins. — On remplit la burette, jusqu'au trait *a*, du vin à essayer ; on verse le vin mesuré dans le petit ballon, puis on distille la liqueur et on recueille le liquide alcoolique dans la burette jusqu'au trait 1/2. On ajoute de l'eau jusqu'au trait de repère *a* et on plonge un alcoomètre dans la liqueur.

ainsi que pour 100 volumes de vin, la teneur en alcool est :

Vin de Madère	20,48	Vin de Champagne mousseux.	11,60
— de Roussillon	16,67	— de Frontignan	11,76
— de Grenache	16,00	— de Bordeaux	11,00
— de Sauterne blanc	15,00	— de Bourgogne rouge	7,60
— de Grave	12,30	— du Chablis blanc	7,35

880. Bière. — L'*orge*, humectée d'eau et placée dans un germoir à une température de 15°, germe, et l'amidon du grain d'orge se transforme en dextrine et en glucose sous l'action de la *diastase* développée par la germination. Le grain d'orge germé est ensuite desséché à la température de 80° dans une étuve, appelée *touraille* : la *radicelle* du grain tombe; on concasse les grains entre des meules et on obtient une farine grossière constituant le *malt*. Le

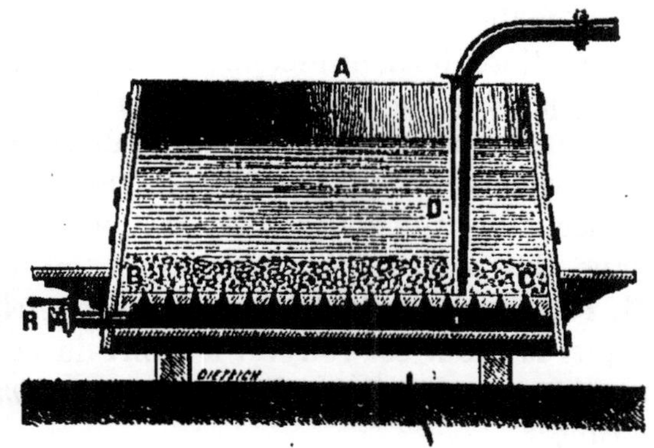

Fig. 196. Cuve pour la préparation de la bière.

malt est étendu en couches de 40 centimètres d'épaisseur sur le fond percé de trous d'une cuve à double fond (fig. 196), dans laquelle on introduit de l'eau à la température moyenne de 70° : on brasse la masse et on l'abandonne à elle-même pendant trois heures dans la cuve fermée; au bout de ce temps, on soutire le liquide, qui prend le nom de *moût*. Le malt resté dans la cuve est soumis à une seconde infusion avec de l'eau à 90°, puis à une troisième infusion avec de l'eau à 95°. Les moûts des deux premières infusions mélangés ensemble servent à faire la bière ordinaire; la troisième infusion donnera la petite bière. Le malt épuisé, sous le nom de *drèche*, est employé pour la nourriture des bestiaux.

Le moût est ensuite porté dans des chaudières en cuivre où on le fait bouillir avec du *houblon*, qui communique à la liqueur une saveur amère et contribue à sa conservation; on emploie généralement 800 grammes de houblon pour

100 litres de bière. Le moût houblonné est refroidi rapidement dans de vastes bacs en cuivre, puis il est versé dans des cuves : on lui ajoute 4 kilogrammes de levure de bière par 1000 litres de moût et on abandonne le tout à la fermentation alcoolique. On soutire le liquide et on l'introduit dans des tonneaux, appelés *quarts*, où la fermentation s'achève. Les écumes qui s'échappent par l'ouverture des tonneaux sont exprimées dans des sacs et laissent un résidu solide, qui est la levure de bière ordinaire employée pour les opérations suivantes ou pour la *panification*.

On ajoute souvent au moût du glucose, du sirop de fécule, de la mélasse ou du sucre brut pour augmenter la proportion de matière fermentescible contenue dans le liquide. Souvent, pendant la fermentation, la bière s'altère par suite de la présence de germes étrangers dans la levure; ces germes se développent lorsque la fermentation alcoolique est terminée. On atténue cette altération en conservant la bière dans des caves très fraîches et en employant la glace. **M. Pasteur** a proposé l'emploi d'un réfrigérant spécial dans lequel le moût est refroidi à l'abri du contact de l'air et fermente sous l'action d'une levure *exempte de tout germe étranger*.

581. La bière renferme de l'eau, de l'alcool, de l'acide carbonique libre, des sels minéraux, etc. La bière est une boisson très fraîche et très tonique; elle est aussi très nourrissante, grâce au sucre, aux matières albuminoïdes et aux phosphates qu'elle renferme. Sa richesse alcoolique est comprise entre 3 % pour la bière de Strasbourg, 8 % pour l'*ale* anglaise.

582. Cidre. Poiré. — Le *cidre* est une boisson fermentée obtenue avec le jus des *pommes;* le *poiré* se fabrique avec le jus des *poires.* On concasse les pommes dans un *grugeoir* spécial de manière à obtenir une *pulpe* que l'on abandonne à l'air jusqu'à ce qu'elle ait pris une couleur brunâtre; on porte la pulpe sous le *pressoir* et l'on recueille le jus sucré, que l'on abandonne dans des tonneaux imparfaitement bouchés. La fermentation alcoolique s'accomplit naturellement sous l'action du ferment alcoolique reçu par la pulpe pendant son exposition à l'air. Lorsque la fermentation est terminée, on obtient un liquide acide et légèrement amer. Si l'on veut obtenir le *cidre doux*, il faut enfermer le cidre dans des tonneaux préalablement soufrés, avant que la fermentation soit terminée : le cidre doux mis en bouteilles devient mousseux et conserve sa saveur sucrée. Le cidre renferme de 4 à 9 % d'alcool.

883. Eaux-de-vie. — Les vins, soumis à la distillation, dégagent de l'alcool, de l'eau et divers produits odorants. On appelle *eau-de-vie* le produit de la distillation des liqueurs alcooliques, lorsque la teneur en alcool est inférieure à 59 %, et on donne le nom d'*esprit* à tout liquide alcoolique renfermant de 60 à 90 % d'alcool.

Les meilleures eaux-de-vie proviennent de la distillation des vins blancs de *Cognac* fermentés sans pulpe ni rafle, qui donneraient à l'eau-de-vie un goût âcre. On peut encore préparer de l'eau-de-vie de cidre ou de l'eau-de-vie de marc provenant de la distillation du marc de raisin, humecté d'eau et abandonné à la fermentation. Le kirsch, le rhum, le tafia, le genièvre, sont des eaux-de-vie dont la matière première est la cerise sauvage, la mélasse de canne à sucre ou la baie de genièvre.

884. Alcools d'industrie. — On extrayait autrefois l'alcool des liqueurs fermentées en les distillant dans un alambic et en soumettant le liquide distillé à une série de rectifications successives ; aujourd'hui, on fait fermenter les jus sucrés naturels et on les distille ensuite dans des appareils continus qui donnent, par une seule opération, des produits dont le titre en alcool est très élevé : on obtient ainsi les *alcools de betterave ;* ou bien, on transforme en sucre l'amidon des céréales ou de la pomme de terre, et on fait ensuite fermenter la liqueur, ce qui donne les *alcools de grains* et les alcools de *pommes de terre.*

Pour fabriquer l'*alcool de betterave,* on lave les betteraves, on les râpe et on les presse : le jus sucré est additionné de 2 kilog. d'acide sulfurique par mètre cube ; on ajoute la levure et on distille quand la fermentation est terminée : l'alcool recueilli est ensuite soumis à la rectification.

Pour obtenir l'*alcool de grains,* on concasse les grains de seigle et on les mélange avec le quart de leur poids d'orge germée: on délaye le tout dans l'eau à la température de 55°. Au bout de trois heures, la transformation de l'amidon en sucre est complète : on laisse refroidir la masse et on ajoute la levure de bière. Au bout de deux jours, la fermentation est terminée; on peut distiller la masse et recueillir l'alcool qui est ensuite rectifié.

L'*alcool de pommes de terre* s'obtient en mélangeant la pulpe de pommes de terre avec de l'orge germée, et en terminant comme précédemment.

Les alcools de grains et de pommes de terre ont une saveur désagréable, due à la présence d'un alcool, appelé *alcool amylique*, $C^{10}H^{12}O^2$,

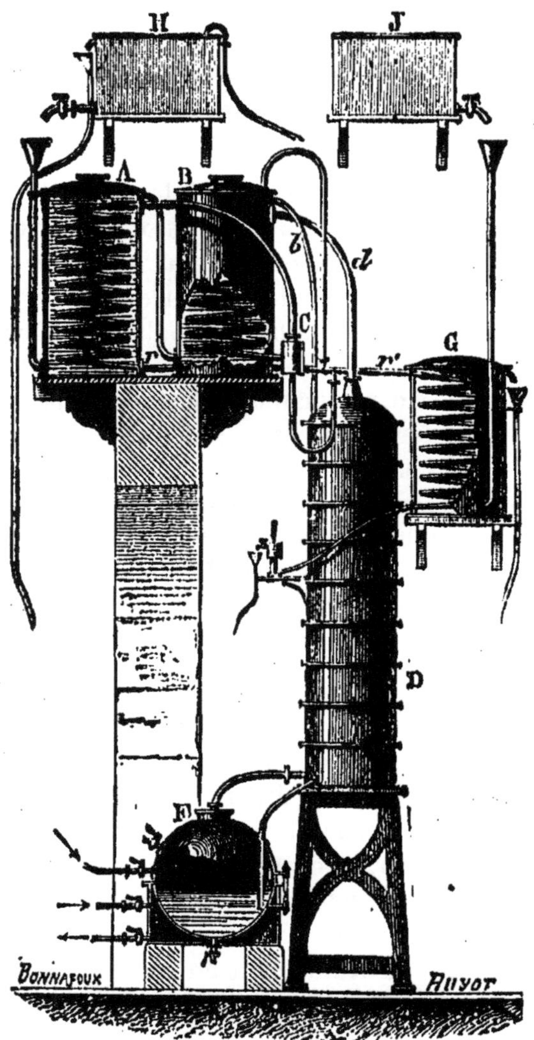

Fig. 197. **Déflogmateur Dubrunfaut.** — D, colonne distillatoire formée de plateaux superposés semblables à celui de la figure 199. Les vapeurs alcooliques s'échappent de la chaudière F et viennent se condenser dans les serpentins A, B, G.

et vulgairement connu sous le nom d'huile de pommes de terre : cet alcool bout à 132° et peut être facilement séparé de l'alcool ordinaire qui bout à 78°.

Les alcools d'industrie se préparent au moyen des rectifi-
cateurs divers des figures 197, 198, 199.

Fig. 198. **Le rectificateur Laugier.** — B, chaudière dans laquelle le liquide
alcoolique à rectifier arrive par le tube C, après avoir servi à refroidir les serpentins. Dans cette chaudière l'alcool se vaporise et se rend dans les serpentins, puis
de là dans le vase H, d'où on le fait passer dans les tonneaux. — A, chaudière dans
laquelle s'achève la rectification. Le liquide résidu constitue les vinasses.

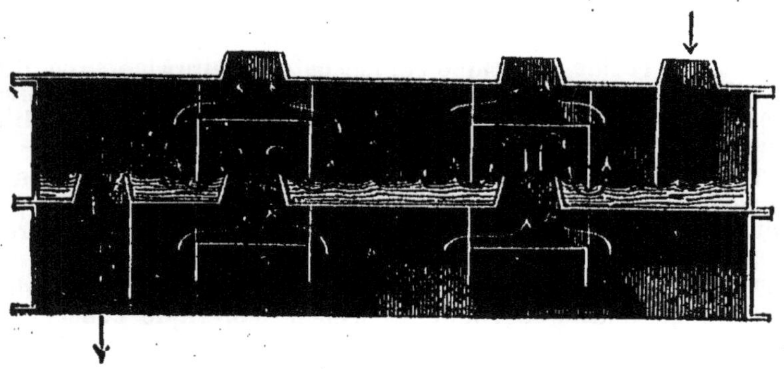

Fig. 199. **Plateau du déflegmateur.** — Les vapeurs alcooliques s'élèvent de
bas en haut comme l'indiquent les flèches, tandis que le liquide alcoolique descend
de plateau en plateau ; il en résulte que les vapeurs qui se condenseront dans les
serpentins seront presque exclusivement formées d'alcool.

Conseils pédagogiques. — On mettra en évidence la propriété caractéristique des alcools, qui est la possibilité de former des éthers. — Pour les alcools à fonction simple, on insistera sur leur atomicité, fondée sur le nombre des éthers qu'ils peuvent former. — On insistera sur les fermentations, les ferments et les expériences de M. Pasteur.

Questionnaire. —Qu'appelle-t-on alcools? — Que produisent-ils avec les acides? — Quel corps produit l'oxydation des alcools? — Quelle appellation donne-t-on aux composés de l'alcool et de l'ammoniaque? — Comment se classent les alcools? — Qu'est-ce qu'un alcool polyatomique? — Citez l'un des plus importants et des plus employés. — En quoi les phénols se distinguent-ils des alcools? — Qu'est-ce que l'alcool ordinaire? — Comment s'opère la synthèse de l'alcool? — Comment obtient-on l'alcool dans l'industrie? — Comment s'obtient l'alcool absolu? — Quelles sont ses propriétés physiques et chimiques? — Que se produit-il par l'oxydation lente de l'alcool? — Qu'est-ce que le chloral, l'esprit de bois, le chloroforme? — Qu'est-ce que les ferments? — Quels sont les chimistes qui ont démontré successivement l'action des ferments? — Quelles sont les conditions nécessaires pour la fermentation? — Qu'est-ce que la levure de bière? — Comment se fait le vin? — Quelles matières renferme-t-il? — Quelles sont les principales maladies du vin? — Comment fait-on l'essai des vins? — Comment se fabrique la bière? — Quelles matières produit la germination de l'orge? — Quelle transformation leur fait subir la fermentation? — A quoi s'emploie la levure de bière? — Comment se font le cidre, le poiré? — Qu'appelle-t-on eau-de-vie, esprits? — Quels sont les alcools les plus employés dans l'industrie? — Qu'est-ce qui donne une saveur désagréable aux alcools de grains et de pommes de terre?

CHAPITRE IV

ÉTHERS. — GLYCÉRINE. — CORPS GRAS.

Sommaire: 168. On appelle *éthers* des corps composés résultant de l'action des acides sur les alcools. Ce sont de véritables sels dont l'alcool serait la base hydratée.

169. L'*éther ordinaire* ou *éther sulfurique*, C^4H^6O, se prépare en faisant agir l'acide sulfurique sur l'alcool ordinaire à la température de 140°. L'éther est un liquide très mobile, bouillant à 35°, dissolvant un grand nombre de substances, très inflammable, utilisé comme dissolvant et comme anesthésique.

170. La *glycérine*, $C^6H^8O^6$, est un alcool triatomique, formant avec les acides gras des éthers appelés vulgairement *corps gras* et portant les noms d'*oléine*, de *stéarine* et de *margarine*. On prépare la glycérine en saponifiant l'huile d'olives par l'oxyde de plomb.

171. La *nitroglycérine* se prépare en versant la glycérine dans un mélange d'acide azotique et d'acide sulfurique concentrés : c'est un liquide huileux, très explosif, qui, mélangé à une matière terreuse inerte, constitue la *dynamite*.

172. L'*oléine* s'obtient en refroidissant l'huile d'olive à 0°; la *margarine* se solidifie et l'oléine reste liquide. La *stéarine* s'extrait du suif de mouton : elle est solide, cristallisée et soluble dans l'éther. La *margarine* ou *palmitine* s'extrait de l'huile de palmes.

173. Les *huiles* sont des corps gras d'origine végétale, formés d'un mélange d'oléine et de margarine : on les divise en *huiles siccatives* et en *huiles non siccatives.* Les *graisses* sont des mélanges d'oléine, de stéarine et de margarine.

174. Les acides gras sont les acides *margarique, stéarique* et *oléique* : en se combinant avec les bases, ils forment des *savons.*

ÉTHERS.

385. On désigne sous le nom général d'**éthers** des corps composés résultant de l'action directe des acides sur les alcools. Ainsi, par exemple, l'acide chlorhydrique, en agissant sur l'alcool ordinaire, forme l'*éther chlohydrique* et de l'eau :

$$C^4H^6O^2 + HCl = \underset{\text{Éther chlorhydrique.}}{C^4H^5Cl} + 2HO.$$

L'acide acétique donnerait, en agissant sur l'alcool, naissance à l'*éther acétique* et à de l'eau :

$$C^4H^6O^2 + C^4H^4O^4 = \underset{\text{Éther acétique.}}{C^8H^8O^4} + 2HO.$$

L'acide azotique formerait l'*éther azotique;* l'acide sulfurique donnerait naissance à deux éthers, l'un neutre, l'autre acide.

On peut comparer les éthers à de véritables sels, dont l'alcool serait la base hydratée : ainsi l'alcool est l'hydrate d'oxyde d'éthyle, C^4H^5O,HO; l'éther chlorhydrique est du chlorure d'éthyle, C^4H^5Cl, et l'éther acétique est de l'acétate d'éthyle, $C^4H^5O,C^4H^3O^3$; l'éther azotique serait de l'azotate d'éthyle, C^4H^5O,AzO^5; les éthers sulfuriques seraient du sulfate neutre et du bisulfate d'éthyle, $2C^4H^5O,S^2O^6$, et C^4H^5O,HO,S^2O^6.

L'éthyle, C^4H^5, est alors considéré comme un radical alcoolique jouant le rôle de métal; à chaque alcool correspond un radical particulier :

Esprit de bois.	$C^2H^4O^2$	Radical	C^2H^3	Méthyle
Alcool de vin	$C^4H^6O^2$	—	C^4H^5	Éthyle.
Alcool propylique	$C^6H^8O^2$	—	C^6H^7	Propyle.

L'alcool correspondant est alors comparable à un alcali hydraté : l'alcool ordinaire $C^4H^6O^2 = C^4H^5O, HO$, analogue à la potasse KO,HO.

Les éthers, traités par un alcali, régénèrent l'alcool; on dit alors que l'éther a été *saponifié* :

$$C^4H^5O,C^4H^3O^3 + KO,HO = C^4H^6O^2 + KO,C^4H^3O^3.$$

Il se forme le sel correspondant à l'acide générateur de l'éther.

On donne souvent le nom d'*éthers simples* aux éthers qui ont pour générateur un hydracide, et le nom d'*éthers composés* aux éthers qui ont pour générateur un oxacide.

Ex. : L'éther chlorhydrique est un éther simple;

L'éther acétique est un éther composé.

ÉTHER ORDINAIRE.

$$C^8H^{10}O^2 = 74 = 4 \text{ vol.}$$

586. Préparation. — *L'éther ordinaire*, appelé vulgairement *éther sulfurique*, est le produit de la déshydratation partielle de l'alcool vinique. L'éther ordinaire est un *éther mixte* provenant de la réaction mutuelle de deux équivalents d'alcool ordinaire avec élimination d'eau :

$$C^4H^6O^2 + C^4H^6O^2 = C^8H^{10}O^2 + H^2O^2.$$

L'éther ordinaire se prépare en faisant réagir l'acide sulfurique sur l'alcool ordinaire, à une température inférieure à 150°, l'alcool est transformé en éther et en eau.

Dans les laboratoires on emploie l'appareil représenté par la figure 200 : on mélange 7 parties d'alcool ordinaire et 10 parties d'acide sulfurique concentré, que l'on introduit dans un ballon A, auquel on a adapté un réfrigérant B refroidi par un courant continu d'eau froide.

On chauffe le ballon A au bain de sable à une température de 140° environ; puis, on fait couler par le tube à entonnoir D un courant continu d'alcool ordinaire, de manière à ce que la température de l'appareil se maintienne constamment vers 140°.

Il passe à la distillation un mélange d'éther, d'eau, d'alcool, etc., que l'on recueille dans le récipient C. Théoriquement, une quantité déterminée d'acide sulfurique peut transformer en éther des quantités illimitées d'alcool; dans la pratique, l'acide sulfurique s'altère à la longue et ne peut éthérifier que 25 à 30 fois son poids d'alcool. Le produit obtenu est

d'abord lavé à l'eau, qui dissout l'alcool : l'éther surnage ; on
le décante, on le met en digestion avec un lait de chaux, on
le distille et on le rectifie sur du chlorure de calcium et enfin
sur du sodium. Dans l'industrie, on transforme de même
l'alcool par l'acide sulfurique dans des récipients en plomb.

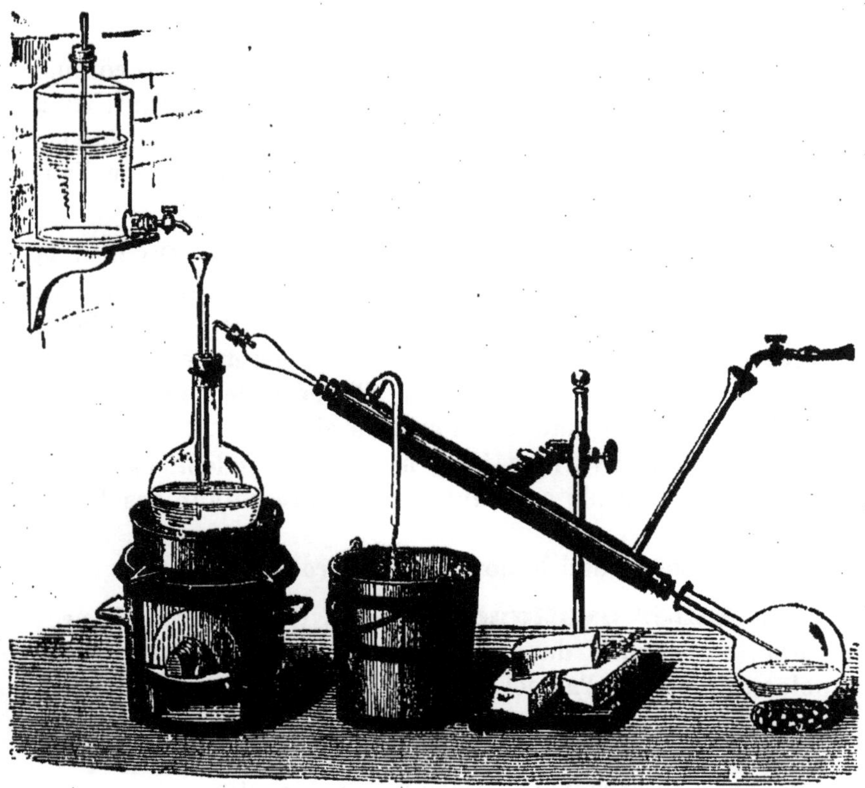

Fig. 200. **Préparation de l'éther ordinaire.** — A, ballon distillateur renfermant de l'acide sulfurique sur lequel on fait passer un courant continu d'alcool
— B, réfrigérant ; — C, récipient dans lequel se condensent l'éther et l'eau.

587. Propriétés. — L'*éther* est un liquide incolore,
très mobile, très volatil, d'une odeur pénétrante spéciale,
d'une saveur à la fois brûlante et fraîche. Il a pour densité
0,736. Il bout à 35° ; on peut le solidifier en le refroidissant
à —129°. L'éther se mêle très difficilement à l'eau, à la surface
de laquelle il surnage ; il dissout le brome, l'iode, le phosphore, l'alcool, les essences, les résines, les corps gras, etc.

Il est très inflammable ; sa vapeur mélangée à l'air détone à l'approche d'un corps enflammé.

L'éther, en brûlant, se transforme en eau et acide carbonique :

$$C^8H^{10}O^2 + 21\,O = 4\,C^2O^4 + 5\,H^2O^2$$

La respiration d'un mélange de vapeur d'éther et d'air produit l'insensibilité, comme le chloroforme.

888. Usages. — L'éther est utilisé en médecine comme anesthésique et dans les laboratoires comme dissolvant. On a essayé aussi d'employer comme moteur un mélange de vapeur d'éther et d'air atmosphérique, qui détone quand on l'enflamme.

889. Éther chlorhydrique, C^4H^5Cl. — On peut le préparer en chauffant doucement dans une cornue 2 parties de chlorure de sodium, 1 d'alcool et 1 d'acide sulfurique. Lavé d'abord dans de l'eau tiède, l'éther gazeux est desséché dans un tube en U contenant du chlorure de calcium, puis condensé dans un matras entouré de glace.

L'éther chlorhydrique bout à 11°. Son odeur est forte et agréable. Il brûle avec une flamme présentant des bords verts.

On lui donne aussi le nom de *chlorure d'éthyle*.

890. Éther oxalique, $2(C^4H^5O)$, C^4O^6. — Pour le préparer, on chauffe dans une cornue 1 partie d'oxalate de potasse, 1 partie d'alcool et 2 parties d'acide sulfurique concentré. A la cornue est adapté un ballon refroidi dans lequel se condensent les produits de la distillation. On lave ces produits avec du carbonate de soude, on décante et on rectifie sur de la litharge.

L'éther oxalique est un liquide incolore, oléagineux, d'une odeur aromatique ; il est peu stable : l'eau et les alcalis le décomposent en régénérant l'alcool et l'acide oxalique :

$$2\,(C^4H^5O),C^4O^6 + 2\,(KO,HO) = 2(C^4H^6O^2) + 2KO,C^4O^6.$$

GLYCÉRINE ET CORPS GRAS

891. — En 1815, M. Chevreul a montré que les corps gras neutres naturels, tels que l'*oléine*, la *stéarine*, la *margarine*,

doivent être considérés comme les éthers d'un alcool triatomique particulier, appelé la *glycérine*, sous l'action des
acides gras, *acide oléique*, *acide stéarique*, *acide margarique*.
Depuis cette époque, les travaux de M. **Berthelot** ont confirmé l'hypothèse de M. **Chevreul** : on a pu faire réagir
directement l'acide *stéarique* sur la *glycérine* et obtenir un
éther, la *tristéarine*, possédant toutes les propriétés de la
stéarine naturelle et pouvant se saponifier comme elle.

392. Glycérine, $C^6H^8O^6$. — La *glycérine* est une substance
neutre, liquide, sirupeuse, déliquescente, ayant pour densité
1,264, et bouillant à 285°. Elle a une saveur sucrée ; elle
est inodore à froid, mais elle répand à chaud une odeur particulière. Elle se solidifie à quelques degrés au-dessous de
zéro. Elle se mêle en toutes proportions à l'eau et à l'alcool.
Elle brûle avec une flamme claire, en dégageant 392,5 calories par équivalent.

La *glycérine* est un alcool *triatomique* : elle forme avec un
acide monobasique *trois éthers*, dont l'un est neutre et les
deux autres sont acides.

Prenons par exemple l'acide stéarique, $C^{36}H^{36}O^4$. Il formera
avec la glycérine trois éthers :

La monostéarine. $C^6H^8O^6 + C^{36}H^{36}O^4 \quad = C^{42}H^{42}O^8 \quad + 2\,HO.$
La distéarine. . . $C^6H^8O^6 + 2\,C^{36}H^{36}O^4 = C^{78}H^{76}O^{10} \quad + 4\,HO$
La tristéarine . . $C^6H^8O^6 + 3\,C^{36}H^{36}O^4 = C^{114}H^{110}O^{12} + 6\,HO.$

Ces éthers, traités par l'eau pure, régénèrent l'acide stéarique et la glycérine, sous l'action de la chaleur. En présence
des alcalis ou des oxydes métalliques et de l'eau, ces éthers
se saponifient, en produisant un sel de l'acide primitif et en
régénérant la glycérine.

393. Préparation de la glycérine. — Dans le laboratoire, on prépare la glycérine en saponifiant, en présence de
l'eau, l'huile d'olive par l'oxyde de plomb finement pulvérisé ;
il se forme un *savon à base de plomb* et de la glycérine : on
traite la liqueur décantée par un courant d'hydrogène sulfuré
pour précipiter l'oxyde de plomb dissous et on sépare la glycérine de l'eau par une dernière évaporation.

394. Usages de la glycérine. — Elle est employée

pour le pansement des plaies, des dartres, des engelures; elle est utilisée pour maintenir humide l'argile à modeler, les cuirs, les mortiers, l'encolage des tisserands, etc.

595. Nitroglycérine. Dynamite. — Parmi les éthers de la glycérine, il faut citer la *trinitrine* ou nitroglycérine, $C^6H^5O^3,3AzO^5$, que l'on prépare en versant la glycérine goutte à goutte dans un mélange d'acide azotique et d'acide sulfurique concentrés et refroidis. On obtient un liquide huileux, jaunâtre, plus lourd que l'eau, insoluble dans ce liquide et détonant par le choc ou par la chaleur ou quelquefois spontanément.

La *dynamite* s'obtient en mélangeant la nitroglycérine à une matière inerte, comme le sable, la brique pilée, etc.; on prend généralement 75 parties de nitroglycérine pour 25 parties de terre siliceuse; le mélange ainsi obtenu détone par un choc violent ou par l'explosion d'une capsule de fulminate de mercure. Elle fait explosion sous l'eau et produit des effets très puissants. On s'en sert pour faire sauter des quartiers de rocs ou pour charger des torpilles, en mélangeant de la nitro-glycérine à du coton poudre en proportions convenables.

CORPS GRAS NEUTRES.

596. Les *corps gras naturels* sont formés par le mélange en proportions variables de principes immédiats qui sont l'*oléine*, la *stéarine* et la *margarine* ou *palmitine*.

L'*oléine*, $C^6H^5O^3,3C^{36}H^{33}O^3$, est un éther de la glycérine, dont l'acide est l'*acide oléique*, $C^{36}H^{34}O^4$; elle existe dans presque tous les corps gras. On l'obtient en soumettant l'huile d'olive au refroidissement à la température de 0° : la *margarine* se fige; l'*oléine* reste liquide et peut facilement être séparée par décantation.

La *stéarine*, $C^6H^5O^3,3\,C^{36}H^{35}O^3$ est l'éther stéarique neutre de la glycérine. Elle est très abondante dans le suif de mouton; elle est solide, cristalline, insoluble dans l'eau, mais soluble dans l'alcool et dans l'éther : elle fond à 64°,2. On l'extrait du suif de mouton, en traitant celui-ci par l'éther à chaud : la stéarine se dissout; on abandonne la liqueur à la cristallisation par refroidissement; on obtient des cristaux que l'on comprime pour en exprimer l'oléine ; puis on dissout de nouveau dans l'éther ; après plusieurs compressions et cristallisations successives, on obtient la stéarine pure.

La *margarine* ou *palmitine*, $C^6H^5O^3,3C^{32}H^{31}O^5$, est un *éther margarique* de la glycérine ; elle existe dans la graisse humaine, l'huile d'olives, l'huile de palmes. On la prépare en exprimant l'huile de palmes, en la traitant par l'alcool bouillant et en faisant cristalliser à plusieurs reprises dans l'éther la partie insoluble dans l'alcool. La margarine fond à 62°.

897. Huiles. — Les *huiles* sont des corps gras d'origine végétale, formés d'un mélange d'oléine et de palmitine, obtenues par expression des graines ou des fruits qui les renferment. Les huiles destinées à l'éclairage sont *épurées* en les battant avec quelques centièmes d'acide sulfurique concentré.

Les huiles se divisent en deux catégories : les *huiles non siccatives* et les *huiles siccatives*. Les premières demeurent liquides en absorbant l'oxygène de l'air, rancissent et se transforment en acides gras ; les *huiles siccatives* s'épaississent en s'oxydant et se transforment en une masse jaune transparente, ayant l'apparence d'un vernis : elles sont utilisées pour la confection des vernis et des couleurs.

Les huiles sont des corps liquides plus légers que l'eau.

HUILES SICCATIVES.		HUILES NON SICCATIVES.	
HUILE.	GRAINE.	HUILE.	FRUIT OU GRAINE.
Huile de lin	*Linum usitatissimum.*	Huile d'olives	Fruit de l'*Olea Europœa.*
— de noix.	*Juglans regia.*	— d'amandes douces.	Graine d'*Amygdalus vulgaris.*
— de chènevis.	*Cannabis sativa.*	— de colza.	Graine de *Brassica campestris.*
— d'œillette.	*Papaver somniferum.*	— de navette	Graine de *Brassica napus.*
— de ricin.	*Ricinus communis.*	— de faîne.	Graine de *Fagus sylvatica.*
		— de noisettes.	Graine de *Corylus avellana.*

L'huile d'olive bien pure, ou huile vierge, est employée comme comestible ; l'huile d'olive ordinaire et l'huile de colza sont employées pour l'éclairage. Enfin, les huiles sont très employées pour la fabrication des savons.

398. Graisses. — Les *graisses* sont formées par un mélange d'oléine, de stéarine et de margarine en proportions variables.

	Stéarine et palmitine.	Oléine.
Suif de mouton. . . .	80	20
Suif de bœuf.	76	24
Graisse de porc	38	62.

Elles sont solides à la température ordinaire. Elles fondent au dessous de 60°; elles sont insolubles dans l'eau, mais solubles dans l'alcool, l'éther et les essences. Elles sont plus ou moins molles à la température ordinaire; elles constituent les *beurres*, les *graisses*, et les *suifs*. Elles sont d'origine animale.

Le *suif* est la graisse des herbivores (moutons, bœufs); il est contenu dans les cellules du tissu graisseux. Pour l'extraire, on chauffe le suif : les cellules se déchirent, la graisse fond ; on filtre sur des toiles. Pour préparer les *chandelles*, on fait fondre le suif au bain-marie et on le coule dans des moules métalliques légèrement coniques, suivant l'axe desquels on a tendu une mèche de coton.

399. Acides gras. — Les *acides gras* sont l'acide *margarique* ou *palmitique*, $C^{34}H^{34}O^4$; l'acide *stéarique*, $C^{36}H^{36}O^4$; l'acide *oléique*, $C^{36}H^{34}O^4$; les deux premiers sont solides et le troisième est liquide. Ces acides, en se combinant avec les bases, se *saponifient* et forment les *savons* à base de potasse, de soude, de chaux ou de plomb. On les prépare en saponifiant les matières grasses par un alcali et en décomposant le savon formé par l'acide chlorhydrique ou par l'acide sulfurique.

600. Bougies stéariques. — Les bougies stéariques doivent leur origine aux travaux de M. **Chevreul** et de **Gay-Lussac**; elles sont formées par un mélange d'*acides gras* fondus, clarifiés, puis coulés dans des moules, dans l'axe desquels se trouve une mèche de coton *tressée* et imprégnée d'acide borique.

Pour les préparer, on fait usage de suif de bœuf ou de mouton, d'huile de palme ou de graisses de basse qualité. Les matières grasses sont saponifiées par de la chaux dans de grandes cuves en bois doublées de plomb, à la température de 150°. On laisse reposer; la partie liquide décantée est employée pour préparer la glycérine ; le savon calcaire solide est lavé, pulvérisé et décomposé dans des cuves semblables aux précédentes par l'acide sulfurique en présence de l'eau bouillante. Il se forme du sulfate de chaux qui se dépose et des acides gras qui se réunissent à la partie

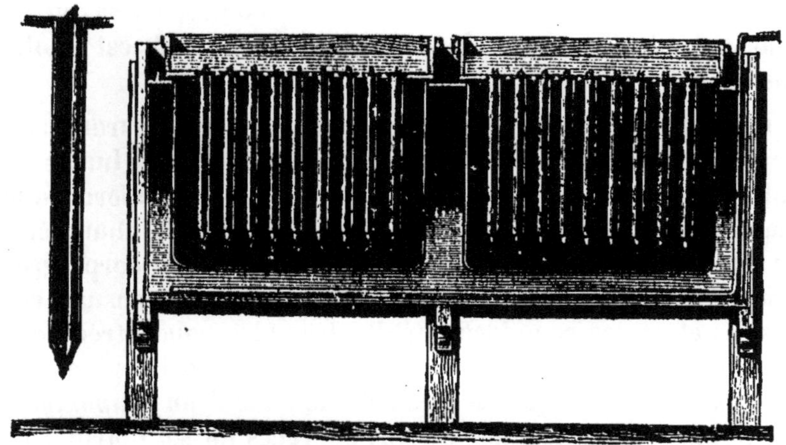

Fig. 201. Moulage des bougies.

supérieure du liquide aqueux ; on les décante, on les lave. Le mélange des acides gras est soumis à l'action de la presse, d'abord à froid, puis à chaud, pour en extraire l'acide oléique; on obtient ainsi des tourteaux d'acides stéarique et margarique que l'on refond et que l'on clarifie avec des blancs d'œufs. On coule ensuite les acides gras fondus dans les moules (fig. 201). On obtient ainsi la bougie brute, que l'on blanchit par une exposition à la lumière et à l'air humide.

La mèche de la bougie se recourbe dans la flamme grâce au tressage du coton et se consume au contact de l'air; l'acide borique transforme les cendres en verre fusible, de sorte que la bougie se mouche d'elle-même.

601. Savons. — On donne le nom général de *savons* aux combinaisons des acides gras avec les bases. Les savons à base de potasse et de soude sont solubles dans l'eau, l'alcool et l'éther; les savons à base de chaux, d'oxyde de plomb, etc., sont insolubles dans l'eau, l'alcool et l'éther : on obtient ces derniers à l'aide des savons solubles par double décomposition : ainsi s'explique le trouble formé dans les eaux calcaires par la teinture acoolique de savon de soude ; il se forme alors un savon à base de chaux insoluble dans l'eau.

Les savons employés pour le blanchissage sont à base de potasse ou de soude. L'*emplâtre* des pharmaciens est un savon à base de plomb. Les savons à base de potasse sont mous ; les savons à base de soude sont durs : en outre, un savon est d'autant plus dur que le corps gras saponifié est moins fusible.

602. Savons durs. — Les *savons durs* se préparent avec de l'huile d'olives non comestible, du suif et des huiles de palme mélangées d'huile de coco. A Marseille on opère de la manière suivante : on introduit dans une grande chaudière, au quart remplie d'une lessive faible de soude, le corps gras à saponifier et on fait bouillir le tout. On soutire ensuite ces lessives et on les remplace par d'autres plus concentrées qui continuent la saponification; on obtient ainsi un savon avec excès d'alcali qui est très soluble dans l'eau (*empâtage*). On ajoute à la masse des lessives chargées de sel marin : le savon, insoluble dans l'eau salée, se précipite; on le sépare des lessives épuisées, de la glycérine et des impuretés ; on y ajoute de la nouvelle lessive concentrée pour terminer la saponification. On lave le savon avec de l'eau salée et enfin on fait bouillir la liqueur jusqu'à ce qu'elle ait pour densité 1,18 environ (*relargage.*) On obtient ainsi un *savon brut* que l'on délaye dans une petite quantité de lessive faible et qu'on laisse refroidir.

603. Savon marbré. — Lorsque le refroidissement est rapide, les savons insolubles et colorés, provenant des oxydes étrangers contenus dans les matières premières, restent dans la pâte et forment des marbrures bleuâtres : on obtient alors le *savon marbré*, qui ne contient que 25 à 30 % d'eau.

604. Savons blancs. — Si le refroidissement de la masse est lent, les savons insolubles se précipitent et la pâte devient tout à fait blanche. On obtient ainsi le *savon blanc* qui peut contenir jusqu'à 50 % d'eau.

1° *Savons mousseux.* — On les fabrique en saponifiant l'huile de palme : ils sont blancs, plus alcalins que le savon ordinaire de Marseille et contiennent beaucoup d'eau.

2° *Savon transparent.* — On le prépare en dissolvant le savon blanc ordinaire dans l'alcool chaud qui en sépare toutes les impuretés ; on coule la liqueur décantée dans des moules en fer-blanc : il est complètement transparent quand il est sec.

605. Savons mous. — On les prépare en saponifiant les huiles par des lessives caustiques de potasse ; le savon obtenu est vert quand on le fabrique avec des huiles jaunes auxquelles on ajoute un peu d'indigo à la fin de la cuisson. Le savon noir s'obtient en saponifiant l'huile de chènevis ; on le colore à l'aide du sulfate de fer, du sulfate de cuivre, du tannin et du bois de campêche. Ces savons renferment toujours un excès d'alcali et de la glycérine : ils contiennent environ 50 % d'eau.

606. Composition des savons. — Voici la composition des savons les plus employés :

	ACIDES GRAS.	ALCALI.	EAU.
Savon marbré de Marseille	60 à 64	6,0	34 à 30
— blanc de Marseille	50,0	4,5	45,5
— unicolore d'Elbeuf	65,7	7,8	26,5
— vert de Picardie	41,0	9,0	50,0

Le savon blanc est employé pour le blanchissage et pour la toilette ; les savons mous, plus alcalins, servent au blanchissage des tissus grossiers, au foulage et au dégraissage de la laine, etc.

607. Emplâtre. — *L'emplâtre simple* est un savon à base de plomb. On le prépare en saponifiant une partie d'huile d'olives, mélangée à une partie d'axonge, par une partie d'oxyde de plomb.

On fond les matières grasses dans une marmite, on ajoute la litharge et un peu d'eau ; on porte la masse à l'ébullition et on agite sans cesse, en ajoutant de l'eau de temps en temps : la glycérine formée reste en dissolution dans l'eau et le savon de plomb se prend en une masse grisâtre, qui durcit en se refroidissant.

Conseils pédagogiques. — On insistera sur la triatomicité de la glycérine. On montrera que les corps gras sont des éthers de la glycérine. On mettra en évidence la saponification des matières grasses, en montrant qu'elle est identique à celle des éthers composés dérivés des autres alcools.

Questionnaire. — Qu'est-ce que les éthers? — Quelle analogie y a-t-il entre les éthers et les sels? — Comment se prépare l'éther ordinaire? — Comment l'appelle-t-on vulgairement? — Quelles sont ses propriétés et ses usages? — Qu'est-ce que la glycérine? — Quel rôle joue-t-elle dans la composition des corps gras — Comment la prépare-t-on? — Quels sont ses usages? — Qu'est ce que la nitroglycérine? — En quoi diffère-t-elle de la dynamite? — Quelle est la composition des corps gras naturels? — Qu'est-ce que l'oléine, la stéarine, la margarine ou palmitine? — Quels sont les acides de ces éthers? — Qu'est-ce que les huiles? — Comment épure-t-on les huiles d'éclairage? — Comment se divisent les huiles? — Quelles sont les plus employées? — Quelle est la composition des graisses? — Qu'est-ce que les acides gras? — Comment se fabriquent les bougies stéariques? — Quels sont les savants dont les travaux ont amené leur fabrication? — Qu'appelle-t-on savons? — Pourquoi le savon de soude trouble-t-il les eaux calcaires? — Comment se fabriquent les différents savons? — Qu'est-ce que l'emplâtre simple des pharmacies?

CHAPITRE V

GLUCOSES. -- SUCRE DE CANNE. — SUCRE DE LAIT.

Sommaire. 175. Les *glucoses* sont des principes sucrés pouvant fermenter directement sous l'action de la levure de bière. La *glucose* ou sucre de raisin, $C^{12}H^{12}O^{12}$, se trouve dans les raisins secs, dans le miel et dans la plupart des fruits acides; on la prépare en transformant l'amidon en glucose par l'acide sulfurique étendu.

176. Les *saccharoses*, dont le type est le sucre de canne, $C^{12}H^{11}O^{11}$, fermentent difficilement. Le sucre ordinaire s'extrait de la canne à sucre ou de la betterave. Il est assez soluble dans l'eau, insoluble dans l'alcool; il fond à 160°; sous l'action de la chaleur, il se transforme en *caramel*, puis en *charbon amorphe*, ou charbon de sucre.

177. Le *sucre de lait*, $C^{24}H^{22}O^{22} + 2HO$, s'extrait du petit-lait sous la forme de cristaux jaunâtres.

608. On appelle **glucoses** des principes sucrés, pouvant fermenter directement sous l'action de la levure de bière; ils sont isomères; desséchés à 100°, ils ont tous pour formule $C^{12}H^{12}O^{12}$.

Ce sont : la *glucose* ordinaire, ou sucre de raisin; la *lévulose* ou glucose de fruits; et un grand nombre d'autres principes dont la nature n'a pas encore été déterminée avec certitude.

609. Glucose, $C^{12}H^{12}O^{12}$. — La *glucose* ordinaire, ou sucre de raisin, est très répandue dans la nature; elle forme la partie sucrée des raisins secs, le principe sucré de l'urine des diabétiques, un des principes sucrés du miel et de la plupart des fruits acides.

610. Préparation. — On la prépare au moyen de la fécule de pommes de terre et de l'acide sulfurique. On mélange 1 partie d'acide sulfurique avec 50 parties d'eau; on fait bouillir la liqueur et on y ajoute peu à peu 5 parties de fécule délayées dans un poids égal d'eau tiède; on chauffe au bain-marie et on fait passer un courant de vapeur d'eau bouillante jusqu'à ce que quelques gouttes du liquide placées dans un verre ne bleuissent plus par l'eau iodée; toute la fécule est alors transformée en glucose. On sature l'excès d'acide par de la craie; on décante la liqueur, on la filtre sur du noir animal et on la concentre dans le vide jusqu'à ce qu'elle marque à froid 40° à l'aréomètre de **Baumé**; il se forme à la longue de la glucose cristallisée sous la forme d'une masse granuleuse.

La fécule s'est peu à peu transformée en dextrine, puis en glucose par addition d'eau.

$$C^{24}H^{20}O^{20} + H^2O^2 = 2(C^{12}H^{12}O^{12})$$

Fécule.   Glucose.

Le sirop de fécule du commerce est un mélange de glucose et de dextrine, obtenu en interrompant l'opération avant la transformation complète de la fécule en glucose.

611. Propriétés. — La *glucose* se trouve dans le commerce sous la forme d'une masse molle amorphe ou de mamelons en cristaux mal définis, $C^{12}H^{12}O^{12} + 2HO$, fondant à une température de 60° et perdant à 100° deux équivalents d'eau de cristallisation. La saveur est deux fois et demie moins sucrée que celle du sucre de canne. La glucose est très soluble dans l'eau, mais moins que le sucre ordinaire; elle est assez soluble à chaud dans l'alcool étendu.

Sous l'action de la chaleur, elle perd deux équivalents d'eau et se transforme en *glucosine*, $C^{12}H^{10}O^{10}$; à une température plus élevée, elle se transforme en caramel; puis, elle perd toute son eau et laisse un résidu de charbon. La glucose chauffée avec de la potasse brunit rapidement; on utilise cette propriété pour reconnaître la présence de la glucose dans la cassonade.

La glucose réduit les sels de cuivre en présence d'un excès de potasse. Elle réduit l'azotate d'argent en solution dans l'eau additionnée de quelques gouttes d'ammoniaque : on obtient un dépôt d'argent réduit brillant ; on utilise cette propriété pour argenter sur verre, notamment pour l'argenture des miroirs de télescope.

612. Lévulose, $C^{12}H^{12}O^{12}$. — Ce sucre existe dans les fruits acides ; on l'extrait en suivant les procédés employés pour l'extraction de la glucose ; on obtient une matière gommeuse, déliquescente, insoluble dans l'alcool absolu, mais soluble dans l'alcool étendu. Ce sucre constitue la partie incristallisable du miel.

613. Saccharoses. — M. **Berthelot** a donné le nom de *saccharoses* à des principes sucrés dont le plus important est le *sucre de canne;* ils ont tous pour formule :

$$C^{12}H^{11}O^{11} \text{ ou mieux } C^{24}H^{22}O^{22}$$

Ils fermentent difficilement, ils ne sont pas altérés par la potasse et ils ne réduisent pas le tartrate double de potasse et de cuivre.

SUCRE DE CANNE.

614. État naturel. — On trouve le sucre dans un grand nombre de végétaux, dans le *maïs*, la *carotte*, la *citrouille*, la *canne à sucre*, la *betterave*, le *sorgho*, l'*érable à sucre*, etc.

615. Fabrication du sucre. — 1° *Sucre de canne.* La canne à sucre renferme de 18 à 20 0/0 de sucre. On la coupe, on l'écrase

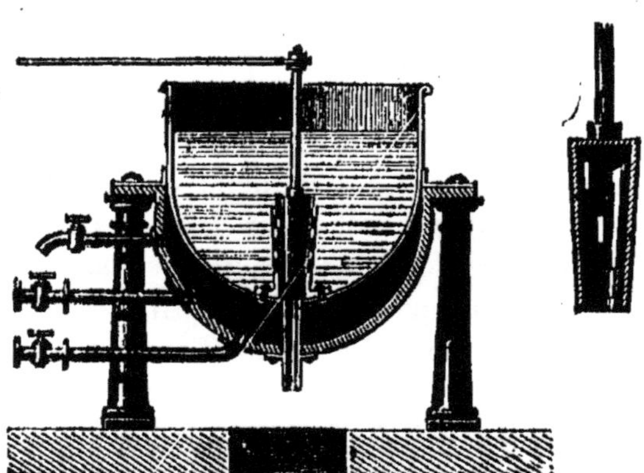

Fig. 202. Cuve de défécation.

sous des presses à cylindres et on en extrait les quatre cinquièmes

de son poids de jus sucré (*vesou*); la partie ligneuse ou *bagasse*
est employée comme combustible.

Le *vesou* est soumis immédiatement à la *défécation*, c'est-à-dire à
la précipitation des matières albuminoïdes qui le feraient fermenter; on additionne donc le jus de quelques millièmes de son poids
de chaux éteinte et on le porte à l'ébullition dans une chaudière
chauffée par un double fond dans lequel circule de la vapeur
d'eau bouillante (fig. 202). On écume le jus et on le filtre à travers
des *filtres-presses* (fig. 203), formés de toiles filtrantes d'une grande

Fig. 203. Filtre-presse.

surface sur lesquelles on dirige le jus déféqué sous pression. Le
jus filtré passe ensuite à travers une longue colonne de noir animal (fig. 204), qui le décolore. Le jus décoloré est ensuite évaporé
à basse température.

L'évaporation de jus sucré se fait aujourd'hui dans le vide :
elle porte le nom de *cuite*.

On pousse la *cuite* jusqu'à l'apparition de petits cristaux dans
la masse; on fait couler alors le liquide dans des *rafraîchissoirs*
où il se refroidit et cristallise. On *essore* les cristaux dans une
turbine, et on achève de les séparer de l'eau mère en les *clairçant*,
c'est-à-dire en les lavant dans la turbine avec de l'eau pure. La
première cristallisation donne le *sucre de* 1er *jet;* l'eau mère colorée
donne, par évaporation et refroidissement, du *sucre de* 2e et même
de 3e *jet.*

La dernière eau mère (*mélasse*) peut servir directement à sucrer;

elle est surtout formée de glucose, de lévulose et de sucre cristallisable; mais, le plus souvent, on la dissout dans l'eau et on la fait fermenter. Le produit distillé constitue le *rhum* ou le *tafia*.

Fig. 204. Cylindre à noir animal pour décolorer le jus sucré.

616. 2° *Sucre de betteraves.* La *betterave de Silésie* à collet vert renferme jusqu'à 18 $^o/_o$ de sucre. Les racines de betterave sont lavées avec soin, puis râpées et transformées en une *pulpe*, que l'on additionne d'eau (25 0/0) et que l'on exprime dans des sacs de laine au moyen de presses hydrauliques. Le jus sucré est *déféqué*, *filtré* et décoloré au noir animal par les procédés employés pour le sucre de canne.

Le jus sucré est ensuite évaporé et concentré dans un appareil très compliqué, appelé appareil à triple effet : l'évaporation s'opère sous des pressions décroissantes et donne comme produit final un *sirop*, ayant pour densité 1,2 environ. On soumet ce sirop à une nouvelle décoloration sur le noir animal et on le concentre jusqu'à ce que sa température normale d'ébullition atteigne 112°; il contient alors 85 0/0 de sucre : on le fait cristalliser dans des bacs aplatis et on termine comme il a été dit plus haut pour le sucre de canne.

617. *Procédé par diffusion.* — Dans ces derniers temps, le procédé précédent, dit par *râpage et expression*, a été remplacé, dans beaucoup d'usines d'Europe, par un procédé dit de *diffusion*. Le principe de ce procédé est le suivant. On soumet à un lavage méthodique la betterave découpée en lamelles avec de l'eau chaude qui empêche la fermentation. Le sucre et les matières salines de la betterave traversent les parois membraneuses des cellules, tandis que les substances incristallisables, l'albumine, la pectose, les gommes, ne les traversent pas sensiblement et restent par conséquent dans la betterave. Le jus obtenu est concentré comme il a été dit ci-dessus.

618. Raffinage du sucre. — Les procédés décrits précédem-

ment fournissent le *sucre brut*, d'une couleur jaunâtre, renfermant
3 à 4 0/0 de matières étran-
gères. Pour le raffiner, on
le dissout dans le tiers de
son poids d'eau dans des
chaudières chauffées à la
vapeur; on ajoute d'abord
5 0/0 de noir animal fin;
puis, quand la liqueur
commence à bouillir, on
ajoute un demi-centième
de sang de bœuf et on
brasse le tout : l'albumine
se coagule et entraîne toutes les matières en suspension; on laisse déposer et
on soutire. La liqueur claire
est filtrée à travers des filtres en étoffe, dits *filtres
Taylor* (fig. 205), puis décolorée sur du noir ani-
mal (fig. 206), et enfin filtrée une seconde fois. On
la concentre dans le vide
et on l'introduit dans un
grand cristallisoir en cui-

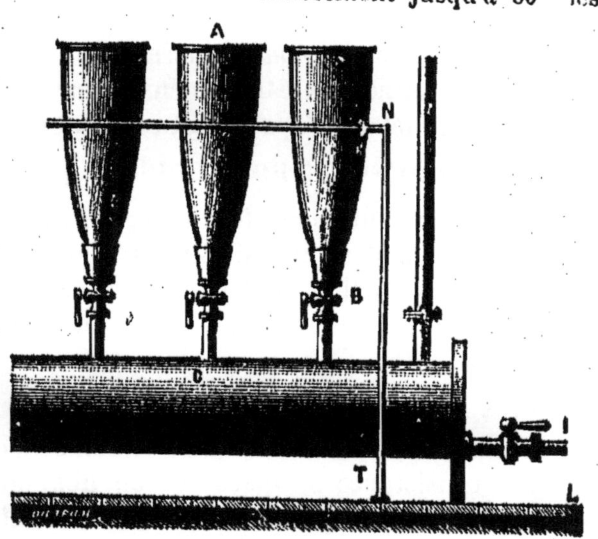

Fig. 205. Filtre Taylor.

vre, où on l'agite pendant son refroidissement jusqu'à 80° les
cristaux de su-
cre se forment;
la masse de-
vient épaisse.
On l'introduit
dans des *formes*
(fig. 206) où ont
lieu *l'égouttage*
et le *clairçage*.
Pour claircer les
pains de sucre,
on verse, sur la
base des pains,
du sirop de su-
cre pur, qui dé-
place l'eau mè-
re; on accélère
les opérations en
faisant le vide
dans le récipient
G, mis en rela-

Fig. 203. Mise en forme du sucre raffiné.

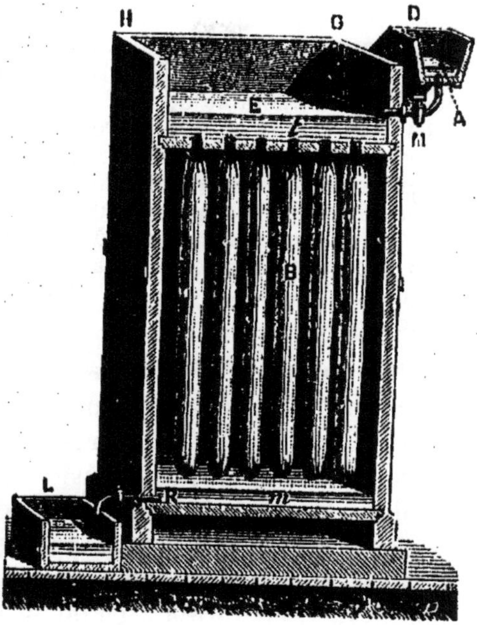

tion avec la pointe ouverte des formes renversées. Les pains de sucre sont ensuite séchés à l'étuve. Les résidus de la fabrication du sucre de betterave trouvent leur emploi en agriculture ou en industrie : les feuilles et les débris de la betterave servent d'engrais; la pulpe sert d'aliment pour les bestiaux; les mélasses servent à faire de l'alcool; les vinasses fournissent à l'industrie une quantité considérable de sels de potasse.

Le *sucre candi* est du sucre cristallisé en gros cristaux; pour le préparer, on fait un sirop de sucre marquant 40° Baumé; ce sirop bouillant est placé dans des bassines en cuivre garnies de fils tendus et maintenus dans une étuve, chauffée d'abord vers 60° et dont on abaisse peu à peu la température : au bout de douze jours environ, la cristallisation est terminée : les cristaux de sucre candi sont plus ou moins colorés suivant la pureté du sucre employé.

619. Propriétés du sucre de canne. — Le *sucre de canne* cristallise en prismes obliques à base losange, très durs, et devenant phosphorescents lorsqu'on les brise dans l'obscurité : ils ont pour densité 1,595. Le sucre se dissout à 80° dans le quart de son poids d'eau; à froid, il se dissout dans la moitié de son poids d'eau et constitue le *sirop de sucre*. Il est insoluble dans l'alcool et dans l'éther, à froid. Il fond à 160°, en formant ce qu'on appelle le *sucre d'orge*; au-dessus de cette température, il perd deux équivalents d'eau et se transforme en caramel, $C^{12}H^9O^9$; enfin, vers 200°, il perd toute son eau et laisse un résidu boursouflé de charbon amorphe, appelé *charbon de sucre*.

Les acides minéraux le transforment en *sucre interverti*, c'est-à-dire en un mélange à poids égaux de glucose et de lévulose :

$$C^{24}H^{22}O^{22} + 2\,HO = C^{12}H^{12}O^{12} + C^{12}H^{12}O^{12}.$$

Le sucre de canne peut fermenter en présence de la levûre de bière; mais il se transforme préalablement en sucre interverti, sous l'action d'une matière azotée contenue dans l'intérieur des cellules de la levure et nommée *intervertine* (Berthelot).

620. Lactose ou **sucre de lait,** $C^{24}H^{22}O^{22} + 2\,HO.$ — On prépare la *lactose* ou *sucre de lait* en évaporant le *petit-lait* jusqu'à consistance sirupeuse et en abandonnant la masse dans un endroit froid. Le sucre de lait cristallise peu à peu en petits cristaux durs, légèrement jaunâtres. On le purifie par plusieurs cristallisations successives.

Le sucre de lait cristallise en prismes rhomboïdaux droits, durs, faiblement sucrés; il est soluble dans 2 parties d'eau bouillante et dans 6 parties d'eau froide.

Le sucre de lait est le siège de fermentations alcooliques particulières donnant naissance à des liqueurs spiritueuses spéciales, telles que le *koumys*, préparé avec le lait de jument, et le *képhir*, préparé dans le Caucase avec le lait de vache.

Questionnaire. — Qu'appelle-t-on glucoses ? — Où se trouve la glucose ordinaire? — Comment la prépare-t-on ? — Quelles sont ses propriétés? — Qu'est-ce que la lévulose, les saccharoses? — Où se trouve le sucre dit de canne? — Comment se prépare le sucre de canne véritable, le sucre de betterave ? — Qu'appelle-t-on procédé par diffusion dans la fabrication du sucre de betterave? — Comment s'opère le raffinage des sucres? — Quelles sont les propriétés du sucre de canne? — Qu'appelle-t-on sirop, sucre d'orge, caramel? — Quelle transformation subit le sucre de canne en présence des acides minéraux? — Comment se comporte-t-il en présence des ferments? — Qu'est-ce que le sucre de lait? — Que produit sa fermentation?

CHAPITRE VI

AMIDON. — FÉCULE. — DEXTRINE. — GOMMES. — CELLULOSE. — PHÉNOLS. — ALDÉHYDES. — ESSENCE D'AMANDES AMÈRES. — CAMPHRE.

Sommaire. 178. On appelle *matière amylacée*, ou *amidon*, ou *fécule*, une substance formée de grains microscopiques, que l'on trouve dans la graine des céréales ou dans certains tubercules, tels que la pomme de terre. L'amidon, au contact de l'eau, se gonfle et constitue l'empois d'amidon, qui se colore en bleu en présence de l'iode. L'amidon se transforme en glucose sous l'action des acides étendus ou de la diastase. Il a pour formule $C^{12}H^{10}O^{10}$.

179. La *farine de blé* est un mélange d'amidon et d'une matière azotée, appelée le gluten. Le pain se fabrique en délayant la farine avec de l'eau et en ajoutant à la masse de la levure de bière et du sel.

180. La *dextrine*, $C^{24}H^{20}O^{20}$, se prépare en soumettant l'amidon à une température de 180° environ. Elle est jaune, soluble dans l'eau et transformable en glucose par l'action prolongée des acides étendus.

181. Les *gommes*, de même composition que la dextrine, sont solubles dans l'eau, qu'elles rendent mucilagineuse : on connaît la *gomme arabique*, la *gomme de pays*, la *gomme adragante* et les *mucilages*.

182. On appelle *cellulose* un corps solide, blanc, ayant pour formule $C^{12}H^{10}O^{10}$, formant le tissu cellulaire des végétaux, le papier, la charpie, etc.

183. Le *coton-poudre* s'obtient par l'action de l'acide azotique sur la cellulose : il est très explosif. Le *collodion* est une solution de coton-poudre dans un mélange d'alcool et d'éther.

184. Le *papier* se fabrique avec des vieux chiffons, que l'on effiloche, que l'on blanchit, et dont on fait une pâte, avec laquelle on prépare le papier, soit à la forme, soit à la mécanique.

185. Le *phénol*, ou acide phénique, $C^{12}H^6O^2$, s'extrait du goudron de houille entre 150° et 200°. Il a pour dérivés importants l'*aniline* et l'*acide picrique* : on l'emploie comme désinfectant.

186. L'*alizarine* est le principe colorant de la *garance*, servant à teindre en rouge, en orange et en bleu.

187. L'*aldéhyde ordinaire*, $C^4H^4O^2$, est le produit de l'oxydation partielle de l'alcool ordinaire : c'est un réducteur énergique. Le *chloral* est l'aldéhyde bichloré : on l'emploie comme anesthésique.

188. L'*essence d'amandes amères* est l'*aldéhyde benzylique*, que l'on extrait des tourteaux d'amandes amères. Le *camphre* s'extrait des *laurinées* par distillation; il est employé comme sédatif, comme antiseptique.

621. On désigne sous le nom général d'**hydrates de carbone** les principes neutres qui constituent les tissus végétaux ; ce sont : la *dextrine*, les *amidons*, les *gommes*, le *ligneux*, etc. Ils sont tous fixes, amorphes, insolubles dans l'alcool; les uns sont insolubles et inaltérables par l'eau, comme le ligneux et la cellulose; les autres se gonflent dans l'eau, comme l'amidon ; et enfin d'autres sont solubles dans l'eau, comme les gommes et la dextrine.

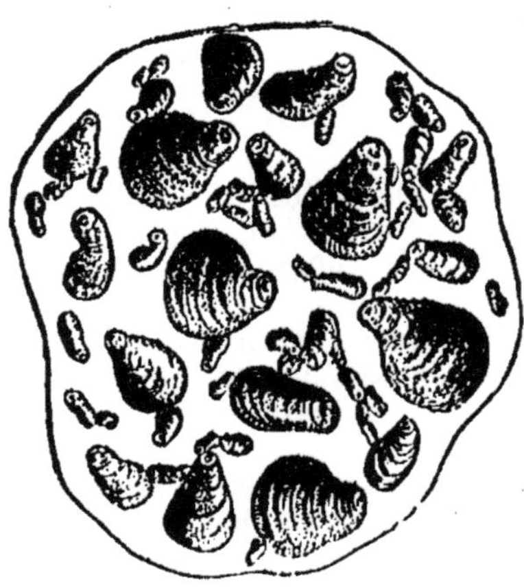

Fig 207. — Grains d'amidon.

622. Fécule et amidon, $C^{12}H^{10}O^{10}$. — La *matière amylacée* se rencontre abondamment dans la plupart des tubercules et des racines, dans le grain de blé et dans les céréales : on lui donne le nom de *fécule*, quand on la retire de la pomme de terre, et le nom d'*amidon*, quand on l'extrait d'une graine.

La *matière amylacée* forme des grains microscopiques dont la longueur varie de $0^{mm},185$ à $0^{mm},002$ (fig. 207), et ressemblant à une série de sacs

emboîtés les uns dans les autres, comme on peut le voir en
chauffant des grains d'amidon vers 200° et en les imbibant
ensuite d'eau; ils se gonflent et crèvent
en prenant la forme de la figure (fig. 208).

Chauffé au contact de l'eau vers 60°,
l'amidon se gonfle sans se dissoudre;
si la quantité d'eau est insuffisante, les
globules se soudent et forment l'*empois
d'amidon*; enfin, à l'ébullition, l'amidon,
en présence d'une grande quantité d'eau,

Fig. 208. — Grain d'a-
midon gonflé.

passe en partie à l'état d'*amidon soluble*, qui se colore en bleu
en présence de l'iode. Cette réaction se produit aussi avec
l'empois d'amidon : il se forme alors une coloration bleue
très intense, qui disparaît sous l'action de la chaleur et apparaît de nouveau par le refroidissement.

L'amidon, bouilli avec des acides minéraux étendus, se
transforme successivement en dextrine et en glucose. La
même transformation a lieu sous l'action de la *diastase*,
contenue dans le grain d'orge germée, ou sous l'action de la
salive des animaux.

L'amidon bouilli avec un excès d'acide azotique se transforme en *acide oxalique*.

623. Préparation de la fécule. — Pour extraire
la fécule des pommes de terre, on râpe celles-ci, on délaye la
pulpe dans l'eau et on la lave sur un tamis à l'aide d'un filet
d'eau : les débris cellulaires restent sur le tamis et les globules de fécule sont entraînés par l'eau et se déposent quand
on abandonne la liqueur à elle-même. On sépare ensuite la
fécule des débris de tissu cellulaire par un lessivage mécanique sur une table inclinée, en suivant les procédés analogues à ceux employés pour le traitement des minerais Enfin,
on essore la fécule en la plaçant sur des plaques poreuses de
plâtre et on la sèche. La fécule, dite *fécule verte*, contient encore 45 pour 100 d'eau ; on la dessèche ensuite dans une
étuve à air chaud jusqu'à ce qu'elle ne renferme plus que
13 pour 100 d'eau.

624. Fabrication de l'amidon. — On retire l'amidon soit du grain de blé, soit du maïs ou du riz. Pour extraire

l'amidon du grain de blé, on moud celui-ci et on sépare la *farine* du *son*. La farine renferme de l'amidon, de l'albumine et une matière azotée appelée *gluten*, avec des traces de dextrine, de sucre et de sels divers Pour séparer l'amidon, on malaxe la farine sous un filet d'eau; le gluten reste aggloméré, tandis que les grains d'amidon sont entraînés par l'eau. L'amidon est ensuite placé dans des cuves avec quelques centièmes d'*eau sûre* (eau provenant des opérations précédentes), qui provoque une fermentation spéciale détruisant le gluten. Au bout de quelques jours, on lave de nouveau l'amidon à l'eau pure, on l'égoutte sur de la toile et on le sèche rapidement dans une étuve tiède; la masse desséchée subit un retrait et se divise en prismes irréguliers : c'est *l'amidon en aiguilles*.

On peut aussi soumettre directement la farine de blé à l'action des eaux sûres : le gluten fermente et l'amidon reste inaltéré; ce procédé a l'inconvénient d'être très insalubre, par suite des gaz putrides que dégage la fermentation ; en outre, tout le gluten est perdu.

Pour extraire l'amidon du riz ou du maïs, on traite la farine de riz ou de maïs par une solution de soude caustique au centième, qui dissout le gluten et laisse l'amidon intact.

625. Panification — On appelle *farine* le produit de la mouture des graines de céréales, débarrassé de la partie corticale, appelée *son*, par un tamisage convenable.

La farine de blé est exclusivement employée pour la *panification*, parce qu'elle contient plus de gluten que les autres : le pain de qualité inférieure est fabriqué avec de la farine de blé mélangée à des farines d'orge et de seigle.

Le *gluten* est une matière plastique qui se gonfle par l'humidité, se ramollit et se putréfie : il constitue l'aliment azoté du pain. Les *blés durs* ou *blés exotiques* sont très riches en gluten : ils servent à la préparation des pâtes alimentaires (*vermicelle, macaroni, pâtes d'Italie*); les *blés tendres* ou *blés indigènes* sont plus riches en amidon.

Le pain se fabrique en délayant la farine avec 60 $\%$ de son poids d'eau et en ajoutant à la masse un peu de levure de bière et du sel. On peut aussi remplacer la levure de bière par du *levain*, ou pâte levée, provenant d'une opération précédente. La pâte est pétrie, divisée en *pannetons* et abandonnée à la fermentation dans le voisinage du four. Elle subit alors un commencement de fermentation aux dépens des matières sucrées de la farine : il se forme de l'acide carbonique qui fait lever la pâte et la rend poreuse et légère. On procède ensuite à l'*enfournement* dans des fours en briques de forme elliptique chauffés à 300°. La cuisson dure une demi-heure ; le pain se gonfle par la dilatation de l'acide carbonique ; sa surface extérieure se durcit et se caramélise. Avec 100 kilogrammes de farine on fabrique 133 kilogrammes de pain.

626. Dextrine, $C^{24}H^{20}O^{20}$. — La *dextrine* est le résultat de la transformation de l'amidon par la chaleur, par la diastase ou par les acides. On prépare la dextrine :

1° En soumettant l'amidon à une température comprise entre 160° et 210°.

2° En traitant l'amidon par l'acide sulfurique étendu chauffé à 80°.

3° Par le procédé **Payen** : on imbibe 1,000 kilogrammes de fécule avec un mélange de 300 kilogrammes d'eau et

Fig. 209. — Étuves à air chaud pour la préparation de la dextrine.

de 2 kilogrammes d'acide azotique ordinaire. On sèche à l'air libre la pâte formée, puis on la dispose en couches minces dans une étuve à 120°. Au bout d'une heure la transformation de la fécule en dextrine est complète (fig. 209).

4° L'amidon peut encore être transformé en dextrine par l'action de l'orge germée qui agit sur lui par la diastase qu'elle renferme.

627. Propriétés. — La dextrine est un corps solide, jaune, amorphe, soluble dans l'eau avec laquelle elle forme une masse semblable à de la gomme. Elle est insoluble dans l'alcool concentré et dans l'éther.

Sous l'action prolongée des acides étendus, elle se transforme en glucose. Elle sert à remplacer la gomme dans les usages industriels, pour épaissir les mordants, imprimer les couleurs, encoller le papier, etc.

628. Gommes. — Les *gommes* sont des substances ayant la même composition chimique que la dextrine, ayant la propriété de donner à l'eau, dans laquelle elles se dissolvent, une consistance mucilagineuse.

Les gommes sont : 1° La *gomme arabique*, sécrétée par des espèces d'*acacias* particulières à l'Arabie.

2° La *gomme de pays* ou *cérasine* que sécrètent les cerisiers, les pruniers, les abricotiers, etc., d'Europe.

3° La *gomme adragante* et la *gomme de Bassora* secrétées par diverses plantes de la Perse et de l'Asie; elles se gonflent dans l'eau sous l'action d'une douce chaleur, en formant des gelées transparentes.

4° Les *mucilages* contenus dans la graine de lin, la racine de guimauve, employés comme émollients.

629. Principes pectiques. — Les fruits mûrs, tels que les poires, certaines racines, comme la racine de carottes, contiennent certains principes, analogues aux gommes, tels que la *pectine*, qui sous l'action d'un ferment albuminoïde, appelé la *pectase*, se transforme en acide pectique gélatineux. C'est à cette transformation qu'il faut attribuer la prise en gelée des sucs de fruits.

CELLULOSES

$$(C^{12}H^{10}O^{10})$$

630. État naturel. — Les tissus végétaux sont formés par des principes dont la formule correspond à un multiple de $C^{12}H^{10}O^{10}$, et portant le nom de *celluloses*. Les jeunes cellules des végétaux, la moelle de sureau, le coton, la charpie, le papier non collé sont de la cellulose presque pure.

631. Propriétés. — La *cellulose* est un corps solide blanc, translucide, insoluble dans tous les liquides excepté dans le *réactif de Schweizer*, obtenu en dissolvant l'oxyde de cuivre dans l'ammoniaque ordinaire.

La *cellulose*, chauffée au-dessus de 200°, se décompose en laissant un résidu de charbon et en fournissant de l'eau, de l'esprit de bois, divers gaz et des goudrons.

L'acide sulfurique concentré et froid la transforme en amidon, puis en dextrine et enfin en glucose. L'acide sulfurique étendu de la moitié de son volume d'eau transforme le papier en une substance transparente semblable au parchemin et désignée sous le nom de *parchemin végétal*, employé par **M. Dubrunfaut** pour séparer le sucre des sels avec lesquels il est mélangé dans les mélasses.

Enfin, à la température de l'ébullition, l'acide sulfurique étendu transforme la cellulose en glucose.

632. Celluloses nitriques. — **Coton-poudre.** — On appelle *celluloses nitriques* les combinaisons obtenues en traitant la cellulose par l'acide azotique fumant très concentré et froid.

Les deux principales ont pour formule :

$$C^{24}H^{10}O^{10}(AzO^5,HO)^5$$
$$C^{24}H^{12}O^{12}(AzO^5,HO)^4$$

La première constitue le *coton-poudre* ; la seconde est le *coton azotique* pour collodion.

Le *coton-poudre*, $C^{24}H^{10}O^{10}(AzO^5,HO)^5$, est une matière explosible que l'on prépare de la manière suivante : on mélange équivalents égaux d'acide azotique fumant et d'acide sulfurique ; on laisse refroidir le mélange et on y plonge pendant 15 minutes du coton cardé ; on lave ensuite le coton à grande eau et on le fait sécher.

Le coton-poudre conserve l'aspect du coton, mais il est plus rude au toucher : il s'enflamme à 120° et brûle sans résidu en produisant de la vapeur d'eau, de l'acide carbonique, de l'oxyde de carbone et de l'azote. La rapidité de la combustion dépend du procédé d'inflammation ; le meilleur procédé consiste à faire détoner le coton-poudre au moyen d'une capsule de fulminate de mercure : en employant des cartouches de coton-poudre comprimé, on obtient des effets mécaniques cinq fois plus puissants qu'avec la poudre ordinaire.

Le coton-poudre ne peut pas remplacer la poudre de guerre, parce qu'il est *trop brisant;* mais il est excellent pour les travaux de mines et pour les torpilles.

633. Coton azotique pour collodion :

$$C^{24}H^{12}O^{12}(AzO^5,HO)^5.$$

Il s'obtient en plongeant, par petites portions, 55 grammes de coton cardé dans un mélange de 1,000 grammes d'acide sulfurique et de 500 grammes d'acide azotique ordinaire saturé de vapeurs nitreuses. Au bout de 24 heures on enlève le coton, on l'exprime entre des baguettes de verre, on le lave à grande eau et on le fait sécher à l'air libre.

Le *produit* ainsi obtenu est soluble dans un mélange de 3 parties d'éther et de 1 partie d'alcool : la solution porte le nom de *collodion*, liquide sirupeux employé en médecine et en photographie. Versé en couche mince sur une surface plane, le collodion s'évapore rapidement et laisse pour résidu une pellicule transparente, assez solide, imperméable à l'air et adhérente à la surface sur laquelle elle a été déposée.

634. Ligneux. — Le *bois* des végétaux est formé par un principe de même formule que la *cellulose*, mais insoluble dans le *réactif de Schweizer* et résistant pendant un temps assez long à l'action de l'acide sulfurique. En outre, les parois des fibres et des cellules sont recouvertes entièrement par une matière incrustante qui leur donne leur couleur rouge ou brune. Cette matière incrustante est plus riche en carbone et en hydrogène que la cellulose, et dégage en brûlant une quantité de chaleur plus grande que celle dégagée par la cellulose ; elle est plus abondante dans le cœur que dans l'aubier, dans les bois durs que dans les bois tendres.

Le bois, soumis à la distillation, donne de l'*acide acétique*, de l'*esprit de bois* et du *goudron* ; il laisse comme résidu fixe le *charbon de bois*. La combustion du bois à l'air s'effectue avec flamme et les cendres obtenues sont composées de carbonate de potasse, de silice et d'alumine.

635. Fabrication du papier. — Le *papier* se fabrique avec de vieux chiffons ou avec diverses matières végétales riches en cellulose. Les chiffons, lavés avec de l'eau alcaline, puis avec de l'eau pure, sont *effilochés*, c'est-à-dire divisés mécaniquement à l'aide d'un cylindre armé de lames. A l'effilochage succède le *blanchiment* par le chlorure de chaux ou par le chlore gazeux. Le résultat de ces opérations diverses est une *pâte* bien homogène appelée *pâte à papier*.

636. *Papier à la forme.* — On met la *pâte à papier* en suspension dans l'eau ; puis l'ouvrier plonge dans la masse un cadre en bois ou *forme*, portant une toile métallique à mailles très fines ; l'eau passe à travers la toile et la pâte à papier est retenue sur la forme : on l'enlève et on la comprime entre deux étoffes humides. La feuille de papier à moitié sèche est ensuite *collée superficiellement* en la plongeant dans une dissolution d'alun et de gélatine. Ce procédé n'est plus employé que pour le papier timbré et le papier à dessin.

637. *Papier à la mécanique.* — On prépare la pâte à papier, puis on la colle dans toute sa masse avec un mélange d'empois d'amidon et de savon résineux à base d'alumine. La pâte à papier, versée sur une toile métallique sans fin, passe entre les cylindres de laminoirs successifs en carton, en bois et en cuivre : ces derniers sont chauffés à la vapeur pour dessécher complètement le papier. On pourrait préparer de même le papier non collé : il suffit de ne pas mélanger à la pâte l'amidon et le savon résineux.

638. Autrefois on n'employait à la fabrication du papier que des chiffons de chanvre ou de lin ; aujourd'hui on emploie les chiffons de coton. Depuis quelques années on utilise le bois et les fibres d'un grand nombre de plantes telles que l'*alfa*, l'*aloès*, la *paille*, etc.

PHÉNOLS

639. Phénols. — En 1860, M. Berthelot a rangé dans une classe spéciale des composés alcooliques très remarquables, ayant la propriété de former avec les acides des composés analogues aux éthers et pouvant se combiner avec les bases en donnant naissance à des composés salins; ces corps ont reçu le nom de *phénols*. Ils diffèrent des alcools proprement dits en ce qu'ils ne fournissent ni aldéhyde normal, ni acide, ni carbure d'hydrogène comparable à l'éthylène. Le type de ces corps est le *phénol* proprement dit, ou *acide phénique* ou *acide carbolique*.

PHÉNOL ORDINAIRE

$C^{12}H^6O^2$.

640. Préparation. — On distille le goudron de houille et on sépare les produits qui sont volatils entre 150° et 200°. Ces produits sont chauffés avec une lessive de soude concentrée; après refroidissement, on obtient un produit cristallin demi-solide, que l'on sépare et que l'on redissout dans l'eau bouillante en agitant fortement. On laisse reposer la liqueur, on la décante et on traite la solution aqueuse claire par l'acide sulfurique ou l'acide chlorhydrique; après quelques heures de repos, il se forme à la surface une couche liquide qui est du *phénol brut*. On le recueille, on le purifie par plusieurs distillations successives entre 185° et 195°, et enfin on l'abandonne à la cristallisation à basse température.

641. Propriétés. — Le phénol est un corps solide, incolore, d'une odeur particulière, d'une saveur brûlante, cristallisé en belles aiguilles, fondant à 42°, bouillant à 182°, ayant pour densité 1,065 à l'état solide. Il est très peu soluble dans l'eau; cependant il absorbe la vapeur d'eau de l'atmosphère et conserve une consistance oléagineuse; il est soluble dans l'alcool et dans l'éther.

Chauffé en vase clos avec de l'ammoniaque, il donne l'*aniline*, $C^{12}H^7Az$.

Traité par l'acide azotique, il fournit l'*acide picrique*, $C^{12}H^3(AzO^4)^3$, employé en teinture. Les picrates, notamment le *picrate de potasse*, sont très explosifs.

Le phénol est un caustique. Il coagule l'albumine, ce qui en fait un *désinfectant* très employé aujourd'hui.

642. Alizarine, $C^{28}H^8O^8$. — L'alizarine est un phénol diatomique : c'est le principe colorant de la *garance*. On la prépare avec la racine de garance, ou artificiellement à l'aide de l'anthracène. Elle cristallise en aiguilles jaunes rougeâtres, fondant à 289°, peu solubles dans l'eau froide, très solubles dans l'alcool, l'éther, l'acide acétique, etc.

643. Garance. — La garance est une plante de la famille des *Rubiacées*, dont la racine réduite en poudre et traitée par l'acide sulfurique étendu donne un produit appelé la *garancine* des teinturiers, qui est un mélange d'*alizarine* et de *purpurine*. La garancine sert à teindre en rouge, en orange et en bleu.

ALDÉHYDES

644. On appelle *aldéhydes* des corps composés dérivant des alcools par élimination d'hydrogène et pouvant régénérer les alcools par fixation d'hydrogène :

$$C^4H^6O^2 - 2H = C^4H^4O^2$$
Alcool.   Aldéhyde ordinaire.

$$C^4H^4O^2 + 2H = C^4H^6O^6$$
Aldéhyde.   Alcool.

Le type des aldéhydes est l'*aldéhyde ordinaire*, $C^4H^4O^2$, et l'*aldéhyde benzylique* ou essence d'amandes amères : le *camphre* est une espèce particulière d'aldéhyde.

645. L'*aldéhyde ordinaire*, $C^4H^4O^2$, se produit aux dépens de l'alcool ordinaire par une oxydation ménagée :

$$C^4H^6O^2 + 2O = C^4H^4O^2 + 2HO + 55 \text{ calories.}$$

On le trouve dans le vin, le vinaigre, le cidre, etc. On le prépare dans les laboratoires en oxydant l'alcool ordinaire par un mélange de bichromate de potasse et d'acide sulfurique étendu. On mélange 4 parties d'acide sulfurique étendu du triple de son volume d'eau avec 2 parties d'alcool; quand ce liquide est froid, on le fait tomber peu à peu dans une grande cornue entourée de glace et de sel, renfermant 3 parties de bichromate de potasse, puis on enlève le mélange réfrigérant. L'aldéhyde distille et se condense dans un récipient bien refroidi; on termine l'opération en chauffant légèrement la cornue. L'aldéhyde entraîne toujours de l'eau et de l'alcool; si l'on veut l'obtenir parfaitement pur, il faut chauffer légèrement le récipient et recueillir les vapeurs dans un vase bien refroidi.

L'aldéhyde est un liquide incolore, d'une odeur suffocante, bouillant à 21°; il brûle et se transforme en eau, en acide carbonique, avec un grand dégagement de chaleur.

Il a une grande tendance à se transformer en *acide acétique* par oxydation, aussi est-ce un *réducteur* énergique.

Parmi les produits de substitution du chlore à l'hydrogène de l'aldéhyde, il faut citer le *chloral* ou *aldéhyde trichloré*, $C^4HCl^3O^2$, que l'on prépare en faisant passer un courant continu de chlore à travers de l'alcool presque absolu additionné d'un peu de perchlorure de fer. Le *chloral* est un liquide bouillant à 98°, se combinant directement avec l'eau pour former l'*hydrate de chloral* cristallisé, fondant à 57° et employé en médecine comme anesthésique et comme antiseptique.

646. Essence d'amandes amères, $C^{14}H^6O^2$. — L'*essence d'amandes amères*, ou *aldéhyde benzylique*, se prépare en concassant les amandes amères et en les pressant pour extraire l'huile grasse. Le tourteau pulvérisé est mis en digestion avec de l'eau pendant 24 heures, puis on distille dans un alambic; on recueille un mélange d'essence, d'eau et une proportion notable d'acide cyanhydrique. On se débarrasse de l'acide cyanhydrique en rectifiant l'essence sur un peu d'oxyde de mercure.

L'*essence d'amandes amères* est un liquide incolore, très réfringent, d'une odeur agréable, ayant pour densité 1,063, bouillant à 179°,5, très peu soluble dans l'eau, miscible à l'alcool et à l'éther.

A l'essence d'amandes amères se rattachent :

L'essence de rue. . . . . , ...	$C^{20}H^8O^8$
L'essence de cumin.	$C^{20}H^{12}O^2$
L'essence de cannelle.	$C^{18}H^8O^2$
L'essence de camomille.	$C^{10}H^8O^2$

647. Camphre, $C^{20}H^{16}O^2$. — Le *camphre* est le type d'une classe de corps analogues aux aldéhydes, étudiés par **M. Berthelot,** qui leur a donné le nom de *carbonyles*.

On extrait le camphre du *Laurus camphora*, qui croît

en Chine et au Japon. Le bois, débité en petits fragments, est distillé avec de l'eau dans une cucurbite dont le
chapiteau est garni de paille de riz. La vapeur d'eau entraîne le
camphre, qui se sublime sur la paille en petits cristaux. Le
camphre est une substance incolore, transparente, élastique,
ayant pour densité 0,986, fondant à 75° et bouillant à 204°. Il
est très peu soluble dans l'eau, mais très soluble dans l'alcool,
les éthers, les huiles grasses et volatiles. Mélangé avec le
coton-poudre, il forme le *celluloïd*, masse homogène, plastique à chaud, très dure à froid, et assez employée aujourd'hui
dans l'industrie.

Le camphre est employé comme *sédatif* et comme *antiseptique*. L'*eau-de-vie camphrée*, ou solution de camphre dans
l'alcool, est utilisée en frictions contre les douleurs rhumatismales, les névralgies, etc.

L'*eau sédative* est un mélange d'alcool camphré, d'eau,
d'ammoniaque et de sel marin; dans les proportions suivantes :

Ammoniaque ordinaire.	60
Alcool camphré.	10
Sel marin.	60
Eau.	1000.

On l'emploie contre les maux de tête ou comme sédatif.

Questionnaire. — Qu'appelle-t-on hydrates de carbone? — Qu'est-ce que la matière amylacée? — Quels noms prend-elle suivant sa provenance? — Quelle est l'action de l'eau et de la chaleur sur la consistance de l'amidon? — Qu'est-ce que l'empois d'amidon? — Quelle coloration prend l'amidon en présence de l'iode? — Comment se prépare la fécule? — Comment fabrique-t-on l'amidon? — Qu'est-ce que le gluten? — Pourquoi la farine de blé, et surtout de blé dur, s'emploie-t-elle de préférence pour la panification et les usages alimentaires? — Comment se fait le pain? — Quelle est l'action du levain sur la pâte? — Combien de temps dure la cuisson du pain? — Quelle quantité d'eau prend-on pour faire la pâte avec un kilogramme de farine? — Quel poids de pain donne un kilogramme de farine? — Qu'est-ce que la dextrine? — Qu'appelle-t-on diastase? — Quelles sont les propriétés de la dextrine et ses usages? — Quelles sont les gommes les plus employées? — Qu'est-ce que la pectine? — Qu'est-ce que la cellulose? — Dans quel liquide est-elle soluble? — D'où vient la cellulose naturelle? — Qu'est-ce que le papier? — Qu'appelle-t-on parchemin végétal? — Quelle est l'action de l'acide azotique concentré sur le coton et la cellulose en général? — Qu'est-ce qui distingue le bois de la cellulose, qui a même formule? — Quels sont les produits de la combustion du bois? — Comment se fabrique le papier? — Qu'est-ce que les phénols? — Quel est le type des phénols? — Quelles sont ses propriétés? — Comment s'obtiennent l'aniline, l'acide picrique, l'alizarine, la garancine? — Qu'est-ce que les aldéhydes? — Comment s'obtient l'aldéhyde ordinaire? — Qu'est-ce que le chloral? — Qu'est-ce que l'aldéhyde benzylique? — Qu'est-ce que le camphre? — Comment se fait le celluloïd. — Quels sont les usages du camphre?

CHAPITRE VII

ACIDES ORGANIQUES

Sommaire. — 189. Les acides organiques sont des corps qui s'unissent aux bases pour former des sels. On les divise en *acides à fonction simple* et en *acides à fonction complexe.*

190. Les *acides à fonction simple* peuvent être *monobasiques, bibasiques* ou *tribasiques.*

Les *acides monobasiques* se divisent en *acides gras* et en *acides aromatiques;* les *acides bibasiques* ont pour type l'acide oxalique et les *acides tribasiques* ont pour type l'*acide carballylique.*

191. Les principaux *acides à fonction complexe* sont l'*acide tartrique,* l'*acide malique,* etc.

192. L'*acide formique,* $C^2H^2O^4$, se prépare en traitant l'acide oxalique par la glycérine ; c'est un liquide incolore, fumant à l'air, d'une odeur piquante.

193. L'*acide acétique,* $C^4H^4O^4$, s'obtient par oxydation de l'alcool sous l'influence du *ferment acétique,* ou par distillation du bois, sous le nom d'*acide pyroligneux.*

Le *vinaigre* est un mélange d'eau et d'acide acétique; on l'obtient par le *procédé d'Orléans* ou par le *procédé allemand.*

194. Les principaux *acétates* sont : les *acétates de potasse, de soude, de cuivre* et *de plomb.*

195. L'*acide oxalique,* $C^4H^2O^8$, existe à l'état d'oxalate alcalin dans un grand nombre de plantes, telles que la grande oseille et les lichens.

On le prépare dans l'industrie en oxydant l'amidon par l'acide azotique ou en traitant la sciure de bois par la potasse. Il cristallise en prismes rhomboïdaux obliques, $C^4H^2O^8 + 4HO$. Par la chaleur, il se dédouble en acide carbonique et en oxyde de carbone.

Les principaux *oxalates* sont : l'*oxalate de potasse,* le *sel d'oseille,* l'*oxalate d'ammoniaque.*

196. L'*acide tartrique,* $C^8H^6O^{12}$, existe dans le jus de raisin à l'état de crème de tartre ou bitartrate de potasse. Les principaux tartrates sont : le *sel de Seignette,* l'*émétique,* la *crème de tartre.*

197. L'*acide citrique,* $C^{12}H^8O^{14}$, se trouve dans les fruits acides : il cristallise en prismes orthorhombiques.

198. L'*acide lactique,* $C^6H^6O^6$, se produit dans la fermentation lactique de la glucose : il a l'aspect d'un liquide incolore franchement acide.

199. L'*acide gallique,* $C^{14}H^6O^{10}$, s'extrait de la noix de galle par fermentation. À 210°, il se transforme en *acide pyrogallique,* $C^{12}H^6O^6$, employé en photographie comme réducteur.

200. L'*acide tannique* ou *tannin,* $C^{28}H^{10}O^8$, s'obtient en traitant la noix de galle par l'éther étendu d'eau; c'est une poudre jaunâtre très astringente, formant avec les matières animales des composés imputrescibles. Il sert au tannage des peaux et à la fabrication de l'encre ordinaire.

648. Les **acides organiques** sont des corps qui s'u-
nissent aux *bases* pour former des *sels;* ils jouissent de toutes
les propriétés générales des acides minéraux. De même, les
sels organiques sont comparables aux sels minéraux par leurs
fonctions générales.

649. Les acides organiques se divisent en deux grandes
classes : les acides à *fonction simple*, remplissant purement
et simplement la fonction d'*acide*, et les acides à *fonction
complexe*, remplissant en même temps les fonctions d'*alcool*,
d'*aldéhyde*, de *phénol*, d'*éther*, etc.

650. Les *acides à fonction simple* se partagent en *trois
ordres*, suivant la proportion d'oxygène qu'ils renferment,
laquelle est toujours un multiple de 4. Ce sont les acides
monobasiques, *bibasiques* et *tribasiques*.

651. Les *acides monobasiques* ont pour type l'*acide acétique*,
$C^4H^4O^4$, dont la formule rationnelle est $C^4H^3O^3,HO$, donnant
naissance à des *acétates neutres*, de formule $MO,C^4H^3O^3$, dans
laquelle M représente un métal quelconque.

Au même ordre appartiennent l'*acide benzoïque*, $C^{14}H^6O^4$,
et l'*acide cinnamique*, $C^{18}H^8O^4$, et l'*acide oléïque*, $C^{36}H^{34}O^4$.

Les *acides monobasiques* comprennent deux grandes familles
principales :

1re FAMILLE : ACIDES GRAS, $C^{2n}H^{2n}O^4$.

Ce sont les acides dérivés des carbures d'hydrogène, de
formule $C^{2n}H^{2n}$:

Acide formique.	$C^2H^2O^4$
— acétique.	$C^4H^4O^4$
— margarique.	$C^{32}H^{32}O^4$
— stéarique	$C^{36}H^{36}O^4$, etc.

2e FAMILLE : ACIDES AROMATIQUES.

Acide benzoïque.	$C^{14}H^6O^4$
— toluique.	$C^{16}H^8O^4$, etc.

652. Les *acides bibasiques* ont pour type l'*acide oxalique*,
$C^4H^2O^8$, l'*acide succinique*, $C^8H^6O^8$, etc.

La formule rationnelle de l'*acide oxalique* est $C^4O^6,2HO$;
il formera deux oxalates, l'un neutre, $2MO.C^4O^6$, et l'autre
acide, MO,HO,C^4O^6.

683. Les *acides tribasiques* ont pour type l'*acide carbally-lique*, $C^{12}H^8O^{12}$, qui formera trois sels, l'un neutre, $3MO,C^{12}H^8O^9$, et deux sels acides, $2MO,HO,C^{12}H^8O^9$ et $MO,2HO,C^{12}H^8O^9$.

684. Les principaux *acides à fonction complexe* sont : l'*acide malique*, $C^8H^6O^{10}$; l'*acide citrique*, $C^{12}H^8O^{14}$; l'*acide gallique*, $C^{14}H^6O^{10}$; l'*acide tartrique*, $C^8H^6O^{12}$, etc.

ACIDES GRAS.

685. Acide formique, $C^2H^2O^4$. — L'*acide formique* est le plus simple de tous les acides organiques. M. **Berthelot** l'a formé par synthèse en combinant l'oxyde de carbone avec les éléments de l'eau :

$$C^2O^2 + 2HO = C^2H^2O^4$$

A cet effet, on chauffe, en tube scellé, pendant 10 heures, l'oxyde de carbone avec de la potasse; il se forme du formiate de potasse :

$$KO,HO + C^2O^2 = KO,C^2HO^3.$$

On le prépare dans les laboratoires en décomposant l'acide oxalique par la chaleur en présence de la glycérine :

$$C^4H^2O^8 = C^2H^2O^4 + C^2O^4$$
Acide oxalique.　　Acide formique.

On introduit dans une cornue de 3 litres 1 kilogramme de glycérine et 1 kilogramme d'acide oxalique cristallisé, $C^4H^2O^8 + 4HO$, avec 200 grammes d'eau. On chauffe pendant plusieurs heures à une température inférieure à 100°, jusqu'à ce que l'acide carbonique cesse de se dégager. On ajoute alors 1 litre d'eau et 500 grammes d'acide oxalique et on distille doucement jusqu'à ce qu'on ait recueilli 1 litre 1/4 de liqueur; on ajoute une nouvelle quantité d'eau et d'acide oxalique et on continue la distillation, en remplaçant périodiquement dans la cornue l'acide oxalique et l'eau disparus. La totalité du liquide condensé dans l'appareil réfrigérant est de l'acide formique étendu d'eau. On obtient l'acide formique mono-hydraté en saturant à chaud l'acide formique étendu par le carbonate de plomb : il se forme du formiate de plomb, soluble dans l'eau chaude, qui se sépare de la liqueur filtrée par refroidissement. On traitera alors le formiate de plomb desséché par un courant d'hydrogène sulfuré, qui donnera de l'acide formique et du sulfure de plomb :

$$PbO,C^2HO^3 + HS = C^2H^2O^4 + PbS.$$

L'acide formique est sécrété par les fourmis lorsqu'on les excite; il se trouve dans le sang la sueur et divers liquides de l'économie.

636. *L'acide formique* est un liquide incolore, fumant à l'air, d'une odeur spéciale, très caustique, ayant pour densité 1,226. Il cristallise à 0°, fond à 8°,6 et bout à 101°. Il se mêle à l'eau en toutes proportions.

C'est un *acide énergique;* il forme des *sels neutres* de formule MO,C^2HO^3, dont les plus importants sont le *formiate de potasse,* KO,C^2HO^3, et le *formiate de plomb,* PbO,C^2HO^3. Le formiate de potasse traité par la potasse caustique sous l'action de la chaleur dégage de l'hydrogène :

$$KO,C^2HO^3 + KO,HO = 2\,H + 2\,KO,C^2O^4.$$

M. Pictet a utilisé cette réaction, dans ses recherches sur la liquéfaction des gaz, pour obtenir de l'hydrogène pur et sec.

637. Acide acétique, $C^4H^4O^4$ ou $C^4H^3O^3,HO$. — *L'acide acétique* est le plus anciennement connu des acides organiques; c'est le principe actif du vinaigre. On le préparait autrefois en distillant le *verdet,* ou acétate de cuivre, obtenu en abandonnant à l'air des plaques de cuivre recouvertes de marc de raisin. On peut aussi l'extraire du bois, d'où le nom d'*acide pyroligneux* qu'on lui donne quelquefois.

On l'obtient aujourd'hui, à l'état de *vinaigre,* en oxydant l'alcool de vin aux dépens de l'air sous l'influence d'un ferment spécial, appelé *mycoderma aceti,* ou vulgairement *fleur* ou *mère du vinaigre.*

638. Propriétés. — *L'acide acétique* concentré ou acide monohydraté, ou *acide cristallisable,* est un liquide incolore, soluble en toutes proportions dans l'eau, l'alcool et l'éther, bouillant à 118° et cristallisant à + 17°.

Il se décompose, au rouge sombre, en *formène* et en acide carbonique :

$$C^4H^4O^4 = C^2H^4 + C^2O^4.$$

Sa vapeur brûle avec une flamme bleue, en donnant de l'eau et de l'acide carbonique.

659. Usages. — L'acide acétique cristallisable est employé en photographie et dans les laboratoires. Étendu d'eau, il constitue le *vinaigre*.

660. Vinaigre. — On désigne sous le nom de *vinaigre* le produit de l'oxydation de l'alcool ou du vin au contact de l'air :

$$C^4H^6O^2 + 4O = C^4H^4O^4 + 2HO.$$

M. Pasteur a montré que cette oxydation était due à l'influence d'un ferment spécial, le *mycoderma aceti* (fig. 210),

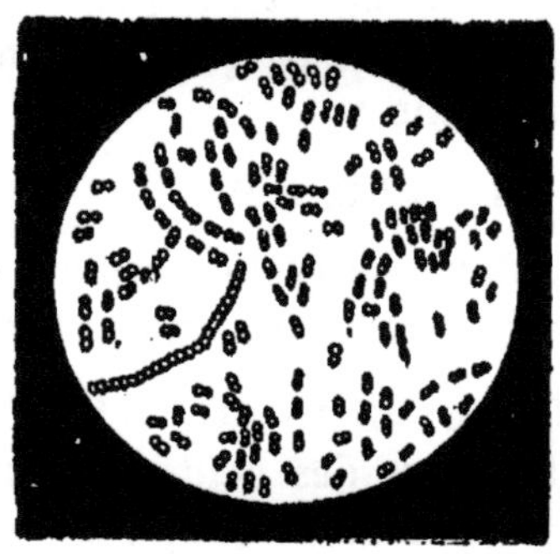

Fig. 210. — *Mycoderma aceti.*

qui, semé à la *surface* d'un liquide alcoolique quelconque contenant des matières albuminoïdes et des phosphates, se développe en même temps que l'alcool s'oxyde. Si l'on submerge la plante, l'oxydation s'arrête ; si le développement du mycoderma est rapide, l'alcool est brûlé et transformé en acide carbonique et en eau ; de là, la pratique, chez les vinaigriers d'Orléans, de n'ajouter le vin que peu à peu à une dissolution un peu concentrée de vinaigre, à la surface de laquelle on a semé des germes de *mycoderma aceti.*

661. Procédé d'Orléans. — On introduit 100 litres de vinaigre de bonne qualité dans des tonneaux portant deux ouvertures par lesquelles l'air peut circuler et ayant 200 litres de capacité ; puis on y ajoute 10 litres de vin ordinaire et on place les tonneaux dans des celliers, à la température de 25° à 30°. Le mycoderme contenu dans le vinaigre se développe et l'alcool du vin s'oxyde ; au bout de quelques jours, on soutire une portion du vinaigre que l'on remplace par un volume égal de vin, et on renouvelle cette opération chaque jour.

M. Pasteur a modifié le procédé d'Orléans en proposant d'opérer dans des vases plats, munis de tubes disposés de manière à ce qu'on puisse remplacer le vinaigre par le vin sans agiter le liquide et sans rompre la couche de mycoderme qui le recouvre.

682. Procédé allemand. — Ce procédé, plus rapide que celui d'Orléans, donne du vinaigre de qualité inférieure.

Fig. 211. — **Procédé allemand pour la fabrication du vinaigre.**

On prend de grands tonneaux de 2 mètres de hauteur (fig. 211), dans le fond desquels on ménage un compartiment dont la partie supérieure est percée de trous.

Sur un trépied sont empilés symétriquement des copeaux de hêtre enroulés en spirale. A sa partie supérieure le tonneau présente un compartiment b, ayant pour fond une planchette percée de trous imparfaitement bouchés par de la ficelle effilochée. Dans ce compartiment *ab* on place un liquide alcoolique qui s'écoule peu à peu par les trous de la planchette *b* et vient tomber sur les copeaux de hêtre préalablement ensemencés de germes de mycoderme; il s'oxyde lentement et vient se rassembler dans le compartiment inférieur où s'achève l'acétification.

663. Distillation du bois. — On distille le bois dans des vases clos C (fig. 212), communiquant avec une

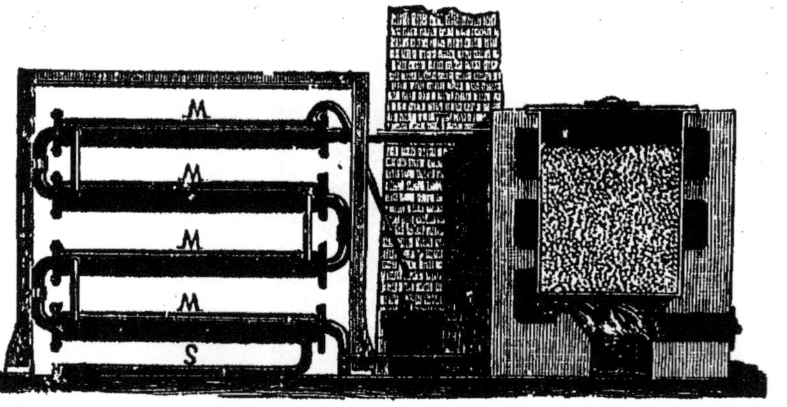

Fig. 212. — **Préparation de l'acide pyroligneux.**

série d'appareils réfrigérants M, dans lesquels se condense de l'eau chargée de *goudron*, d'*esprit de bois*, d'*éthers divers*, etc.; les produits gazeux sont conduits dans le foyer et il reste du charbon de bois dans les vases clos.

Un stère de bois de sapin donne 5 hectolitres de liquide et 220 kilogrammes de charbon.

On décante le liquide pour le séparer du goudron, on en extrait l'esprit de bois par distillation et on sature le liquide résidu par du carbonate de soude.

Il se forme de l'acétate de soude coloré en brun par du goudron; on le chauffe à 250° pour décomposer le goudron et on reprend la masse par l'eau; la dissolution d'acétate de soude abandonne par évaporation des cristaux incolores d'acétate de soude, qu'on décompose par l'acide sulfurique en chauffant lentement et en recevant dans un récipient refroidi l'acide acétique qui distille.

604. Falsification du vinaigre. — Le vinaigre du commerce est souvent falsifié : on le coupe avec de l'eau, on le *rehausse* par l'acide *sulfurique* ou l'acide *chlorhydrique;* on le coupe avec des *vinaigres de glucose,* de *bière,* de *cidre,* de *bois.*

Un bon vinaigre doit avoir le vin pour origine; il doit être clair, limpide, d'une couleur jaune fauve foncée, et marquer 2° 5 à l'aréomètre de **Baumé**; il doit en moyenne contenir 7,5 pour 100 d'acide acétique cristallisable.

Tout vinaigre qui renfermera plus de cette proportion d'acide aura été nécessairement additionné *d'acide pyroligneux.*

Pour reconnaître si le vinaigre est bon, il suffira de verser 100 grammes de vinaigre sur 100 grammes de craie pulvérisée; si la saturation est complète, le vinaigre est bon.

Si le vinaigre est trop acide, on obtiendra encore une effervescence en ajoutant de la craie pulvérisée dans le vase où s'est opérée l'expérience précédente.

605. Usages du vinaigre. — On en assaisonne les mets; on y fait confire des légumes; on l'emploie en lotions, en fumigations; on en fait des vinaigres de toilette; il sert à la préparation de la céruse et de l'acétate de plomb.

606. Acétates. — *L'acide acétique* est un acide monobasique; les acétates auront pour formule $MO,C^4H^3O^3$. Les acétates sont généralement très solubles dans l'eau, à l'exception de l'acétate d'argent et de l'acétate de mercure.

Les principaux acétates sont *l'acétate de soude* et les *acétates de cuivre* et *de plomb.*

L'acétate de soude est employé en photographie. *L'acétate de cuivre,* sous le nom de *verdet,* se prépare en oxydant à l'air des plaques de cuivre recouvertes de marc de raisin. Le *vert* de **Schweinfurt** est un mélange d'acétate de cuivre et d'arsénite de cuivre employé dans la fabrication des papiers peints : il est très vénéneux.

L'acétate neutre de plomb ou *sel de Saturne* se prépare en saturant l'acide acétique par la litharge : il sert à préparer la céruse et le chromate de plomb. *L'extrait de Saturne* est un mélange d'acétates basiques de plomb.

On le prépare en faisant digérer une partie de litharge dans 8 parties d'eau contenant en dissolution 3 parties d'acétate neutre de plomb.

La liqueur filtrée est employée en médecine comme *topique*. Traité par l'eau, elle se trouble et constitue l'*eau blanche*.

ACIDES AROMATIQUES

667. Acide benzoïque, $C^{14}H^6O^4$. — On le trouve tout formé dans le benjoin, dans le *baume de Tolu*. On le prépare en fondant du benjoin dans un têt à rôtir recouvert d'une feuille de papier à filtrer et d'un long cône en carton, semblable à celui qu'on emploie pour sublimer la naphtaline. L'acide benzoïque se sublime et se dépose sur les parois du cône en aiguilles cristallines très légères.

668. Propriétés. — L'acide benzoïque est un corps solide blanc, cristallisé en aiguilles ou en lamelles brillantes. Il fond à 120°, bout à 249°. Il est peu soluble dans l'alcool. Il brûle avec une flamme éclatante. Les *benzoates* sont des sels parfaitement définis, cristallisant facilement ; ils ont pour formule $MO,C^{14}H^5O^3$.

L'*acide salycilique*, $C^{14}H^6O^6$ est un dérivé de l'acide benzoïque. Le salycilate de soude est employé en médecine contre les rhumatismes.

ACIDES BIBASIQUES

669. Acide oxalique, $C^4H^2O^8$. — Cet acide se rencontre très souvent dans le règne végétal : les tiges de la *surelle* et de la *grande oseille* contiennent du bioxalate de potasse, appelé vulgairement *sel d'oseille* ; certains lichens sont très riches en oxalate de chaux ; un grand nombre de plantes marines renferment de l'oxalate de soude.

Pour obtenir l'acide oxalique on peut exprimer les plantes du genre *rumex* ou *oxalis* et transformer le jus, contenant le bioxalate de potasse, en oxalate de plomb qu'on décomposera par l'acide sulfurique étendu.

Le meilleur procédé consiste à oxyder les sucres ou l'amidon par l'acide azotique, de densité 1,23, sous l'action d'une douce chaleur. On obtient ainsi 60 gr. d'acide oxalique cristallisé pour 100 gr. d'amidon. Pour préparer l'acide oxalique en grand, on traite la sciure de bois par une solution concentrée de potasse; il se forme de l'oxalate de potasse que l'on transforme en oxalate de chaux en faisant bouillir la dissolution avec un lait de chaux; l'oxalate de chaux est ensuite décomposé par l'acide sulfurique dilué.

Il se forme de l'acide oxalique qui reste en solution et que l'on fait cristalliser.

670. Propriétés. — *L'acide oxalique* est un corps solide, blanc, cristallisé en prismes rhomboïdaux obliques, ayant pour formule $C^4H^2O^8 + 4HO$. Il a pour densité 1,64; il se dissout dans 27 parties d'eau à 0°; la solubilité croît avec la température. Il est soluble dans l'alcool. Il est *vénéneux à faible dose*.

Chauffé à 170° ou avec de l'acide sulfurique, il se décompose :

$$C^4H^2O^8 = 2CO^2 + 2CO + 2HO.$$

Il réduit les sels d'or en s'oxydant.

671. Usages. — Il sert comme *rongeant* dans l'industrie des *indiennes*. Sa solution constitue *l'eau de cuivre*, employée pour nettoyer les objets en cuivre; on peut s'en servir pour enlever les taches d'encre sur le linge ; sa solution dissout le bleu de Prusse et forme alors l'encre bleue.

672. Oxalates. — L'acide oxalique est un *acide bibasique*. Il forme avec les alcalis deux oxalates, l'un *neutre* et l'autre *acide*.

On connaît l'*oxalate neutre de potasse*, $2KO,C^4O^6$, et le *bioxalate de potasse*, KO,HO,C^4O^6; on connaît sous le nom de *quadroxalate de potasse* une combinaison d'oxalate acide de potasse et d'acide oxalique : $KO,HO,C^4O^6,C^4H^2O^8 + 8HO$. Le *sel d'oseille* du commerce est un mélange de bioxalate et de quadroxalate de potasse; il sert à décaper les métaux et à enlever les taches d'encre sur le linge.

L'*oxalate d'ammoniaque*, $2AzH^4O,C^4O^6$, est un réactif très employé pour reconnaître les sels solubles de chaux, avec lesquels il forme un précipité blanc d'oxalate de chaux, $2CaO,C^4O^6$.

L'*oxalate d'argent* et l'*oxalate de mercure* sont *très explosifs*.

673. Acide succinique, $C^8H^6O^8$. — On peut l'extraire de l'ambre jaune ou *succin;* il se forme dans le vin provenant de la fermentation alcoolique; on le prépare en oxydant par l'acide azotique les corps gras complexes, tels que l'acide stéarique ou l'acide margarique. Cet acide cristallise en prismes obliques à base rhombe. ·

ACIDES A FONCTION COMPLEXE

674. Acide tartrique, $C^8H^6O^{12}$. — On trouve dans le vin le *bitartrate de potasse*, ou *tartre des vins*, ou *crème de tartre*, que l'on obtient en recueillant la lie de vin, en la traitant par l'eau bouillante et en la décolorant par de l'argile : la liqueur filtrée déposera des cristaux de *bitartrate de potasse*, ou *tartre* pur.

En 1769, **Scheele** en retira l'acide tartrique en délayant la crème de tartre dans 10 ou 12 fois son poids d'eau bouillante et en saturant avec de la craie, jusqu'à ce que l'effervescence cesse; il se forme du *tartrate neutre de chaux* insoluble et du tartrate neutre de potasse, que l'on décompose à son tour par du chlorure de calcium. Finalement, on réunit les deux précipités de tartrate de chaux, on les lave et on les décompose par l'acide sulfurique dilué; il se forme du sulfate de chaux insoluble et de l'acide tartrique soluble; on filtre et on laisse cristalliser.

675. Propriétés. — L'acide tartrique cristallise en gros prismes rhomboïdaux obliques, transparents, inaltérables à l'air, insolubles dans l'alcool et l'éther et solubles dans une fois et demie leur poids d'eau froide.

676. Tartrates. — L'acide *tartrique* est un acide *bibasique :* il forme des tartrates neutres de formule $2\,MO, C^8H^4O^{10}$ et des bitartrates de formule $MO, HO, C^8H^4O^{10}$. Les principaux tartrates sont la *crème de tartre* ou bitartrate de potasse et le *sel de Seignette** ou tartrate double de potasse et de soude, employé en pharmacie comme purgatif.

L'émétique s'obtient en faisant bouillir une solution concentrée de bitartrate de potasse avec de l'oxyde d'antimoine en excès; il se forme un tartrate double d'antimoine et de potasse, ayant pour formule :

$$SbO^3, KO, C^8H^4O^{10} + 2\,HO.$$

On filtre la liqueur, qui abandonne par refroidissement des octaèdres rhomboïdaux brillants, peu solubles dans l'eau froide ($\frac{1}{19}$). Il est employé en médecine comme *vomitif*; à haute dose, c'est un poison violent.

677. Acide citrique, $C^{12}H^8O^{14}$. — Il existe dans les fruits acides, citrons, oranges, groseilles, etc. On le prépare en saturant le jus de citron par de la craie et en décomposant le citrate de chaux par l'acide sulfurique étendu.

Il cristallise en prismes droits à base rhombe, très solubles dans l'eau, ayant pour formule $C^{12}H^8O^{14} + 2\,HO$, et perdant leur eau de cristallisation à 175° : c'est un *acide tribasique*, comme l'acide orthophosphorique.

Il est employé dans l'industrie des toiles peintes et dans la teinture; il sert à préparer les limonades. Le citrate de magnésie est employé comme purgatif.

678. Acide lactique, $C^6H^6O^6$. — Cet acide existe à l'état libre dans le *petit-lait*. Pour le préparer, on mélange

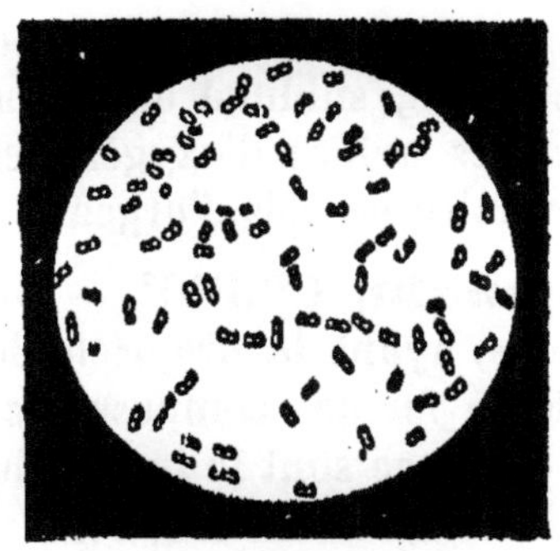

Fig. 213. — Ferment lactique.

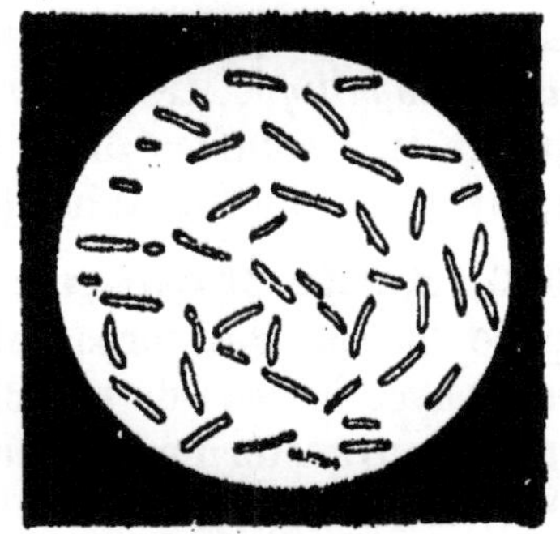

Fig. 214. — Ferment butyrique.

100 grammes d'eau, 10 grammes de sucre, 1 gramme de fromage blanc et 10 grammes de craie pulvérisée, et on maintient le tout à 32°. Il se forme peu à peu du *lactate de chaux*, qu'on recueille au bout d'une semaine, qu'on lave et qu'on traite par l'acide sulfurique étendu. La caséine du fromage fait fermenter le glucose et le transforme en acide lactique :

$$C^{12}H^{12}O^{12} = 2\,(C^6H^6O^6).$$

La fermentation est déterminée par un mycoderme spécial (fig. 213).

La fermentation lactique est souvent suivie de la *fermenta tion butyrique*, provoquée par des infusoires du genre *vibrion* (fig. 214).

L'*acide lactique* présente l'aspect d'un sirop épais, à saveur acide, perdant de l'eau à 100° et se transformant à 130° en *acide dilactique*.

679. Acide gallique, $C^{14}H^6O^{10}$. — L'*acide gallique* s'extrait de la *noix de galle*, excroissance qui se forme sur les feuilles de chêne par suite de la piqûre d'un insecte (*cynips*). On laisse fermenter pendant un mois des noix de galle concassées et maintenues humides ; on exprime la masse et on traite le résidu par l'eau bouillante ; on filtre, et par refroidissement l'acide gallique cristallise.

L'acide gallique se présente sous la forme de longues aiguilles, d'une saveur astringente, solubles dans 100 parties d'eau froide et dans 3 parties d'eau bouillante, solubles dans l'alcool et dans l'éther.

Chauffé à 210°, il se décompose en acide carbonique et en *acide pyrogallique*, $C^{12}H^6O^6$, corps solide, sublimé en belles aiguilles très solubles dans l'eau, très avides d'oxygène et employées en photographie pour réduire les sels d'argent.

680. Acide tannique ou tannin, $C^{28}H^{10}O^8$. — On appelle *tannins* des corps astringents, ayant la propriété de former avec les sels de sesquioxyde de fer des composés colorés et de transformer la peau en cuir : ce sont le tannin du chêne, les tannins du bois jaune, du café, du cachou, etc.

Le *tannin du chêne* existe dans l'écorce de chêne et dans la noix de galle. On le prépare dans les laboratoires en plaçant, au fond de l'allonge d'un appareil à déplacement (fig. 215), un tampon de coton que l'on recouvre de noix de galle concassées et sur lesquelles on fait passer à plusieurs reprises de l'éther étendu d'eau.

On trouve dans la carafe une couche superficielle formée par l'éther pur et une couche inférieure formée par une dissolution de tannin dans l'eau. On sépare ce dernier liquide et on l'évapore à une température peu élevée : le *tannin* reste

à l'état d'une poudre amorphe, inodore, jaunâtre, très astringente.

Le tannin forme, avec les
matières animales, des composés imputrescibles.

Le tannin précipite les sels
de sexquioxyde de fer en noir
bleuâtre : c'est le principe de
l'encre ordinaire. Pour fabriquer l'encre ordinaire, on
fait bouillir quelque temps
1 kilogramme de noix de
galle dans 15 litres d'eau, et
on filtre la liqueur. On y
introduit 500 grammes de
gomme arabique, puis 500
grammes de vitriol vert dissous dans 2 litres d'eau; enfin
on donne du brillant au produit avec un peu de sucre.

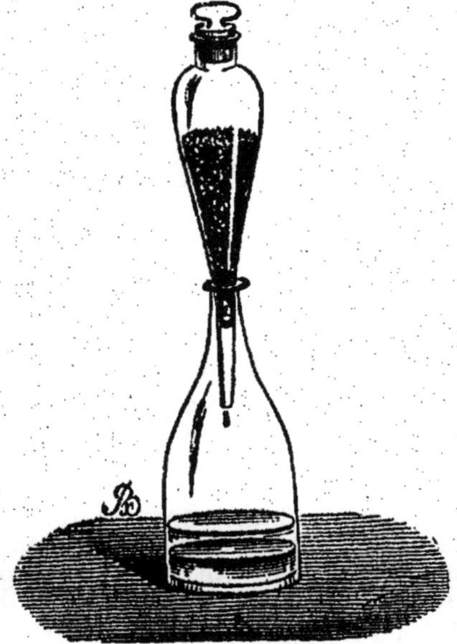

Fig. 215. — Préparation du tannin.

Il arrive aussi qu'on y ajoute du sulfate de cuivre.

Conseils pédagogiques. — On insistera sur l'identité des
acides organiques et des acides minéraux; on fera ressortir le
degré de basicité de chacun d'eux; on montrera comment leurs
sels se forment en substituant un métal à l'*hydrogène remplaçable*
de l'acide. On montrera que, pour les acides organiques, il peut
exister des équivalents d'hydrogène *non remplaçables*; ainsi, dans
l'acide acétique, un seul équivalent d'hydrogène est remplaçable:
aussi doit-on l'écrire $C^4H^3O^3,HO$, et les sels sont $MO,C^4H^3O^3$.

Questionnaire. — Qu'est-ce que
les acides organiques? — Comment se
divisent et se subdivisent ces acides? —
Qu'appelle-t-on acides monobasiques, bibasiques, tribasiques? — Quels sont les
acides gras? — Comment se prépare
l'acide formique? — Comment se forme-
t-il par synthèse? — Qu'est-ce que l'acide
acétique? — Comment se fait le vinaigre?
— Quelles sont les propriétés de l'acide
acétique? — Quels sont les produits de
la distillation du bois? — Quelles sont les
falsifications du vinaigre? — Quels sont
les principaux acétates, quels sont leurs
usages? — Quels sont les acides aromatiques? — Qu'est-ce que l'acide benzoïque, l'acide salycilique? — D'où s'extrait
l'acide oxalique? — Quelles sont ses propriétés? — Est-il vénéneux? — Quels
sont ses usages? — Quels oxalates
forme-t-il? — Qu'est-ce que le sel
d'oseille? — A quoi sert-il? — Qu'est-ce
que l'acide succinique? — Comment s'obtient le bitartrate de potasse? — Comment en retire-t-on l'acide tartrique? —
Quelles sont les propriétés de cet acide?
— Quels sont les principaux tartrates?
— Qu'est-ce que l'émétique? — Comment
s'obtient l'acide citrique? — Quels sont
ses usages? — Comment s'obtient l'acide
lactique? — Qu'est-ce que la noix de
galle? — Quel produit en tire-t-on par

ja fermentation ? — Comment se forme l'acide pyrogallique ? — Quels sont ses usages ? — Qu'est-ce que les tannins ? | — Comment s'obtient le tannin du chêne ? — Quels sont ses usages ? — Comment se fabrique l'encre ordinaire ?

CHAPITRE VIII

ALCALIS ORGANIQUES

Sommaire. — 201. Les *amines* ou *ammoniaques composées* sont le résultat de la substitution, équivalent à équivalent, d'un radical alcoolique à l'hydrogène de l'ammoniaque.

202. L'*aniline* ou *phénylamine* se prépare en réduisant la nitro-benzine par le fer et l'acide acétique. Elle forme des sels analogues aux sels ammoniacaux. Les couleurs d'aniline sont employées dans la teinture.

203. Les *alcaloïdes* sont des alcalis organiques naturels formant avec les acides organiques des composés que l'on trouve dans les végétaux, notamment dans les Papavéracées, les Rubiacées, les Ombellifères, les Strychnées et les Solanées.

204. La *morphine* et la *codéine* existent dans l'*opium*, suc des capsules de pavot ; ce sont des narcotiques.

205. La *quinine* et la *cinchonine* s'extrayent des écorces de quinquinas; elles forment des sels employés comme fébrifuges.

206. Le *sulfate de quinine* se présente sous la forme d'aiguilles soyeuses très fines : on l'emploie comme fébrifuge à la dose de quelques décigrammes.

207. La *strychnine* et la *brucine* se retirent de la noix vomique : ce sont des poisons très violents.

208. La *cicutine* est extraite de la grande ciguë.

209. La *nicotine* est l'alcaloïde du tabac; c'est un poison très violent.

210. L'*atropine* est l'alcaloïde de la belladone; elle est très toxique; elle sert à dilater la pupille de l'œil.

681. On appelle *alcalis organiques* des composés analogues à l'ammoniaque et aux bases minérales, pouvant réagir sur les acides minéraux ou organiques pour former des sels. On les divise en *alcalis organiques artificiels* et en *alcalis naturels* ou *alcaloïdes*.

682. **Alcalis artificiels.** — Ces alcalis, connus sous le nom d'*amines*, peuvent être considérés comme formés par l'ammoniaque, AzH^3, à l'hydrogène de laquelle on substitue, équivalent à équivalent, un *radical alcoolique* ; il en peut

résulter des *monoamines,* des *diamines* ou des *triamines* [1].
L'amine la plus importante au point de vue pratique est l'a-
niline ou *phénylamine,* $C^{12}H^7Az$.

ANILINE
$C^{12}H^7Az$.

683. Préparation. — On obtient l'aniline en réduisant
la *nitrobenzine,* $C^{12}H^5AzO^4$, par un mélange de fer métallique
et d'acide acétique, d'après le procédé **Béchamp.**

On introduit dans une cornue tubulée 10 parties d'acide
acétique, 12 parties de limaille de fer et 10 parties de nitrobenzine. La réaction s'accomplit d'elle-même et devient tumultueuse : une partie de l'aniline distille; on cohobe * quand la
reaction est devenue plus calme, et on distille en chauffant
légèrement. On recueille dans le réfrigérant un mélange
d'eau et d'aniline : l'aniline surnage; on la sépare par décantation. L'aniline se forme encore dans la distillation de la
houille et dans la décomposition de l'indigo.

684. Propriétés. — L'aniline est un liquide huileux,
incolore, d'une odeur particulière, vineuse et désagréable. Elle
cristallise à — 8° et elle bout à 183°,7; elle est insoluble dans
l'eau; elle peut se mélanger à l'alcool et à l'éther.

Traitée par l'acide azotique concentré, elle se colore en *bleu
foncé.* Le chlorure de chaux l'oxyde en la transformant en
une matière colorante d'un beau violet, appelée *mauvéine,*
violet de Perkin; la *rosaniline*, $C^{40}H^{19}Az^3$, est un produit
d'oxydation de l'aniline.

L'aniline peut se combiner avec les acides pour former des
sels d'aniline, analogues aux sels ammoniacaux.

685. Dérivés de l'aniline. — En faisant agir sur l'a-
niline et sur la rosaniline certains réactifs minéraux, tels que
le bichromate de potasse, le chlorure de chaux, l'acide arsénique, etc., on en dérive un grand nombre de produits tincto-
riaux, cristallisables, solubles dans l'eau, connus sous le nom
de *couleurs d'aniline.*

---

1. Le cadre de cet ouvrage ne nous permet pas de traiter théoriquement du
mode de formation des amines.

L'aniline chauffée vers 200° avec de l'acide arsénique s'oxyde et se transforme en un mélange d'arsénite et d'arséniate de rosaniline, qui, traité par le sel marin, se transforme en *chlorhydrate de rosaniline*, ou *fuchsine*, matière colorante cristallisée, d'un très beau rouge, employée quelquefois pour colorer les vins artificiels.

Les principaux dérivés de l'aniline sont : les *violets d'aniline*, les *rouges d'aniline*, les *bleus d'aniline*, le *noir d'aniline*, etc., employés en teinture, en impression, dans la fabrication des papiers peints [1], etc. On fabrique journellement plus de 10,000 kilogr. d'aniline, au prix de revient de 2 francs le kilogramme.

ALCALIS NATURELS

686. Les alcalis naturels se rencontrent dans la nature à l'état de sels ou à l'état libre. Les *alcalis animaux* sont peu nombreux ; ce sont : la *créatine* et la *créatinine*, contenues dans le sang, l'urine et le liquide qui baigne les fibres musculaires, la *sarkine* contenue dans les eaux mères d'où s'est déposée la créatinine.

Les *alcalis naturels végétaux* ou **alcaloïdes** sont au contraire beaucoup plus abondants et très importants.

687. Alcaloïdes. — Les *alcaloïdes* sont généralement cristallisables et fixes, très peu solubles dans l'eau, plus solubles dans l'alcool, d'une saveur amère et d'une réaction alcaline semblable à celle de la potasse ou de l'ammoniaque. Ils s'unissent aux acides et leur mode de combinaison est identique à celui de l'ammoniaque. Tous les alcaloïdes renferment de l'azote ; ceux qui sont volatils ne renferment pas d'oxygène.

On les prépare en traitant les parties du végétal qui les contiennent par les acides minéraux ; ceux-ci se combinent avec les alcaloïdes pour former des sels, que l'on décomposera par l'ammoniaque ou par le carbonate de soude pour précipiter l'alcaloïde. On séparera ce dernier des autres principes insolubles à l'aide de dissolvants convenables.

---

1. Voir, plus loin, l'article *Teinture*.

688. Alcaloïdes des Papavéracées. — Le suc laiteux des capsules de pavot blanc desséché à l'air constitue ce que l'on appelle l'*opium*. On l'obtient en faisant des incisions sur les capsules encore vertes du pavot blanc (fig. 216); il en sort un suc laiteux qui se dessèche du jour au lendemain.

L'opium renferme un certain nombre d'alcaloïdes combinés à divers acides, notamment à l'acide méconique, ce sont :

Fig. 216. — Capsules de pavot incisées d'où s'écoule l'opium.

La *morphine*; La *papavérine*;
La *thébaïne*; La *narcéine*;
La *narcotine*; La *codéine*.

L'opium, à faible dose, agit comme soporifique; à dose plus forte, il devient un poison narcotique. Le *laudanum de Sydenham* est une dissolution alcoolique d'opium additionnée de vin de Malaga et de safran; on l'emploie comme calmant et comme antidiarrhéique, à la dose de 6 à 10 gouttes dans une infusion chaude.

689. Morphine, $C^{34}H^{19}AzO^6 + 2HO$. — La *morphine* cristallise en prismes rhomboïdaux droits, très peu solubles dans l'eau et facilement solubles dans l'alcool. C'est un narcotique et un *poison violent*. Elle forme des sels solubles dans l'eau, dont le plus important est le *chlorhydrate de morphine*, $C^{34}H^{19}AzO^6,HCl + 6HO$, que l'on prépare en traitant la morphine par l'acide chlorhydrique très étendu.

690. Codéine, $C^{36}H^{21}AzO^6$. — Elle existe dans l'opium; on la retire des eaux mères qui ont servi à la préparation de la morphine. Les sels de codéine sont employés comme narcotiques et comme calmants pour les affections des voies respiratoires.

691. Alcaloïdes des quinquinas. — On donne le nom de *quinquinas* à l'écorce des arbres du genre *cinchona* (*Rubiacées*), originaires de l'Amérique du Nord et croissant au milieu des forêts des Cordillères à une altitude moyenne de 2,000 mètres.

Les *quinquinas* se divisent en trois groupes : le *quinquina gris*, le *quinquina jaune* et le *quinquina rouge*, très riches en **quinine** et en **cinchonine**, *alcaloïdes fébrifuges*, employés en médecine à l'état de *sulfate*. Le quinquina gris est plus riche en cinchonine et le quinquina jaune renferme plus de quinine; le quinquina rouge renferme de la quinine et de la cinchonine en proportions inverses l'une de l'autre. Voici les quantités de quinine et de cinchonine contenues dans les divers genres de quinquinas :

	Quinine	Cinchonine	
Quinquina gris	»	36ᵍʳ,40 par kilog.	
— jaune royal	28ᵍʳ	»	—
— rouge	26,5	15,1	—

Pour déterminer la richesse d'un quinquina, on épuise 30 grammes de quinquina pulvérisé par de l'eau bouillante additionnée de 4 grammes d'acide chlorhydrique pur; on filtre, on évapore à sec et on reprend le résidu par de l'eau acidulée avec l'acide chlorhydrique; on filtre de nouveau et on précipite la solution claire par l'ammoniaque; les alcaloïdes se précipitent, on les recueille, on les dessèche et on pèse le précipité; on le traite par son poids d'éther, qui dissout la *quinine* et laisse la cinchonine presque insoluble dans l'éther.

692. Usages des quinquinas. — Ils servent à préparer des poudres, des extraits, des teintures, des sirops, des vins, des opiats. Le vin de quinquina est aujourd'hui très employé comme tonique. Pour le préparer on fait macérer pendant un jour 30 grammes de quinquina jaune dans 60 centimètres cubes de vieille eau-de-vie, puis on ajoute à la masse un litre de vin de Bordeaux ou de vin de Malaga et on laisse la macération se continuer pendant 10 jours; on filtre ensuite.

693. Quinine, $C^{10}H^{24}Az^2O^4 + 6\ HO$. — La *quinine cristallisée* constitue des cristaux très petits, incolores, fusibles à 75°, en perdant de l'eau et en se transformant en *quinine* *anhydre*, $C^{40}H^{24}Az^2O^4$, sous la forme caséeuse. La quinine est soluble dans 1670 fois son poids d'eau et soluble dans son propre poids d'*éther*.

La quinine est une base très énergique ; elle se combine avec les acides pour former des sels dont la plupart sont *fluorescents*. La quinine est *biacide*, comme l'oxyde de plomb ; elle forme, avec l'acide sulfurique par exemple, un *sulfate neutre de quinine* et un *sulfate basique*.

694. Sulfate basique de quinine, $(C^{40}H^{24}Az^2O^4)^2$, $2\,HO,S^2O^6 + 14\,HO$. — C'est le seul sel de quinine employé en médecine. On le prépare au moyen du quinquina jaune, en traitant celui-ci par l'acide chlorhydrique ; il se forme du *chlorhydrate de quinine*, que l'on transforme ensuite en *sulfate*.

Le *sulfate basique de quinine* est un sel blanc, cristallisé en aiguilles soyeuses, très peu soluble dans l'eau pure, mais très soluble dans l'eau aiguisée de quelques gouttes d'acide sulfurique ; il est peu soluble dans l'alcool et insoluble dans l'éther et dans le chloroforme. Le sulfate basique de quinine et ses solutions sont très amères. On l'emploie comme fébrifuge ou comme anti-nerveux à une dose variant entre 25 centigrammes et 1 gramme. Il produit des bourdonnements dans les oreilles et des troubles dans la vision.

Le *sulfate de quinine* est souvent falsifié ; on le mélange à de l'acide borique, à de la salicine, et à des sels des autres alcaloïdes des quinquinas, notamment à du sulfate de cinchonine.

Pour reconnaître la falsification, on opérera de la manière suivante :

1° *Le sel pur est combustible sans résidu.*

2° 1 gramme de sulfate de quinine, desséché à 100°, doit laisser un résidu ne pesant pas moins de $0^{gr},85$.

3° Le sulfate de quinine pur ne se colore pas par l'acide sulfurique pur et concentré ; la salicine, les matières sucrées ajoutées au sulfate se colorent par l'acide sulfurique.

4° Pour constater la présence du *sulfate de cinchonine*, on met 1 gramme de sulfate de quinine dans un tube d'essai avec 20 centimètres cubes d'éther pur exempt d'alcool, et on y ajoute 2 centimètres cubes d'ammoniaque pure qui précipite la quinine et la cinchonine. La quinine reste dissoute dans l'éther, tandis que la cinchonine se précipite sous forme floconneuse.

695. Cinchonine, $C^{38}H^{22}Az^2O^2$. — Elle cristallise en prismes rhomboïdaux droits, anhydres, fusibles à 268°,8. Elle est presque insoluble dans l'eau et dans l'éther, mais elle est soluble dans le chloroforme. Elle forme des sels, dont les plus importants sont le sulfate et le chlorhydrate de cinchonine, plus solubles dans l'eau que les sels correspondants de quinine.

696. Alcaloïde des ombellifères : cicutine ou **conine** ou **conicine**, $C^{16}H^{17}Az$. — Elle se trouve dans les fruits de la grande ciguë (*conium maculatum*). On distille les fruits avec de la soude; on neutralise le produit distillé avec de l'acide sulfurique étendu et on évapore à consistance sirupeuse ; on reprend la masse par l'alcool et l'éther mélangés, qui ne dissolvent que le *sulfate de conine* formé; on traite ce dernier par la soude pour en séparer la conine.

La *conine* est un liquide limpide, incolore, oléagineux, nauséabond, bouillant à 169°. C'est un poison très violent : 1 décigramme suffit pour amener la mort par asphyxie.

697. Alcaloïdes des Strychnées. — Les *Strychnées*, telles que la noix vomique, la fève Saint-Ignace, contiennent deux alcaloïdes qui sont la *strychnine* et la *brucine*.

698. Strychnine, $C^{44}H^{22}Az^2O^4$. — On la retire de la noix vomique par le procédé général d'extraction des alcaloïdes. Elle cristallise en octaèdres droits à base rectangle, presque insolubles dans l'eau et insolubles dans l'éther. Elle donne à l'eau une amertume extrême; c'est un *poison très violent* qui amène la mort en produisant un accès de tétanos.

Elle forme des sels dont le plus important est le *sulfate de strychnine*, $2(C^{42}H^{22}Az^2O^3), 2HO,S^2O^6$.

699. Brucine, $C^{40}H^{26}Az^2O^8$. — Elle s'extrait des eaux mères de la préparation de la strychnine. Elle cristallise en prismes obliques à base rhombe avec 8 équivalents d'eau de cristallisation, peu solubles dans l'eau, assez solubles dans l'alcool et insolubles dans l'éther. La brucine est fortement toxique, mais moins vénéneuse que la strychnine. Elle donne avec l'acide azotique concentré une coloration rouge caractéristique.

700. Alcaloïde du tabac : nicotine, $C^{20}H^{14}Az^2$. — La *nicotine* s'extrait du *tabac*, en épuisant celui-ci par l'eau bouillante et en reprenant l'extrait sirupeux obtenu par l'alcool qui dissout la nicotine. On évapore et on reprend le résidu par de nouvel alcool et on ajoute ensuite à la liqueur concentrée de la potasse et de l'éther, qui dissout la nicotine mise en liberté par la potasse. La solution éthérée donne, avec l'acide oxalique, l'oxalate de nicotine. Ce sel décomposé par la potasse donne la nicotine, qu'on reprend par l'éther. On chasse ensuite l'éther au bain-marie, et on distille dans un courant de gaz hydrogène, en recueillant ce qui passe au-dessus de 180° (Schlœsing).

La nicotine se présente sous la forme d'une huile incolore d'une odeur pénétrante, ayant pour densité 1,011, bouillant à 245°. Elle est très soluble dans l'eau, l'alcool et l'éther.

Pour doser la nicotine dans les tabacs, **M. Schlœsing** épuise les feuilles hachées par de l'éther ammoniacal ; il chasse ensuite par évaporation l'éther et l'ammoniaque et dose la nicotine par les méthodes alcalimétriques. On trouve ainsi, pour 100 parties de tabac sec :

TABAC.	NICOTINE.	TABAC.	NICOTINE.
Lot	7,00	Alsace	3,21
Lot-et-Garonne	7,54	Virginie	6,87
Nord	6,68	Kentucky	6,00
Ille-et-Vilaine	2,06	Maryland	2,20
Pas-de-Calais	4,94	Havane	2,00

Les tabacs qui contiennent beaucoup de nicotine sont employés pour le tabac en poudre ; les tabacs à fumer sont moins riches en nicotine.

701. Alcaloïdes divers. — On extrait de la racine de belladone un alcaloïde appelé *atropine*, dont le sulfate est employé en médecine pour dilater la pupille de l'œil (2 décigrammes de sulfate d'atropine dans 32 grammes d'eau). Elle est très toxique. L'*émétine* est l'alcaloïde des divers *Ipecacuanhas*, qui lui doivent leurs propriétés : l'ipéca est un vomitif très souvent employé.

La *cocaïne*, extraite des feuilles du *coca*, est un anesthésique local assez actif.

Conseils pédagogiques. — On montrera l'analogie qui existe entre les alcaloïdes et les bases minérales; on insistera sur la formation de leurs sels et sur les propriétés toxiques des sels de morphine, de strychnine, etc.

Questionnaire. — Qu'appelle-t-on alcalis organiques? — Quel nom donne-t-on aux alcalis organiques artificiels? — Comment obtient-t-on l'aniline? — Quelles sont ses propriétés? — Quels sont les principaux dérivés de l'aniline? — Quel nom donne-t-on aux alcalis naturels végétaux? — Quelles sont les propriétés communes aux alcaloïdes? — Qu'est-ce que l'opium? — Quels sont les divers alcaloïdes qu'il renferme? — Quels sont les alcaloïdes qu'on extrait des quinquinas? — Quelles sont les différentes variétés de quinquinas et leurs usages? — Quel est le sel de quinine employé en médecine? — Comment reconnaît-on les falsifications de ce produit? — Quel alcaloïde extrait-on de la ciguë? — Quels sont les alcaloïdes des Strychnées et des Solanées? — De quels végétaux sont extraits l'émétine et la cocaïne?

CHAPITRE IX

AMIDES. — URÉE. — INDIGO. — MATIÈRES ALBUMINOÏDES.

Sommaire. — 211. Les *amides* sont des composés formés par l'action de l'ammoniaque sur les acides à fonction simple. On les divise en amides *primaires, secondaires* et *tertiaires*.

212. L'*urée*, $C^2Az^2H^4O^2$, peut s'extraire de l'urine ou se préparer artificiellement. Elle affecte la forme de prismes droits à base carrée, d'une saveur fraîche et ayant pour densité 1,3. Les *urées composées* dérivent de l'urée par la substitution de radicaux alcooliques à l'hydrogène.

213. L'*acide urique* et l'*acide hippurique* existent dans les excréments et dans l'urine des divers animaux. L'*urine* est le produit de l'épuration du sang en passant à travers les reins : elle renferme de l'eau, de l'urée et des sels divers.

214. L'*indigo* ou l'*indigotine* se retire de l'indigo du commerce provenant de plantes telles que l'*Indigofera tinctoria* et l'*Isatis tinctoria*. Il est d'un bleu foncé à reflets pourpres; il est soluble dans l'acide sulfurique et se transforme en indigo blanc sous l'action des corps réducteurs.

215. Les *matières albuminoïdes* ou *protéiques* sont des substances azotées formant les tissus animaux : ce sont l'*albumine*, la *fibrine*, la *gélatine*, etc. Elles sont solides, amorphes, insolubles dans l'eau pure, dans laquelle elles peuvent se dissoudre à la faveur des acides ou des alcalis. Elles se décomposent par la chaleur; en brûlant, elles répandent une odeur de corne brûlée.

216. L'*albumine* se prépare avec le blanc d'œuf; elle se coagule sous l'action de la chaleur et des acides concentrés.

217. La *caséine* est le principe azoté du lait. Le *lait* est une solution de caséine, de lactose, de sels divers tenant en suspension des globules de matières grasses et butyreuses. Le *beurre* est formé par l'agglomération des matières grasses du lait Le *fromage* est obtenu en faisant cailler le lait frais sous l'influence de la *présure*.

218. La *fibrine* est une matière blanche, élastique, insoluble dans l'eau, existant dans le *sang*, la *chair musculaire*, etc. Le *gluten* est le principe azoté de la farine.

219. La *gélatine* s'obtient en traitant par l'eau et la chaleur les os, les tendons, les ligaments et les tissus animaux azotés. Elle constitue la *colle forte*, la *colle de poisson*.

220. Le *sang* est un liquide rouge d'une odeur particulière; abandonné à lui-même il se sépare en deux parties, le *caillot* et le *sérum*; le caillot est formé par la fibrine coagulée, emprisonnant les globules du sang; le sérum renferme de l'eau, de l'albumine, de l'urée, etc.

Les globules du sang sont colorés en rouge par une substance cristalline appelée *hémoglobine*, absorbant facilement l'oxygène.

702. Amides. — On appelle *amides* des composés formés par l'action de l'ammoniaque sur les acides à fonction simple, avec élimination des éléments de l'eau.

$$\text{Ex :} \qquad C^4H^4O^4 + AzH^3 = C^4H^5AzO^2 + 2HO.$$
Acétamide

Réciproquement, en fixant les éléments de l'eau, les amides reproduisent l'ammoniaque et l'acide générateur.

Les *ammoniaques composées*, ou *amines*, peuvent donner naissance de la même manière à des composés analogues aux amides et appelés *alcalamides*.

$$\text{Ex :} \qquad C^4H^4O^4 + C^4H^7Az = C^8H^9AzO^2 + 2HO$$
Acide acétique.   Éthylamine.   Éthylacétamide.   Eau.

Les *amides* se divisent en plusieurs classes, suivant le nombre des équivalents d'acide agissant sur un équivalent d'ammoniaque.

1° *Amides primaires*. — Ils dérivent d'un seul équivalent des acides à fonction simple monobasiques. Le type est l'*acétamide*, $C^4H^5AzO^2$:

$$C^4H^4O^4 + AzH^3 = C^4H^5AzO^2 + 2HO.$$

2° *Amides secondaires*. — Ils dérivent de 2 équivalents d'acide monobasique :

$$2(C^4H^4O^4) + AzH^3 = C^8H^7AzO^4 + 4HO.$$
Diacétamide

24.

Les deux équivalents d'acide peuvent être identiques ou différents.

3° *Amides tertiaires.* — Ils dérivent de 3 équivalents d'acide monobasique :

$$3 (C^4H^4O^4) + AzH^3 = C^{12}H^9AzO^6 + 6 HO.$$
Triacétamide

Les trois équivalents d'acide peuvent être identiques ou différents.

4° On peut aussi obtenir des *amides* avec des acides à fonction simple bibasiques. Ainsi l'*oxamide* est dérivé de l'acide oxalique et de l'ammoniaque avec élimination de 4 équivalents d'eau :

$$C^4H^2O^8 + 2 AzH^3 = C^4H^4Az^2O^4 + 4 HO.$$
Acide oxalique   Oxamide

5° On peut aussi obtenir des amides avec des acides à fonction complexe ; ce sont alors des *amides-alcools*, des *amides-éthers*, etc.

703. Les amides les plus remarquables sont ceux qui dérivent de l'acide formique et de l'acide carbonique, tels que l'*acide cyanhydrique*, le *cyanogène*, l'*acide cyanique*, les *urées*, etc. Parmi les amides dérivés des acides à fonction complexe, il faut citer l'*indigotine*, matière colorante de l'indigo. Enfin, les *matières albuminoïdes* peuvent être considérées comme des amides complexes dérivés d'acides-amides et d'acides-alcalis (Schützenberger). Nous étudierons ici les *urées*, l'*indigo* et les *matières albuminoïdes*.

704. Urée, $C^2Az^2H^4O^2$. — L'*urée* peut être considérée, soit comme un amide de l'acide carbonique, soit comme du cyanate d'ammoniaque, AzH^4O, C^2AzO.

L'urée s'extrait de l'*urine :* on évapore lentement de l'urine fraîche jusqu'à consistance sirupeuse ; on lui ajoute son propre volume d'acide azotique ; on obtient un précipité très abondant d'*azotate d'urée* cristallisé, que l'on décolore par le noir animal et que l'on purifie par plusieurs cristallisations successives. On dissout dans l'eau cet azotate d'urée pur et on traite la liqueur par du carbonate de potasse ; il se forme de l'urée et de l'azotate de potasse avec dégagement d'acide carbonique.

On évapore à siccité et on reprend la masse par l'alcool qui dissout l'urée seule : la liqueur alcoolique décantée abandonne des cristaux d'urée par évaporation de l'alcool.

L'urée est un corps solide cristallisé en prismes droits à base carrée , incolores et striés (fig. 217), ayant une saveur fraîche et d'une densité égale à 1,3. Elle est très soluble dans l'eau et moins soluble dans l'alcool, presque insoluble dans l'éther.

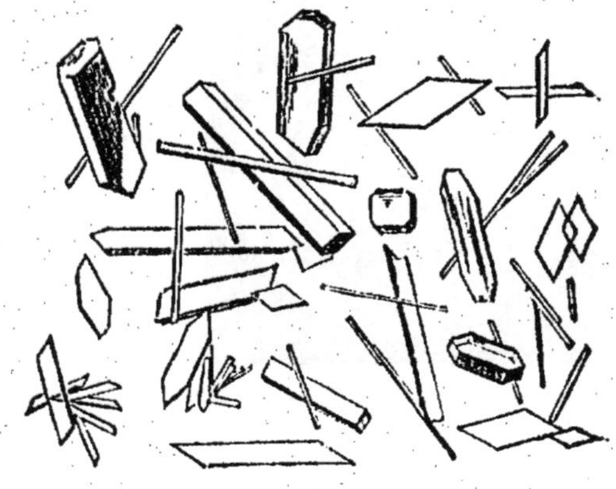

Fig. 217. — Cristaux d'urée.

Elle fond à 132° et se décompose à une température un peu plus élevée en dégageant de l'ammoniaque et en laissant un résidu d'acide cyanurique.

Elle peut se combiner avec les acides, les oxydes et les sels.

705. Acide urique, $C^{10}H^4Az^4O^6$. — L'*acide urique*, découvert par Scheele, fait partie de la sécrétion urinaire d'un grand nombre d'animaux ; on le trouve en abondance dans les excréments des serpents et dans le *guano*. On fait bouillir du guano avec une solution étendue de potasse ; il se forme de l'urate de potasse ; que l'on décompose par l'acide chlorhydrique ; l'acide urique se dépose en flocons qui se contractent et forment des paillettes cristallines (fig. 218), solubles dans 1500

Fig. 218. — Cristaux d'acide urique.

parties d'eau et insolubles dans l'alcool et dans l'éther.

L'acide urique peut se combiner avec les bases ; il forme des *urates ;* les urates alcalins sont seuls solubles dans l'eau.

706. Acide hippurique, $C^{18}H^9AzO^6$. — Il se trouve dans l'urine des herbivores ; on le prépare au moyen de l'urine fraîche de vache, que l'on concentre et à laquelle on ajoute trois fois son volume d'acide chlorhydrique : l'acide hippurique cristallise au bout de 12 heures (fig. 219).

Fig. 219. — **Cristaux d'acide hippurique.**

707. Urine. — L'*urine* est le produit de l'épuration du sang en passant à travers les reins. L'urine humaine est jaune, claire, légèrement acide, transparente, et elle renferme, en moyenne, les corps suivants :

Eau.	971,93
Urée.	12,10
Acide urique	0,40
Matières albuminoïdes, colorantes, acide lactique, sels organiques.	8,64
Chlorures, sulfates, phosphates.	6,93
	1000 »

La quantité d'urine excrétée par jour est d'environ 1 500 grammes, donnant 50 grammes de matières solides.

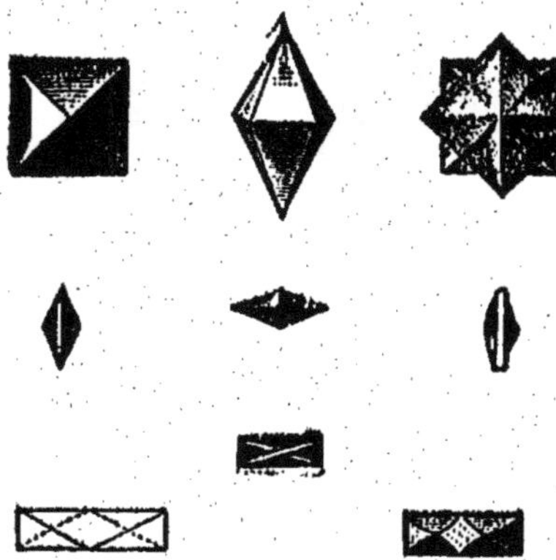

Fig. 220. — **Cristaux d'oxalate de chaux.**

L'urine exposée à l'air laisse bientôt dégager de l'ammoniaque par suite de la décomposition de l'urée. L'urine dépose souvent des cristaux d'*urate de soude* et de l'acide urique, surtout chez les fiévreux ou chez les personnes dont le sang ne s'oxyde pas d'une façon régulière. L'urine peut, dans certaines affections, renfermer des cristaux d'oxalate de chaux (fig. 220) ou des cristaux de phosphate ammoniaco-magnésien (fig. 221).

Les *calculs urinaires* sont formés d'acide urique, d'urates divers, d'oxalate de chaux, de phosphates, de cystine, etc.

Lorsque la fonction gly-cogénique du foie est trop active, l'urine se charge de glucose; on est alors affecté du *diabète*.

Dans certaines maladies l'urine peut se charger d'al-bumine; on le reconnaît en ajoutant à l'urine quelques gouttes d'acide azotique; l'albumine se coagule et se précipite en flocons.

Usages. — L'urine est un excellent engrais, car elle renferme de l'azote et des phosphates.

Fig. 221. — **Cristaux de phosphate ammoniaco-magnésien.**

708. Indigo. — On donne le nom d'*indigo* à une matière tinctoriale bleue originaire de l'Inde, dont le principe colorant est l'*indigotine*, $C^{16}H^5AzO^2$, se transformant par la chaleur en aniline et que les agents réducteurs transforment en *indigo blanc*, tandis que les oxydants, comme l'acide azotique, la font passer à l'état d'*isatine*.

L'indigo possède une belle couleur bleu foncé à reflet pourpre; il est insoluble dans l'eau, l'éther, l'alcool : son dissolvant est l'acide sulfurique concentré. La solution porte le nom de *sulfate d'indigo*; elle peut se fixer sur la laine en présence de certains mordants, comme l'alumine par exemple.

L'indigo est décoloré par le chlore et par l'acide azotique.

L'*indigo blanc*, $C^{16}H^6AzO^2$, régénère l'indigo bleu en s'oxydant à l'air.

L'*indigo* est fourni par le suc de plantes telles que l'*Indigofera tinctoria*, l'*Isatis tinctoria*, etc. Pour le fabriquer, on fait fermenter les plantes immergées dans l'eau pendant plusieurs heures; on décante la liqueur jaune obtenue et on l'agite à l'air, pendant qu'elle est encore tiède; l'*indigo blanc* produit par la fermentation s'oxyde et se transforme en indigo bleu, qui se sépare en flocons. On recueille ces flocons sur des toiles, on les égoutte et on découpe la pâte en petits morceaux cubiques que l'on sèche à l'air.

PRINCIPES ALBUMINOÏDES.

700. — On appelle *principes albuminoïdes* ou *matières protéiques* des substances azotées, généralement contenues dans les tissus animaux, telles que l'*albumine*, la *fibrine* et la *caséine ;* on peut aussi en rencontrer dans les tissus végétaux, comme le *gluten* de la farine des céréales.

Leur composition est sensiblement la même :

```
Carbone. . . . . . . . . . . . . . . . . . .   52 à 54 °/°
Hydrogène . . . . . . . . . . . . . . . . .    6 à 7
Azote . . . . . . . . . . . . . . . . . . . .  15 à 16
Oxygène. . . . . . . . . . . . . . . . . . .   22 à 23
```

avec de petites quantités de soufre, de phosphore et de matières minérales.

Les *matières albuminoïdes* sont généralement solides, amorphes, sous l'aspect de masses cornées, élastiques, semi-transparentes, se gonflant par l'eau et précipitant par l'alcool : elles peuvent se dissoudre dans l'eau à la faveur des acides, des alcalis ou de certains sels. Elles rentrent dans le type des substances dites *colloïdes,* ce qui permet de les séparer par dialyse * des substances *cristalloïdes.*

La chaleur les décompose en laissant un résidu charbonneux. Les oxydants les transforment en produits volatils complexes, tels que les acides gras, l'acide et l'aldéhyde benzoïques, etc. Les acides et les alcalis les détruisent en les transformant en amides.

Les *ferments solubles de l'économie animale* les transforment en *peptones* solubles et assimilables. L'air et l'eau, à une douce température, provoquent l'altération des matières albuminoïdes qui subissent alors la putréfaction; il en est de même en présence des ferments figurés et notamment des agents de la fermentation putride.

710. Caractères distinctifs. — Les matières albuminoïdes chauffées dégagent une odeur de corne brûlée. Elles dégagent de l'ammoniaque à la distillation. L'acide chlorhydrique fumant les dissout en se colorant en bleu violacé au contact de l'air.

711. Classification. — La classification des matières albuminoïdes est absolument empirique. On les divise en *albumines, caséines, fibrines, peptones, gélatines* et *matières mucilagineuses.*

712. Albumine. — *L'albumine* se rencontre dans le blanc d'œuf, dans le sérum du sang et dans la lymphe; elle renferme toujours un peu de soufre au nombre de ses éléments. On connaît aussi des *albumines végétales*, telles que celles qui proviennent des graines de céréales et des graines oléagineuses.

Pour préparer l'albumine, on filtre le *blanc d'œuf* dans une atmosphère d'acide carbonique, après l'avoir étendu d'eau; puis on évapore dans le vide la liqueur filtrée à une température de 35° environ.

L'albumine est d'un blanc jaunâtre, à aspect corné; elle donne avec l'eau une liqueur filante; elle se coagule totalement, à la température de 74°, en une masse blanche complètement insoluble dans l'eau. Elle forme les écumes qui surnagent quand on fait cuire de la viande dans l'eau. L'albumine se coagule par l'acide azotique concentré, l'acide sulfurique concentré, l'alcool, le protochlorure de mercure et le sous-acétate de plomb.

Une dissolution aqueuse d'albumine versée dans une dissolution de sulfate de cuivre donne un précipité d'*albuminate de cuivre;* de là son emploi comme contrepoison de certains sels métalliques.

713. Œufs. — *L'œuf* est formé par une *coquille* presque exclusivement composée de *carbonate de chaux;* une membrane ou *pellicule* est collée à l'intérieur de la coquille et entoure le *blanc d'œuf,* qui renferme le *jaune* sur lequel on aperçoit le germe de l'animal ovipare.

Voici la composition d'un œuf de poule :

Blanc (60 pour 100).		Jaune (40 pour 100).	
Albumine	12,6	Vitelline (isomère de l'albu-	
Membranes et mat. grasses	0,5	mine)	15,8
Matières sucrées	0,2	Margarine, oléine, acides gras	
Sel marin	0,7	libres	28,5
Eau	80,0	Acide phosphoglycérique	1,2
	100 »	Cholestérine	0,4
		Matières organiques	1,2
		Sels	1,4
		Eau	51,5
			100 »

714. Conservation des œufs. — Les œufs abandonnés à l'air s'évaporent peu à peu et se putréfient; pour les conserver, on peut employer les procédés suivants : 1° les enduire d'une couche d'huile de lin; 2° les recouvrir d'une couche d'un vernis quelconque et les placer *debout* dans de la sciure de bois ou dans de la cendre.

715. Caséine. — La *caséine* est le principe azoté du *lait*. On l'obtient en précipitant le lait par une dissolution concentrée de sulfate de magnésie. On lave avec soin la masse obtenue à l'aide d'eau chargée de sulfate de magnésie; puis, on la redissout dans l'eau pure ; on filtre et on précipite la liqueur filtrée par l'acide acétique étendu. On obtient une masse jaunâtre, insoluble dans l'eau, l'alcool et l'éther, et soluble dans les alcalis; elle s'oxyde au contact de l'air sous l'action de la chaleur et forme la pellicule que l'on observe à la surface du lait bouilli, et nommée *frangipane*.

La *caséine* dissoute se coagule par les acides étendus et par la *présure*, matière extraite de la *caillette* * des jeunes veaux et dont la *pepsine* agit sur la caséine du lait.

716. Lait. — Le lait est un liquide sécrété par les mammelles des mammifères et constituant un aliment complet pour les jeunes animaux. Vu au microscope, il présente l'aspect d'un liquide transparent (fig. 222) au sein duquel nagent des *globules* de matières grasses constituant le *beurre*.

Abandonné à lui-même, le lait se sépare en deux couches (fig. 223); la couche *a* constitue la crème, formée des matières grasses, la couche *b*, ou lait écrémé, renferme de l'eau et tous les autres principes solubles du lait.

Abandonné à l'air, le lait subit la *fermentation lactique;* l'acide lactique développé produit la coagulation de la caséine

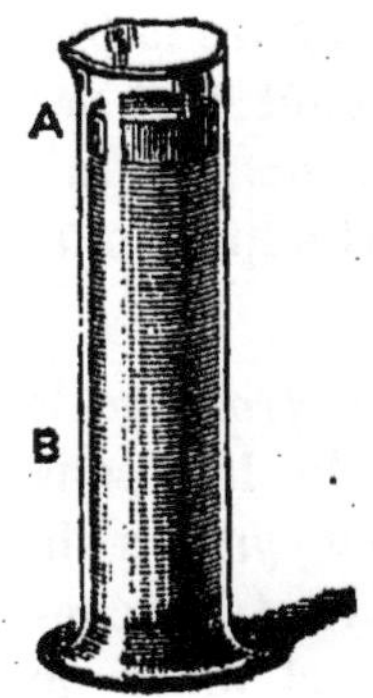

Fig. 223. —
Lait avec crème.
A. Crème.
B Lait écrémé.

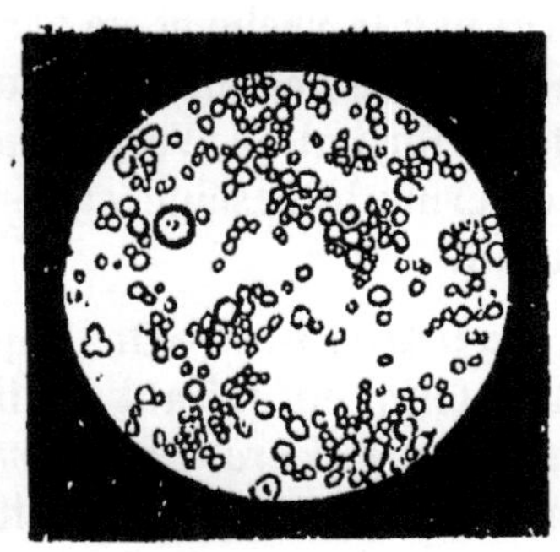

Fig. 222 — Lait vu au microscope.

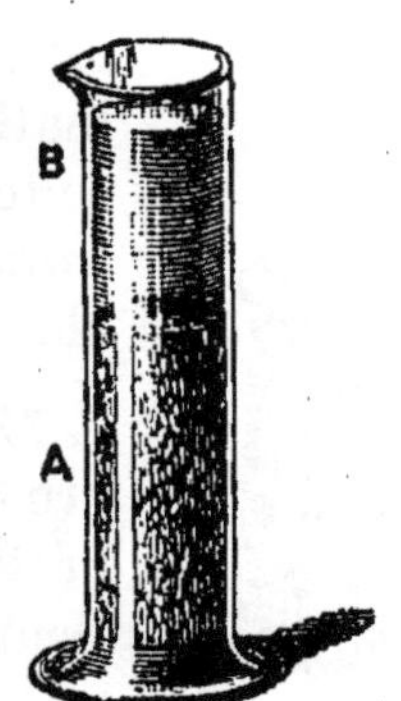

Fig. 224. —
Lait caillé.
A Caséine pré-
cipitée.
B. Liquide fer-
menté.

du lait (fig. 224). Le lait frais est légèrement alcalin ; il contient un *principe azoté*, la *caséine*; un *principe sucré*, la *lactose*; et un *principe gras*, le *beurre*. Enfin on y trouve de l'*albumine* et des *sels minéraux*, tels que KCl, NaCl, de la *soude* et des phosphates de chaux, de magnésie et de fer.

Voici la composition des principaux laits :

PRINCIPES DU LAIT.	VACHE.	CHÈVRE.	BREBIS.	ANESSE.	JUMENT	LAMA.	FEMME.
Caséine.........	3,00	3,50	4,00	0,60	0,78	3,00	0,34
Albumine........	1,20	1,35	1,70	1.55	1,40	0,90	1,30
Beurre..........	3,20	4,40	7,50	1,50	0,55	3,10	3,80
Lactose.........	4,30	3,10	4,30	6,40	5,50	5,60	7,00
Sels divers......	0,70	0,35	0,00	0,32	0,40	0,80	0,18
Matières solides .	12,40	12,70	18,40	10,37	8,03	13,40	12,02
Eau.............	87,60	87,30	81,60	89,63	91,37	86,60	87,38
	100 »	100 »	100 »	100 »	100 »	100 »	100 »

La soude contenue dans le lait sert à dissoudre la caséine.

717. Beurre. — On donne le nom de *beurre* à l'agglomération des globules gras du lait, obtenue en agitant le lait dans les *barattes* (fig. 225). Par l'agitation, l'enveloppe de ces globules se brise et la matière grasse se rassemble en un pain compacte.

Pour faire un bon beurre, il faut battre le lait, tel qu'il est fourni par la vache et ne pas attendre la formation de la crème, qui donne un goût fort par suite de la formation d'*acide butyrique*. Le lait *battu* renferme la caséine et les principes solubles du lait.

Fig. 225. — Baratte ordinaire.

718. Fromage. — On appelle *fromage* le produit obtenu en faisant cailler le lait sous l'action de la *présure*. Les *fromages gras* s'obtiennent en faisant cailler le lait avant la séparation de la crème : le fromage est alors un mélange de caséine et de beurre, que l'on égoutte, que l'on sale et que l'on comprime pour le conserver.

Lorsqu'on fait cailler le lait après la séparation de la crème, on n'a qu'un *fromage maigre*, ne contenant que de la caséine.

Fabrication. — 1° *Coagulation*. — On porte le lait à 30° et on y introduit de la présure. Au bout de deux heures la coagulation est complète : la masse solidifiée se nomme *caillé*.

2° *Séparation du caillé*. — On brise le caillé, on le jette sur une étamine, puis on le soumet à une pression graduée.

3° *Salaison*. — On recouvre le fromage de sel, et on le retourne de temps en temps, ou bien on l'entoure d'un linge et on le place dans une forte saumure.

4° *Fermentation*. — Au bout de dix jours environ, on lave la surface du fromage, puis on le laisse sécher; on le porte ensuite dans des caves où il éprouve une fermentation qui lui donne un goût et des qualités particulières.

Les fromages peuvent être classés en quatre groupes : 1° les fromages frais et mous (Neufchâtel); 2° les fromages salés et mous (Brie); 3° les fromages à pâte pressée, mais peu dure (Gruyère); 4° les fromages à pâte pressée et dure (Hollande).

Le fromage du Mont-Dore est fabriqué avec du lait de chèvre ; le fromage de Sassenage avec des mélanges de laits de vache, de chèvre et de brebis; le fromage de Roquefort avec des laits de chèvre et de brebis. La supériorité, généralement reconnue, de ce dernier fromage ne tient pas à la nature de la matière, à l'habileté du fabricant, mais à la grande fraîcheur des caves, qui détermine une marche très lente dans la fermentation.

719. Conserves de lait. — On ajoute au lait 75 grammes de sucre par litre et on évapore doucement jusqu'à consistance du miel; on en remplit des vases cylindriques en tôle étamée, que l'on chauffe au bain-marie pendant dix minutes et que l'on scelle ensuite hermétiquement. Pour se servir de la conserve, on l'étend de quatre fois son poids d'eau et on porte le tout à l'ébullition.

720. Falsification du lait. — Le lait est très souvent additionné d'eau et écrémé; pour masquer cette diminution de densité, on ajoute au lait de l'amidon, de la fécule, du blanc d'œuf, etc.

On peut grossièrement s'apercevoir de la falsification en employant le *pèse-lait*, aréomètre en verre gradué d'une façon spéciale[1]. On peut reconnaître l'addition d'amidon au moyen de l'*eau iodée*, qui bleuit quand on y ajoute quelques gouttes de lait falsifié.

721. Fibrine. — La *fibrine* est un corps solide, blanc, mou et élastique à l'état humide, dur et cassant par la dessiccation. Elle est insoluble dans l'eau et dans l'alcool et soluble dans les alcalis. Elle existe dans le sang, dans la *chair musculaire* et dans le *gluten* des céréales. La fibrine, dissoute dans le sang, se coagule aussitôt que le sang est sorti de la veine de l'animal : il suffit de recevoir sur un petit balai le sang qui s'échappe de l'animal et de l'agiter pour que les filaments de fibrine y restent attachés.

722. Gluten. — Le *gluten* est le principe azoté des graines de céréales. On l'isole en malaxant * de la farine dans un filet d'eau ; le gluten reste adhérent aux doigts en une masse élastique grisâtre, tandis que les grains d'amidon sont entraînés par l'eau.

723. Gélatine. — Quand on traite pendant plusieurs

1. Voir Drincourt et Dupays. *Physique :* Aréomètres.

jours un *os* par de l'acide chlorhydrique étendu d'eau, les sels minéraux se dissolvent peu à peu et il reste une substance molle, transparente, élastique, appelée *osséine* ou *collagène*.

La *peau*, les *tendons*, les *ligaments*, les *cartilages* sont en majeure partie formés par des principes azotés, qui se rapprochent de l'osséine; tous ces principes possèdent une propriété commune : sous l'influence de la chaleur et de l'eau, ils se transforment en *gélatine*, matière transparente, incolore, se gonflant par l'eau froide, se dissolvant dans l'eau chaude et se prenant, par refroidissement, en gelée ou en masse dure.

Pour préparer la gélatine, on écrase les os, on les fait bouillir avec de l'eau, on les traite par l'acide chlorhydrique étendu et on les soumet dans une *marmite de Papin* * à l'action d'une petite quantité d'eau maintenue à une température supérieure à 100°.

La liqueur obtenue donne, par refroidissement, de la gélatine coagulée ou *colle forte*.

La gélatine précipite par l'alcool, le tannin et le protochlorure de mercure.

La *colle de poisson* est obtenue au moyen de la vessie natatoire de l'*esturgeon* *.

On donne à la colle forte plus de cohésion, en y ajoutant $\frac{1}{20}$ de blanc de céruse ou de borax.

724. Peptones. — Les aliments sont dissous, rendus liquides, absorbés et assimilés dans les fonctions diverses qui constituent la *nutrition*. La *digestion* stomacale a pour but de transformer la viande, la caséine, le gluten et les matières azotées en *principes solubles*, appelés *peptones* ou *albuminoses;* à chaque principe albuminoïde correspond une peptone spéciale qui semble dériver de la matière albuminoïde par hydratation. La transformation des principes albuminoïdes en peptones se fait à l'aide de la *pepsine*, ou ferment actif du suc gastrique.

725. Chair des animaux. — La chair musculaire est formée par des fibres musculaires constituées par une *fibrine* particulière, appelée *musculine*, très rapidement soluble dans de l'eau légèrement rendue acide par l'acide chlorhydrique. Le suc gastrique, en raison de la pepsine qu'il renferme et eu égard à son acidité, dissout la musculine et la rend assimilable. La chair des animaux renferme, en outre, des vaisseaux, des nerfs, de l'albumine, des corps gras, des sels divers et des principes albuminoïdes, provenant de la désassimilation de l'azote, à l'état de *créatine, créatinine, sarkosine*, etc.

Si l'on fait bouillir de la viande pendant plusieurs heures avec de l'eau et si on concentre le liquide obtenu, on fabriquera l'*extrait de viande* composé des sels solubles et des matières directement assimilables contenus dans la chair des animaux.

726. Sang. — Le *sang* est un liquide d'une odeur particulière, contenant les substances qui doivent concourir à la nutrition des organes et celles qui proviennent de la désassimilation de ces organes. Le sang abandonné à lui-même se sépare en deux parties : le *caillot* et le *sérum*.

Le *caillot* est formé par la fibrine qui, en se coagulant, a emprisonné les globules du sang ; le *sérum* est un liquide jaunâtre, très riche en albumine et renfermant de l'eau, des matières minérales et des produits de désassimilation dont le principal est l'*urée*.

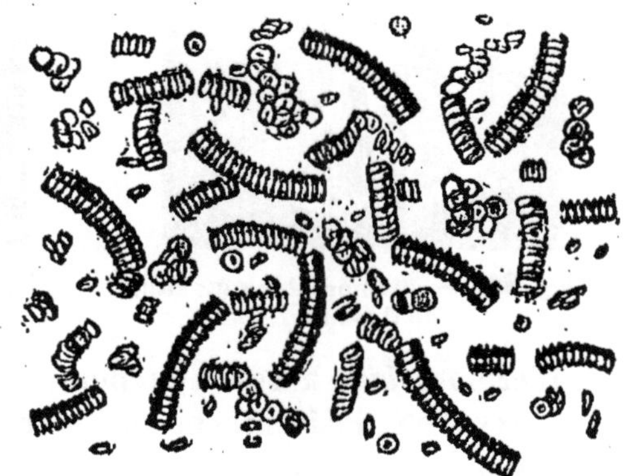

Fig. 226. — Globules du sang humain.
4,500,000 globules dans 1 millimètre cube.

Le sang humain renferme en moyenne :

Eau	780
Albumine	67
Globules du sang	131
Fibrine	2
Matières grasses	3,5
Substances minérales et créatine, créatinine, cholestérine, urée	7,5
	100 »

Les *globules* du sang (fig. 226), chez l'homme, ont la forme de disques circulaires légèrement biconcaves, dont le diamètre est de 0ᵐ,0075; ils sont colorés en rouge par une matière cristalline rouge, appelée *hémoglobine,* dont les cristaux ont une forme différente suivant l'animal d'où le sang a été extrait.

Les figures 227 et 228 montrent la forme des cristaux d'hémoglobine du sang de l'homme et du sang de cochon d'Inde.

Fig. 227. — Hémoglobine du sang de l'homme.

Fig. 228. — Hémoglobine du sang de cochon d'Inde.

L'*hémoglobine* absorbe facilement l'oxygène.

L'oxygène ainsi absorbé peut être enlevé, soit par le vide, soit par les corps réducteurs, comme le fer métallique, ou le sulfhydrate d'ammoniaque.

L'hémoglobine peut également se combiner avec d'autres gaz, comme l'acide carbonique, le bioxyde d'azote ou l'oxyde de carbone. L'acide carbonique est chassé de sa combinaison avec l'hémoglobine par l'oxygène, qui, à son tour, peut être déplacé par l'oxyde de carbone ou par le bioxyde d'azote.

La combinaison de l'oxyde de carbone avec l'hémoglobine est une combinaison très stable qui, s'opposant à l'absorption de l'oxygène, empêche le globule de jouer son rôle physiologique et cause l'asphyxie.

L'hémoglobine a pour rôle physiologique de transporter l'oxygène de l'air avec le sang artériel dans les divers organes.

Usages. — On se sert du sang dans les raffineries de sucre pour clarifier les jus sucrés. Seul ou mélangé à d'autres matières animales, on l'emploie comme engrais.

Conseils pédagogiques. — On insistera particulièrement sur
le mode de formation des amides, sur l'urée et sur l'indigo. On
mettra en évidence l'oxydation de l'indigo blanc et sa transformation en indigo bleu. On appellera l'attention des élèves sur la
transformation des matières albuminoïdes en *peptones* sous l'action
des sucs digestifs qui les rendent assimilables.

Questionnaire. — Qu'est-ce que
les amides? — Comment les divise-t-on?
— Qu'est-ce que l'urée? — Quelle est la
composition de l'urine saine? — Quelles
altérations morbides peut-elle présenter?
— Qu'est-ce que l'indigo? — Comment
le fabrique-t-on? — Qu'appelle-t-on matières protéiques? — Quelle action exercent sur elles les ferments? — Quels
sont leurs caractères distinctifs? — Où se
rencontre l'albumine? — Comment se
prépare-t-elle? — Quelle est la structure
et la composition de l'œuf? — Par quel
procédés peut-on soustraire les œufs à la
putréfaction? — Comment obtient-on la
caséine? — Qu'est-ce que le lait? —
Quels principes contient-il? — Qu'appelle-t-on beurre? — Comment le fait-on?
— Comment se fabriquent les fromages?
— Comment se font les conserves de
lait? — Comment peut-on reconnaître
quelques-unes des falsifications du lait?
— Qu'est-ce que la fibrine? — Qu'est-ce
que le gluten? — Comment prépare-t-on
la gélatine? — Qu'appelle-t-on peptones?
— Quelle est la composition de la chair
des animaux? — Que contient le sang?
— Comment s'appelle la matière colorante des globules du sang? — Quelle
est l'action de l'oxyde de carbone sur
l'hémoglobine? — Quels sont les usages
industriels du sang?

CHAPITRE X

APPLICATIONS INDUSTRIELLES

TEINTURE. — CONSERVATION DES BOIS. — TANNAGE
DES PEAUX. — CONSERVES ALIMENTAIRES.

Sommaire. — 221. Les *matières colorantes* sont des principes
immédiats, solides, solubles dans l'eau, se colorant au contact de
l'air. Elles sont d'origine végétale et tirent leurs noms des plantes
qui les fournissent.

222. La *teinture* a pour objet de fixer la matière colorante sur
les fibres textiles.

223. Les *mordants* sont des composés chimiques qui s'unissent à la
matière colorante pour former des *laques*, qu'ils fixent sur les tissus.

224. L'*impression sur étoffes* s'effectue au moyen de *réserves* faites
sur le tissu ou au moyen de *rongeants* acides qui enlèvent la couleur en des parties déterminées du tissu.

225. Les *couleurs d'aniline* s'obtiennent en soumettant l'aniline
à l'action de réactifs particuliers, tels que l'acide azotique, la
chaux, etc. Elles sont très employées aujourd'hui pour la teinture
et l'impression.

226. On appelle *putréfaction* l'altération des matières albuminoïdes
sous l'action de ferments particuliers dont les germes sont contenus
dans l'air atmosphérique.

227. On appelle *antiseptiques* des substances ayant pour effet de détruire les germes de la putréfaction; ce sont : l'*alcool*, la *fumée*, le *sublimé corrosif*, la *salaison*, etc.

228. Les *désinfectants* usuels sont : le *chlore*, le *charbon*, les *agents réducteurs*, etc.

Les agents *antiputrides* sont : la *réfrigération*, la *cuisson* et la *privation d'air*.

On conserve les bois en les injectant avec du *sulfate de cuivre*, du *pyrolignite de fer*, etc.

On rend les peaux imputrescibles par le tannage. Le *tan* est de l'écorce de chêne pulvérisée.

MATIÈRES COLORANTES

727. Propriétés générales. — Les *matières colorantes* se divisent en deux grandes classes : les *matières colorantes naturelles*, fournies par les végétaux : *indigo*, *campêche*, etc., et les *matières colorantes artificielles*, telles que les *couleurs d'aniline*, les *couleurs d'alizarine* et les *couleurs* dites *minérales*. L'usage des matières colorantes naturelles tend de plus en plus à disparaître; l'*indigo*, le *campêche*, la *cochenille* et l'*orseille* sont les seules encore employées aujourd'hui.

Les matières colorantes naturelles s'altèrent par l'action des corps oxydants, par l'action de la lumière, par l'action du chlore, etc.

Les matières colorantes naturelles proviennent de *matières colorables* dont la couleur se développe au contact de l'air et de la lumière; elles sont solubles dans l'eau, très solubles dans l'alcool, l'éther, les essences.

MATIÈRE COLORANTE.	COULEUR.	ORIGINE.
Indigotine	Bleu.	Feuilles des *Indigofera*.
Alizarine	Rouge.	Racine du *Rubia tinctorum* (garance).
Purpurine	Rouge.	
Hématoxyline	Rouge.	Bois de campêche.
Brésiline	Rouge.	Bois de Brésil, bois de Fernambouc.
Santaline	Rouge.	Bois de Santal.
Anchusine	Rouge.	Racine d'orcanette.
Carthamine	Rose.	Fleurs de carthame.
Acide carminique	Rouge.	Cochenille (*Crocus*).
Orcéine	Rouge.	Lichens.
Curcumine	Jaune.	Tige souterraine du curcuma.
Quercitrin	Jaune.	Écorce du chêne quercitron.
Lutéoline	Jaune.	Tige de la gaude (*Reseda luteola*).
Rhamnétine	Jaune.	Graines de nerprun.
Ac. moritannique	Jaune.	Bois jaune.
Safranine	Jaune.	Stigmates du safran.

728. Couleurs d'aniline. — Les couleurs d'anilino
sont :

1° Violets d'aniline :

Violet de mauvéine.
Violet de Williams.
Violet de Paris
Violet de mauvanil'ne.

2° Rouges d'aniline :

Rouge d'aniline, rosaniline ou fuchsine.
Rouge de toluène.

3° Couleurs de rosaniline :

Violet à l'aldéhyde
Violet impérial.
Violet de méthyle et d'éthyle de rosaniline.
Bleu de Lyon ou bleu de fuchsine.
Bleu de toluidine.
Bleu de diphénylamine.
Vert du bleu d'aldéhyde.
Vert produit dans l'éthylamine de la rosaniline.
Noir d'aniline.
Jaunes d'aniline.
Bruns et marrons d'aniline.

TEINTURE

729. La teinture est l'art de fixer la matière colorante sur
les fibres textiles, en imprégnant celles-ci de manière à ce que
tous les procédés mécaniques, frottement, lavage, soient im-
puissants à séparer la matière colorante. Il se forme comme
une combinaison, plus ou moins stable, appelée *teint ;* les
couleurs de *grand teint* résistent très longtemps aux agents
de décoloration ; les couleurs de *petit teint* sont au contraire
très fugaces.

Les matières colorantes doivent :

1° Être solubles au moment où elles sont en contact avec
l'étoffe, car, si elles étaient insolubles, elles resteraient à la
surface et seraient enlevées par un coup de brosse ;

2° Devenir insolubles dès qu'elles ont pénétré dans le tissu,
pour adhérer aux fibres et s'y fixer ; car, si elles restaient
solubles, un simple lavage à l'eau enlèverait la matière colorante ; celle-ci sortirait de l'étoffe comme elle y est entrée.

Il existe très peu de matières colorantes pouvant se fixer directement sur les fibres textiles ; il faut citer l'*acide picrique*, qui sert à teindre la soie en jaune, et l'*indigo* qui se fixe directement sur le coton à l'état de sulfate. Les matières colorantes dérivées de l'aniline se fixent aussi directement sur la soie.

Le plus souvent, il faut *mordancer* l'étoffe, c'est-à-dire fixer sur le tissu un agent chimique appelé *mordant* qui lui communique la propriété de pouvoir recevoir et fixer la matière colorante. Les mordants les plus usités sont les acétates d'alumine, de fer, de plomb, de cuivre ; le chlorure d'étain, etc. Les mordants ont la propriété de se combiner avec les matières colorantes pour former des composés insolubles appelés *laques*.

730. Teinture par immersion simple. — Comme exemple de teinture par immersion simple, nous citerons la teinture du coton en *bleu indigo*. Elle est fondée sur l'oxydation de l'indigo blanc, qui, par l'oxydation, devient bleu et insoluble. Pour préparer la cuve d'indigo, on agite dans 200 parties d'eau chaude une partie d'indigo pulvérisé, deux parties de sulfate de fer au minimum et trois parties de chaux éteinte ; il se forme de l'indigo blanc soluble dans l'eau ; la liqueur décantée reçoit le tissu, qu'on expose ensuite à l'air ; là, l'indigo blanc s'oxyde, devient bleu et insoluble et reste imprégné dans la fibre du tissu.

Teinture en noir. On plonge le tissu successivement dans un bain d'acétate de fer et dans une décoction de noix de galle, la couleur noire se développe sur les tissus exposés à l'air et résiste à tous les lavages. On pourrait aussi teindre en noir au moyen de l'extrait de bois de campêche et de l'acétate de cuivre.

731. Teinture par mordant. — Elle exige deux opérations : 1° tremper le tissu dans une dissolution du mordant ; 2° plonger le tissu mordancé dans le bain de teinture, après qu'on l'a fait sécher. Le mordançage de la laine se fait à l'ébullition, celui du coton et du lin vers 350°, et celui de la soie à la température ordinaire. Les mordants incolores, comme l'acétate d'alumine, ne modifient pas la couleur de la matière colorante ; les mordants colorés produisent avec une même matière colorante des teintes particulières; les étoffes mordancées à l'acétate d'alumine, et plongées dans un bain d'alizarine, se colorent en rose et en rouge; mordancées avec l'acétate de fer, elles se colorent en brun et en noir. La laque formée est d'autant plus solide que le mordant était constitué par un acide plus faible, pouvant céder facilement la base avec laquelle il est combiné; de là l'emploi des acétates comme mordants.

Les bains de teinture se préparent en dissolvant la matière colorante dans l'eau à une température variant avec la nature de la couleur.

Les tissus, avant d'être teints, subissent des préparations qui les débarrassent des matières étrangères aux fibres textiles. La *soie écrue* est *décreusée* à l'eau de savon et blanchie à l'acide sulfureux; la *laine* est débarrassée du *suint* par une solution alcaline; le *coton* et le *lin* sont blanchis au chlorure de chaux.

732. Impression sur étoffes. — L'art de l'impression sur étoffes est originaire de l'Inde; de là le nom d'*indiennes* donné aux étoffes teintes par ce procédé.

1° *Impression sur mordants.* — Au moyen de rouleaux ou de planches en cuivre (fig. 229), on imprime sur l'étoffe des mordants convenables; puis on plonge l'étoffe dans

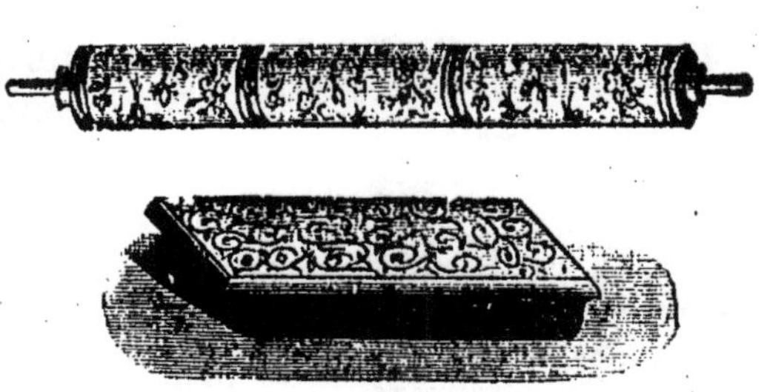

Fig. 229. — Impression sur étoffes.

le bain de teinture; la couleur ne se fixe qu'aux points mordancés; un lavage à l'eau enlève la couleur dans toutes les autres parties.

2° *Impression avec réserves.* — Pour les couleurs qui se fixent sans mordant sur le tissu, on emploie un autre procédé : on fait sur l'étoffe des *réserves* ou *résistes* en recouvrant certains points du tissu avec des matières qui empêchent la couleur de s'y fixer; puis on plonge l'étoffe dans le bain de teinture. Proposons-nous, par exemple, d'imprimer sur du calicot des pois blancs sur fond bleu : on déposera sur le calicot de l'acétate de cuivre épaissi, disposé sur les points destinés à rester blancs. On plongera ensuite le calicot dans une cuve d'indigo blanc; en exposant ensuite l'étoffe à l'air, elle deviendra bleue en toutes ses parties, excepté aux points recouverts 'd'acétate de cuivre; on enlèvera les réserves après la teinture.

3° *Impression par rongeants.* — On teindra uniformément l'étoffe en indigo, puis on la trempera dans une solution de bichromate de potasse et on la fera sécher. On imprimera ensuite en certains points un *rongeant* d'acide tartrique et d'acide oxalique; la couleur bleue disparaîtra immédiatement sur les points imprimés On peut aussi, après avoir mordancé l'étoffe, imprimer sur elle un *rongeant* destiné à faire disparaître le mordant sur les points imprimés. En plongeant le tissu dans le bois de teinture, la matière colorante ne se fixera que sur les parties mordancées, tandis que les parties rongées resteront incolores.

CONSERVATION DES BOIS

733. On appelle *bois* le tissu qui forme la partie sous-corticale des troncs, des branches et des racines des végétaux arborescents, On y trouve du tissu cellulaire (fig. 230), du tissu fibreux (fig. 231), des vaisseaux (fig. 232). La *cellulose* est le principe immédiat du bois. Avec le temps, et par l'action de l'air humide, le bois se consume lentement et se convertit en une masse friable, appelée *terreau* : la décomposition est encore activée par les insectes

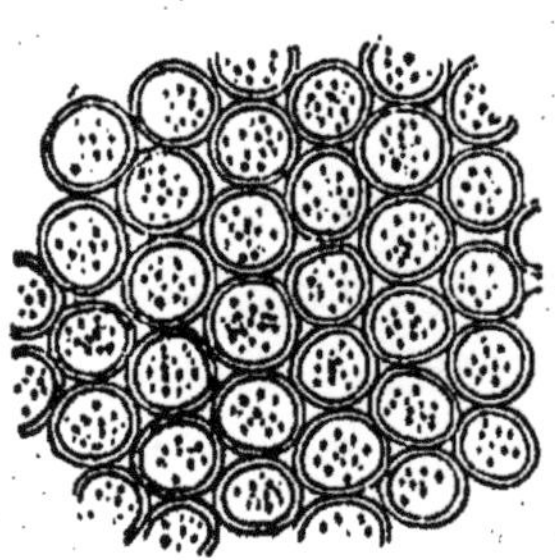

Fig. 230. **Tissu cellulaire.—**
a. Méats intercellulaires.

et par les végétaux inférieurs qui se développent aux dépens des matières azotées qui accompagnent la cellulose. On rend le bois *imputrescible* en faisant pénétrer dans les tissus des liquides *antiseptiques* qui le rendent vénéneux. Les substances *antiseptiques* employées sont les dissolutions de : *pyrolignite de fer, sulfate de cuivre, chlorure de zinc, sublimé corrosif,* etc.

On peut aussi employer les huiles lourdes provenant de la distillation de la houille.

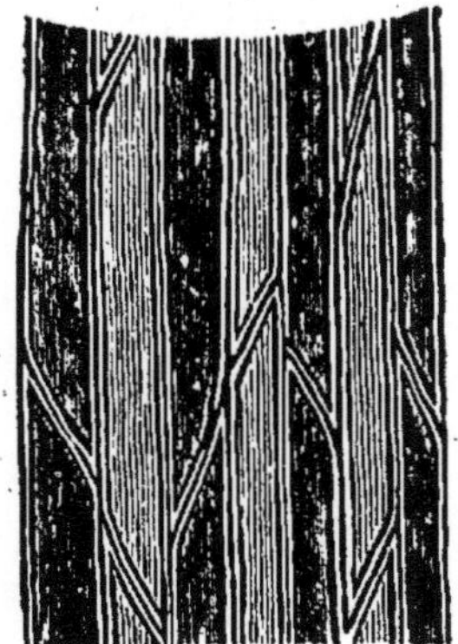

Fig. 231. — Fibres du bois.

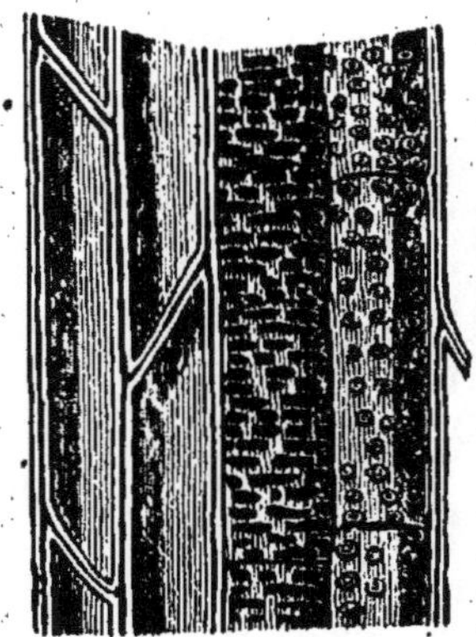

Fig. 232. — Vaisseaux.

1° *Procédé Boucherie par aspiration vitale*. — On pratique sur l'arbre une incision circulaire A (fig. 233), que l'on entoure d'une bande de toile E, enduite de caoutchouc et communiquant par un tube, T, avec un réservoir, R, renfermant le liquide antiseptique. Peu à peu, le liquide s'élève à travers les vaisseaux conducteurs de la sève et se répand dans toutes les parties de l'arbre.

2° *Injection par pression*. — L'arbre abattu est entouré à l'une de ses extrémités d'un sac imperméable (fig. 234) communiquant avec un réservoir K,

Fig. 233. **Appareil pour faire aspirer à l'arbre une liqueur antiseptique.** — A, entaille circulaire. E, toile communiquant par le tube T avec le réservoir R contenant le liquide antiseptique.

rempli du liquide antiseptique et placé à un niveau plus élevé : le liquide s'infiltre peu à peu par sa propre pression dans tous les vaisseaux du tronc d'arbre et vient s'écouler dans le vase M.

Pour les bois durs on est obligé d'avoir recours à une com-

pression du liquide pouvant aller jusqu'à dix atmosphères.
(*Procédé Bréant.*)

Usages. — Les bois injectés servent à faire des poteaux

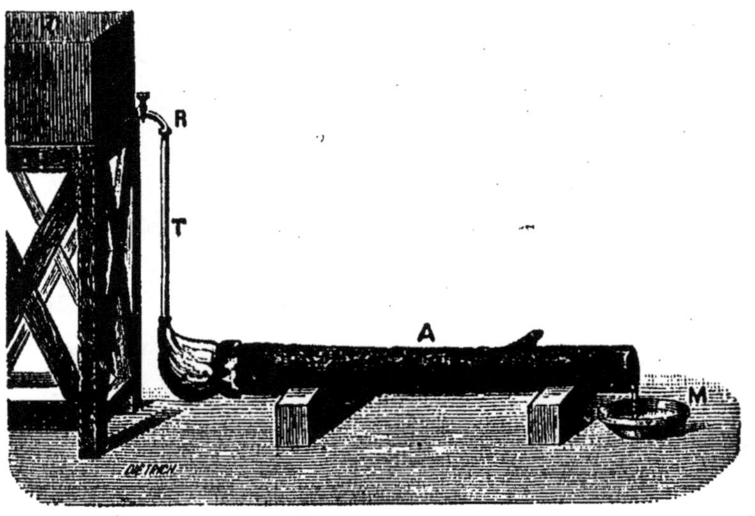

Fig. 234. — Infiltration du liquide antiseptique par pression.

télégraphiques, des traverses pour les voies ferrées ; le pavage
en bois s'effectue avec des plaques de bois de sapin injectées
de goudron.

PUTRÉFACTION

734. On appelle *putréfaction* ou *fermentation putride* toute
fermentation avec dégagement de produits gazeux, odorants
ou non odorants, dans laquelle sont intéressées des matières
organiques azotées. **M. Pasteur** a montré que la putréfaction
est due à un animal microscopique du *genre vibrion* et dont
le germe est apporté par l'air atmosphérique.

Un liquide organique, une masse musculaire, le corps entier d'un animal renferment un grand nombre d'éléments
fermentescibles pouvant subir plusieurs modes de décomposition sous l'influence des *microbes*. Si l'on abandonne du
bouillon, par exemple, dans dans un endroit chaud, il donnera au bout de quelques jours un dégagement gazeux plus
ou moins abondant, accompagné d'odeur putride. Sa surface

sera recouverte d'une couche gélatineuse, et le liquide sous-jacent sera le siège d'un trouble et d'une agitation qui témoignent de l'énergie de l'action qui s'y accomplit.

La couche gélatineuse superficielle, examinée au microscope, paraît peuplée d'un nombre prodigieux d'êtres infimes appartenant aux espèces les plus minimes des infusoires, tels que des *monades*, des *bactéries*, connus sous le nom général de *vibrions*. De même, les couches profondes du liquide sont peuplées d'êtres pouvant vivre sans air: ces ferments prêtent à ceux de la surface un concours important, en leur fournissant des matières qui sont brûlées par les ferments de la couche superficielle. Il en résulte une succession d'un nombre, souvent considérable, d'êtres dont chacun produit de l'acide carbonique aux dépens de la matière organique, en diminue le poids et laisse comme résidu des matériaux morts et des matériaux vivants, qui sont repris en sous-œuvre par une espèce nouvelle. Ainsi s'accomplit le retour intégral à la nature inorganique de toute la matière organique qui constituait le liquide primitif. **(Duclaux.)**

735. Prenons maintenant un morceau de chair musculaire; sa surface se recouvre peu à peu d'une couche d'aspect grisâtre formée par les mêmes vibrions que nous avons trouvés à la surface du bouillon; ces animaux produisent un ferment particulier, ou *diastase*, qui dissoudra peu à peu la matière solide et procurera aux vibrions un champ plus favorable de développement : la couche de microbes deviendra plus épaisse et le morceau de viande sera recouvert de cellules vivantes et de matériaux solides de la viande en voie de désagrégation [1]. La putréfaction sera d'autant plus rapide que l'air aura un accès plus ou moins facile, suivant le degré de température et l'état hygrométrique de l'atmosphère; le morceau de viande sera brûlé peu à peu ou se transformera en une bouillie infecte, ou subira une mortification sèche, jusqu'à ce qu'il soit réduit à une pincée de cendres.

736. La putréfaction des *cadavres* se fait de la même manière, en commençant par le tube intestinal dans lequel l'air extérieur a introduit les germes de microbes, qui se dévelop-

---

1. Duclaux, *Chimie biologique.*

pent, se trouvent en présence de cellules que le sang n'anime plus, déterminent la putréfaction en dissolvant la fibrine des organes et produisent un dégagement de gaz fétides qui gonflent la peau; celle-ci se ramollit, se déchire et livre passage à l'air, qui, pénétrant librement dans la masse en décomposition, transforme tout ce qui était matière organique en eau, acide carbonique, ammoniaque et en une masse de cendres : le cadavre fera ainsi retour à la nature inorganique. Tous ces phénomènes s'accomplissent à peu près de la même façon, soit que le cadavre reste exposé à l'air, enfoui dans la terre ou immergé sous l'eau. La *momification* * consistait à enlever l'intestin des cadavres et à le remplacer par des mélanges balsamiques, qui pénétraient peu à peu les tissus et les préservaient de l'envahissement des ferments pendant un temps assez long pour que la dessiccation du cadavre fût complète. L'*embaumement* a pour effet d'imbiber le corps mort d'un liquide conservateur empêchant le développement des ferments. Certains caveaux, comme ceux des *Capucini* de Palerme, du *mont Saint-Michel*, de l'*hospice du Saint-Bernard*, renferment un air très sec où l'évaporation est très active : les cadavres que l'on y transporte perdent rapidement leur eau par la surface; les muscles se dessèchent avant d'avoir été envahis par les ferments; la peau se dessèche et comprime les organes sous-jacents; le corps conserve sa forme et est désormais à l'abri de toute putréfaction. Le sang s'est extravasé et a coloré en rouge brun les tissus de la peau.

737. M. Pasteur a montré que les germes de la putréfaction sont apportés par l'air atmosphérique. En effet :

1° Si l'on porte à l'ébullition dans un ballon un liquide facilement fermentescible, tel que du lait ou du bouillon, et si l'on ferme le ballon à la lampe, le liquide se conservera indéfiniment.

2° Si l'on donne au ballon contenant le liquide une atmosphère formée par l'air atmosphérique porté préalablement au rouge à travers un tube de platine, le liquide se conservera indéfiniment.

3° Le liquide peut être conservé dans un ballon ouvert à l'air et dont le col a été recourbé en cou de cygne, à la condition d'avoir préalablement fait bouillir le liquide.

4° En faisant passer de l'air atmosphérique sur du coton-poudre, on arrête les germes de fermentation; on dissout ensuite le coton-poudre dans un mélange d'alcool et d'éther et on examine les germes au microscope; on pourrait même recueillir ces germes et les faire servir de semence.

738. Moyens de destruction des germes. — Le *froid* a été longtemps préconisé pour la destruction des germes; il est reconnu aujourd'hui qu'il s'oppose seulement à leur développement, sans les détruire. La *chaleur*, au contraire, tue le germe du ferment; une exposition d'une heure à une température de 125° suffit pour tuer les germes de maladies infectieuses dans la literie ou dans les vêtements.

Un grand nombre de désinfectants chimiques peuvent être employés : on leur a donné le nom de substances *antiseptiques**. On peut citer le *sublimé corrosif*, le *chlore*, le *chlorure de chaux*, l'*acide sulfureux*, l'*iode*, l'*acide picrique*, le *thymol*, l'*acide sulfurique*, l'*acide phénique*, le *chloroforme*, l'*alcool*, l'*acide acétique*, l'*acide benzoïque*, etc. L'*oxygène* et l'*ozone* sont des antiseptiques puissants. Le *chlorure de zinc* est un antiseptique généralement usité pour la conservation des cadavres dans les amphithéâtres.

Une *dissolution de tannin* forme, avec la gélatine et l'albumine, des combinaisons imputrescibles

739. Tannage des peaux. — On commence par enlever l'épiderme et les poils en faisant macérer les *peaux* pendant plusieurs jours dans des cuves renfermant un lait de chaux Les peaux sont ensuite raclées avec un couteau rond, puis lavées à grande eau. Les peaux épilées sont plongées dans une dissolution de *tan* aigri par une exposition prolongée à l'air (*jusée*). Les peaux se gonflent et subissent un commencement de tannage On introduit enfin les peaux dans de grandes fosses, en les séparant par de l'écorce de chêne pilée (*tan*); on les arrose et on les abandonne dans les fosses pendant près d'une année; en ayant soin de renouveler le tan tous les trois mois.

740. Conservation des substances alimentaires. — La *dessiccation*, en arrêtant le développement des germes, permet de conserver les substances alimentaires : de là l'usage des légumes secs, des viandes desséchées, des fruits secs, tels que raisins, figues, etc.

Le froid permet, pour la même raison de conserver la viande et le poisson.

Mais, quand on veut préparer des conserves de longue durée, il vaut mieux avoir recours aux antiseptiques. Le *sel marin* sert à la préparation des viandes et des poissons salés.

La fumée renferme de la *créosote*, qui est un excellent antiseptique ; c'est grâce à la créosote que se conservent les viandes fumées, les jambons, les harengs saurs, etc.

L'*acétate de soude* sert à la conservation des viandes et des légumes. Le *sublimé corrosif* est employé pour la conservation des préparations anatomiques et des pièces d'histoire naturelle. L'*alcool* sert à la conservation des fruits et des pièces anatomiques.

On arrive à un résultat plus satisfaisant en se servant de la *cuisson* et de la *privation d'air*. Les sardines à l'huile et les conserves d'*Appert* sont fabriquées par ce procédé.

Les viandes crues sont introduites dans des boîtes de fer-blanc. On y met un assaisonnement, c'est-à-dire une dissolution de sel marin, de sucre, etc. Après qu'on a soudé le couvercle qui présente une petite ouverture, les boîtes sont placées dans un bain de chlorure de calcium qu'on porte à la température de 115°. Elles ne sont pas entièrement immergées dans le bain. Par l'ouverture, il se dégage des gaz, du bouillon qui passe dans un gobelet, disposé au-dessus du couvercle. Lorsque la cuisson est suffisante, les boîtes sont extraites du bain. Le refroidissement détermine la rentrée du bouillon qui remplit de nouveau les boîtes. On les replace dans le bain. Pendant cette seconde ébullition, sur le jet de vapeurs, on ferme l'ouverture avec de la soudure. Ensuite les boîtes sont plongées tout entières dans le bain, pour terminer la cuisson.

La première cuisson détruit tous les germes qui existaient dans les matières à préserver ; la seconde cuisson détruit les germes qui auraient pu s'introduire au moment de la fermeture.

Conseils pédagogiques. — On insistera particulièrement sur l'emploi des *mordants* en teinture et sur la formation des *laques* insolubles adhérentes aux fibres textiles. On répétera les expériences de **Pasteur** (§ 737). On mettra en évidence le rôle des germes dans la putréfaction.

Questionnaire. — Comment se divisent les matières colorantes? — Citez les matières colorantes naturelles et leur provenance. — Quelles sont les principales matières colorantes artificielles? — Quelles conditions doivent remplir les matières colorantes pour la teinture? — Qu'appelle-t-on teinture simple? — Qu'est-ce que le mordançage? — Comment s'opère l'impression sur étoffes? — Qu'est-ce le bois? — Par quels procédés le rend-on imputrescible? — Qu'appelle-t-on putréfaction? — Quels phénomènes l'accompagnent? — Par quelles expériences a-t-on démontré que les germes de putréfaction sont apportés par l'air atmosphérique? — Quel chimiste a fait le premier ces expériences? — Par quels moyens peut-on détruire les germes des ferments? — Comment s'opère le tannage des peaux? — Quels sont les différents procédés de conservation des substances alimentaires.

COMPLÉMENTS

SYNTHÈSE DE L'EAU EN POIDS

741. M. Dumas a effectué la synthèse de l'eau en poids en se fondant sur le pouvoir réducteur de l'hydrogène :

Si l'on fait passer un courant d'hydrogène pur et sec sur l'oxyde de cuivre légèrement chauffé, il se forme de l'eau et il reste du cuivre métallique pulvérulent :

$$CuO + H = HO + Cu$$

On fera donc passer un courant d'hydrogène pur et sec sur un poids connu d'oxyde de cuivre : on recueillera l'eau formée et on en déterminera le poids. D'autre part, la perte de poids de l'oxyde de cuivre fera connaître le poids d'oxygène qui a servi à former l'eau ; l'hydrogène s'obtiendra par différence.

L'hydrogène sera produit au moyen de l'attaque du zinc par l'acide sulfurique ; il renferme de l'hydrogène sulfuré, HS, de l'hydrogène arsénié, AsH^3, de l'hydrogène silicié, SiH^2, et de la vapeur d'eau. On purifiera l'hydrogène en le faisant passer à travers une série de tubes en U renfermant les substances nécessaires à l'absorption des gaz autres que l'hydrogène.

L'appareil de M. Dumas se compose :

A. — Appareil producteur d'hydrogène, renfermant du zinc et de l'eau : on y fait tomber peu à peu l'acide sulfurique au moyen d'un entonnoir à robinet (fig. 235).

B. — Tube en U, renfermant des fragments de verre mouillés avec une dissolution d'azotate de plomb pour arrêter HS.

C. — Tube en U, renfermant du sulfate d'argent pour arrêter AsH^3.

D, D', D". — Tubes en U, renfermant de la potasse pour arrêter SiH^2 et les autres gaz étrangers qui peuvent accompagner l'hydrogène.

E. — E'. — Tubes refroidis, renfermant de l'anhydride phosphorique pour absorber la vapeur d'eau.

F. — Tube témoin, contenant de l'anhydride phosphorique et dont le poids ne doit pas varier pendant la durée de l'expérience.

G. — Ballon en verre peu fusible, contenant l'oxyde de cuivre et muni de deux robinets.

H. — Récipient en verre pour recueillir l'eau formée.

J. J'. — Tubes en U, contenant des matières desséchantes pour absorber la vapeur d'eau non condensée en H.

K. L. — Tubes témoins dont le poids doit rester invariable pendant toute la durée de l'expérience.

742. Marche de l'expérience. — On pèse le ballon G, après y avoir fait le vide et fermé les deux robinets. On pèse plein d'air les appareils H, J, J' et on monte l'appareil.

On fait ensuite passer pendant une demi-heure un courant d'hydrogène et on chauffe le ballon G. L'oxyde de cuivre est réduit et l'eau formée se condense en H, J et J'. Quand on a laissé la réaction s'effectuer pendant un temps suffi-

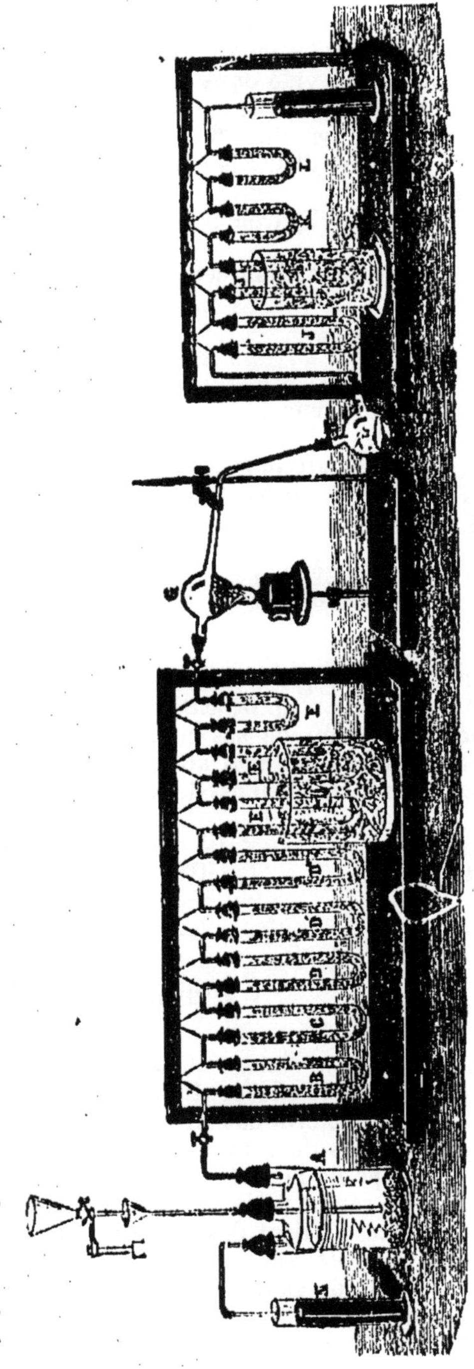

Fig. 235. — Synthèse de l'eau en poids.

sant, on cesse de chauffer et on laisse refroidir l'appareil dans le courant d'hydrogène. On procède ensuite aux pesées ; on fait de nouveau le vide dans le ballon G et on détermine la *perte de poids* p : p représente le poids de l'oxygène ; on fait passer un courant d'air sec dans les appareils H, J et J' et on les pèse de nouveau pleins d'air : leur augmentation P représente le poids le l'eau formée.

Le poids de l'hydrogène est égal à P — p.

743. La composition centésimale de l'eau en poids est :

$$\text{Oxygène} \dots\dots\dots\dots\dots\dots\dots\dots\dots\dots \frac{100\ p}{P}$$

$$\text{Hydrogène} \dots\dots\dots\dots\dots\dots\dots\dots \frac{100\ (P - p)}{P}$$

M. Dumas a fait 19 expériences consécutives, en préparant ainsi plus d'un kilogramme d'eau.

Il a trouvé que l'eau est formée de :

$$\begin{aligned}
&\text{Hydrogène.} \dots\dots\dots\dots\dots\dots\dots\dots\ 11,11 \\
&\text{Oxygène} \dots\dots\dots\dots\dots\dots\dots\dots\ \underline{88,89} \\
&\phantom{\text{Oxygène} \dots\dots\dots\dots\dots\dots\dots}\ 100 \text{ »}
\end{aligned}$$

On en déduit que l'eau est formée d'*un équivalent* d'hydrogène combiné avec *un équivalent* d'oxygène. La formule de l'eau est donc HO ou l'un de ses multiples. D'autre part, le volume de la vapeur d'eau est égal au volume de l'hydrogène.

La formule de l'eau est donc :

$$HO = 9 = 2 \text{ vol.}$$

ou mieux $$H^2O^2 = 18 = 4 \text{ vol.}$$

HYDROTIMÉTRIE

744. La valeur d'une eau potable varie en raison inverse des sels de chaux qu'elle contient en dissolution. L'*Hydrotimétrie* a pour but la détermination rapide de la proportion des sels de chaux contenus dans une eau.

Le principe de la méthode est le suivant :

L'eau de savon pure *mousse* quand elle est fortement agitée ; mais si l'eau contient des sels de chaux, le savon les décompose d'abord et la mousse n'apparaît qu'après la décomposition complète des sels de chaux.

Il faut d'abord préparer une *dissolution alcoolique titrée de savon*. A cet effet, on dissout dans l'alcool presque pur 100 grammes de savon blanc de Marseille pour 2 litres de liquide. D'autre part, on dissout dans l'eau distillée 25 centigrammes de chlorure de calcium sec et pur pour un litre d'eau distillée, ce qui correspond à 22 centigrammes de carbonate de chaux par litre. On prend ensuite une burette, dite *burette hydrotimétrique* (fig. 236), graduée en parties d'égal volume telles que 23 divisions occupent 2cc,4; mais la graduation ne commence qu'au deuxième trait, parce que, même avec l'eau distillée pure, il faut une division de liqueur alcoolique pour obtenir une mousse persistante.

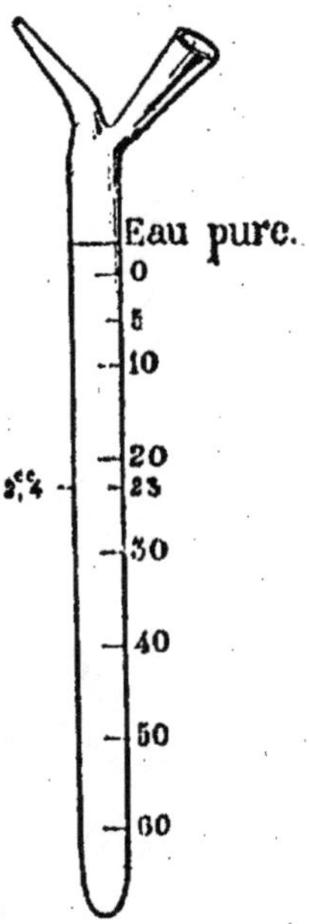

On remplit la burette de la dissolution alcoolique de savon jusqu'au trait supérieur; puis on place dans un petit flacon bouché à l'émeri (fig. 237) 40 centimètres cubes de la solution de chlorure de calcium. On verse goutte à goutte la dissolution alcoolique dans le flacon jusqu'à ce que la mousse devienne persistante. On lit le nombre de divisions employées : 18 par exemple; on ajoutera de l'eau à la solution alcoolique de manière à ce que 18 *volumes en forment* 22. Il en résulte que la *solution titrée* de savon est telle qu'une division de la burette correspond, pour l'eau à essayer, à 1 centigramme de carbonate de chaux par litre ou à 1 centigr. 36 de sulfate de chaux par litre, en faisant l'essai sur 40 centimètres cubes d'eau.

Fig. 236.—Burette hydrotimétrique.

De même le calcul des équivalents montrerait que chaque division de la burette correspond à 1 décigramme de savon par litre.

748. Pour faire l'essai d'une eau, on versera 40 centimètres cubes de cette eau dans le flacon hydrotimétrique et on y versera la liqueur alcoolique de savon à l'aide de la burette. On s'arrêtera lorsque la mousse deviendra persistante à la surface du liquide, après agitation. On lira le degré hydrotimétrique correspondant, soit 82 par exemple : l'eau analysée consommera 82 décigrammes de savon par litre, avant que le savon puisse se dissoudre.

On fait ensuite bouillir l'eau pour précipiter le carbonate de chaux ; on filtre et on recommence l'essai hydrotimétrique sur l'eau filtrée et refroidie. Soit 10 le nouveau degré hydrotimétrique : 82 — 10 représente le degré hydrotimétrique correspondant au carbonate de chaux, et 10 est celui qui correspond au sulfate de chaux.

Fig. 237. — Flacon pour essai hydrotimétrique, bouché à l'émeri et gradué de 10 à 40 centimètres cubes.

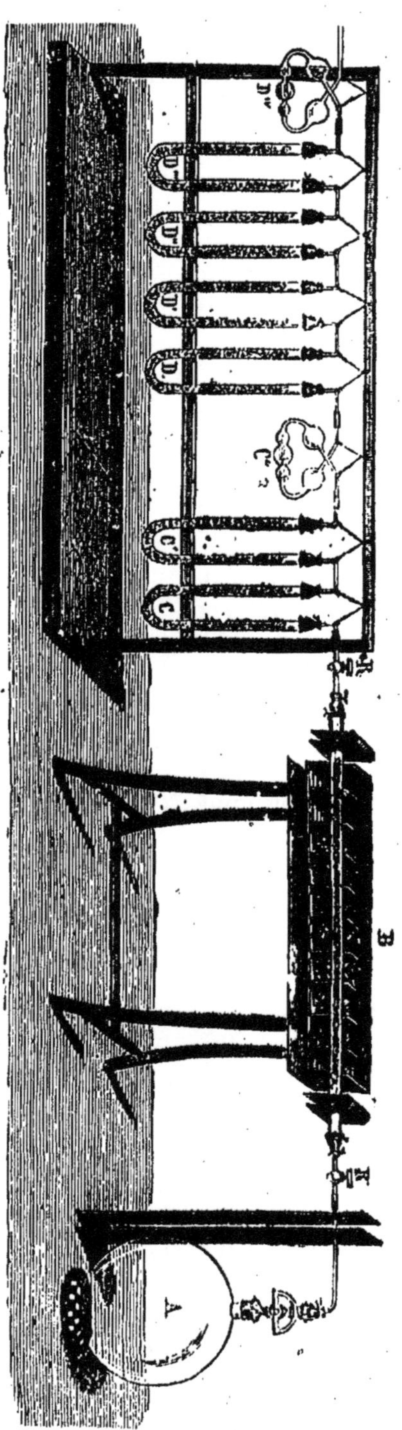

Fig. 238. — Analyse de l'air en poids.

L'eau analysée renfermait donc par litre : 32—19 ou 13 centigrammes de carbonate de chaux et 1,36 × 19 = 26 centigrammes de sulfate de chaux.

Une eau, pour être *bonne*, doit marquer moins de 20 degrés hydrotimétriques.

Le procédé hydrotimétrique ne présente aucune garantie sérieuse, surtout si l'eau est très chargée de sels de magnésie.

ANALYSE DE L'AIR
EN POIDS

746. MM. Dumas et Boussingault ont fait l'analyse de l'air en poids au moyen de l'appareil représenté par la fig. 238.

A. — Ballon de 15 à 20 litres.

B. — Tube en verre vert, muni de deux robinets R, R', entouré de clinquant et reposant sur une grille à charbon ou sur une grille à gaz : ce tube renferme de la tournure de cuivre.

C, C'. — Tubes en U, renfermant des matières desséchantes pour absorber la vapeur d'eau.

C". — Tube de Liebig, renfermant de l'acide sulfurique.

D, D' D'". — Tubes à potasse pour absorber l'acide carbonique.

D". — Tube de Liebig, renfermant une dissolution concentrée de potasse.

747. Marche de l'expérience. — On fait le vide dans le ballon et on détermine son poids P. On fait le vide dans le tube B et on le pèse : soit p son poids. On monte l'appareil et on chauffe le cuivre, puis on ouvre le robinet R, puis le robinet R', puis le robinet du ballon, en se guidant sur le passage de l'air à travers les tubes de Liebig, qui doivent laisser passer à peu près une bulle par seconde. L'air passe sur la tournure de cuivre et se débarrasse de son oxygène ; l'azote libre remplit le ballon A et le tube B. Quand l'expérience est terminée, on cesse de chauffer et on ferme les robinets. On pèse le ballon : soit P' son nouveau poids. On pèse le tube B : soit p' son nouveau poids ; on y fait le vide, on le pèse de nouveau : soit p" le poids du tube vide.

$p" - p$ représente le poids de l'oxygène fixé sur la tournure de cuivre.

$p' - p" + P' - P$ représente le poids de l'azote.

$P' - P + p' - p$ représente le poids de l'air pur.

La composition centésimale de l'air en poids est donc :

$$\text{Oxygène} \quad \frac{100\,(p" - p)}{P' - P + p' - p} = 23$$

$$\text{Azote} \quad \frac{100\,(p' - p" + P' - P)}{P' - P + p' - p} = 77$$

On en déduit que, en volumes, 100 volumes d'air à la pression atmosphérique sont formés par le mélange de 20,84 volumes d'oxygène et de 79,49 volumes d'azote, mesurés à la pression atmosphérique.

OZONE ET EAU OXYGÉNÉE

748. Nous avons fait connaître précédemment les propriétés de l'ozone ; il nous reste à indiquer une méthode au moyen de laquelle on peut se procurer facilement de l'oxygène riche en ozone. On se sert de l'appareil suivant, imaginé par M. Berthelot.

Dans l'espace annulaire (fig. 239) formé par deux tubes de verre concentriques soudés l'un à l'autre à leur partie supérieure, on fait circuler un courant lent d'oxygène. L'éprouvette intérieure B renferme de l'eau acidulée par de l'acide sulfurique, dans laquelle on fait plonger un fil de platine C relié à l'un des pôles d'une bobine de Ruhmkorff. L'appareil plonge dans une éprouvette à pied E, renfermant également de l'eau acidulée par de l'acide sulfurique A, dans laquelle plonge un fil de platine communiquant avec l'autre pôle de la bobine d'induction.

Lorsqu'on met la bobine en activité, les deux couches d'acide sulfurique s'électrisent en signe contraire et ces deux électricités se recombinent lentement à travers les parois du verre et la mince couche d'oxygène qui les sépare. Cette recombinaison des deux électricités, qui se fait sans étincelle et par conséquent sans élévation de température, mais qu'accuse une lueur continue dans l'obscurité, a reçu le nom d'*effluves*.

749. Eau oxygénée, HO^2. — On prépare l'eau oxygénée en plaçant dans un vase à précipiter, entouré de glace, 200 gr. d'eau additionnée de 20 gr. d'acide chlorhydrique pur, et en ajoutant peu à peu à la liqueur un lait formé par du bioxyde de baryum délayé dans l'eau. On devra faire en sorte que la liqueur reste toujours acide.

Le bioxyde de baryum se dissout lentement dans l'eau acidulée sans dégager d'oxygène ; il se forme de l'eau oxygénée et du chlorure de baryum qui restent dissous dans l'eau :

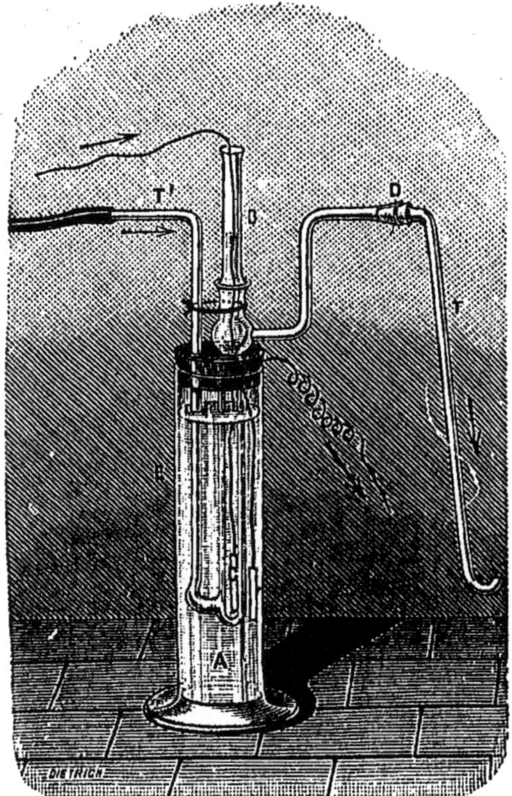

Fig. 239. — **Préparation de l'ozone par le procédé Berthelot.**

$$BaO^2 + HCl = BaCl + HO^2.$$

On pourrait obtenir de l'eau oxygénée en solution plus concentrée par un procédé trop complexe pour être décrit ici ; l'eau oxygénée très étendue obtenue précédemment suffit pour étudier les réactions de ce liquide.

750. L'eau oxygénée est très instable ; elle se décompose en eau et en oxygène à la moindre élévation de température et sous l'influence des corps poreux.

C'est un oxydant très énergique : elle transforme le sulfure *noir* de plomb, PbS, en sulfate de plomb, PbO,SO^3, qui est *blanc*.

Au contact de l'eau oxygénée, une dissolution étendue d'acide chromique passe du jaune au bleu par suite de l'oxydation de l'acide chromique Cr^2O^6 et de sa transformation en acide perchromique Cr^2O^7.

L'eau oxygénée est employée pour décolorer les cheveux, les plumes, pour nettoyer les vieux tableaux dont les couleurs ont noirci par la formation de sulfure de plomb.

ACIDE HYPOSULFUREUX

781. L'acide hyposulfureux, S^2O^2,HO, n'a pas encore pu être isolé : ses sels seuls sont connus; le plus important est l'*hyposulfite de soude*, NaO,S^2O^2.

On le prépare en faisant bouillir une dissolution de sulfite de soude avec un excès de fleur de soufre :

$$NaO,SO^2 + S = NaO,S^2O^2.$$

Une partie de la fleur de soufre se dissout, et on obtient une liqueur qui, après filtration, laisse déposer de gros cristaux incolores d'*hyposulfite de soude*. L'hyposulfite de soude est un sel blanc, très soluble dans l'eau, ayant la propriété de dissoudre le chlorure, le bromure et l'iodure d'argent. Il est très employé en photographie pour enlever le sel d'argent non réduit par la lumière et pour sulfurer l'argent réduit.

PRÉPARATION DU PHOSPHORE ORDINAIRE

782. Les os des animaux, calcinés à l'air et pulvérisés, constituent la poudre d'os, contenant environ 87 pour 100 de phosphate de chaux des os ou *phosphate tribasique* de chaux, ou mieux *orthophosphate neutre de chaux*, $3CaO,PhO^5$, et 13 pour 100 d'autres matières minérales diverses, telles que du carbonate de chaux, etc.

Or, l'orthophosphate neutre de chaux, $3CaO,PhO^5$, est insoluble dans l'eau et irréductible par le charbon.

Il faut donc le transformer en *orthophosphate acide de chaux*, $CaO,2HO,PhO^5$, soluble dans l'eau. A cet effet, dans une cuve en bois doublée de plomb, on traite la poudre d'os par l'acide sulfurique étendu d'eau : on prend 100 litres d'eau, 20 litres d'acide sulfurique et on y projette 80 kilogr. de poudre d'os.

Il se produit un vif dégagement d'acide carbonique; le carbonate de chaux se transforme en sulfate de chaux insoluble et son acide carbonique se dégage; en même temps, l'orthophosphate neutre de chaux se transforme en orthophosphate acide de chaux soluble et en sulfate de chaux insoluble :

$$3CaO,PhO^5 + S^2O^6,2HO = 2CaO,S^2O^6 + CaO,2HO,PhO^5.$$

Au bout de 24 heures, le sulfate de chaux s'est entièrement déposé; on décante la liqueur et on la concentre à une douce chaleur dans des bassines en plomb jusqu'à consistance sirupeuse.

On ajoute alors à la masse le quart de son poids de charbon de bois pulvérisé et on calcine au rouge sombre la pâte obtenue pour en chasser toute l'eau : l'orthophosphate acide de chaux se transforme en *métaphosphate de chaux*, CaO,PhO^5. La pâte desséchée est alors calcinée au rouge blanc dans une cornue en grès : la vapeur de phosphore provenant de la réduction de CaO,PhO^5 par le charbon se condense dans un récipient rempli d'eau :

$$2(CaO,PhO^5) + 5C = 5CO + 2CaO,PhO^5 + Ph$$

L'oxyde de carbone et la vapeur de phosphore se dégagent; il reste dans la cornue du *pyrophosphate de chaux* irréductible par la chaleur. Cette réaction a été formulée d'après l'opinion de nos plus grands fabricants français [1]. (FREMY, *Encyclopédie chimique*.)

Le phosphore brut est ensuite raffiné.

ARSENIC

$As = 75 = 1$ vol.

733. L'*arsenic* est un corps solide, gris, à reflets métalliques, ayant pour densité 5,63, se vaporisant à 300° sans fondre. Exposé à l'air, il se recouvre d'une couche noirâtre d'oxyde d'arsenic; aussi doit-on le conserver dans des flacons pleins d'eau préalablement bouillie. A 450°, il brûle dans l'air ou dans l'oxygène avec une flamme livide, en se transformant en anhydride arsénieux, AsO^3. Projeté sur des charbons ardents, il brûle en répandant une forte odeur d'ail. Traité par l'acide azotique, il se transforme en acide arsénique. Il s'enflamme dans le chlore, en produisant du chlorure d'arsenic, $AsCl^3$.

On vend dans le commerce sous le nom d'*arsenic*, de *mort aux rats*, une poudre blanche, cristalline, opaque, inodore, excitant la salivation, ayant pour densité 3,699 : c'est l'anhydride arsénieux, AsO^3, très peu soluble dans l'eau pure, beaucoup plus soluble dans l'eau acidulée par l'acide chlorhydrique.

L'anhydride arsénieux est un poison très violent, dès qu'il est introduit dans la circulation; mais on peut combattre ses effets tant qu'il n'est entré que dans l'estomac. Pour cela, on provoque des vomissements qui expulsent la plus grande partie du poison. On emploie ensuite comme contrepoison la magnésie légèrement

---

1. Certains auteurs donnent :

$$3(CaO,PhO^5) + 10 C = 10 CO + 3CaO,PhO^5 + 2 Ph.$$

calcinée ou l'hydrate de sesquioxyde de fer. Ces substances se combinant avec l'acide arsénieux forment avec lui des composés insolubles et neutralisent son action.

Les composés arsénicaux sont facilement réduits en hydrogène arsénié, AsH^3, par l'hydrogène naissant : la recherche de l'arsenic en matière d'empoisonnement est fondée sur cette réduction.

784. Appareil de Marsh. — On prend un flacon à deux tubulures : dans la tubulure centrale on adapte un tube droit à entonnoir ; dans la tubulure latérale on place un tube en verre peu fusible, recourbé à angle droit, long de 80 centimètres, étiré en pointe à son extrémité et présentant un renflement sphérique (fig. 240), dans lequel on a placé de l'amiante. On a préalablement introduit dans l'appareil du zinc laminé exempt d'arsenic, et on a rempli l'appareil d'eau au tiers de sa capacité.

On y verse peu à peu de l'acide sulfurique fabriqué avec du

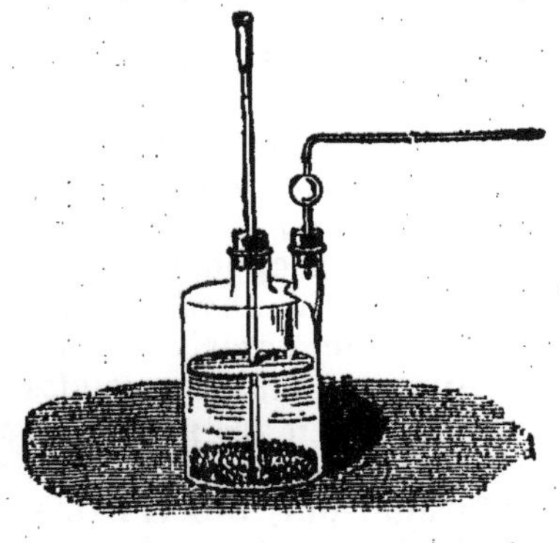

Fig. 240. — Appareil de Marsh.

soufre et exempt d'arsenic, et on fait marcher l'appareil pendant une demi-heure, de manière à produire un courant lent et régulier d'hydrogène ; en chauffant le tube à dégagement, on s'assure qu'il ne se produit pas d'anneau d'arsenic métallique visible au-devant de la partie chauffée. On peut alors introduire dans l'appareil par le tube à entonnoir quelques gouttes d'une solution d'anhydride arsénieux dans l'acide chlorhydrique. L'anhydride arsénieux sera réduit par l'hydrogène naissant et il se formera de l'arséniure d'hydrogène, AsH^3 :

$$AsO^3 + 6H = AsH^3 + 3HO.$$

On enflammera le jet de gaz à l'extrémité du tube effilé ; on obtiendra une flamme livide, répandant des vapeurs blanchâtres, que l'on écrasera avec une capsule en porcelaine. Il se déposera sur la capsule des taches d'arsenic métallique provenant de la combustion incomplète de l'arséniure d'hydrogène.

Pour reconnaître la nature de ces taches, on les traitera par l'acide azotique pur et on évaporera à sec : il restera dans la capsule un résidu blanc d'anhydride arsénique. On traitera ce résidu par un peu d'eau et on le neutralisera par de l'ammoniaque. *On chassera l'excès d'ammoniaque par la chaleur à 60°*, et dans la liqueur *bien neutre* on versera quelques gouttes d'une solution d'azotate d'argent : il se produira un précipité rouge brique d'arséniate d'argent, caractéristique de l'arsenic.

On aurait pu aussi mettre dans l'appareil de Marsh quelques

gouttes d'une solution d'émétique : ou aurait obtenu sur la capsule des taches d'*antimoine* métallique qui, traitées comme précédemment, auraient donné un précipité blanc d'antimoniate d'argent.

ALCALIMÉTRIE. — ACIDIMÉTRIE. — CHLOROMÉTRIE. — ESSAI D'UN MANGANÈSE. — ESSAI D'ARGENT

788. Alcalimétrie. — Les potasses et les soudes du commerce sont formées de carbonates alcalins plus ou moins mélangés à des matières étrangères.

La richesse d'une potasse ou d'une soude dépend de la quantité d'*anhydride potassique*, KO, ou d'*anhydride sodique*, NaO, q²'elle renferme. On appelle *titre pondéral* d'une potasse ou d'une soude la quantité d'anhydride alcalin contenue dans 100 grammes du produit commercial. L'alcalimétrie a pour objet la détermination du titre pondéral des soudes et des potasses.

1° *Analyse d'une potasse du commerce.*

Le calcul des équivalents en poids montre que 5 gr. d'acide sulfurique pur, $S^2O^6,2HO$, sont exactement neutralisés par $4^{gr},81$ d'anhydride potassique, KO.

On prendra $4^{gr},81$ de la potasse commerciale à essayer; on les dissoudra dans l'eau et on colorera la liqueur par quelques gouttes de teinture de tournesol; puis on cherchera quel est le poids d'acide sulfurique rigoureusement nécessaire pour neutraliser la potasse et faire rougir la teinture de tournesol; supposons que l'on trouve $3^{gr},6$ d'acide sulfurique; il est évident que le titre pondéral de la potasse essayée sera $100 \times \frac{60}{60} = 72$.

Fig. 241. — Ballon jaugé d'une capacité de 1 litre.

L'opération se fait très rapidement à l'aide d'une *liqueur normale titrée* d'acide sulfurique, ou *liqueur alcalimétrique*. On prend 100 grammes d'acide sulfurique monohydraté et on les fait tomber peu à peu dans un ballon jaugé de 1 litre (fig. 241), contenant de l'eau pure jusqu'à la moitié environ; quand le mélange est refroidi, on achève de remplir le ballon avec de l'eau jusqu'au trait de repère tracé sur le col. Cette liqueur contient 5 grammes d'acide $S^2O^6,2HO$ par 50 centimètres cubes.

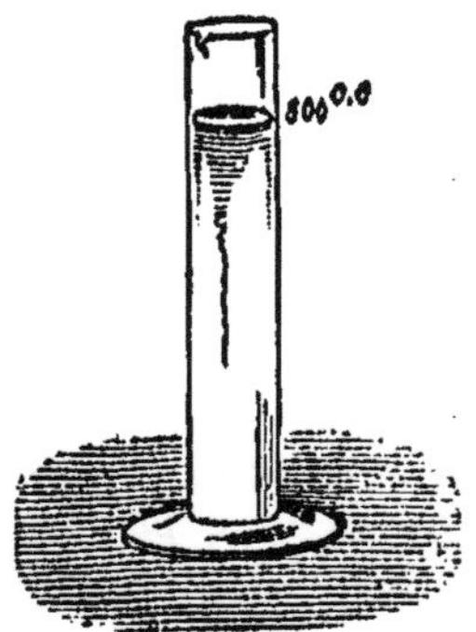

Fig. 242. — Éprouvette jaugée d'une capacité de 500 centimètres cubes.

D'autre part, on prend 48ᵍʳ,10 de la potasse à essayer et on les dissout dans l'eau distillée ; on place la liqueur dans une éprouvette jaugée (fig. 242) d'une capacité de 500 centimètres cubes et on complète le demi-litre avec de l'eau ; 50 centimètres cubes de cette liqueur correspondent à 4ᵍʳ,81 de la potasse à essayer.

On prend, avec une pipette jaugée (fig. 243), 50 centimètres cubes de cette liqueur et on les verse dans un vase à fond plat (fig. 244), légèrement conique ; on ajoute ensuite quelques gouttes de teinture de tournesol.

On remplit ensuite avec la liqueur normale d'acide sulfurique une *burette*, dite *burette de Gay-Lussac* (fig. 245), graduée en 100 parties égales depuis le trait 0 jusqu'au trait 100, et ayant, entre ces deux traits, une contenance de 50

Fig. 243. — Pipette jaugée de 10 centimètres cubes.

Fig. 244. — Vase à fond plat pour les analyses volumétriques.

centimètres cubes. Par suite, 100 divisions de la burette renferment 5 grammes d'acide sulfurique et neutraliseraient exactement 4ᵍʳ,81 de KO.

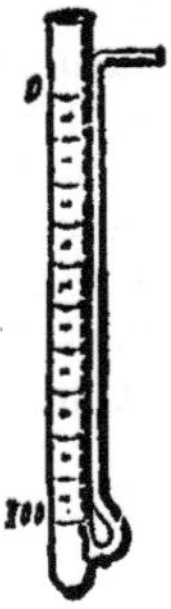

Donc, si, pour neutraliser 50 centimètres cubes de la liqueur potassique, il ne faut que 65 divisions de la burette, le titre pondéral de la potasse essayée est 65.

Dans la pratique, l'opération présente quelques difficultés. En effet, la potasse du commerce dégage de l'acide carbonique qui colore la teinture de tournesol en rouge vineux ; lorsque la saturation sera complète, une goutte de liqueur sulfurique en excès colorera le tournesol en rouge *pelure d'oignon*. Il est assez difficile de saisir le moment précis où aura lieu le changement de coloration. Le mieux est de chauffer de temps en temps le vase à fond plat au bain de sable, pour chasser l'acide carbonique libre ; la coloration vineuse disparaît et la liqueur redevient bleue ; au contraire, la coloration persiste lorsqu'elle est due à l'acide sulfurique en excès.

Fig. 245. — Burette de Gay-Lussac.

Un premier essai donne toujours un titre un peu fort. Supposons qu'il ait été de 54, on en recommence un second sans ajouter de tournesol d'abord. Quand on est arrivé à 52 environ, on colore la liqueur par une goutte ou deux de tournesol, puis on verse goutte à goutte de la liqueur alcalimétrique, en ayant le soin de chauffer légèrement au bain de sable après chaque nouvelle addition de liqueur.

786. Essai d'une soude du commerce. — On opérera comme précédemment, seulement on prendra $31^{gr},63$ de la soude à essayer, parce que le calcul des équivalents montre que $31^{gr},63$ d'anhydride sodique, NaO, neutralisent 5 grammes d'acide sulfurique, $S^2O^6,2HO$.

787. Remarque. — L'acide sulfurique, même quand il est pur, ne répond pas exactement à la formule $S^2O^6,2HO$; il vaut mieux alors employer l'**acide oxalique** pur et cristallisé.

On prendra 63 grammes d'acide oxalique cristallisé, que l'on dissoudra dans l'eau et on amènera la solution à occuper le volume de 1 litre; on se servira de cette solution normale d'acide oxalique comme on s'est servi de la solution normale d'acide sulfurique.

788. Acidimétrie. — L'acidimétrie est la contre-partie de l'alcalimétrie. Du moment qu'on a de l'acide sulfurique titré, il suffit d'en prendre un certain volume, 50^{cmc}, par exemple, de le colorer avec un peu de tournesol, et de voir combien il faut verser d'une solution de potasse pour obtenir une teinte bleue. Supposons qu'on ait employé 60^{cmc} de liqueur alcaline : cette liqueur ainsi titrée peut servir à doser un acide libre quelconque, du moment qu'on prendra un volume connu de cet acide, et qu'on verra combien il faut de cette liqueur alcaline pour arriver à la saturation. Ainsi 50^{cmc} de la liqueur sulfurique contenant, par exemple, 5^{gr} d'acide sulfurique, $S^2O^6,2HO$, les 60^{cmc} de la liqueur alcaline correspondent à cette même quantité d'acide sulfurique; donc, si l'on doit essayer de l'acide sulfurique, on en connaîtra la quantité d'après le nombre de centimètres cubes employés à la saturation. Si l'on essaye un autre acide, chlorhydrique ou azotique, il suffira de calculer au moyen des équivalents à combien de cet autre acide correspond la quantité d'acide sulfurique représentée par le nombre de centimètres cubes de la liqueur alcaline. Par exemple, on essaye de l'acide chlorhydrique dont on a pris 20^{cmc}, et l'on a employé 40^{cmc} de liqueur alcaline. Puisque ces 40^{cmc} correspondent à $3^{gr},33$ d'acide sulfurique, on posera :

$$\frac{49}{36,5} = \frac{3,33}{x}$$

puisque 49 grammes d'acide sulfurique et $36^{gr},5$ d'acide chlorhydrique s'équivalent devant un même poids de potasse. La valeur de x tirée de l'équation précédente fera connaître le poids de gaz chlorhydrique, HCl, contenu dans les 20 centimètres cubes de l'acide du commerce essayé.

789. Chlorométrie. — Le *chlorure de chaux* du commerce est souvent altéré par des additions de craie, de chaux, de sulfate de baryte, de plâtre, etc. La *chlorométrie* a pour but de déterminer la valeur commerciale ou le *titre* d'un chlorure de chaux : le *titre* d'un chlorure de chaux est représenté par le nombre de litres de chlore dégagés par 1 kilogramme du chlorure.

La chlorométrie est fondée sur les deux principes suivants :

1° Le chlore libre transforme, en présence de l'eau, l'anhydride arsénieux en anhydride arsénique :

$$AsO^3 + 2\,HO + 2\,Cl = AsO^5 + 2\,HCl.$$

Le calcul des équivalents montre que 1 litre de chlore, à 0° et sous la pression 760, transforme $4^{gr},44$ d'anhydride arsénieux en anhydride arsénique.

2° Le *chlore décolore l'indigo;* mais, en présence de l'anhydride arsénieux, le chlore transforme celui-ci en anhydride arsénique avant de décolorer l'indigo.

Il faut d'abord préparer la liqueur *arsénieuse normale* ou *liqueur chlorométrique.* Pour cela, on dissout $4^{gr},44$ d'anhydride arsénieux dans quelques centimètres cubes d'acide chlorhydrique pur étendu d'eau; puis, on ajoute à la liqueur l'eau nécessaire pour faire un litre. Il est évident que 1 centimètre cube de cette liqueur exigera 1 centimètre cube de gaz chlore pour se transformer en anhydride arsénique.

D'autre part, on prend 10 grammes du chlorure de chaux à essayer; on les broie dans un mortier avec un peu d'eau, on décante la liqueur dans le ballon jaugé d'un litre et on complète avec de l'eau pure le volume d'un litre.

Dans le vase à fond plat (fig. 244) on verse avec la pipette 10 cent. cubes de liqueur arsénieuse normale, que l'on colore avec un peu d'indigo. On remplit la burette de Gay-Lussac avec la liqueur chlorée ; puis, on la verse goutte à goutte dans le vase à fond plat, en agitant celui-ci. On s'arrête quand la décoloration se produit et on lit le nombre de *centimètres cubes* employés.

Supposons qu'il ait fallu 12 centimètres cubes. Donc 12 centi-

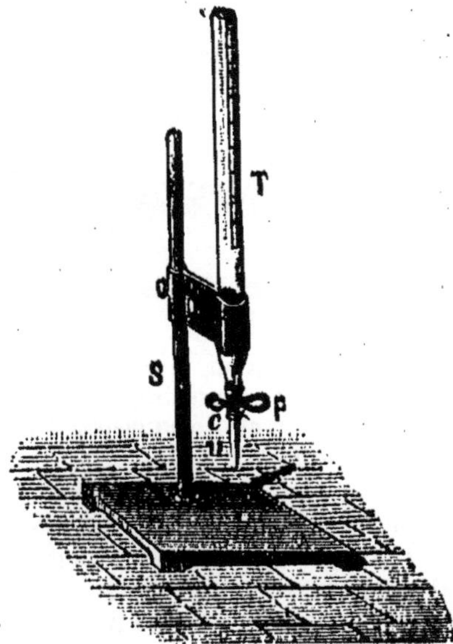

mètres cubes de liqueur chlorée dégagent 10 centimètres cubes de chlore, et 1000 centimètres cubes dégageront $\dfrac{10 + 1000}{12} = 833^{gr},33$

Fig. 246. — Burette de Mohr avec sa pince.
T, tube gradué en centimètres cubes. — P, pince de Mohr. — C, caoutchouc obturateur. — V, tube effilé servant à l'écoulement de la liqueur titrée.

do chloro. Par conséquent, 10 grammes du chlorure de chaux essayé dégageraient 0^{lit},833 do chloro et un kilogramme en dégagerait 83^{lit},3. Le titre du chlorure est donc 83,3. Depuis quelques années, on substitue la *burette de Mohr* (fig. 246) à la burette de Gay-Lussac.

760. Essai d'un manganèse. — Le manganèse naturel, ou MnO², renferme toujours une gangue siliceuse ou calcaire. On en fait une très grande consommation pour préparer les chlorures décolorants. Il est donc nécessaire de déterminer exactement la quantité de chloro que peut dégager 1 kilogramme de bioxyde de manganèse naturel. Or le calcul des équivalents montre que 3^{gr},98 de cet oxyde pur dégagent 1 litre de chloro mesuré à 0° et à 76^{cm}.

On prend un échantillon moyen du manganèse à essayer, on le pile avec soin et on en pèse 3^{gr},98. On les place dans un petit ballon de 50 à 60^{cc}, on y verse 25^{cc} d'acide chlorhydrique dissous et l'on ferme rapidement l'appareil avec un bouchon donnant passage à un long tube dont l'autre extrémité plonge au centre d'un matras à *long* et *large* col de 3/4 de litre environ (fig. 247).

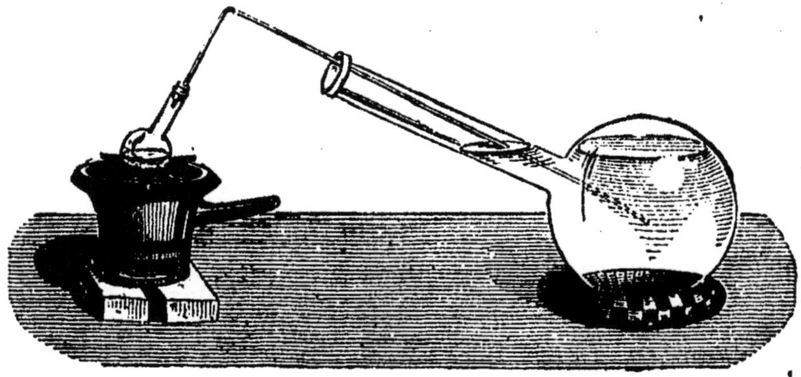

Fig. 247. **Essai d'un manganèse.** — On place dans un petit bal'on 3^{gr},98 du manganèse à essayer et 25 centimètres cubes d'acide chlorhydrique. On ferme par un bouchon muni d'un long tube se rendant au centre d'un matras à long col renfermant une dissolution faible de potasse caustique.

Ce vase est rempli, presque jusqu'à la naissance du col, d'eau alcalisée par 10 à 15 grammes de potasse. On chauffe à peine le ballon; l'air de l'appareil se loge dans le dessus du matras, et l'eau déplacée monte dans le col. Rien ne sort du matras, si le ballon est bien choisi et si l'on ne porte à l'ébullition, que lorsque tout le chloro s'est dégagé, ce qui a lieu vers 70° ou 80°. On fait alors bouillir pendant quelques instants, pour chasser par la vapeur d'eau, le chloro qui est dans l'atmosphère de l'appareil et l'on retire le tube très brusquement, car sans cette précaution il est à craindre qu'il n'y ait *absorption*.

Le liquide alcalin est décanté dans un ballon jaugé; on l'amène au volume d'un litre en rinçant le matras avec de l'eau distillée et l'on détermine sa richesse en chlore au moyen de l'essai chlorométrique. Si le bioxyde était chimiquement pur le titre obtenu serait 100; par conséquent, si le titre est 60 ou 64, on en conclut que 100 kilogrammes du manganèse essayé dégagent autant de gaz chlore que 60 ou 64 kilogrammes de manganèse pur.

ESSAIS D'ARGENT ET D'OR

761. Essai d'argent par voie humide. — *Gay-Lussac* a proposé de faire l'analyse d'un alliage d'argent en le dissolvant dans l'acide azotique et en précipitant l'argent à l'état de chlorure au moyen d'une dissolution *titrée* de chlorure de sodium.

On fait usage de trois liqueurs.

1° *Liqueur normale de sel.* Elle contient par décilitre $0^{gr},541$ de chlorure de sodium, c'est-à-dire la quantité de sel qui précipite 1 gramme d'argent pur. Pour la préparer, on pourrait opérer avec du sel pur et le dissoudre; on trouve plus simple de se servir du sel ordinaire et d'ajuster la dissolution au moyen de quelques essais préalables.

2° *Liqueur décime.* On prend un décilitre de la solution normale et on l'étend d'eau de façon à en former un litre. 1 centimètre cube de cette liqueur précipite 1 milligramme d'argent.

3° *Liqueur d'argent.* On dissout 1 gramme d'argent pur dans 8 ou 10 grammes d'acide nitrique et l'on ajoute de l'eau de façon à faire un litre de liqueur. 1 centimètre cube de cette solution contient un milligramme d'argent et par conséquent précipite juste 1 centimètre cube de la liqueur décime.

762. *Mode d'opération.* — On pèse $1^{gr},4148$ de l'alliage à essayer, c'est-à-dire le poids d'alliage monétaire d'une pièce de 5 francs devant contenir rigoureusement 1 gramme d'argent pur au titre de $\frac{897}{1000}$.

On introduit l'alliage pesé dans un flacon de un quart de litre, contenant quelques centimètres cubes d'acide azotique pur et chauffé au bain-marie. Quand l'alliage a disparu, on chasse les vapeurs nitreuses en soufflant dans le flacon; on y laisse tomber 100 centimètres cubes de la liqueur normale salée et on bouche le flacon à l'émeri. Il se produit un abondant précipité blanc de chlorure d'argent que l'on rassemble par l'agitation. On laisse reposer la liqueur, et le chlorure d'argent gagne le fond du flacon, laissant au-dessus de lui une liqueur parfaitement claire.

Si le titre de l'alliage est supérieur à $\frac{897}{1000}$, il reste nécessairemont do l'argont dans la liquour; pour lo dosor, on ajoutora à la liquour éclaircio 1 centimètro cubo do la liquour décimo : on précipitora ainsi 1 milligrammo d'argont. En répétant cotto opération jusqu'au momont où l'addition d'un nouveau centimètro cubo do liquour décimo no troublo plus la liquour, on connaîtra, par lo nombro do centimètres cubes employés à compléter la précipitation do l'argont, lo nombro do milligrammos qu'il faut ajouter à 1 grammo pour obtonir la quantité d'argont contonuo dans lo poids d'alliago ossayé. Toutefois, commo rion no prouvo quo lo dornier centimètro cubo qui a produit un précipité ait été totalemont employé, on admet quo la moitié seulemont a servi. Si donc lo 5ᵉ centimètro n'a plus produit do précipité, lo titro do l'alliago sora exprimé par la fraction $\frac{1,0035}{1,1148} = 900,5$.

Il pout arrivor quo lo promier centimètro cubo do liquour décimo do sol marin no produiso pas do précipité dans la liquour; dans co cas, lo titro do l'alliago est égal à $\frac{897}{1000}$ ou il est inférieur : l'alliago est rojeté; mais, commo il pout êtro utilo do connaîtro son titro, on procèdo do la manièro suivanto.

On prend uno liquour décimo d'argont, contonant 1 grammo d'argont par litro, ot l'on en verso 1 centimètro cubo dans lo flacon, pour précipitor complétomont lo chloro du centimètro cubo do liquour décimo do sol marin ajouté. Si l'on introduit ensuite la liquour décimo d'argont, centimètro par centimètro, ot quo l'on trouvo quo lo quatrièmo no produiso plus do troublo, on en conclura quo les 1,1148 d'alliago contionnont 1 grammo moins 2,5 milligrammos d'argont; lo titro chorché est donc

$$\frac{0,09975}{1,1148} = 0,8945.$$

La liquour normalo saléo chango do titro avec la températuro. *Gay-Lussac* a établi des tables do corroction qui ramènont los essais à la températuro do 15°. Mais il est tout aussi simplo do fairo chaquo jour un essai sur 1 grammo d'argont pur, afin d'apprécior lo titro do la liquour saléo; si l'on trouvait qu'il faut 1 décilitro do liquour normalo, plus 1 centimètro cubo do liquour décimo, on en conclurait quo lo titro do la liquonr saléo est oxact à 1 demi-millièmo près, ot l'on retrancherait 1 demi-millièmo do tous los titros trouvés.

ESSAI DES MATIÈRES D'OR

763. Procédé de Gay-Lussac, dit procédé par inquartation. — L'alliago d'or no pout pas êtro coupellé dircctomont avec du plomb, parco quo l'or retiondrait uno proportion notablo do cuivro ot de plomb, pouvant attoindro $\frac{7}{1000}$. En ajoutant do l'argont à l'alliago à ossayor, on évito cot inconvénient.

On prend 0",5 de l'alliage à essayer, et on lui ajoute une quantité d'argent telle que l'or fin de l'alliage soit le *quart* du poids total d'or et d'argent. On procède à la coupellation comme pour les essais d'argent.

Il reste un bouton d'or et d'argent; on le détache, on le brosse, et on l'aplatit sous un marteau, de manière à lui donner à peu près l'étendue d'une pièce de 50 cent. Le martelage a écroui cet alliage; on le recuit en le portant au rouge sombre, on le passe au laminoir de manière à lui donner l'étendue d'une pièce de 2 francs, et enfin on le recuit une seconde fois.

On roule cette petite plaque entre les doigts, de façon à en faire un cornet, et on l'introduit dans un matras d'essai, avec 20" cent. cub. d'acide nitrique à 22° que l'on fait bouillir tant qu'il se dégage des vapeurs rutilantes. On décante cet acide et l'on chauffe le cornet à deux reprises, pendant 10 minutes chaque fois, avec 20" d'acide nitrique à 32° pour enlever le reste de l'argent. On lave le cornet deux fois avec de l'eau distillée, en ayant soin de remplir complètement le matras à la deuxième fois, et l'on renverse le goulot de ce vase dans un petit creuset en terre. Le cornet y tombe lentement, parce que l'eau ralentit sa chute; on retourne le matras, on y reverse l'eau qui est dans le creuset, et on chauffe ce dernier au rouge sombre.

Pendant ces divers traitements, l'or est resté adhérent à lui-même et a gardé la forme du cornet primitif, mais il est devenu très friable; la calcination lui donne de la solidité. On peut donc le peser facilement : la différence entre le poids de l'alliage et celui du cornet donne le poids du cuivre et par suite le titre.

La quantité de plomb à employer dans la coupellation varie avec le titre de l'alliage; pour 0",500 d'alliage, il faut :

Titre de l'alliage.	Plomb.
1,000.	0",500
900.	5 ,000
800.	8 ,000
700.	11 ,000
500.	13 ,000
400 à cuivre pur.	17 ,000

Le poids d'argent doit être environ le triple de celui de l'or. Si la proportion est moindre, l'acide azotique ne le dissout qu'imparfaitement; quand, au contraire, elle dépasse notablement ce rapport, le cornet est désagrégé par l'acide, et l'or tombe en poudre, ce qui rend le dosage long et difficile. Il résulte de là qu'il faut connaître le titre approché de l'alliage pour faire un bon essai; si ce titre est tout à fait inconnu, on le détermine approximativement à l'aide de la pierre de touche.

TACHES DE	DANS LE LINGE	DANS LES TISSUS EN COULEUR		DANS LA SOIE
		DE COTON	DE LAINE	
Sucre, gélatine, sang, albumine.		Simple lavage à l'eau.		
Graisses.	Eau de savon ou lessive alcaline.	Eau de savon tiède.	Eau de savon ou ammoniaque.	Benzine, éther, ammoniaque, poudre de salinelle, magnésie, craie.
Couleurs à l'huile, vernis, résines.	Essence de térébenthine, benzine, puis savon.			Benzine, éther, savon; frotter avec précaution.
Stéarine, bougie.	Alcool à 95°.			
Couleurs végétales, vin rouge, fruits, encre rouge.	Vapeurs d'acides sulfureux; eau chlorée chaude.	Laver à l'eau de savon tiède ou à l'ammoniaque.		Idem; frotter doucement et avec précaution.
Encre d'alizarine.	Acide tartrique; solution graduée d'après l'ancienneté de la tache.	Solution étendue d'acide tartrique, si la couleur de l'étoffe le permet.		Emploi du même, mais avec précaution.
Rouille, encre à la noix de galle.	Solution chaude d'acide oxalique; acide chlorhydrique étendu, puis tournure d'étain.	Lavages réitérés à l'acide citrique en dissolution, si l'étoffe est bon teint.	Idem; acide chlorhydrique étendu, si la laine est de couleur naturelle.	Ne rien faire; toutes tentatives ne font qu'aggraver le mal.
Chaux, lessive, alcalis.	Simple lavage à l'eau.	Acide citrique étendu; verser goutte à goutte et frotter avec le doigt la tache préalablement mouillée.		
Acides, vinaigre, moût, fruits acides.	Simple lavage à l'eau ou à l'eau chlorée chaude.	Ammoniaque plus ou moins étendue, suivant la délicatesse du tissu et de la couleur.		
Tannins, brou de noix.	Eau de Javelle; eau chlorée chaude; solution concentrée d'acide tartrique.	Eau chlorée plus ou moins diluée, suivant la délicatesse du tissu et de la couleur, et alternativement lavage à l'eau.		
Goudron, graisse de voiture.	Savon, essence de térébenthine, filet d'eau, alternativement.	Frictionner avec du saindoux, puis savonner, laisser reposer; enfin laver alternativement à l'essence et à l'eau.	Idem; mais au lieu d'essence, employer de la benzine et laisser tomber le filet d'eau d'une certaine hauteur; agir sur l'envers de la tache.	

CARACTÈRES DISTINCTIFS DES PRINCIPAUX
GENRES DE SELS

704. Azotates. — 1° Ils fusent sur des charbons ardents.
2° Ils dégagent des vapeurs rutilantes d'anhydride hyponzo-
tique, quand on les chauffe dans un tube d'essai avec de la tournure de cuivre et de l'acide sulfurique.

Sulfates. — Les sulfates solubles précipitent en blanc par le
chlorure de baryum :

$$NaO,SO^3 + BaCl = \underline{BaO,SO^3} + NaCl.$$

Le précipité obtenu est insoluble dans l'acide azotique.

Phosphates. — Les phosphates neutres solubles précipitent
en blanc ou en jaune par l'azotate d'argent.

Carbonates. — Les carbonates font effervescence avec les
acides. Les carbonates alcalins donnent avec le chlorure de
baryum un précipité blanc soluble dans l'acide azotique, avec
dégagement de gaz acide carbonique.

Sulfites. — Chauffés dans un tube d'essai avec de l'acide azotique, ils dégagent de l'anhydride sulfureux.

ENGRAIS

705. Les végétaux puisent dans l'atmosphère leurs éléments
organiques et dans le sol leurs éléments minéraux. Lorsque le
sol a été épuisé d'une ou de plusieurs de ces substances élémentaires, il devient impropre à la végétation ; il faut alors lui rendre
ce qu'il a perdu en lui ajoutant des **engrais,** dont la composition
varie avec les besoins du sol.

706. Toute terre arable doit renfermer : l'*azote*, à l'état de *sel
ammoniacal;* l'*acide phosphorique*, à l'état de *phosphate de chaux;*
la *potasse,* sous forme de *sulfate* ou d'*azotate,* et enfin le *sulfate
de chaux* ou le *carbonate de chaux.*
Le *fumier de ferme* contient tous ces principes disséminés au
milieu d'une grande quantité de matières organiques qui en dimi-
nuent la richesse en principes utiles. On remédie à la pauvreté
du fumier de ferme en lui donnant comme auxiliaires toutes les
matières capables d'augmenter les proportions des composés
utiles qu'il renferme. De là l'emploi des *engrais organiques (pou-
drette, matières animales)* qui fournissent de l'azote, et des *engrais*
dits *chimiques,* tels que le sulfate d'ammoniaque, le phosphate de
chaux, le noir animal, etc.

767. Le **guano**, que l'on trouve au Pérou, est un engrais naturel provenant d'excréments fossiles d'animaux antédiluviens. Il a l'aspect d'une masse pulvérulente d'un jaune pâle, d'une odeur forte, légèrement ammoniacale.

Le guano renferme de 16 à 32 pour cent de sels ammoniacaux, 24 pour cent de chaux et 15 à 20 pour cent d'eau. Il fournit environ 12 pour cent d'azote. Il équivaut à environ 15 fois son poids de fumier de ferme.

Un bon guano doit être onctueux au toucher, en petits grains exempts de pierres et de gravier. Il doit peser 700 grammes par litre environ.

768. Le type des engrais chimiques est le **phosphate de chaux,** $3 CaO, PhO^5$, insoluble et très lentement assimilable. On le trouve à l'état de *coprolites*, de *nodules*, d'*apatite*, etc. Le phosphate de chaux naturel est transformé en **superphosphate** par un traitement à l'acide sulfurique ou à l'acide chlorhydrique : le *superphosphate* de chaux est un mélange de phosphate acide de chaux et de phosphate neutre de chaux, avec un peu d'acide phosphorique libre. En vieillissant, ils perdent un peu de leur *assimilabilité* par suite de la combinaison lente de l'acide phosphorique libre avec le phosphate acide de chaux.

Le **noir d'engrais** ou *noir des raffineries* provient du noir animal employé pour la clarification des jus sucrés. Il renferme 60 à 80 pour cent de phosphate de chaux, de 20 à 25 pour cent de matières organiques et de charbon, du carbonate de chaux, etc. Il doit son pouvoir fertilisant à l'azote et au phosphate de chaux qu'il renferme.

NOMBRES PROPORTIONNELS. — ÉQUIVALENTS. — POIDS ATOMIQUES

769. Prenons trois corps simples A, B, C ; l'analyse nous montre qu'à un poids a de A peut se combiner un poids b de B et un poids c de C. L'analyse nous montre aussi que B et C se combinent entre eux de manière à ce qu'au poids b de B s'unisse le poids c du corps C ou l'un de ses multiples entiers. Il en serait de même pour tous les autres corps simples de la chimie.

Par suite, le corps simple A entrera dans les combinaisons suivant les multiples entiers du poids a, le corps simple B suivant les multiples entiers du poids b, etc. Les nombres $a, b, c, d,$ etc., sont appelés les *nombres proportionnels* correspondant à chacun des corps simples.

Il y aura autant de systèmes de *nombres* proportionnels que l'on voudra, puisqu'il suffit de fixer l'un d'eux pour que tous les autres soient déterminés.

770. Parmi tous les systèmes, le plus simple est celui qui consiste à prendre pour *unité* le nombre proportionnel correspondant à l'**hydrogène**. Il présente l'avantage de rendre aussi petits que possible les nombres proportionnels de tous les corps simples.

L'expérience montre en outre que, pour les corps simples analogues, les nombres proportionnels représentent le poids de ces corps simples qui peuvent se déplacer et se remplacer pour former des composés similaires. On peut dire alors que ces nombres sont proportionnels aux poids des corps simples correspondants qui s'**équivalent** chimiquement : de là le nom d'**équivalents** en poids qui leur est donné aujourd'hui.

Ainsi 8^{gr} d'oxygène et 35^{gr},5 de chlore s'équivalent devant 1 gramme d'hydrogène.

Réciproquement : 1 gramme d'hydrogène et 35^{gr},5 de chlore s'équivalent devant 8^{gr} d'oxygène.

Dès lors l'hydrogène entrera dans les combinaisons suivant les multiples entiers de 1, l'oxygène suivant les multiples entiers de 8, etc.

De même nous avons vu que les métaux peuvent se substituer les uns aux autres proportionnellement à certains nombres pour former des composés similaires, comme il résulte des expériences de Richter et de Wenzel.

Ainsi, devant 35^{gr},5 de chlore s'équivalent :

39.	de potassium.
23.	de sodium.
28.	de fer.
108.	d'argent, etc.

771. On appelle équivalent d'un *métalloïde* le poids de ce corps qui remplace 8 d'oxygène ou 35,5 de chlore devant 1 d'hydrogène. Cette substitution est possible pour l'oxygène, le soufre, le chlore, le brome, l'iode; mais elle est directement impossible pour l'azote, le phosphore, l'arsenic, le carbone, le bore et le silicium. Dès lors, on choisit pour équivalent du corps le nombre qui permet de représenter plus facilement ses réactions et la formule de ses composés.

772. Le métal **hydrogène** étant représenté par 1 et se combinant avec 8 d'oxygène pour former l'eau, le poids des différents métaux qui se combineront avec 8 d'oxygène pour former les protoxydes métalliques seront dits les équivalents chimiques de ces **métaux**.

Toute la difficulté consistera à déterminer quel est, parmi les oxydes d'un même métal, celui auquel convient la formule MO. On y arrivera en se guidant sur l'*isomorphisme* ou sur la loi des chaleurs spécifiques.

Ex. : le fer forme avec l'oxygène plusieurs oxydes; pour 8 d'oxygène, l'un renferme 28 de fer et l'autre 18,66 de fer. Or, le premier oxyde donne des sels isomorphes avec les sels de chaux, avec les sels de protoxyde de zinc; donc cet oxyde de fer a pour formul FeO et 28 est l'équivalent du fer; l'autre oxyde aurait pour formule Fe^2O^3.

Ex. : l'équivalent du mercure est 100 ou 200, suivant que l'on considérera l'un ou l'autre de ces oxydes comme un protoxyde. Or les sels de mercure ne sont isomorphes avec aucun autre sel; mais en multipliant la chaleur spécifique 0,033 du mercure par 100, on obtient le nombre 3,33 qui est le même que celui que l'on obtient en faisant le produit de la chaleur spécifique du plomb, du zinc, du cuivre par leur équivalent : par conséquent, on sera conduit à prendre 100 pour équivalent du mercure, et les deux oxydes de mercure seront le protoxyde de mercure, HgO, et le sous-oxyde de mercure, Hg^2O.

773. L'équivalent d'un *corps composé* sera égal à la somme des équivalents des corps simples constituants.

L'équivalent d'un *acide* sera égal au poids de cet acide renfermant 1, 2 ou 3 équivalents d'hydrogène remplaçable, suivant que l'acide sera mono, bi ou tribasique.

L'équivalent d'une *base* sera le poids de cette base qui réagit sur un équivalent d'un acide monobasique pour former un sel.

L'équivalent d'un *sel* sera égal à la somme des équivalents des corps simples qui le constituent.

774. Théorie atomique. — Nous avons vu que les corps sont formés par l'agrégation de particules insécables nommées **molécules**. Avogadro et Ampère, se fondant sur les propriétés thermiques des gaz admettent que, *à la même température et à la même pression, des volumes égaux des différents gaz renferment le même nombre de molécules.* Il en résulte que la densité d'un gaz est proportionnelle au poids de sa molécule. On convient alors de représenter chaque gaz simple ou composé par son **poids moléculaire,** en prenant pour terme de comparaison le poids moléculaire de l'hydrogène. Une molécule est formée d'un certain nombres *d'atomes;* on convient alors de prendre pour symbole de chaque corps simple son **poids atomique,** en prenant pour unité le poids atomique de l'hydrogène.

Il arrive alors que, pour certains corps simples, comme le chlore, l'azote, etc., le poids atomique est égal à l'équivalent, tandis que pour d'autres, comme l'oxygène, le soufre, etc., le poids atomique est le double de l'équivalent. De même, le symbole de chaque corps simple représente *un* atome de ce corps.

Les gaz simples ou composés, à l'état libre, sont toujours représentés par leurs *poids moléculaires;* les gaz simples seront mono, bi, tri ou tétratomiques, selon que leurs molécules seront formées de 1, 2, 3 ou 4 atomes.

Dans la notation atomique, les formules des gaz correspondent tous à un volume égal à celui de 2 d'hydrogène en poids.

Les formules atomiques peuvent différer des formules en équivalents.

Ex. : Eau.. H^2O.
        Protoxyde d'azote......................... Az^2O.
        Bioxyde d'azote........................... AzO.
        Acide sulfurique.......................... H^2SO^4.
        Hydrogène sulfuré......................... H^2S.

Certaines formules sont les mêmes dans les deux systèmes :

        Acide chlorhydrique....................... HCl.
        Ammoniaque................................ AzH^3.
        Oxyde de carbone.......................... CO.
        Acide carbonique.......................... CO^2.
        Anhydride sulfureux....................... SO^2.

La notation atomique simplifie les calculs ; de plus, les poids moléculaires des gaz se confondent avec leurs densités par rapport à l'hydrogène et les formules des réactions chimiques sont applicables en *poids* et en *volumes*. La notation atomique est aujourd'hui adoptée dans l'enseignement secondaire et dans l'enseignement supérieur.

ANALYSE ÉLÉMENTAIRE D'UNE MATIÈRE ORGANIQUE.

778. Matière organique non azotée. — Le carbone sera dosé à l'état d'acide carbonique, l'hydrogène à l'état d'eau et l'oxygène par différence.

La matière desséchée à 100° est oxydée par l'oxyde de cuivre ; l'opération porte le nom de **combustion**.

On prend un tube en verre peu fusible (fig. 248), de 60 centimètres de longueur et de 15 millimètres de diamètre : on

Fig. 248. — Tube à combustion.

l'étire en pointe à l'une de ses extrémités, on le nettoie, et on le sèche avec les plus grands soins, en y passant de l'oxyde de cuivre encore chaud que l'on rejette ensuite.

L'oxyde de cuivre ne doit être ni en poudre ni en plaques épaisses. On

Fig. 249. — Tube entouré de clinquant.

l'obtient à un état convenable en grillant du cuivre au rouge

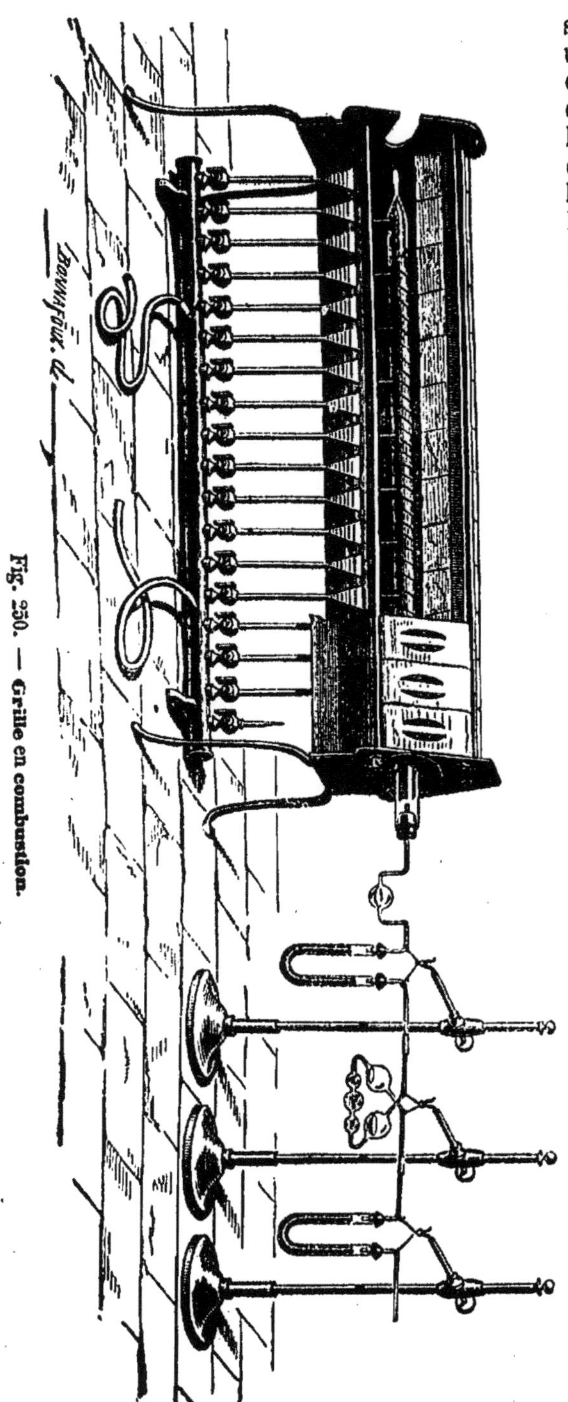

Fig. 250. — Grille en combustion.

sombre, soit dans un tôt en terre, soit dans un creuset en terre percé par le fond. De temps en temps, on retire la matière, et on la frotte sur un tamis pour détacher les écailles d'oxyde formées; puis on recommence à griller le cuivre non oxydé, jusqu'à ce qu'il soit complètement transformé en oxyde.

On calcine cet oxyde dans un creuset en terre au moment de s'en servir, parce qu'il absorbe à l'air une certaine quantité d'humidité, et l'on s'en sert lorsqu'il est encore un peu tiède, à moins que la substance à analyser ne soit très volatile.

Pour introduire commodément les matières dans le tube, on les prend avec une petite lame de laiton mince que l'on a recourbée, et on place dans ce tube, — de A en B, — de l'oxyde de cuivre; — de B en C, — un mélange d'oxyde de cuivre et d'un poids déterminé de la matière organique (5 à 6 décigrammes) fait dans un mortier de porcelaine bien sec; — de C en D, — de l'oxyde de cuivre avec lequel on a nettoyé la plaque de laiton, le pilon et le mortier; — de D en E, — de l'oxyde de cuivre.

On entoure le tube de clinquant (fig. 249) et on le place sur une grille à gaz spéciale, dite *grille à combustion* (fig. 250).

On adapte ensuite au tube à combustion :

1° Un tube F (fig. 251), portant une petite boule, dans laquelle vient se condenser la majeure partie de l'eau ; il contient, dans ses deux branches, de la pierre ponce imbibée d'acide sulfurique. Ce tube est pesé avant et après l'expérience; son augmentation de poids fait connaître le poids de l'eau formée.

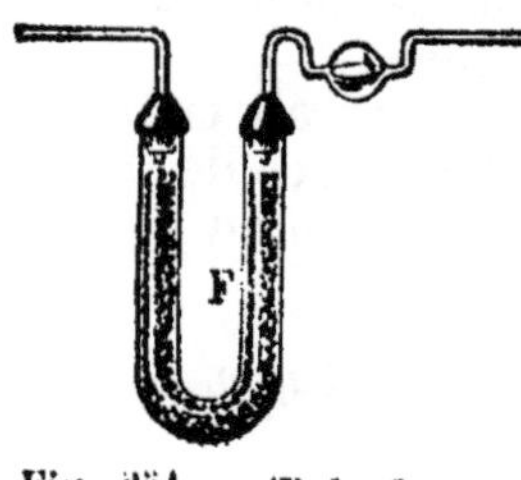

Fig. 251. — Tube à eau.

2° Un tube à boules, dit *tube de Liebig* (fig. 252), contenant une solution à demi concentrée de potasse.

3° Un tube H, renfermant de la potasse fondue (fig. 253), pour retenir l'acide carbonique non absorbé par le tube G. On a pesé ensemble avant l'expérience les deux tubes G et H ; on les pèse de nouveau après l'expérience; leur augmentation de poids fait connaître le poids de l'acide carbonique formé.

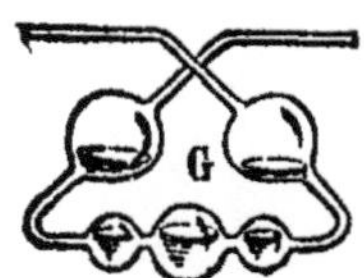

Fig. 252.—Tube de Liebig.

Fig. 253.—Tube à potasse.

4° Un tube, non indiqué dans la figure, renfermant de la pierre ponce imbibée d'acide sulfurique et destinée à empêcher l'humidité de l'air extérieur de pénétrer dans l'appareil; ce tube n'est pas pesé.

Le bouchon qui est en E est séché avec soin. Les tubes de caoutchouc vulcanisé, qui rejoignent les autres parties de l'appareil, ont été traités par une solution faible et chaude de potasse, pour enlever l'excès de soufre qu'ils contiennent toujours.

770. Marche de l'opération. — On commence à chauffer vers l'ouverture E, et l'on avance le feu peu à peu, de façon qu'il y ait une longue colonne d'oxyde portée au rouge, avant qu'on ne chauffe la matière. On dirige la combustion de celle-ci avec lenteur, en se guidant sur le passage du gaz dans le tube à boules; il doit se dégager à peu près une bulle par seconde.

Quand le tube à combustion est porté au rouge, on fait pénétrer la pointe A dans un tube en caoutchouc, communiquant avec un gazomètre d'oxygène, muni de tubes renfermant des matières avides d'eau et d'acide carbonique, et l'on casse la pointe en appuyant avec une pince sur le caoutchouc.

L'oxygène chasse l'acide carbonique et la vapeur d'eau qui restent dans l'atmosphère du tube, brûle le carbone qui a pu échapper à la combustion, et réoxyde le cuivre réduit, qui peut servir de nouveau.

Quand il se dégage de l'oxygène à l'extrémité du quatrième tube, on sépare les différentes pièces de l'appareil; on y introduit, par aspiration, de l'air, qui chasse l'oxygène et place les tubes dans les conditions initiales.

L'augmentation de poids du tube F donne le poids d'eau formée; l'augmentation de poids des tubes G et H, pris ensemble, fait connaître le poids d'acide carbonique formé.

Si la matière organique avait été liquide, on l'aurait enfermée, dans une ampoule de verre très mince, que l'on place de B en C dans le tube à combustion et dont on casse la pointe au moment de l'introduire dans le tube à combustion.

Calculs. — Soit P, le poids de matière employée, p, le poids d'eau obtenue et p' le poids d'acide carbonique.

P de la matière renferme :

Hydrogène.......... $p \times 0{,}1111$.
Carbone............ $p' \times 0{,}2727$.
Oxygène,.......... $P - p \times 0{,}1111 - p' \times 0{,}2727$.

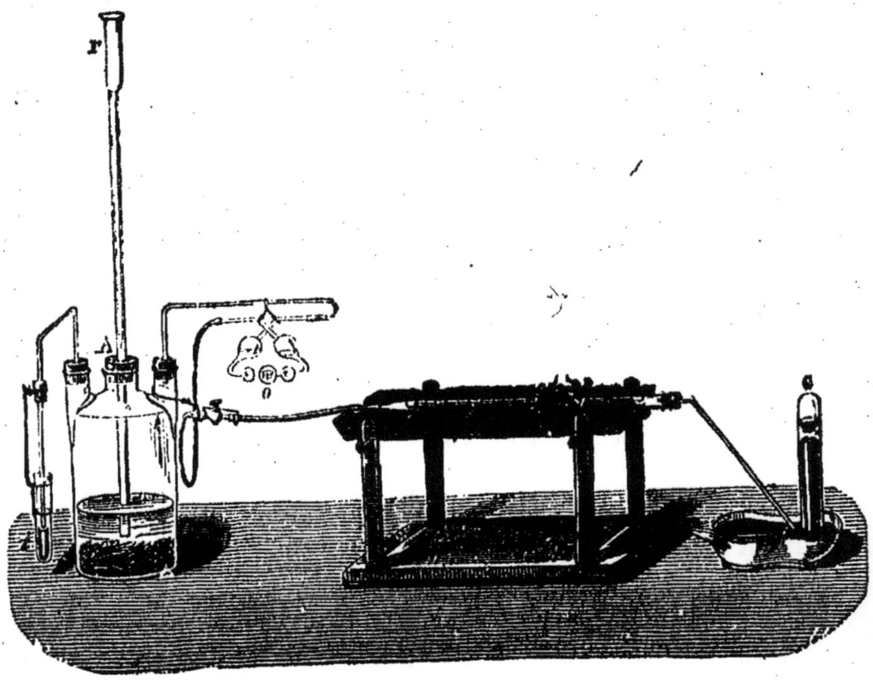

Fig. 264. — Dosage de l'azote à l'état libre.

777. Matière organique azotée. — Pour doser le carbone et l'hydrogène de la matière, on opère comme précédemment; seulement on donne au tube 70 centimètres de longueur et

on place de D en E une colonne de cuivre en planures, réduit de
son oxyde par l'hydrogène, afin de ramener à l'état d'azote les
composés oxygénés de l'azote qui pourraient avoir pris naissance.
L'azote est dosé par des procédés spéciaux; l'oxygène s'obtient
par différence.

778. Dosage de l'azote à l'état libre (Dumas). — Le tube à
combustion, préparé comme il est dit plus haut, est muni d'un tube
à dégagement se rendant dans une cuve à mercure. Un appareil à
acide carbonique A (fig. 254) est mis en communication avec la
pointe effilée du tube à combustion : l'acide carbonique se lavera
dans le tube de Liebig o.

On commence par chasser tout l'air de l'appareil à l'aide d'un
courant d'acide carbonique; puis on chauffe le tube à combustion comme on l'a fait pour l'analyse d'une matière non azotée,
en ayant soin d'entretenir un courant très lent d'acide carbonique, et on recueille les gaz dans une éprouvette C renfermant
quelques centimètres cubes d'une solution de potasse; on finit
de balayer tout l'azote par un vif courant d'acide carbonique
entretenu pendant au moins dix minutes.

La solution de potasse absorbe l'acide carbonique et l'azote reste
libre ; on le tranvase dans un tube gradué et on en mesure le
volume; on en déduit facilement le poids d'azote correspondant.

770. Dosage de l'azote à l'état d'ammoniaque. — Quand
la matière organique azotée ne contient pas de composés oxygénés de l'azote, on peut transformer l'azote en ammoniaque, en
chauffant la matière avec de la chaux sodée; on dosera ensuite
l'ammoniaque par les procédés alcalimétriques (Will et Warrentrapp).

Fig. 255. — Appareil de Will et Warrentrapp.

On prend un tube de verre, de 40 à 50 centimètres de longueur
(fig. 255), fermé à l'une de ses extrémités; au fond, on introduit
une petite colonne d'acide oxalique broyé avec un peu de chaux
sodée, puis une petite colonne de chaux sodée pure, ensuite une
colonne formée de chaux sodée et de quelques décigrammes de la
matière à analyser, enfin on termine par de la chaux sodée;

on bouche le tube à combustion à l'aide d'un petit tampon d'amiante et on adapte un tube spécial, dit tube de Will, renfermant 10 centimètres cubes de *liqueur alcalimétrique* normale d'acide sulfurique (fig. 256).

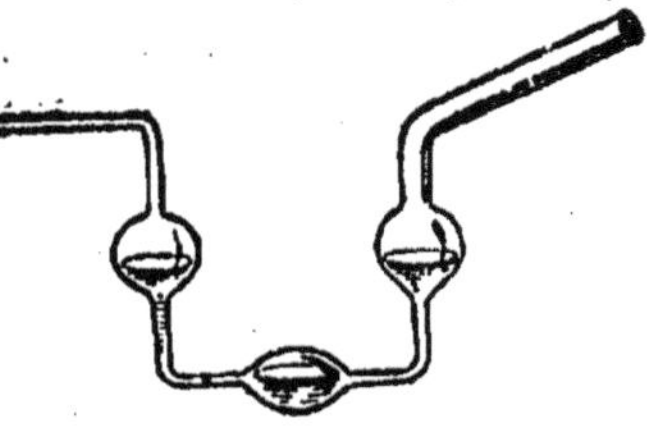

Fig. 256. — Tube de Will.

On porte au rouge d'abord la partie la plus rapprochée du tube à boules, puis la portion où est la matière. Quand il ne se dégage plus de gaz, on chauffe l'acide oxalique ; ce corps se décompose en acide carbonique, qui s'unit à la soude, et en oxyde de carbone, qui, en présence de l'eau, la décompose. Il en résulte de l'acide carbonique, qui se combine avec l'alcali, et de l'hydrogène, qui chasse l'ammoniaque restée dans le tube.

Pour doser l'ammoniaque dégagée, on détermine, par les procédés alcalimétriques, la quantité d'acide sulfurique restée libre ; l'ammoniaque dégagée s'obtiendra par différence : les $\frac{14}{17}$ du poids d'ammoniaque trouvé représenteront l'azote correspondant.

780. Dosage du chlore. — On place la matière à analyser dans le fond d'un tube ayant 30 à 40 centimètres de longueur, avec de la chaux vive, bien débarrassée de chlorure, et l'on chauffe au rouge sombre. On plonge alors le fond du tube, encore très chaud, dans un grand verre contenant de l'eau ; le tube se brise peu à peu, et la chaux se délite. On la dissout dans de l'acide azotique étendu : on filtre, et l'on verse de l'azotate d'argent dans la liqueur claire. Il se forme du chlorure d'argent, qu'on lave, qu'on recueille dans une petite capsule de porcelaine, et qu'on pèse après l'avoir fondu.

781. Dosage du soufre. — On oxyde la matière, dans un petit tube à combustion, par un mélange de chlorate et de carbonate de potasse ; on dissout dans l'eau la masse calcinée, et on dose dans la liqueur le soufre à l'état de sulfate de baryte.

782. Détermination de la formule. — On commence par déduire de l'analyse élémentaire la composition centésimale de la matière analysée; puis, on divise les nombres obtenus par l'équivalent en poids correspondant à chacun des corps simples constituants; les quotients trouvés sont les rapports des équivalents.

Prenons par exemple l'analyse du formène; on trouve :

$$\text{Carbone} \dots\dots\dots\dots\dots\dots\dots\dots\dots\dots\dots\dots 75$$
$$\text{Hydrogène} \dots\dots\dots\dots\dots\dots\dots\dots\dots\dots 25$$
$$\overline{\phantom{\text{Hydrogène} \dots\dots\dots\dots\dots\dots\dots\dots\dots} 100}$$

Or $\dfrac{75}{6} = 12,5$ et $\dfrac{25}{1} = 25$

Donc, pour un équivalent de carbone, le formène contient deux équivalents d'hydrogène : sa formule est donc C^nH^{2n}.

Reste à déterminer n ; la méthode suivie variera suivant que la matière organique est acide, basique ou neutre.

Acide. — On déterminera n en faisant réagir la matière sur l'oxyde d'argent, de manière à former un sel neutre anhydre et en cherchant quel est le poids de matière qui s'unit à 1, 2 ou 3 équivalents d'oxyde d'argent, suivant que l'acide analysé est mono, bi ou tribasique.

Ex. : l'acide acétique a pour composition centésimale :

$$
\begin{aligned}
&\text{Carbone}\dots\dots\dots\dots\dots\dots\dots\dots\dots\dots && 40 \\
&\text{Hydrogène}\dots\dots\dots\dots\dots\dots\dots\dots && 6,6 \\
&\text{Oxygène}\dots\dots\ \dots\dots\dots\dots\dots\dots\dots && 53,4 \\
&\hline
& && 100\ \text{»}
\end{aligned}
$$

Or $\qquad \dfrac{40}{6} = 6,6 \ ; \quad \dfrac{6,6}{1} = 6,6 \ ; \quad \dfrac{53,4}{8} = 6,6 \ ;$

la formule générale est donc : $C^nH^nO^n = 15 \times n$.

Or, 60 grammes d'acide acétique réagissent sur 116 grammes d'oxyde d'argent pour former l'acétate d'argent : or, $60 = 4 \times 15$; donc $n = 4$ et la formule de l'acide acétique est $C^4H^4O^4$.

Base. — La formule d'une base s'obtiendra en cherchant quel est le poids de cette base qui réagit sur un équivalent d'un acide monobasique.

Matière neutre volatile. — On convient de rapporter sa formule à **4 volumes de vapeur.** Par exemple, le *formène* a pour formule $C^nH^{2n} = 8n$. Or le volume de formène correspondant au poids $8n$ est $\dfrac{8n}{1,293 \times 0,559}$; d'autre part, 8 d'oxygène ont pour volume $\dfrac{8}{1,293 \times 1,1056}$, volume pris pour unité d'équivalents en volumes. On doit donc avoir :

$$
\frac{8n}{1,293 \times 0,559} = 4 \times \frac{8}{1,293 \times 1,1056}.
$$

D'où $n = 2$. La formule du formène est $C^2H^4 = 16 = 4$ vol.

Matière neutre non volatile. — Dans ce cas on adopte la formule qui rend le mieux compte des réactions présentées par la matière étudiée.

Ainsi la cellulose a pour formule générale $C^{6n}H^{5n}O^{5n}$; on adopte la formule $C^{24}H^{20}O^{20}$, parce qu'elle rend le mieux compte de la formation des celluloses nitriques et des transformations subies par la cellulose sous l'action des acides.

NOTIONS DE THERMOCHIMIE

783. Toute combinaison est toujours accompagnée d'un dégagement ou d'une absorption de chaleur; dans le premier cas, la combinaison est dite **exothermique**; dans le second cas, elle est dite **endothermique**.

784. De même la décomposition d'une combinaison exothermique est accompagnée d'une absorption de chaleur et la décomposition d'une combinaison endothermique est accompagnée d'un dégagement de chaleur.

785. Les *combinaisons exothermiques* sont *directes*, c'est-à-dire qu'elles peuvent prendre naissance sans le concours d'une énergie étrangère; le plus souvent elles exigent l'intervention d'un agent auxiliaire (chaleur, électricité, lumière) qui provoque la combinaison en un point de la masse. La combinaison se poursuit et se termine d'elle-même avec plus ou moins de vigueur suivant la quantité de chaleur dégagée.

786. Les *combinaisons endothermiques* sont toujours *indirectes;* il faut fournir aux corps réagissants la quantité de chaleur nécessaire pour que la réaction s'effectue complètement. Cette chaleur est fournie par les agents auxiliaires, chaleur, lumière, électricité, qui, par leur travail propre, provoquent et terminent la réaction.

787. La *décomposition des combinaisons exothermiques* exige l'intervention continue d'une énergie étrangère, fournissant la chaleur nécessaire pour provoquer et terminer la décomposition. La quantité de chaleur fournie au corps doit être égale à celle qui avait été dégagée au moment de sa formation.

Ex. : $\qquad$ H + O = HO + 29 calories 5.

Pour dissocier un équivalent d'eau, il faut lui fournir 29 calories, 5.

788. La *décomposition des combinaisons endothermiques* dégage de la chaleur; si donc on place une combinaison endothermique dans des conditions telles qu'elle puisse se décomposer, il y aura production de chaleur et élévation de température. La décomposition, commencée en un point de la masse, va continuer et se terminer en dégageant très rapidement la chaleur qui avait été fournie à la combinaison endothermique lors de sa formation. Il pourra y avoir *explosion*. Un grand nombre de composés endothermiques sont *explosifs* : le chlorure d'azote, le fulminate de mercure, l'iodure d'azote, les composés oxygénés du chlore sont des corps explosifs; il en est de même de la nitroglycérine et du fulmicoton.

789. La thermochimie est fondée sur les trois principes fondamentaux suivants :

790. Principes des travaux moléculaires. — *La quantité de chaleur dégagée dans une réaction quelconque mesure la somme des travaux chimiques (changements de composition) et physiques (changements d'état, de condensation, etc.), accomplis dans cette réaction.*

Il résulte de cet énoncé que la chaleur dégagée dans une réaction est précisément équivalente à la somme des travaux qu'il faudrait accomplir pour rétablir les corps dans leur état primitif. On voit en même temps que la quantité de chaleur produite ou absorbée dans une réaction donnée varie avec l'état (solide, liquide, gazeux) des substances mises en présence, avec la pression extérieure, la température, etc.; d'où la nécessité de bien définir ces conditions pour chacun des corps que l'on considère.

791. Principe de l'équivalence des transformations chimiques. — *Si un système de corps simples ou composés pris dans des conditions déterminées, éprouve des changements physiques ou chimiques capables de l'amener à un nouvel état, sans donner lieu à aucun effet mécanique extérieur au système, la quantité de chaleur dégagée ou absorbée par l'effet de ces changements dépend uniquement de l'état initial et de l'état final du système; elle est la même quelles que soient la nature et la suite des états intermédiaires.*

Par exemple, la quantité de chaleur dégagée pour faire passer directement le carbone à l'état d'acide carbonique est la même que si l'on transforme d'abord le charbon en oxyde de carbone et si l'on brûle ensuite cet oxyde de carbone.

$$C + 2O = CO^2 + 48,5 \text{ calories.}$$
$$C + O = CO + 14 \text{ calories.}$$
$$CO + O = CO^2 + 34,5 \text{ calories.}$$

Ce principe permet de calculer à priori la chaleur produite dans une réaction donnée. En effet, proposons-nous de trouver la chaleur dégagée par la combustion de l'oxyde de carbone.

On a $\qquad C + 2O = CO^2 + 48,5 \text{ calories.}$

et $\qquad C + O = CO + 14 \text{ calories.}$

Donc la combustion de l'oxyde de carbone dégage :

$$48,5 - 14 = 34,5 \text{ calories.}$$

Proposons-nous, par exemple, de déterminer la chaleur dégagée par la formation directe de l'anhydride sulfurique solide :

$$S + 2O = SO^2 + 34,6 \text{ calories.}$$
$$SO^2 + O = SO^3 \text{ (solide)} + 17,2 \text{ calories.}$$
Donc : $$S + 3O = SO^3 \text{ (solide)} + 51,8 \text{ calories.}$$

On peut aussi, à priori, déterminer si une combinaison sera exothermique ou endothermique.

Ex : action de l'hydrogène sulfuré sur l'anhydride sulfureux :

$$SO^2 + 34,6 + 2HS + 2 \times 2,3 = 2HO \text{ (gazeux)} + 2 \times 29,2 + 3S$$
ou $$SO^2 + 2HS = 2HO + 3S + 2 \times 29,2 - 2 \times 2,3 - 34,6 = 2HO + 3S + 19,2 \text{ cal.}$$

Donc, la réaction de HS sur SO^2 est **exothermique**.

702. Principe du travail maximum. — *Tout changement chimique accompli sans l'intervention d'une énergie étrangère (telle que la chaleur, l'électricité, la lumière, etc.) tend vers la production du corps, ou du système de corps, qui dégage le plus de chaleur.*

Le *principe du travail maximum* règle la *possibilité* des réactions, sans qu'il soit permis d'en conclure leur *nécessité*.

Applications. — Quelle sera l'action du zinc sur l'acide sulfurique étendu ?

Il peut se dégager de l'hydrogène ou de l'anhydride sulfureux; écrivons les deux réactions et comparons entre elles les quantités de chaleur dégagées pour chaque réaction :

$$2(SO^3,HO) \text{ (dissous)} + 2Zn = 2(ZnO,SO^3) \text{ (dissous)} + 2H + 42,6 \text{ calories.}$$
$$2(SO^3,HO) \text{ (dissous)} + Zn = (ZnO,SO^3) \text{ (dissous)} + SO^2 + 2HO + 23,9 \text{ calories.}$$

Or, la première réaction dégage plus de chaleur que la seconde; en vertu du principe du travail maximum, c'est la première réaction qui doit se produire.

Si l'acide était concentré, il se produirait de l'anhydride sulfureux, parce que, à chaud, l'hydrogène réduit l'acide sulfurique.

Ex. : Le charbon peut-il réduire l'oxyde de cuivre ?

$$2CuO + 2 \times 19,2 + C = CO^2 + 48,5 + 2Cu$$
ou $$2CuO + C = CO^2 + 2Cu + 10,1 \text{ calories.}$$

Donc, le charbon pourra réduire l'oxyde de cuivre.

Ex. : L'acide carbonique est-il réductible par le charbon ?

$$CO^2 + 48,5 + C = 2CO + 2 \times 14.$$
Or, $$CO^2 + C = 2CO + 28 - 48,5 = 2CO - 20,5.$$

La réaction est *endothermique* et exigera pour avoir lieu l'application continue de la chaleur; nous savons, en effet, que pour réduire l'acide carbonique par le charbon, il faut maintenir celui-ci au rouge.

703. Les lois de Berthollet régissent les actions des acides,

des bases et des sels sur les sels, en se fondant sur la volatilité ou l'insolubilité du composé qui peut prendre naissance; mais il faut toujours compléter leurs indications par le calcul thermique, en appliquant le principe du travail maximum.

Ex : $KO,AzO^5 + S^2O^6, 2HO = AzO^5, HO + KO,HO,S^2O^6 + 19,2$ calories.

La réaction est *exothermique :* l'acide azotique se dégage; il y a concordance entre les lois de Berthollet et celles de la thermochimie.

Ex : AgO,AzO^5 (dissous) $+ HCl$ (dissous) $= AgCl + AzO^5,HO$ (dissous) $+ 37,4$.

La réaction est *exothermique :* le chlorure d'argent se précipite.

Les lois de Berthollet peuvent quelquefois se trouver en défaut; le principe du travail maximum rendra compte des phénomènes.

Ex. : La chaux réagit sur le carbonate de soude en solution concentrée, pour donner une solution de soude et un précipité de carbonate de chaux, parce que la réaction est très faiblement endothermique ($- 0,4$ calories) et qu'elle se produira en chauffant le mélange. Si, au contraire, on opère sur des liqueurs étendues, la réaction n'aura pas lieu, parce que la soude mise en liberté réagirait sur le carbonate de chaux, attendu que cette réaction est fortement exothermique ($+ 8$ calories).

Dans l'action des sels sur les sels, la réaction a toujours lieu, quand il peut se former un sel insoluble; dans ce cas, la réaction est toujours fortement *exothermique.*

Dans le cas où il ne se forme pas de sel insoluble, la réaction s'effectuera conformément aux indications fournies par le principe du travail maximum, en tenant compte de toutes les circonstances de l'expérience.

Ex. : Une dissolution d'acétate de potasse est décomposée complétement par une dissolution étendue de sulfate de sesquioxyde de fer, parce que la réaction est exothermique.

EXERCICES ET SUJETS DE COMPOSITION[1]

Eau. Oxygène et Hydrogène.

1. Quel est le volume d'eau liquide obtenu par la combustion de 160 grammes d'hydrogène?

2. Les éprouvettes d'un voltamètre ont chacune une contenance de 2 décilitres 1/2; après le passage du courant électrique, l'une des éprouvettes est remplie aux trois quarts d'hydrogène; quel est le poids de l'eau décomposée, sachant que 1 litre d'hydrogène pèse $0^{gr}080$?

3. On enflamme dans un récipient résistant un mélange de 125 centimètres cubes

---

1. Tous les volumes gazeux sont supposés mesurés à 0° et sous la pression 760.

d'oxygène et 30 centimètres cubes d'hydrogène. Quel est le volume du résidu et quelle en est la nature?

4. On fait passer 12 grammes de vapeur d'eau sur du fer chauffé au rouge. Quel est le volume de l'hydrogène recueilli?

5. Une bulle de savon gonflée d'hydrogène a un volume de 1 litre; l'eau de savon pèse 1 milligramme; quelle est la force ascensionnelle de la bulle?

6. Quel est le poids d'oxygène que l'on peut préparer avec 1 kilogramme de chlorate de potasse?

7. Combien peut-on préparer de litres d'hydrogène avec 300 grammes de zinc? Quel est le poids d'acide sulfurique employé?

8. On a gonflé un aérostat de gaz d'éclairage au prix de 25 centimes le mètre cube et on a dépensé 300 francs. On demande combien aurait coûté l'ascension si on avait gonflé l'aérostat d'hydrogène, sachant que l'acide sulfurique coûte 20 centimes le kilogramme et que le zinc coûte 24 centimes le kilogramme.

9. Eaux potables. — Eaux minérales. — (*Brevet supérieur.* — *Composition écrite.* — *Aspirantes.*)

10. Propriétés chimiques et physiques de l'hydrogène. Ses usages. (*Brevet supérieur.* — *Composition écrite.* — *Aspirants.*)

Air. — Azote.

11. Air atmosphérique. Sa composition en poids et en volumes. (*Brevet supérieur.* — *Composition écrite.*)

12. Un bœuf consomme par heure et par kilogramme de son poids 428 milligrammes d'oxygène. Quel est le volume d'air nécessaire à la respiration d'un bœuf pesant 400 kilogrammes pendant 24 heures?

13. D'où vient l'air dissous dans l'eau? — Sa composition? — Est-elle identique à celle de l'air atmosphérique? (*Brevet supérieur.* — *Épreuve écrite. Aspirantes,* 10 mars 1885.)

Nomenclature et notation chimiques. — Lois générales. Lois de Gay-Lussac. — Équivalents.

14. Quelle est la formule d'un corps formé de 56 grammes de fer et de 24 grammes d'oxygène?

15. Deux gaz se sont combinés en volumes dans la proportion de 320 litres du premier et de 160 litres du second? Quel est le volume du gaz composé formé?

16. Écrire les corps suivants :

Anhydride sulfureux.	Acide sulfurique.
Anhydride sulfurique.	Sulfate de plomb.
Anhydride hypoazotique.	Acide azotique.
Bioxyde d'azote.	Azotate d'argent.
Bisulfure de carbone.	Carbonate de zinc.
Trichlorure de phosphore.	Sulfite de soude.
Sesquioxyde de chrome.	Acide iodhydrique.
Potasse ordinaire.	Bisulfure d'étain.
Alumine.	

Nommer les corps suivants :

$$KO,HO — AzO^4 — S^2O^4 — MnCl — PbCl^3 —$$
$$SO^3 — SO^3,HO — AzO^5 — AzO^5,HO — FeO,SO^3 —$$
$$2KO,S^2O^6 — KO,HO,S^2O^6 — HBr — SnS^2 — SbS^3 — Hg^2Cl$$
$$— CaCl — NaO,ClO^5 — KO,SO^3 — CO — C^2H^4 — C^4H^4$$

17. Quel est le nom d'un corps formé de 28 grammes de fer et de 16 grammes de soufre ?

18. Quel est le nom d'un corps formé de 20 grammes de calcium et de 32 grammes de soufre ?

19. Quel serait les équivalents en poids des corps suivants, si l'on prenait pour unité soufre = S = 100. — Oxygène. — Hydrogène. — Chlore. — Soufre. — Carbone. — Eau. — Anhydride hypoazotique. — Protoxyde de fer. — Sulfate de cuivre.

20. Un corps a pour équivalent en poids 75 et pour densité de vapeur 10,5. Quel est son équivalent en volumes ?

Composés de l'azote.

21. Quel est le volume de protoxyde d'azote que l'on peut préparer avec 25 grammes d'azotate d'ammoniaque ?

22. On décompose à une haute température le protoxyde d'azote provenant de l'opération précédente, quels sont les volumes d'oxygène et d'azote obtenus ?

23. On introduit dans un eudiomètre 100 volumes de protoxyde d'azote et 100 volumes d'hydrogène ; quel est le volume du résidu et quelle en est la composition, après le passage de l'étincelle ?

24 On a un mélange de protoxyde et de bioxyde d'azote que l'on veut réduire par l'hydrogène dans l'eudiomètre ; montrer que le volume de l'hydrogène à employer est indépendant de la composition du mélange.

25. Quel est le poids d'acide azotique fumant que l'on peut préparer avec 200 grammes d'azotate de potasse ?

26. Quel est le poids de chlorhydrate d'ammoniaque nécessaire à la préparation de 100 litres de gaz ammoniac ?

27. Quelle est la composition du résidu gazeux obtenu en faisant passer une étincelle électrique à travers un mélange de 100 volumes de gaz ammoniac et 100 volumes d'oxygène ?

28. On introduit dans une cloche graduée 75 centimètres cubes de AzO^2. Quel est le volume d'air nécessaire à la transformation de AzO^2 en AzO^4 ? On agite la cloche sur une grande masse d'eau ; quel sera le volume du résidu gazeux ?

29. L'eau de pluie contient 7 milligrammes d'ammoniaque par litre. On demande quel est le poids d'azote fourni au sol pendant un an sur une surface de 2,270 mètres carrés, sachant que l'eau de pluie formerait une couche de 45 centimètres d'épaisseur.

30. Ammoniaque. — État naturel. — Analyse. (*Brevet supérieur. — Épreuve écrite.*)

31. Acide azotique ordinaire. — Sa préparation. — Ses propriétés. (*Brevet supérieur. — Épreuve écrite.*)

Phosphore.

32. Quel est le poids de phosphore que l'on peut obtenir avec 100 kilogrammes de phosphate de chaux des os ?

33. Combien 100 grammes de pâte phosphorée pour les allumettes renferment-ils de phosphore ?

34. On fait brûler du phosphore dans 200 litres d'air atmosphérique. Quel est le poids de phosphore brûlé ? Quel est le poids et quel est le nom du corps formé ?

35. Le fumier ordinaire renferme 104 grammes d'anhydride phosphorique par kilogramme. Quel est le poids de phosphore contenu dans 100 kilogrammes de cet engrais ?

36. Phosphore. — Ses propriétés physiques et chimiques. — Ses usages. (*Brevet supérieur.*)

Soufre et ses composés.

37. On fait brûler du cuivre dans la vapeur du soufre : quel est le poids de cuivre qui s'est combiné avec 10 grammes de soufre?

38. Le minerai de soufre de Sicile contient 5 0/0 de matières étrangères; quel est le poids de soufre pur que l'on peut retirer de 50,000 kilogrammes de minerai?

39. Quel est le poids de pyrite de fer FeS^2 qui renferme autant de soufre qu'un cylindre de soufre de 22 centimètres de longueur et de 8 centimètres carrés de base?

40. Quel est le volume de gaz sulfureux obtenu en faisant brûler un excès de soufre dans $142^{cr},98$ d'oxygène?

41. Quel est le volume d'oxygène qu'il faudrait combiner à 200 litres d'anhydride sulfureux pour le transformer en anhydride sulfurique?

42. L'expérience montre que $612^{cr},5$ d'acide sulfurique ordinaire perdent $112^{cr},5$ d'eau pour se transformer en anhydride sulfurique; on demande si, d'après cela, la formule $S^2O^6,2HO$ est exacte et quelle est la proportion d'eau pour cent que contient l'acide sulfurique?

43. Quel est le volume d'air nécessaire à la transformation de 1 kilogramme de soufre en anhydride sulfurique?

44. Une atmosphère est viciée par l'hydrogène sulfuré : on demande quel est le volume du chlore qu'il faudra employer pour la désinfecter, sachant que l'appartement a une capacité de 200 mètres cubes et que l'hydrogène sulfuré est la centième partie de l'atmosphère?

45. On fait passer un courant d'hydrogène sulfuré à travers une dissolution de sulfate de cuivre contenant 25 grammes de sel $CuO,SO^3 + 5HO$. Quel est le poids de sulfure de cuivre obtenu?

46. Propriétés, usages et préparation de l'anhydride sulfureux. (*Brevet supérieur.* — *Épreuve écrite.* — *Aspirants*, 20 octobre 1885.)

47. Acide sulfurique ordinaire. — Sa préparation. — Les usages. (*Brevet supépieur.*)

48. Comparer l'anhydride sulfureux et le chlore, au point de vue du blanchiment. (*Brevet supérieur.*)

Chlore. — Brome. — Iode.

49. Quel est le volume de chlore que l'on peut préparer avec 100 grammes de sel marin ?

50. On prend une dissolution saturée de gaz chlorhydrique ayant pour volume 100 centimètres cubes; on la traite par le bioxyde de manganèse : quel est le volume de chlore obtenu?

51. Une certaine masse de chlore est destinée à transformer du sulfate de fer anhydre, FeO,SO^3, en sufate de sesquioxyde, $Fe^2O^3,3SO^3$. Quel est le volume de chlore qu'il faudra employer par hectogramme de sulfate de fer cristallisé, $FeO,SO^3 + 7HO$?

52. On fait passer un courant de chlore sur la chaux; on obtient du chlorure de chaux. En supposant que la formule du chlorure de chaux soit $CaO,ClO + CaCl$, quel est le poids de chlore absorbé par 1 kilogr. de chaux éteinte, CaO,HO?

53. L'antimoine projeté dans le chlore gazeux sec se transforme en chlorure d'antimoine, $SbCl^3$. Quel est le volume de chlore nécessaire pour transformer 10 grammes d'antimoine?

54. Le chlore en présence de l'eau transforme le sulfure de plomb, PbS, en sulfate de plomb, PbO,SO^3. Quel est le volume de chlore nécessaire à la transformation de 10 grammes de sulfure de plomb?

55. 400 grammes de chlorure de chaux dégagent 40 litres de chlore. Quel le poids de chlorure de chaux qu'il faut employer pour désinfecter une atmosphère renfermant 16 litres d'hydrogène sulfuré?

56. Quel est le poids de sulfate de soude que l'on peut préparer avec 100 kilogrammes de sel marin?

57. On a décapé du cuivre pesant 120 grammes au moyen d'acide azotique. Après le décapage, le cuivre ne pèse plus que 112 grammes. Quel est le poids du sel de cuivre formé et quel son nom?

58. Chlore. — Sa préparation. — Ses proprités chimiques. — Blanchiment. — (*Brevet supérieur.*)

59. Un enfant absorbe par jour 20 grammes d'huile de foie de morue, contenant $\frac{406}{1\,000\,000}$ d'iode. Quel est le poids d'iode absorbé en deux mois?

60. Quel est le poids de brome abandonné par 100 kilogrammes de soude de varech, sachant que, pour chasser le brome, il a fallu employer 10 mètres cubes de chlore gazeux?

Carbone et ses composés. — Bore. — Silicium

61. Le carbone. — Ses principales propriétés physiques et chimiques.—Ses usages. (*Brevet supérieur. — Aspirantes,* 12 octobre 1882.)

62. Acide carbonique. — Préparation. — Propriétés. — Usages. (*Brevet supérieur.*)

63. Gaz. — Éclairage. — Applications domestiques. (*Brevet supérieur.*)

64. On fait passer de la vapeur d'eau sur du charbon en excès porté au rouge. Quelle est la composition du mélange gazeux obtenu?

65. Air confiné. — Asphyxie. — Comment peut-on rendre salubre une atmosphère viciée?

66. Différentes variétés de silice naturelle. — Quels sont les principaux silicates connus?

67. On a un mélange d'acide carbonique, d'oxygène et d'oxyde de carbone. Comment pourrait-on déterminer la composition de ce mélange et la nature de chacun des gaz qui le composent?

68. On a fait passer 20 grammes d'oxygène sur 11 grammes de charbon chauffé au rouge. Tout le charbon a disparu ainsi que l'oxygène. Quelle est la composition du mélange gazeux obtenu?

69. On a traité par la chaleur 58 grammes d'acide oxalique cristallisé, $C^4O^6,6HO$. Quel est le poids de carbonate de chaux que l'on pourrait obtenir en combinant avec de la chaux vive le produit de la combustion du mélange gazeux sec obtenu?

70. On traite par un excès d'acide chlorhydrique 40 grammes de carbonate de chaux. Quel est le volume de l'acide carbonique obtenu?

71. On fait passer dans un eudiomètre 100 volumes d'un mélange d'oxyde de carbone et d'oxygène. Après le passage de l'étincelle, il reste un volume de gaz égal à 80 volumes. Quelle était la composition du mélange primitif?

72. On fait passer dans un eudiomètre 100 centimètres cubes de cyanogène et 30 volumes d'oxygène. Quelle est la composition du mélange gazeux après le passage de l'étincelle?

73. On a 82 grammes de bicarbonate de soude, NaO,HO,C^2O^4, que l'on traite par un excès d'acide sulfurique. On dissout l'acide carbonique obtenu dans de l'eau, de manière à ce que cette eau dissolve 5 fois son volume d'acide carbonique. Quel est le volume de l'eau employée?

74. On gonfle un aérostat avec du gaz d'éclairage pesant $0^{gr},65$ par litre. Le volume du ballon est de 2,500 mètres cubes. Le poids de l'aérostat et de l'aéronaute est de 800 kilogrammes. Quelle est la force ascensionnelle de l'aérostat?

75. Quel poids de craie, CaO,CO^2, renferme autant d'acide carbonique que 10 litres d'eau de Seltz tenant en dissolution 5 fois son volume d'acide carbonique?

76. Le verre à vitres est formé de 25 parties de silice et 75 parties d'oxydes métalliques divers. Quel est le poids de la silice contenue dans une feuille de verre de 1 mètre carré de surface et de 1 millimètre d'épaisseur, sachant que le verre a pour densité 2,5?

77. L'acide borique pur a pour formule, $BoO^3,3HO$. L'acide du commerce renferme 6 0/0 de matière étrangères. Quel est le poids de bore contenu dans 1,000 kilogrammes d'acide borique du commerce?

Propriétés générales des métaux, oxydes, chlorures, sulfures, sels.

78. Exposer, avec exemples à l'appui, les définitions sommaires des acides, bases et sels; exposer les actions des acides, des bases et des sels sur les sels [1]. (*Brevet supérieur. — Aspirants*, 23 mai 1887.)

79. On fait agir l'azotate de baryte sur 10 grammes de sulfate de potasse. Quels sont les sels obtenus et quels sont leurs poids?

80. On a trois verres à pied renfermant chacun une solution de 10 grammes d'azotate d'argent. On plonge dans le premier verre une lame de cuivre, dans le second une lame de fer et dans le troisième une lame de plomb. On demande quelles seront les pertes de poids des différentes lames, quand tout l'argent aura été précipité.

81. On dissout dans l'acide azotique une pièce de 50 centimes. On précipite l'argent par une lame de cuivre. Quel est le poids d'azotate de cuivre formé?

82. Alliages. — Propriétés. — Liquation. — Citer les principaux alliages. (*Brevet supérieur.*)

Métaux alcalins. — Aluminium.

83. Pierre à chaux. — Chaux et mortiers. (*Brevet supérieur.*)

84. Pierre à plâtre. — Gisement. — Fabrication, propriétés et usages du plâtre. (*Brevet supérieur. — Aspirantes*, 28 mai 1885.)

85. Sel marin. — Extraction. — Usages. (*Brevet supérieur. — Aspirantes*, 30 novembre 1882.)

86 Salpêtre. — Poudre de guerre.

87. Verres. — Poteries.

88. Aluns en général. — Alun ordinaire. — Préparation et usages.

89. Potasses et soudes du commerce. — Lessivage du linge.

90. Chlorure de chaux. — Blanchiment.

91. Combien faut-il employer de potasse caustique pour préparer 100 kilogrammes de chlorate de potasse.

92. On demande quel est le poids de carbonate de chaux obtenu en abandonnant à l'air 20 kilogrammes de chaux éteinte.

93. Quel est le volume de chlore dégagé par 250 grammes de chlorure de chaux, $CaO,ClO + CaCl$, exposé à l'air? Quel est le poids de carbonate de chaux formé?

94. Un manganèse du commerce dégage 2 litres de chlore par 10 grammes. Quel est le poids des matières étrangères qu'il contient.

95. Le magnésium en fil coûte 70 francs le centimètre cube. Quel serait le prix

---

1. Le plan qui accompagnait cet énoncé priait les aspirants de traiter la question au point de vue de la thermochimie; on trouvera la solution de la question aux notions de thermochimie des Compléments.

d'un fil de magnésium ayant 1 millimètre carré de section et 100 mètres de longueur?

96. 100 kilogrammes de terre schisteuse de Picardie fournissent 124 kilogrammes d'alun. Quel est le poids d'alun provenant du traitement de 40 grammes de terre?

97. Quel volume d'air renferme autant d'oxygène que 100 grammes de chlorate de potasse?

Métaux usuels.

98. Principes généraux de la métallurgie. — Métallurgie du fer. — Fontes. — Aciers.

99. Sulfates de fer, de cuivre, de zinc. — Leurs usages.

100. Minium. — Céruse.

101. Procédés employés pour préserver le fer de l'oxydation.

102. On chauffe dans un creuset du sulfate de fer cristallisé et du sel marin; on obtient du sulfate de soude et du sesquioxyde de fer anhydre cristallisé. Comment pourrait-on séparer ces deux produits. Écrire la formule de la réaction.

103. On fait agir l'acide sulfurique sur le bioxyde de manganèse. Quel est le sel qui se forme? Quel est le gaz qui se dégage?

104. On étame une casserole : on dépense 100 grammes d'étain : les frais d'opération coûtent autant que l'étain, qui vaut 5 francs le kilogramme. L'ouvrier a reçu 3 francs. Quelle est la rémunération de son travail?

105. Quel poids de massicot obtient-on par la calcination de 100 grammes d'azotate de plomb.

106. Quel poids de céruse peut-on fabriquer avec 100 kilogrammes de plomb?

107. Quel poids de sulfate de cuivre cristallisé peut-on obtenir avec une pièce de 5 centimes?

Métaux précieux.

108. Quel est le volume de mercure contenu dans 100 grammes d'oxyde rouge de mercure?

109. Quelles proportions de sublimé corrosif et d'iodure de potassium faut-il employer pour préparer 100 grammes d'iodure de mercure?

110. Coupellation des matières d'argent. (*Brevet supérieur.*)

111. Un fil d'argent fait le tour de la terre, à raison de 2,540 mètres par gramme d'argent. Quelle somme de pièces de 5 francs représente ce fil? Combien de pièces de 1 franc pourrait-on faire avec le même fil?

112. On a recueilli des résidus photographiques et on les a précipités par du sel marin. Quel poids de fer en rognures faut-il employer pour extraire l'argent contenu dans 1 kilogramme de précipité? Quel est le poids d'argent résidu?

113. Quel est le poids de chlorure d'or obtenu avec 1 kilogramme d'or traité par l'eau régale?

114. Quel est le poids de platine contenu dans 2 kilogrammes de chloroplatinate de potasse, $2KCl,PtCl^2$?

115. Quel est le poids d'acide carbonique obtenu avec une pyramide en marbre dont la base est un triangle équilatéral de 20 centimètres de côté et dont la hauteur est de 40 centimètres?

116. On traite par l'acide sulfurique 350 kilogrammes d'argile qui contiennent 24 0/0 d'argile. Combien faut-il ajouter de sulfate de potasse pour fabriquer de l'alun ordinaire? Quel sera le poids de l'alun formé?

117. On a 100 kilogrammes d'os de mouton contenant 25 0/0 de phosphate de chaux des os. Combien peut-on en retirer de phosphore?

118. Quel est le poids d'acide sulfurique employé dans le problème précédent?

119. Quel est le poids de charbon contenu dans l'acide carbonique dégagé par'a calcination de 200 grammes de spath d'Islande.

120. Combien de kilogrammes de minium peut-on préparer avec 100 kilogrammes de plomb?

121. Quel est le rendement métallurgique de 1,000 kilogrammes de fer oligiste ?

Chimie organique.

122. Quels sont les principes immédiats que l'on peut retirer de la farine? Comment opérerait-on l'analyse immédiate de la farine?

123. Comment peut-on faire la synthèse directe de l'acétylène?

124. Établir la classification des matières organiques d'après leur fonction chimique. (*Brevet supérieur.*)

125. On oxyde un mélange de formène et d'éthylène. On obtient 63 grammes d'eau et 110 grammes d'acide carbonique. Combien le mélange renfermait-il en poids de formène et d'éthylène?

126. Formène. — Pétroles. — Applications. (*Brevet supérieur.*)

127. Quel est le volume de formène que l'on peut préparer avec 100 grammes d'acétate de soude fondu?

128. On introduit dans un eudiomètre un certain volume d'éthylène. On y ajoute de l'oxygène et on fait passer l'étincelle électrique. On obtient 60 centimètres cubes de résidu. On fait passer dans l'eudiomètre une dissolution de potasse. Le nouveau résidu est de 20 centimètres cubes. Quel était le volume de l'éthylène primitivement introduit?

129. Quelle est la formule de l'essence de citron, sachant qu'elle renferme :

$$\text{Carbone.......................... } 88,4$$
$$\text{Hydrogène...................... } 11,6$$

et que sa densité de vapeur est égale à 4,7?

130. Un acide organique a pour composition centésimale :

$$\text{Carbone..................... } 26$$
$$\text{Hydrogène.................. } 4,34$$
$$\text{Oxygène.................... } 69,66.$$

Quelle est sa formule, sachant qu'il appartient à la série grasse?

131. Un carbure d'hydrogène contient 81,81 0/0 de carbone; à quelle série appartient-il?

132. Combien faut-il de mélasse renfermant 50 0/0 de glucose pour fabriquer 620 litres d'alcool absolu de densité 0,79?

133. On a fabriqué 850 litres de vin, dont le degré alcoolique centésimal est 11,2. Quel est le volume d'acide carbonique dégagé pendant la fermentation?

134. Quel est le poids de glucose qui produit l'alcool contenu dans 20 hectolitres de cidre, sachant que le degré alcoolique du cidre est 6?

135. Fermentations en général. — Fermentation alcoolique. (*Brevet supérieur.*)

136. Glycérine. — Corps gras. — Savons. — Bougies. (*Brevet supérieur.*)

137. On chauffe du sucre à 205°; il se transforme en caramel. Quel poids de caramel fournissent 500 grammes de sucre de cannes?

138. La betterave renferme 9,5 0/0 de sucre; combien obtient-on de sucre cristallisé avec 10,000 kilogrammes de betteraves, sachant que la mélasse obtenue retient 45 0/0 de sucre?

139. Combien faut-il de litres d'alcool pour préparer 80 litres d'éther ordinaire?

140. 100 kilogrammes de savon vert renferment 9,6 de potasse anhydre 4,6,6 d'eau

et 44 d'huile. Quel est le poids de savon obtenu en employant 16 kilogrammes de potasse caustique et quel est le poids de l'huile employée ?

141. Quel est le poids de glycérine obtenu en saponifiant 100 grammes d'oléine ?

142. Conservation des bois. — Liquides antiseptiques. (*Brevet supérieur. — Épreuve écrite.*)

143. Acide acétique. — Vinaigre. (*Brevet supérieur.*)

144. Quel est le volume d'oxyde de carbone obtenu en décomposant par la chaleur 100 grammes d'acide formique ?

145. Quel est le poids d'acide formique que l'on peut préparer avec 100 grammes d'acide oxalique ?

146. Quels sont les poids d'acide acétique et d'eau produits dans la fabrication du vinaigre au moyen de 100 litres de vin à 8 degrés centésimaux.

147. On chauffe à 170° 180 grammes d'acide oxalique. Quels sont les poids des trois produits formés ?

148. Teinture. — Mordants. — Matières colorantes diverses. (*Brevet supérieur.*)

149. Quels sont les poids d'eau et d'acide cyanique contenus dans $28^{gr},0525$ d'urée ?

150. Fermentation putride. — Désinfectants. — Conservation des peaux. (*Brevet supérieur.*)

151. 101 grammes d'une matière organique ont fourni à l'analyse : eau $105^{gr},8$, acide carbonique $323^{gr},5$. Quelle est la formule la plus simple de cette matière ? A quelle classe appartient-elle ?

PROBLÈMES DONNÉS DANS DIVERS EXAMENS

---

152. Quel est le poids du sucre de cannes qui a donné, après fermentation, 54 centimètres cubes d'acide carbonique sec ? Quel volume d'éther acétique en vapeur pourra-t-on obtenir avec l'alcool produit ?

On supposera que le volume de l'acide carbonique est mesuré à 10°, celui de l'acide acétique à 80°, et que les deux mesures sont faites sous la pression $0^m,700$. (*Concours général de l'enseignement spécial*, 1878.)

153. Combien obtiendrait-on d'eau-de-vie marquant 55° à l'alcoomètre centésima avec 60,000 kilogrammes de betteraves contenant 8 0/0 de sucre ? On supposera les pertes nulles (*Diplôme d'études. Lille*, novembre 1880.)

154. Quel poids de glycérine peut-on obtenir avec 1,000 grammes de stéarine et 40 kilogrammes de margarine ?

155. 100 volumes d'un mélange de C^2H^4, C^4H^4, Az sont introduits dans un eudiomètre avec 200 volumes d'oxygène. Après l'étincelle, il reste 150 volumes, dont 80 sont absorbables par la potasse et 45 par le phosphore. Quelle est la composition du mélange ?

156. Expliquer la déflagration d'un mélange de salpêtre et de carbone pur suffisamment chauffé, en supposant que le carbone se change en acide carbonique. Calculer :

1° Les quantités de carbone pur et sec qu'il faut mélanger d'une manière intime avec 50 grammes d'azotate de potasse pour une réaction complète ;

2° Les poids de l'azote et de l'acide carbonique rendus libre. (*Diplôme. Douai.*)

157. On vaporise 1 kilogramme d'eau et on fait passer la vapeur sur du charbon au rouge ; puis, on brûle les produits de l'opération. Quels sont les produits en poids et en volumes avant et après la combustion ?

158. Caractères physiques et chimiques du chlorure de sodium. Reconnaître s'il contient du sulfate de magnésie. — Indiquer la fabrication industrielle du carbonate

de soude. Les candidats qui connaissent le procédé Solvay sont invités à le donner concurremment avec l'ancienne méthode. (*Diplôme d'études. Lille, 1879.*)

159 Quelle quantité de betteraves contenant 10 0/0 de sucre faut-il employer pour obtenir 200 hectolitres d'alcool marquant 50° à l'alcoomètre centésimal. On supposera qu'il n'y a pas de perte. Densité de l'alcool absolu, 0,79. (*Diplôme d'études. Lille, 1879.*)

160. Du sulfate de cuivre. — Ses propriétés ; ses usages.

On dissout dans l'eau 10 grammes de ce sel cristallisé pur. On plonge dans la dissolution une lame de fer pesant 50 grammes. On demande : 1° quels phénomènes se produiront; 2° ce que pèsera la lame de fer quand ces phénomènes seront terminés.

Hydrogène = 1 ; Oxygène = 8 ; Soufre = 16 ; Cuivre = 32 ; Fer = 28.

(*Brevet scientifique. Bordeaux, août 1879.*)

161. Chlorure de chaux; préparation, usages. Combien faut-il de peroxyde de manganèse pour produire le chlore nécessaire à la transformation de 100 kilogrammes de chaux en chlorure de chaux ? (O = 8, Ca = 20 Mn = 27,5). (*Diplôme d'études. Nantes, août 1881.*)

162. On a un mélange de sulfate de potasse et de sulfate de soude anhydre dont le poids total est de 1ᵍʳ,582. Après avoir dissous ce mélange dans l'eau, on précipite l'acide sulfurique au moyen du nitrate de baryte. En déduire la quantité totale d'acide sulfurique contenue dans les deux sulfates et la proportion de chacun d'eux dans le mélange.

Équivalents : O = 8 ; S = 16 ; K = 30 ; Na = 23 ; Ba = 68.

(*Diplôme d'études. Lille, juillet 1881.*)

163. Quel est le volume de formène que l'on peut brûler avec 1,800 grammes d'oxygène ?

164. On chauffe 1 gramme d'un mélange de bicarbonate et de carbonate neutre de soude dans un ballon muni d'un tube abducteur qui se rend sous une cloche graduée, et l'on constate qu'il se dégage 80 centimètres cubes de gaz carbonique, mesurés à 15° et sous la pression de 750 millimètres. Quelle est la proportion du bicarbonate de soude contenu dans le mélange ?

La surface de l'eau est recouverte d'une couche d'huile pour empêcher la dissolution de l'acide carbonique, qu'on supposera sec dans la cloche où on le mesure.

165. Trouver le volume du gaz bioxyde d'azote que fournirait 1 kilogramme de cuivre traité par une quantité suffisante d'acide azotique, le gaz étant supposé recueilli sur la cuve à eau à la température de 20° et sous la pression 750 millimètres. Tension maximum de la vapeur d'eau à 20° = 17ᵐᵐ,5. Équivalent du cuivre = 32 ; de l'azote = 14. (*Diplôme d'études d'enseignement spécial. — Douai, 1870.*)

166. On demande quel est à 0° et sous la pression 76 le volume de cyanogène que l'on peut extraire de 100 grammes de cyanure de mercure.

Évaluer, en outre, le poids de chlorate de potasse qui pourrait, en se décomposant complètement, fournir assez d'oxygène pour transformer en acide carbonique tout le charbon de ce cyanogène. Densité du cyanogène, 1,8 ; équivalent du mercure, 100; du chlore 35,5 ; du potassium 39.

167. On prend un certain poids d'un alliage de cuivre et d'argent, que l'on chauffe dans de l'acide sulfurique concentré. Le produit est dissous dans l'eau. On ajoute à la dissolution une lame de cuivre du poids de 20 grammes; lorsque l'action est terminée, on trouve que la lame de cuivre, avec ce qui s'y est déposé, pèse 32 grammes. Le liquide surnageant est additionné de potasse caustique, le précipité est lavé et séché; son poids est de 45 grammes. On demande : 1° le poids de l'alliage; 2° sa teneur en argent et en cuivre; 3° le volume du gaz recueilli pendant la dissolution.

168. Quel poids d'acide sulfurique faut-il décomposer par la chaleur pour obtenir 140 litres d'oxygène mesurés à 0° et à 760 millimètres?

169. On a chauffé avec de l'oxyde de cuivre 0ᵍʳ,740 d'un liquide formé de car-

bone, hydrogène, oxygène. On a obtenu 1^{gr},320 d'acide carbonique et 0^{gr},900 d'eau. Trouvez la formule de ce liquide en équivalents.

Équivalents :

Carbone............... 6
Hydrogène........... 1
Oxygène............. 8

(Brevet scientifique de l'enseignement spécial. Rennes, novembre 1881.)

170. Cinq éprouvettes renferment chacune un gaz incolore, savoir : $O, H, AzO, S^2O^4, C^4H^4$. Quels sont les procédés à employer pour reconnaître ces gaz ?

171. On réduit par l'hydrogène un mélange de chlorure et de sulfure d'argent dont le poids est 267^{gr},5. On obtient 216 grammes d'argent métallique. Quelle était la composition du mélange ?

FIN

LEXIQUE

Abducteur (Tube). Tube qui sert de conduit à un gaz qui se dégage pour l'amener dans un autre récipient ou dans l'atmosphère.

Aix-les-Bains. Chef-lieu de canton (Savoie), arrondissement de Chambéry. Eaux thermales sulfureuses, d'une température de 43° centigrades.

Amalgame. Alliage du mercure avec un autre métal.

Amorphe. Qui n'a pas de forme déterminée (du grec *a* privatif, et *morphé*, forme).

Amylique (Alcool). Il est vulgairement connu sous le nom d'huile de pommes de terre. C'est lui qui donne leur mauvais goût aux eaux-de-vie de grains.

Anesthésique. Se dit des substances qui produisent l'abolition momentanée de la sensibilité.

Antiseptique. Se dit des substances qui préviennent la putréfaction (du grec *anti*, contre, et *sepsis*, corruption).

Arborescence. Se dit des cristallisations qui affectent la forme des branches d'un arbre.

Atome. Particule d'un corps simple qu'aucun moyen physique ou chimique ne peut diviser.

Autogène. Se dit d'un produit qui s'est formé aux dépens d'un corps ou d'une substance quelconque, sans aucune influence étrangère (du grec *autos*, soi-même, et *genos*, naissance).

Bagnères-de-Luchon. Chef-lieu de canton (Haute-Garonne), arrondissement de Saint-Gaudens. Eaux thermales, variant, dans les différentes sources, de 17° à 56° centigrades, contenant environ 8 centigrammes de sulfure de sodium par litre.

Barèges. Village du département des Hautes-Pyrénées, commune de Betpouey. Eaux thermales, d'une température de 42° centigrades, contenant environ 4 centigrammes de sulfure de sodium par litre.

Battiture. Nom des écailles qui jaillissent des métaux frappés à coups de marteaux à la température du rouge.

Baumé. Maître apothicaire de Paris, membre de l'Académie royale des sciences, né à Senlis en 1728. Inventa les aréomètres destinés à renseigner le public sur la valeur commerciale des liquides industriels.

Bert (Paul). Ancien professeur à la Faculté des sciences de Paris, ancien député, ancien ministre de l'instruction publique, mort en 1886, résident général de France au Tonkin.

Berthelot. Professeur de chimie au collège de France, sénateur. A fait faire d'immenses progrès à la chimie organique.

Berzélius. Célèbre chimiste suédois (1779-1848).

Bourboule (la). Village du département du Puy-de-Dôme, canton de Rochefort. Eaux thermales à la température de 52° centigrades contenant, par litre, 1 gr. 9 décigrammes de bicarbonate de soude.

Caillebotté. Semblable à du lait caillé.

Caillette. Quatrième estomac des animaux ruminants, ainsi nommé parce qu'il renferme un liquide acide qui a la propriété de faire cailler le lait.

Cirque. Espace circulaire resserré entre des montagnes.

Cohober. Terme de laboratoire et surtout de pharmacie, qui signifie distiller plusieurs fois de suite.

Comburant. Se dit d'un corps qui, en se combinant avec un autre corps, fait brûler ce dernier.

Combustible. Se dit d'un corps qui a la propriété de brûler, c'est-à-dire de se combiner avec un principe *comburant*, tel que l'oxygène, en dégageant de la chaleur.

Conferve. Nom générique de certaines plantes aquatiques de la famille des Algues.

Coprolites. Excréments fossiles qui forment des amas comparables aux couches de guano actuelles.

Coupelle. Petite coupe. Diminutif du mot *coupe*.

Cucurbite. Fond de l'alambic en forme de courge (du latin *cucurbita*).

Décaper. Enlever au moyen d'un dissolvant, ordinairement acide, des impuretés qui recouvrent une surface métallique.

Déféquer. Clarifier, séparer les parties subtiles d'avec les grossières, par la distillation ou par d'autres opérations. S'applique particulièrement aux jus produits dans la fabrication du sucre.

Déflagrer. S'enflammer avec bruit, en projetant de vives étincelles.

Délétère. Se dit des substances qui compromettent la santé ou la vie. Le gaz hydrogène sulfuré est très délétère.

Dévonien, *adj.* Nom donné à un terrain de sédiment ancien, formé de couches antérieures à toutes celles du terrain houiller et carbonifère. Son nom vient de ce qu'il est très commun dans le Devonshire (Angleterre).

Dialyse, *sf.* Opération qui consiste à purifier certaines substances à l'aide d'un papier-parchemin tendu sur un cerceau de bois en forme de tamis, qu'on plonge dans un bassin plein d'eau ; c'est dans cette eau que passent les substances susceptibles de se séparer.

Dissociation, *sf.* Action de disjoindre, de se désagréger.

Dolomie, *sf.* Carbonate double de chaux et de magnésie découvert par Dolomieu, célèbre naturaliste.

Drummond. Chimiste et physicien anglais.

Ecroui. Se dit d'un métal, qui devient cassant et moins dense par son passage à la filière ou au laminoir.

Effluves, *sm.* Émanations gazeuses, Fluide invisible qui se dégage, comme pour les effluves électriques.

Elliptique, *adj.* 2 g. Qui a la forme d'une ellipse, courbe obtenue en coupant un cône obliquement.

Enghien. Village du département de Seine-et-Oise, arrondissement de Pontoise, canton de Montmorency. Eaux sulfureuses froides (18° centigr.), contenant, par litre, 2 centigrammes d'acide sulfhydrique et 1 décigramme de sulfure de calcium.

Essayeur, *sm.* Celui qui dans un hôtel des monnaies est préposé à l'essai des matières d'or et d'argent et à la vérification du titre des monnaies.

Esturgeon, *sm.* Gros poisson de mer, long de 3 à 5 mètres, qui remonte de la mer dans les fleuves pour y déposer ses œufs.

Étalon *sm.* Modèle des mesures et des poids légalement autorisés. Le mètre-étalon est déposé aux Archives nationales, à Paris.

Étanche, *adj.* 2 g. Se dit de ce qui retient bien les liquides.

Ferment, *sm.* Substance qui a la propriété, sous certaines influences, de développer dans les matières organiques une action moléculaire d'où résultent différents produits tels que l'alcool, l'acide acétique, etc.

Filtre-Pasteur, *sm.* Filtre inventé pour la purification de l'eau de table, par l'illustre chimiste Pasteur, né en 1829, et auquel nous devons de belles recherches sur les ferments, les maladies des vins, de la bière, des vers à soie, sur le charbon, la rage, etc.

Fleur de soufre, *sf.* Soufre sublimé. En chimie on donne le nom de fleurs aux substances en poudre et aux sublimés, qui se composent de particules très divisées.

Flint ou Flint-Glass, *sm.* (mot anglais), Cristal à base de plomb employé dans les instruments d'optique. Le nom de *Flint-Glass*, littéralement verre de cailloux, vient de ce que primitivement des cailloux (*flints*), représentaient l'élément siliceux dans sa fabrication.

Forge catalane, *sf.* Bas-fourneau dans lequel s'opère la réduction immédiate du minerai de fer.

Fritté, *adj.* Se dit des substances vitrifiables qui ont été exposées à la calcination.

Galvanoplastie, *sf.* Art d'appliquer une couche métallique sur une matière quelconque à l'aide de la pile électrique.

Générateur, trice, *adj.* Qui produit, qui donne naissance à.

Germe, *sm.* Se dit en général des choses rudimentaires qui sont destinées à se développer. On appelle germe la partie d'une semence qui produit une plante nouvelle.

Geyser, *sm.* Nom donné à des sources jaillissantes d'eau chaude, comme on en trouve en Islande.

Gingembre (Gaz de). Ce gaz est ainsi nommé à cause du *chimiste Gingembre*, qui l'a découvert en 1783.

Haloïde, *adj.* Qui a l'aspect d'un sel (du grec *als*, sel et *eidos* apparence).

Herbacé, *adj.* Se dit des végétaux dont la tige et les branches ne produisent pas de bois et périssent après quelques mois de végétation. Il se dit par opposition à *ligneux* (qui donne du bois).

Homogène, *adj.* Formé de parties semblables entre elles.

Hunfadi-Janos. Village d'Autriche-Hongrie, qui a une source d'eau purgative minérale, employée en France plutôt par mode que par utilité, les eaux similaires ne manquant pas dans notre pays.

Indélébile, *adj.* Qui ne peut être détruit effacé.

Induction, *sf.* Nom donné à l'action qu'exercent à distance les corps électrisés sur les corps à l'état neutre. On appelle *courants d'induction* ou *courants induits*, des courants instantanés développés dans des conducteurs métalliques fermés par les variations d'intensité ou de position d'un courant électrique ou d'un aimant voisin.

Initial, *adj.* Qui est au commencement.

Insécable, *adj.* Qui ne peut être coupé, partagé. Les atomes sont insécables.

Louchet, *sm.* Sorte de bêche employée pour extraire la tourbe.

Maclé, *adj.* Cristallisé en forme de croix.

Malaxer, *va.* Pétrir une substance pour la rendre plus molle.

Microbe, *sm.* Être microscopique qui se développe avec une très grande rapidité dans une foule de fermentations ou de maladies.

Micronésie (du grec *mikros*, petit, et *nêsos*, île), partie de l'Océanie formée d'îles nombreuses et très petites.

Molécule, *sf.* En chimie, particule insécable d'un corps composé, formée par la combinaison d'atomes de corps simples. Molécule signifie *petite masse*.

Momification, *sf.* Transformation d'un corps en momie, par les procédés des anciens Égyptiens et des anciens Péruviens.

Mycoderma vini ou **aceti.** Mots latins forgés par les savants et qui signifient *Mycoderme du vin* ou *du vinaigre*. On appelle mycoderme (du grec *mukès*, champignon, et *derma*, peau), une pellicule composée de végétations microscopiques et qui se forme à la surface du vin ou du vinaigre.

Orezza. Petite localité de la Corse, qui possède une source d'eau acidulée très agréable, qui se prescrit dans les mêmes conditions que l'eau de Seltz.

Papin (Denis). Savant français qui reconnut le premier la force élastique de la vapeur (1647-1714).

Patine, *sf.* Vert-de-gris qui se forme sur les statues, les médailles de bronze, etc.

Périphérie, *sf.* Contour d'une figure curviligne (du grec *peri*, autour, et *pherô*, je porte).

Pierrefonds. Bourg du département de l'Oise, arrondissement de Compiègne. Eaux minérales.

Polybasique, *adj.* Se dit des acides qui renferment plusieurs équivalents d'hydrogène remplaçables par un métal.

Pondéral, *adj.* Qui a rapport au poids.

Précipité, *sm.* On appelle ainsi un corps solide qui se dépose du sein d'une dissolution et qui se rassemble au fond du vase.

Prétoire. *sm.* Nom donné aux salles d'audience des tribunaux.

Projection, *sf.* Image quelconque reproduite sur un écran à l'aide d'un jet de lumière oxhydrique ou électrique.

Pullna. Village de Bohême, qui a une source d'eau minérale purgative. Cette eau contient, par litre, 33 grammes de sulfate de magnésie et 21 grammes de sulfate de soude.

Pyrotechnie. Art d'employer le feu et de préparer les pièces d'artifices.

Recuit, *sm.* Action de recuire, de remettre au feu une poterie, une pièce de métal.

Réfractaire, *adj.* Qui résiste à l'action de la chaleur.

Résidu, *sm.* Toute matière qui reste à la fin d'une opération chimique.

Respiration (artificielle), *sf.* On pratique la respiration artificielle sur les sujets asphyxiés en mettant en mouvement de haut en bas et de bas en haut à l'aide des mains, les muscles de leur poitrine et en leur insufflant de l'air dans la bouche.

Ringard, *sm.* Barre de fer pour remuer la fonte ou pour attiser le feu dans les foyers des chaudières à vapeur.

Royat. Village du Puy-de-Dôme, arrondissement et canton de Clermont-Ferrand. Eaux thermales alcalines.

Saint-Galmier. Chef-lieu de canton du département de la Loire. Sources d'eau minérale contenant, par litre, 1 volume et demi d'acide carbonique et de l'oxygène, 1 gramme environ de bicarbonate de chaux et de magnésie.

•Schlotage, *sm.* Évaporation du sel gemme dans les chaudières.

Secondaire (Époque). Époque géologique, succédant au terrain carbonifère, caractérisée par l'existence d'immenses reptiles, dont on trouve les restes fossiles ou les empreintes dans les couches des terrains secondaires.

Sedlitz, Village de Bohême. Eau minérale purgative contenant, par litre, 8 grammes de sulfate de magnésie.

Seignette (Sel de). Tartrate double de potasse et de soude, employé comme purgatif.

Sibérie. Vaste région au nord de l'Asie entre les monts Oural et l'océan Pacifique.

Siemens (Four). Four de verrerie, chauffé au gaz d'éclairage, inventé par **M. Siemens.**

Spa. Ville de Belgique. Eau minérale contenant, par litre, 7 centigr. de carbonate de fer; 1 volume et demi d'acide carbonique.

Stalactite, *sf.* Concrétion pierreuse qui se forme à la voûte de certaines grottes.

Stalagmite, *sf.* Concrétion pierreuse qui se forme, en sens inverse des stalactites, sur le sol des grottes.

Styptique, *adj.* Qui a la vertu de resserrer.

Tertiaire, *adj.* Se dit d'une époque géologique pendant laquelle il existait des animaux mammifères herbivores, aujourd'hui disparus, et dont on trouve des traces dans les couches des terrains *tertiaires*.

Toscane. Ancien État de l'Italie centrale, qui avait Florence pour capitale.

Translucide, *adj.* Qui laisse passer la lumière, mais sans laisser voir les objets.

Vésicule, sf. Petite vessie ou petite bulle.

Vichy. Station thermale du département de l'Allier, arrondissement de Lapalisse. L'eau de Vichy est à la température de 89° centigrades; elle contient, par litre, 5 grammes environ de bicarbonate de soude, un peu plus de son volume d'acide carbonique, avec des races d'arsenic et d'iode.

Vibrion. Êtres infiniment petits qui se développent dans les liquides et que l'on considère généralement comme des plantes microscopiques.

Voltamètre, sm, Appareil inventé par le physicien anglais Faraday (1791-1867), pour mesurer l'intensité des courants électriques puissants. Il est employé pour opérer la décomposition de l'eau par la pile.

TABLE ANALYTIQUE

LIVRE PREMIER

CHIMIE MINÉRALE

LIVRE DEUXIÈME

CHIMIE ORGANIQUE

FIN DE LA TABLE ANALYTIQUE.

TABLE ALPHABÉTIQUE

(Les chiffres renvoient aux pages)

FIN DE LA TABLE ALPHABÉTIQUE.

DRINCOURT & DUPAYS

Traité de Physique, à l'usage dés Écoles normales primaires, des Écoles primaires supérieures, des Lycées et Collèges de jeunes filles et des aspirants et aspirantes aux Brevets de l'Enseignement primaire, et à l'usage de la classe de philosophie des Lycées et Collèges de garçons, conformément aux nouveaux programmes de 1890, par MM. E. DRINCOURT, agrégé de l'Université, professeur au collège Rollin, et C. DUPAYS, agrégé de l'Université, professeur au lycée Janson-de-Sailly. 1 vol. in-18 jésus, 800 pages, 525 figures, broché.   7 50

Le livre de MM. DRINCOURT et DUPAYS, passe successivement en revue les différentes parties d'un traité complet de Physique.

Des exercices nombreux et bien gradués permettront aux élèves de joindre l'application à la théorie. Des figures soignées accompagnent le texte ; des légendes très claires ont été placées au-dessous de chaque dessin d'appareil. Un *lexique* donne l'explication des mots techniques ou peu usités dans le langage courant ; enfin une table alphabétique permettra à l'élève de trouver immédiatement tel sujet d'étude qu'il lui plaira de choisir.

Le premier livre, consacré à la *Pesanteur*, comprend des notions élémentaires de mécanique physique, et les lois de la pesanteur. Les livres suivants traitent de l'*Hydrostatique*, de la *Statique des gaz*, de l'*Hydrodynamique*. En *Acoustique*, le mouvement vibratoire est très élémentairement défini. En *Optique*, un soin tout particulier a été apporté au tracé des figures pour l'étude des rayons lumineux. Pour la *Chaleur*, les dilatations, les changements d'état et leurs applications ont été très simplement traités, sans que cependant les principes indispensables à leur compréhension aient été négligés. En raison de l'importance prise depuis quelques années par l'*Électricité*, les auteurs ont pensé qu'il était nécessaire de faire entrer, même dans l'enseignement élémentaire, les notions de *Potentiel*, de *Capacité électrique*, de *Force électromotrice*, de *Travail électrique*, etc.

L'ouvrage se termine par des notions élémentaires de *mécanique physique* et par un appendice renfermant des notions complémentaires d'*optique*.

TRAITÉ DE CHIMIE

HENRI MARION

Docteur ès lettres, professeur à la Faculté des lettres de Paris.

Leçons de Psychologie appliquée à l'éducation. 1 vol. in-18 jésus, broché. 4 50

Ouvrage honoré de souscriptions du Ministère de l'Instruction publique et approuvé par la Commission ministérielle des Bibliothèques populaires.

Les *Leçons de Psychologie* professées par M. Marion à l'École normale d'institutrices de Fontenay-aux-Roses, s'adressent surtout aux personnes peu habituées aux spéculations philosophiques. Pour se mettre à leur portée, l'auteur s'est efforcé de rester toujours compréhensible et en même temps d'être très complet, sans laisser dans l'ombre aucune des difficultés que présente la matière, mais abordant au contraire de front chacune des parties d'un plan fort étendu. C'est un exposé ample et clair, simple à dessein, familier à l'occasion et autant que possible vivant.

Le vocabulaire qui termine l'ouvrage ne laisse inexpliqué aucun terme, ne laisse inconnu aucun philosophe ou aucun auteur cité.

Leçons de Morale. 1 volume in-18 jésus, broché. 4 »

Ouvrage honoré de souscriptions du Ministère de l'Instruction publique, approuvé par la Commission ministérielle des Bibliothèques populaires et des Bibliothèques scolaires, adopté pour les lycées et collèges de garçons et de filles (Bibliothèques des professeurs, Bibliothèques des quartiers, Livres de prix).

Cet ouvrage dont le succès a été grand dans l'enseignement, n'est pas, comme on pourrait le croire, un manuel aride écrit seulement en vue de l'éducation. Bien que les matières soient disposées dans un ordre méthodique, l'extrême division des chapitres, les résumés placés en tête de chacun d'eux permettent au lecteur de rechercher, pour une étude particulière, les questions qui l'intéressent le plus.

On trouvera dans ce volume, outre la substance de l'enseignement classique en fait de morale, un résumé et souvent des citations textuelles des plus grands moralistes de tous les temps. L'auteur a donné à la partie historique un grand développement.

Enfin, ce qui rend la lecture des *Leçons de Morale* plus facile et plus fructueuse, un vocabulaire des noms propres et des expressions philosophiques termine le volume, rappelant à l'esprit du lecteur telle définition oubliée, ou résumant en quelques mots la doctrine, les œuvres, l'époque de tel auteur cité.

P. LEYSSENNE

Inspecteur général de l'Enseignement primaire.

Traité de Géométrie, théorique et pratique, Géométrie plane, — Géométrie dans l'espace, — Courbes usuelles ; à l'usage des Écoles normales d'instituteurs ou d'institutrices, des Écoles primaires supérieures, de l'Enseignement secondaire moderne et de l'Enseignement secondaire des jeunes filles, par M. P. Leyssenne, inspecteur général de l'Enseignement primaire. 1 vol. in-18 jésus, 438 figures, broché.   **4** »

Ce *Traité de Géométrie* est spécialement destiné à l'enseignement primaire. L'auteur se conformant à l'esprit, comme à la lettre des instructions ministérielles, s'est abstenu de traiter aucune question *d'ordre purement spéculatif*; il s'est borné aux théories qui *donnent lieu à des explications* ou qui sont *nécessaires à l'enchaînement des propositions et à la rigueur des démonstrations*.

C'est à dessein que les théories des transversales, des polaires, de l'axe radical, de l'homothétie, des polygones étoilés, des trièdres supplémentaires, de la symétrie, des triangles sphériques, des sections coniques, etc., ont été écartés de cet ouvrage En revanche, il contient un choix considérable et très varié de problèmes. Le plus grand nombre a été pris dans les examens et les concours qui se rattachent à l'enseignement primaire ; mais on a ajouté à ceux-ci toutes les questions intéressantes ou très connues qui servent journellement d'exercices dans toutes les classes de géométrie.

Tous les problèmes, tous les lieux géométriques qui ne ressortent pas immédiatement et directement des théories exposées dans le cours, et qui peuvent échapper à la sagacité et à la recherche obstinée des meilleurs esprits, ont été systématiquement rejetés. De même il n'a été proposé aucun problème que ne puisse résoudre un élève intelligent, appliqué et qui suit régulièrement un cours bien fait; et nous pensons que celui qui possédera bien les connaissances essentielles que contient ce traité, n'aura jamais beaucoup d'obstacles mathématiques à vaincre.